输变电技术常用国家标准汇编

高压输变电卷

中国标准出版社 编

中国标准出版社

北　京

图书在版编目(CIP)数据

输变电技术常用国家标准汇编.高压输变电卷/中国标
准出版社编.—北京:中国标准出版社,2020.7
ISBN 978-7-5066-9547-3

Ⅰ.①输… Ⅱ.①中… Ⅲ.①输电技术—国家标准—汇
编—中国②变电所—国家标准—汇编—中国③高电压—
输配电线路—国家标准—汇编—中国 Ⅳ.①TM72-65
②TM63-65

中国版本图书馆 CIP 数据核字(2020)第 021880 号

中国标准出版社出版发行
北京市朝阳区和平里西街甲 2 号(100029)
北京市西城区三里河北街 16 号(100045)

网址 www.spc.net.cn
总编室:(010)68533533 发行中心:(010)51780238
读者服务部:(010)68523946
中国标准出版社秦皇岛印刷厂印刷
各地新华书店经销

*

开本 880×1230 1/16 印张 41.25 字数 1 249 千字
2020 年 7 月第一版 2020 年 7 月第一次印刷

*

定价 200.00 元

出 版 说 明

电力工业是国民经济和社会发展的重要基础产业。电力工业的快速发展,有力地支持了国民经济和社会的发展。随着电力需求的日益增长,输变电技术不断发展变化,电网安全愈发得到重视,节能减排日益受到关注,电源结构不断进行调整,电力设施陆续新建,老设备也不断得到更新改造,各种新技术的应用日益广泛。

近年来,我国有关部门也在不断制定和修订相关方面的国家标准,为电网建设和运行的各有关部门的科研技术人员提供系统的、完整的具有实用价值的技术资料。

为满足电力系统工程技术人员和科技管理人员对标准的需求,我们对输变电技术常用的国家标准进行了收集整理。《输变电技术常用国家标准汇编》汇集了 2019 年 5 月底我国有关部门发布的现行有效的电网运行和建设方面的国家标准。本套汇编所收的标准按专业分类编排,分 13 卷出版,包括有:基础与安全卷、电力线路卷、电力变压器卷、继电保护与自动控制卷、低压装置卷、高压输变电卷、特高压技术卷、断路器卷、电力金具与绝缘子卷、带电作业卷、设备用油卷、节能管理卷、互感器与电抗器卷。

本卷为高压输变电卷,收入该领域的国家标准共 19 项。

本汇编在使用时请读者注意以下几点:

1. 由于标准的时效性,汇编所收录的标准可能会被修订或重新制定,请读者使用时注意采用最新的有效版本。

2. 鉴于标准出版年代不尽相同,对于其中的量和单位不统一之处及各标准格式不一致之处未做改动。

本套汇编为电力行业工程技术人员和管理人员提供准确、系统、实用的技术资料,也是标准化工作者常用的重要资料。

本套汇编在选编过程中得到电力行业有关人员的大力支持,在此特表感谢。本书编纂仓促,不妥之处请读者批评指正。

编 者

2019 年 5 月

目　　录

注:本汇编收集的标准的属性已在目录上标明,其中一些标准根据中华人民共和国国家标准公告(2017年第7号)
已由强制性转为推荐性,但正文部分仍保留了原样。

ICS 29.020
K 40

中华人民共和国国家标准

GB 311.1—2012
代替 GB 311.1—1997

绝缘配合 第1部分：定义、原则和规则

Insulation co-ordination—Part 1：Definitions，principles and rules

（IEC 60071-1：2006，MOD）

自 2017 年 3 月 23 日起，本标准转为推荐性
标准，编号改为 **GB/T 311.1—2012**。

2012-06-29 发布

2013-05-01 实施

中华人民共和国国家质量监督检验检疫总局
中国国家标准化管理委员会 发布

前　言

本部分的全部技术内容为强制性，其余部分为推荐性。

GB 311《绝缘配合》分为 4 个部分：

——第 1 部分：定义、原则和规则；

——第 2 部分：高压输变电设备的绝缘配合使用导则；

——第 3 部分：高压直流换流站绝缘配合程序；

——第 4 部分：电网绝缘配合及其模拟的计算导则。

本部分是 GB 311 的第 1 部分。

本部分按照 GB/T 1.1—2009 给出的规则起草。

本部分修改采用 IEC 60071-1:2006 和 IEC 60071-1 Aml:2010《绝缘配合　第 1 部分：定义、原则和规则》。

本部分是对 GB 311.1—1997《绝缘配合　第 1 部分：定义、原则和规则》的修订。

本部分与 GB 311.1—1997 相比，除编辑性修改外主要技术变化如下：

——增加了有关术语（见第 4 章）；

——给出了绝缘配合程序及各相关电压的确定原则（见 6.2、图 1）；

——给出了代表性过电压波形和参数（见 6.3）；

——增加了 U_m 为 800 kV 和 1 100 kV 输变电设备的绝缘水平（见表 3）；

——增加了附录 A：保证规定的冲击耐受电压的空气间隙；

——增加了附录 B：海拔修正因数，采纳 IEC 60071-2 的公式和曲线。

本部分与 IEC 60071-1:2006 和 IEC 60071-1 Aml:2010 的主要差异如下：

——按 GB/T 1.1—2009 的规定，对标准的语言表述和格式做了修改；

——删除了国际标准的前言，增加了本标准的前言；

——IEC 60071-1 频率范围为 48 Hz～62 Hz，考虑到 60 Hz 对我国电网不适用，故将频率范围定为 45 Hz～55 Hz，以便与 GB/T 16927.1 相一致（见 4.18.1）；

——增加标准额定耐受电压系列中部分标准电压值（见 6.7、6.8）；

——调整了标准绝缘水平（见表 2、表 3）；

——增加了不同类型输变电设备的额定耐受电压（见表 4、表 5 和表 6）。

——标准冲击耐受电压试验对设备非自恢复绝缘与自恢复绝缘并存时，优先选用 GB/T 16927.1 中的耐受电压试验程序 B（见 7.3）。

——增加了附录 B：海拔修正因数，采纳 IEC 60071-2 的公式和曲线。

本部分与 IEC 60071-1 的上述主要差异涉及的条款已通过在其外侧页边空白位置的垂直单线（|）进行了标示。

本部分代替 GB 311.1—1997《绝缘配合　第 1 部分：定义、原则和规则》。

本部分由中国电器工业协会提出。

本部分由全国高电压试验技术和绝缘配合标准化技术委员会（SAC/TC 163）归口。

本部分负责起草单位：西安高压电器研究院、国网电力科学研究院。

本部分参加起草单位：昆明电器科学研究院、中国电力科学研究院开关所、河南平高电气股份有限公司、保定天威保变电气股份有限公司、山东电力研究院、湖南省电力试研院、西门子输配电中压部、陕西电科院、国家绝缘子避雷器质量监督检验中心、日升集团有限公司、华仪电器集团有限公司、库柏耐吉

GB 311.1—2012

(宁波)电气有限公司、广州白云电器设备股份有限公司、南方电网技术研究中心、江西省电力科学研究院、西安交通大学电气学院、杭州杭开电气有限公司、沈阳变压器研究所、湖北省电力试验研究院、深圳电气科学研究所。

本部分主要起草人:王建生、谷定燮、崔东、周沛洪、贾涛、郭洁、李世成、戴敏、何慧雯、霍锋。

本部分参加起草人:王亭、赵磊、周琼芳、孔祥军、阎关星、张建新、张喜乐、郭志红、周卫华、张德勤、张鹏、危鹏、石维坚、潘永成、祝存春、刘成学、杨成懋、吕金壮、蔡汉生、崔金灵、童军心、郭洁、周红东、李世成、邓万婷、林志伟、邓永辉、肖敏英。

本部分所代替标准的历次版本发布情况为:

——GB 311—1964、GB 311.1—1983、GB 311.1—1997。

根据中华人民共和国国家标准公告(2017 年第 7 号)和强制性标准整合精简结论,本标准自 2017 年 3 月 23 日起,转为推荐性标准,不再强制执行。

4

绝缘配合　第 1 部分:定义、原则和规则

1　范围

本部分规定了三相交流系统中的高压输变电设备和设施的相对地绝缘、相间绝缘和纵绝缘的额定耐受电压的选择原则,规定了这些设备的标准额定耐受电压,并给出了标准额定耐受电压的系列,额定耐受电压原则上宜从该系列中选取。

本部分适用于标称电压在 1 kV 以上的三相交流系统。

选取的额定耐受电压应与设备的最高电压相关联。该关联仅是为了绝缘配合的目的。本部分中不包括对人员安全的要求。

本部分的原则也适用于输电线路的绝缘配合,但其耐受电压值可以与本部分规定的标准额定耐受电压不同。

在制定各设备标准时,应根据本部分的要求,规定适合于该类设备的额定耐受电压和试验程序。

> 注: 在 GB/T 311.2"使用导则"中阐明了本部分给出的绝缘配合的规则,特别是设备最高电压与标准额定耐受电压之间的关系。如果同一设备最高电压对应几组标准额定耐受电压时,给出了选取最佳一组标准额定耐受电压的导则。

1.1　适用范围

本部分适用于设备最高电压在 1 kV 以上三相交流电力系统中使用的下列户内和户外输变电设备:

a) 变压器类:电力变压器、并联电抗器、限流电抗器、消弧线圈和电磁式电压互感器、电流互感器;

b) 高压电器类:断路器、隔离开关、负荷开关、接地开关、熔断器、预装式变电站、封闭式开关设备、封闭式组合电器、组合电器等;

c) 电力电容器、耦合电容器(包括电容式电压互感器)、并联电容器、交流滤波电容器;

d) 高压电力电缆;

e) 支柱绝缘子、穿墙套管等。

1.2　不适用范围

a) 安装在严重污秽或带有对绝缘有害的气体、蒸汽、化学沉积物的场合下的设备;

b) 相对湿度较高且易出现凝露场合的户内设备。

2　规范性引用文件

下列文件对于本文件的应用是必不可少的。凡是注日期的引用文件,仅注日期的版本适用于本文件。凡是不注日期的引用文件,其最新版本(包括所有的修改单)适用于本文件。

GB/T 311.2　绝缘配合　第 2 部分:高压输变电设备的绝缘配合使用导则(IEC 60071-2:1996,EQV)

GB/T 2900.19—1994　电工术语　高电压试验技术和绝缘配合(IEC 60071-1:1993,NEQ)

GB/T 11022　高压开关设备和控制设备标准的共同技术要求(GB/T 11022—2011,IEC 62271-1:2007,MOD)

GB 11032 交流无间隙金属氧化物避雷器(GB 11032—2010,IEC 60099-4:2006,MOD)

GB/T 16927.1 高电压试验技术 第1部分:一般试验要求(GB/T 16927.1—2011,IEC 60060-1:2010,MOD)

GB/T 26218.1 污秽条件下使用的高压绝缘子的选择和尺寸确定 第1部分:定义、信息和一般原则(GB/T 26218.1—2010,IEC/TS 60815-1:2008,MOD)

IEC 60060-1:2010 高电压试验技术 第1部分:一般定义和试验要求(High-voltage test techniques—Part 1:General definitions and test requirements)

IEC 60071-2 Am 1 Ed.3.0 绝缘配合 第2部分:应用导则(Insulation co-ordination—Part 2:Application guide)

IEC 60721-2-3 环境条件分类 第2部分:自然环境条件 第3节:气压(Classification of environmental conditions—Part 2-3:Environmental conditions appearing in nature—Air pressure)

3 正常和特殊使用条件

3.1 正常环境条件

从表2和表3中选取耐受电压的正常环境条件如下:

a) 周围空气温度不超过40 ℃且24 h内测到的平均值不超过35 ℃。最低周围空气温度,分为三级:−10 ℃、−25 ℃和−40 ℃;

b) 海拔不超过1 000 m;

c) 周围空气没有显著地被灰尘、烟雾、腐蚀性气体、蒸汽或盐雾污染。污秽等级不超过C级污秽(见GB/T 26218.1);

d) 通常会出现凝露和沉积。考虑了以露水、凝露、雾、雨、雪或积霜形式出现的沉积物。

3.2 标准参考大气条件

标准化的耐受电压适用的标准参考大气条件为:

a) 温度:$t_0 = 20$ ℃;

b) 压力:$p_0 = 101.3$ kPa(1 013 mbar);

c) 绝对湿度:$h_0 = 11$ g/m³。

3.3 特殊环境条件

3.3.1 对周围环境空气温度高于40 ℃的设备,其外绝缘在干燥状态下的试验电压应取本部分的额定耐受电压值乘以温度修正因数 K_T。

$$K_T = 1 + 0.003\ 3(T - 40)$$

式中:

T——环境空气温度,℃。

3.3.2 对于海拔高于1 000 m,但不超过4 000 m处的设备的外绝缘的绝缘强度应进行海拔修正,修正方法见附录B。

3.4 设备适用的电力系统中性点的接地方式

最高电压126 kV以下为非有效接地系统或有效(直接)接地系统;最高电压126 kV及以上应为有效(直接)接地系统。

4 术语和定义

下列术语和定义适用于本文件。

4.1

绝缘配合　insulation co-ordination

考虑所采用的过电压保护措施后,决定设备上可能的作用电压,并根据设备的绝缘特性及可能影响绝缘特性的因素,从安全运行和技术经济合理性两方面确定设备的绝缘强度。

[修改 GB/T 2900.19—1994,定义 3.23]

注:设备的"绝缘强度"是指分别按 4.35 和 4.36 中定义的额定绝缘水平或标准绝缘水平。

4.2

外绝缘　external insulation

空气间隙及设备固体绝缘外露在大气中的表面,它承受作用电压并受大气和其他现场的外部条件,如污秽、湿度、虫害等的影响。

[GB/T 2900.19—1994,定义 3.24]

注:外绝缘可以是气候防护的或者非气候防护的,分别设计运行在保护体的内部或外部。

4.3

内绝缘　internal insulation

不受大气和其他外部条件影响的设备的固体、液体或气体绝缘。

[GB/T 2900.19—1994,定义 3.25]

4.4

自恢复绝缘　self-restoring insulation

在试验期间的破坏性放电后,经过短的时间,可完全恢复其绝缘特性的绝缘。

[修改 GB/T 2900.19—1994,定义 3.28]

注:此类绝缘一般是外绝缘,但不是必须的。

4.5

非自恢复绝缘　non self-restoring insulation

在试验期间的破坏性放电之后,丧失或不能完全恢复其绝缘特性的绝缘。

[GB/T 2900.19—1994,定义 3.29]

注:4.4 和 4.5 的定义仅适用于绝缘试验期间由试验电压的作用而引起的放电。然而,在运行时产生的放电可能引起自恢复绝缘部分或完全丧失其原来的绝缘特性。

4.6

绝缘结构端子　insulation configuration terminal

可将电压施于绝缘上的任何两个端子间的任一端子。端子的种类有:

a)　相端子:运行时在其和中性点之间施加系统的相对中性点电压的端子;

b)　中性点端子:相当于系统中性点或是接到系统的中性点的端子(变压器的中性点端子等);

c)　接地端子:在运行中总是固定接地的端子(变压器的箱体、隔离开关的基座、杆塔的构架、接地板等)。

4.7

绝缘结构　insulation configuration

运行中由绝缘体和全部端子组成的绝缘的完整的几何结构。它包括影响介电特性的全部元件(绝缘件和导电件)。绝缘结构分以下几类:

4.7.1

三相绝缘结构　three-phase insulation configuration

具有三个相端子、一个中性点端子和一个接地端子的结构。

4.7.2

相对地(p-e)绝缘结构　phase-to-earth(p-e)insulation configuration

不计两个相端子的一个三相绝缘结构,且除特殊情况外,中性点端子是接地的。

4.7.3

相间(p-p)绝缘结构 phase-to-phase (p-p) insulation configuration

不计一个相端子的一个三相绝缘结构。在特殊情况下,中性点端子和接地端子也忽略不计。

4.7.4

纵(t-t)绝缘结构 longitudinal (t-t) insulation configuration

具有两个相端子和一个接地端子的绝缘结构。(两个)相端子属于三相系统中的同一相,其被暂时地分为两个独立的带电部分(例如,分闸的开关装置)。属于其他两相的 4 个端子不计或接地。在特殊情况下,认为两个相端子之一是接地的。

4.8

系统标称电压 nominal voltage of a system

U_n

用于表示或识别系统的合适而近似的电压值。

[GB/T 2900.19—1994,定义 2.4]

4.9

系统最高电压 highest voltage of a system

U_s

在正常运行条件下,系统中任一点在任一时刻所出现的相间最高运行电压的有效值。

[修改 GB/T 2900.19—1994,定义 2.5]

4.10

设备最高电压 highest voltage for equipment

U_m

根据设备绝缘以及与之相关的设备标准有关联的其他特性设计的相间最高电压的有效值。在正常运行条件下由有关技术委员会规定,该电压可以持续施加到设备上。

[修改 GB/T 2900.19—1994,定义 2.7]

4.11

中性点绝缘系统 isolated neutral system

除经保护、测量用的高阻抗接地外,中性点不接地的系统。

[GB/T 2900.19—1994,定义 3.13]

4.12

中性点固定接地系统 solidly earthed neutral system

中性点直接接地的系统。

[修改 GB/T 2900.19—1994,定义 3.14]

4.13

(中性点)阻抗接地系统 impedance earthed(neutral)system

为限制接地故障电流,中性点通过阻抗接地的系统。

[修改 GB/T 2900.19—1994,定义 3.16]

4.14

(中性点)谐振接地系统 resonant earthed(neutral)system

一个或多个中性点通过电抗器接地的系统,电抗器近似补偿单相接地故障电流的容性分量。中性点通过能够近似补偿单相接地故障电流的容性分量的电抗器接地的系统。

[修改 GB/T 2900.19—1994,定义 3.15]

注:谐振接地系统中流过故障点的残余电流被限制到空气中弧光接地故障通常能够自熄的程度。

4.15

接地故障因数　earth fault factor

k

在一给定系统结构的三相系统的给定点上,在对系统任一点的一相或多相均有影响的故障期间,健全相的相对地最高工频电压有效值与无故障时该点相对地工频电压有效值之比。

[GB/T 2900.19—1994,定义3.17]

4.16

过电压　overvoltage

以 U_s 表示三相系统的最高电压,则峰值超过系统最高相对地电压峰值($U_s \times \sqrt{2}/\sqrt{3}$)或最高相间电压峰值($\sqrt{2}U_s$)的任何波形的相对地或相间电压分别为相对地或相间过电压。

当过电压值用标么值表示时,相对地、相间过电压的基准值分别为 $U_s \times \sqrt{2}/\sqrt{3}$ 和 $\sqrt{2}U_s$(以 p. u. 表示)。

[修改 GB/T 2900.19—1994,定义3.1]

注:除非另有明确说明,例如对于避雷器,通常过电压值用 p. u.(等于 $U_s \times \sqrt{2}/\sqrt{3}$)表示。

4.17

电压和过电压分类　classification of voltage and overvoltage

按其波形和持续时间,电压和过电压可分为下列几种:

注:表1中给出了关于下述6个电压和过电压更详细的情况。

4.17.1

持续(工频)电压　continuous(power frequency)voltage

有着稳定有效值、持续作用在某一绝缘结构的任一对端子上的工频电压。

4.17.2

暂时过电压　temporary overvoltage;TOV

较长持续时间的工频过电压。

[修改 GB/T 2900.19—1994,定义3.6]

注:过电压可能是无阻尼或弱阻尼的。在某些情况下,其频率可能比工频低数倍或高数倍。

4.17.3

瞬态过电压　transient overvoltage

几毫秒或更短持续时间的过电压,通常是高阻尼振荡的或非振荡的。

[GB/T 2900.19—1994,定义3.7]

注:暂时过电压可能紧随瞬态过电压出现,在这种情况下,认为这两种过电压是两个独立的过程。

瞬态过电压分为下列几种:

4.17.3.1

缓波前过电压(操作)　slow-front overvoltage;SFO

一种瞬态过电压,通常为单向的,到达峰值的时间为 $20\ \mu s < T_p \leqslant 5\ 000\ \mu s$,而波尾持续时间 $T_2 \leqslant 20\ ms$。

4.17.3.2

快波前过电压(雷电)　fast-front overvoltage;FFO

一种瞬态过电压,通常为单向的,到达峰值时间为 $0.1\ \mu s < T_1 \leqslant 20\ \mu s$,波尾持续时间 $T_2 < 300\ \mu s$。

4.17.3.3

特快波前过电压 very-fast-front overvoltage；VFFO

一种瞬态过电压,通常为单向的,到达峰值的时间 $T_f \leqslant 0.1~\mu s$,有或者没有叠加振荡,振荡频率在 30 kHz$<f<$100 MHz 之间。

注:特快波前过电压 VFFO 也称为特快速瞬态过电压 VFTO(very-fast-transient overvoltage)。

4.17.4

联合过电压 combined overvoltage

由同时作用于相间(或纵)绝缘的两个相端子的每个端子和地之间的两个电压分量组成。它被归于具有较高峰值分量(暂时、缓波前、快波前和特快波前)的一类。

4.18

用于试验的标准电压波形 standard voltage shapes for test

4.18.1~4.18.5 电压波形已经标准化。

注:关于下述 4.18.1~4.18.3 三个标准电压更详细的情况在 GB/T 16927.1 以及表 1 中给出。

4.18.1

标准短时工频电压 standard short-duration power-frequency voltage

具有频率在 45 Hz~55 Hz 之间,持续时间为 60 s 的正弦电压。

注:IEC 60071-1 频率范围为 48 Hz~62 Hz,考虑到 60 Hz 对我国电网不适用,故将频率范围定为 45 Hz~55 Hz, 以便与 GB/T 16927.1 相一致。

4.18.2

标准操作冲击电压 standard switching impulse voltage

具有峰值时间为 250 μs 和半峰值时间为 2 500 μs 的冲击电压。

4.18.3

标准雷电冲击电压 standard lightning impulse voltage

具有波前时间为 1.2 μs 和半峰值时间为 50 μs 的冲击电压。

4.18.4

标准联合操作冲击电压 standard combined switching impulse voltage

对于相间绝缘,有着相反极性的两个分量的联合操作冲击电压。

正极性分量是标准操作冲击电压,而负极性分量是峰值时间和半峰值时间不应小于正极性冲击电压的对应值的操作冲击电压。两个冲击应在同一瞬间到达峰值。因而联合电压的峰值是这些分量峰值之和。

4.18.5

标准联合电压 standard combined voltage

对纵绝缘,联合电压是一个端子上为标准冲击电压,另一个端子上为工频电压。冲击分量施加于反极性工频电压的峰值。

4.19

代表性过电压 representative overvoltage

U_{rp}

假设在绝缘上产生与在运行时由于各种原因产生的某一给定种类的过电压相同绝缘作用效果的过电压。

它们由相应类别的标准波形的电压组成并可以用表示运行条件特性的一个数值或一组数值或某一频率分布值来定义。

注:此定义也适用于表示运行电压对绝缘影响的持续工频电压。

4.20

过电压限制装置 overvoltage limiting device

用来限制过电压的峰值或持续时间或两者都限制的装置。它们可以分为预防护装置（如预接入电阻器）或保护装置（如避雷器）。

4.21

雷电（或操作）冲击保护水平 lightning（or switching）impulse protective level；LIPL 或 SIPL

U_{pl}（或 U_{ps}）

在规定条件下,保护装置的端子上承受雷电（或操作）冲击的最大允许电压峰值。

4.22

性能指标 performance criterion

选择绝缘的基准,以使得作用于设备上的各类电压所引起损伤设备的绝缘或影响连续运行的概率降低到经济上和运行上可接受的水平。通常用术语绝缘结构可接受的故障率（每年故障数,两次故障之间年数,故障风险等）来表示这个指标。

4.23

耐受电压 withstand voltage

在规定的条件下进行耐压试验时施加的试验电压值。在耐压试验期间允许出现规定破坏性放电的次数。耐受电压为：

a) 惯用设定耐受电压。此时允许发生破坏性放电次数为零,即其耐受概率 $P_w = 100\%$。

b) 统计耐受电压。允许的破坏性放电次数与规定的耐受概率有关,本部分中规定的耐受概率 $P_w = 90\%$。

注：在本部分中,对非自恢复绝缘规定用惯用的设定耐受电压;而对自恢复绝缘规定用统计耐受电压。

4.24

配合耐受电压 co-ordination withstand voltage

U_{cw}

在实际运行条件下,对每种类型电压,绝缘结构满足性能指标的耐受电压值。

4.25

配合因数 co-ordination factor

K_c

必须与代表性过电压值相乘的因数以得到配合耐受电压值。

4.26

标准参考大气条件 standard reference atmospheric conditions

施加标准耐受电压的大气条件（见 3.2）。

4.27

要求耐受电压 required withstand voltage

U_{rw}

在标准耐受试验中,绝缘必须耐受的试验电压以保证绝缘在实际运行条件下和整个寿命期间内承受给定种类过电压时仍能满足性能指标。要求耐受电压具有配合耐受电压的波形,并且规定用按照所选择全部标准耐受试验条件来检验要求耐受电压。

4.28

大气修正因数 atmospheric correction factor

K_t

考虑到运行时平均大气条件和标准参考大气条件之间的差别,对配合耐受电压进行修正的因数。此因数仅适用于外绝缘。

注 1：考虑到试验期间实际的大气条件和标准参考大气条件之间的差异，允许用因数 K_t 对试验电压进行修正。对于因数 K_t，考虑的大气条件有大气压力、温度和湿度。

注 2：对绝缘配合，通常仅需要考虑空气压力修正。

4.29

海拔修正因数 altitude correction factor

K_a

考虑到运行时海拔相应的平均压力和标准参考压力之间绝缘强度的差异，对配合耐受电压进行修正的因数。

注：海拔修正因数 K_a 是大气修正因数 K_t 的一部分。

4.30

安全因数 safety factor

K_s

除大气修正因数 K_t 以外，为了得到要求耐受电压，与配合耐受电压相乘的总的因数，该因数考虑到运行寿命期间的运行条件和标准耐受试验时的条件之间绝缘强度的所有其他差异。

4.31

设备或绝缘结构的实际耐受电压 actual withstand voltage of an equipment or insulation configuration

U_{aw}

标准耐受电压试验中能够施加到设备或绝缘结构上的试验电压的可能最高值。

4.32

试验换算因数 test conversion factor

K_{tc}

当选取标准耐受电压波形需要用不同类型的耐受电压波形替代时，对于给定的设备或绝缘结构，与该给定过电压类别的要求耐受电压相乘的因数。

注：对一给定的设备或绝缘结构将标准电压波形 a 换算到标准电压波形 b 的换算因数必须高于或等于标准电压波形 a 的实际耐受电压和标准电压波形 b 的实际耐受电压的比值。

4.33

额定耐受电压 rated withstand voltage

标准耐受电压试验中施加的试验电压值，用于验证绝缘能够承受一个或多个要求耐受电压。它是设备绝缘的额定值。

4.34

标准额定耐受电压 standard rated withstand voltage

U_w

本部分规定的额定耐受电压的标准值（见 6.7 和 6.8）。

4.35

额定绝缘水平 rated insulation level

表示绝缘介电强度的一组额定耐受电压。

4.36

标准绝缘水平 standard insulation level

本部分中规定的与 U_m 有关的一组标准额定耐受电压（见表 2 和表 3）。

4.37

标准耐受电压试验 standard withstand voltage test

在规定条件下，为了验证绝缘满足标准额定耐受电压所进行的绝缘试验。

本部分中标准耐受电压试验包括：

——短时工频电压试验；

——操作冲击电压试验；

——雷电冲击电压试验；

——联合操作冲击电压试验；

——联合电压试验。

注 1：在 GB/T 16927.1 中给出有关标准耐受电压试验更详细的资料（试验电压波形亦可见表 1）。

注 2：如有要求，特快波前冲击标准耐受电压试验应由有关技术委员会规定。

5 符号和缩略语

下列符号和缩略语适用于本文件。

5.1 下标

p-e：与相对地有关的；

t-t：与纵绝缘有关的；

max：最大的；

p-p：与相间有关的。

5.2 字母符号

f：频率；

k：接地故障因数；

K_t：大气修正因数；

K_a：海拔修正因数；

K_c：配合因数；

K_s：安全因数；

K_{tc}：试验换算因数；

P_w：耐受概率；

T_1：波前时间；

T_2：电压降低到半峰值的时间；

T_p：到峰值时间；

T_t：总的过电压持续时间；

U_{aw}：设备或绝缘结构的实际耐受电压；

U_{cw}：配合耐受电压；

U_m：设备最高电压；

U_n：系统标称电压；

U_{pl}：避雷器的雷电冲击保护水平；

U_{ps}：避雷器的操作冲击保护水平；

U_{rp}：代表性过电压；

U_{rw}：要求耐受电压；

U_s：系统最高电压；

U_w：标准额定耐受电压。

5.3 缩略语

FFO:快波前过电压

ACWV:设备或绝缘结构的标准额定短时工频耐受电压

LIPL:避雷器的雷电冲击保护水平

SIPL:避雷器的操作冲击保护水平

SFO:缓波前过电压

TOV:暂时过电压

VFFO:特快波前过电压

6 绝缘配合

6.1 绝缘配合方法

绝缘配合方法有确定性法(惯用法)、统计法及简化统计法。

由于在试验时设备绝缘需要施加的冲击电压次数较多,而且电压幅值可能超过额定耐受电压值,并需对系统的过电压进行广泛深入的研究,故绝缘配合统计法在实际应用上受到某些限制,但用于各种因素影响的敏感度分析是很有效的。

当降低绝缘水平具有显著经济效益,特别是当操作过电压成为控制因素时,统计法才特别有价值。因此,在本部分中统计法仅用于 U_m 为 252 kV 以上的设备的操作过电压下的绝缘配合。

在所有电压范围内,当设备绝缘主要是非自恢复型时,为检验耐受强度是否得到保证,一般只能施加有限次数的冲击(如在给定条件下施加 3 次)。因此,尚不能考虑将绝缘故障率作为定量的设计指标,统计法至今仅用于自恢复型绝缘。

在简化统计法中,对概率曲线的形状作了若干假定(如已知标准偏差的正态分布),从而可用与一给定概率相对应的点来代表一条曲线。在过电压概率曲线中称该点的纵坐标为"统计过电压",其概率不大于 2%,而在耐受电压曲线中则称该点的纵坐标为"统计冲击耐受电压",设备的冲击耐受电压的参考概率取为 90%。

绝缘配合的简化统计法是对某类过电压在统计冲击耐受电压和统计过电压之间选取一个统计配合系数,使所确定的绝缘故障率从系统的运行可靠性和费用两方面来看是可以接受的。

绝缘配合的确定性法(惯用法)的原则是在惯用过电压(即可接受的接近于设备安装点的预期最大过电压)与耐受电压之间,按设备制造和电力系统的运行经验选取适宜的配合系数。

6.2 绝缘配合程序的一般概况

绝缘配合程序包括选取设备的最高电压以及与之相应的、表征设备绝缘特性的一组标准耐受电压。图 1 给出了程序的框图,6.3~6.6 描述了其步骤。选择一组最优的 U_w 可能需要反复考虑程序的某些输入数据,并重复此程序的某些部分。

宜从 6.7 和 6.8 给出的标准额定耐受电压系列数中选取额定耐受电压。所选取的工频、冲击标准电压构成额定绝缘水平。按照 6.10,如果多个标准额定耐受电压与相同的 U_m 相关联,则表 2、表 3 中同一横栏中的电压构成标准绝缘水平。

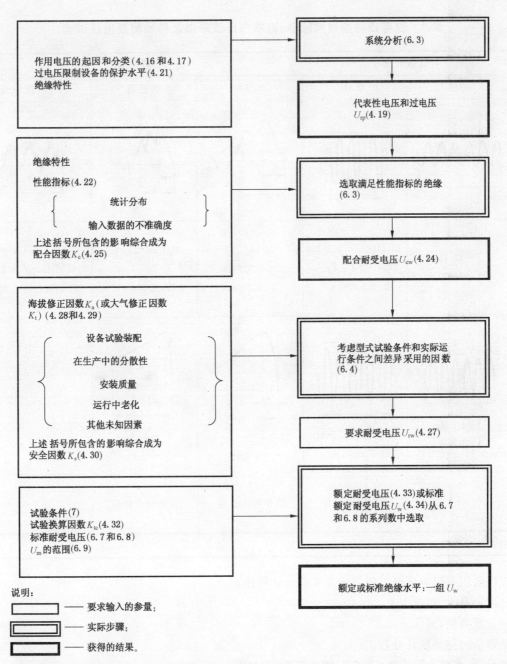

说明:

▭ —— 要求输入的参量;

▤ —— 实际步骤;

▮ —— 获得的结果。

注1:图中绝缘特性是指内绝缘、外绝缘、自恢复绝缘、非自恢复绝缘、相对地绝缘、相间绝缘、纵绝缘以及绝缘材料介质特性等。

注2:括号中的是相应条款号。

图 1 确定额定或标准绝缘水平的流程图

6.3 代表性电压和过电压(U_{rp})的确定

应当采用系统分析(包括过电压防护和限制装置的选择和位置)来确定作用于绝缘上的电压和过电压的幅值、波形和持续时间。

对于每一类型的电压和过电压,系统分析用于确定代表性电压和过电压,分析时应考虑在系统中电压和过电压波形作用下和表 1 中给出的标准耐受电压试验施加的标准电压波形作用下绝缘性能的差异。

表 1 过电压的类型和波形、标准电压波形以及标准耐受电压试验

类别	低频电压		瞬态电压		
	持续	暂时	缓波前	快波前	特快波前
电压波形					
电压波形范围	$f=50\ Hz$ $T_t \geqslant 3\ 600\ s$	$10\ Hz < f < 500\ Hz$ $0.02\ s \leqslant T_t$ $\leqslant 3\ 600\ s$	$20\ \mu s < T_p$ $\leqslant 5\ 000\ \mu s$ $T_2 \leqslant 20\ ms$	$0.1\ \mu s < T_1 \leqslant$ $20\ \mu s$ $T_2 \leqslant 300\ \mu s$	$T_f \leqslant 100\ ns$ $0.3\ MHz < f_1 < 100\ MHz$ $30\ kHz < f_2 < 300\ kHz$
标准电压波形	 $f=50\ Hz$ $T_t{}^a$	 $45\ Hz \leqslant f \leqslant 55\ Hz$ $T_t = 60\ s$	 $T_p = 250\ \mu s$ $T_2 \leqslant 2\ 500\ \mu s$	 $T_1 = 1.2\ \mu s$ $T_2 = 50\ \mu s$	a
标准耐压试验	a	短时工频试验	操作冲击试验	雷电冲击试验	a

ª 由有关技术委员会规定。

代表性电压和过电压可以用下述方式表示其特性:

——设定最大值;或

——一组峰值;或

——峰值的完整统计分布。

注:在最后一种情况下,可能必须考虑过电压波形的附加特性。

当认为采用设定最大值合适时,各种类型的代表性电压和过电压应是:

——持续的工频电压的有效值等于系统最高电压,且持续时间与设备寿命相当的工频电压;

——暂时过电压的有效值等于暂时过电压的设定最大值除以$\sqrt{2}$的标准短时工频电压;

——缓波前过电压具有峰值等于缓波前过电压设定最大峰值的标准操作冲击电压;

——快波前过电压具有峰值等于相对地快波前过电压设定最大峰值的标准雷电冲击电压;

注:对于三相共箱的 GIS 和 GIL,且对于给定的U_m绝缘水平选取其中最低的数值时,可能需要考虑相间过电压。

——特快波前过电压:这类过电压的特性正在考虑中;

——缓波前相间过电压:具有峰值等于缓波前相间过电压设定最大峰值的标准联合操作冲击电压;

——缓波前或快波前纵向过电压:由标准操作[或雷电]冲击电压和工频电压组成的一种联合电压,其每一分量的峰值分别等于相应的设定最大峰值,而其冲击的峰值时刻与反极性工频峰值时刻相一致。

6.4 配合耐受电压(U_{cw})的确定

配合耐受电压的确定主要是要确定绝缘在运行条件下受到代表性过电压作用时能满足性能指标的最低耐受电压值。

绝缘的配合耐受电压具有相应类型的代表性过电压的波形,其值由代表性过电压值乘以配合因数求得。配合因数的数值取决于估计代表性过电压的准确性、经验,或采用统计法对过电压以及绝缘特性分布的评估。

配合耐受电压可用惯用设定耐受电压或统计耐受电压来确定,用不同的耐受电压(惯用设定或统计)会影响所采用的确定程序以及配合因数的值。

过电压的模拟计算同时结合对有关绝缘特性进行故障风险评估,则允许不经过确定代表性过电压的中间步骤而直接确定统计配合耐受电压。

6.5 要求耐受电压(U_{rw})的确定

确定绝缘的要求耐受电压时,需要把配合耐受电压换算到适当的标准试验条件。用配合耐受电压乘以弥补绝缘在实际运行和标准耐受试验时的条件之间的差别的因数来求得要求耐受电压。

该因数应包括通过大气修正因数 K_t 来补偿大气条件的差异以及通过安全因数 K_s 弥补下述影响。

安全因数 K_s 中包括的影响有:

——设备试验装配;

——在生产中的分散性;

——安装质量;

——运行中老化;

——其他未知因素。

然而,如果这些影响不能逐个地估算,应采用根据经验得出的总的安全因数(见 GB/T 311.2)。

大气修正因数 K_t 仅适用于外绝缘。考虑到标准参考大气条件和预期的运行条件之间的差别,必须用 K_t 进行修正。

对于海拔修正,海拔修正因数 K_a 仅考虑了设备所处地点相应海拔的平均空气压力。无论海拔如何,都必须用海拔修正因数 K_a 进行修正。

6.6 额定绝缘水平的选择

额定绝缘水平的选择是指选取足以证明绝缘满足全部要求耐受电压最经济的一组标准额定耐受电压(U_w)。

设备最高电压选为等于或高于设备安装处的最高运行电压的标准值 U_m。

对于安装在与绝缘相关的正常环境条件中的设备,U_m 至少应等于 U_s。

对于安装在与绝缘相关的正常环境条件以外的设备,根据其特殊需要,可以选择高于 U_m 的标准值,该值等于或高于 U_s 值。

注:作为例子,如果设备安装在海拔高于 1 000 m 的场合,为了补偿外绝缘耐受电压的降低,可以选择高于 U_m 的下一个标准值,该值等于或高于 U_s 值。

试验的标准化以及证明满足 U_m 的有关试验电压的选取,由有关技术委员会考虑(如污秽试验、局部放电试验等)。

为了验证满足要求的暂时、缓波前及快波前耐受电压的耐受电压,对于相对地、相间和纵绝缘的耐受电压的波形可与要求耐受电压的波形相同,也可以不同,最终应根据绝缘的固有特性来选取。

额定耐受电压值应从 6.7 和 6.8 给出的标准额定耐受电压的系列数中选取等于或高于下述情况的下一个标准值:

——相同波形情况下的要求耐受电压;

——不同波形情况下的要求耐受电压乘以有关的试验换算因数。

注：允许采用单个标准额定耐受电压验证满足多个类型要求耐受电压,因此可以减少额定耐受电压的数量,同时确定了额定绝缘水平(见6.10)。

对于处在正常环境条件的设备,额定绝缘水平应优先从与适用的设备最高电压相应的表2和表3中选取,以满足这些额定耐受电压。

验证满足特快波前要求耐受电压的标准额定耐受电压的选择由有关技术委员会考虑。

对于避雷器,一般来说绝缘外套的要求耐受电压不应从6.7和6.8的系列数中选取,可按照GB 11032给出的保护水平 U_{pl} 和 U_{ps} 乘以适当的因数来求得。

6.7 标准额定短时工频耐受电压系列

下列数值是已经标准化了的以千伏(kV)表示的工频电压有效值:

10,20,28,38,42,50,70,85,95,115,140,185,230,275,325,360,395,460,510,570,630,680,710,740,790,830,900,960,975,1 050,1 100,1 200。

6.8 标准额定冲击耐受电压系列

下列数值是已经标准化了的以千伏(kV)表示的耐受电压峰值:

20,40,60,75,95,125,145,170,185,200,250,325,380,450,550,650,750,850,950,1 050,1 175,1 300,1 425,1 550,1 675,1 800,1 950,2 100,2 250,2 400,2 550,2 700,2 900,3 100。

6.9 设备最高电压的范围

设备最高电压分为两个范围:

范围Ⅰ：$1\ kV < U_m \leqslant 252\ kV$(见表2)。此范围包括输电和配电系统中的设备。因此,不同运行方式应在选取设备额定绝缘水平时予以考虑。

范围Ⅱ：252 kV 以上(见表3)。此范围主要为输电系统。

6.10 标准绝缘水平的选择

为了加强标准化以及充分利用按标准设计的系统的运行经验,标准额定耐受电压与设备的最高电压之间的对应关系已标准化。

标准额定耐受电压与设备的最高电压相关联,对范围Ⅰ按表2,范围Ⅱ按表3。这些标准额定耐受电压仅适用于正常环境条件且已经修正到了标准参考大气条件。

只有表中同一横栏中的一组绝缘水平才能构成标准绝缘水平。

此外,下面是相间绝缘和纵绝缘的标准化组合:

——对于范围Ⅰ内的相间绝缘,标准额定短时工频和雷电冲击耐受电压等于相应的相对地耐受电压(表2)。然而,在括号内的数值可能不足以证明满足要求耐受电压而可能需要附加相间耐受电压试验。

——对于范围Ⅱ内的相间绝缘,标准雷电冲击耐受电压等于相对地雷电冲击耐受电压。

——对于范围Ⅰ内的纵绝缘,标准额定短时工频和雷电冲击耐受电压等于相应的相对地耐受电压(表2)。

——对于范围Ⅱ内的纵绝缘,联合耐受电压的标准操作冲击分量在表3中给出,而反极性工频分量的峰值为 $U_m \times \sqrt{2}/\sqrt{3}$。

——对于范围Ⅱ内的纵绝缘,联合耐受电压的标准雷电冲击分量等于相应的相对地耐受电压(表3),而反极性工频分量的峰值为 $(0.7 \sim 1.0) \times U_m \times \sqrt{2}/\sqrt{3}$。

考虑到不同的性能指标或过电压类型,对大多数设备的最高电压可预计到不只一种优先选用的组合。

对此种优先选用的组合,只需用两种标准额定耐受电压足以定义设备的额定绝缘水平:

a) 对于范围 I 内的设备:

——标准额定雷电冲击耐受电压;和

——标准额定短时工频耐受电压。

b) 对于范围 II 内的设备:

——标准额定操作冲击耐受电压;和

——标准额定雷电冲击耐受电压。

如果经过技术上和经济上的论证也可以采用其他组合,但均应遵循 6.1～6.9 中的建议。因此,把最后得到的这组标准额定耐受电压称为额定绝缘水平。特殊的例子是:

——外绝缘,对范围 I 内较高的 U_m,规定用标准额定操作冲击耐受电压代替标准额定短时工频耐受电压可能更经济;

——对范围 II 内的内绝缘,高的暂时过电压可能要求规定标准额定短时工频耐受电压。

6.10.1 设备的绝缘水平与所考虑的设备类型有关,并且无论用统计法或惯用法,这些绝缘水平都可选用。

6.10.2 对同一设备最高电压,有的在表 2 和表 3 中给出两个及以上的绝缘水平。在选用设备的额定耐受电压及其组合时应考虑到电网结构及过电压水平、过电压保护装置的配置及其性能、设备类型及绝缘特性、可接受的绝缘故障率等。

6.10.3 在某些情况下,可能需要不同于表 2 或表 3 中的额定耐受电压值,此时宜从本部分 6.7 和 6.8 的标准值中选取。

6.10.4 各类输变电设备,可取与变压器相同的或高一些的绝缘水平,应在有关设备标准中规定。为便于制定有关设备标准,表 4 和表 5 分类给出设备的额定耐受电压值。

6.10.4.1 各类设备的额定雷电冲击耐受电压列于表 4。

对变压器类设备应进行雷电冲击截波耐受电压试验,其幅值可比额定雷电冲击耐受电压值高 10% 左右。截波冲击试验系统的构成应使记录的冲击截波的跌落时间尽可能短。截波过零系数不大于 0.3;截断跌落时间一般不大于 0.7 μs。

6.10.4.2 各类设备的短时工频耐受电压列于表 5。

6.10.4.3 分级绝缘电力变压器中性点的绝缘水平列于表 6。

表 2 范围 I (1 kV < U_m ≤ 252 kV)的标准绝缘水平   单位为千伏

系统标称电压 U_s(有效值)	设备最高电压 U_m(有效值)	额定雷电冲击耐受电压(峰值)		额定短时工频耐受电压(有效值)
		系列 I	系列 II	
3	3.6	20	40	18
6	7.2	40	60	25
10	12.0	60	75 90	30/42[c];35
15	18	75	95 105	40;45
20	24.0	95	125	50;55
35	40.5	185/200[a]		80/95[c];85

表 2 （续）

单位为千伏

系统标称电压 U_s（有效值）	设备最高电压 U_m（有效值）	额定雷电冲击耐受电压（峰值）		额定短时工频耐受电压（有效值）
		系列 I	系列 II	
66	72.5	325		140
110	126	450/480[a]		185；200
220	252	(750)[b]		(325)[b]
		850		360
		950		395
		1 050		460

注：系统标称电压 3 kV～20 kV 所对应设备系列 I 的绝缘水平，在我国仅用于中性点直接接地（包括小电阻接地）系统。

[a] 该栏斜线下之数据仅用于变压器类设备的内绝缘。

[b] 220 kV 设备，括号内的数据不推荐使用。

[c] 该栏斜线上之数据为设备外绝缘在湿状态下之耐受电压（或称为湿耐受电压）；该栏斜线下之数据为设备外绝缘在干燥状态下之耐受电压（或称为干耐受电压）。在分号"；"之后的数据仅用于变压器类设备的内绝缘。

表 3 范围 II（U_m＞252 kV）的标准绝缘水平

单位为千伏

系统标称电压 U_s（有效值）	设备最高电压 U_m（有效值）	额定操作冲击耐受电压（峰值）					额定雷电冲击耐受电压（峰值）		额定短时工频耐受电压（有效值）
		相对地	相间	相间与相对地之比	纵绝缘[b]		相对地	纵绝缘	相对地
1	2	3	4	5	6	7	8	9	10[c]
330	363	850	1 300	1.50	950	850 (＋295)[a]	1 050		(460)
		950	1 425	1.50			1 175		(510)
500	550	1 050	1 675	1.60	1 175	1 050 (＋450)[a]	1 425	见 6.10 规定	(630)
		1 175	1 800	1.50			1 550		(680)
		1 300[d]	1 950	1.50			1 675		(740)
750	800	1 425	—	—	1 550	1 425 (＋650)[a]	1 950		(900)
		1 550	—	—			2 100		(960)
1 000	1 100	—	—	—	1 800	1 675 (＋900)[a]	2 250	2 400 (＋900)[a]	(1 100)
		1 800	—	—			2 400		

[a] 栏 7 和栏 9 括号中之数值是加在同一极对应端子上的反极性工频电压的峰值。

[b] 绝缘的操作冲击耐受电压选取栏 6 或栏 7 之数值，决定于设备的工作条件，在有关设备标准中规定。

[c] 栏 10 括号内之短时工频耐受电压值 IEC 60071-1 未予规定。

[d] 表示除变压器以外的其他设备。

表 4　各类设备的雷电冲击耐受电压　　　　　　　　　　单位为千伏

系统标称电压（有效值）	设备最高电压（有效值）	额定雷电冲击耐受电压（峰值）						截断雷电冲击耐受电压（峰值）
		变压器	并联电抗器	耦合电容器、电压互感器	高压电力电缆	高压电器类	母线支柱绝缘子、穿墙套管	变压器类设备的内绝缘
3	3.6	40	40	40	—	40	40	45
6	7.2	60	60	60	—	60	60	65
10	12	75	75	75	—	75	75	85
15	18	105	105	105	105	105	105	115
20	24	125	125	125	125	125	125	140
35	40.5	185/200ᵃ	185/200ᵃ	185/200ᵃ	200	185	185	220
66	72.5	325	325	325	325	325	325	360
		350	350	350	350	350	350	385
110	126	450/480ᵃ	450/480ᵃ	450/480ᵃ	450	450	450	530
		550	550	550	550	550		
220	252	850	850	850	850	850	850	950
		950	950	950	950 / 1 050	950 / 1 050	950 / 1 050	1 050
330	363	1 050	—	—	—	1 050	1 050	1 175
		1 175	1 175	1 175	1 175 / 1 300	1 175	1 175	1 300
500	550	1 425			1 425	1 425	1 425	1 550
		1 550	1 550	1 550	1 550	1 550	1 550	1 675
		—	1 675	1 675	1 675	1 675	1 675	—
750	800	1 950	1 950	1 950	1 950	1 950	1 950	2 145
		—	2 100	2 100	2 100	2 100	2 100	2 310
1 000	1 100	2 250	2 250	2 250	2 250	2 250	2 550	2 400
		—	2 400	2 400	2 400	2 400	2 700	2 560

注1：表中所列的 3 kV～20 kV 的额定雷电冲击耐受电压为表 2 中系列 II 绝缘水平。

注2：对高压电力电缆是指热态状态下的耐受电压。

ᵃ 斜线下之数据仅用于该类设备的内绝缘。

表 5　各类设备的短时(1 min)工频耐受电压(有效值)　　　　　　单位为千伏

系统标称电压(有效值)	设备最高电压(有效值)	内绝缘、外绝缘(湿试/干试)				母线支柱绝缘子	
		变压器	并联电抗器	耦合电容器、高压电器类、电压互感器、电流和穿墙套管	高压电力电缆	湿试	干试
1	2	3[a]	4[a]	5[b]	6[b]	7	8
3	3.6	18	18	18/25		18	25
6	7.2	25	25	23/30		23	32
10	12	30/35	30/35	30/42		30	42
15	18	40/45	40/45	40/55	40/45	40	57
20	24	50/55	50/55	50/65	50/55	50	68
35	40.5	80/85	80/85	80/95	80/85	80	100
66	72.5	140 160	140 160	140 160	140 160	140 160	165 185
110	126	185/200	185/200	185/200	185/200	185	265
220	252	360 395	360 395	360 395	360 395 460	360 395	450 495
330	363	460 510	460 510	460 510	460 510 570	570	
500	550	630 680	630 680	630 680 740	630 680 740	680	
750	800	900	900	900 960	900 960	900	
1 000	1 100	1 100[c]	1 100	1 100	1 100	1 100	

注：表中 330 kV～1 000 kV 设备之短时工频耐受电压仅供参考。

[a] 该栏斜线下的数据为该类设备的内绝缘和外绝缘干耐受电压;该栏斜线上的数据为该类设备的外绝缘湿耐受电压。

[b] 该栏斜线下的数据为该类设备的外绝缘干耐受电压。

[c] 对于特高压电力变压器,工频耐受电压时间为 5 min。

表 6　电力变压器中性点绝缘水平　　　　　　　　单位为千伏

系统标称电压 (有效值)	设备最高电压 (有效值)	中性点 接地方式	雷电全波和截波耐受 电压(峰值)	短时工频耐受电压(有效值) (内、外绝缘,干试与湿试)
110	126	不固定接地	250	95
220	252	固定接地	185	85
		不固定接地	400	200
330	363	固定接地	185	85
		不固定接地	550	230
500	550	固定接地	185	85
		经小电抗接地	325	140
750	800	固定接地	185	85
1 000	1 100	固定接地	325	140
			185	85

6.11　标准绝缘水平的背景

6.11.1　概述

表 2 和表 3 中给出的标准绝缘水平反映了世界的经验,并考虑了现代的保护装置和过电压限制措施。特定的标准绝缘水平的选取应该符合 GB/T 311.2 中规定的绝缘配合程序并考虑特定设备的绝缘特性。

在范围Ⅰ中,标准额定短时工频耐受电压或者标准额定雷电冲击耐受电压应覆盖相对地和相间的操作冲击要求耐受电压以及纵绝缘的要求耐受电压。

在范围Ⅱ中,如果有关技术委员会没有要求具体的数值,则标准额定操作冲击耐受电压应覆盖短时工频要求耐受电压。

为了满足这些一般要求,应该将要求耐受电压乘以换算因数换算到标准额定耐受电压波形下的相应值。对于额定耐受电压,根据现有试验结果确定的换算因数是一个偏保守的值。

验证设备内绝缘老化或外部污秽所需进行的长时间工频试验由有关技术委员会考虑。

6.11.2　标准额定操作冲击耐受电压

表 3 中,与每一个设备最高电压关联的标准额定操作冲击耐受电压是在考虑了下述因素后选取的:

a)　对受避雷器保护的设备:

——暂时过电压的预期值;

——现有的避雷器特性;

——避雷器的保护水平或操作过电压的预期值与设备的操作冲击耐受电压之间的配合因数和安全因数。

b)　对不受避雷器保护的设备:

——考虑到设备安装地点可能出现的过电压的范围,破坏性放电的可接受风险;

——对过电压的控制程度通常要考虑经济性,可通过仔细选择开关装置和系统设计。

6.11.3 标准额定雷电冲击耐受电压

在表 3 中,与每一个设备最高电压关联的标准额定雷电冲击耐受电压是在考虑了下述因素后选取的:

    a) 对受紧靠避雷器保护的设备,可以选取较低的雷电冲击耐受电压值。但需考虑避雷器的雷电冲击保护水平和操作冲击保护水平的比值,且增加适当的裕度;

    b) 对不受避雷器保护(或者没有有效保护)的设备,应该选取标准雷电冲击耐受电压中较高的值。这些较高的数值基于设备(例如,断路器、隔离开关、互感器等)外绝缘的雷电和操作冲击耐受电压的典型比值。应该主要根据外绝缘耐受操作冲击试验电压的能力来确定绝缘设计。

    c) 在很少的极端情况下,对于较高的雷电冲击耐受电压值应采取必要的措施。这些数值应从 6.7 和 6.8 给出的标准值系列数中选取。

7 耐受电压试验的要求

7.1 一般要求

进行标准耐受电压试验的目的是为了证明在合适的置信度下绝缘的实际耐受电压不低于规定的相应耐受电压。除非有关技术委员会另有规定,在耐受电压试验中所施加的电压是额定耐受电压。

通常,耐受电压试验包括在标准情况下(由有关技术委员会规定的试验布置和标准参考大气条件)进行的干试验。然而,对无气候防护的外绝缘,标准短时工频耐受电压试验和操作冲击耐受电压试验包括 GB/T 16927.1 中规定条件下的湿试验。

湿试验期间,在加电压情况下雨水应同时淋在试品所在周围空间和绝缘表面上。

如果在试验室中的大气条件与标准参考大气条件不同,则试验电压应按照 GB/T 16927.1 进行修正。

所有冲击耐压试验应以两种极性进行,除非有关技术委员会规定仅需进行一种极性。

当证实在某一条件(干试或湿试)或某一极性或这些的组合情况下的试验呈现最低耐受电压时,则耐受电压试验可仅在这种特定条件进行。

在试验期间产生的绝缘损坏是判别试品合格与否的依据。有关技术委员会应对损坏的情况作出规定,并规定检测它的方法。

如果相间绝缘(或纵绝缘)的标准额定耐受电压等于相对地绝缘的标准额定耐受电压时,推荐相间(或纵)绝缘试验和相对地试验合并进行(两个相端子中的一个端子接地)。

7.2 短时工频耐受电压试验

短时工频耐受电压试验是对绝缘结构端子施加一规定的额定耐受电压,持续时间为 60 s。

除非有关技术委员会另有规定,如果没有出现破坏性放电,则认为绝缘通过试验。然而,如果在湿试验期间自恢复绝缘上发生一次破坏性放电,可再重复一次试验,如果不再发生破坏性放电,则认为设备通过了试验。

当试验无法进行时(例如具有非全绝缘的变压器),有关技术委员会可规定试验电压频率达数百赫兹持续时间小于 60 s。除非另有规定,试验电压值应是相同的。

7.3 标准冲击耐受电压试验

标准冲击耐受电压试验是对绝缘结构端子施加规定次数的标准额定耐受电压。可以选择不同的试验程序以验证耐受电压满足运行经验表明的可接受的置信度。

有关技术委员会应从下列标准化了的试验程序中进行选择(这些程序的详细说明可参

见 GB/T 16927.1）：

——耐受电压试验程序 A：3 次冲击耐压试验，不允许有破坏性放电发生。

——耐受电压试验程序 B：15 次冲击耐受电压试验，在自恢复绝缘上允许发生最多 2 次破坏性放电。

——耐受电压试验程序 C：3 次冲击耐受电压试验，若在自恢复绝缘上发生 1 次破坏性放电，则再追加 9 次冲击试验，此时不允许发生破坏性放电。

——耐受电压试验程序 D：

自恢复绝缘的 10% 冲击破坏性放电电压 U_{10} 可由以下关系式从 50% 冲击破坏性放电电压 U_{50} 导出：

$$U_{10} = U_{50}(1 - 1.3 \, s^*)$$

U_{50} 可以采用以下方法进行试验得出：

估算 U_{50} 的升降法：每级冲击次数 $n=1$，有效冲击次数 $m \geqslant 20$ 的升降冲击耐受试验。

这种方法仅在 GB/T 16927.1 中规定的标准偏差标幺值 s^* 已知情况下推荐使用。使用时建议 s^* 的数值为：对操作冲击 $s^* = 6\%$；雷电冲击 $s^* = 3\%$，而且只有在已知操作冲击 $s^* \leqslant 6\%$，雷电冲击 $s^* \leqslant 3\%$ 时使用，否则应该使用其他方法。

估算 U_{10} 的试验方法：可采用每级不超过 7 次冲击，至少 8 个有效电压级的升降法。

上述全部试验程序，在非自恢复绝缘上均不允许发生破坏性放电。

对设备非自恢复绝缘与自恢复绝缘并存时，优先选用 GB/T 16927.1 中的耐受电压试验程序 B。

注：由于此部分内容对应的 IEC 60071-1：2006 版引用的是 IEC 60060-1：1989 版相应内容，在本部分制定时 IEC 60060-1：2010 版中已经对此部分内容做了修订，本部分进行了修改引用。

7.4 替代试验

当按标准试验条件进行耐受电压试验太昂贵或太困难，或甚至不可能时，有关技术委员会应该规定检验有关标准额定耐受电压的最好办法。一种可能的办法是进行替代试验。

替代试验由一个或多个不同的试验条件（试验布置、试验电压的数值和类型等）组成。因此必须证明破坏性放电发展的物理条件与标准条件一致。

注：一个典型的例子是底座对地绝缘时对纵绝缘试验使用单个电压源代替联合电压试验。在这种情况下，上述有关破坏性放电的发展对替代试验是非常严格的条件。

7.5 范围 I 内设备的相间和纵绝缘的标准耐受电压试验

7.5.1 工频试验

对于某些 126 kV $\leqslant U_m \leqslant$ 252 kV 的设备的相间（或纵）绝缘工频耐受电压可能高于表 2 中列出的相对地工频耐受电压。在此情况下最好用两个电压源进行试验。一端加相对地工频耐受电压而另一端加相间（或纵绝缘）工频耐受电压与相对地工频耐受电压的差值。接地端子应接地。

试验也可选择下述之一进行替代：

——用两个相等的反相工频电压源，每相端子上施加二分之一相间（或纵）绝缘工频耐受电压。接地端子应接地。

——用一个工频电压源。接地端子对地绝缘，且允许接地端子承受足以避免对地或对接地端子发生破坏性放电的对地电压。

注：如果在运行中接地的端子在试验时承受电压对相端子上的电气强度有影响，（如 $U_m \geqslant$ 72.5 kV 的压缩气体中的纵绝缘），应采取措施使得该电压尽可能地接近于相间（或纵）绝缘试验电压和相对地绝缘试验电压之间的差值。

7.5.2 相间(或纵)绝缘雷电冲击试验

相间(或纵)绝缘的雷电冲击耐受电压可能要求高于表 2 中列出的标准相对地耐受电压。在这种情况下,应在相对地绝缘试验之后不改变试验布置进行有关的试验。在评价试验结果时,不考虑导致对地发生破坏性放电的冲击。

如果对地放电次数不允许进行试验时,应采用联合试验,其冲击分量等于相对地雷电冲击耐受电压,而具有反极性峰值的工频分量等于相间(或纵绝缘)雷电冲击耐受电压和相对地雷电冲击耐受电压之差。作为替代方式,对外绝缘,有关技术委员会可以规定加强相对地绝缘。

7.6 范围Ⅱ内设备的相间和纵绝缘的标准耐受电压试验

应进行满足下列要求的联合电压耐受试验:
——试验布置应适当再现运行布置,特别是有关接地体的影响;
——试验电压的每个分量应为 6.10 规定的数值;
——接地端子应接地;
——在相间试验时,第三相的端子应移开或接地;
——在纵绝缘试验时,其他两相的端子应移开或接地。

应对相端子所有可能的组合进行重复试验,除非证明电气上为对称的,没必要进行重复试验。

在评价试验结果时,任何破坏性放电均应计算在内。由有关技术委员会给出试验的更详细的建议。

对于特殊的应用,有关技术委员会可能将适用于范围Ⅰ设备的相同试验程序扩展应用于范围Ⅱ的纵绝缘雷电冲击耐受试验中。

附 录 A

（规范性附录）

保证规定的冲击耐受电压的空气间隙

A.1 概述

对于不能作为整体进行试验的完整设施（例如，变电站），必须保证绝缘强度是足够的。

在标准参考大气条件下空气中的操作和雷电冲击耐受电压应该等于或大于本部分中规定的标准额定操作和雷电冲击耐受电压。根据该原则，确定了不同电极结构的最小距离。考虑到实际经验，采用了保守的方法来确定最小距离的规定值。

这些距离主要用于绝缘配合。安全要求可能导致距离明显增大。

表 A.1、表 A.2 和表 A.3 适合于一般应用，因为它们提供了保证规定的绝缘水平的最小距离。

如果通过对实际或类似结构的试验证明标准冲击耐受电压已经满足，考虑到所有相关的可能导致电极表面不规则的环境条件，例如，雨、污秽，可以采用较低的数值。因此，这些距离不适用于技术规范中包括强制性冲击型式试验要求的设备，因为强制的最小距离可能妨碍设备的设计、提高其成本并妨碍技术进步。

如果能够通过运行经验确认过电压低于选择标准额定耐受电压时预期的数值或者间隙结构比推荐的间隙距离所假定的结构更有利，也可以采用较低的数值。

对于棒-构架型的电极结构以及对范围Ⅱ的导线-构架型的电极结构，表 A.1 给出了最小空气距离和标准额定雷电冲击耐受电压的关系。它们适用于相对地间隙以及相间的间隙（见表 A.1 下面的注）。

对于导线-构架型和棒-构架型的电极结构，表 A.2 给出了最小空气距离和相对地标准额定操作冲击耐受电压的关系。导线结构涵盖了正常使用结构很大范围。

对于导线-导线型和棒-导线型的电极结构，表 A.3 给出了最小相间空气距离和标准额定操作冲击耐受电压的关系。非对称的棒-导线结构实际中经常遇到的最不利的结构。导线-导线结构涵盖了所有的两相中具有相似电极形状的对称结构。

适用于实际运行中的空气距离按下述原则确定。

A.2 范围Ⅰ

对于标准额定雷电冲击耐受电压相对地和相间的空气距离根据表 A.1 确定。如果标准额定雷电冲击耐受电压和标准额定短时工频耐受电压的比值高于 1.7，则标准额定短时工频耐受电压可以忽略。

表 A.1　标准额定雷电冲击耐受电压和最小空气距离之间的关系（海拔 1 000 m）

标准额定雷电冲击耐受电压 kV	最小空气距离 mm	
	棒-构架	导线-构架
20	60	
40	60	
75	120	
95	160	

表 A.1（续）

标准额定雷电冲击耐受电压 kV	最小空气距离 mm	
	棒-构架	导线-构架
125	220	
145	270	
170	320	
200	380	
250	480	
325	630	
380	750	
450	900	
550	1 100	
650	1 300	
750	1 500	
850	1 700	1 600
950	1 900	1 700
1 050	2 100	1 900
1 175	2 350	2 200
1 300	2 600	2 400
1 425	2 850	2 600
1 550	3 100	2 900
1 675	3 350	3 100
1 800	3 600	3 300
1 950	3 900	3 600
2 100	4 200	3 900
2 250	4 500	4 200
2 400	4 800	4 500
2 550	5 100	4 800
2 700	5 400	5 100

注：标准额定雷电冲击耐受电压适用于相对地和相间。对于相对地，最小距离适用于导线-构架以及棒-构架。对于相间，最小距离适用于棒-构架。

A.3　范围Ⅱ

对于标准额定雷电冲击耐受电压和标准额定操作冲击耐受电压的相对地距离分别是根据表 A.1 和表 A.2 确定的棒-构架的较高值。

对于标准额定雷电冲击耐受电压和标准额定操作冲击耐受电压的相间距离分别是根据表 A.1 棒-构架和表 A.3 棒-导线确定的较高值。

这些数仅在确定要求耐受电压时所考虑的海拔内是有效的。

需要承受标准额定雷电冲击耐受电压的范围Ⅱ中的纵绝缘的距离可以通过把 0.7 倍最高系统相对地电压峰值加上标准额定雷电冲击耐受电压后得到的电压除以 500 kV/mm 来求得。

对于范围Ⅱ中的纵绝缘标准额定操作冲击耐受电压需要的距离小于相应的相间距离。该距离通常仅出现在型式试验的设备中且本部分没有给出最小距离。

表 A.2 标准额定操作冲击耐受电压和最小相对地空气距离之间的关系

标准额定操作冲击耐受电压 kV	最小相对地距离/ mm	
	棒-构架	导线-构架
750	1 900	1 600
850	2 400	1 800
950	2 900	2 200
1 050	3 400	2 600
1 175	4 100	3 100
1 300	4 800	3 600
1 425	5 600	4 200
1 550	6 400	4 900
1 675	7 400	5 700
1 800	8 300	6 500
1 950	9 500	7 400

表 A.3 标准额定操作冲击耐受电压和最小相间空气距离之间的关系

标准额定操作冲击耐受电压			最小相间距离/ mm	
相对地 kV	相间值与相对地值之比值	相间值 kV	导线-导线 平行	棒-导线
750	1.50	1 125	2 300	2 600
850	1.50	1 275	2 600	3 100
850	1.60	1 360	2 900	3 400
950	1.50	1 425	3 100	3 600
950	1.70	1 615	3 700	4 300
1 050	1.50	1 575	3 600	4 200
1 050	1.60	1 680	3 900	4 600
1 175	1.50	1 763	4 200	5 000
1 300	1.70	2 210	6 100	7 400
1 425	1.70	2 423	7 200	9 000
1 550	1.60	2 480	7 600	9 400
1 550	1.70	2 635	8 400	10 000
1 675	1.65	2 764	9 100	10 900
1 675	1.70	2 848	9 600	11 400
1 800	1.60	2 880	9 900	11 600
1 800	1.65	2 970	10 400	12 300
1 950	1.60	3 120	11 300	13 300

附　录　B

（规范性附录）

海拔修正因数

B.1　绝缘配合的海拔修正

空气间隙的闪络电压取决于空气中的绝对湿度和空气密度。绝缘强度随温度和绝对湿度增加而增加；随空气密度减小而降低。湿度和周围温度的变化对外绝缘强度的影响通常会相互抵消。因此，作为绝缘配合的目的，本部分在确定设备外绝缘的要求耐受电压时，仅考虑了空气密度的影响。即：

$$K_t = \left(\frac{p}{p_0} \right)^m$$ ················（B.1）

式中：

p ——设备安装地点的大气压力，kPa；

p_0 ——标准参考大气压力 101.3 kPa；

m ——空气密度修正指数（具体取值见 GB/T 16927.1）。

实际经验表明（参见 IEC 60721-2-3），气压随海拔高度呈指数下降。因此外绝缘电气强度也随海拔高度呈指数下降，于是在确定设备外绝缘绝缘水平时，可按式（B.2）进行海拔修正：

$$K_a = e^{q \frac{H}{8\,150}}$$ ···············（B.2）

式中：

H ——设备安装地点的海拔高度，m；

q ——指数，取值如下：

　　——对雷电冲击耐受电压，$q=1.0$；

　　——对空气间隙和清洁绝缘子的短时工频耐受电压，$q=1.0$；

　　——对操作冲击耐受电压，q 按图 B.1 选取。

注：指数 q 取决于包括在设计阶段未知的最小放电路径在内的各种参数。但是，作为绝缘配合的目的，图 B.1 中给出了 q 的保守估算，可用作操作冲击耐受电压的修正。

对污秽绝缘子，指数 q 是探讨性的。对长时间和短时工频耐受电压试验标准绝缘子的 q 值最低可取至 0.5，防雾型绝缘子 q 值最高可取至 0.8。

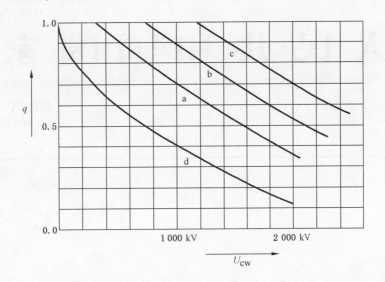

说明：

a——相对地绝缘；

b——纵绝缘；

c——相间绝缘；

d——棒-板间隙（标准间隙）。

注：对于由两个分量组成的电压，电压值是各分量的和。

图 B.1　指数 q 与配合操作冲击耐受电压的关系

　　本部分中外绝缘的要求耐受电压是将配合耐受电压乘以海拔修正因数 K_a 以及安全因数 K_s 来求得的。对外绝缘 K_s，GB/T 311.2—2002 规定为 1.05，由此，设备外绝缘的实际耐受电压不应低于按以上修正后的要求耐受电压。

B.2　运行在海拔低于 1 000 m 的设备

　　本部分给出的额定耐受电压是基于设备运行条件为正常环境条件。设备的额定绝缘水平已按 3.1 及 3.2 规定的使用条件（即海拔 1 000 m，温度 40 ℃）进行了修正，因此，额定耐受电压范围已涵盖所有海拔 1 000 m 及以下的外绝缘要求。

B.3　运行在海拔高于 1 000 m 的设备

　　对于设备安装在海拔高度高于 1 000 m 时，本部分规定的耐受电压范围可能不满足设备外绝缘实际耐受电压的要求。此时，在进行设备外绝缘耐受电压试验时，实际施加到设备外绝缘的耐受电压应根据表 2 和表 3 的额定绝缘水平按公式（B.3）进行海拔修正：

$$K_a = e^{q\left(\frac{H-1\,000}{8\,150}\right)} \quad\quad\cdots\cdots\cdots\cdots\cdots\cdots\cdots\cdots\cdots\text{（ B.3 ）}$$

式中：

　　H ——设备安装地点的海拔高度，m；

　　q ——取值如 B.1 之规定。

ICS 29.080.30
K 40

中华人民共和国国家标准

GB/T 311.2—2013
代替 GB/T 311.2—2002

绝缘配合 第2部分：使用导则

Insulation co-ordination—Part 2：Application guide

（IEC 60071-2：1996，MOD）

2013-02-07 发布
2013-07-01 实施

中华人民共和国国家质量监督检验检疫总局
中国国家标准化管理委员会 发布

前　言

GB 311《绝缘配合》已经或计划发布以下部分：
——第 1 部分:定义、原则和规则;
——第 2 部分:使用导则;
——第 3 部分:高压直流换流站绝缘配合程序;
——第 4 部分:电网绝缘配合及其模拟的计算导则。

本部分为 GB 311 的第 2 部分。

本部分按照 GB/T 1.1—2009 和 GB/T 20000.2—2009 给出的规则起草。

本部分代替 GB/T 311.2—2002《绝缘配合　第 2 部分:高压输变电设备的绝缘配合使用导则》。

本部分结合最新修订的 GB 311.1—2012 在主要技术内容上与 IEC 60071-2:1996 等效,并结合我国实际进行补充和修改。

本部分与 GB/T 311.2—2002 相比,除编辑性修改外主要技术变化如下:
——将"电压修正因数 K_{vc}"改为"确定性配合因数 K_{cd}",并更改了绝缘配合程序内容(见 5.3);
——删除了"为保证整套装置满足规定的冲击耐受电压的空气间隙"附录;
——绝缘配合程序的计算示例中增加了 1 100 kV 设备的绝缘配合程序和绝缘水平算例(见附录 G)。

本部分修改采用 IEC 60071-2:1996《绝缘配合　第 2 部分:使用导则》,与 IEC 60071-2:1996 标准的技术性差异及其原因如下:
——根据我国实际情况在"缓波前过电压"中增加"弧光接地过电压"(见 4.3.3);
——为了便于指导应用,在"绝缘配合程序"中增列了"绝缘配合方法的选用"的说明(见 5.3);
——由于海拔修正已在 GB 311.1—2012 中做了规定,因此本部分中不再说明;
——给出我国变电站实际接线方式图(见 8.1 图 10);
——取我国典型设备最高电压 550 kV 作为"线路合闸和重合闸产生的代表性缓波前过电压的确定"的"数值算例"(见 C.5);
——取我国四个典型的设备最高电压:12 kV、252 kV、550 kV 和 1 100 kV 作为绝缘配合程序计算示例(见附录 G);
——因 GB 311.1 仅是输变电设备的绝缘配合,且架空线路的绝缘配合已有标准,故本部分未考虑架空线路的绝缘配合,这与 GB 311.1—2012 一致。

本部分与 IEC 60071-2:1996 的上述主要差异涉及的条款已通过在其外侧页边空白位置的垂直单线(|)进行了标示。

本部分由中国电器工业协会提出。

本部分由全国高电压试验技术和绝缘配合标准化技术委员会(SAC/TC 163)归口。

本部分负责起草单位:西安高压电器研究院有限责任公司、国网电力科学研究院。

本部分参加起草单位:国家绝缘子避雷器质量监督检验中心、国家电力电容器质量监督检验中心、西安交通大学、中国电力科学研究院、昆明电器科学研究院、国网直流工程建设有限公司、南方电网技术研究中心、机械工业高压电器产品质量检测中心(沈阳)、陕西电力科学研究院、湖北省电力试验研究院、西安西电开关电气有限公司、新东北电气(沈阳)高压开关有限公司、河南平高电气股份有限公司、西安西电变压器有限责任公司、深圳电气科学研究所、桂林电力电容器有限责任公司、湖北省电力公司生产技术部、苏州华电电气股份有限责任公司、江西省电力科学研究院、西门子(中国)有限公司。

本部分主要起草人:王建生、谷定燮、崔东、周沛洪、贾涛、戴敏、王新霞、蔺跃宏。

本部分参加起草人:王亭、王森、杨左、肖敏英、廖学理、马为民、赵磊、周琼芳、郭洁、左强林、邓万婷、吕金壮、蔡汉生、黄莹、葛栋、殷晶辉、李银行、邓永辉、张姝、吴文海、李新春、阎关星、曾其武、卢军、程正、张鹏、佘青、古龙江。

GB/T 311 的本部分所代替标准的历次版本发布情况为:

——GB/T 311.2—1988、GB/T 311.2—2002。

绝缘配合　第2部分:使用导则

1　范围

GB/T 311 的本部分将为正确执行 GB 311.1—2012《绝缘配合　第1部分:定义、原则和规则》提供指导,以便经济合理地确定三相交流电力系统中输变电设备或成套装置的额定耐受电压、选取相应于设备最高电压 U_m 的标准绝缘水平。

本部分与 GB 311.1—2012 相对应,适用于高压交流输变电设备的相对地绝缘、相间绝缘和纵绝缘,并按设备最高电压分为两个范围,即范围Ⅰ和范围Ⅱ。

与设备最高电压的关联性仅是为了绝缘配合的目的,本部分不包括对人员安全的要求。

本部分适用于标称电压为 1 kV 以上的三相交流系统,给出或推荐的数值一般也仅适用于这些系统。但是,提供的基本原则对两相和单相电力系统也是适用的。在导则中强调结合具体工程研究绝缘配合,以合理确定绝缘水平的必要性,这对范围Ⅱ的设备更有意义。

本部分不考虑例行试验,有关例行试验由相关设备委员会规定。

本部分的内容严格遵循 GB 311.1—2012 给出的绝缘配合的程序(GB 311.1—2012 中图 1)。本部分第 2 章至第 5 章与 GB 311.1—2012 图 1 中相应的框格对应,给出了如何掌握绝缘配合程序原则的详细信息,求取要求耐受电压。

本部分强调,在绝缘配合程序的最初阶段,必须充分考虑到运行中作用电压的所有起因、分类以及类型,与设备最高电压的范围(范围Ⅰ、范围Ⅱ)无关。只有在程序的最后阶段,在选取标准(额定)耐受电压时,采用了用标准耐受电压涵盖特殊运行作用电压的原则,给出了 GB 311.1—2012 中标准绝缘水平与设备最高电压之间的对应关系。

附录中给出了支撑标准正文阐述的原则或解释所需的实例和详细信息以及采用的基本分析技术。

2　规范性引用文件

下列文件对于本部分的应用是必不可少的。凡是注日期的引用文件,仅注日期的版本适用于本部分。凡是不注日期的引用文件,其最新版本(包括所有的修改单)适用于本部分。

GB 311.1—2012　绝缘配合　第1部分:定义、原则和规则(IEC 60071-1:2006 和 IEC 60071-1 1 号修订:2010,MOD)

GB/T 772　高压绝缘子瓷件　技术条件

GB/T 7327　交流系统用碳化硅阀式避雷器

GB 11032　交流无间隙金属氧化物避雷器(GB 11032—2010,IEC 60099-4:2006,MOD)

GB/T 16927.1—2011　高电压试验技术　第1部分:一般定义和试验要求(IEC 60060-1:2010,MOD)

GB/T 26218.1　污秽条件下使用的高压绝缘子的选择和尺寸确定　第1部分:定义、信息和一般原则(GB/T 26218.1—2010,IEC/TS 60815-1:2008,MOD)

GB/T 28182　额定电压 52 kV 及以下带串联间隙避雷器(GB/T 28182—2011,IEC 60099-6:2002,MOD)

3 符号及定义

本部分使用了下列符号和定义。符号后面括号中的是单位,无量纲的量用(—)表示。

A	(kV)	表征雷电影响的参数,对设备的严酷程度取决于连接到设备的架空线的类型
a_1	(m)	连接避雷器至线路的引线长度
a_2	(m)	连接避雷器至地的引线长度
a_3	(m)	避雷器和被保护的设备之间的相导线的长度
a_4	(m)	避雷器本体有效部分的长度
B	(—)	描述相间放电特性时使用的因数
C_e	(nF)	变压器一次绕组的对地电容
C_s	(nF)	变压器一次绕组的串联电容
C_2	(nF)	变压器二次绕组的对地电容
C_{12}	(nF)	变压器一次和二次绕组间的电容
C_{1in}	(nF)	三相变压器端子的等值入口电容(见附录 D)
C_{2in}	(nF)	三相变压器端子的等值入口电容(见附录 D)
C_{3in}	(nF)	三相变压器端子的等值入口电容(见附录 D)
c	(m/μs)	光速
c_f	(p.u.)	地线和架空线路的相导线之间的电压耦合因数
E_0	(kV/m)	土壤电离场强
F		表示过电压幅值累积分布的函数,$F(U)=1-P(U)$。见附录 C.3
f		表示过电压幅值的概率密度函数
g	(—)	容性传递冲击波的系数
H	(m)	海拔高度
h	(—)	经变压器传递冲击波的工频电压因数
H_t	(m)	离地面的高度
I	(kA)	雷电流幅值
I_g	(kA)	塔基电阻计算中雷电流的限值
J	(—)	经变压器感性传递冲击波的绕组因数
K	(—)	考虑间隙结构对电气强度影响的间隙因数
K_t	(—)	大气修正因数[参见 GB 311.1—2012,4.28]
K_a	(—)	海拔修正因数[参见 GB 311.1—2012,4.29]
K_c	(—)	配合因数[参见 GB 311.1—2012,4.25]
K_s	(—)	安全因数[参见 GB 311.1—2012,4.30]
K_{cd}	(—)	确定性配合因数
K_{co}	[μs/(kVm)]	电晕阻尼常数
K_{cs}	(—)	统计配合因数
K_{ff}^+	(—)	正极性快波前冲击波的间隙因数
K_{ff}^-	(—)	负极性快波前冲击波的间隙因数
k	(—)	接地故障因数[参见 GB 311.1—2012,4.15]
L	(m)	避雷器和被保护设备间的距离
L_a	(m)	跳闸率等于可接受的故障率的架空线长度(与 R_a 有关)

L_t	(m)	雷电跳闸率等于变电站预设故障率的架空线长度（与 R_t 有关）
L_{sp}	(m)	档距
M	(—)	同时受过电压作用的并联绝缘的数目
N	(—)	自恢复绝缘的 U_{50} 和 U_0 间的标准偏差数值
n	(—)	估算侵入波过电压幅值时所考虑的接到变电站的架空线数目
P	(%)	自恢复绝缘的放电概率
P_w	(%)	自恢复绝缘的耐受概率
q	(—)	外绝缘耐受用大气修正因数计算公式中的指数
q_r	(—)	用于感性传递冲击波的变压器绕组的响应因数
R	(—)	故障风险率（每一事件的故障）
R_a	(1/a)	设备可接受的故障率。对于输电线路，此参数通常用(1/a)/100 km 来表示
R_{hc}	(Ω)	大电流下的塔基电阻值
R_{km}	[1/(m·a)]	用于设计对应变电站前 1 km 架空线每年的跳闸率
R_f	(1/a)	临界距离内对架空线杆塔和屏蔽地线的雷击率
R_{lc}	(Ω)	小电流下的塔基电阻值
R_p	(1/a)	架空线的绕击率
R_{sf}	(1/a)	架空线的绕击闪络率
R_t	(1/a)	雷电过电压下变电站的预设故障率
R_u	(kV)	在 U^+/U^- 平面上表示相-相-地缓波前过电压的圆半径
R_0	(Ω)	零序电阻
R_1	(Ω)	正序电阻
R_2	(Ω)	负序电阻
S	(kV/μs)	侵入变电站的雷电冲击波的陡度
S_e	(kV)	相对地过电压分布的标准偏差
S_p	(kV)	相间过电压分布的标准偏差
S_{rp}	(kV/μs)	侵入变电站的雷电冲击波的典型陡度
s_e	(—)	标准偏差 S_e 的归一化值（S_e 相对于 U_{e50}）
s_p	(—)	标准偏差 S_p 的归一化值（S_p 相对于 U_{p50}）
T	(μs)	雷电冲击的传播时间
U	(kV)	过电压(或电压)的幅值
U^+	(kV)	相间绝缘试验的正极性操作冲击波分量
U^-	(kV)	相间绝缘试验的负极性操作冲击波分量
U_0	(kV)	自恢复绝缘的放电概率函数 $P(U)$ 的截断值：$P(U \leqslant U_0)=0$
U_0^+	(kV)	用于表示最苛刻的相间过电压的等值正极性相对地分量
U_{1e}	(kV)	变压器一次绕组中性点处的对地暂时过电压
U_{2e}	(kV)	变压器二次绕组中性点处的对地暂时过电压
U_{2N}	(kV)	变压器二次绕组的额定电压
U_{10}	(kV)	自恢复绝缘的 10% 放电电压值，即 GB 311.1—2012 中规定的绝缘的统计耐

受电压

U_{16}	(kV)	自恢复绝缘的 16% 放电电压值
U_{50}	(kV)	自恢复绝缘的 50% 放电电压值
U_{50M}	(kV)	M 个并联自恢复绝缘的 50% 放电电压值
U_{50RP}	(kV)	棒-板间隙的 50% 放电电压值

U_c^+	(kV)	定义表示相-相-地缓波前过电压的圆心的正极性分量
U_c^-	(kV)	定义表示相-相-地缓波前过电压的圆心的负极性分量
U_{cw}	(kV)	设备的配合耐受电压[参见 GB 311.1—2012,4.24]
U_e	(kV)	相对地过电压幅值
U_{et}	(kV)	相对地过电压的累积分布 $F(U_e)$ 的截断值:$F(U_e \geqslant U_{et})=0$;见附录 C.3
U_{e2}	(kV)	2%概率超过相对地过电压的值:$F(U_e \geqslant U_{e2})=0.02$;见附录 C.3
U_{e50}	(kV)	相对地过电压的累积分布 $F(U_e)$ 的50%值;见附录 C.3
U_1	(kV)	雷电过电压侵入冲击波的幅值
U_m	(kV)	设备最高电压[参见 GB 311.1—2012,4.10]
U_p	(kV)	相间过电压的幅值
U_{p2}	(kV)	2%概率超过相间过电压的值:$F(U_p \geqslant U_{p2})=0.02$;见附录 C.3
U_{p50}	(kV)	相间过电压的累积分布 $F(U_p)$ 的50%值;见附录 C.3
U_{rw}	(kV)	要求耐受电压[参见 GB 311.1—2012,4.27]
U_s	(kV)	系统最高电压[参见 GB 311.1—2012,4.9]
U_w	(kV)	标准(额定)耐受电压[参见 GB 311.1—2012,4.34]
U_{ws}	(kV)	统计耐受电压
U_{pl}	(kV)	避雷器的雷电冲击保护水平[参见 GB 311.1—2012,4.21]
U_{ps}	(kV)	避雷器的操作冲击保护水平[参见 GB 311.1—2012,4.21]
U_{pt}	(kV)	相间过电压的累积分布 $F(U_p)$ 的截断值:$F(U_p \geqslant U_{pt})=0$;见附录 C.3
U_{rp}	(kV)	代表性过电压幅值[参见 GB 311.1—2012,4.19]
U_{T1}	(kV)	作用在变压器一次绕组上的过电压经传递在二次绕组上产生的过电压
U_{T2}	(kV)	作用在变压器二次绕组上的过电压经传递在一次绕组上产生的过电压
u	(p.u.)	以 $U_s\sqrt{2}/\sqrt{3}$ 为基准值的过电压(或电压)幅值的标幺值
w	(—)	变压器二次对一次相间电压的比值
X	(m)	雷击点和变电站之间的距离
X_p	(km)	限定的架空线距离,必须考虑此距离内的雷击事件
X_T	(km)	在简化雷电过电压计算中使用的架空线长度
X_0	(Ω)	系统的零序电抗
X_1	(Ω)	系统的正序电抗
X_2	(Ω)	系统的负序电抗
x	(—)	自恢复绝缘的放电概率函数 $P(U)$ 中的归一化变量
x_M	(—)	M 个并联自恢复绝缘的放电概率函数 $P(U)$ 中的归一化变量
Z	(kV)	自恢复绝缘的放电概率函数 $P(U)$ 的标准偏差
Z_0	(Ω)	零序阻抗
Z_1	(Ω)	正序阻抗
Z_2	(Ω)	负序阻抗
Z_e	(Ω)	架空地线的波阻抗
Z_L	(Ω)	架空线的波阻抗
Z_M	(kV)	M 个并联自恢复绝缘的放电概率函数 $P(U)$ 的标准偏差
Z_s	(Ω)	变电站相导线的波阻抗
z	(—)	表示 U_{50} 的标准偏差 Z 的归一化值
a	(—)	负极性操作冲击分量与相间过电压的正负两个分量之和的比值
β	(kV)	维泊尔累积函数的尺度参数

δ	(kV)	维泊尔累积函数的截断值
Φ		高斯积分函数
ϕ	(—)	相间绝缘特性的倾角
γ	(—)	维泊尔累积函数的形状参数
σ	(p.u.)	过电压分布标准偏差(S_e 或 S_p)的标幺值
ρ	(Ωm)	土壤电阻率
τ	(μs)	由于架空线上反击引起的雷电过电压的波尾时间常数

4 运行中的代表性作用电压

4.1 作用电压的起源和分类

在 GB 311.1—2012 中,作用电压按它们对绝缘或保护装置的影响,根据适当的参数分类,如工频电压的持续时间或过电压波形。这些类型的作用电压有几种起源:

——持续(工频)电压:起源于正常运行条件下的系统运行。

——暂时过电压:起源于故障、操作(如甩负荷)、谐振、非线性谐振(如铁磁谐振)或它们的组合。

——缓波前过电压:起源于故障、操作或雷电直击架空线路导线。

——快波前过电压:起源于操作、雷击或故障。

——特快波前过电压:起源于气体绝缘变电站(GIS)的故障或操作。

——联合过电压:可为上述任意一种起源。它发生于系统的相间(相对相),或系统同一相的不同部分(纵向)之间。

除联合过电压外,上述所有的过电压都将在 4.3 中作为单独条款进行讨论。联合过电压在这些条目的适当位置给出。

在各类作用电压中,宜考虑通过变压器的传递电压(参见附录 D)。

一般说来,各类过电压在电压范围Ⅰ和范围Ⅱ中都可能存在。然而,经验表明,在特定的电压范围内,某些类型的电压更为重要,这将在本部分中给出。应该指出,无论情况如何,只有使用系统及过电压限制装置特性的适当模型,通过详细研究才能获得对作用电压(峰值和波形)的深刻了解。

4.2 过电压保护装置的特性

4.2.1 一般说明

——标准化的保护装置:无间隙金属氧化物避雷器,见 GB 11032;

——有串联间隙的避雷器,见 GB/T 7327。

注1:碳化硅阀式避雷器目前仍有少量在使用,制造厂已不生产,本部分不再考虑。

注2:额定电压 52 kV 及以下带串联间隙金属氧化物避雷器,见 GB/T 28182。

此外,尽管我国及 IEC 中没有标准规定,火花间隙可作为替代性过电压限制装置。当使用其他类型的保护装置时,制造厂必须给出它们的保护性能,或通过试验确定。不同保护程度的保护装置的选取取决于多种因素,如被保护设备的重要性、运行中断的后果等。它们的特性将从绝缘配合的角度加以考虑,它们的影响将在涉及各种过电压的条款中给出。

为限制被保护设备上的过电压幅值,应设计和安装保护装置,以使在动作时保护装置和连线上的电压不超过可接受值。首要一点是在确定避雷器保护特性时必须考虑避雷器动作前和动作期间其两端间产生的电压。

4.2.2 无间隙金属氧化物避雷器

这种避雷器及其特性详见 GB 11032。

4.2.2.1 对快波前过电压的保护特性

金属氧化物避雷器的保护特性由下述电压确定：
——陡波前冲击电流下的残压；
——雷电冲击电流下的残压。
用于绝缘配合的雷电冲击保护水平取为选定标称放电电流下的最大残压。

4.2.2.2 对缓波前过电压的保护特性

用规定操作冲击电流下的残压来表征避雷器的保护特性。
用于绝缘配合目的的避雷器的操作冲击保护水平取为规定操作冲击电流下的最大残压。
这样估算保护水平给出的是代表一般可接受的近似值。金属氧化物避雷器保护性能的更详细信息可参见 GB 11032。

4.2.3 有串联间隙的避雷器

这种避雷器及其特性的定义参见 GB/T 28182，包括额定电压 52 kV 及以下交流配电系统用瓷外套或复合外套带内部串联间隙的金属氧化物避雷器。
额定电压 52 kV 及以下带内部串联间隙避雷器的保护特性由下述电压确定。

4.2.3.1 对快波前过电压的保护特性

——陡波前冲击电流下的残压和波前放电电压；
——雷电冲击电流下的残压和 1.2/50 μs 冲击放电电压。

4.2.3.2 对缓波前过电压的保护特性

用规定操作冲击电流下的残压和操作冲击放电电压来表征避雷器的保护特性。
一般情况下，将两个值中较大的一个作为保护特性，在绝缘配合设计程序中采用这个最大值。

4.2.4 火花间隙

火花间隙是由跨接在被保护设备两端的敞开式空气间隙构成的保护装置。火花间隙一般不用于 U_m 等于或大于 126 kV 的系统。间隙调整通常须综合考虑可靠保护和火花间隙动作的后果。
过电压保护特性由间隙在几种电压波形下的伏秒特性、放电电压分散性以及它的极性效应决定。因为没有标准，所以这些特性应由制造厂提供，或由用户根据自己的规范确定。
注：由于过电压特性，对有绕组的绝缘需考虑快速电压跌落和可能的后果。

4.3 代表性电压和过电压

4.3.1 持续（工频）电压

正常运行条件下，预计工频电压幅值会有一定变化，且系统各节点间也有差异。然而，从绝缘设计和绝缘配合的目的来说，代表性持续工频电压应视为恒定，并等于系统最高电压。实际上，对 72.5 kV 及以下的等级，系统最高电压 U_s 会低于设备最高电压 U_m，而随着电压等级提高，两个值会趋于相等。

4.3.2 暂时过电压

4.3.2.1 概述

暂时过电压的特性由其幅值、波形和持续时间确定。所有参数均取决于过电压的起源，在过电压持续时间内,其幅值和波形可能会产生变化。

就绝缘配合的目的来说,代表性暂时过电压波形可视为标准的短时(1 min)工频电压。其幅值可用一个值(假定最大值)、一组峰值或完整的峰值统计分布表示。选取代表性暂时过电压的幅值时应考虑:

——运行中实际过电压的幅值和持续时间;

——绝缘的工频幅值/持续时间耐受特性。

如后一特性未知,为简化起见,幅值可取为等于运行中持续时间小于 1 min 的实际最高过电压,持续时间可取为 1 min。

特殊情况下,可采用统计配合法,用运行中预期的暂时过电压的幅值/持续时间分布频率来表述代表性过电压。

4.3.2.2 接地故障

单相对地故障可能产生影响另外两相的相对地过电压。通常不产生相间或纵绝缘过电压。过电压波形是工频电压波形。

过电压幅值取决于系统中性点接地方式和故障位置。附录 A 给出了确定它们的导则。常规系统结构下,代表性过电压的幅值宜假定等于其最大值。非常规系统结构,例如在常规中性点接地的系统中,部分系统中性点不接地,则应考虑该部分失去中性点接地与接地故障同时发生的概率,应单独处理。

过电压持续时间是与故障持续时间相对应的(直至故障切除)。在中性点接地系统,该时间一般小于 1 s。在有故障切除的中性点谐振接地系统,该时间一般小于 10 s。无故障切除的系统,持续时间可达数小时。这种情况下,可能必须将持续工频电压规定为接地故障期间的暂时过电压值。

注：要注意,接地故障发生期间,健全相可能出现的工频最高电压不仅取决于接地故障因数,还取决于故障时的运行电压值,它一般可取为系统最高电压 U_s。

4.3.2.3 甩负荷

甩负荷产生的相对地及纵向暂时过电压取决于甩掉的负荷大小、分断后的系统结构以及电源特性(变电站短路容量、发电机转速和电压调节等)。

若三相对地的电压升高相同,则出现的各相对地和相间过电压也相同。在长线路远端甩负荷的情况下,这种升高(Ferranti 效应)可能特别重要,它主要作用于远端变电站分闸的线路断路器的线路侧电器设备。

纵向暂时过电压取决于网络分断后两侧的相位差,最不利的可能情况是反相。

注：从过电压观点看,宜对各种系统结构类型作区分。例如,可考虑下列极端情况:
* 系统中的线路较短,变电站短路容量较大,因而产生的过电压较低;
* 系统中的线路很长,发电机处短路容量很小,超高压线路的建设初期往往是这种情况,这种系统如突然在线路末端甩掉很大负荷;则会产生非常高的过电压。

分析暂时过电压时,建议考虑以下情况(其中基准电压 1.0 p.u. 等于 $U_s\sqrt{2/3}$):

——中等分布的系统中,完全甩负荷导致的相对地过电压幅值通常低于 1.2 p.u.。过电压持续时间取决于电压控制设备的动作,可达几分钟。

——分布很广的系统中,完全甩负荷后,相对地过电压可达 1.5 p.u.,如产生 Ferranti 效应和谐振效应,甚至会更高。其持续时间约为数秒。

——如甩掉侧仅为静态负荷,纵向暂时过电压通常等于相对地过电压。在甩掉侧有电动机和发电机的系统中,电网解列可产生由两个相位相反的相对地过电压分量组成的纵向暂时过电压,其最大值通常低于 2.5 p.u.(对特殊情况,如分布很广的高压系统,可观测到更高值)。

4.3.2.4 谐振和铁磁谐振

有大容性元件(线路、电缆、串联补偿线路)和有非线性激磁特性的感性元件(变压器、并联电抗器)

的回路合闸,或甩负荷,因谐振和铁磁谐振会产生暂时过电压。

因谐振现象产生的暂时过电压可达到极高值。应通过4.3.2.7推荐的措施予以预防或加以限制。因此,通常不应把谐振过电压作为选择避雷器额定电压或绝缘设计的基础,除非这些预防或限制措施不够充分(见4.3.2.8)。

4.3.2.5 同期操作期间的纵向过电压

代表性纵向暂时过电压可从运行中预期过电压求得,其幅值等于两倍相对地运行电压,持续时间为数秒到几分钟。

此外,如果同期操作很频繁,则应考虑发生接地故障的概率和其产生的过电压。这种情况下,代表性过电压幅值为一端上的接地故障过电压的假定最大值与另一端上的反相持续运行电压值之和。

4.3.2.6 暂时过电压起因的组合

只有在仔细研究了不同起因的暂时过电压同时发生的概率后,才能将暂时过电压起因组合。因为组合可导致选择更高的避雷器额定值,从而升高了保护水平和绝缘水平,所以只有不同起因的暂时过电压同时发生概率足够高时,这样做在技术和经济上才是合理的。

a) 接地故障加甩负荷

在线路接地故障期间,若负荷侧断路器首先分闸,切断负荷导致仍处于接地故障中的系统产生甩负荷过电压,直至电源侧断路器分闸,则可存在接地故障与甩负荷的组合。

甩掉负荷后的系统产生的暂时过电压又导致后续接地故障,也可能存在接地故障与甩负荷过电压的组合。然而因负荷变化产生的过电压本身就很低,且后续故障只有在极端条件下(如重污秽)才会发生,这种事件的概率很小。

如线路接地故障后断路器分闸失败,则这种组合也可能发生。其概率尽管很低却不可忽视,因为这些事件在统计上并不是孤立的。发生这种情况时,会使发电机通过变压器连至故障长线,从而在健全相产生相当高的过电压,该过电压由缓波前瞬态和变化的长时间暂时过电压组成,该暂时过电压是发电机特性和调速器—调压器作用的函数。

如果认为这种组合是可能的,则建议进行系统研究。如果不进行这种研究,则会使人们认为必须将这些过电压组合起来,但这样做是过于保守了,其理由如下:

——涉及甩负荷过电压时,其接地故障因数改变了。

——负荷变化后系统接线变化了。例如,中性点接地的发电机变压器在与系统脱离后,它的接地故障因数小于1。

——对系统变压器,失去全部额定负荷是少见的。

b) 其他组合

因为谐振现象应该避免,所以谐振现象与其他起因的组合只作为谐振的附加结果考虑。然而,在某些系统中,并不能简单地避免谐振现象,对这样的系统,必须进行详细研究。

4.3.2.7 暂时过电压的限制

a) 接地故障过电压。接地故障过电压取决于系统参数,只有在系统设计阶段通过合理选取系统参数来控制。在中性点接地系统中,过电压幅值通常不太严重。然而也有例外,在中性点接地系统中处于异常情况的一部分(变压器中性点不接地)可能与系统分离。这种情况下,在分离部分,为控制产生高幅值过电压的接地故障持续时间,可通过开关和火花间隙将这些中性点快速接地,或特殊选择的中性点避雷器,其本身在过电压下击穿能将中性点短路。

b) 负荷突变。这类过电压可用并联电抗器、串联电容器或静止补偿器控制。

c) 谐振和铁磁谐振。这类过电压可通过改变系统结构或用阻尼电阻使系统偏离谐振频率的方法限制。

4.3.2.8 暂时过电压的避雷器保护

考虑到避雷器的能量吸收能力,通常根据预期暂时过电压的包络线选择避雷器额定电压。一般来说,对范围Ⅱ,使避雷器额定值与暂时过电压的匹配更为重要,因为该范围内的裕度低于范围Ⅰ。通常,避雷器在暂时过电压作用下的通流能力由制造厂提供的幅值/持续时间特性表示。

就使用目的来说,避雷器并不能限制暂时过电压。但一部分因谐振而引起的暂态过电压是个例外,避雷器可限制这种过电压。在这种使用情况下,应详细研究避雷器承受的热效应,以避免过热。

4.3.3 缓波前过电压

4.3.3.1 概述

缓波前过电压的波前时间为数十到数千微秒,波尾时间的数量级相同,且实际是振荡的。它一般起源于:

——弧光接地过电压[1];
——线路合闸和重合闸;
——故障和故障切除;
——甩负荷;
——开合容性或感性电流;
——远方雷击架空线路导线。

代表性作用电压的特性为:

——代表性电压波形;
——代表性电压幅值,它可以是设定的最大过电压,也可为过电压幅值的概率分布。

代表性电压波形是标准操作冲击[波前时间(到峰值时间)为 250 μs,半峰值时间为 2 500 μs]。代表性电压幅值可认为是与实际波前时间无关的过电压幅值。然而,在范围Ⅱ的某些系统,会产生波前非常长的过电压,求取代表性幅值时应将波前时间对绝缘强度的影响考虑在内。

无避雷器动作时过电压的概率分布特性用其 2% 值、偏差和截断值表示。尽管不是完全适用,但在 50% 值和截断值之间的概率分布可用高斯分布来近似。截断值以上的值可认为不存在。作为替代,也可使用修正的维泊尔(Weibull)分布(参见附录 B)。

代表性过电压的设定最大值等于过电压截断值(见 4.3.3.1~4.3.3.6),或避雷器操作冲击保护水平(见 4.3.3.9),取其中的较低值。

4.3.3.2 弧光接地过电压

由于接地电弧的不稳定燃烧,故障相重复接地所导致的过电压。

4.3.3.3 线路合闸和重合闸产生的过电压

三相线路合闸和重合闸会在线路三相中均产生操作过电压。因此,每次投切操作都会产生三个相对地及相应的三个相间的过电压[1]。

估算实际应用中的过电压时,引入了几个简化。关于每次操作的过电压倍数,使用两种方法:

——相峰值法(phase-peak method):每次投切操作中,每个相对地或每个相间过电压的最高峰值都包含在过电压概率分布内,即每次操作给代表性过电压概率分布提供三个峰值。因此假定每相的三个绝缘:相对地、相间和纵绝缘的过电压分布都是相同的。
——事件峰值法(case-peak method):每次投切操作中,所有三相对地或三相间过电压的最高峰值

---

1) 采标说明:根据我国实际情况增加此类过电压。

包含在过电压概率分布内,即每次操作对代表性过电压概率分布提供一个值。因此这种分布适用于各种绝缘类型的任一种。

线路合闸产生的过电压幅值取决于多种因素,包括断路器类型(有无合闸电阻)、合闸操作的母线侧系统特性和短路容量、被合闸线路的补偿特性及线路长度、线路末端的类型(开路、变压器、避雷器)等。

线路三相重合闸会因线路残余电荷产生很高的缓波前过电压。重合闸时,线路上维持的过电压(由残余电荷引起)幅值可高达暂时过电压峰值。该残余电荷的泄放取决于仍与线路连接的设备、绝缘子表面的导电率以及导线的电晕情况和重合闸时间。

正常系统中,单相重合闸过电压不会产生高于合闸过电压。然而,对谐振效应或 Ferranti 效应很显著的线路,单相重合闸会产生高于三相合闸过电压。

过电压幅值概率的正确分布只能用计算机或暂态分析仪等进行投切操作的详细模拟获得,图 1 所示的典型值只应视为一个粗略的导则。所有考虑都是针对线路开路端(受端)过电压的。送端过电压明显低于开路端过电压。由于附录 C 所述的理由,图 1 既可用于相峰值法,也可用于事件峰值法。

a) 相对地过电压

估算代表性过电压概率分布的步骤在附录 C 给出。

作为粗略导则,图 1 说明了相对地之间没有避雷器限制过电压时,预期的 2% 过电压值(以 $U_s\sqrt{2/3}$ 为基准的标幺值)的范围[5]。图 1 数据的依据是大量现场结果和研究,包括了对确定过电压有影响的大部分因素。

图 1 宜用来表明某种情况下过电压是否高得足以产生问题。如果确实存在问题,则图中过电压值的范围表明了过电压可被限制到何种程度。为此需进行详细研究。

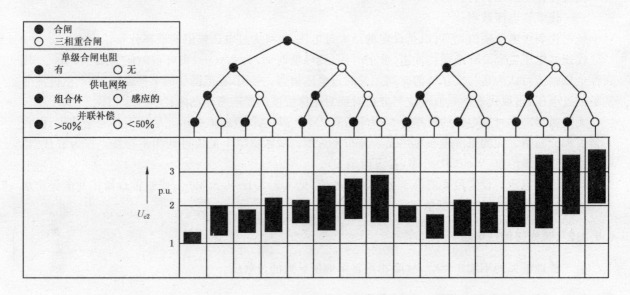

图 1　由于线路合闸和重合闸在线路受端处产生的 2% 缓波前过电压的范围

b) 相间过电压

评估相间过电压时,需补充一些附加参数。因为相间绝缘对给定相间过电压值的两个相对地分量的大小很敏感,特定时刻的选取应考虑绝缘特性。已选取了两个时刻:

● 相间过电压峰值时刻:该时刻给出相间过电压的最大值。它代表所有绝缘结构受到最大的作用电压。此时相间绝缘强度对相对地分量的大小不敏感。典型例子是绕组间绝缘或短空气间隙。

● 相对地过电压峰值时刻相对应的相间过电压:尽管该时刻给出的相间过电压低于相间过电压峰值,但它对那些相间绝缘强度受相对地分量大小影响的绝缘结构却可能更严苛。

如长空气间隙,相对地过电压为正极性峰值时最严苛;气体绝缘变电站(三相封闭式),相对地过电压为负极性峰值时最严苛。

相间过电压统计特性和属于两个时刻的电压值间的关系在附录C中描述。结论是除电压范围Ⅱ的空气间隙外,对所有绝缘类型来说,代表性相间过电压都等于相间过电压峰值。对电压范围Ⅱ的空气间隙,特别是系统电压等于或大于500 kV时,代表性过电压宜由相对地和相间过电压的峰值确定,如附录C所述。

2%相间过电压值可从相对地过电压近似确定。图2是2%相间过电压和2%相对地过电压之比的可能范围。该范围的上限用于快速三相重合闸过电压,下限用于三相合闸过电压。

c) 纵向过电压

合闸和重合闸时,端子间的纵向过电压由一端的持续运行电压和另一端的操作过电压组成。在同步系统中,最高操作过电压和运行电压极性相同,纵向绝缘上的过电压低于相对地绝缘的过电压。

但非同步系统间的纵向绝缘可受到一个端子的合闸电压和另一端子的反极性正常运行电压峰值的作用。

对缓波前过电压分量,可采用有关相对地绝缘的同样原则。

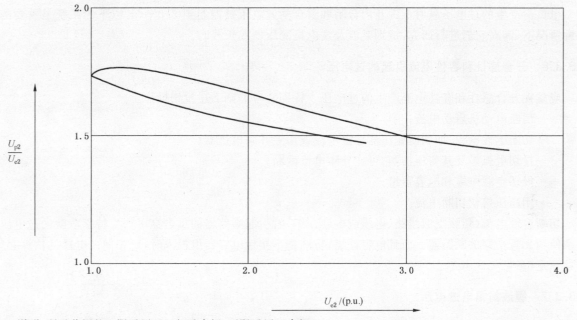

说明:所示范围的上限适用于三相重合闸,下限适用于合闸。

图2 2%相间和2%相对地缓波前过电压值的比值

d) 过电压设定最大值

如果没有使用避雷器保护,则合闸和重合闸过电压设定最大值为:

- 相对地过电压:截断值 U_{et};
- 相间过电压:截断值 U_{pt},对范围Ⅱ的外绝缘为按附录C确定的值,两者都再分为两个极性相反的相等分量;
- 纵向过电压:在一端合闸产生的相对地过电压截断值 U_{et} 和另一端正常运行电压的反极性峰值。

这样定义纵向过电压最大值是假定断路器两侧系统(通过并联回路)保持工频同步,因此纵向过电压不必再单独考虑重合闸情况(因为这种假定已把重合闸时的残余电荷影响考虑在内)。

4.3.3.4 故障和故障切除过电压

故障起始和故障切除可产生缓波前过电压,健全相电压从运行电压变为暂时过电压,而故障相电压则从零值返回运行电压。两种起因都仅产生相对地过电压。相间过电压可以忽略。设定代表性过电压最大值 U_{et} 的保守估计值如下:

——故障起始:$U_{et}=(2k-1)U_s\sqrt{2/3}$ （kV,峰值）

——故障切除:$U_{et}=2.0U_s\sqrt{2/3}$ （kV,峰值）

式中:

k——接地故障因数。

在电压范围 I,对变压器中性点绝缘或谐振接地系统,应考虑接地故障产生的过电压。这种系统中,接地故障因数约等于 $\sqrt{3}$。此时,绝缘配合可以设定最大过电压为依据,无需考虑其幅值分布。

在电压范围 II,当合闸和重合闸过电压被限制到 2.0 p.u. 以下时,如故障起始和故障切除过电压不是被控制到同一水平,则需要对它们进行仔细研究。

4.3.3.5 甩负荷引起的过电压

甩负荷产生的过电压只对范围 II 内合闸和重合闸过电压被控制到 2.0 p.u. 以下的系统是重要的。这种情况下,需对它们进行研究,特别是涉及发电机变压器或长线时。

4.3.3.6 开合感性和容性电流引起的过电压

应重视开合感性和容性电流产生的过电压。特别宜考虑到下述投切操作:

——切断电动机启动电流;

——切断感性电流,如切断变压器励磁电流或切除并联电抗器;

——投切电弧炉及其变压器,它可能导致电流截断;

——投切空载电缆和电容器组;

——用高压熔丝切断电流。

切断容性电流(切除空载线路、电缆或电容器组)时引起断路器的重击穿可产生特别危险的过电压,必须使用无重击穿的断路器。而且电容器组,特别是不接地电容器组投入时,对相间过电压的估算必须非常慎重(参见 4.3.4.3)。

4.3.3.7 缓波前雷电过电压

长线路(大于 100 km)系统中,缓波前雷电过电压起源于远方雷击导线。若雷电流很小,不会引起线路绝缘闪络,若雷击点与所考虑过电压的地点距离较远,则会产生缓波前雷电过电压。

由于雷电流半峰值时间很少超过 200 μs,不会产生对绝缘有危险的高幅值和长波前时间的过电压,因此缓波前雷电过电压对绝缘配合并不重要,并通常被忽略。

4.3.3.8 缓波前过电压的限制

限制线路缓波前(操作)过电压最常用的方法是在线路断路器上装合闸电阻。也可使用其他手段,如用相位控制和灭弧室跨接非线性电阻等限制线路合闸和投切容性和感性电流产生的过电压。

采用并联电抗器补偿长线路,可降低工频过电压,随之也降低了叠加其上的缓波前过电压。

线路端子上连接的电磁式电压互感器可有效降低线路分闸后各相的残余电荷,从而可将三相重合闸产生的缓波前过电压限制到线路合闸产生的过电压水平。

4.3.3.9 缓波前过电压的避雷器保护

无间隙金属氧化物避雷器和特殊设计的有间隙避雷器适用于中等暂时过电压系统的缓波前过电压保护,而由于串联间隙的击穿特性,非线性电阻片型避雷器仅在极端工况下才对缓波前过电压动作。应该指出,当避雷器安装于长输电线路两端时,线路中部的过电压明显地高于线路两端的过电压。

作为一般原则,可假定金属氧化物避雷器将相对地过电压幅值(kV,峰值)限制到约两倍的避雷器额定电压(kV,有效值)。这意味着金属氧化物避雷器适合限制线路合闸和重合闸以及投切感性和容性电流产生的缓波前过电压,但一般不适合限制接地故障和故障切除产生的过电压,因为后者的预期幅值太低(产生于串补线路的故障和特高压工况可能出现例外)。

起源于线路合闸和重合闸的过电压在避雷器中产生的电流小于 0.5 kA～2.0 kA。在此电流范围内,由于金属氧化物材料的极度非线性,了解电流的确切幅值并不重要。金属氧化物避雷器残压与电流波前时间之间依赖关系不大,这种关系对缓波前过电压也是可忽略的,而且在变电站内也不必考虑距离效应。然而远方架空线路绝缘受到的过电压作用可明显高于保护水平。

避雷器通常安装于相对地之间,而且应注意到,如果使用金属氧化物避雷器将缓波前过电压限制到未经控制的 2% 相对地过电压值的 70%～80%,则相间过电压可达到避雷器相对地保护水平的两倍。此时相间过电压将由两个相对地分量组成,它们最常见的比例为 1∶1[7]。

设定代表性最大相对地过电压等于避雷器保护水平:$U_{rp}=U_{ps}$。

对相间过电压,它等于(1.5～2.0)倍保护水平或附录 C 中确定的相间过电压截断值。如果要求更低的相间过电压,则应在相间额外安装避雷器。

对使用避雷器控制缓波前过电压的所有情况,选择避雷器等级时都应考虑所需的负载循环和通流要求。

4.3.4 快波前过电压

4.3.4.1 作用于架空线的雷电过电压

雷电过电压产生于雷直击相导线(绕击)、逆闪络(反击)或雷击线路附近地面的感应。雷电感应在架空线路上产生的过电压通常在 400 kV 以下,因而只对较低电压范围的系统才是重要的。由于绝缘强度较高,范围Ⅱ的反击概率低于范围Ⅰ,而在 500 kV 及以上系统则很少见。

雷电过电压的代表性波形是标准雷电冲击(1.2/50 μs)。代表性幅值可用设定最大值或峰值概率分布给出。后者通常取决于过电压预设故障率下的峰值。

4.3.4.2 作用于变电站的雷电过电压

变电站的雷电过电压和它的发生概率取决于:
——与变电站相连的架空线路的雷电性能;
——变电站布置、尺寸,特别是进出线数;
——(雷击瞬间)运行电压的瞬时值。

变电站设备所受雷电过电压的严重程度决定于这三个因素的组合,为保证保护可靠,必须采取一些措施。雷电过电压幅值通常过高(未经避雷器限制的),不能以它们作为绝缘配合的基础。然而,某些情况下,特别是变电站进线段为电缆时,电缆低波阻抗为变电站提供的自保护可将雷电过电压幅值降至适当低值(参见附录 E)。

对相间和纵绝缘,必须考虑另一端的瞬时工频电压值。对相间绝缘,可假定工频电压效应和架空线路导线间的耦合互相抵消,另一端可视为接地。对电压范围Ⅱ工频电压效应比架空线路导线间的耦合大一些,宜适当考虑增大过电压值。然而,对纵绝缘不存在这种抵消效应,必须将工频电压考虑在内。

a) 绕击(直接雷击)

绕击可随机地发生于工频波形的任一点。纵绝缘另一端的工频电压的影响必须以下述方式考虑在内：

- 计算对运行电压各瞬时值下的雷电过电压预设故障率。
- 估算过电压中两分量不同划分比例下的绝缘故障概率。通常，两分量之和是决定性参数。
- 确定与雷电过电压和工频瞬时值之和相关的绝缘故障率。
- 将性能指标应用于该预期故障率，以获得所需的两分量之和。

如该电压分为雷电冲击分量和工频分量，雷电冲击分量等于代表性相对地雷电过电压，则工频电压分量将小于或等于运行电压相对地峰值。一般认为因数不小于 0.7 比较合适。这意味着，绕击时，代表性纵向过电压可由一个端子上的代表性对地雷电过电压和另一端子上的(0.7~1.0)倍反极性相对地运行电压峰值组成。

b) 反击(逆闪络)

反击最可能发生在具有反极性最高瞬时工频电压的相上。这意味着，对变电站来说，代表性纵向雷电过电压应等于一个端子上的代表性对地雷电过电压与另一端子上运行电压峰值(反极性)之和。

4.3.4.3 投切操作和故障引起的快波前过电压

主要在变电站内，当设备通过短连接线接入系统或断开时，会产生快波前操作过电压。外绝缘闪络时也会产生快波前过电压。这类事件可对临近的内绝缘(如绕组)产生极为严重的作用电压。

此过电压波形通常是振荡的，但就绝缘配合的目的而言，代表性过电压波形可认为是相应的标准雷电冲击(1.2/50 μs)。然而，对有绕组的设备要特别注意，因为其匝间会受到高电压的作用。

最大过电压峰值取决于投切设备的类型和性能。因为这类过电压的峰值通常低于雷电产生的过电压峰值，所以它们的重要性局限于某些特殊情况。从技术上说，完全可以用下列最大值表示代表性过电压的幅值特性[标幺值，其基准值(1.0 p.u.)为 $U_s\sqrt{2/3}$]：

——断路器无重击穿操作：2.0 p.u.；

——断路器有重击穿操作：3.0 p.u.；

注：投切无功负荷时，某些类型的中压断路器会产生多次瞬态电流分断，如不采取适当保护措施可产生高达 6.0 p.u. 的过电压。

——隔离开关操作：3.0 p.u.。

4.3.4.4 限制快波前过电压的措施

对输电线路，可通过适当的设计来限制雷电过电压的产生，其可能措施有：

——对绕击，采用架空地线设计；

——对反击，降低塔基接地阻抗或加强线路绝缘。

某些情况下，可在变电站附近使用接地横担或火花间隙，以限制雷电侵入波过电压的幅值。然而，这些措施都会提高变电站附近发生闪络的可能性，从而产生快波前冲击。此外，还要特别注意变电站附近接地线和杆塔的接地，以降低这一区域的反击概率。

恰当选择操作设备(无重击穿断路器、小电流截断特性、使用分闸或合闸电阻、相位控制)可降低投切操作产生的快波前过电压的严重程度。

4.3.4.5 快波前过电压的避雷器保护

避雷器对快波前过电压的保护取决于：

——过电压幅值和波形；

——避雷器保护特性；

——通过避雷器的电流幅值和波形；

——被保护设备的波阻抗和/或电容；

——避雷器与被保护设备的距离,包括避雷器接地引下线(见图3)；

——进出线数量及其波阻抗。

为保护雷电过电压,通常采用下述标称放电电流的避雷器：

——对范围Ⅰ的系统：5 kA 或 10 kA；

——对范围Ⅱ的系统：10 kA 或 20 kA。

当预期通过避雷器的电流会大于其标称放电电流时,必须校核其相应残压是否仍能适于限制过电压。

为确定安装在变电站内的避雷器的能量吸收(雷电),可假定到达变电站的预期代表性雷电过电压幅值等于架空线的负极性50%雷电冲击放电电压。但对总的能量吸收,宜考虑多次雷击的概率。

避雷器的保护特性仅在其安装位置有效。因此限制被保护设备的过电压时,应考虑两者位置之间的距离。避雷器与被保护设备的间隔距离越大,对设备的保护作用越差,而且实际上施加于设备上的过电压高于避雷器保护水平,其差值随间隔距离加大而增加。此外,如在确定避雷器保护水平时忽略了避雷器本体长度的影响,则在估算避雷器限制过电压的效果时,必须将这一长度加到引线长度上去。对无间隙金属氧化物避雷器,材料本身的响应时间可忽略不计,避雷器长度应加到引线长度上。

简化估算被保护对象上的代表性过电压时,可使用公式(1)。然而,对变压器保护,使用公式(1)则必须慎重,因为大于几百皮法的电容可能导致更高的过电压。

$$U_{rp} = U_{pl} + 2ST \qquad U_{pl} \geqslant 2ST \qquad \cdots\cdots\cdots\cdots\cdots\cdots\cdots (1)$$

$$U_{rp} = 2U_{pl} \qquad U_{pl} < 2ST \qquad \cdots\cdots\cdots\cdots\cdots\cdots\cdots (2)$$

式中：

U_{pl}——避雷器雷电冲击保护水平,单位为千伏(kV)；

S ——侵入波陡度,单位为千伏每微秒(kV/μs)；

T ——雷电波传播时间,按下式确定：

$$T = L/c$$

式中：

c ——光速,$c = 300$ m/μs；

$$L = a_1 + a_2 + a_3 + a_4,图3中的距离(m) \qquad \cdots\cdots\cdots\cdots\cdots\cdots (3)$$

除考虑避雷器残压外,应该考虑避雷器上下引线及本体电感的影响。

陡度值必须按连接变电站的架空线的雷电性能和采用的变电站故障率确定。附录E给出了完整说明。

变电站的代表性雷电过电压幅值概率分布可通过瞬态过电压计算确定,要考虑输电线路的雷电性能,架空线和变电站的行波特性以及与过电压幅值和波形有关的设备绝缘和避雷器的性能,可参考附录E。

作为一般性推荐,在确定代表性过电压幅值时,也应考虑绝缘耐受特性与过电压波形的关系。这特别适用于外绝缘和油-纸绝缘,对它们来说,代表性过电压幅值可能明显高于伏秒特性曲线波前时间对应的电压峰值。对GIS或固体绝缘这一差别可忽略不计,代表性过电压幅值即等于过电压峰值。

估算代表性雷电过电压幅值概率分布的简化法在附录E中给出。代表性雷电过电压的设定最大值为概率分布的截断值或根据现有系统经验得到的值,这些值的估算方法参见附录E。

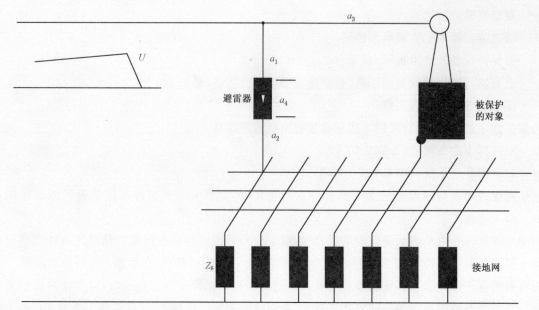

说明:

a_1——避雷器到线路的引线长度;

a_2——避雷器接地的引线长度;

a_3——避雷器和被保护设备间的相导线长度;

a_4——避雷器有效部分长度;

Z_g——接地电阻;

U——过电压侵入波。

图 3　避雷器与保护对象的接线图

4.3.5　特快波前过电压

GIS 内部故障或隔离开关操作时,因气体间隙的快速击穿及冲击波在 GIS 内部几乎无衰减的传播,可产生特快波前过电压。离开 GIS,例如在套管处,特快波前过电压幅值迅速衰减,其波前时间通常将增大到快波前过电压范围。特快波前过电压也可发生在与开关设备连线很短的中压干式变压器上。

该过电压波形的特点是电压迅速上升,接近峰值,导致 0.1 μs 以下的波前时间。对于隔离开关操作,在该波前之后紧随着典型频率为 1 MHz 以上的振荡。特快波前过电压的持续时间小于 3 ms,但可发生多次。过电压幅值取决于隔离开关结构和变电站接线,其最大幅值可达到 2.5 p.u.,该过电压在与 GIS 直接连接的变压器上可产生高的局部过电压。

与 GIS 相连设备(如变压器)会因 GIS 的内部故障而受到过电压作用。过电压的波形和幅值取决于设备与 GIS 的连接方式以及 GIS 内部的故障位置。过电压幅值可达击穿电压的 1.6 倍,且所含频率可达 20 MHz。

在通过短高压架空线与 GIS 相连的设备端子上,过电压的振荡频率在 0.2 MHz～2.0 MHz 范围内,幅值可达闪络电压的 1.5 倍,这种情况下,可用避雷器对设备进行保护。然而,由于部分绕组的谐振,此频率的过电压分量仍可在变压器绕组内引起高的内部作用电压,可能有必要仔细研究其他的保护方式。这些措施可包括通过安装附加电容改变(降低)频率,然而,采用这种方法时必须注意保证确切了解变压器的谐振特性。

由于目前尚没有相应的标准,因而还不能确定代表性过电压。然而,估计特快波前过电压对选择额定耐受电压无影响。

5 配合耐受电压

5.1 绝缘强度特性

5.1.1 概述

在所有材料中,导电是由带电粒子移动引起的。导体具有大量的自由电子,它们在外施电场中漂移;而绝缘体拥有很少量的自由电子,当作用在绝缘材料中的电压增加到足够高的水平时,沿绝缘体路径上的电阻率从高值变化到与导体可以比拟的值,此变化称之为击穿。

发生击穿的三个主要阶段:

——在一点或多点处开始电离;

——间隙两端间电离通道发展;

——间隙桥接并转为自持放电。

影响绝缘电气强度的因素很多,包括:

——施加电压的幅值、波形、持续时间和极性;

——绝缘中电场分布:均匀或非均匀电场,间隙附近的电极和它们的电位;

——绝缘的类型:气体、液体、固体或它们的组合,出现杂质和局部不均匀性;

——绝缘的物理状态:温度、压力和其他周围条件、机械应力等,绝缘的历史状况同样可能具有重要性;

——在应力、化学效应、导体表面效应等作用下绝缘的变形。

在空气中的击穿主要取决于间隙的布置和外施作用电压的极性和波形。此外,对所有作用电压(波形和极性),大气条件对击穿强度有影响。从实验室获得的空气击穿强度的关系曲线测量结果是按GB/T 16927.1—2011规定换算到了标准大气条件,即:

——温度:20 ℃;

——压力:101.3 kPa(1 013 mbar);

——绝对湿度:11 g/m³。

至于包括低空气密度、高相对湿度、污秽、冰和雪、高温和燃灰的存在的非标准条件,也进行了实验室测量。

对于户外绝缘,温度、雨和表面污秽的影响变得非常重要。GB/T 16927.1—2011中还规定了对于在干和湿条件下外绝缘的试验程序。对于金属封闭气体绝缘开关设备,内部压力和温度以及局部不均匀和杂质的影响起重要作用。

在液体绝缘中,由化学和物理作用或局部放电引起的颗粒杂质、气泡可能会严重降低绝缘强度。还要强调指出绝缘的化学劣化程度可能具有随时间而增加的趋势,这种情况同样也适用于固体绝缘。此时,电气强度还要受机械作用的影响。

实际上,击穿过程还具有统计特性且应予以考虑。由于自恢复绝缘的恢复特性,它对作用电压的统计特性可由适当的试验得到,因此,自恢复绝缘一般用相应于90%耐受概率的统计耐受电压表示。对于非自恢复绝缘,绝缘强度的统计特性一般不能用试验得到,因而采用相应于100%的耐受概率的设定耐受电压。

风对于绝缘设计有影响,尤其是在架空线路使用悬垂绝缘子串的情况。在工频和操作冲击电压下选择间隙长度时,风的影响一般显得更重要。

5.1.1～5.1.4 给出有关影响绝缘特性的不同因素。对于更详细的资料,可参考 CIGRE 技术文献[7]。

5.1.2 极性和过电压波形的影响

5.1.2.1 过电压极性的影响

在高电压下的典型电极的几何形状中,大多数情况下,带电导体所承受的电压远高于接地导体。对于空气绝缘,如果承受高电压的电极带正电,则间隙的击穿电压较之带负电时为低。这是因为,在正极性电压下比在负极性电压下电离的传播更容易形成。

在两个电极所承受的电压近似相等的情况下,将包含正负两个特性的正、负极性两个放电过程。对于特定绝缘系统和间隙布置,如果知道某个极性更严苛,则将根据该极性设计;否则两个极性都要考虑。

5.1.2.2 过电压波形的影响

在冲击作用下,击穿电压一般还与冲击的波形有关。

对于缓波前冲击,冲击的波前对于外绝缘的强度的影响比波尾的影响大。只有当外绝缘表面有污秽时波尾的影响才特别重要。内绝缘的强度假定仅受峰值的影响。

对于外绝缘,存在一特有现象,即每一个间隙长度都有一个击穿电压为最小的冲击波前时间(临界波前时间)。通常最小击穿电压的波前时间在缓波前过电压的波前时间范围内,间隙愈长最小击穿电压值愈明显。对于范围Ⅰ内的空气间隙最小击穿电压影响小且可以忽略。对于范围Ⅱ内的空气间隙最小击穿电压,不论目的和用途,均等于波前时间为标准的 250 μs 下的击穿电压。这就是说,用绝缘在标准电压波形(250/2 500 μs)下的耐受电压作为对缓波前过电压的绝缘设计是保守的。对于一些系统中缓波前过电压所具有的波前时间比标准的长得多,则可优先采用在这些波前下较高的绝缘强度。

在雷电冲击作用下外绝缘的击穿电压随波尾持续时间的增加而降低。对于耐受电压,此降低可忽略,击穿电压假定等于在标准雷电冲击(1.2/50 μs)下的值。然而,当考虑雷电过电压波形和其影响时,例如由避雷器保护的敞开式变电站中可能会出现绝缘强度的某些降低。

5.1.3 相间绝缘和纵绝缘

相间和纵绝缘结构的绝缘强度取决于两个端子上的两个电压分量之间的关系,这对范围Ⅱ内的外绝缘或金属封闭变电站是很重要的。

对于范围Ⅱ内的外绝缘,绝缘对操作过电压的响应取决于正、负极性作用电压分量的关系 α 值(见附录C)。因此应进行验证耐受电压试验以便反映这一现象。

在 GB 311.1—2012 中标准化的代表性过电压波形是具有相反极性的两个同步分量组成的联合过电压;正极性分量是标准操作冲击,而负极性分量是具有波前和波尾时间不小于正极性分量波前和波尾时间的冲击。因为相间和纵绝缘受两个分量的比值影响,所以将实际过电压幅值换算到代表性过电压幅值时,要考虑绝缘这种响应特性(见4.3.3.3和附录C给出的特例)。

对纵绝缘结构,电压分量由代表性过电压确定(见第4章)。

当取 50% 闪络电压作为施加到两个端子上的分量总和时,5.1.4 中给出的相对地绝缘强度的标准偏差也适用于相间或纵绝缘的外绝缘。

5.1.4 气候条件对外绝缘的影响

空气间隙的闪络电压取决于空气中的水分含量和空气密度。绝缘强度随绝对湿度增加而增加(直至绝缘表面形成凝露);随空气密度减小而降低。GB/T 16927.1—2011 给出了空气密度和绝对湿度对不同类型作用电压影响的详细论述。

在确定绝缘耐受电压时,从强度的观点应考虑到最不利的条件(即低的绝对湿度、低气压和高温)一般不会同时出现。此外,在给定地点,不论作何用途,对所采用的修正中,湿度和周围温度的变化可能会相互抵消。因此,通常可根据安装处的平均周围条件估算强度。

对绝缘子,应考虑到由于雪、冰、露或雾可能会使耐受电压降低。

5.1.5 绝缘的破坏性放电概率

对单个非自恢复绝缘的破坏性放电概率,目前无法确定。所以,假定绝缘在规定耐受电压下的耐受概率从 0 变到 100%。

对于自恢复绝缘,可用统计的方法表示绝缘对施加给定波形的冲击电压的耐受能力。对于给定的绝缘、给定的波形和不同峰值电压 U 的冲击波,放电概率 P 可与每一个可能的 U 值有关,于是建立起关系 $P=P(U)$。通常函数 P 随 U 值单调增加,所得到的曲线可由三个参数表示:

a) U_{50}:对应于绝缘具有 50% 闪络或耐受概率下的电压。

b) Z:表示闪络电压分散性的标准偏差。规定为对应 50% 和 16% 闪络概率的电压间的差。
即:

$$Z=U_{50}-U_{16} \quad\quad\quad\quad\quad\quad\quad\quad\quad\quad\quad (4)$$

c) U_0:截断电压,低于此值时破坏性放电不可能发生的最大电压。然而,在实际试验中不可能确定此值。

通常,P 完全由参数 U_{50}、Z 和 U_0 表示的数学函数(累积概率分布)表示。在传统使用的高斯分布中,U_{50} 也是平均值,而标准偏差直接从公式(4)中求取。为了简单起见通常不考虑截断电压。

统计法适用于缓波前过电压的绝缘配合,使用公式(5)给出的修正的维泊尔累积概率分布相对高斯分布具有优点(在附录 B 中给出了解释)。公式(5)表示维泊尔累积函数,选取其参数使其在 50% 和 16% 闪络概率时的高斯累积概率函数相匹配,且在 $U_{50}-NZ$ 处分布截断(见附录 B)。

$$P(U)=1-0.5^{\left(1+\frac{x}{N}\right)^{\gamma}} \quad\quad\quad\quad\quad\quad\quad\quad (5)$$

式中:

x——对应于 U 的标准偏差,$x=(U-U_{50})/Z$;

N——对应截断电压 U_0 的标准偏差,$P(U_0)=0$。

在高斯概率分布的一个标准偏差($x=-1$)下,公式(5)中 $P(U)=0.16$。如果在公式(5)中选择 $N=4$,那么 γ 的准确值为 4.83。将此值近似取 $\gamma=5$ 不会引起任何明显误差,因此,本部分推荐修正的维泊尔分布,用公式(6)表示。

$$P(U)=1-0.5^{\left(1+\frac{x}{N}\right)^{5}} \quad\quad\quad\quad\quad\quad\quad\quad (6)$$

图 4 表示此修正的维泊尔分布和高斯分布,两者吻合。

图 5 表示在高斯概率刻度上的同一分布。

对于外绝缘预期性能的统计计算,应当利用从现场或实验室试验中获得的详细数据。在缺少这些数据的情况下,对统计计算推荐采用下列从大量的试验结果中获得的标准偏差值:

—— 对于雷电冲击:$Z=0.03U_{50}$(kV)

—— 对于操作冲击:$Z=0.06U_{50}$(kV)

以上偏差已包括气象条件(见 5.1.4)的影响。

GB 311.1—2012 中的参数 U_{10}[由公式(7)求取]相当于 90% 的耐受概率,用耐受概率分布和偏差表示:

$$U_{10}=U_{50}-1.3Z \quad\quad\quad\quad\quad\quad\quad\quad\quad\quad (7)$$

附录 B 给出了适用于同时受到电压作用的许多并联绝缘的详细资料和统计公式。

附录 F 给出了有关确定不同类型过电压作用下的空气绝缘的击穿强度的导则。

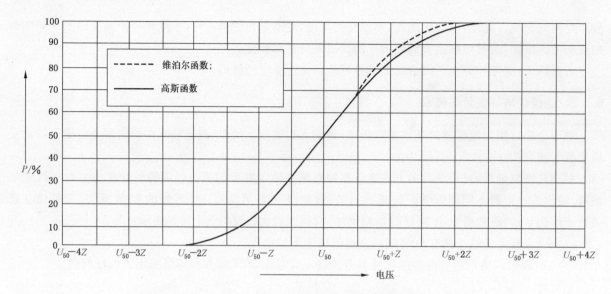

图 4　在线性刻度上表示的自恢复绝缘的破坏性放电概率

5.2 性能指标

按 GB 311.1—2012 的定义,在运行中所要求的设备绝缘的性能指标以其可接受的故障率(R_a)表征。根据运行期间绝缘故障数来评价系统中设备的绝缘性能。

不同的系统结构、系统中的不同部分、不同设备和故障类型所产生的故障后果的严重程度是不同的。例如,在环网式系统中出现的永久性线路故障或因缓波前过电压导致的不成功重合闸产生的后果与母线故障或放射状系统中的相同故障相比,其严重程度要轻些。据此,宜取不同的故障率或对不同的系统、系统和设备制造发展不同的阶段取不同的绝缘水平。当然这要结合具体工程情况计算比较确定。对变电站设备,由于过电压引起的可接受的故障率在 IEC 60071-2 中取(0.001～0.004)/年,这和我国的长期经验和运行统计结果大体是一致的。对架空线路,由于雷击引起的可接受的故障率为(0.1～20)/100 公里·年(最高值适用于配电线路);相应地由于操作过电压引起的可接受的故障率的范围为(0.01～0.001)/每次操作。这些可接受的故障率的范围与我国的运行统计结果数量级相同。

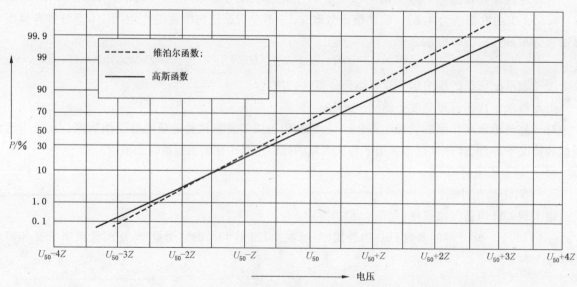

图 5　在高斯刻度上表示的自恢复绝缘的破坏性放电概率

5.3 绝缘配合程序

5.3.1 概述

确定配合耐受电压应首先求取绝缘的最低耐受电压值,最低耐受电压值应满足在运行条件下绝缘承受各种类型代表性过电压时相应的性能指标。

对于瞬态过电压的绝缘配合使用两种方法:确定性法(惯用法)和统计法。然而在许多实用程序中往往是两种方法的综合。例如,在确定性法中采用的某些因数可能是从统计中得到的;在统计法中往往忽略某些统计变量。

a) 确定性法(惯用法)

当无法从试验中得到有关设备预期的运行故障率统计资料时,则采用确定性法。

——当绝缘强度取惯用设定耐受电压($P_w = 100\%$)时,耐受电压值等于配合耐受电压。配合耐受电压由代表性过电压(一个设定的最大值)乘以配合因数 K_c,K_c 考虑了设定的两个值(设定耐受电压和设定代表性过电压)不确定度的影响。

——对外绝缘,当绝缘强度取统计耐受电压时($P_w = 90\%$),K_c 同样需考虑统计耐受电压与设定耐受电压之间的差异。

确定性法不涉及运行中设备可能发生的故障率。

典型的确定性法应用例如:

——当用避雷器保护设备绝缘时,缓波前过电压下,设备内绝缘的绝缘配合;

——用避雷器限制连接架空线的设备上的雷电过电压时,可用同类设备的已有经验进行绝缘配合。

b) 统计法

统计法是以某一特定过电压起因发生的频次、由该起因引起的过电压概率分布以及绝缘的放电概率为依据,并结合同时计算过电压及其放电概率来确定故障率,考虑过电压和放电的统计特性,用适当统计程序(如蒙特卡洛法)逐点进行计算。

通过对不同绝缘类型以及不同系统运行方式的反复计算,以获得因绝缘故障导致的系统的总停电率。

应用统计法进行绝缘配合使得直接评估绝缘的故障率具有可行性,而故障率是系统设计的要素。

原则上,如果停电损失能与不同类型故障相关联,优化绝缘设计也是可能的。实际上,由于很难估算系统在不同运行方式下同样的绝缘故障造成的后果和由于输送容量损失的不确定程度,优化绝缘设计很困难。加上统计法随机因素较多,而且某些随机因素的统计规律还有待于资料累积和认识。因此,通常系统绝缘尺寸宁可偏大而不是最佳值。系统绝缘设计仅基于比较不同设计方案带来的风险。

故障率的不确定度取决于过电压出现概率和绝缘放电概率的不确定度。由于两者的准确度较低,导致算得的故障率准确度不够高。绝缘配合中的统计法当前主要用来进行敏感性分析,研究分析各有关因素对故障率的影响,使设计人员能在更全面、更合理的基础上对绝缘配合作出决定。

c) 绝缘配合方法的选用[2]

在 GB 311.1—2012 中,绝缘配合的统计法仅用于:

1) 自恢复型绝缘;

2) 电压范围Ⅱ的设备在操作过电压下的绝缘配合。

在这些条件下,便于定量估算绝缘的故障率。操作过电压可能成为控制因素,且降低绝缘水平可能带来明显的经济效益。

简化统计法是按确定性法的思路简便地应用统计法,其前提仍是要有过电压和绝缘特性各自的统

---

2) 采标说明:为方便指导应用,增列了两种配合方法的选用。

计分布。

当受到某些实际条件的限制或设备绝缘水平的变动并无显著的效益时,一般采用确定性法(惯用法),所涵盖的应用范围较广,包括:

——所有设备的非自恢复绝缘;

——范围Ⅰ设备在各电压和过电压下的绝缘配合;

——雷电过电压下设备的绝缘配合。

对这些不推荐采用统计法是因为:

——虽然在某些假定条件下可以计算在雷电过电压下的线路的闪络率,但变电站设备上的雷电过电压的统计分布尚无完整的表述;

——非自恢复型绝缘的击穿概率的统计分布很难得知,且在绝缘耐受电压试验时,只能施加有限次数的冲击电压;

——在电压范围Ⅰ内,设备绝缘水平的改变所产生的经济效果较小。

电压范围Ⅰ和Ⅱ设备绝缘配合程序的示例参见附录G。

5.3.2 持续(工频)电压和暂时过电压的绝缘配合

5.3.2.1 概述

有关绝缘配合程序应考虑持续工频电压和暂时过电压对设备外绝缘污秽和内绝缘老化的影响,这涉及运行中实际过电压的幅值和持续时间以及设备绝缘对工频电压幅值/持续时间的耐受特性。

持续(工频)电压下的配合耐受电压取为:

—— 相间:最高系统电压 U_s;

—— 相对地:$U_s/\sqrt{3}$。

即,4.3.1中给出的代表性电压的设定最大值。其持续时间等于整个运行寿命。

当采用确定性法时,配合短时耐受电压等于代表性暂时过电压;而采用统计法且代表性暂时过电压是以幅值/持续时间分布频率特性表示(见4.3.2)时,应确定满足性能指标的绝缘,配合耐受电压的幅值应等于绝缘幅值/持续时间耐受特性曲线上对应1 min时刻的值。

5.3.2.2 污秽

存在污秽时,外绝缘对工频电压所呈现的特性变得重要并可能支配着外绝缘的设计。当表面有污秽或由于无明显冲洗作用的小雨、雪、露或雾而变湿时通常发生绝缘闪络。

在 GB/T 26218.1 中给出了每一污秽等级所对应的典型周围环境给出说明。绝缘子应以可接受的闪络率在污秽条件下持续耐受最高系统电压。要求绝缘耐受电压等于代表性过电压并根据区域的污秽严重程度选择适合的耐受污秽度,以满足性能指标。因此,长持续时间的工频配合耐受电压,对于相间绝缘子应为相应的最高系统电压,而对相对地绝缘子应当为最高系统电压除以$\sqrt{3}$。

不同类型的绝缘子甚至同一类型的绝缘子处于不同方向在同一环境下积聚的污秽程度可能不同。此外,同一污秽等级,它们可能呈现出不同的闪络特性。而且,在污秽物质的性质上的改变可能会使某些形状的绝缘子比其他形状的绝缘子更有影响。因此,作为绝缘配合之目的,应对使用的每一类型绝缘子确定污秽严重程度。

在具有高污秽等级的地区,可考虑给绝缘子涂复合材料或冲洗。

对污秽条件下用以检验绝缘子的耐受情况的试验要求由有关设备委员会规定。

5.3.3 缓波前过电压的绝缘配合

5.3.3.1 确定性法

确定性法包括确定作用在设备上的最大电压,然后以一定的裕度选取该设备的最小绝缘强度,所取裕度应包括确定这些数值时存在的不确定度。将相应的代表性过电压的设定最大值乘以确定性配合因数 K_{cd} 求得配合耐受电压。

对受避雷器保护的设备,设定最大过电压等于避雷器的操作冲击保护水平 U_{ps} 。但和预期的缓波前过电压幅值相比,过电压的统计分布可能发生严重偏斜、不对称的情况。避雷器的保护水平愈低,偏斜愈明显。所以,绝缘耐受强度或避雷器保护水平之值的小变化可能对故障率有大的影响[4]。考虑到这一影响,建议根据 U_{ps} 对预期的相对地统计操作过电压 U_{e2} (2%之值)之比来估算确定性配合因数 K_{cd} 。图6给出了这种关系。

对不受避雷器保护的设备,设定最大过电压等于按4.3.3.3确定的过电压统计分布曲线上的截断值(U_{et} 或 U_{pt}),且确定性配合因数 $K_{cd}=1$ 。

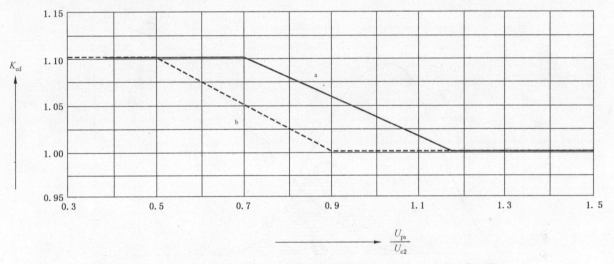

[a] 适用于避雷器保护水平的配合因数,以获得相对地代表性操作过电压水平(也适用于纵绝缘);

[b] 适用于两倍避雷器保护水平的配合因数,以获得相间代表性操作过电压水平。

注:根据我国实际运行经验, K_{cd} 可取1.0。

图6 确定性配合因数 K_{cd} 的估算

5.3.3.2 统计法及相应的故障风险率

采用统计法时,首先需要根据技术经济分析及运行经验确定可接受的故障风险率(如5.2所述)。

故障风险率给出绝缘故障的概率。故障率用预期的绝缘故障的平均频率表示(例如,每年的故障数),作为过电压作用引起的事件结果,为了计算故障率,必须研究引起这类过电压的事件及其数值。幸好,对绝缘设计很重要的事件类型很少,使得此方法能实用。

本部分中推荐的统计法是基于过电压的峰值。对于特定事件的相对地过电压的频率分布根据下述假定确定:

——对任何给定的过电压的波形,除了最高峰值外,其他峰值都忽略;

——认为最高峰值过电压的波形与标准操作冲击的波形相同;

——所有最高过电压峰值都取为相同极性,即是对绝缘最严的极性。

一旦过电压的频率分布以及相应绝缘的击穿概率分布给定,相对地绝缘的故障风险率可按公式(8)

和公式(9)计算:

$$R = \int_0^\infty f(U) \times P(U) \, dU \qquad \cdots\cdots\cdots\cdots\cdots\cdots (8)$$

式中:

$f(U)$——过电压的概率密度;

$P(U)$——冲击电压U作用下的绝缘的闪络概率(见图7)。

$$R = \int_{U_{50}-4Z}^{U_t} f(U) \times P(U) \, dU \qquad \cdots\cdots\cdots\cdots\cdots\cdots (9)$$

式中:

$f(U)$ ——用截断高斯或维泊尔函数表示的过电压出现的概率密度;

$P(U)$ ——用修正的维泊尔函数表示的绝缘的放电概率;

U_t ——过电压概率分布的截断值;

$U_{50}-4Z$——放电概率分布的截断值。

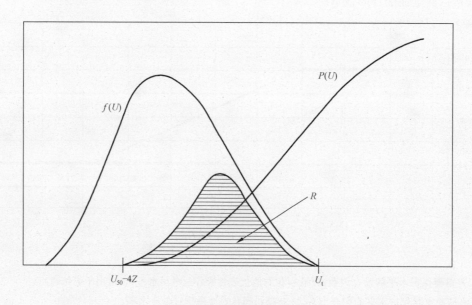

图7 故障风险率的估算

如果出现多个独立峰值,则一相的总故障风险率可以按所考虑的全部峰值的故障风险率来计算。例如,如果在特定的相上的一次操作冲击包含三个正的峰值,引起的故障风险率分别是R_1、R_2和R_3,则对于投切操作的相对地的故障风险率由公式(10)计算:

$$R = 1 - (1-R_1)(1-R_2)(1-R_3) \qquad \cdots\cdots\cdots\cdots\cdots\cdots (10)$$

如果过电压分布基于相峰值法(见4.3.3.3),且三相中的绝缘是相同的,则总的故障风险率由公式(11)计算:

$$R_{总} = 1 - (1-R)^3 \qquad \cdots\cdots\cdots\cdots\cdots\cdots (11)$$

如果使用事件峰值法,则总的故障率是$R_{总}=R$。

注: 如果过电压的一个极性明显地对绝缘耐受更为严格,则故障风险率值可除以2。

对于相对地和相间绝缘的故障风险率,只有当两种绝缘之间的距离足够大,以至于对地闪络和相间闪络的机理不基于同一物理事件,才可用简单的方法单独计算。如果相对地和相间绝缘不具有共用的电极,此单独计算方法才有效。如果它们具有共用的电极,则故障风险率通常小于单独计算值。

对于把统计方法应用于许多相同的并联绝缘的重要场合,详见附录B。

对缓波前过电压的简化统计方法:

若假定用各自曲线上的一个点能够确定过电压和绝缘强度的分布,则根据冲击波的幅值可以用简化统计法。用统计过电压标记过电压分布,超过该过电压的概率为2％。用统计耐受电压标记绝缘强度分布,在该电压下绝缘呈现90％的耐受概率。统计配合因数(K_{cs})是统计耐受电压与统计过电压之比。

统计配合因数和故障风险率之间的关系仅略微受到过电压分布参数变化的影响。这是由于在所考虑的故障风险率范围内选取作为过电压参考概率的2％值恰好落在对故障风险率起主要作用的过电压分布的那一部分上。

图8表示,当对作用电压采用高斯分布,对绝缘强度采用修正的维泊尔分布时,附录C中概述的采用相峰值和事件峰值两种方法计算出的故障风险率与统计配合因数之间的关系的一个例子。曲线已考虑了这样的事实:即标准偏差是附录C中给出的2％过电压值的函数。绝缘强度的偏差中极端的变化导致过电压明显地呈非高斯分布,尤其是过电压的波形会使曲线误差达一个数量级。另一方面,曲线表明故障风险率变化一个数量级,仅相当于电气强度变化了5％。

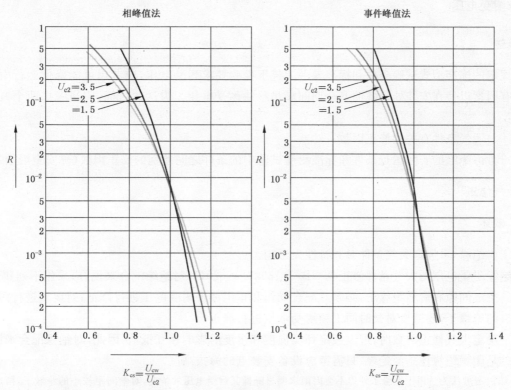

说明:过电压参数见4.3.3.3和附录C;绝缘强度参数见5.1.4。

图8 缓波前过电压下外绝缘的故障率与统计配合因数 K_{cs} 的关系

5.3.4 快波前过电压下绝缘配合

5.3.4.1 确定性法

对快波前雷电过电压,取过电压的设定最大值计算配合耐受电压,确定性配合因数 $K_{cd}=1$。这是因为计算雷电代表性过电压包括了概率影响。对快波前操作过电压,可采用与缓波前过电压一样的方法(见5.3.2.1)。

5.3.4.2 统计法

本部分推荐的统计法是基于代表性雷电过电压的概率分布(见附录E)。由于过电压的概率分布是通过雷电过电压预设故障率除以总的过电压次数求得的,且概率密度函数 $f(U)$ 是结果的求导,因此可以用 5.3.3.2 中给出的程序来计算故障风险率,而绝缘故障率等于故障风险率乘以总的雷电过电压次数。

对内绝缘,设定耐受电压的耐受概率为 100%。高于该电压下的耐受概率为零。这意味着配合耐受电压为预设故障率等于可接受的故障率时的代表性雷电过电压幅值。

注:估算由于雷电引起的快波前过电压时没有考虑瞬时的工频电压,因此忽略了反极性的联合作用情况。只要工频幅值与快波前过电压的幅值相比很小时,这是可以接受的。对范围Ⅱ以及范围Ⅰ中 U_m 较高的油纸内绝缘的设备如变压器来说,可能不保守了。而且,本部分中所述的绝缘配合实例中并没有严格考虑这类设备由于在端子上出现的作用电压所引起的内部电压(如匝间)。

对外绝缘,放电概率的标准偏差与过电压的分散性相比通常较小,作为简化,可以忽略其影响,且可以采用与内绝缘一样的公式。

6 要求耐受电压

6.1 概述

在规定的标准型式试验条件和标准参考大气下检验要求耐受电压,应考虑可能降低运行中绝缘强度的所有因素以使在安装处设备的寿命期间满足绝缘耐受电压。为达此目标,应当考虑两个典型的校正因数:

——与大气条件有关的修正因数;

——考虑绝缘的实际运行条件和标准耐受试验中的条件之间差别的修正因数(称安全因数)。

6.2 大气修正[3]

6.2.1 概述

对于内绝缘,可假定大气条件对其特性无影响。

外绝缘耐受电压的大气条件修正见 GB/T 16927.1—2011,对绝缘配合来说,应采用下列建议:

1) 空气间隙和清洁绝缘子,必须对配合操作和雷电冲击耐受电压进行修正;对要求进行污秽试验的绝缘子,还需要对长时间工频耐受电压进行修正。

2) 确定大气修正因数时,可以假定环境温度和湿度的影响相互抵消,因此,对绝缘配合来说,无论是干燥绝缘还是湿绝缘,只需考虑设备安装点的海拔高度。

注:该假定可认为适用于绝缘子外形不会因雨水明显降低其耐受电压的情况,对伞间距较小的绝缘子,雨水可能会使伞裙桥接,此时,该假定可能不完全正确。

6.2.2 海拔修正

见 GB 311.1—2012 的附录 B。

6.3 安全因数

6.3.1 概述

对电气绝缘,其主要影响因素和相关的运行方式相应于下列作用:

——热作用;

——电气作用;

---

3) 采标说明:因 GB 311.1 对大气条件、海拔修正作了明确的规定,所以本部分未采纳 IEC 相关内容。

——环境作用；

——机械作用。

安全因数用于补偿：

——设备装配中的差异；

——产品质量的分散性；

——安装质量；

——预期寿命时间内绝缘的老化；

——其他未知影响。

在不同类型的设备之间,安全因数的重要程度和作用方式可能不同。

6.3.2 老化

由于热、电、化学的作用或机械作用或其综合作用,运行中所有设备的电气绝缘都会老化。

为绝缘配合的目的,假定外绝缘不会老化。但对包含有机材料的外绝缘的老化须认真研究,特别是用于户外条件时。

对内绝缘,老化影响可能很重要,须采用6.3.5给出的安全因数。

6.3.3 生产和装配的分散性

额定耐受电压常常在一个有代表性的装配部件上或仅对绝缘系统的一部分作型式试验来验证。由于结构或绝缘条件不同,运行中的设备可能和型式试验时的不同。设备运行的耐受电压可能低于额定值。

对工厂中完全装配好的设备,对绝缘配合来说,其分散性甚小,可忽略。

对现场装配的设备,实际的耐受电压可能低于要求的耐受电压,这要在安全因数中予以考虑(见6.3.4)。

6.3.4 耐受电压的偏差

对外绝缘,除包含在所选型式试验程序内的统计偏差外,还应考虑试验布置和运行中实际布置引起的可能偏差和试验室内周围物体的影响。

对内绝缘,在 GB 311.1—2012 中假定耐受概率为100%,通常用3次冲击进行冲击型式试验,安全因数应包括这一试验的统计不确定度。

6.3.5 推荐的安全因数(K_s)

如果有关设备委员会没有规定,则采用下列安全因数：

——对内绝缘：$K_s = 1.15$；

——对外绝缘：$K_s = 1.05$。

注：对电压范围Ⅱ的 GIS,可采用较高的安全因数。在此情况下,可考虑现场试验。

7 标准(额定)耐受电压和试验程序

7.1 标准耐受电压

7.1.1 概述

GB 311.1—2012 的表2和表3分别对电压范围Ⅰ和范围Ⅱ规定了标准绝缘水平 U_w。在两个表中,标准耐受电压是一组与设备最高电压 U_m 的标准值相关联的标准绝缘水平。

范围Ⅰ设备的标准绝缘水平是额定雷电冲击耐受电压和额定短时工频耐受电压两者的组合;范围Ⅱ设备的标准绝缘水平则是额定雷电冲击耐受电压和额定操作冲击耐受电压的组合。根据我国惯例,表3也列出了相应的额定短时工频耐受电压。

对系统标称电压为220 kV及以上的设备至少给出了两个绝缘水平供在不同的条件下选用。

对系统标称电压为20 kV及以下的设备给出了绝缘水平的两个系列:系列Ⅰ和系列Ⅱ。GB 311.1—2012的表4和表5按设备分类分别给出了额定雷电冲击耐受电压和额定短时工频耐受电压,其值主要来自表2和表3,可能更便于在制定设备标准时引用。

GB 311.1—2012的表6是据我国惯例给出电力变压器中性点绝缘水平。

GB 311.1—2012中给出的标准绝缘水平反映了我国长期的经验和研究结果,也含有国外的不少经验,并考虑了已有的技术进步和新的过电压保护装置和限制过电压措施。至于特定的标准绝缘水平则宜按本部分所述之绝缘配合程序并考虑有关特定设备的绝缘特性选取。

7.1.2 标准操作冲击耐受电压

对特定设备最高电压在GB 311.1—2012表3中选取标准操作冲击耐受电压时宜作以下考虑:
a) 对缓波前(操作)过电压受避雷器保护的设备:
   - 暂时过电压的预期值;
   - 已有避雷器的特性;
   - 设备的操作冲击耐受电压和避雷器保护水平之间的配合因数和安全因数。
b) 对缓波前(操作)过电压不受避雷器保护的设备:
   - 在设备安装点出现过电压的可能范围内可接受的破坏性放电的风险率;
   - 从经济角度要求的过电压控制程度、可通过仔细选择操作装置和系统设计予以实现。

7.1.3 标准雷电冲击耐受电压

在GB 311.1—2012表3中选取与特定的标准操作冲击耐受电压相关联的标准雷电冲击耐受电压时宜作以下考虑:
a) 对受避雷器有效保护的设备,宜选取较低的雷电冲击耐受电压。但应考虑避雷器能够达到的雷电冲击保护水平和操作冲击保护水平之比值并选择适当的裕度。
b) 对不受避雷器保护的设备(或非有效保护),应采用较高的雷电冲击耐受电压。这些数值是根据设备(如断路器、隔离开关、互感器等)外绝缘的雷电和操作冲击耐受电压的典型比值决定的。这样,绝缘设计将主要由外绝缘耐受操作冲击试验电压的能力确定。
c) 在少数极端情况下,须采用更高的雷电冲击耐受电压,此值宜由GB 311.1—2012中6.8标准系列值中选取。

在范围Ⅰ,标准短时工频或/和雷电冲击耐受电压涵盖了相对地、相间以及纵绝缘耐受操作冲击的要求。

在范围Ⅱ,如果有关设备委员会无规定,则标准操作冲击耐受电压涵盖了持续工频电压和要求的短时工频耐受电压。

为了满足上述一般要求,必须用7.2给出的试验换算因数把要求耐受电压换算到规定的标准耐受电压的电压波形。从已有结果中得到的试验换算因数对额定耐受电压来讲数值偏保守。因此,它们仅用于特定的场合。

GB 311.1—2012中把因设备内绝缘老化或外绝缘污秽情况下的性能所需的长时工频耐受电压试验留给有关产品委员会去考虑。

7.2 试验换算因数 K_t

范围Ⅰ和范围Ⅱ的 K_t 分别列于表1和表2,供在没有恰当的换算因数时使用(若无相关设备委员会规定)。这些换算因数均适用于设备的相对地、相间和纵绝缘。

表1 范围Ⅰ由要求的操作冲击耐受电压换算成短时工频和雷电冲击耐受电压的试验换算因数

绝 缘	短时工频耐受电压[a]	雷电冲击耐受电压
外绝缘		
——空气间隙和清洁的绝缘子,干状态		
● 相对地;	$0.6+U_{rw}/8\,500$	$1.05+U_{rw}/6\,000$
● 相间。	$0.6+U_{rw}/12\,700$	$1.05+U_{rw}/9\,000$
——清洁的绝缘子,湿状态	0.6	1.3
内绝缘		
——GIS;	0.7	1.25
——液体浸渍绝缘;	0.5	1.10
——固体绝缘	0.5	1.00
注:U_{rw}是要求的操作冲击耐受电压(单位:kV)。		
[a] 试验换算因数包括由峰值变换成方均根值的因数 $1/\sqrt{2}$。		

7.3 用型式试验确定绝缘的耐受能力

7.3.1 绝缘类型与试验方法

绝缘的电气强度通过试验来检验。给出下述资料和指导以便帮助从绝缘配合角度考虑来选取最合适的型式试验。

对于给定的设备选择试验类型时应考虑设备的绝缘特性。

根据绝缘在试验中发生破坏性放电的特征,在 GB 311.1—2012 中把绝缘分成自恢复绝缘和非自恢复绝缘。

事实上,一台设备的绝缘结构大都是由自恢复绝缘和非自恢复绝缘两种绝缘组成。因此,一般不能简单地把一台设备的绝缘说成是自恢复和非自恢复型的。仅当在所有感兴趣的电压范围内,在一台设备的自恢复绝缘部分发生沿面或贯穿性放电的概率可以忽略不计时(此时整台设备的放电概率与其自恢复绝缘部分的放电概率一致),才可以称其绝缘为自恢复型的,或者相反。

表2 范围Ⅱ内由要求的短时工频电压换算成操作冲击耐受电压的试验换算因数

绝 缘	操作冲击耐受电压
外绝缘	
——空气间隙和清洁的绝缘子,干状态;	1.4
——清洁的绝缘子,湿状态	1.7
内绝缘	
——GIS;	1.6
——液体浸渍绝缘;	2.3
——固体绝缘	2.0
注:试验换算因数包括由 r.m.s 值换成峰值的因数 $\sqrt{2}$。	

7.3.2 非自恢复绝缘

在非自恢复绝缘的情况下,破坏性放电会损坏绝缘的绝缘性能,即使没有引起破坏性放电的试验电压也可能影响绝缘。例如,工频过电压试验和极性相反的冲击试验可能在聚合物绝缘内引发树枝形击穿,在液体和液体浸渍绝缘内产生气体。由于这些原因,试验非自恢复绝缘时,在标准耐受水平下施加有限次数的试验电压,即按 GB/T 16927.1—2011 的 7.3.1.1 的耐受电压试验程序 A,每一极性下施加3 次冲击,如果没有发生破坏性放电,则试验合格。

作为绝缘配合目的,对于通过此试验的设备应认为其设定的耐受电压等于施加的试验电压(即额定耐受电压)。由于试验的冲击次数有限和不允许故障发生,所以无法推导出关于设备实际耐受电压的有用的统计资料。

对含有非自恢复和自恢复两种绝缘的一些设备,作为绝缘配合的目的,如果试验时破坏性放电会对非自恢复绝缘部分产生严重的损坏(如变压器试验时,装有标准冲击耐受电压较高的套管),则对这类设备,应看作为非自恢复绝缘。

7.3.3 自恢复绝缘

在自恢复绝缘的情况下,试验电压可能施加多次,加压次数仅受试验制约而不受绝缘本身限制,甚至在存在击穿放电的情况下也是如此。施加多次试验电压的优点在于,可求得绝缘耐受的统计资料。GB/T 16927.1—2011 标准化了供选择的三种方法从而可估算 90% 耐受电压。作为绝缘配合的目的,以每组 7 次冲击和至少 8 组的升降法是确定 U_{50} 的优先选用的方法。可用假定的一个标准偏差推出 U_{10}(见 5.1.4)或用多级法试验确定 U_{10}。关于试验方法统计意义的评价可参阅 GB/T 16927.1—2011 的附录 A。

7.3.4 复合绝缘

对于自恢复绝缘和非自恢复绝缘不能分开试验的设备(如套管、电缆终端和仪用互感器),在所用的方法中必须采取兼顾双方面的要求。这就必须不损害符合要求的非自恢复绝缘,与此同时,还要试图保证试验适当地鉴别符合要求的和不符合要求的自恢复绝缘。一方面非自恢复绝缘部件要求施加有限次数的试验电压;另一方面,自恢复绝缘需要施加多次试验电压(具有选择性)。经验表明,GB/T 16927.1—2011 的耐受电压试验程序 B(15 次冲击,在自恢复绝缘部件上允许不超过 2 次破坏性放电)是可接受的折衷办法。

其选择性可表示为通过试验的概率达 5% 和 95% 的实际耐受水平之间的差,参考表 3。

于是,用程序 B 试验的设备,若在可接受的边界线上(U_{10} 下额定的和实际试验的),设备通过试验的概率为 82%。好一点的设备所具有的耐受电压 U_{10} 比标准值 U_w 高 0.32Z(在其 $U_{5.5}$ 下时额定的和试验的电压之间的差值),通过试验的概率为 95%。差一点的设备所具有的耐受电压 U_{10} 比标准值 U_w 低 0.92Z(在其 U_{36} 下时额定的和试验的电压之间的差值),通过试验的概率为 5%。试验的这种选择性 (1.24Z)可用 Z 的假定值(雷电和操作冲击分别为 U_{50} 的 3% 和 6%)来进一步量化(应注意 Z 不能由试验确定)。在图 9 中进一步用图解说明 15/2 试验的选择性与理想试验的比较。

GB/T 16927.1—2011 的耐受电压试验程序 C 可以替代上面的程序 B。在该程序中,施加 3 次冲击,若在自恢复绝缘上仅 1 次破坏性放电,则再施加 9 次冲击,如果没有发生破坏性放电则认为满足试验要求。在表 3 和图 9 中都给出了这种程序的选择性及和 15/2 试验的比较。

表 3　GB/T 16927.1—2011 中试验程序 B 和 C 的选择

试验程序	冲击次数	在 U_{10} 下通过试验的概率/%	通过试验概率为 95% 的耐受水平	通过试验概率为 5% 的耐受水平	选择性
B	15/2	82	$U_{5.5}$ $(U_w+0.32Z)$	U_{36} $(U_w-0.92Z)$	$1.24Z$
C	3+9	82	$U_{4.6}$ $(U_w+0.40Z)$	U_{63} $(U_w-1.62Z)$	$2.02Z$

7.3.5　试验程序的限制

由于从破坏性放电至绝缘的恢复与时间有关,所以施加试验电压之间的时间间隔要足够以使得自恢复绝缘完全恢复其绝缘电气强度。设备委员会宜规定与绝缘类型有关的施加试验电压之间的时间间隔容许的限值(如果有的话)。还应考虑到,由于试验电压的重复施加即使没有发生破坏性放电,非自恢复绝缘也可能劣化。

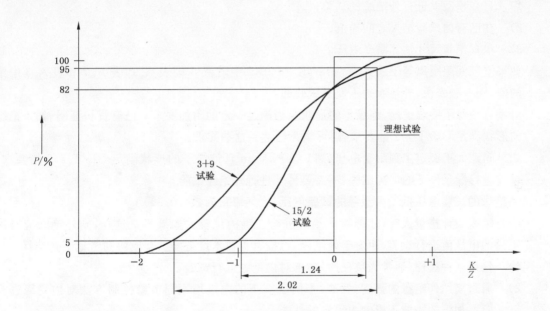

图 9　设备通过试验的概率 P 与实际(U_{10})和额定冲击耐受电压(U_w)之间的差值 K 的关系

7.3.6　型式试验程序的选择

根据上述观点,作为绝缘配合的目的,对于进行的试验程序提出下述推荐:

——宜用升降耐受方法试验自恢复绝缘(GB/T 16927.1—2011 的耐受电压试验程序 D 中所述方法之一)。

——宜用 3 次冲击耐受方法对非自恢复绝缘进行试验(GB/T 16927.1—2011 的耐受电压试验程序 A)。

——通常,包括自恢复和非自恢复两种绝缘的设备(即复合绝缘)宜用 15/2 次电压耐受试验(GB/T 16927.1—2011 的耐受电压试验程序 B)。不过,当在非自恢复绝缘中树枝状扩展的危险性具有重要意义且认为施加电压的次数过多时,3+9次电压耐受试验(GB/T 16927.1—2011 的耐受电压试验程序 C)是可接受的选择。

——特定的适用于电力电缆及其附件(终端及接头)采用耐受正负极性各 10 次的雷电冲击电压试验及操作冲击电压试验。

——同样,作为绝缘配合的目的,若要求进行工频试验时,不管是自恢复、非自恢复还是复合绝缘都进行短时工频耐受电压试验。

7.3.7 型式试验电压的选择

对于仅包括空气绝缘的设备,以标准耐受电压进行试验,并按 GB/T 16927.1—2011 的规定进行大气修正。

对于只包括内绝缘的设备,试验以未进行大气修正的标准耐受电压进行。

对于包括内、外两种绝缘的设备,应用大气修正因数,如果修正因数在 0.95 和 1.05 之间,则以修正过的电压值进行试验。当修正因数超出此范围时,作为绝缘配合的目的,下面列举的方法是可接受的。

    a)   外绝缘的试验电压高于内绝缘的试验电压(大气修正因数>1.05)

        当内绝缘的设计裕度大时,外绝缘试验才能正确。如果不是这样,则应当以标准值试验内绝缘,而对外绝缘,可按有关设备委员会的规定或协商考虑下述的替代方法:

        1)   只在模型上进行外绝缘的试验;

        2)   在已有的试验结果之间插值;

        3)   根据绝缘尺寸估算耐受电压。

        如果空气间隙距离等于或大于 GB 311.1—2012 中附录 A 的表 A.1、表 A.2 和表 A.3 中给出的值,则一般来说,外绝缘是不需要试验的。

        对垂直绝缘子的湿试验,绝缘子的形状应当满足一定的附加要求。已有资料证明,如果绝缘子的形状满足 GB/T 772 的要求,则可认为已达到这些要求。

        如果间隙大于额定工频耐受电压除以 230 kV/m 且绝缘子的形状满足 GB/T 772 的要求,则仅需进行湿条件下的工频试验,不需要另外进行外绝缘试验。

    b)   外绝缘的试验电压低于内绝缘的试验电压(大气修正因数<0.95)

        当外绝缘设计裕量大时,才能对内绝缘进行正确的试验。如果不是这样,则外绝缘应当用修正过的电压值进行试验,而对于内绝缘,可按有关技术设备委员会或协商考虑下述选择:

        1)   仅用一种极性(通常为负极性)冲击对内绝缘进行试验;

        2)   通过增加外绝缘的强度,例如,不同气隙下的电极用不同电晕控制方法对内绝缘进行试验。加强的措施不影响内绝缘的性能。

8 对变电站的特殊考虑

8.1 概述

8.1.1 典型变电站

一般变电站接线如图 10 所示[4],站内的所有电气设备将受到下述 8.1.1～8.1.4 中说明的作用电压。

---

4) 采标说明:根据我国实际情况,给出我国超高压变电站典型接线图(未选用 IEC 图 11)。

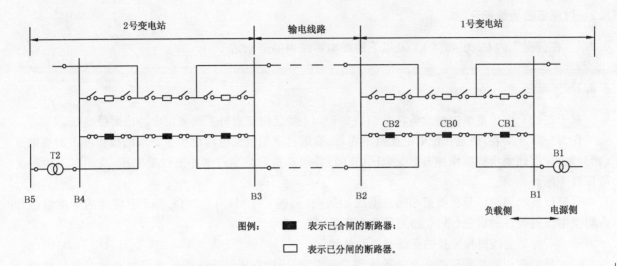

图10 用于表示电压作用位置的超高压变电站典型接线示意图

8.1.2 运行电压

运行电压等于系统最高电压,变电站的各部分的电压相等。

8.1.3 暂时过电压

负载侧接地故障引起的暂时过电压对变电站某相上的各部分的作用是相等的。

在变电站内可能产生甩负荷过电压,这主要是由于在远端变电站(2号变电站)处的故障所致。根据保护方式1号、0号、2号(CB1、CB0、CB2)断路器和变压器之间的全部或2号变电站一些部件将受到该过电压的作用。

对变电站自身内的故障,仅断路器CB0,CB1和变压器之间的部件承受甩负荷过电压。

在同步期间,如果变压器接到发电机上,则在断路器CB0,CB1处可能存在纵向过电压作用。

8.1.4 缓波前过电压

由线路合闸或重合闸引起的过电压可能仅在线路入口和断路器CB2,CB0之间的受端具有高的幅值。送端处变电站中其他地方也受到过电压的作用。

由故障和切除故障引起的过电压在所有地方都可能出现。

8.1.5 快波前过电压

在变电站所有部分处都可能遭受雷电过电压作用,但幅值不同,这取决于离避雷器的电气距离。

当母线隔离开关分合空载母线,快波前操作过电压仅发生在变电站中操作的那一部分(如某一条母线上)或一台断路器上。

在附录G中用三个选择例说明绝缘配合的各步骤。

有关长持续时间工频试验电压的规定委托给有关设备委员会,例子中省略了要求的长持续时间工频耐受电压的检验。

注1:在最初阶段,可能仅一条线路在运行,需要考虑由于接地故障后甩负荷引起的暂时过电压。

注2:当变压器通过长线路接入时,缓波前雷电过电压也可能作用于变压器和母线。

注3:在GIS中,可能需要考虑由隔离开关开合操作引起的特快波前过电压,因为这类过电压会危及GIS本身以及与之相连的电气设备的安全。

8.2 过电压的绝缘配合

8.2.1 在范围 I 内 U_m 为 40.5 kV 及以下的配电系统中的变电站

8.2.1.1 概述

对于在这个电压范围内的设备,GB 311.1—2012 规定额定短时工频和雷电冲击耐受电压。

作为一般导则,可假定在配电电压范围内,标准短时工频耐受电压覆盖了要求的操作冲击耐受电压(相对地)。因此要求的操作冲击耐受电压(相间)必须在选取标准雷电冲击耐受电压,或短时工频耐受电压时考虑。

只要设备相间绝缘与缓波前相间过电压相适应,则按 GB 311.1—2012 表 2 中较低的标准雷电冲击耐受电压值设计的设备(系列 I)可能适合于下情况:

a) 不与架空线路相连接的系统和工业装置。

b) 只经变压器接到架空线上的系统和工业装置,连接变压器低压端的电缆的对地电容每相至少为 0.05 μF。当电缆对地电容不足时,应当在开关设备的变压器侧并尽可能靠近变压器端增设电容器,以使每相电缆对地电容加上附加的电容器的电容之和至少为 0.05 μF。

c) 当采用由避雷器提供足够的过电压保护时,直接和架空线连接的系统和工业装置。

在所有其他情况,或安全要求程度很高的地方的设备应采用较高额定雷电冲击耐受电压值。

8.2.1.2 经变压器和架空线连接的设备

当变压器是由高压侧架空线供电时,和变压器低压侧连接的设备不会直接受到来自架空线的雷电和操作过电压的作用。但是,由于这类过电压从变压器的高压侧绕组至低压绕组的静电和电磁传递,这种设备可能受到过电压的作用,所以在绝缘配合程序中必须考虑可能采用的保护装置。

在附录 D 中给出传递电压静电和电磁分量的分析表达式。

8.2.1.3 经电缆和架空线连接的设备

在这种情况,绝缘配合不仅涉及对变电站设备的保护也涉及对电缆的保护。

当雷电冲击沿架空线进入电缆时,分解成反射波和入射波,入射波的幅值明显地低于侵入冲击波幅值。但是,随后电缆的多次折反射通常导致电缆的电压增加,且大大超过起始值。一般说来,应当选取 GB 311.1—2012 的表 2 中较高的额定雷电冲击耐受电压并在架空线和电缆的连接点处安装避雷器。

当在架空线路中使用木质杆和仅有一条线路可能接到变电站时,则在变电站的电缆入口处可能需要装设附加避雷器。

8.2.2 在范围 I 内 U_m 为 72.5 kV 和 252 kV 之间的系统中的变电站

对于在此电压范围内的设备,GB 311.1—2012 规定了额定短时工频和雷电冲击耐受电压。

作为一般导则,可假定在范围 I 内的电压范围内,标准的短时工频耐受电压中已覆盖了操作冲击耐受电压(相对地)。然而,对线路入口处的设备,在选取雷电冲击耐受电压或标准短时工频耐受电压时必须考虑要求的相间操作冲击耐受电压,对三相设备可能需要附加相间操作冲击试验。

关于雷电冲击耐受电压的选取,在范围 I 内,对于配电电压范围的多种考虑同样适用于输电电压范围。但是,由于设备和安装地点的变化不那么大,对大量代表性的变电站、架空线组合推荐的绝缘配合程序,至少应使用附录 E 中叙述的简化程序进行。

8.2.3 在范围 II 内系统中的变电站

对于在此范围内的设备,GB 311.1—2012 规定了额定操作和雷电冲击耐受电压。

在此电压范围内，一般宜采用绝缘配合的统计方法。应当检验由于操作或故障以及雷电事件产生的过电压的频率，并仔细考虑设备在变电站中的安装位置（例如，区别合闸线路送端或受端的设备）。此外若采用确定性法进行绝缘配合时是基于工频暂时过电压，则可能导致选取的标准冲击耐受电压过于保守，而宜采用更准确的计算程序，同时考虑实际工频暂时过电压的持续时间和绝缘的工频电压-时间耐受特性。

附　录　A

（资料性附录）

接地故障引起的暂时过电压

接地故障因数是在一给定系统结构的三相系统的给定点上，在对系统任一点的一相或多相均有影响的故障期间，健全相的相对地最高工频电压有效值与无故障时该点相对地工频电压有效值之比。

计算接地故障因数要使用将故障电阻 R 考虑在内的正序和零序系统的复阻抗 Z_1 和 Z_0。

采用值如下：

$Z_1 = R_1 + jX_1$——正序和负序系统的电阻和电抗

$Z_0 = R_0 + jX_0$——零序系统的电阻和电抗

计算故障点处的接地故障因数。

注：应注意，在分布广的谐振接地电网中，其他位置的接地故障因数可能大于故障点的因数。

图 A.1 为 $R_1 \ll X_1$ 和 $R = 0$ 时的总体情况。

对正或负的 X_0/X_1 高值范围，适用于谐振接地或中性点绝缘系统。

正 X_0/X_1 的低值范围适用于中性点接地系统。

用阴影表示的负低值范围的 X_0/X_1，因谐振条件不适合于实际应用。

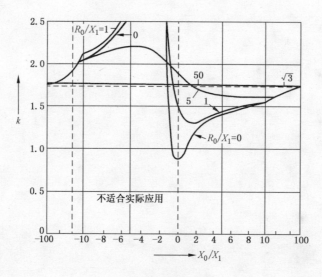

图 A.1　$R_1/X_1 = R = 0$ 时接地故障因数 k 与 X_0/X_1 间的关系

中性点接地系统，图 A.2～图 A.5 所示为适用于特定 R_1/X_1 值的接地故障因数曲线族。

曲线按下述表示法分为代表最临界条件的区域：

——相对地故障期间，最高电压产生于故障相的超前相。

－－－－相对地故障期间，最高电压产生于故障相的滞后相。

－·－·－相对地故障期间，最高电压产生于无故障相。

曲线适用于给出最大接地故障因数的故障电阻值。

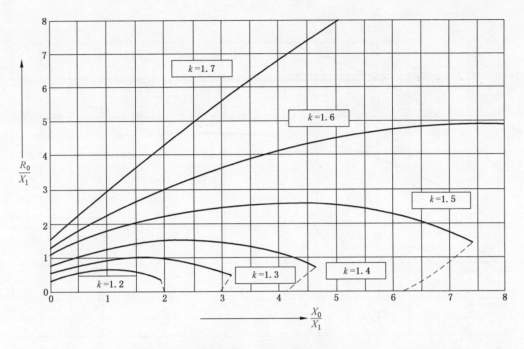

图 A.2　$R_1 = 0$ 且接地故障因数 k 为常数时，R_0/X_1 与 X_0/X_1 间的关系

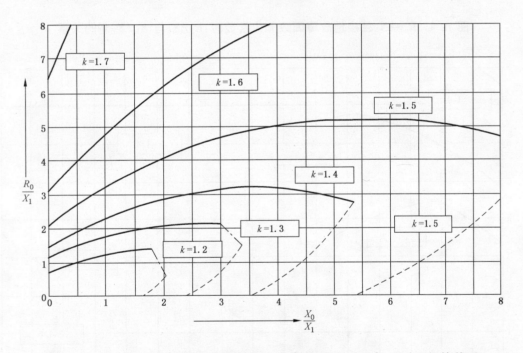

图 A.3　$R_1 = 0.5X_1$ 且接地故障因数 k 为常数时，R_0/X_1 与 X_0/X_1 间的关系

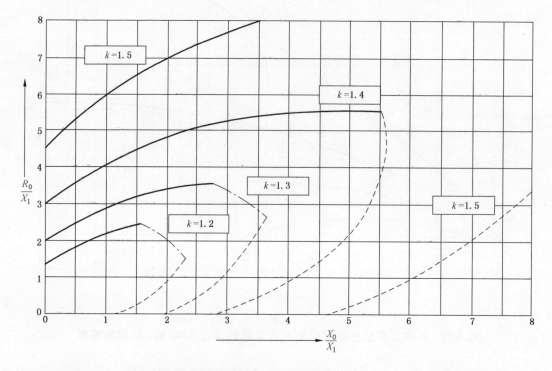

图 A.4　$R_1 = X_1$ 且接地故障因数 k 为常数时，R_0/X_1 与 X_0/X_1 间的关系

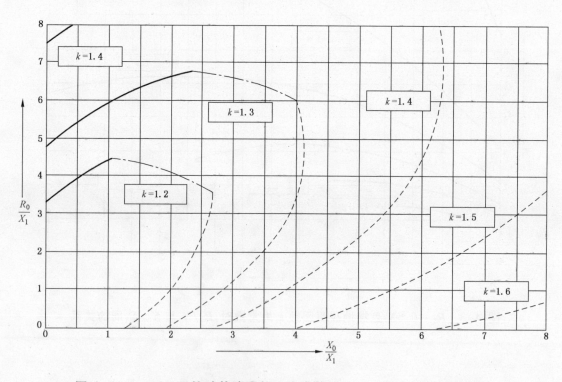

图 A.5　$R_1 = 2X_1$ 且接地故障因数 k 为常数时，R_0/X_1 与 X_0/X_1 间的关系

附 录 B

（资料性附录）

维泊尔（Weibull）概率分布

B.1 一般说明

在论述外绝缘的大量文献中,作为施加电压峰值的函数,绝缘的破坏性放电概率 $P(U)$ 用公式 (B.1)给出的高斯(Gaussian)累积分布表示:

$$P(U) = \frac{1}{\sqrt{2\pi}} \int_{-\infty}^{x} e^{-\frac{1}{2}y^2} \mathrm{d}y \quad\quad\quad\quad\quad\quad\quad\quad (\text{B.1})$$

式中:

$x = (U - U_{50})/Z$;

U_{50}——50%放电电压 $[P(U_{50}) = 0.5]$;

Z ——按 GB/T 16927.1—2011 规定的标准偏差。

然而,根本问题是对 $P(U)$ 采用这一函数没有物理根据。缺乏这种根据的证据是,从物理角度看,在 U 低于某最小值时不可能发生放电。因此,该函数会在 $(U_0 = U_{50} - 3Z)$ 或 $(U_0 = U_{50} - 4Z)$ 处截断,从而使 $U \leqslant U_0$ 时 $P(U) = 0$。采用公式(B.1)的主要原因是因为它与试验结果相当吻合。

过电压累积频率分布通常也用高斯累积函数 $F(U)$ 描述。它通常在 $(U_{et} = U_{e50} + 3S_e)$ 或 $(U_{pt} = U_{p50} + 3S_p)$ 处截断,以表示计算过电压的上限。

为考虑这些因素,本部分建议对过电压和自恢复绝缘的破坏性放电都使用维泊尔概率分布,因为它有下列优点:

a) 在维泊尔表达式中,从数学上就包括了截断值 U_0 和 U_{et};

b) 用袖珍计算器即可很容易地对该函数进行计算;

c) 其反函数 $U = U(P)$ 和 $U_e = U_e(F)$ 可用数学式表达,并很容易用袖珍计数器计算;

d) 修正的维泊尔表达式由表征两个截断高斯表达式相同的参数确定:对 $P(U)$ 用 $(U_{50}, Z$ 和 $U_0)$; 而对 $F(U)$ 用 $(U_{e2}, S_e$ 和 $U_{et})$;

e) 几个并联绝缘的破坏性放电概率函数与单个绝缘的表达式相同,其特性很容易从单个绝缘的特性确定。

本附录将说明从三个参数的维泊尔累积概率分布推导两个修正函数,以用来表示操作和雷电冲击下外绝缘的破坏性放电概率函数和系统中产生的过电压峰值的累积概率分布。

B.2 外绝缘的破坏性放电概率

维泊尔分布的一般表达式为公式(B.2):

$$P(U) = 1 - e^{-\left(\frac{U-\delta}{\beta}\right)^{\gamma}} \quad\quad\quad\quad\quad\quad\quad\quad (\text{B.2})$$

式中:

δ——截断值;

β——尺度参数;

γ——形状参数。

用公式(B.3)和公式(B.4)值代换截断值 δ 和尺度参数 β,该表达式即可修正用来表示带截断放电概率的绝缘放电概率:

$$\delta = U_{50} - NZ \qquad\qquad (\text{B.3})$$

$$\beta = NZ(\ln2)^{-\frac{1}{\gamma}} \qquad\qquad (\text{B.4})$$

从而得出修正的维泊尔函数为公式(B.5):

$$P(U) = 1 - 0.5^{\left(1+\frac{U-U_{50}}{ZN}\right)^{\gamma}} \qquad\qquad (\text{B.5})$$

常数 N 为低于 U_{50} 时对应于截断电压[$P(U)=0$]的标准偏差,而指数由条件 $P(U_{50}-Z)=0.16$ 确定,因而得出公式(B.6):

$$\gamma = \frac{\ln\left[\dfrac{\ln(1-0.16)}{\ln0.5}\right]}{\ln[1-(1/N)]} \qquad\qquad (\text{B.6})$$

对外绝缘,假定在截断值($U_0 = U_{50} - 4Z$)下,即 $N=4$ 时,不可能发生放电(耐受概率=100%)。将 $N=4$ 代入公式(B.6),得 $\gamma=4.83$。可近似令 $\gamma=5$ 而不致引起明显误差。

像高斯函数那样引入标准化变量[$x=(U-U_{50})/Z$],则所采用的修正维泊尔闪络概率分布即为公式(B.7):

$$P(U) = 1 - 0.5^{\left(1+\frac{x}{4}\right)^{5}} \qquad\qquad (\text{B.7})$$

图4画出了这一修正维泊尔分布及与之匹配的高斯分布。图5是在高斯概率坐标上的相同分布。

如同样的过电压作用于 M 个相同且并联的绝缘,则所产生的并联绝缘的闪络概率[$P'(U)$]由公式(B.8)给出:

$$P'(U) = 1 - [1 - P(U)]^{M} \qquad\qquad (\text{B.8})$$

将公式(B.7)和公式(B.8)合并,则 M 个并联绝缘的闪络概率为公式(B.9):

$$P'(U) = 1 - 0.5^{M\left(1+\frac{x}{4}\right)^{5}} \qquad\qquad (\text{B.9})$$

引入标准化变量[$x_M=(U-U_{50M})/Z_M$],则公式(B.9)可表示为公式(B.10):

$$P(U) = 1 - 0.5^{\left(1+\frac{x_M}{4}\right)^{5}} \qquad\qquad (\text{B.10})$$

从公式(B.9)和公式(B.10)可得公式(B.11):

$$1 + \frac{x_M}{4} = \sqrt[5]{M}\left(1+\frac{x}{4}\right) \qquad\qquad (\text{B.11})$$

一般地,如单个绝缘的故障风险率 R 很低(如 $R=10^{-5}$),则同时受到电压作用的 M 个相同并联绝缘的故障风险率可近似表示为 M 与 R 的乘积。

用它们各自的扩展定义来代替公式(B.11)中的 x 和 x_M,且因为在截断点($U_{50}-4Z=U_{50M}-4Z=U_0$),所以可得到公式(B.12)关系:

$$Z_M = \frac{Z}{\sqrt[5]{M}} \qquad U_{50M} = U_{50} - 4Z\left(1-\frac{1}{\sqrt[5]{M}}\right) \qquad (\text{B.12})$$

这些关系如图 B.1 所示。它给出了 M 个相同并联绝缘与单个绝缘的耐受特性间的关系。例如,将上述公式用于 $M=200$ 的情况:

$$U_{50(200)} = U_{50} - 2.6Z$$

$$U_{10(200)} = U_{50} - 1.3Z_{200} = U_{50} - 3.1Z$$

作为另一例子,若有 100 个并联绝缘,每个绝缘的 $U_{50}=1\,600$ kV,$Z=100$ kV,则 $Z_M=100/(100)^{1/5}=39.8$ kV,$U_{50M}=1\,359.2$ kV。表 B.1 是此例中各种闪络概率 $P(U)$ 下 U 和 U_M 值的整体情况。

表 B.1　单个绝缘和 100 个并联绝缘的击穿电压与累积闪络概率的关系

$P(U)/\%$	50	16	10	2	1	0.1	0[a]
U/kV	1 600	1 500	1 475	1 400	1 370	1 310	1 200
U_M/kV	1 359	1 319	1 308	1 280	1 268	1 244	1 200
[a]　截断值保持不变。							

故障风险率计算：

为计算上例的故障风险率，假定 $U_{e2}=1\,200\ kV$，$S_e=100\ kV$。则对单个绝缘：

$$K_{cs}=U_{10}/U_{e2}=1\,475/1\,200=1.23$$

$$R=10^{-5}$$

对 100 个相同并联绝缘：

$$K_{cs}=1\,308/1\,200=1.09$$

$$R=10^{-3}（与图 8 比较）$$

作为近似，可使用公式(B.13)计算 M 个并联绝缘的故障风险率：

$$R=M\Phi\left[\frac{U_{e50}-U_{50}}{\sqrt{S_e^2+Z^2}}\right]\qquad（对 R=0.1 有效）\qquad\cdots\cdots\cdots\cdots（\text{B.13}）$$

式中：

M ——同时受电压作用的绝缘数；

Φ ——不截断高斯积分函数；

U_{e50}——过电压分布平均值，单位为千伏(kV)，即按附录 C 得到的 $U_{e2}-2S_e$ 值；

U_{50} ——用耐受电压除以(1-1.3Z)确定的 50% 闪络电压，单位为千伏(kV)；

S_e ——过电压概率分布的标准偏差，单位为千伏(kV)；

Z ——绝缘闪络概率的标准偏差，单位为千伏(kV)。

于是，$R=100\Phi[(1\,000-1\,600)/140]=100\Phi(-4.3)=100\times10^{-5}=10^{-3}$，与上述结果相同。对低故障风险率，使用本公式可能过于保守。

B.3　过电压的累积频率分布

为用修正的维泊尔函数表示过电压累积频率，考虑到该函数应在高电压值截断，因此只需改变公式(B.2)指数的电压符号即可。例如，相对地过电压：

$$F(U_e)=1-e^{-\left(\frac{U_{et}-U_e}{\beta}\right)^{\gamma}}\qquad\cdots\cdots\cdots\cdots\cdots\cdots\cdots（\text{B.14}）$$

按附录 C 所做的假定，截断值为($U_{et}=U_{e50}+3S_e$)，而 2% 值等于($U_{e2}=U_{e50}+2.05S_e$)，公式(B.6)的指数为 $\gamma=3.07$，可近似取为 $\gamma=3$。按这些假定，用于公式(B.14)的尺度参数为 $\beta=3.5S_e$。

或者，过电压频率分布也可表示为与公式(B.5)的破坏性放电公式相似的形式：

$$F(U_e)=1-0.5^{\left[1-\frac{1}{3}\left(\frac{U_e-U_{e50}}{S_e}\right)\right]^3}\qquad\cdots\cdots\cdots\cdots\cdots\cdots（\text{B.15}）$$

使用以上各因数，公式(B.14)和公式(B.15)都可给出 2% 值下的概率为 2.2%，此结果可认为是足够的。

如将事件峰值法与相峰值法(见 4.3.3.2 的定义)比较，且三相上的过电压在统计上是独立的，则概率分布为公式(B.16)：

$$F_{C-P}=1-(1-F_{P-P})^3=1-e^{-3\left(\frac{U_{et}-U}{\beta}\right)^{\gamma}}\qquad\cdots\cdots\cdots\cdots（\text{B.16}）$$

式中：

$C-P$ 和 $P-P$ 分别指事件峰值法和相峰值法，参数 $\gamma=3$，$\beta=3.5S_e$。

这说明两种方法中的参数 β 服从下述关系公式(B.17)：

$$\beta_{C-P}=3^{-\frac{1}{3}}\beta_{P-P}=0.69\beta_{P-P} \quad\cdots\cdots\cdots\cdots\cdots\cdots\cdots\cdots\cdots(B.17)$$

从而偏差间的关系为公式(B.18)：

$$S_{C-P}=0.69S_{P-P} \quad\cdots\cdots\cdots\cdots\cdots\cdots\cdots\cdots\cdots(B.18)$$

而两种方法的截断值应该相同，所以有公式(B.19)：

$$u_{e2C-P}=1.08u_{e2P-P}-0.08 \quad\cdots\cdots\cdots\cdots\cdots\cdots\cdots\cdots\cdots(B.19)$$

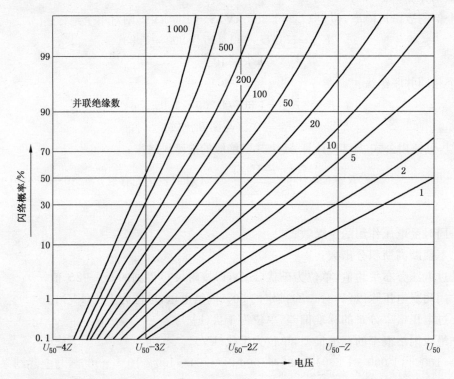

说明：

U_{50}——单个间隙的 50% 闪络电压；

Z——单个间隙的标准偏差。

图 B.1　并联配置绝缘使耐受电压降低的变换图

附　录　C

（资料性附录）

线路合闸和重合闸产生的代表性缓波前过电压的确定

C.1　一般说明

CIGRE 第 33 研究委员会研究了合闸和重合闸过电压的确定,这类过电压下绝缘的响应,以及它对相-相-地绝缘结构的绝缘配合程序的影响,并为此出版了文献[1]、[6]、[7]、[8]。尽管它报道的原则仍然有效,但其使用却相当复杂。因此,本附录对其结果做了归纳,并且介绍在使用本部分时认为是必要的简化。对结果的解释可参照有关的 ELECTRA 出版物。

这些原则是为过电压计算的相峰值法(定义见 4.3.3.3)建立的。然而,其结果,特别是作了简化后,也适合于事件峰值法。

C.2　预期相对地过电压代表性幅值的概率分布

从相对地过电压 2% 值(图 1 的 U_{e2} 值)可估算代表性概率分布为:

——相峰值法:

- 　2% 值: U_{e2}

- 　偏差: $\delta_e = 0.25(U_{e2}-1)$　　　　　　　　　　　　　　　　$\cdots\cdots\cdots\cdots\cdots\cdots\cdots\cdots$（C.1）

- 　截断值: $U_{et}=1.25U_{e2}-0.25$　　　　　　　　　　　　　　$\cdots\cdots\cdots\cdots\cdots\cdots\cdots\cdots$（C.2）

　相当于 $U_{et}=1+5\delta_e$。

- 　应指出,如 $U_{e2}=U_{e50}+2\delta_e$,则 $U_{et}=U_{e50}+3\delta_e$。

注: 推荐采用 $U_{et}=U_{e50}+3\delta_e$。

——事件峰值法:

- 　2% 值: U_{e2};

- 　偏差: $\delta_e=0.17(U_{e2}-1)$　　　　　　　　　　　　　　　　$\cdots\cdots\cdots\cdots\cdots\cdots\cdots\cdots$（C.3）

- 　截断值: $U_{et}=1.13U_{e2}-0.13$　　　　　　　　　　　　　　$\cdots\cdots\cdots\cdots\cdots\cdots\cdots\cdots$（C.4）

　相当于 $U_{et}=1+6.65\delta_e$。

如附录 B 所示,对同样的投切操作,两种方法得到的截断值是相同的。因而 2% 值和偏差肯定不同。

两种方法的准确数值可通过研究得到。然而,从结果分散性看,图 1 对两种方法都适用。

C.3　预期相间过电压代表性幅值的概率分布

一般来说,计算三相过电压时的绝缘特性,必须从过电压波形确定其最重要瞬间(见 C.4)。这个最重要瞬间用下述 3 个瞬间之一定义即可:

a)　相对地过电压正极性峰值瞬间:

　　在此瞬间,过电压可表示为:

　　——每端子的正极性峰值;

　　——给出相间最高作用的相邻两端子的最大负极性分量;

　　——相邻两端子的最小负极性分量。

　　b)　相对地过电压负极性峰值瞬间:该瞬间相当于正极性峰值瞬间,但极性相反。

　　c)　相间过电压峰值瞬间:

　　　在此瞬间,过电压可表示为:

　　　——每对端子间的相间过电压峰值;

　　　——该过电压的正极性和负极性分量;

　　　——第三端子的对地分量。

在所有瞬间,第三分量都很小。因此,过电压可用两相的两个分量表示,第三相接地。过电压概率分布是双变量的,因为两个分量都在变化。在双变量概率分布中,通常用具有相同概率密度的一组过电压来代替所采用的单个电压值。用高斯分布近似各分量概率分布时,这些组合形成的曲线是椭圆;特殊情况下,如两个分布的分散性相等,则曲线为圆。如使用维泊尔分布,则曲线类似于椭圆或圆。

除表示固定概率密度外,该曲线的另一特性是它的每条切线都表示概率不变的合成相间过电压。图 C.1 是摘自参考文献[7]的一例,它对应上面所说的三个瞬间的 2% 概率切线。按过电压计算,三曲线中仅一个对应于绝缘的最重要瞬间,且仅此曲线对过电压有代表性。

为简化并考虑三个所选瞬间中的各瞬间,参考文献[7]建议用图 C.2 给出的圆代表这三条曲线。该圆完全由相对地过电压的正极性和相等的负极性峰值确定。该圆的圆心位于:

$$U_c^+ = U_c^- = \frac{U_p - \sqrt{2}\,U_e}{2 - \sqrt{2}} \qquad\qquad (C.5)$$

其半径为:

$$R_u = \frac{2U_e - U_p}{2 - \sqrt{2}} \qquad\qquad (C.6)$$

式中:

相对地过电压 U_e 和相间过电压 U_p 对应相同概率。

相间过电压概率分布可估算为(参考图 C.1 和图 C.2):

——相峰值法:

- 2% 值:U_{p2};
- 偏差:$\delta_p = 0.25(U_{p2} - 1.73)$ $\qquad\qquad$ (C.7)
- 截断值:$U_{pt} = 1.25 U_{p2} - 0.43$ $\qquad\qquad$ (C.8)

——事件峰值法:

- 2% 值:U_{p2};
- 偏差:$\delta_p = 0.17(U_{p2} - 1.73)$ $\qquad\qquad$ (C.9)
- 截断值:$U_{pt} = 1.14 U_{p2} - 0.24$ $\qquad\qquad$ (C.10)

C.4　绝缘特性

计算三相过电压时,为确定对绝缘最关键的瞬态过电压瞬间(见 5.1.1),必须考虑基本绝缘特性。图 C.3 所示为绝缘总体结构中的两相端子和接地端子,为简化起见省略了第三相。为描述这种结构的绝缘强度,使用了两种方法。

　　——属于某一给定放电概率的正极性分量与负极性分量有关。按这种方法对 50% 放电概率得到的绝缘特性如图 C.4a)所示。

　　——对应某一给定放电概率的两分量之和的总放电电压与比值 α 有关:

$$\alpha = U^-/(U^+ + U^-) = 1/[1 + (U^+/U^-)] \qquad\qquad (C.11)$$

式中:

U^-——负极性分量;

U^+——正极性分量。

则由图 C.4a)的例子可得到图 C.4b)的关系。

绝缘特性分为三个区域[如图 C.4b)]。区域 a 是正极性端子对地放电区域,负极性分量对放电概率影响极小或没有影响;区域 b 的放电发生在端子间,放电概率与两个分量都有关(α 应考虑在内);区域 c 与区域 a 对应,但放电发生于负极性端子对地。

确定区域 a 和 c 的放电电压时可将对面的端子接地,即令一个电压分量为零。然而在区域 b,两分量的比值(即比值 α)对结果会有影响,绝缘特性的这一部分与相间闪络对应,它取决于电极结构和放电物理过程。我们关注的是两种不同的电极结构:

——第一种结构的相对地放电和相间放电发生于结构的不同部分,例如电极半径与间隙相比很大时。相间放电仅由相间总电压决定。区域 b 的绝缘特性在图 C.4a)中以 45° 下降,或在图 C.4b)中保持恒定。这种结构存在于三相电力变压器和 GIS 中。

——第二种结构的相对地放电和相间放电发生于结构的相同部分。对这种结构,绝缘特性取决于放电过程。

按放电过程,可分为三种情况:

a)　均匀或准均匀电场结构

放电电压等于电晕起始电压,绝缘特性可通过电场计算得到。这种绝缘结构存在于三相封闭 GIS。

尽管如此,当电极尺寸与间隙相比很大时,相间介质的电场几乎不受接地端子的影响,因此它决定于总电压。区域 b 的绝缘特性在图 C.4a)中以 45° 下降,在图 C.4b)中保持恒定。

b)　不均匀电场的短空气间隙

放电电压明显高于电晕起始电压。其放电过程对应于流注放电,由于间隙很短,先导不会发展。放电概率决定于两分量之和,这意味着区域 b 的绝缘特性在图 C.4a)中以 45° 下降,在图 C.4b)中保持恒定。GB 311.1—2012 范围 I 的空气间隙可属于这一种。

c)　长空气间隙

除短空气间隙所提到的条件外,从正极性端子形成先导。这意味着正极性端子周围的介质电场是起决定性的,正极性分量对放电的影响大于负极性分量。绝缘特性的下降小于 45°[6]。GB 311.1—2012 范围 II 的空气间隙可属于这一种。

总之,两相绝缘结构的绝缘特性可表示为:

● 相对地正极性操作冲击耐受电压(图 C.4 的区域 a);

● 相对地负极性操作冲击耐受电压(图 C.4 的区域 c);

● 对图 C.4a)的表示法,可用公式(C.12)表示相间绝缘特性(图 D.4 的区域 b)。

$$U^+ = U_0^+ + BU^- \qquad\qquad\qquad \cdots\cdots\cdots\cdots\cdots\cdots\cdots\cdots\cdots\cdots（\text{C.12}）$$

或对图 C.4b)的表示法为公式(C.13):

$$U^+ + U^- = \frac{U_0^+}{1 - \alpha(1 - B)} \qquad\qquad \cdots\cdots\cdots\cdots\cdots\cdots\cdots\cdots\cdots（\text{C.13}）$$

常数 B 的值为:

——在范围 I,对所有类型绝缘:$B=1$;

——在范围 II,对内绝缘:$B=1$;对外绝缘:$B<1$。

图 C.5 给出了角度 $\phi(B = \tan\phi)$ 与比值 D/H_t 的关系。

GB 311.1—2012 定义的相间代表性过电压由两个幅值相等,极性相反的分量组成。该过电压位于

直线 $U^+=U^-$，即 $\alpha=0.5$ 处。对绝缘结构最关键的作用电压取决于绝缘特性，特别是公式（C.12）中提到的斜度 B。在描述过电压的简化法所建议的圆上，其切线特性上的电压分量给出的就是最关键的作用电压。图 C.2 表明，如倾角 B 小于1，则最关键的作用电压与代表性过电压并不对应。这种情况下，为在 $\alpha=0.5$ 的条件下进行试验，必须提高代表性过电压幅值。这就会产生一个新的代表性相间过电压值 U_{p2re}，其值为：

$$U_{p2re}=2(F_1U_{p2}+F_2U_{e2}) \quad\cdots\cdots\cdots\cdots\cdots\cdots\cdots\cdots\text{（C.14）}$$

偏差值 S_{pre} 和截断值 U_{ptre} 分别由公式（C.15）和公式（C.16）：

$$S_{pre}=2(F_1S_p+F_2S_e) \quad\cdots\cdots\cdots\cdots\cdots\cdots\cdots\cdots\text{（C.15）}$$

$$U_{ptre}=2(F_1U_{pt}+F_2U_{et}) \quad\cdots\cdots\cdots\cdots\cdots\cdots\cdots\cdots\text{（C.16）}$$

式中，如 $B=1$，即对范围 I 的内绝缘和外绝缘，代表性相间过电压等于相间过电压的概率分布。

$$F_1=\frac{1}{2-\sqrt{2}}\left(1-\frac{\sqrt{1+B^2}}{1+B}\right)$$

$$F_2=\frac{1}{2-\sqrt{2}}\left(2\frac{\sqrt{1+B^2}}{1+B}-\sqrt{2}\right)$$

如 $B<1$，则代表相间过电压在 $B=1$ 的相间过电压和在 $B=0$ 的两倍相对地过电压间变化。

C.5 数值算例[5]

一个 $U_m=550\ kV$（1 p.u.=450 kV_p）系统的典型相-相-地绝缘结构，相间绝缘强度用常数 $B=0.6$ 表示。由此得到常数 $F_1=0.456$ 和 $F_2=0.085$。

相对地过电压参数（相峰值法）为：

$$U_{e2}=2.0\text{p.u.}=900\ kV$$

$$S_e=0.25\text{p.u.}=113\ kV$$

$$U_{et}=2.25\text{p.u.}=1\ 013\ kV$$

由此推导出的相间过电压参数为：

$$U_{p2}=3.08\text{p.u.}=1\ 386\ kV$$

$$S_p=0.338\text{p.u.}=152\ kV$$

$$U_{pt}=3.42\text{p.u.}=1\ 359\ kV$$

相对地代表性过电压幅值等于相对地过电压。用上面给出的常数，由公式（C.14）到公式（C.16）可求得相间过电压幅值为：

$$U_{p2re}=3.14\text{p.u.}=1\ 413\ kV$$

$$S_{pre}=0.35\text{p.u.}=158\ kV$$

$$U_{ptre}=3.58\text{p.u.}=1\ 611\ kV$$

则对于 $K_{cs}=1.15$，所需的耐受电压值为：

相对地：$U_w=U_{e2}\times1.15=1\ 035\ kV$；

相间（标称值）：$U_w=U_{p2}\times1.15=1\ 593\ kV$；

相间（计算值）：$U_w=U_{p2re}\times1.15=1\ 624\ kV$。

从 GB 311.1—2012 之 6.8 选取标准耐受电压为：相对地 1 050 kV，相间 1 675 kV。

---

5) 采标说明：IEC 60071-2 算例为 $U_m=765\ kV$，考虑到我国情况，取 $U_m=550\ kV$ 作为算例。

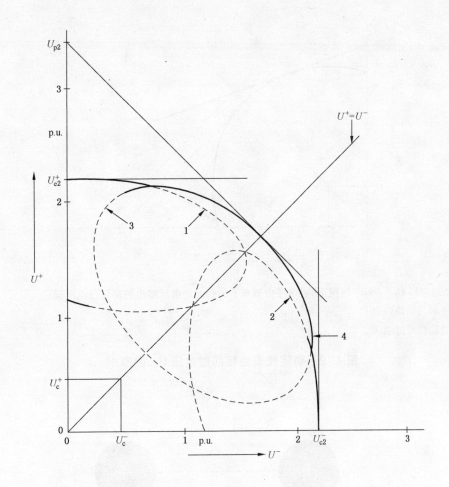

说明:

1——相对地过电压正极性峰值时刻的过电压;

2——相对地过电压负极性峰值时刻的过电压;

3——相间过电压峰值时刻的过电压;

4——覆盖所有时刻的建议简化曲线。

图 C.1 恒定概率密度的双变量相间过电压曲线及有关 2%值的切线

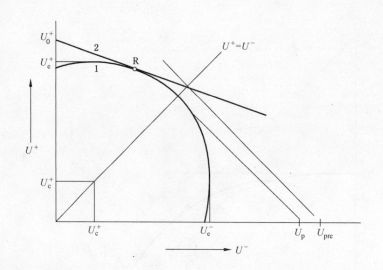

说明：

1——相对地过电压 $U_e^+ = U_e^-$ 情况下，对所考虑概率下的相间过电压给出的简化过电压圆；

2——绝缘的 50% 闪络特性；

R——最重要的作用过电压。

图 C.2　确定代表性相间过电压 U_{pre} 的原则

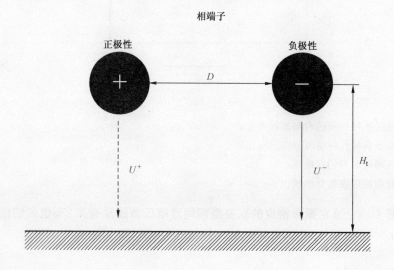

说明：

U^+——正极性电压分量；

U^-——负极性电压分量。

图 C.3　相-相-地绝缘结构示意图

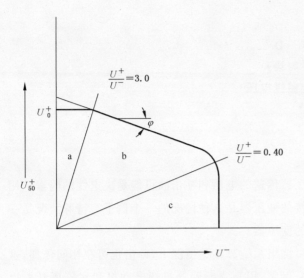

a) 50%正极性分量与负极性分量的关系

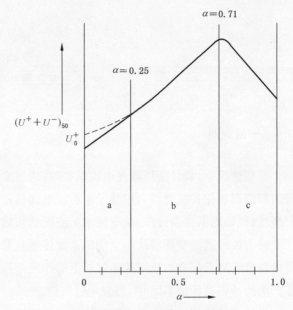

b) 50%总闪络电压与 α 的关系

说明：

区域 a——从正极性相端子对地闪络；

区域 b——相端子间闪络；

区域 c——从负极性相端子对地闪络。

图 C.4　相-相-地绝缘 50%操作冲击闪络电压的说明

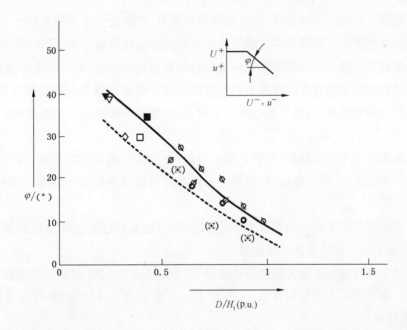

说明：

------最小值；

———平均值。

图 C.5　区域 b 相间绝缘特性倾角和空气间隙距离 D 与地面高度 H_t 比值的关系

附　录　D
（资料性附录）
变压器的传递过电压

D.1　一般说明

某些情况下，设计变压器过电压保护时，通过变压器传递的电压和冲击波可能是决定性的因素。用普通断路器和保护装置与大容量发电机或电动机连接的变压器是这种情况的一个例子。特殊情况是一个绕组（例如因断路器操作）从电网永久或偶然切除的变压器。

冲击波可通过变压器从一个绕组系统传递到另一绕组系统。某些情况下，冲击也可在相间传递，这可增加已受到直接冲击作用的相邻相上的作用电压。例如，用真空断路器投切电动机和在隔离开关操作产生的冲击电压的 GIS 中，都发生过问题。

通过变压器传递的电压主要是快波前和缓波前过电压，传递模式取决于有关的变化率。原则上应考虑下述传递方式：

——静电或容性传递；

——通过变压器一次/或二次回路的自然振荡传递（绕组对地电容和自电感组成振荡回路）；

——正常电磁传递，它主要取决于变压器的匝数比、漏感和负载阻抗。

振荡分量是衰减的，它叠加在电磁传递分量上。如不因谐振效应而放大，则振荡分量通常很小，且不是很重要。因此，对这种传递机制这里不做进一步考虑。

传递冲击波通常既有容性传递分量，也有感性传递分量，它们叠加于工频电压之上。因接地故障而产生的最终电压升高包含在工频电压中。容性传递分量通常在兆赫级范围，在传递冲击中最先出现，感性传递分量出现在容性分量之后。其波形和幅值随时间变化，因为电压沿一次绕组的分布与时间有关。

冲击波传递的特殊情况是容性传递的中性点电位升高。当变压器高低压绕组变比很高（如发电机变压器或有第三绕组的变压器）且低压侧电容很小时，出现接地故障和其他变压器不对称事件时就会发生这种情况。

传递电压幅值取决于变压器结构（特别是绕组结构——饼式、纠集式绕组等，绕组在铁芯柱上的排列方式以及漏感）、绕组阻尼、变压器电容、线圈的矢量组别与电网的连接方式等。此外，入射波的波形也有重要作用。

影响传递冲击波幅值的某些结构因素很难计算。因此，定量估计这些冲击波幅值最适用的方法是对它们进行测量，例如进行冲击波的反复测量。

下面将说明过电压通过变压器传递的最重要特点，给出的公式仅适用于对冲击波幅值进行粗略估算。术语一次和二次在使用上与绕组号数无关，仅表示正常的功率传输方向，即冲击波从一次绕组进入，再传递到二次绕组。

D.2　传递暂时过电压

如二次绕组中性点绝缘，且与一次绕组相比额定电压相当低的话，则一次相对地电压的不对称可导致二次侧的相对地过电压。电压不对称最常见的原因是接地故障。传递暂时过电压幅值取决于接地故障期间的一次电压和变压器的电容比,以及与二次侧连接的可能的附加电容。

最大相对地过电压可估算为公式(D.1):

$$U_{2e} = \frac{C_{12}}{C_{12}+C_2}U_{1e} + \frac{U_{2N}}{\sqrt{3}} \quad\quad\quad\quad (D.1)$$

式中:

U_{2e} ——一次侧接地故障产生的二次侧过电压;

U_{1e} ——接地故障期间一次绕组中性点电压;

$U_{2N}/\sqrt{3}$ ——二次侧额定相对地电压;

C_{12} ——一次和二次绕组间的电容;

C_2 ——二次绕组和与它相连接设备的相对地电容。

所需电容值可从变压器例行试验记录中获得。

严格说,电压应按矢量相加,但按上述的算术相加会得到更保守的结果。

如二次绕组相对地电容太小,则会产生极高的过电压。例如若 110 kV 变压器的额定二次电压为 10 kV 或更低,则该过电压有可能超过额定工频耐受电压。

导致容性传递过电压过高的另一种情况是一次侧发生接地故障期间,中性点绝缘的二次绕组从电网完全脱离。

在二次侧所有各相增加相对地间电容可降低这些过电压的幅值。通常一台 0.1 μF 的电容器就足够了。

D.3 容性传递冲击波

通常,仅当冲击波从高压侧向低压侧传递时,容性传递才是危险的。

容性传递冲击波可起源于一次侧因快波前或缓波前过电压侵入而产生的电位升高。与一次电压不平衡时的情况一样,过电压通过绕组间电容传递到二次侧,但在一次电压快速变化时,仅靠近端子的部分绕组参与冲击波传递,从而引起重要差别。因此,一般情况下,应考虑电容的分布特性,可用公式 (D.2)从串联和对地分布电容(分别为 C_s 和 C_e)来计算变压器绕组的冲击电容:

$$C_{1in} = \sqrt{C_s C_e} \quad\quad\quad\quad (D.2)$$

C_e 值可从测量得到,但 C_s 值必须根据绕组结构估算,因此,只有制造厂才能给出电容 C_s 值。

注:上述 C_{1in} 计算的有效性的基础是假定绕组的初始分布常数很高[9]。当使用串联电容很大的高压绕组时(即分布常数很低),则这种近似准确度较低。

冲击电容组成一个电容分压器(参见图 D.1),可用它来粗略估算容性传递冲击的幅值。当存在工频电压影响时,在二次侧产生的初始电压尖峰由公式(D.3)计算:

$$U_{T2} = ghU_{T1} \quad\quad\quad\quad (D.3)$$

式中:

$g = C_{1in}/(C_{1in}+C_{3in})$ ——分压器的分压比;

h ——工频电压因数。

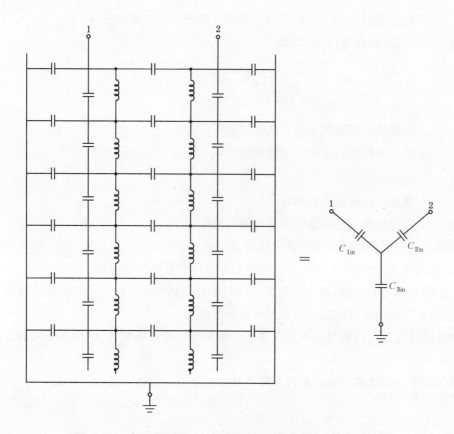

图 D.1 变压器绕组分布电容和表示绕组的等值回路

分压比 g 的范围从 0.0 到至少 0.4。它可从变压器制造厂的已有数据估算或用低压脉冲试验测量。低压绕组为 △ 连接而高压绕组为 Y 连接时将进一步降低参数 g 的值。

因数 h 的值取决于作用电压类型和变压器绕组连接方式：

——对缓波前过电压,假定 $h=1$ 是正确的(与绕组连接方式无关);

——对快波前过电压,$h>1$:

● 对 Y/△ 或 △/Y 连接,$h=1.15$(粗略估计);

● 对 Y/Y 或 △/△ 连接,$h=1.07$(粗略估计)。

对快波前过电压情况,U_{T1} 值可为接在一次侧避雷器的保护水平,对缓波前过电压的情况,U_{T1} 值可为相对地作用电压峰值(假定避雷器不动作)。

容性传递冲击波幅值因绕组损耗而衰减,这一影响,以及变压器所接负荷,都可有效降低容性尖峰幅值。通常,只有在变压器降压比很大且低压侧连接电容很小时,这些过电压尖峰才是危险的。如侵入波陡度很高或被截断,则可能出现严重情况。接在二次侧的避雷器可有效限制容性传递过电压的幅值,特别是当设备不容许波前快速上升的电压作用(如发电机和电动机)的情况,或变压器电容比不利时,加装电容器可进一步改善保护,否则二次侧避雷器动作会过于频繁。

D.4 感性传递冲击波

冲击波的感性传递通常是最重要的传递模式,而且在中等电压变化率时就会发生。通常,当初始分布以振荡方式向电压和电流最终分布变化时,感性冲击波传递与一次绕组的冲击电压和电流的瞬态特性有关,这意味着传递冲击波是由以不同频率振荡的几个分量组成的。

这种传递模式下,变压器基本以正常模式运行,惯用的工频方法可用于冲击幅值和波形的分析。因而,电压分量的等值回路和公式的推导都相当容易,但另一方面,所须变压器参数值的确定却很复杂。因此,确定冲击幅值时,通常只使用简单的近似公式,因而直接测量可给出感性传递冲击波幅值更准确可靠的数据。

感性传递冲击波的幅值取决于:

——一次电压幅值(包括避雷器动作);

——侵入波持续时间;

——变压器特性(绕组数量、匝数比、短路阻抗和矢量组);

——二次侧连接线路的波阻抗;

——负荷特性。

变压器二次侧感应的冲击波可借助公式(D.4)估算:

$$U_{T2} = h q_r J W U_{T1} \qquad\qquad\qquad\qquad (D.4)$$

式中:

h ——由公式(D.3)定义的因数;

q_r ——二次回路对传递冲击波的响应因数;

J ——取决于绕组连接方式的因数;

W ——变压器二次侧相间电压与一次侧相间电压之比。

响应因数 q_r 可基本上确定了振荡的幅值,q_r 值大小取决于二次绕组漏感、与它相连的负荷以及侵入波上升率。绕组在铁心柱上的排列方式也对 q_r 值有影响(甚至其他绕组的负荷也会降低 q_r 值),因此,很难预先确定 q_r 值。

下面将给出饼式绕组变压器的某些值,以说明这种情况,如变压器绕组为其他类型,则应与制造厂联系。

某些典型 q_r 值可规定如下:

如变压器接到负荷很小的架空线,对快波前冲击,当二次绕组额定电压从 245 kV 变到 36 kV 时,q_r 值变化从 0.3～1.3。

对负荷很小的类似系统的操作冲击,通常 $q_r<1.8$。

如变压器与电缆连接,对快波前冲击和缓波前冲击,通常都可取 $q_r<1.0$。

显然,三绕组变压器的情况会导致较高 q_r 值。对这种变压器,q_r 值甚至会超过 1.7～2.0。

仅一相有冲击波和在两相有幅值相等极性相反冲击波时的 J 值如图 D.2 所示。它列出了变压器 8 种不同连接组的情况。该图假定系统电压比为 1。

从高压绕组向低压绕组感性传递的冲击波在下述情况下可能是危险的:

——二次电压绕组不与电网连接;

——二次绕组额定电压低,但额定功率大(如发电机变压器);

——绕组为三绕组变压器的第三绕组。

即使变压器所有端子都配备有相对地避雷器,感性传递冲击波对 Δ 连接二次绕组相间绝缘也可能是危险的。因此,可能还必须安装相间避雷器。当冲击从低压绕组向高压绕组传递,特别是如产生了谐振电压升高时,可能产生很高的过电压。

宜对每种情况进行相对地保护和相间保护的研究。要求制造厂提供必要的信息。在所有相对地和相间(必要时,例如 Y/Δ 连接的变压器)都安装避雷器通常可提供可靠保护。加装电容器通常并不能降低感性传递过电压。

项目	变压器连接方式			仅一相上有冲击波 $U_A=1,U_B=U_C=0$		在二相上有相反极性的冲击波 $U_A=1,U_B=-1,U_C=0$	
序号	高压绕组	低压绕组	第三绕组	高压绕组	低压绕组	高压绕组	低压绕组
1	$Y(e)$	$y(e)$	$(-,y)$	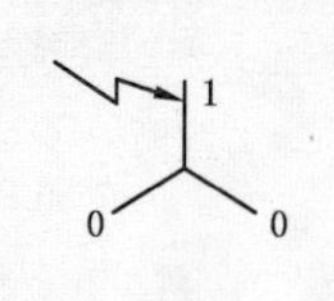	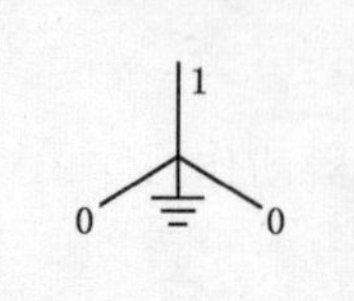	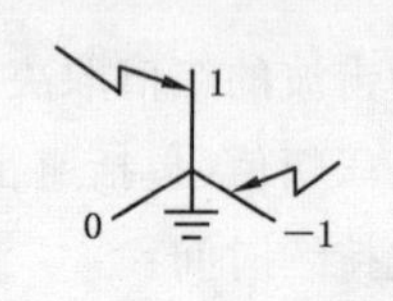	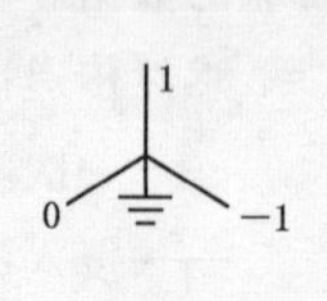
2	$Y(e)$	$y(i)$	$(-,y)$	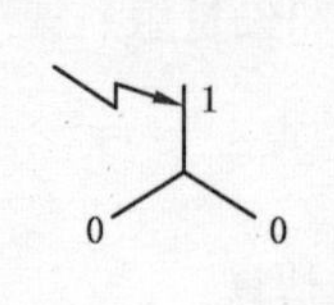	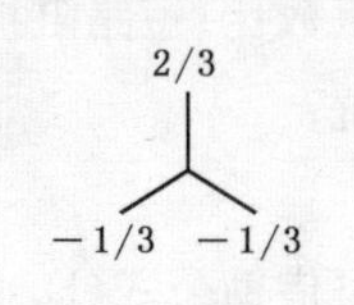 $2/3$, $-1/3$, $-1/3$	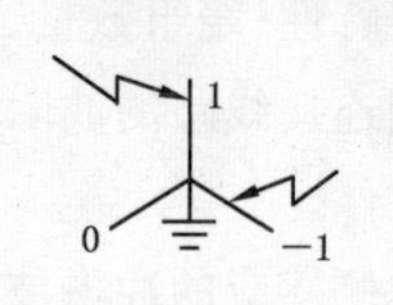	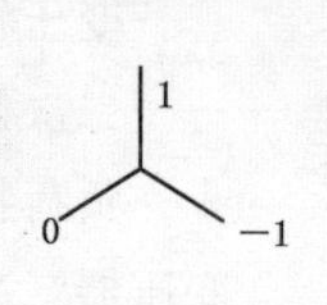
3	$Y(e)$	d	$(-,y,d)$	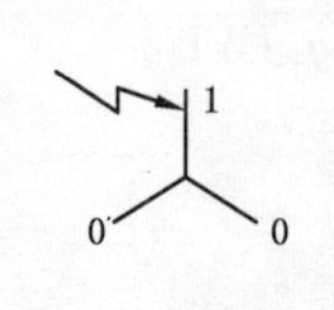	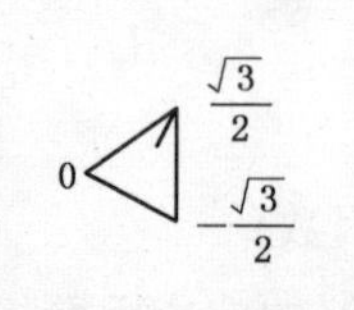 $\frac{\sqrt{3}}{2}$, $-\frac{\sqrt{3}}{2}$	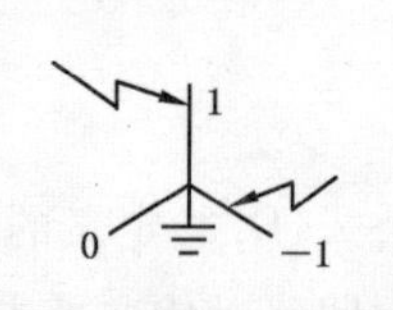	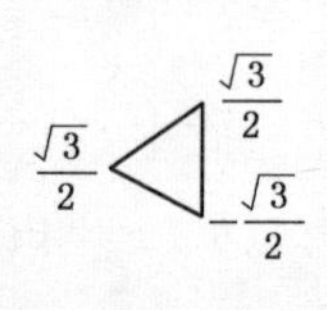 $\frac{\sqrt{3}}{2}$, $-\frac{\sqrt{3}}{2}$
4	$Y(i)$	$y(e,i)$	$(-,y,d)$	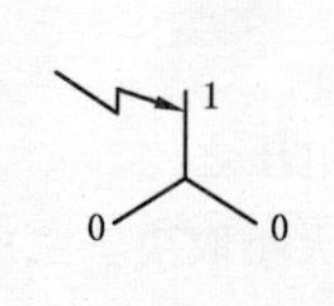	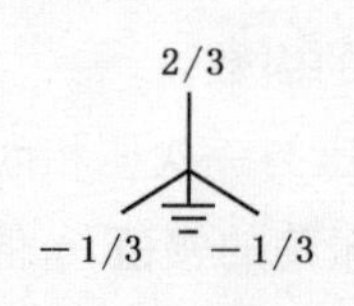 $2/3$, $-1/3$, $-1/3$	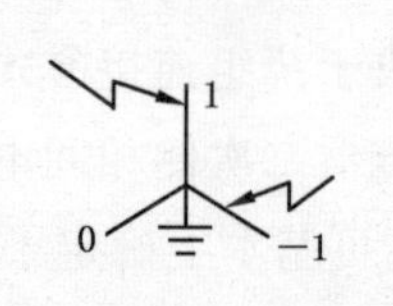	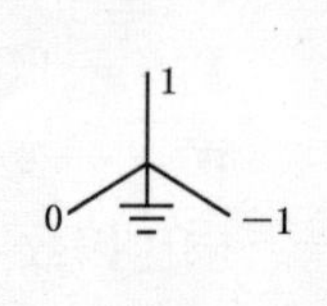
5	$Y(i)$	d	$(-,y,d)$	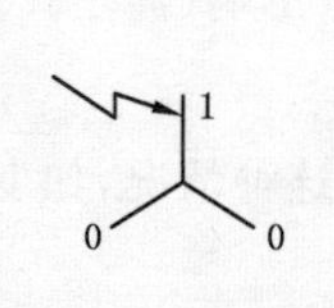	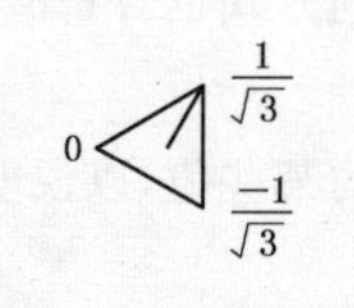 $\frac{1}{\sqrt{3}}$, $\frac{-1}{\sqrt{3}}$	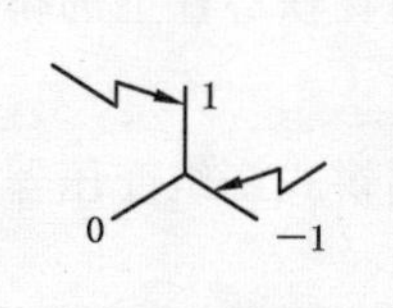	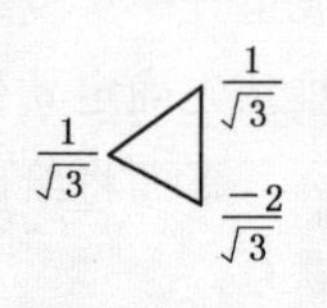 $\frac{1}{\sqrt{3}}$, $\frac{-2}{\sqrt{3}}$
6	$Y(i)$	$Z(e,i)$	$(-,y,d)$	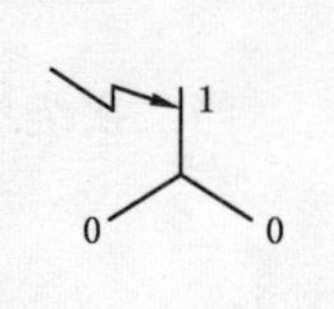	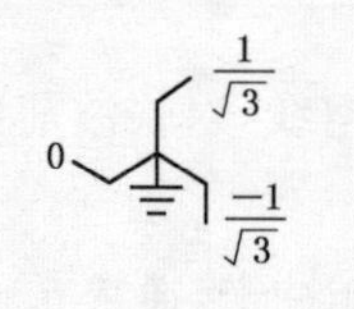 $\frac{1}{\sqrt{3}}$, $\frac{-1}{\sqrt{3}}$	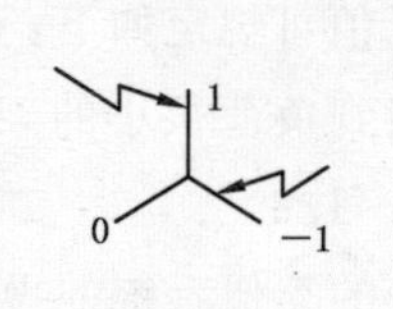	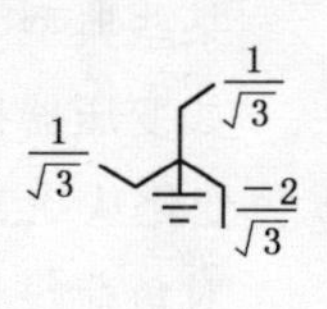 $\frac{1}{\sqrt{3}}$, $\frac{-2}{\sqrt{3}}$
7	D	$y(e,i)$	$(-,y,d)$	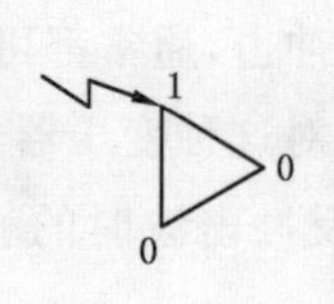	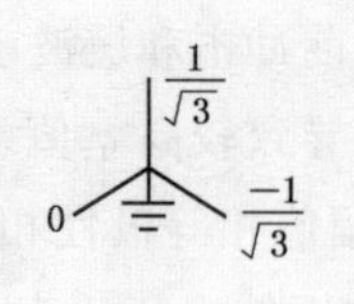 $\frac{1}{\sqrt{3}}$, $\frac{-1}{\sqrt{3}}$	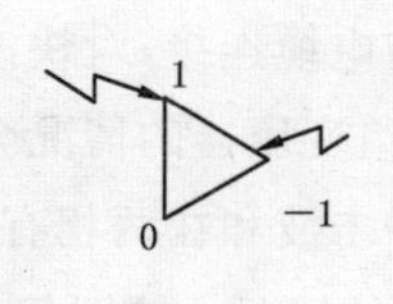	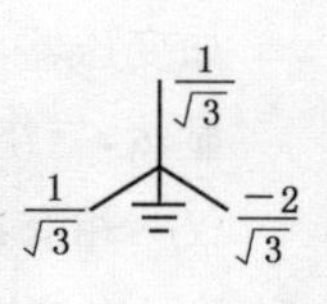 $\frac{1}{\sqrt{3}}$, $\frac{-2}{\sqrt{3}}$
8	D	d	$(-,y,d)$	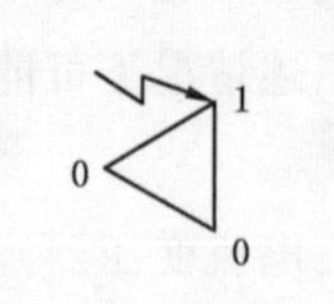	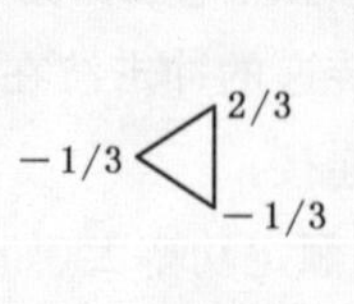 $2/3$, $-1/3$, $-1/3$	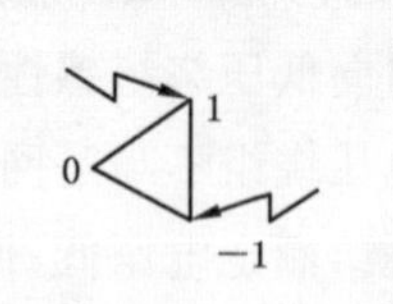	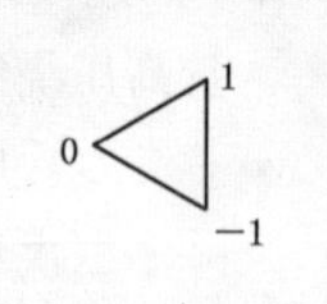

说明:

Y,y ——星形(Y)连接绕组;

D,d ——三角形(△)连接绕组;

Z ——Z连接绕组;

U_A、U_B、U_C ——高压端子 A、B、C 上的过电压幅值。

图 D.2　表示绕组连接方式对感性冲击波传递影响的因数 J 值

附 录 E
（资料性附录）
雷电过电压

E.1 一般说明

变电站的过电压取决于从架空线侵入变电站的过电压的幅值和波形，以及变电站本身的行波特性。这种侵入波过电压的发生频率由与变电站相连的架空线路的雷电性能决定。对没有安装避雷器的变电站或变电站的一部分，最重要的参数是侵入波冲击的幅值；对避雷器保护的变电站，最重要参数是侵入波陡度和避雷器与所考虑设备间的距离。

侵入波过电压的陡度主要因架空线的电晕衰减效应而降低[9]。这意味着，只有雷电在距变电站一定距离内击中架空线，则侵入波冲击的陡度才可以足够产生某一定幅值的过电压（见 E.2 的详细解释）。更远的雷电，无论冲击波幅值如何，其陡度都过低。

了解这一临界距离相当重要。在使用瞬态程序进行过电压的详细数值计算时，宜仔细模拟这一距离内的架空线。文献[9]给出了应包含在这类计算中的必要参数的推荐值。此外，计及过电压幅值发生频率而进行的所有简化也基于类似考虑。

E.2 确定临界距离（X_p）

E.2.1 变电站有避雷器保护

本条款包含 4.3.4.5 中讨论的避雷器保护的更详细的资料。

当不止一条架空线与变电站相连时，侵入波冲击的初始陡度（S）可除以线路数（n）。然而需要强调，线路数应是考虑了雷暴期间线路可能停止运行的最少数量。

考虑到侵入波冲击的陡度与在架空线上的传播距离成反比降低，式(1)中使用的侵入波冲击陡度 S近似等于公式(E.1)：

$$S = 1/(nK_{co}X) \quad\quad\quad\quad\cdots\cdots\cdots\cdots\cdots\cdots\cdots\cdots（E.1）$$

式中：

n ——与变电站连接的架空线路条数；如涉及多回路杆塔，则必须考虑双回路系统之间的反击，建议将线路数除以 2；

K_{co}——表 E.1 中的电晕衰减常数[$\mu s/(kV \cdot m)$]；

X ——雷击点和变电站的距离，单位为米（m）。

注：推导该公式时假定被保护对象和架空线连接点间距离上的传播时间小于侵入波波前时间的一半。在近似估算时，被保护对象与连接点间的引线因此可以忽略。这一方法在确定式(E.1)的临界距离时是合理的，因为这里涉及的侵入波陡度较低。但用假定侵入波计算产生的实际过电压时，这样简化有可能偏于乐观。

计算设备上的过电压时，使用公式(1)的这一陡度值得到的结果不够准确。然而，用公式(E.2)估算临界距离 X_p 是足够（保守）的：

$$X_p = 2T/[nK_{co}(U - U_{pl})] \quad\quad\cdots\cdots\cdots\cdots\cdots\cdots\cdots\cdots（E.2）$$

式中：

U ——所考虑的最低过电压幅值；

T ——变电站中任意被保护点与最近避雷器间的最长传播时间，单位为微秒（μs）；

U_{pl}——避雷器雷电冲击保护水平。

距离大于 X_p 时,陡度将会降低,因而设备上的过电压一般会低于假定值 U。

E.2.2 变电站的自保护

从架空线侵入变电站的雷击过电压,由于在变电站内的折、反射,无须避雷器动作即可降至 U_{pl} 以下,这就是变电站的自保护。其基本要求是与变电站相连的线路数必须足够多。

表 E.1 电晕衰减常数 K_{co}

导线结构	$K_{co}/[\mu s/(kV \cdot m)]$
单导线	1.5×10^{-6}
双分裂导线	1.0×10^{-6}
3 或 4 分裂导线	0.6×10^{-6}
6 或 8 分裂导线	0.4×10^{-6}

必需的线路数可估算为公式(E.3):

$$n \geqslant 4(U_{50}^-/U) - 1 \quad\cdots\cdots\cdots\cdots\cdots\cdots\cdots(E.3)$$

式中:

n ——架空线路数;

U_{50}^-——线路绝缘的负极性 50% 雷电冲击闪络电压;

U ——所考虑的过电压幅值。

此外,在其他线路的折反射使侵入波冲击降低前,侵入波必须不产生过高的过电压。如侵入波陡度因线路电晕衰减效应变得很低,以致变电站可看成集中参数元件,则这一要求是可以满足的。当雷击点超过临界距离时,即可认为适用这种情况公式(E.4):

$$X_p \geqslant 4(T/K_{co}U) \quad\cdots\cdots\cdots\cdots\cdots\cdots\cdots(E.4)$$

式中:

T——距变电站母线最远点的传播时间,单位为微秒(μs)。

对 GIS 或电缆连接的变电站,如其线路入口处的折反射已经使过电压降低至允许值以下,则它们会表现出良好的自保护效应。如满足公式(E.5)条件,则可认为自保护是有效的:

$$U > \frac{6Z_s}{Z_s + Z_L}U_{50}^- \quad\cdots\cdots\cdots\cdots\cdots\cdots\cdots(E.5)$$

式中:

Z_s——变电站的波阻抗;

Z_L——架空线的波阻抗。

然而,雷击点到变电站入口的距离可能不会太短以致使变电站的反射与雷电冲击波相干扰。因此应采用下列最短临界距离:

——对绕击,$X_p = 1$ 个档距;

——对反击,$X_p = 2$ 基杆塔。

E.3 代表性雷电过电压幅值的估算

E.3.1 概述

鉴于包括架空线性能模拟的行波计算过程比较复杂,参考文献[9]提出了一种简化法。这种方法包括用要求的预设故障率计算雷电流以及用包括短线段等值回路的变电站的行波计算来计算过电压。

E.3.2 绕击

决定侵入波的雷电流由临界距离内的绕击率确定,超过它的概率为公式(E.6):

$$F(I) = F(I_m) + (R_t/R_p) \qquad \cdots\cdots\cdots\cdots\cdots\cdots (E.6)$$

式中:

$F(I_m)$——与最大绕击电流对应的雷电流概率;

R_t　　——所考虑的变电站的预设故障率;

R_p　　——临界距离内的绕击率。

注:绕击率可从绕击闪络率公式(E.7)求得:

$$R_p = \frac{R_{sf}}{F(I_{cr}) - F(I_m)} \qquad \cdots\cdots\cdots\cdots\cdots\cdots (E.7)$$

式中:

R_{sf}　　——绕击闪络率;

$F(I_{cr})$——导致绝缘负极性闪络的雷电流所对应的概率。

相应于此概率的电流可由绕击范围内的雷击电流概率分布中求得,它可在出版物中查到。

侵入波过电压的幅值用式(E.8)确定,其陡度可假定由式(E.9)求取:

$$U_1 = Z_L I/2 \qquad \cdots\cdots\cdots\cdots\cdots\cdots (E.8)$$
$$S = 1/(K_{co} X_T) \qquad \cdots\cdots\cdots\cdots\cdots\cdots (E.9)$$

式中:

$$X_T = X_p/4$$

其半峰值时间应为 140 μs,如该峰值高于线路绝缘负极性闪络电压的 1.6 倍,则采用该值为侵入波峰值。

可使用侵入波进行变电站内的行波计算,并得到这一预设故障率下不同位置的代表性过电压。

注:对某些分裂导线,其电晕起始电压可以很高,假定波前线性上升可导致过电压估算值偏低。这种情况下,建议使用更适当的侵入波波前的表达式。

E.3.3 反击

决定设计用侵入波的雷电流是由临界距离内对架空线杆塔和屏蔽地线的雷击次数确定的。超过该雷电流的概率为公式(E.10):

$$F(I) = R_t/R_f \qquad \cdots\cdots\cdots\cdots\cdots\cdots (E.10)$$

式中:

R_t——所考虑变电站的预设故障率;

注:此故障率指变电站的故障率。

R_f——临界距离内对架空线杆塔和屏蔽地线的雷击率。

该电流在塔基阻抗上产生的电压由它的时间响应和电流的关系确定。当塔基阻抗的延伸半径小于 30 m 时,其时间响应可以忽略,塔基阻抗由公式(E.11)求得:

$$R_{hc} = \frac{R_{lc}}{\sqrt{1 + \dfrac{I}{I_g}}} \qquad \cdots\cdots\cdots\cdots\cdots\cdots (E.11)$$

式中:

R_{lc}——小电流低频率时的电阻;

I_g　——临界电流,单位为千安(kA)。

临界电流 I_g 表示土壤电离,可由公式(E.12)估算:

$$I_g = \frac{1}{2\pi} \frac{E_0 \rho}{R_{lc}^2} \qquad \cdots\cdots\cdots\cdots\cdots\cdots (E.12)$$

式中：

ρ ——土壤电阻率，单位为欧姆米（$\Omega \cdot m$）；

E_0 ——土壤电离场强（推荐值：400 kV/m）。

于是设计用侵入波幅值为公式（E.13）：

$$U_l = \frac{(1-c_f)R_{lc}I}{\sqrt{1+I/I_g}} \qquad \cdots\cdots\cdots\cdots\cdots\cdots\cdots\cdots\cdots\cdots（ E.13 ）$$

式中：

c_f——地线与相导线间的耦合因数，其典型值为：对单地线，$c_f = 0.15$；对双地线，$c_f = 0.35$。

如该幅值高于线路绝缘负极性闪络电压的 1.6 倍，则应采用该侵入波幅值。

设计用侵入波的波尾呈指数下降，其时间常数 τ 由公式（E.14）给出，其波前呈线性上升，波前陡度 S 由公式（E.15）给出：

$$\tau = \frac{Z_e}{R_{lc}}\frac{L_{sp}}{c} \qquad \cdots\cdots\cdots\cdots\cdots\cdots\cdots\cdots\cdots\cdots（ E.14 ）$$

式中：

Z_e ——地线波阻抗。其典型值为：单地线 500 Ω，双地线 270 Ω；

L_{sp} ——档距，单位为米（m）；

c ——光速（推荐值：300 m/μs）。

$$S = 1/(K_{co}X_T) \qquad \cdots\cdots\cdots\cdots\cdots\cdots\cdots\cdots\cdots\cdots（ E.15 ）$$

式中：

K_{co}——由表 E.1 给出；

X_T——由式（E.9）给出。

计算变电站的行波时，与变电站相连的单导线长度取为 X_T，其波阻抗与相导线相同。如果侵入波冲击幅值高于正极性 50% 雷电冲击闪络电压的 1.6 倍，则该简化不再适用，建议进行更详细的研究。塔基延伸半径大于 30 m 时也应这样做。

可得到代表性过电压幅值与预设故障率的两个依存关系，一个是绕击，一个反击。将确定的过电压幅值的两个预设故障率相加即可得到总体关系。

注：对某些分裂导线，其电晕起始电压很高，波前线性上升的假定可导致过电压估算值偏低。这种情况下，建议使用更适当的侵入波波前的表达式。

E.4 简化法

对 E.2 和 E.3 所述的方法可用给出的基本原则进一步简化，但采用以下假定：

——距变电站一定距离内发生的雷击事件在被保护设备上产生的过电压高于设定值，而在此距离外的所有事件产生的过电压均低于设定值；

——设备上的过电压可按公式（1）和公式（E.1）计算。

如前所述，这两个假定都不是严格适用的。首先，在某距离内发生的事件严重程度并不相同。它取决于雷电流或侵入波过电压的幅值。其次，过电压可能高于按公式（1）和公式（E.1）的计算值。然而，现行的避雷器对设备保护的实践已经表明，这两个不准确性足以相互抵消。

将距离 X 代入公式（E.1）的结果表明，由于变电站的接地影响，临近变电站的杆塔不会发生反击。X 的最小值是架空线的一个档距，因此，公式（1）中采用的有代表性陡度为：

$$S_{rp} = 1/[K_{co}(L_{sp} + L_t)] \qquad \cdots\cdots\cdots\cdots\cdots\cdots\cdots\cdots（ E.16 ）$$

式中：

$L_t = R_t/R_{km}$——雷电闪络率等于要求的预设故障率的线路段长度[8]。

R_t ——采用的过电压预设故障率（1/a）；

R_{km}　　　　——对应于变电站前 1 km 架空线的设计年跳闸率[通常使用单位:1/(100 km·a);推荐单位:1/(m·a)]。

注:该公式的推导依据是,人们发现,由于变电站的良好接地,靠近变电站的杆塔不发生反击闪络,架空线的第一个档距也不发生绕击。因此,存在一个产生侵入波冲击最大可能陡度的最短传播距离。公式(E.16)的解析表达式是对这一现象的近似。也可以用较大档距值或长度 L_t 代替两者之和。

于是,将 S_{rp} 代入公式(1),且对于输电线路令 $A=2/(K_{co}c)$,则代表性的雷电过电压与预设故障率的关系为公式(E.17):

$$U_{rp}=U_{pl}+\frac{A}{n}\frac{L}{L_{sp}+L_t} \qquad\qquad\text{(E.17)}$$

式中:

U_{rp}　——代表性雷电过电压的幅值,单位为千伏(kV);

A　——表 E.2 给出的因数,它表示与变电站相连架空线的雷电性能;

U_{pl}　——避雷器雷电保护水平,单位为千伏(kV);

n　——与变电站相连线路的最低数量($n=1$ 或 $n=2$);

L　——图 3 所示的距离,单位为米(m),$L=a_1+a_2+a_3+a_4$;

L_{sp}　——档距,单位为米(m);

L_t　——其跳闸率等于预设故障率的架空线长度,单位为米(m)。

用其跳闸率等于可接受故障率 R_a 的线路长度 L_a 取代 L_t 可得到作用在设备上的雷电过电压:

$$L_a=R_a/R_{km} \qquad\qquad\text{(E.18)}$$

设备上的雷电冲击电压等于:

$$U_{cw}=U_{pl}+\frac{A}{n}\frac{L}{L_{sp}+L_a} \qquad\qquad\text{(E.19)}$$

式中:

U_{cw}　——雷电冲击配合耐受电压;

L_a　——跳闸率等于可接受故障率的架空线段长度;

R_a　——设备可接受故障率。

对输电线路,因数 A 可从表 E.2 得到,电晕衰减常数 K_{co} 可从表 E.1 得到。对配电系统,雷电过电压通常是多相的,必须考虑相导线的分流作用。对线路杆塔,雷击时不止一个杆塔发生闪络可进一步降低雷电过电压。对这类线路,因数 A 已按运行实践修正。

GIS 的波阻抗远低于架空线路波阻抗,因此它的保护一般优于敞开式变电站。与敞开式变电站相比,如何估计 GIS 的保护改进还无法给出一般性的有效建议。然而,用适用于敞开式变电站的公式(E.19)估算设备上的雷电冲击电压以及保护范围都是偏于保守的,将比值 A/n 降到户外变电站使用值的一半仍然适用。

E.5　代表性雷电过电压的设定最大值

如现有变电站的雷电绝缘性能已知,则对新变电站,代表性雷电过电压的设定最大值可估算为公式(E.20):

$$\frac{U_{rp2}}{U_{pl2}}=1+\frac{n_1}{n_2}\frac{L_2}{L_1}\frac{U_{pl1}}{U_{rp1}}\left(\frac{U_{rp1}}{U_{pl1}}-1\right) \qquad\qquad\text{(E.20)}$$

式中:

U_{rp}　——设定最大代表性过电压;

U_{pl}　——避雷器雷电冲击保护水平;

n　——与变电站相连的处于运行的架空线最低数量;

下标 1——有满意运行经验的情况;

下标 2——新变电站的情况；

$L=a_1+a_2+a_3+a_4$（见图 3）。

也可令公式（E.16）中的预设故障率为零，因而 $L_t=0$，由此求出设定最大值，即[见公式（E.17）]：

$$U_{rp}=U_{pl}+\frac{A}{n}\frac{L}{L_{sp}} \quad\cdots\cdots\cdots\cdots\cdots\cdots\cdots\cdots\cdots\text{（E.21）}$$

E.6 代表性雷电过电压的 EMTP 行波法计算值

如上所述，雷电过电压的简化计算方法的一些假定是不严格的。简化计算结果和实际情况可能有较大的差异。在电压等级较高的变电站，采用更细致的方法进行雷电侵入波的计算，使计算结果更合理已经是普遍的工程要求。而计算技术的发展，也使对包括线路和变电站的全面的行波分析不再是一件困难的事。一般使用 EMTP 程序进行雷电侵入波过电压计算。

雷电过电压计算时采用的线路和变电站各元件的模型可参考 GB/T 311.4。

雷击电源采用电流源，而不采用电压源。雷电流的波形为 2.6/50 μs。

雷击点的位置宜包括近区（2 km 进线段内）和远区（进线段外）。一般情况下，雷击点离变电站近，其侵入波过电压较高。因此可以主要考虑近区雷击。

表 E.2 各种架空线的因数 A[适用于式（E.17）和式（E.19）]

线路类型	A/kV
配电线路（相间闪络）	
——带接地横担（低电压下对地闪络）	900
——木杆线路（高电压下对地闪络）	2 700
输电线路（单相对地闪络）	
——单导线	4 500
——双分裂导线	7 000
——4 分裂导线	11 000
——6 或 8 分裂导线	17 000

计算雷电绕击侵入波过电压时，最大绕击雷电流由电气几何模型确定。它随地线保护角、地线和导线的高度、和沿线地面倾斜角而变化；计算雷电反击侵入波过电压时，最大反击雷电流推荐值见表 E.3。

变电站接线方式应结合具体工程运行情况确定。出线多，其侵入波过电压一般较低。一线一变（一回线路一台变压器）的接线方式是一般运行方式中最严苛的接线方式。有的变电站还需要考虑特殊运行方式，即变电站线路断路器处于开路状态的运行方式，其过电压更严重，但出现的概率较小。

确定代表性雷电过电压时，宜结合变电站的典型接线方式进行计算。

在进行变电站雷电侵入波过电压绝缘配合时，一般运行方式下的内绝缘安全裕度要求不低于15%，特殊方式下内绝缘安全裕度要求不低于 10%，外绝缘安全裕度要求不低于 5%。

表 E.3 计算反击侵入波过电压时的最大雷电流推荐值

系统标称电压/kV	330	500	750	1 000
最大雷电流/kA	185	216	200	250/230

注 1：1 000 kV 变电站的雷电流：斜线上方数值相对于变电站正常运行方式；斜线下方数值相对于变电站特殊运行方式。

注 2：750 kV 电网在我国西北地区，其雷电流幅值相对较低，因此最大雷电流计算值相应减小。

注 3：具体工程在计算雷电侵入波过电压时，可根据当地的雷电活动强度选取最大雷电流值。

附　录　F
（资料性附录）
由实验数据计算空气间隙击穿强度

F.1　一般说明

本附录的意图不是给设备委员会提供一种计算空气间隙的方法。确切地说,其目的是帮助使用者估算设备尺寸和空气间隙电气强度,并计及大气修正因数。

须注意,这里给出的公式是以实验数据为基础的并是为了绝缘配合的目的。对间隙距离大于 1 m,可假定给出符合这些实验结果的近似值。

打算用这些公式来校验 GB 311.1—2012 附录 A 中给出的最小间隙距离,或者评价对附录中给出的那些数值的偏差的使用者在这样做时应注意,GB 311.1—2012 附录 A 中给出的数值并不是对应于 U_{50},而是对应于耐受条件,以及对一些附加考虑的具体化,包括可行性、经济、经验和环境条件（污秽、雨、昆虫等）。

对小于 1 m 的间隙误差特别大,此时公式给出的准确度值得怀疑。

F.2　对工频电压的绝缘响应特性

工频电压下空气间隙的击穿,可由棒板间隙结构求得最低耐受电压,棒-板间隙的 50％击穿电压可由式（F.1）近似求得。此公式适用于空气间隙距离 $d \leqslant 3$ m。

$$U_{50RP} = 750\sqrt{2}\ln(1+0.55d^{1.2})\quad(\text{kV 峰值},\text{m}) \quad\cdots\cdots\cdots\cdots\cdots\cdots\cdots(\text{F}.1)$$

工频电压下 U_{50RP} 的峰值比具有临界波前时间的正极性操作冲击高约 20％～30％。若设定的标准偏差为 U_{50} 的 3％,则可在 U_{50} 的 90％下耐受。

在工频电压下间隙结构对电气强度的影响一般比操作冲击下的要小:

——对约 1 m 以内的间隙,影响很小;

——对大于 2 m 的间隙,电气强度可用式（F.2）计算（适用于干状态）:

$$U_{50} = U_{50RP}(1.35K - 0.35K^2) \quad\cdots\cdots\cdots\cdots\cdots\cdots\cdots(\text{F}.2)$$

式中:

K——间隙系数（由操作冲击试验确定）,如表 F.2 中所示。

对间隙距离在 1 m～2 m 之间,公式（F.2）可以采用,但结果趋于保守。

当存在绝缘子时,闪络电压与相对于基准情况（无绝缘子时的相同空气间隙）相比会显著降低,尤其是湿度较大时。

一般,在工频电压及正常运行条件下和暂时过电压下的放电是由于恶劣的环境条件或由于设备绝缘特性的老化使得绝缘耐受强度的极度下降引起的。

雨对空气间隙的影响可忽略,尤其是对那些呈现最低电气强度的结构,但是,雨会降低绝缘子的绝缘强度,特别是对裙间距离小的支柱绝缘子。降低的程度取决于雨量、绝缘子结构和雨水的电导率。

雨水加污秽会极大地降低绝缘强度,最严重的情况通常是由雾或小雨加上脏污的绝缘子引起的（见 5.3.2.2）。实际上这些情况可在外绝缘设计中予以说明。相应的绝缘污秽水平可由每平方米中 NaCl 的克数表示的等值附盐密度（DSDD）来模拟,DSDD 表示溶融污秽的稳态电导率与溶融 NaCl 的等值含量之间的关系,DSDD 的确定要求对运行地区已有绝缘性能或者对从现场研究获得的统计数据进行分析。

尽管更希望对已有性能的分析,但若已有绝缘从未发生过污秽闪络,则这种分析不可能提供足够的信息。

统计数据的分析要求进行几年的现场监测,因为要用对外露绝缘子冲刷进行的 DSDD 的直接测量或其他方法,如泄漏电流测量、化学分析或电阻率测量来收集数据。

注:DSDD 概念对非瓷绝缘的适用性不太清楚。现在的研究表明表面亲水现象可能更重要,建议使用者在使用时注意。

环境条件的统计描述通常要求大量数据。老化的统计描述更加困难。所以本部分中不推荐用统计方法来估算工频电压下的绝缘响应。

F.3 对缓波前过电压的绝缘响应

在缓波前冲击波作用下,一给定的自恢复绝缘的耐受电压明显低于同极性的快波前冲击波下之值。根据大量操作冲击试验结果,空气间隙可由标准波前时间下观察到的最低绝缘强度来表征,它是空气间隙几何特性的函数,主要是间隙距离 d 及电极结构。在不同间隙距离 d 中,正极性的棒-板间隙的绝缘强度最低,并以此作为基准。对长度达 25 m 以内的棒板间隙正极性标准波前时间下的强度的实验数据可合理地由公式(F.3)[11]近似表示:

$$U_{50RP} = 1\ 080\ln(0.46d + 1)\ (kV\ 峰值,m) \quad\cdots\cdots\cdots\cdots\cdots (F.3)$$

对标准操作冲击,公式(F.4)给出了较好的近似:

$$U_{50RP} = 500d^{0.6}\ (kV\ 峰值,m) \quad\cdots\cdots\cdots\cdots\cdots (F.4)$$

公式(F.3)和公式(F.4)适用于海平面($H=0$),因此,在采用绝缘配合程序时,要求进行海拔修正(见 GB 311.1—2012 附录 B)。

空气间隙中的绝缘子通常降低正极性缓波前冲击击穿强度。对于干燥的悬式绝缘子,影响较小,但对支柱绝缘子则影响可能是重要的。

对于其他的间隙结构,可采用表 F.2 中给出的间隙因数[见公式(F.5)]:

$$U_{50} = KU_{50RP} \quad\cdots\cdots\cdots\cdots\cdots\cdots\cdots\cdots\cdots (F.5)$$

注意,当 $K \geqslant 1.45$ 时,负极性下的击穿电压可能变的比正极性的要低。

对相间结构,可采用类似的间隙因数。但此时间隙因数不仅受间隙结构的影响而且还会受到以负极性分量峰值除以负极性和正极性分量峰值之和得到的比率 α 的影响(见附录 C)。

表 F.1 给出了 $\alpha=0.5$ 及 $\alpha=0.33$ 时常见的相间间隙几何布置下,间隙因数的典型值。

注:对任一给定的间隙结构,实际间隙因数只能由试验才能准确确定。

F.4 快波前过电压的绝缘响应

在快波前冲击作用下,棒板间隙结构的负极性击穿强度大大高于正极性下的值。另外,负极性下间隙强度与间隙距离的关系是非线性的,而在正极性下则是线性的。对 1 m~10 m 的棒板间隙施加标准雷电冲击,正极性下绝缘强度的实验数据可近似为公式(F.6):

$$U_{50RP} = 530d\ (kV\ 峰值,m) \quad\cdots\cdots\cdots\cdots\cdots (F.6)$$

一般,适用于操作冲击的间隙因数不能直接用于雷电冲击强度,但是,实验结果表明,对一般的空气间隙的正极性击穿梯度的标幺值(基准值为棒板间隙的击穿梯度)随着正极性操作冲击间隙因数的增加而线性增加。对快波前雷电冲击,间隙因数 K_{EE}^{+} 可根据操作冲击间隙因数作如下近似表示[见公式(F.7)]:

$$K_{EE}^{+} = 0.74 + 0.26K \quad\cdots\cdots\cdots\cdots\cdots (F.7)$$

为了估算架空线绝缘子串负极性下的击穿强度,确定袭入到变电站的冲击波的幅值,可采用公式(F.8)：

$$U_{50}=700d \quad (\text{kV 峰值,m}) \quad \cdots\cdots\cdots\cdots\cdots\cdots（\text{F.8}）$$

公式(F.6)和公式(F.8)适用于海平面（$H=0$），所以在采用绝缘配合时要求进行海拔校正（见GB 311.1—2012附录B）。

对如导线-顶架及导线-横担结构,绝缘子对强度的影响可忽略,因此,这些结构的绝缘强度接近于空气间隙的强度。

对别的一些不常见的结构,尤其是包含长间隙的结构（如范围Ⅱ中）,建议进行特定的试验以获得准确的结果。对这些结构,电极之间存在绝缘子对放电过程起重要作用,而且严重影响U_{50}值,影响程度取决于绝缘子类型（单元之间的电容、金具之间沿安装的绝缘子的距离）。对几乎没有金具的绝缘子（例如支柱绝缘子、长棒、复合绝缘）其影响较小。当间隙中包括悬式绝缘子时,很难把结果推广到类似于没有绝缘子的结构的情况。然而应指出,使用屏蔽环可使绝缘子两端处的第一个绝缘子上的作用电压降低,此时,悬式绝缘子的影响可降低。对带有绝缘子的更实用结构,若其两端的作用电压低于棒板间隙的情况则还可降低这种影响。

对空气间隙,正极性冲击下标准偏差约为U_{50}的3%,负极性时约为U_{50}的5%。当存在绝缘子时,标准偏差有所增大,最大值可达5%~9%,与出现U_{50}的最大降低值的情况有关。在其他情况下,可采用接近空气间隙的值。

雨水对闪络电压的影响无论对空气间隙还是绝缘串通常是次要的。

对快波前过电压,击穿时间明显受到以击穿电压为基准的所加冲击幅值的影响,对接近U_{50}值的冲击,闪络出现在标准冲击的波尾,闪络时间缩短,形成众所周知的伏秒曲线上翘。

表 F.1　典型相间几何形状的间隙因数

结　　构	$\alpha=0.5$	$\alpha=0.33$
环-环或大的光滑电极	1.80	1.70
交叉导线	1.65	1.53
棒-棒或导线-导线（沿跨距方向）	1.62	1.52
支持母线（附件）	1.50	1.40
非对称几何布置	1.45	1.36
注：按照参考文献[1]和[4]。		

表 F.2　相对地操作冲击击穿的典型间隙因数 K

间隙形式	参数	典型范围	参考值
	K	1.36~1.58	1.45
	D_2/D_1	1~2	1.5
	H_1/D_1	3.34~10	6
导线-横担	S/D_1	0.167~0.2	0.2

表 F.2（续）

间隙形式	参数	典型范围	参考值
 导线-窗	K	1.22~1.32	1.25
	H_t/D	8~6.7	6
	S/D	0.4~0.1	0.2
 导线-较低的结构	K	1.18~1.35	1.15　　　1.47 导线-板　导线-棒
	H'_t/H_t	0.75~0.75	0　　　0.909
	H'_t/D	3~3	0　　　10
	S/D	1.4~0.05	—　　　0
 导线-横向结构	K	1.28~1.63	1.45
	H_t/D	2~10	6
	S/D	1~0.1	0.2
 纵向 （棒-棒结构）	K	1.03~1.66	1.35
	H'_t/H_t	0.2~0.9	0
	D_1/H_t	0.1~0.8	0.5

附 录 G

（资料性附录）

绝缘配合程序的示例[6]

G.1 一般说明

绝缘配合程序包括确定作用在设备上的各类电压以及根据可接受的保护裕度或可接受的性能指标以选取相应的标准（或额定）耐受电压。这些裕度或指标主要是经验数据。

GB 311.1—2012 中所述的绝缘配合程序包括四个主要步骤：
——步骤 1:确定代表性过电压,U_{rp};
——步骤 2:确定配合耐受电压,U_{cw};
——步骤 3:确定要求耐受电压,U_{rw};
——步骤 4:确定标准耐受电压,U_w。

这些主要步骤及其关系将在本附录中的示例说明。为了便于应用,不但给出了如何确定要求耐受电压,而且还给出了有关相对地及相间间隙距离的计算。关于 K_{cd} 的选取在以下计算示例中,分别按 IEC 和我国惯例进行计算。

严格地说,代表性过电压并非系统中出现的过电压,但代表了实际过电压在设备上的相同的电气作用。这样,若假定的实际过电压和试验电压的波形不同,则须对代表性过电压进行修正,以使该试验真实地验证绝缘强度。

在考虑作用电压和电气强度的配合时,必须考虑各种类型的作用电压和相应的绝缘特性,从而要区分自恢复绝缘（外绝缘）和非自恢复绝缘（内绝缘）。对非自恢复绝缘,可采用确定性法来确定电气强度的配合;而对自恢复绝缘,可能方便地用统计法。下面的示例试图说明这些考虑。

G.2 范围 I 内系统（标称电压 220 kV）的数值示例

所分析的系统示于图 10,将绝缘配合程序用于 1 号变电站。

对范围 I 的设备,GB 311.1—2012 中规定了短时工频和雷电冲击耐受电压。

对要求的缓波前（操作）耐受电压计算可换算到短时工频耐受电压;也可换算到快波前（雷电）冲击耐受电压。本示例包含了这种换算。

对范围 I 内的正常系统,绝缘配合的结果是规定一组同时适用于相对地和相间的标准绝缘水平（即一组标准耐受电压）。

本示例的第一部分未考虑非正常运行工况。但在第二部分,强调了应考虑各种起因产生的作用电压以及它们的影响的重要性,这种特殊运行工况考虑了在 2 号变电站内的电容器开合。

本例所取基本数据为：

系统标称电压:U_n=220 kV;设备最高电压:U_m=252 kV;污秽等级:严重;海拔:H=1 000 m。

G.2.1 第一部分:正常运行工况

G.2.1.1 第一步:确定代表性过电压 U_{rp} 值

G.2.1.1.1 工频电压

在绝缘配合程序中,最重要的参考电压是设备最高电压 U_m,$U_m \geqslant U_s$(U_s 为最高系统电压,即相间

---

6) 采标说明:这里给出我国四个典型电压等级即设备最高电压;12 kV、252 kV、550 kV 和 1 100 kV 的计算示例。

电压有效值)。包括补偿在内的系统应设计运行在或低于该电压 U_s。

1 号变电站处严重污秽区,绝缘子的最小爬距推荐为 25 mm/kV。

G.2.1.1.2 暂时过电压

暂时过电压与系统结构、容量、参数、运行方式以及各种安全自动装置的特性有关。暂时过电压升高除要求增大绝缘强度外,还对选择过电压保护装置的参数有重要影响。

暂时过电压一般由接地故障和甩负荷,发电机超速等引起。

相对地代表性过电压为 1.3 p.u.。

可以得到代表性暂时过电压的最大值:

——相对地:$U_{rp}=189$ kV;

——相间:$U_{rp}=328$ kV。

G.2.1.1.3 缓波前过电压

系统研究确认由远处雷击产生地缓波前过电压对绝缘配合并不重要,并通常被忽略(见 4.3.3.6)。另外,由于本示例中,中性点是直接接地的,因此不必考虑因接地故障引起的缓波前过电压。

确定代表性过电压时,需要区别在远端合闸和重合闸过程中可能处于开路条件下的线路入口处的设备(1 号变电站)和本地(2 号变电站)电源侧的设备,它们将以不同方式受到不同电压的作用。

a) 影响线路入口设备的特殊过电压(1 号变电站)

用相峰值法(参见附录 C),若从 2 号变电站对线路重合闸可引起 1 号变电站入口处 2% 过电压为:$U_{e2}=3.0$ p.u.,$U_{p2}=4.5$ p.u.。在无避雷器时,线路入口处设备上的代表性过电压为这些过电压分布的截断值。如附录 C 所述:

$U_{et}=1.25U_{e2}-0.25=721$ kV;

$U_{pt}=1.25U_{p2}-0.43=1\ 070$ kV;

b) 影响所有设备的过电压(1 号变电站)

位于 1 号变电站内的所有设备会受到由于本端线路合闸、重合闸产生的缓波前过电压。但是,送端的冲击电压远低于受端之值。考虑到在实际电网中无恒定的受端和送端,故仍取 $U_{e2}=3.0$ p.u.(617 kV);$U_{p2}=4.5$ p.u.(926 kV),因此 $U_{et}=721$ kV;$U_{pt}=1\ 070$ kV。

c) 线路入口处的避雷器(1 号变电站)

为了控制远端重合闸可能的严重过电压,在线路入口处安装与计划用于变压器保护相同的金属氧化物避雷器(参见 4.3.3.8),其额定值为它们能承受最严重的暂时过电压循环(幅值和持续时间)。额定电压为 200 kV 时,避雷器的保护特性是:

操作冲击保护水平:$U_{ps}=442$ kV;

雷电冲击保护水平:$U_{pl}=520$ kV。

如 4.3.3.8 所述,采用避雷器后,代表性缓波前过电压可由 U_{ps}(相对地)或由 1.7U_{ps}(相间)直接给出,但这些保护值应低于相应的最大缓波前过电压(U_{et} 和 U_{pt})。这一情况适用于任何作用电压,所以,代表性缓波前过电压为:

——相对地:$U_{rp}=442$ kV(对任何设备);

——相间:$U_{rp}=751$ kV(包括线路入口处的设备)。

G.2.1.1.4 快波前过电压

在本例中,仅考虑由于雷电产生的快波前过电压。用简化统计法可直接求得配合耐受电压(见 G.2.1.2.3),而不必计算代表性快波前过电压。

G.2.1.2 第二步:确定配合耐受电压 U_{cw} 值

根据本部分第 5 条款,需要将上一步确定的代表性过电压乘以不同的因数,这些因数可能因电压波形的不同而不同,同时考虑采用的性能指标(经济和运行上可接受的故障率),还考虑了输入数据的误差(如避雷器数据)。

G.2.1.2.1 暂时过电压

对这类过电压,配合耐受电压等于代表性暂时过电压(参见 5.3.1),换句话说,配合因数 $K_c=1.0$。因此:

——相对地: $U_{rp}=189$ kV;

——相间: $U_{rp}=328$ kV。

G.2.1.2.2 缓波前过电压

采用确定性法。用这一方法时,必须考虑由避雷器限制过电压畸变了过电压的统计分布。约在避雷器的保护水平处,过电压的概率分布有一明显的凸出(参见 5.3.2.1)。因此,有关避雷器保护特性或设备绝缘强度的小的不确定度可能引起故障率的异常增加。由鉴于此,图 6 给出了为求得 U_{cw} 值而与避雷器保护水平相乘的确定性配合因数 K_{cd} 值。

对所有设备:

——相对地: $U_{ps}/U_{e2}=442/617=0.716$, $K_{cd}=1.095(/1.0)$;

——相间: $1.7U_{ps}/U_{p2}=751/926=0.811$, $K_{cd}=1.02$。

因此,配合耐受电压 $U_{cw}=K_{cd}\times U_{rp}$,对所有设备:

——相对地: $U_{cw}=1.095\times442=484$ kV $(/1.0\times442=442$ kV);

——相间: $U_{cw}=1.02\times751=766$ kV。

G.2.1.2.3 快波前过电压

采用统计法(参见 5.3.3.2),更确切地说,采用简化统计法(参见 E.4)。这里,乘以 U_{rp} 的因数是根据特定线路结构以及因避雷器与被保护设备之间的距离导致的影响(计算值)来确定的。

首先确定跳闸率等于可接受的变电站设备故障率 R_a 的架空线路长度 L_a;然后,考虑距离 L、进入变电站的线路数 n 和档距 L_{sp};最后计算得到避雷器的有效保护水平,这就是期望的 U_{cw} 值。

本示例中,采用了下列数据:在不同地点(线路入口处以及临近变压器处)安装了雷电保护水平为 $U_{pl}=520$ kV 的多台避雷器,对内绝缘的最大距离为 $L=30$ m,对外绝缘, $L=50$ m;二条铁塔线路($n=2$)的特性用 $A=7\,000$ 表示(见表 E.2);档距为 $L_{sp}=400$ m;该线路的雷电性能为 $R_{km}=1/(100$ km. 年);对安装在 1 号变电站的设备,可接受的故障率为 $R_a=1/(400$ 年)。

因此,由公式(E.18)可求得 $L_a=R_a/R_{km}=250$ m;用公式(E.9)可求得配合耐受电压:

——外绝缘: $U_{cw}=520+[(7\,000/2)\times50/(400+250)]=789$ kV;

——内绝缘: $U_{cw}=520+[(7\,000/2)\times30/(400+250)]=681$ kV。

快波前过电压对相对地以及相间的影响是一样的。

G.2.1.3 第三步:确定要求耐受电压 U_{rw} 值

要求耐受电压可以将配合耐受电压乘以两个修正因数来求得。因数 K_a 是设备安装地点的海拔修正因数;因数 K_s 是安全因数。

G.2.1.3.1 安全因数

推荐的安全因数如 6.3.5,因数 K_s 适用于任何类型电压波形(暂时、缓波前、快波前),同时既适用于相对地绝缘,也适用于相间绝缘。

——外绝缘:$K_s=1.05$;

——内绝缘:$K_s=1.15$。

G.2.1.3.2 海拔修正因数

参见 GB 311.1—2012 附录 B,海拔修正因数 K_a 仅适用于外绝缘,其数值取决于过电压波形(主要是参数 q)。

——污秽绝缘子要求进行短时工频耐受试验,此时,$q=0.5$;

——操作冲击耐受,q 值是配合耐受电压的函数,见 GB 311.1—2012 附录 B;

● 相对地:$U_{cw}=484$ kV,$q=0.92$;

● 相间:$U_{cw}=751$ kV,$q=1.00$;

——雷电冲击耐受:$q=1.00$。

本例中,设备处在海拔 $H=1\,000$ m,相应的 K_a 值为:

——工频耐受:$K_a=1.063$(相对地及相间);

——操作冲击耐受:$K_a=1.120$(相对地);$K_a=1.130$(相间);

——雷电冲击耐受:$K_a=1.130$(相对地及相间)。

G.2.1.3.3 要求耐受电压

要求耐受电压 $U_{rw}=U_{cw}\times K_s\times K_a$。

——暂时过电压(有效值)

● 相对地外绝缘:$U_{rw}=189\times1.05\times1.063=211$ kV;

● 相间外绝缘:$U_{rw}=328\times1.05\times1.063=366$ kV。

● 相对地内绝缘:$U_{rw}=189\times1.15=217$ kV;

● 相间内绝缘:$U_{rw}=328\times1.15=377$ kV。

——缓波前过电压(峰值)

● 相对地外绝缘:$U_{rw}=484\times1.05\times1.120=569$ kV;

● 相对地内绝缘:$U_{rw}=484\times1.15=557$ kV$(/442\times1.15=508$ kV$)$;

● 相间外绝缘:$U_{rw}=766\times1.05\times1.130=909$ kV;

● 相间内绝缘:$U_{rw}=766\times1.15=881$ kV。

——对快波前过电压(峰值)

● (相间及相对地)外绝缘:$U_{rw}=789\times1.05\times1.130=936$ kV;

● (相间及相对地)内绝缘:$U_{rw}=681\times1.15=783$ kV。

G.2.1.4 第四步:将缓波前要求耐受电压换算至短时工频和雷电冲击电压

在范围 I,绝缘水平用标准短时工频耐受电压和雷电冲击耐受电压表征。使用表 1 给出的试验换算因数可将要求的缓波前耐受电压(峰值)换算得到短时工频耐受电压(有效值)。

G.2.1.4.1 换算到短时工频耐受电压(SDW)

——相对地外绝缘

SDW$=569(0.6+569/8\,500)=380$ kV   干燥状态;

SDW$=569\times0.6=341$ kV   清洁的绝缘子、湿状态;

——相间外绝缘

SDW$=909(0.6+909/12\,700)=611$ kV   干燥状态;

——相对地内绝缘

　　SDW＝557×0.5＝279 kV(/508×0.5＝254 kV)　　　　　　液体浸渍绝缘；

　　SDW＝557×0.7＝390 kV(/508×0.7＝356 kV)　　　　　　GIS 的绝缘。

——相间内绝缘

　　SDW＝881×0.5＝441 kV　　　　　　　　　　　　　　　液体浸渍绝缘；

　　SDW＝881×0.7＝617 kV　　　　　　　　　　　　　　　GIS 的绝缘。

G.2.1.4.2　换算到雷电冲击耐受电压(LIW)

——相对地外绝缘

　　LIW＝569(1.05＋569/6 000)＝651 kV　　　　　　　　　干燥状态；

　　LIW＝569×1.3＝740 kV　　　　　　　　　　　　　　　清洁的绝缘子、湿状态；

——相间外绝缘

　　LIW＝909(1.05＋909/9 000)＝1 046 kV　　　　　　　　干燥状态；

——相对地内绝缘

　　LIW＝557×1.1＝613 kV(/508×1.1＝559 kV)　　　　　　液体浸渍绝缘；

　　LIW＝557×1.25＝696 kV(/508×1.25＝635 kV)　　　　　GIS 的绝缘。

——相间内绝缘

　　LIW＝881×1.1＝969 kV。

G.2.1.5　第五步：标准耐受电压值 U_w 的选取

　　表 G.1 汇总了上述计算结果。这些数值是检验设备能否耐受的最小要求耐受电压。在范围 I，要求的操作冲击耐受电压通常用标准短时工频试验或标准雷电冲击试验来替代。表 G.1 中 $U_{rw(c)}$ 就是经换算后得到的相应值，在本例中，仅考虑换到到雷电冲击试验的换算值，不必考虑换算到短时工频试验的换算值。

　　标准电压应从表 G.1 中短时工频和雷电冲击试验对应的黑体数字，且应从 GB 311.1—2012 的 6.7 和 6.8 条中选取。通常，规定的试验电压从 GB 311.1—2012 表 2 中所列的标准绝缘水中选取。

　　对 U_m＝252 kV 设备，相应的标准绝缘水平为 395 kV(短时工频)和 950 kV(雷电冲击)。这组数值可以满足变电站所有设备的相对地和相间内绝缘的要求；对于外绝缘相间，要求 1 046 kV (缓波前过电压换算值)，一方面可以用最小相间空气间隙距离来保证，根据 GB 311.1—2012 附录 A，此时相应的最小距离为 2.5 m；另一方面，在 GB 311.1—2012 表 2 中增列了 1 050 kV 的雷电冲击耐受电压。

　　基于有关分析、更全面的 EMTP 计算和国内外长期的经验，GB 311.1—2012 表 2 中给出了 U_m＝252 kV 设备的标准绝缘水平，推荐采用 850 kV$_p$，360 kV$_{r.m.s}$ 和 950 kV$_p$，395 kV$_{r.m.s}$ 的两个标准耐受电压的组合。

　　需要指出的是，以上计算是依照 IEC 60071-2 的方法进行的，计算所得的耐受电压值相对较高。该方法偏严，计算结果偏保守。本示例仅仅介绍此方法。

G.2.2　第二部分：2 号变电站内电容器开合的影响

　　本部分主要讨论由于 2 号变电站(远端)内开合电容器可能产生的缓波前过电压。所有其他情况如同第一部分。

表 G.1　$U_m=252$ kV 设备耐受电压的计算结果

U_{rw} 值　短时工频:kV(有效值)　操作或雷电:kV(峰值)		外绝缘		内绝缘	
		$U_{rw(s)}$	$U_{rw(c)}$	$U_{rw(s)}$	$U_{rw(c)}$
短时工频	相对地	211	380/341	217	279/390
	相间	366	611	377	617/441
操作冲击	相对地	569	—	557/(508)	—
	相间	909	—	881	—
雷电冲击	相对地	936	740/651	783	613/696
	相间	936	1 046	783	969

系统分析表明1号变电站中的设备会受到2号变电站内开合电容器组产生的过电压的作用。其过电压典型数值如下:

——相对地:$U_{e2}=2.5$ p.u.;$U_{et}=3.0$ p.u.;

——相间:$U_{p2}=3.75$ p.u.;$U_{pt}=4.5$ p.u.。

根据1号变电站实际结构,此时缓波前代表性过电压由避雷器的保护水平决定,即:

——相对地:$U_{rp}=442$ kV;

——相间:$U_{rp}=751$ kV。

根据第一部分的计算可以得到与表G.1中一样的最小要求耐受电压。

G.3　范围Ⅱ设备的数值计算例

基本数据:

系统标称电压:$U_n=500$ kV;

设备最高电压:$U_m=550$ kV;

海　拔:$H=1 000$ m;

污秽等级为轻到中等。

G.3.1　第一步:确定代表性过电压 U_{rp} 值

有代表性的暂时过电压和缓波前过电压由系统研究(数字模拟、或两者结合)和现场实测结果确定。

G.3.1.1　暂时过电压

——线路断路器的线路侧:$U_{rp}=1.4$ p.u.$=445$ kV(r.m.s);

——线路断路器的变电站侧:$U_{rp}=1.3$ p.u.$=413$ kV(r.m.s)。

G.3.1.2　缓波前过电压

考虑空载线路合闸、单相重合闸和成功的三相重合闸,线路上产生的相对地统计过电压不大于2.0 p.u.。为简化,均取:

$U_{e2}=2.0$ p.u.$=900$ kV(峰值)。

在变电站内和线路端可装金属氧化物避雷器 MOA 以限制此种过电压。MOA 的操作冲击保护水平 U_{ps} 为：

——MOA 的额定电压为 420 kV 时(用于母线侧)：$U_{ps}=852$ kV；

——MOA 的额定电压为 444 kV 时(用于线路侧)：$U_{ps}=900$ kV。

G.3.1.3 快波前过电压

a) 简化统计法

该方法可直接求得配合耐受电压,在确定代表性过电压时,仅考虑相对地。

取为 MOA 的雷电冲击保护水平 U_{pl},即其 10 kA(8/20 μs)(20 kA)时的残压,当 MOA 的额定电压为 420 kV 和 444 kV 时,U_{pl} 分别为 960 kV(1 046 kV)和 1 050 kV(1 106 kV)〔本部分以 10 kA 为例计算〕。

b) EMTP 计算法

该方法计算所得的设备上的雷电侵入波过电压作为代表性雷电过电压。

变电站运行方式包括一般运行方式中最苛刻的接线方式,即一线一变(一回线路一台变压器)方式。考虑变电站典型接线,避雷器和被保护设备之间的距离如表 G.2 所示。

设备上雷电侵入波过电压计算结果如表 G.3 所列,以此作为代表性雷电过电压。

表 G.2　500 kV 变电站避雷器和被保护设备之间的典型距离　　　单位为米

变压器离 MOA 距离	电抗器离 MOA 距离	断路器离 MOA 距离
50	50	100

表 G.3　500 kV 变电站设备上典型雷电侵入波过电压水平和代表性雷电过电压 U_{rp}　　单位为千伏

变压器	电抗器	断路器
1 345	1 327	1 260

G.3.2　第二步:确定配合耐受电压 U_{cw} 值

配合耐受电压 U_{cw} 是将配合因数 K_c 乘以代表性过电压 U_{rp} 求得的。对确定性法,$K_c=K_{cd}$;对统计法,$K_c=K_{cs}$。应分别求取内绝缘和外绝缘的配合耐受电压。

G.3.2.1　内绝缘的 U_{cw}

分别确定内绝缘的工频、缓波前以及快波前的 U_{cw}。

G.3.2.1.1　暂时过电压

对该类过电压,配合耐受电压等于代表性暂时过电压,换言之,配合因数 $K_c=1$。于是相对地的 $U_{cw}=445$ kV。

G.3.2.1.2　缓波前过电压

对受避雷器保护的设备,最大缓波前过电压等于避雷器的操作冲击保护水平,即:852 kV 或 900 kV。考虑到缓波前过电压统计分布的非对称,根据图 6 求取 K_{cd}:

——$U_{ps}=852$ kV 时,$U_{ps}/U_{e2}=0.946$,$K_{cd}=1.05(/1.0)$;

——$U_{ps}=900$ kV 时,$U_{ps}/U_{e2}=1.0$,$K_{cd}=1.04(/1.0)$。

受避雷器保护的设备上配合耐受电压分别为:

——线路端之设备:$U_{cw}=900\times1.04=936$ kV$(/900\times1.0=900$ kV);

——变电站内设备:$U_{cw}=852\times1.05=895$ kV$(/852\times1.0=852$ kV)。

G.3.2.1.3 快波前过电压

a) 简化统计法

对受避雷器保护的设备,最大快波前过电压等于避雷器的雷电冲击保护水平,即 $U_{cw}=960$ kV 和 $U_{cw}=1\,050$ kV。

考虑到避雷器和被保护设备之间的距离 L,应按公式(E.19)计算求取该距离影响产生的附加电压。相关参数分别为:

A ——由表 E.2 选取,考虑导线为 4 分裂时 $A=11\,000$;

n ——与变电站相连的最少架空线路,本例中取 $n=2$;

L ——根据图 3,为 a_1、a_2、a_3、a_4 之和,本例中取 $L=60$ m;

L_{sp} ——线路档距,本例中取 $L_{sp}=400$ m;

L_a ——雷电闪络率等于可接受故障率时的架空线长度,假定可接受故障率为 0.002/年,线路雷电闪络率为 0.15/(100 km·年);计算得 $L_a=1.3$ km。附加电压 $AL/[n(L_{sp}+L_a)]=194$ kV。于是,对两种避雷器:

$U_{pl}=960$ kV 时,$U_{cw}=960+194=1\,154$ kV;

$U_{pl}=1\,050$ kV 时,$U_{cw}=1\,050+194=1\,244$ kV。

b) EMTP 计算法

配合系数取为 1,代表性雷电过电压也就是配合耐受电压。

变压器 $U_{cw}=1\,345$ kV;断路器 $U_{cw}=1\,260$ kV;电抗器 $U_{cw}=1\,327$ kV。

G.3.2.2 外绝缘的 U_{cw}

根据绝缘特性,采用统计法来确定外绝缘的缓波前过电压的配合耐受电压。

G.3.2.2.1 暂时过电压

与内绝缘的 U_{cw} 相同。

G.3.2.2.2 缓波前过电压

统计配合因数 K_{cs} 值由经验已经证明的可接受的绝缘故障风险来确定。图 8 给出了故障风险率 R 和 K_{cs} 的关系。通常 R 的可接受值为 10^{-3},于是 $K_{cs}=1.06$。配合耐受电压 $U_{cw}=900\times1.06=954$ kV。

G.3.2.2.3 快波前过电压

a) 不必确定快波前过电压的配合耐受电压,因为由操作冲击耐受电压确定的最小外绝缘或空气间隙足以满足雷电冲击耐受电压所要求的。

b) 与内绝缘相同。

G.3.3 第三步:确定要求耐受电压 U_{rw} 值

要求耐受电压是将配合耐受电压乘以安全因数 K_s 来求取。K_s 值如下:

——内绝缘:$K_s=1.15$;

——外绝缘:$K_s=1.05$。

对外绝缘,还应考虑大气修正因数 K_a。

G.3.3.1 内绝缘的 U_{rw}

——暂时过电压

1) 线路侧:$U_{rw}=445×1.15=512$ kV(r.m.s);

2) 变电站母线设备:$U_{rw}=413×1.15=475$ kV(r.m.s)。

——缓波前过电压

1) 线路端设备:$U_{rw}=936×1.15=1\ 076$ kV($/900×1.15=1\ 035$ kV);

2) 变电站侧设备:$U_{rw}=895×1.15=1\ 029$ kV($/852×1.15=980$ kV)。

——快波前过电压

1) 母线侧:$U_{rw}=1\ 154×1.15=1\ 370$ kV;

线路侧:$U_{rw}=1\ 244×1.15=1\ 431$ kV。

2) 变压器:$U_{rw}=1\ 345×1.15=1\ 547$ kV;

断路器:$U_{rw}=1\ 260×1.15=1\ 449$ kV;

电抗器:$U_{rw}=1\ 327×1.15=1\ 526$ kV。

G.3.3.2 外绝缘的 U_{rw}

——暂时过电压

因考虑污秽绝缘子的短时工频试验的大气修正因数,参见 GB 311.1—2012 附录 B,$q=0.5$,考虑海拔 $H=1\ 000$ m 时,可求得 $K_a=1.063$。于是:

1) 线路侧:$U_{rw}=445×1.05×1.063=497$ kV(r.m.s)

2) 变电站母线设备:$U_{rw}=413×1.05×1.063=461$ kV(r.m.s)。

——缓波前过电压

缓波前过电压的大气修正因数,考虑海拔高度 $1\ 000$ m,相对地绝缘,可由 GB 311.1—2012 附录 B 图 B.1 查得指数 q。$U_{cw}=954$ kV,$q=0.71$,$K_a=1.09$;安全裕度系数 $K_s=1.05$。于是:

$U_{rw}=954×1.05×1.09=1\ 092$ kV。

——快波前过电压

$q=1$,$K_a=1.131$,于是:

1) 母线侧:$U_{cw}=1\ 154×1.05×1.131=1\ 370$ kV;

线路侧:$U_{cw}=1\ 244×1.05×1.131=1\ 477$ kV。

2) 变压器:$U_{cw}=1\ 345×1.05×1.131=1\ 597$ kV;

断路器:$U_{cw}=1\ 260×1.05×1.131=1\ 496$ kV;

电抗器:$U_{cw}=1\ 327×1.05×1.131=1\ 576$ kV。

G.3.4 第四步:短时工频耐受电压换算至操作冲击耐受电压

应将要求短时工频耐受电压换算到等效的操作冲击耐受电压(SIW),见表2。

——内绝缘:

- 线路侧:SIW=512 kV×2.3=1 178 kV;
- 变电站母线设备:SIW=475 kV×2.3=1 093 kV。

——外绝缘:

- 线路侧:SIW=497×1.7=845 kV;
- 变电站母线设备:SIW=461×1.7=784 kV。

G.3.5 第五步:标准绝缘水平 U_w 的确定

设备相对地绝缘的标准耐受电压根据要求耐受电压数值在 GB 311.1—2012 给出的标准化电压系列数中选取,选取的原则是最接近但大于要求耐受电压数值的标准电压值。

表 G.4 U_m=550 kV 设备要求耐受电压的计算结果

U_{rw} 值 短时工频:kV(有效值) 操作或雷电:kV(峰值)		外绝缘	内绝缘
		U_{rw}	U_{rw}
短时工频	相对地	497/461	512/475
操作冲击	相对地	1 092	1 178/1 093
雷电冲击 1)	相对地	1 477/1 370	1 431/1 327
雷电冲击 2)	变压器	1 597	1 547
	断路器	1 496	1 449
	电抗器	1 576	1 526
注:斜线上下数值分别对应于线路侧和母线侧。			

G.3.5.1 内绝缘的 U_w

——暂时过电压:

按照第四步要求 1 178 kV 的操作冲击电压,考虑到这一要求,可有多种选择。首先,1 178 kV 在 GB 311.1—2012 中不是绝缘水平的标准系列值,可选取 1 175 kV 进行试验;另一选择是用工频电压进行试验。

在 GB 311.1—2012 中,规定了工频短时耐受电压(680 kV 和 740 kV),除了考虑暂时过电压的要求之外,还考虑对绝缘在持续工作电压下的老化性能的考核。

——缓波前过电压:取 1 175 kV 和 1 300 kV。

——快波前过电压:取 1 550 kV。

G.3.5.2 外绝缘的 U_w

——对持续工作电压下的老化性能的考核,工频短时耐受电压取 680 kV 和 740 kV。

——对缓波前过电压:取 1 175 kV 和 1 300 kV。

——对快波前过电压:取 1 550 kV 和 1 675 kV。

变压器、电抗器和断路器的外绝缘即套管外绝缘。

G.3.6 相间绝缘配合考虑

三相设备相间绝缘强度通常用正、负极性相等幅值的冲击进行试验,实际试验值用认为是最严酷的正负极性的缓波前过电压来确定。对 500 kV 变电站,H_t=12 m,D=6 m,由图 C5 可得=30°。于是 B=tgΦ=0.6,由 C.4 中公式可求得 F_1=0.463,F_2=0.074。相对地缓波前过电压 2% 值 U_{e2}=2.0 p.u.=900 kV,由图 2 查得 U_{p2}/U_{e2}=1.53,于是相间缓波前过电压 2% 值 U_{p2}=900×1.53=1 377 kV。由公式(C.14)可求得相间代表性过电压:U_{p2-re}=2($F_1U_{p2}+F_2U_{e2}$)=1 408 kV。

配合相间耐受电压:U_{p-cw}=K_{cs}×U_{p2-re}=1.15×1 408=1 619 kV。

根据 GB 311.1—2012 附录 B 可查得海拔修正公式中指数 $q=0.78$,当 $H=1\,000$ m 时,$K_a=1.1$;要求相间耐受电压:$U_{p-rw}=K_a\times K_s\times U_{p-cw}=1.1\times1.05\times1\,619=1\,870$ kV。

该电压不在标准系列值中,而由于在 550 kV 变电站本身没有三相设备,因此相间试验也不是标准试验。

——暂时过电压:

相对地代表性过电压为(见第一步)445 kV,相间代表性过电压为 757 kV。于是:

- 内绝缘:$U_{rw}=K_c\times K_s\times757=1.0\times1.15\times757=871$ kV;
- 外绝缘:$U_{rw}=K_c\times K_s\times K_a\times757=1.0\times1.15\times1.063\times757=845$ kV。

——将上述数值换算到相间操作冲击耐受电压(SIW):

- 内绝缘:$SIW=871\times2.3=2\,003$ kV;
- 外绝缘:$SIW=845\times1.7=1\,437$ kV。

前面确定的相间操作冲击耐受电压 1 870 kV 足以满足外绝缘的工频耐受电压的要求,但不满足内绝缘的要求,因此,需要考虑 G.2.5.1 中提及的特殊措施。

G.4 1 100 kV 设备的数值计算例

基本数据:

系统标称电压: $U_s=1\,000$ kV;

设备最高电压: $U_m=1\,100$ kV;

海拔: $H=1\,000$ m;

污秽等级为轻到中等。

G.4.1 第一步:确定代表性过电压 U_{rp} 值

有代表性的暂时过电压和缓波前过电压由系统研究(瞬态网络分析,数字模拟、或两者结合)和现场实测结果确定。

G.4.1.1 暂时过电压

——线路断路器的线路侧: $U_{rp}=1.4$ p.u.$=889$ kV(r.m.s);

——线路断路器的变电站侧: $U_{rp}=1.3$ p.u.$=826$ kV(r.m.s)。

G.4.1.2 缓波前过电压

考虑空载线路合闸、单相重合闸、接地故障及其切除等,在变电站产生的相对地统计过电压不大于 1.6 p.u. 。

$U_{e2}=1.6$ p.u.$=1\,437$ kV(peak)。

在变电站内和线路端可装金属氧化物避雷器 MOA 以限制此种过电压。MOA 的额定电压为 828 kV 时的操作冲击保护水平 U_{ps} 为:

$U_{ps}=1\,460$ kV。

G.4.1.3 快波前过电压

——其代表性过电压取为 MOA 的雷电冲击保护水平 U_{pl},即其 20 kA(8/20 μs)时的残压,当 MOA 的额定电压为 828 kV 时的雷电冲击保护水平 U_{pl} 为:

$U_{pl}=1\,620$ kV。

——EMTP 程序计算设备上的雷电侵入波过电压作为代表性雷电过电压。

变电站运行方式包括一般运行方式中最苛刻的接线方式,即一线一变(一回线路一台变压器)方式和特殊运行方式(线路断路器断开方式)。考虑变电站典型接线,避雷器和被保护设备之间的距离如表 G.5 所示。

设备上雷电侵入波过电压计算结果如表 G.6 所列。

表 G.5　1 000 kV 变电站避雷器和被保护设备之间的典型距离　　　　单位为米

变压器离 MOA 距离	电抗器离 MOA 距离	断路器离 MOA 距离
20	20	90

表 G.6　1 000 kV 变电站设备上典型雷电侵入波过电压水平 U_{rp}　　　　单位为千伏

变压器	电抗器	断路器
1 714	1 986	1 832

G.4.2　第二步:确定配合耐受电压 U_{cw} 值

配合耐受电压 U_{cw} 是将配合因数 K_c 乘以代表性过电压 U_{rp} 求得的。对确定性法,$K_c = K_{cd}$;对统计法,$K_c = K_{cs}$。应分别求取内绝缘和外绝缘的配合耐受电压。

G.4.2.1　内绝缘的 U_{cw}

分别确定内绝缘的工频、缓波前以及快波前的 U_{cw}。

G.4.2.1.1　暂时过电压

对该类过电压,配合耐受电压等于代表性暂时过电压,换言之,配合因数 $K_c = 1$。于是相对地的 $U_{cw} = 889$ kV。

G.4.2.1.2　缓波前过电压

对受避雷器保护的设备,最大缓波前过电压等于避雷器的操作冲击保护水平,即 1 460 kV。考虑到缓波前过电压统计分布的非对称,根据图 4 求取 K_{cd}:

$U_{ps}/U_{e2} = 1.016, K_{cd} = 1.03(/1.0)$。

受避雷器保护的设备上配合耐受电压为:

$U_{cw} = 1 460 \times 1.03 = 1 504$ kV($/1 460 \times 1.0 = 1 460$ kV)。

G.4.2.1.3　快波前过电压

a)　对受避雷器保护的设备,最大快波前过电压等于避雷器的雷电冲击保护水平,即 $U_{rp} = 1 620$ kV。

　　考虑到避雷器和被保护设备之间的距离 L,应按公式(E.19)计算求取该距离影响产生的附加电压。相关参数分别为:

　　A　——由表 E.2 选取,考虑导线为 8 分裂时 $A = 17 000$;

　　n　——与变电站相连的最少架空线路,本例中取 $n = 1$;

　　L　——根据图 3,为 a_1、a_2、a_3、a_4 之和,本例中取 $L = 30$ m;

　　L_{sp}　——线路档距,本例中取 $L_{sp} = 400$ m;

L_a ——雷电闪络率等于可接受故障率时的架空线长度,假定可接受故障率(R_a)为 0.001/年,
线路雷电闪络率(R_m)为 0.1/(100 km·年);计算得 $L_a=1.0$ km。附加电压 $AL/[n(L_{sp}+L_a)]=364$ kV。于是:

$U_{cw}=1\ 620+364=1\ 984$ kV。

b) 配合系数取为 1.0,代表性雷电过电压也就是配合耐受电压。

变压器:$U_{cw}=1\ 714$ kV;

断路器:$U_{cw}=1\ 832$ kV;

电抗器:$U_{cw}=1\ 986$ kV。

G.4.2.2 外绝缘的 U_{cw}

根据绝缘特性,采用统计法来确定外绝缘的缓波前过电压的配合耐受电压;当然,统计法也适用于快波前过电压,但在范围Ⅱ通常没必要这样做。

G.4.2.2.1 暂时过电压的 U_{cw}

与内绝缘的 U_{cw} 相同。

G.4.2.2.2 缓波前过电压的 U_{cw}

统计配合因数 K_{cs} 值由经验已经证明的可接受的绝缘故障风险来确定。图 8 给出了故障风险率 R 和 K_{cs} 的关系。通常 R 的可接受值为 10^{-3},于是 $K_{cs}=1.06$。配合耐受电压 $U_{cw}=1\ 460\times1.06=1\ 548$ kV。

G.4.2.2.3 快波前过电压

a) 不必确定快波前过电压的配合耐受电压,因为由操作冲击耐受电压确定的最小外绝缘或空气间隙足以满足雷电冲击耐受电压所要求的。

b) 与内绝缘相同。

变压器:$U_{cw}=1\ 714$ kV;

断路器:$U_{cw}=1\ 832$ kV;

电抗器:$U_{cw}=1\ 986$ kV。

G.4.3 第三步:确定要求耐受电压 U_{rw} 值

要求耐受电压是将配合耐受电压乘以安全因数 K_s 来求取。K_s 值如下:

——内绝缘:$K_s=1.15$(一般运行方式)和 1.1(特殊运行方式);

——外绝缘:$K_s=1.05$。

对外绝缘,还应考虑大气修正因数(包括海拔)K_a。

计算结果见表 G.7。

G.4.3.1 内绝缘的 U_{rw}

——暂时过电压

1) 线路侧:$U_{rw}=889\times1.15=1\ 022$ kV(r. m. s);

2) 变电站母线设备:$U_{rw}=826\times1.15=950$ kV(r. m. s)。

——缓波前过电压

$U_{rw}=1\ 504\times1.15=1\ 730$ kV/($1\ 460\times1.15=1\ 679$ kV)。

——快波前过电压

1) $U_{rw}=1\,984\times1.15=2\,282$ kV。

2) 变压器:$U_{rw}=1\,714\times1.15=1\,971$ kV;

断路器:$U_{rw}=1\,832\times1.15=2\,107$ kV;

电抗器:$U_{rw}=1\,986\times1.1=2\,185$ kV。

G.4.3.2 外绝缘的 U_{rw}

——暂时过电压

因考虑污秽绝缘子的短时工频试验的大气修正因数,参见 GB 311.1—2012 附录 B,$q=0.5$,考虑海拔 $H=1\,000$ m 时,可求得 $K_a=1.063$。于是:

- 线路侧:$U_{rw}=889\times1.05\times1.063=992$ kV(r.m.s)
- 变电站母线设备:$U_{rw}=826\times1.05\times1.063=922$ kV(r.m.s)。

——缓波前过电压

缓波前过电压的大气修正因数,主要是考虑海拔,对 1 000 m 相对地绝缘,可由 GB 311.1—2012 附录 B 查得指数 q。$U_{cw}=1\,548$ kV,查得 $q=0.51$,$K_a=1.064$。于是:$U_{rw}=1\,548\times1.05\times1.064=1\,730$ kV。

纵绝缘的缓波前过电压,$K_a=1.089$。于是:$U_{rw}=1\,548\times1.05\times1.089=1\,770$ kV。

——快波前过电压,$q=1$,$K_a=1.131$,于是:

1) $U_{rw}=1\,984\times1.05\times1.131=2\,356$ kV;

2) 变压器:$U_{rw}=1\,714\times1.05\times1.131=2\,035$ kV;

断路器:$U_{rw}=1\,832\times1.05\times1.131=2\,176$ kV;

电抗器:$U_{rw}=1\,986\times1.05\times1.131=2\,358$ kV。

表 G.7 $U_m=1\,100$ kV 设备要求耐受电压的计算结果表

U_{rw}值 短时工频:kV(有效值) 操作或雷电:kV(峰值)		外绝缘 U_{rw}	内绝缘 U_{rw}
短时工频	相对地	992/922	1 022/950
操作冲击	相对地	1 730/1 770(纵绝缘)	1 730(/1 679)
雷电冲击[a]	相对地	2 356	2 282
雷电冲击[b]	变压器	2 035	1 971
	断路器	2 176	2 107
	电抗器	2 358	2 185
[a] 按照 E.4 方法计算得到的结果; [b] 按照 E.6 方法计算得到的结果。			

G.4.4 第四步:短时工频耐受电压换算至操作冲击耐受电压

应将要求短时工频耐受电压换算到等效的操作冲击耐受电压(SIW),参见表 2。

——内绝缘

- 线路侧:SIW$=1\,022$ kV$\times2.0=2\,044$ kV;
- 变电站母线设备:SIW$=950$ kV$\times2.3=2\,185$ kV。

——外绝缘

- 线路侧:SIW$=992\times1.7=1\,686$ kV;

● 变电站母线设备：SIW=922×1.7=1 567 kV。

G.4.5 第五步：标准绝缘水平 U_w 的确定

设备相对地绝缘的标准耐受电压根据要求耐受电压数值在 GB 311.1—2012 给出的标准化电压系列数中选取，选取的原则是最接近但大于要求耐受电压数值的标准电压值。

G.4.5.1 内绝缘的 U_w

——对暂时过电压：取 1 100 kV(r.m.s)可满足要求。

——对缓波前过电压：

按照第四步要求 2 185 kV 的操作冲击电压，考虑到这一要求，由于该值在 GB 311.1—2012 中不是绝缘水平的标准系列值，可用工频电压进行试验，取 1 100 kV(r.m.s)。

鉴于以上情况，因此内绝缘的操作冲击标准绝缘水平取 1 800 kV。

——对快波前过电压(相对地)：

1) 取 2 400 kV 可满足所有内绝缘的要求；

2) 变压器、电抗器取 2 250 kV；断路器取 2 400 kV。

G.4.5.2 外绝缘的 U_w

——对暂时过电压：取 1 100 kV(r.m.s)可满足要求。

——对缓波前过电压：取 1 800 kV 可满足要求。

——对快波前过电压：

1) 取 2 400 kV 可满足要求；

2) 变压器(套管)、电抗器和断路器取 2 400 kV。

对开关设备的纵绝缘，缓波前过电压为：一端施加 1 675 kV 操作冲击电压，另一端施加 900 kV(峰值)的工频电压可满足要求；快波前过电压为：一端施加 2 400 kV 雷电冲击电压，另一端施加 900 kV(峰值)的工频电压可满足要求。

G.5 范围 I 内 U_m=12 kV 配电系统中变电站设备的数值计算

对 U_m=12 kV 的设备，GB 311.1—2012 中规定了标准雷电冲击耐受电压和短时工频耐受电压。

基本数据：

系统标称电压：U_n=10 kV；

设备最高电压：U_m=12 kV(=U_s)；

海拔：H=1 000 m；

污秽等级：轻。

G.5.1 第一步：代确定表性过电压 U_{rp} 值

G.5.1.1 暂时过电压

考虑为中性点绝缘系统，接地故障会使相对地暂时过电压达到 U_m 即 12 kV。

相间过电压来自甩负荷。配电系统甩负荷时本身不会产生很高的过电压，但是，应当考虑与配电系统相连的输电系统甩负荷时，则可能引起暂时过电压达到 1.15 U_s，即由代表性的过电压为：

U_{rp}=1.15 U_s=12×1.15=13.8 kV，取 14 kV。

G.5.1.2 缓波前过电压

在 10 kV 系统中，过电压可能是由于接地故障或线路合闸或重合闸产生。因为配电变压器通常在线路重合闸时仍与系统连接,而且重合闸不够快速,不可能出现残余电荷,所以合闸过电压和重合闸过电压具有相同的概率分布。过电压2%值可按附录C在考虑正常运行条件、无合闸电阻、复杂的馈电网以及并联补偿等条件下用相峰值法选取。

$$U_{e2} = 3.4 \text{ p. u.} = 33 \text{ kV(peak)};$$

$$U_{p2} = 5.1 \text{ p. u.} = 50 \text{ kV(peak)}。$$

由于确定性绝缘配合程序对配电系统已足够,且避雷器通常不限制缓波前过电压,可认为代表性缓波前过电压 U_{rp} 是相应过电压分布的截断值 U_{et} 和 U_{pt},依据附录C公式,可以得出:

$$U_{et} = 4.0 \text{ p. u.} = 39 \text{ kV(相对地)}; U_{pt} = 5.95 \text{ p. u.} = 58 \text{ kV(相间)}。$$

G.5.1.3 快波前过电压

除某些类型的断路器开合电动机外,由开合操作产生的快波前过电压可忽略。

快波前雷电过电压沿线路上传输到所连的变电站,可用 E.4 中所述的简化法来估算代表性雷电过电压幅值。对于避雷器保护的输配电系统代表性快波前过电压等于避雷器的雷电冲击保护水平 U_{pl}。在 10 kV 配电系统中用的避雷器的种类较多,性能各异,但若取其标称电流为 5 kA 的雷电冲击保护水平 $U_{pl} = 50$ kV,即可涵概所有情况,故 $U_{rp} = 50$ kV。

G.5.2 第二步:配合耐受电压 U_{cw} 的确定

G.5.2.1 暂时过电压

如前面定义的代表性暂时过电压相当于假定最大作用电压,采用确定性绝缘配合程序(见第5章)。确定性配合因数 $K_c = 1$。则工频配合耐受电压 U_{cw} 与代表性过电压 U_{rp} 一致:

$$U_{cw} = U_{rp} = 14 \text{ kV}。$$

G.5.2.2 缓波前过电压

配合耐受电压 U_{cw} 可由 $U_{cw} = K_{cd} \times U_{rp}$ 求得。确定性配合因数 $K_{cd} = 1$,因为绝缘配合程序所采用的是过电压分布截断值(如 5.3.2.1 讨论的无偏差影响)。所以在本例中配合耐受电压值与代表性过电压一致:

$$U_{cw} = U_{rp} = 39 \text{ kV(相对地)},和 U_{cw} = U_{rp} = 58 \text{ kV(相间)}。$$

G.5.2.3 快波前过电压

为了确定配合雷电冲击耐受电压,假定了下列数值:

考虑到避雷器和被保护设备之间的距离 L,应按公式(E.19)计算求取该距离影响产生的附加电压。相关参数分别为:

A ——由表 E.2 选取,木质杆塔线路 $A = 2\ 700$;

n ——与变电站相连的最少架空线路,本例中取 $n = 4$;

L_{sp} ——线路档距,本例中取 $L_{sp} = 200$ m;

R_a ——可接受故障率,1/400 年;

R_{km} ——6/(100 km·年)。

正如常见的实际做法,将避雷器安装在靠近电力变压器处,对内绝缘(3 m)和外绝缘(4 m)的 L 距离可能不同,因此,其配合耐受电压 U_{cw} 也可能不同。

利用以上取值,L_a:雷电闪络率等于可接受故障率时的架空线长度[满足公式(E.18)],计算得 $L_a = 42$ m。这意味着,要求对架空线的第一个档距内的雷击采取保护。

配合雷电冲击耐受电压可按公式(E.19)求得:$U_{cw} = 50 + 8 = 58$ kV(内绝缘);$U_{cw} = 50 + 11 =$

61 kV(外绝缘)。

G.5.3 第三步:确定要求耐受电压U_{rw}值

利用推荐的安全因数(见6.3.5)及海拔修正(见6.2.2)可求得要求的耐受电压。对本例,假定相同设计的变电站将用于海拔为1 000 m的地区。

计算结果见表G.8。

G.5.3.1 安全因数

——内绝缘:$K_s=1.15$;

——外绝缘:$K_s=1.05$。

G.5.3.2 海拔修正因数

海拔修正因数见GB 311.1—2012附录B。它仅适用于外绝缘,其值取决于过电压波形(指数q)。

——工频(清洁绝缘子):$q=1.0$;

——缓波前过电压:q取决于U_{cw}值,对$U_{cw}<300$ kV(相对地)或$U_{cw}<1$ 200 kV(相间)$q=1.0$;

——雷电冲击耐受:$q=1.0$;$K_a=1.13$。

G.5.3.3 暂时过电压

——相对地
  ● 内绝缘:$U_{rw}=12\times1.15=13.8$ kV
  ● 外绝缘:$U_{rw}=12\times1.05\times1.13=14.3$ kV

——相间
  ● 内绝缘:$U_{rw}=14\times1.15=14$ kV
  ● 外绝缘:$U_{rw}=14\times1.05\times1.13=17$ kV

G.5.3.4 缓波前过电压

——相对地
  ● 内绝缘:$U_{rw}=39\times1.15=45$ kV
  ● 外绝缘:$U_{rw}=39\times1.05\times1.13=46$ kV

——相间
  ● 内绝缘:$U_{rw}=58\times1.15=67$ kV
  ● 外绝缘:$U_{rw}=58\times1.05\times1.13=69$ kV

G.5.3.5 快波前过电压

——内绝缘:$U_{rw}=58\times1.15=67$ kV

——外绝缘:$U_{rw}=61\times1.05\times1.13=72$ kV

G.5.4 第四步:短时工频耐受电压和雷电冲击耐受电压的换算

对GB 311.1—2012表2中标准耐受电压的选取,利用表1的试验换算因数将要求的操作冲击耐受电压换算到短时工频耐受电压和雷电冲击耐受电压(对内绝缘,选取与油浸绝缘换算一致的因数)。

G.5.4.1 换算到短时工频耐受电压(SDW)

——相对地

- 内绝缘:SDW=45×0.5=22.5 kV;
- 外绝缘:SDW=46×0.6=28 kV。

——相间
- 内绝缘:SDW=67×0.5=34 kV;
- 外绝缘:SDW=69×0.6=41 kV。

G.5.4.2 换算到雷电冲击耐受电压(LIW)

——相对地
- 内绝缘:LIW=45×1.10=49.5 kV;
- 外绝缘:LIW=46×1.06=49 kV。

——相间
- 内绝缘:LIW=67×1.10=74 kV;
- 外绝缘:LIW=69×0.6=73 kV。

表 G.8 $U_m=12$ kV 设备耐受电压的计算结果

U_{rw}值 短时工频:kV(有效值) 操作或雷电:kV(峰值)		外绝缘		内绝缘	
		$U_{rw(s)}$	$U_{rw(c)}$	$U_{rw(s)}$	$U_{rw(c)}$
短时工频	相对地	14.3	28	13.8	22.5
	相间	17	41	14	34
操作冲击	相对地	46	—	45	—
	相间	69	—	67	—
雷电冲击	相对地	72	49	67	49.5
	相间	—	73	—	74

G.5.5 第五步:标准绝缘水平 U_w 的确定

对 $U_m=12$ kV,据计算结果,若兼顾设备的内、外绝缘和相对地、相间绝缘,短时工频耐受电压需在 22.5 kV 至 41 kV 之间选取。若取标准值,则可为 28 kV,38 kV,42 kV。GB 311.1—2012 根据我国惯用值,分别取为:湿耐压:30 kV;液体浸渍内绝缘:35 kV;外绝缘干耐压(干净、干燥状态):42 kV。

GB 311.1—2012 表 2 给出的标准雷电冲击耐受电压三个可能值。相对地和相间以及内、外绝缘的干、湿状态耐受电压均可为 75 kV 既满足了雷电冲击的要求又满足了外部相间绝缘的操作冲击耐受电压。同时,考虑到在配电系统中设备上的雷电过电压水平可能有相当大的差异,如设备装置的系统结构和地点不同、过电压保护措施不同、系统的接地方式不同(中性点绝缘或经低值电阻接地等,因而在 GB 311.1—2012 中给出另外两个标准的耐受电压:60 kV(系列Ⅰ)和 90 kV。

参 考 文 献

[1] CIGRE WG 33.02. Phase-to-phase Insulation Co-ordination: Part 1: Switching overvoltages in three-phase systeems,ELECTRA 64 (1979) pp.138-158.

[2] CIGRE WG 13-02. Switching overvoltages in EHV and UHV systems with special reference to closing and reclosing transmission lines. ELECTRA 30 (1973) pp.70-122.

[3] A. R. Hileman, J. Roguin,K. H. Weck. Metaloxide surge arresters in AC systems—Part V: Protection performance of metal oxide surge arresters, ELECTRA 133 1990, pp.132-144.

[4] CIGRE WG 33-07. Guidelines for the evaluation of the dielectric strength of external insulation, CIGRE technical brochure No.72.

[5] CIGRE WG 33.03. Phase-to-phase Insulation Co-ordination: Part 2: Switching impulse strength of phase-to-phase external insulation, ELECTRA 64 1979,pp.158-181.

[6] CIGRE WG 33.06. Phase-to-phase Insulation Co-ordination: Part 3: Design and testing of phase-to-phase insulation, ELECTRA 64 1979,pp.182-210.

[7] CIGRE TE 33-03.03. Phase-to-phase Insulation Co-ordination: Part 4: The influence of non-standard conditions on the switching impulse strength of phase-to-phase insulation,ELECTRA 64 1979, pp.211-230.

[8] CIGRE WG 33.01. Guide to procedures for estimating the lightning performance of transmission lines,CIGRE technical brochure No.63,1991.

[9] A. J. Driksson,K. -H. Weck. Simplified procedures for determining representative substation impinging lightning overvoltages,CIGRE report 33-16,1998

[10] I. Kishizima,K. Matsumoto,Y. Watanabe. New facilities for phase switching impulse tests and some test results,IEEE PAS TO3 No.6,June 1984, pp1211-1216.

[11] L. Paris,R. Cortina. Switching and lightning impulse discharge characteristics of large air gaps and long insulation strings, IEEE Trans on PAS,vol87, No.4, April 1968, pp.947-9.

ICS 29.080
K 40

中华人民共和国国家标准

GB/T 311.3—2017
代替 GB/T 311.3—2007

绝缘配合
第 3 部分：高压直流换流站绝缘配合程序

Insulation co-ordination—Part 3：Procedures for high-voltage direct
current（HVDC）converter stations

［IEC 60071-5：2014，Insulation co-ordination—Part 5：Procedures for
high-voltage direct current（HVDC）converter stations，MOD］

2017-09-29 发布

2018-04-01 实施

中华人民共和国国家质量监督检验检疫总局
中国国家标准化管理委员会　发布

前　言

《绝缘配合》分为四个部分：
——第1部分：定义、原则和规则；
——第2部分：使用导则；
——第3部分：高压直流换流站绝缘配合程序；
——第4部分：电网绝缘配合及其模拟的计算导则。

本部分为《绝缘配合》的第3部分。

本部分按照 GB/T 1.1—2009 给出的规则起草。

本部分代替 GB/T 311.3—2007《绝缘配合　第3部分：高压直流换流站绝缘配合程序》。与 GB/T 311.3—2007 相比，除编辑性修改外主要技术变化如下：

——增加了相关术语"绝缘配合""标称直流电压""最高直流电压""爬电距离""统一爬电比距""保护距离""性能指标"（见 3.1、3.2、3.3、3.19、3.20、3.21、3.22）；
——增加了故障事件及避雷器应力汇总（见 8.5）；
——为了反映±800 kV HVDC 输电工程过电压保护和绝缘配合的设计运行经验，参考 Q/GDW 144《±800 kV 特高压直流换流站过电压保护和绝缘配合导则》增加了双12脉动换流器避雷器布置、参数的选择原则和方法相关内容；列出了确定双12换流器换流站避雷器保护水平、配合电流和能量的过电压形式、起因和计算中应考虑的主要因素（见第8章）；
——增加了换流站控制和保护模型研究缓波前过电压需要考虑的因素（见 10.3.5）；
——对爬电距离内容进行重新整合，并增加了相关描述（见第11章，2007年版的 7.6、8.1、8.2、8.3）
——对换流站空气间隙内容进行重新整合，并增加了相关描述（见第12章，2007年版的 7.7、8.4）；
——增加了直流线路和接地极线路过电压保护和绝缘配合（见第13章）。

本部分使用重新起草法修改采用 IEC 60071-5:2014《绝缘配合　第5部分：高压直流换流站绝缘配合程序》。

本部分与 IEC 60071-5:2014 相比在结构上有较多调整，附录A中列出了本部分与 IEC 60071-5:2014 的章条编号对照表。

本部分与 IEC 60071-5:2014 相比存在技术性差异，这些差异涉及的条款已通过在其外侧页边空白位置的垂直单线（|）进行了标示。

本部分与 IEC 60071-5:2014 的技术性差异及其原因如下：

——关于规范性引用文件，本部分做了具有技术性差异的调整，以适应我国的技术条件，调整的情况集中反映在第2章"规范性引用文件"中，具体调整如下：

- 增加引用 GB/T 22389、GB/Z 24842—2009、GB/T 25083—2010、GB/T 50064—2014、DL/T 5224—2014、IEC 60099-9；
- 用修改采用国际标准的 GB 311.1—2012 代替 IEC 60071-1:2006；
- 用修改采用国际标准的 GB/T 311.2—2013 代替 IEC 60071-2:1996；
- 用修改采用国际标准的 GB 11032—2010 代替 IEC 60099-4:2006；
- 用等同采用国际标准的 GB/T 13498 代替 IEC 60633:1998；
- 用修改采用国际标准的 GB/T 16927.1—2011 代替 IEC 60060-1:2010；
- 用修改采用国际标准的 GB/T 26218.1—2010、GB/T 26218.2—2010、GB/T 26218.3—2011 分别代替 IEC/TS 60815-1:2008、IEC/TS 60815-2:2008、IEC/TS 60815-3:2008。

——增加了术语"性能指标"(见 3.22)。

——图 1 中单调谐滤波器配置方式不符合国内实际应用情况,因此更改为我国工程实际应用的单极双 12 脉动换流单元串联结构避雷器布置图(见第 5 章图 1)。

——增加了交直流系统谐振过电压内容(见 7.4.4、7.4.5)。

——增加了避雷器直流参考电压、荷电率和直流偏置电压的选择原则和方法(见 8.2.1、8.2.2)。

——增加了双 12 换流器换流站平波电抗器布置对避雷器参数的影响的内容(见 8.3.7、8.3.8、8.3.9)。

——增加了中性母线高能量避雷器布置方案(见 8.3.11)。

——增加换流变阀侧绕组 SIWV/LIWV 的比值的内容(见第 9 章)。

——增加了换流站控制和保护模型研究缓波前过电压需要考虑的因素(见第 10 章)。

——增加了直流线路和接地极线路过电压保护和绝缘配合(见第 13 章)。

本部分做了以下编辑性修改:

——用我国"常规±800 kV 高压直流换流站绝缘配合的例子"代替"常规高压直流换流站绝缘配合的例子"(见附录 B);

——增加了资料性附录"背靠背直流换流站绝缘配合的例子"(见附录 C)。

本部分由中国电器工业协会提出。

本部分由全国高电压试验技术和绝缘配合标准化技术委员会(SAC/TC 163)归口。

本部分起草单位:西安高压电器研究院有限责任公司、中国电力科学研究院、西安西电避雷器有限责任公司、国网北京经济技术研究院、国家高压电器质量监督检验中心、桂林电力电容器有限责任公司、南方电网科学研究院有限责任公司、国网山东省电力公司电力科学研究院、国网陕西省电力公司电力科学研究院、西安西电电力系统有限公司、国网湖北省电力公司电力科学研究院、北京华天机电研究所有限公司、苏州华电电气股份有限公司。

本部分主要起草人:周沛洪、崔东、何计谋、余世峰、何慧雯、王建生、王亭、危鹏、张晋波、陈志彬、戴敏、周春红、贾磊、赵林杰、郭志红、蒲路、刘大鹏、邓万婷、艾晓宇、谭润泽、余青。

本部分所代替标准的历次版本发布情况为:

——GB/T 311.3—2007。

绝缘配合
第3部分：高压直流换流站绝缘配合程序

1 范围

1.1 概述

《绝缘配合》的本部分给出了无标准绝缘水平规定的高压直流（HVDC）换流站的绝缘配合程序的导则。

本部分仅适用于高压交流电力系统中的高压直流部分，而不适用于工业用的换流设备。所给定的原理及规则仅适用绝缘配合目的。本部分不涉及对人身安全的要求。

1.2 背景描述

高压直流换流站换流器采用晶闸管阀串联或并联组成，并且换流过程采用特有的控制和保护方式，因而与交流变电站相比，对设备的过电压保护提出了特殊的要求。本部分给出了承受工频电压、直流电压、谐波电压和冲击电压的换流站设备过电压和绝缘配合的程序。提出了串联或并联避雷器的保护水平，优化避雷器配置的方案。给出了常规和背靠背直流换流站绝缘配合示例（见附录B、附录C）。

本部分描述了换流站与常规变电站在绝缘配合的基本原理和设计目标上的差异。

本部分仅涉及当前用于高压直流换流站过电压保护的无间隙金属氧化物避雷器。给出了避雷器基本特性、要求及运行中最大过电压的计算过程；提出了典型的避雷器配置方案、避雷器应力以及确定该应力的方法。

本部分包括了换流站交流场（不包括交流线路）和直流场设备的绝缘配合。由于线路和电缆对换流站设备绝缘配合有影响，所以也包括在内。

尽管本部分用于普通高压直流系统（换流电压来自交流滤波器母线），但是绝缘配合主要原则也适用于附录D中电容换流（CCC）换流器和可控串补换流器（CSCC）及附录E中一些特殊的换流器结构。

本部分讨论了有关电网换相换流器（LCC）的绝缘配合。本部分不包括柔性直流电压源换流器（VSC）。

2 规范性引用文件

下列文件对于本文件的应用是必不可少的。凡是注日期的引用文件，仅注日期的版本适用于本文件。凡是不注日期的引用文件，其最新版本（包括所有的修改单）适用于本文件。

GB 311.1—2012 绝缘配合 第1部分：定义、原则和规则（IEC 60071-1:2006，MOD）

GB/T 311.2—2013 绝缘配合 第2部分：使用导则（IEC 60071-2:1996，MOD）

GB 11032—2010 交流无间隙金属氧化物避雷器（IEC 60099-4:2006，MOD）

GB/T 13498 高压直流输电术语（IEC 60633:1998，IDT）

GB/T 16927.1—2011 高电压试验技术 第1部分：一般定义及试验要求（IEC 60060-1:2010，MOD）

GB/T 22389 高压直流换流站无间隙金属氧化物避雷器导则

GB/Z 24842—2009 1 000 kV特高压交流输变电工程过电压和绝缘配合

GB/T 25083—2010 ±800 kV直流系统用金属氧化物避雷器

GB/T 26218.1—2010 污秽条件下使用的高压绝缘子的选择和尺寸确定 第1部分：定义、信息

和一般原则(IEC/TS 60815-1:2008,MOD)

GB/T 26218.2—2010 污秽条件下使用的高压绝缘子的选择和尺寸确定 第2部分:交流系统用瓷和玻璃绝缘子(IEC/TS 60815-2:2008,MOD)

GB/T 26218.3—2011 污秽条件下使用的高压绝缘子的选择和尺寸确定 第3部分:交流系统用复合绝缘子(IEC/TS 60815-3:2008,MOD)

GB/T 50064—2014 交流电气装置的过电压保护和绝缘配合设计规范

DL/T 5224—2014 高压直流输电大地返回系统设计技术规范

IEC 60099-9 避雷器 第9部分:高压直流(HVDC)变流站用无间隙金属氧化物避雷器(Surge arresters—Part 9:Metal-oxide surge arresters without gaps for HVDC converter stations)

3 术语和定义

GB 311.1—2012 和 GB 11032—2010 界定的以及下列术语和定义适用于本部分。为了便于使用,以下重复列出了 GB 311.1—2012 和 GB 11032—2010 中的某些术语和定义。

3.1

绝缘配合 insulation co-ordination

考虑所采用的过电压保护措施后,决定设备上可能的作用电压,并根据设备的绝缘特性及可能影响绝缘特性的因素,从安全运行和技术经济合理性两方面确定设备的绝缘强度。

[GB 311.1—2012,定义 4.1]

3.2

标称直流电压 nominal d.c.voltage

标称电流下传输标称功率所要求的直流电压的平均值。

3.3

最高直流电压 highest d.c.voltage

考虑绝缘及其他特性,设备持续运行时承受的直流电压最高值。

3.4

过电压 overvoltage

超过设备相应最高持续运行电压的电压。

注:表1给出了按照 GB 311.1—2012 中 4.17 定义的这些电压的分类。

3.4.1

暂时过电压 temporary overvoltage

较长持续时间(见表1)的过电压。

注:过电压可能是无阻尼或弱阻尼的,在某些情况下,其频率可能比工频低数倍或高数倍。

表 1 过电压的分类和波形、标准电压波形以及标准耐受电压试验

表 1（续）

分类	低频		瞬态		
	持续	暂时	缓波前	快波前	特快波前
电压波形范围	$f=50\ Hz$ $T_t \geqslant 3\ 600\ s$	$10\ Hz<f<500\ Hz$ $0.02\ s \leqslant T_t \leqslant 3\ 600\ s$	$20\ \mu s < T_p \leqslant 5\ 000\ \mu s$ $T_2 \leqslant 20\ ms$	$0.1\ \mu s < T_1 \leqslant 20\ \mu s$ $T_2 \leqslant 300\ \mu s$	$T_f \leqslant 100\ ns$ $0.3\ MHz < f_1 < 100\ MHz$ $30\ kHz < f_2 < 300\ kHz$
标准电压波形	$f=50\ Hz$ $T_t{}^a$	$45\ Hz \leqslant f \leqslant 55\ Hz$ $T_t = 60\ s$	$T_p = 250\ \mu s$ $T_2 = 2\ 500\ \mu s$	$T_1 = 1.2\ \mu s$ $T_2 = 50\ \mu s$	a
标准耐受电压试验	a	短时工频试验	操作冲击时间	雷电冲击试验	a
a 由有关技术委员会规定。					

3.4.2

瞬态过电压　transient overvoltage

几毫秒或更短持续时间的过电压,通常是高阻尼振荡的或非振荡的。

［GB 311.1—2012,定义 4.17.3］

3.4.2.1

缓波前过电压　slow-front overvoltage

一种瞬态过电压,通常为单向的,到达峰值的时间为 $20\ \mu s < T_p \leqslant 5\ 000\ \mu s$,而波尾持续时间 $T_2 \leqslant 20\ ms$。

注:在绝缘配合中,缓波前过电压是根据波形来分类,与来源无关。尽管实际系统中产生的波形与标准波形有大的偏差,但在多数情况下,本部分以此过电压类别分类和峰值来描述是足够的。

3.4.2.2

快波前过电压　fast-front overvoltage

由于雷电放电或其他原因在系统中特定位置引起的过电压,在绝缘配合中按类似于雷电冲击试验标准波形来考虑。

注 1:快波前过电压为瞬态过电压,通常是单极性的,到达峰值时间为 $0.1\ \mu s < T_1 \leqslant 20\ \mu s$,波尾持续时间 $T_2 \leqslant 300\ \mu s$（GB 311.1—2012,定义 4.17.3.2）。

注 2:在绝缘配合中,缓波前和快波前过电压是根据波形分类,与来源无关。尽管实际系统中产生的波形与标准波形有大的偏差,但在多数情况下,本部分以此过电压类别分类和峰值来描述是足够的。

3.4.2.3

特快波前过电压　very fast-front overvoltage

一种瞬态过电压,通常为单向的,到达峰值的时间 $T_f \leqslant 0.1\ \mu s$,有或者没有叠加振荡,振荡频率在 $30\ kHz < f < 100\ MHz$ 之间。

［GB 311.1—2012,定义 4.17.3.3］

3.4.2.4

陡波前过电压　steep-front overvoltage

一种瞬态过电压，属于快波前过电压，到峰值时间为 3 ns<T_1<1.2 μs。

注 1：用于试验的陡波前冲击电压定义在 IEC 60700-1 中给出。

注 2：波前时间由系统研究决定。

3.4.2.5

联合过电压　combined overvoltage

由同时作用于相间（或纵）绝缘的两个相端子的每个端子和地之间的两个电压分量组成。

注 1：联合过电压包括暂时、缓波前、快波前或特快波前过电压。

注 2：它被归于具有较高峰值分量的一类。

3.5

代表性过电压　representative overvoltages

U_{rp}

该过电压对绝缘电介质效应等同于系统在运行时由于不同原因产生的某一给定类型的过电压。

注 1：在本部分中，一般的代表性过电压都是通过假定或实测的最大值来表征。

注 2：改写 GB 311.1—2012，定义 4.19。

3.5.1

代表性缓波前过电压　representative slow-front overvoltage；RSFO

设备端子间具有标准的操作冲击波形的电压。

3.5.2

代表性快波前过电压　representative fast-front overvoltage；RFFO

设备端子间具有标准的雷电冲击波形的电压。

3.5.3

代表性陡波前过电压　representative steep-front overvoltage；RSTO

波前时间小于标准雷电冲击而大于或等于特快波前过电压的电压。

注：用于试验的陡波前冲击电压在 IEC 60700-1 中给出。波前时间是由系统研究方式决定。

3.6

配合耐受电压　co-ordination withstand voltage

U_{cw}

在实际运行条件下，对每种类型电压，绝缘结构满足性能指标的耐受电压值。

[GB 311.1—2012，定义 4.24]

3.7

要求耐受电压　required withstand voltage

U_{rw}

在标准耐受试验中，绝缘必须耐受的试验电压以保证绝缘在实际运行条件下和整个寿命期间内承受给定种类过电压时仍能满足性能指标。要求耐受电压具有配合耐受电压的波形，并且规定用按照所选择全部标准耐受试验条件来检验要求耐受电压。

[GB 311.1—2012，定义 4.27]

3.8

规定耐受电压　specified withstand voltage

U_w

经过适当选择的高于或等于要求耐受电压（U_{rw}）的试验电压。

注 1：对于交流设备，GB 311.1—2012 规定了标准耐受电压值。对于高压直流设备，没有规定标准的耐受电压值，而是向上调整到方便的可行值。

注2：设备耐受试验的标准波形及试验程序在 GB/T 16927.1—2011 和 GB 311.1—2012 中规定,但对一些直流设备
　　（如晶闸管阀）,为了能够更为真实地反映实际运行情况,其标准冲击波形可以修正。

3.8.1

操作冲击耐受电压　switching impulse withstand voltage;SIWV

标准操作冲击波形的绝缘耐受电压。

3.8.2

雷电冲击耐受电压　lightning impulse withstand voltage;LIWV

标准雷电冲击波形的绝缘耐受电压。

3.8.3

陡波前冲击耐受电压　steep-front impulse withstand voltage;STIWV

绝缘耐受电压波形如 GB 311.1—2012 的规定。

3.9

避雷器的持续运行电压　continuous operating voltage of an arrester

U_c

允许持久地施加在避雷器端子间的工频电压有效值。

[GB 11032—2010,定义 3.9]

3.10

包括谐波的避雷器持续运行电压　continuous operating voltage of an arrester including harmonics

U_{ch}

持久地施加在避雷器两端的工频和谐波电压组合的电压有效值。

注：可以指出这个定义只适用于协调避雷器保护水平,对于评估避雷器能量方式不适用。

3.11

峰值持续运行电压　crest value of continuous operating voltage;CCOV

换流站直流侧设备上出现的不包括换相过冲的最高持续运行电压峰值。

3.12

最大峰值持续运行电压　peak value of continuous operating voltage;PCOV

换流站直流侧设备上出现的包括换相过冲和换相齿的最高持续运行电压峰值。

3.13

避雷器等效持续运行电压　equivalent continuous operating voltage of an arrester;ECOV

等同于在实际运行电压下产生相同功耗的电压值。

注：电压值和功耗可采用计算方法或通过特殊试验回路的试验确定。

3.14

避雷器的残压　residual voltage of an arrester

放电电流通过避雷器时其端子间的最大电压峰值。

[GB 11032—2010,定义 3.36]

3.15

避雷器配合电流　co-ordination currents of an arrester

对给定系统中的每一种类型的过电压进行研究时,确定的代表性过电压下通过避雷器的电流。

注1：GB 11032—2010 中给出了陡波前、雷电和操作冲击电流标准波形。

注2：配合电流由系统研究决定。

3.16

避雷器保护水平　protective levels of an arrester

对于每一种类型的电压下,避雷器放电电流等于配合电流时避雷器的残压。

注：下述 3.16.1 到 3.16.3 定义适用高压直流换流站设备。

3.16.1

操作冲击保护水平 switching impulse protective level；SIPL

当避雷器通过操作冲击配合电流时，出现在避雷器上的残压。

3.16.2

雷电冲击保护水平 lightning impulse protective level；LIPL

当避雷器通过雷电冲击配合电流时，出现在避雷器上的残压。

3.16.3

陡波前冲击保护水平 steep-front impulse protective level；STIPL

当避雷器通过陡波前冲击配合电流时，出现在避雷器上的残压。

3.17

直接保护的设备 directly protected equipment

与避雷器直接并联的设备，它们之间的距离可以忽略，且任何代表性过电压等于相应的避雷器的保护水平。

3.18

晶闸管阀保护触发 thyristor valve protective firing

通过触发晶闸管，保护单个的晶闸管免受正向过电压的方法。

3.19

爬电距离 creepage distance

在绝缘子正常施加运行电压的导电部件之间沿其表面的最短距离或最短距离之和。

注 1：水泥或其他非绝缘的胶合材料表面不能计入爬电距离。

注 2：若在绝缘子的绝缘件上施有高阻层，该绝缘件视为有效绝缘表面，其表面距离计入爬电距离。

[GB/T 2900.8—2009，定义 471-01-04]

3.20

统一爬电比距 unified specific creepage distance；USCD

绝缘子爬电距离与绝缘子两端最高运行电压之比。

注 1：这个定义不同于所使用设备最高相间电压值的统一爬电比距。

注 2：关于 U_m 见 GB/T 2900.57，定义 2.3.1。

注 3：一般用 mm/kV 表示，通常表示为最小。

注 4：改写 GB/T 26218.1—2010，定义 3.1.6。

3.21

保护距离 separation distance

被保护设备的高电压端子与避雷器高压端连接点之间的距离。

3.22

性能指标 performance criterion

选择绝缘的基准，以使得作用于设备上的各类过电压所引起损伤设备的绝缘或影响连续运行的概率降低到经济上和运行上可接受的水平。通常用术语绝缘结构可接受的故障率（每年故障数，两次故障之间年数，故障风险率等）来表示这个指标。

4 符号和缩略语

4.1 概述

仅涵盖了最为常用的符号和缩略语，其中一些已经在图 1 单线图和表 2 中说明。在高压直流换流站及绝缘配合中采用的更完整的符号，详见规范性引用文件（第 2 章）和参考文献。

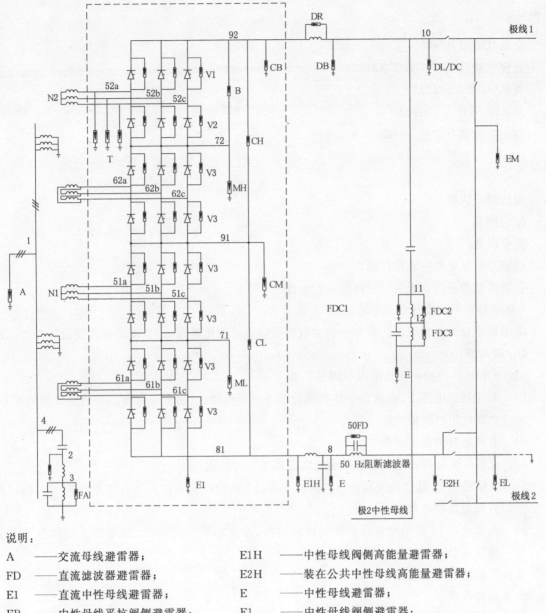

说明:

A	——交流母线避雷器;	E1H	——中性母线阀侧高能量避雷器;
FD	——直流滤波器避雷器;	E2H	——装在公共中性母线高能量避雷器;
E1	——直流中性母线避雷器;	E	——中性母线避雷器;
EB	——中性母线平抗阀侧避雷器;	E1	——中性母线阀侧避雷器;
V	——阀避雷器;	EM	——金属回线避雷器;
T	——高端YY换流变阀侧避雷器;	B	——桥避雷器(6脉动);
DR	——平波电抗器避雷器;	CB	——直流极顶母线避雷器;
DL	——直流线路避雷器;	DB	——直流极母线避雷器;
CL	——低端换流器单元避雷器;	DL/DC	——直流线路入口或电缆终端避雷器;
CH	——高端换流器单元避雷器;	CM	——高、低端换流器之间中点直流母线避雷器;
FA	——交流滤波器避雷器;	MH	——高端12脉动桥中点直流母线避雷器(HV桥);
EL	——接地极线路入口避雷器;	ML	——低端12脉动桥中点直流母线避雷器(LV桥);
50FD	——50 Hz阻断滤波器避雷器。		

图 1 单极采用双 12 脉动换流单元串联结构可能的避雷器布置

4.2 下脚标

0 空载(GB/T 13498)

d 直流电流或电压(GB/T 13498)

i 理想(GB/T 13498)

max 最大值(GB/T 13498)

n 与 n 次谐波有关的量(GB/T 13498)

4.3 字母符号

K_a 海拔修正因数

K_c 配合因数

K_s 安全因数

U_c 避雷器安装处的持续运行电压

U_{ch} 包括谐波的避雷器安装处的持续运行电压

U_{di0} 6 脉动换流器的理想空载直流电压

U_{di0m} 考虑以下设备参数制造误差和控制参数测量误差及变化范围,由直流工程系统设计计算出的 U_{di0} 最大值:

   a) α 和 γ 角的控制变化范围和测量误差

   b) 额定运行电压下,换流变全部有载分节头调节范围内,换流变短路阻抗的相对制造误差

   c) 直流电压的测量误差

   d) 直流电流的测量误差

   e) 交流母线电容式电压互感器测量电压误差

   f) 由单或双 12 脉动换流器串联构成的单极,12 脉动换流变的分节开关单独调节一挡时的直流电压变化范围

   g) 由单或双 12 脉动换流器串联构成的单极,在定功率方式下,12 脉动换流变的分节开关单独调节一挡时直流电流变化范围

U_s 交流系统的最高电压

U_m 设备最高电压

U_{v0} 换流变压器阀侧相对相空载电压(不包括谐波电压)

U_{rp} 代表性过电压

U_{cw} 配合耐受电压

U_{rw} 要求耐受电压

U_w 规定耐受电压

α (触发)延迟角(GB/T 13498),本部分也用作触发角。

β (触发)超前角(GB/T 13498)

γ 关断角(熄弧角)(GB/T 13498)

μ 换相角(重叠角)(GB/T 13498)

4.4 缩略语

下列缩略语适用于本文件。

CCC:电容换流换流器(Capacitor Commutated Conerter)

CSCC：可控串联补偿换流器(Controlled Series Compensated Converter)

CCOV：峰值持续运行电压(Crest value of Continuous Operating Voltage)

GIS：气体绝缘开关设备(Gas-insulated Switchgear)

PCOV：最大峰值持续运行电压(Peak Continuous Operating Voltage)

ECOV：等效持续运行电压(Equlalent Continuous Operating Voltage)

RSFO：代表性缓波前过电压(最大电压值)[Representative Slow-front Overvoltage(the maximum voltage stress value)]

RFFO：代表性快波前过电压(最大电压值)[Representative Fast-front Overvoltage(the maximum voltage stress value)]

RSTO：代表性陡波前过电压(最大电压值)[Representative Steep-front Overvoltage(the maximum voltage stress value)]

RSIWV：要求操作冲击耐受电压(Required Switching Impulse Withstand Voltage)

RLIWV：要求雷电冲击耐受电压(Required Lightning Impulse Withstand Voltage)

RSTIWV：要求陡波前冲击耐受电压(Required Steep-front Impulse Withstand Voltage)

SIPL：操作冲击保护水平(Switching Impulse Protective Level)

LIPL：雷电冲击保护水平(Lightning Impulse Protective Level)

STIPL：陡波前冲击保护水平(Steep-front Impulse Protective Level)

SIWV：操作冲击耐受电压(Switching Impulse Withstand Voltage)

LIWV：雷电冲击耐受电压(Lightning Impulse Withstand Voltage)

STIWV：陡波前冲击耐受电压(Steep-front Impulse Withstand Voltage)

p.u.：标幺值(per unit)

BPGR：双极大地回线(Bipololar Ground Return)

MGR：单极大地回线(Monopolar Ground Return)

MMR：单极金属回线(Monopolar Metallic Return)

5 典型高压直流换流站布置图和相应图形符号

图1给出了典型的双12脉动换流器串联的高压直流换流站的单线图。图1涵盖了可能布置的避雷器。根据具体工程，布置会有所变化，可能会省去或增加某种类型的避雷器。

图2给出了一个背靠背换流站避雷器布置单线示例图。换流站不同的接地方式，例如，在两组6脉动桥之间的中间点接地，会改变避雷器的布置。平波电抗器的布置位置也应根据实际情况做相应改变。

交流和直流滤波器结构会比图中所示的情况复杂。表2给出了本部分所用的图形符号。

晶闸管阀对过电压的敏感性要求受到严格的过电压保护，可由阀两端并联的避雷器保护。

在一般情况下，对变压器阀绕组不单独配置相-相和相-地避雷器，而是由阀避雷器串联其他对地避雷器提供过电压保护，对800 kV及以上的直流工程，可考虑在与极顶部阀组连接的换流变阀侧配置一组相对地避雷器直接保护，以降低其绝缘水平。

换流器上对应的每6脉动直流电压水平的元件可由单个避雷器或串联(或并联)的其他避雷器组合提供过电压保护。

有关避雷器的名称、设计细则和功能在第8章描述。

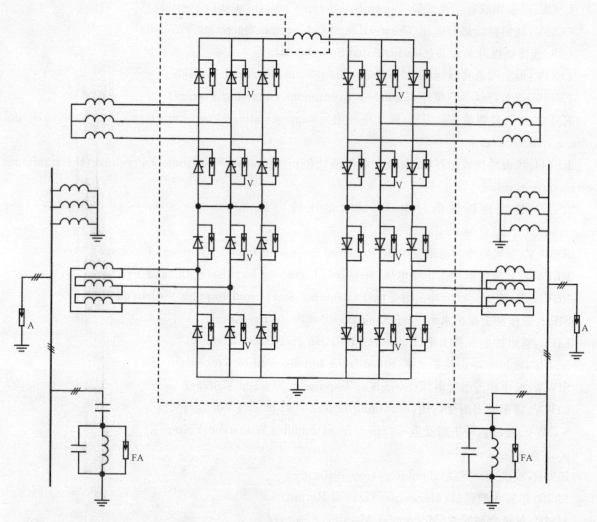

说明：

A ——交流母线避雷器；

V ——阀避雷器；

FA ——交流滤波器避雷器。

图 2　背靠背换流站中可能的避雷器布置

表 2　符号说明

符号	说明
▷◁	阀组（换流单元）
▷◁	单个阀桥臂
▭→	避雷器
⌒⌒⌒	电抗器
┤├	电容器

表 2（续）

符号	说明
—（○○）—	双绕组换流变压器
⊥	接地

6 绝缘配合原则

6.1 概述

绝缘配合的基本目标是：

——确定系统中不同设备实际可能承受的最大稳态、暂时和瞬态过电压水平。

——选择设备的绝缘强度和特性，包括过电压保护装置的特性，以保证设备在上述过电压下能够安全、经济和可靠地运行。换流站过电压保护装置主要为无间隙氧化锌避雷器。

6.2 交流和直流系统绝缘配合的主要差别

根据绝缘配合目标，高压直流换流站的绝缘配合与交流变电站具有相同的基本原理；然而，在进行高压直流换流站的绝缘配合时，某些方面与交流变电站相比有一定差别。例如，需要考虑下列情况：

a) 换流器由单个阀串联构成，每个阀两端并联有避雷器，阀两端均远离地电位并因在换流器上的位置不同有不同的对地绝缘水平；

b) 由于阀厅设备的交流侧和直流侧分别有换流变压器和平波电抗器的电感，因而阀厅内设备不直接承受雷电侵入波过电压（见 8.3.5.4）；

c) 因交流有无功补偿设备和滤波器，而直流侧有直流滤波器和平波电抗器，所以引起过电压和谐振的概率较高；

d) 当换流站交流侧由长架空线或电缆供电，中间未加装开关站分段，则交、直流侧存在谐振的可能性；

e) 换流变压器阀侧无直接接地点，因而阀侧绕组对地存在直流偏置电压；

f) 换流阀的导通和关断可导致复合电压波形（包括有些情况下直流电压、基频电压、谐波电压和高频电压的叠加）以及换相失败；

g) 控制故障可能导致阀丢失触发脉冲、触发失败和电流熄灭；

h) 换流阀的（触发）延迟角快速控制和换流器保护系统闭锁阀可抑制直流侧过电压；

i) 在相同环境下，与交流相比，由于直流恒定的电压极性使得设备吸附更多的污秽，导致更差的污闪特性，要求采用更大的爬距和空气净距；

j) 交流和直流系统之间相互影响，特别是换流站交流侧为弱系统时（如孤岛运行方式）；

k) 直流系统具有不同运行方式，例如，单极、双极、并联或多端运行；

l) 直流系统尚无标准绝缘水平。

6.3 绝缘配合程序

高压直流换流站绝缘配合方法一般有以下步骤：

a) 选择直流回路结构，比如选择直流平波电抗器的布置位置，直流系统接地的方式，选择将换流变压器阀侧为星型接线或三角型接线的绕组端连接到较高的直流对地电压的 6 脉动桥上；

b) 根据所选择的直流回路的结构布置避雷器;

c) 计算分析换流站交流系统和直流系统各种过电压及其交直流系统相互影响,确定不同的代表性过电压及避雷器的保护水平、配合电流和能量;

d) 通过对设备的绝缘水平与避雷器的参数反复调整,优化绝缘配合设计。

6.4 交流系统与直流系统规定耐受电压选择流程的比较

根据 GB 311.1—2012 的描述,绝缘配合程序分以下四个主要步骤:

第一步:确定代表性过电压(U_{rp});

第二步:确定配合耐受电压(U_{cw});

第三步:确定要求的耐受电压(U_{rw});

第四步:确定标准额定耐受电压(U_w)。

表 3 给出了确定交流标准额定耐受电压(GB 311.1—2012 的图 1)和直流系统选择规定耐受电压(U_w)时的步骤流程图,并指明两者的主要差异。

GB 311.1—2012 描述了交流系统在上述各步中的选择过程,直流系统选择过程在本标准的第 9 章给出。

7 运行中的电压和过电压

7.1 换流站不同位置的持续运行电压

与交流系统不同,高压直流换流站阀厅内和直流场不同位置上的持续运行电压,不是单纯的基频电压,而是直流电压、基频电压、谐波电压及高频暂态电压的相互叠加,不同位置的持续运行电压波形不同。

图 3 所示为每极具有单 12 脉动换流单元的高压直流换流站的结构。通常 660 kV 及以下的高压直流工程不需要在高电位换流变压器阀侧装相对地避雷器(T)。图 1 所示为每极具有一个双 12 脉动高压直流换流站的结构。

图 4 所示为图 3 单 12 脉动换流单元各节点持续运行电压的典型波形,它不包括各节点对地或两节点之间波形上叠加的换相过冲。图 3 中的数字和字母名称分别标识了该节点的编号和接入该节点的避雷器名称。这些波形是在考虑典型直流参数后仿真计算得到的。

需要指出图 1、图 2、图 3 所示的是可能的避雷器布置方案,根据具体工程有些避雷器可酌情增减。

表 3　交流设备与高压直流换流站设备规定耐受电压选择的比较

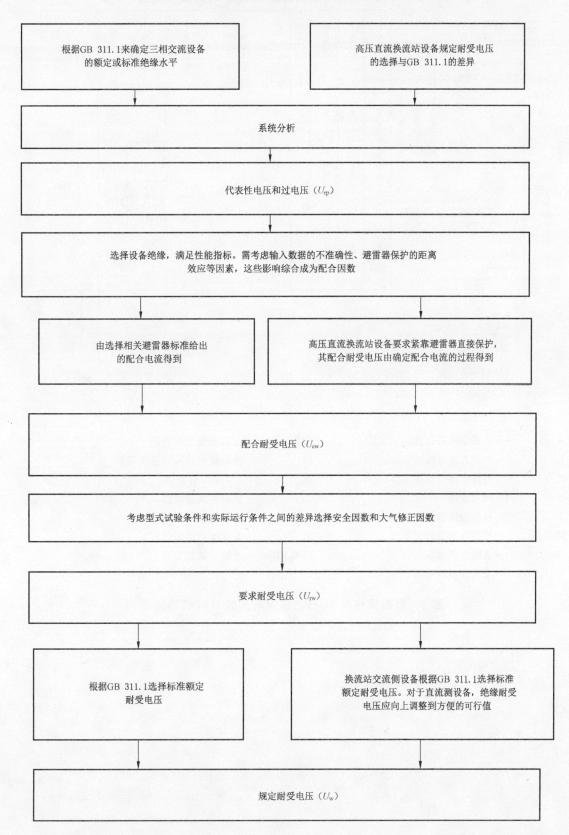

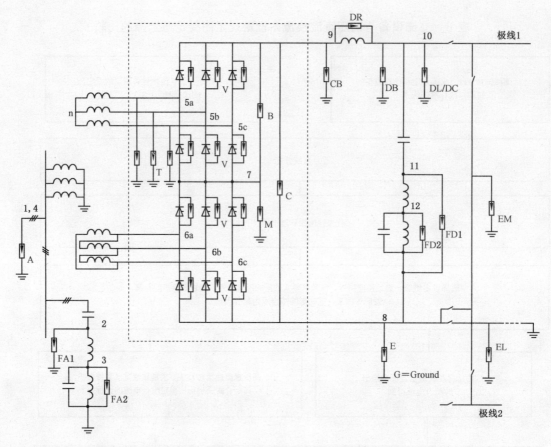

说明：

A	——交流母线避雷器；	EM	——金属回线避雷器；
M	——中点直流母线避雷器；	EL	——接地极线路入口避雷器；
E	——直流中性母线避雷器；	B	——6脉动桥避雷器；
V	——阀避雷器；	C	——换流单元避雷器；
T	——换流变压器阀侧绕组避雷器；	DB	——直流极母线避雷器；
DR	——平波电抗器避雷器；	DC	——直流电缆避雷器；
DL	——直流线路避雷器；	FD1，FD2	——直流滤波避雷器；
FA1，FA2	——交流滤波避雷器。		

图 3 每极具有单 12 脉动换流单元的 HVDC 换流站

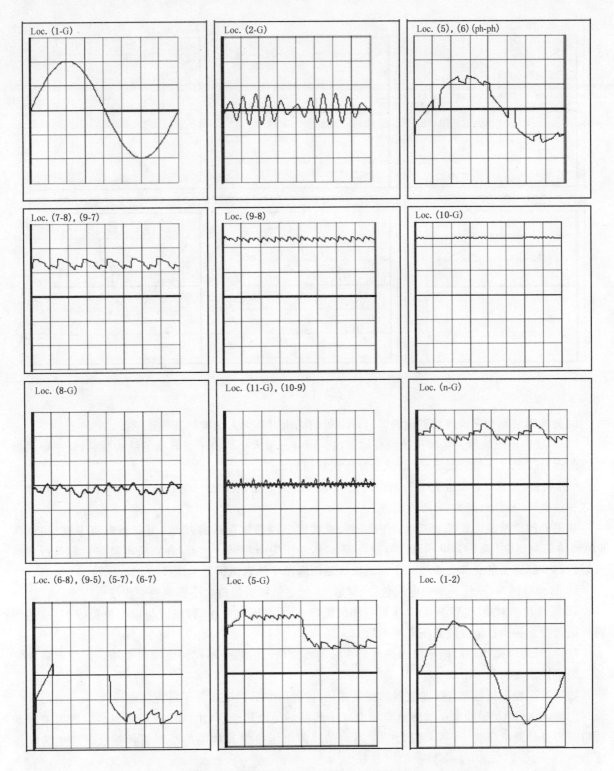

图 4 不同位置（按照图 3 标识的位置）的持续运行电压波形

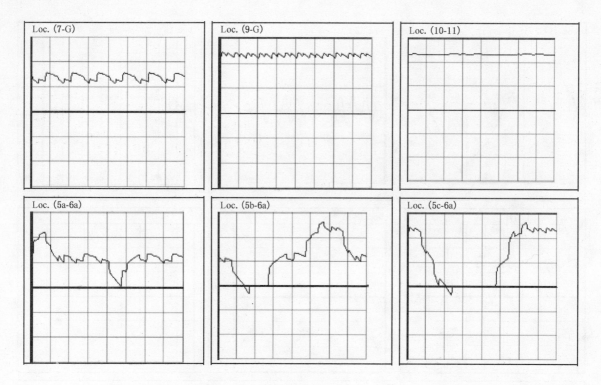

图 4（续）

因交流侧装有交流滤波器进行滤波，(1-G)处的电压可视为无谐波的基频正弦波。

(1-2)处的电压波形为基频正弦波叠加谐波。谐波分量大小取决于滤波器的结构、调谐频率以及换流器的运行工况。一般情况下，总谐波分量不到基频的 30%。

6 脉动桥（位置 7-8 和位置 9-7）两端的直流电压由交流线电压的 60°弧线（持续时间为 60°-μ）和二分之一线电压（持续时间为 μ）两段组成。

如果 6 脉动换流器底部直接在站内接地，或者底部经接地极线路接地，但双极电流平衡运行时，6 脉动桥的对地（位置 7-G）电压可以与位置(7-8)的电压完全相同。然而，在双极电流非对称运行或单极运行时 6 脉动桥的底部会叠加一个接地极线路压降产生的直流偏置电压（U_{offset}）。

12 脉动桥两端（位置 9-8）的电压包含受(触发)延迟角和换相角大小影响的交流线电压 30°弧线。

12 脉动桥的对地（位置 9-G）电压可以和位置(9-8)的电压完全相同，或因与以上位置(7-G)描述的同样原因叠加一个接地极线路压降产生的 U_{offset}。

位置(5b-6a)和(5c-6a)电压波形是两个 6 脉动换流单元的两个不同相之间的电压。该波形只在三相三绕组换流变结构下出现。

如果有平波电抗器和直流滤波器的滤波作用，位置(10-G)的电压为平滑直流电压。

位置(6-8)和(9-5)的电压波形是整流方式下阀两端的电压波形，由两段波形组成。一段为 6 脉动桥中阀自身导通电压波形，另一段为非导通时的反向电压叠加其他层的晶闸管换相过程产生的电压波形。

变压器阀绕组相间的电压波形如位置(5)、(6)(相间)所示。零电压段显示连接到相应两相的阀的换相过程，而缺口显示连接到其中一相的阀正在换相。

在双极和单极大地运行方式下，中性母线电压（位置 8-G）为接地极线路压降。在单极金属回线方式运行时整流站中性母线电压为运行电流在作为金属回线运行的直流极导线电阻上产生的直流压降。

位置(n-G)的电压由一个幅值等于 3/4 极电压（位置 10-G）的直流分量叠加下 6 脉动桥的纹波幅值和二分之一上 6 脉动桥的纹波幅值。

7.2 最大峰值持续运行电压(PCOV)和峰值持续运行电压(CCOV)

7.2.1 最大理想空载电压(U_{di0m})

U_{di0m}的定义见4.3 它是确定换流变参数(包括容量、有载调节分接头变比和挡位数)、换流器设备参数、直流系统运行策略和特性以及防止稳态运行时设备过电压等的基础参数,也是选择阀厅内直流避雷器的 CCOV 和 PCOV 的基础参数(见7.2.2 和 7.2.4)。在直流系统各种稳态运行方式下,按U_{di0m}选择的避雷器 CCOV 可以确保大于其安装点的U_c和U_{ch},是保守的设计。

根据系统设计中U_{di0m}的计算公式可推导其大小与换流变短路阻抗基本成正比关系。而换流变自然短路阻抗一般随额定直流输送功率增加而增大,短路阻抗越大,需要的U_{di0m}越高。在工程设计中当整流站换流变的短路阻抗、直流额定电流和电压确定后,整流站阀厅内避雷器的参数,如 CCOV、PCOV、U_{ref}保护水平也可基本确定了,随之也基本确定了阀厅内直流设备,如换流变、换流器等的冲击绝缘水平,受交流系统参数、直流线路参数和长度等因素的影响较小。而逆变站设备冲击绝缘水平可根据直流线路额定电流下的线路压降计算出的U_{di0m}选择,其冲击绝缘水平等于或低于整流站。直流场 D 型避雷器的 CCOV 由直流额定电压确定,直流场设备的冲击绝缘水平一般不受换流变短路阻抗大小的影响。

总之,同一额定直流电压等级,单极换流器结构相同,换流变短路阻抗值相同的直流工程的整流站设备的冲击绝缘水平基本相同,而提高输送功率,换流变短路阻抗一般随之增大,阀厅内避雷器的U_{ref}和保护水平会相应提高,若不能维持原绝缘配合裕度,则设备的冲击绝缘水平不得不提高。因此应尽可能降低短路阻抗(其值还受到阀承受短路电流能力等因素限制),如就地组装换流变。

7.2.2 阀的 CCOV 和 PCOV

阀的导通和关断产生一个高频的转换瞬态电压叠加在换相电压上。特别是关断时产生的(反向阻断)换相过冲提高了换流变阀侧绕组的运行电压,并作用在阀和阀避雷器上。换相过冲的幅值由以下因素决定:

a) 晶闸管的固有特性(特别是反向恢复电荷);

b) 阀中串联连接晶闸管的反向恢复电荷分布;

c) 单个晶闸管级的阻尼电阻和电容参数;

d) 在阀和换相回路中的各种电容和电感参数;

e) (触发)延迟角与换相角;

f) 阀关断时刻的换相电压。

应该特别注意阀避雷器和直流侧其他避雷器对于换相过冲的能量吸收。

图 5 为整流方式运行时,阀(位置 6-8 和 9-5)和阀避雷器(V)的持续运行电压波形。CCOV 正比于电压U_{di0m},由式(1)给出:

$$CCOV = \frac{\pi}{3} \times U_{di0m} = \sqrt{2} \times U_{v0} \quad \cdots\cdots\cdots\cdots\cdots\cdots\cdots\cdots\cdots (1)$$

U_{di0m}和U_{v0}的定义参见4.3,CCOV 与直流分量之比一般为 2.2~3.3。

根据工程经验阀的 PCOV 典型值取 CCOV 的 1.5~1.7 倍。可根据换相过冲幅值的影响因素采用高频模型计算确定。应特别注意当阀以大的(触发)延迟角 α 运行时,将会增大换相过冲,有可能使阀避雷器过载。

7.2.3 6 脉动换流器两端 CCOV 和 PCOV

6 脉动桥两端(图 3 中节点 7 与节点 8 之间)的 CCOV 与 V 避雷器的相同。6 脉动桥两端的 PCOV

与 CCOV 的比值可根据工程经验选择,也可如阀一样,考虑换相回路中的各种电容和电感参数建立高频模型计算确定。CCOV 与直流电压分量之比一般为 1.1～1.2。

图 6 给出了中点直流母线避雷器(M)(位置 7-G)的 CCOV 和 PCOV 波形。在换流器空载时(无接地极线路压降),理论上 M 避雷器的波形与 6 脉动桥两端波形相同。

7.2.4 12 脉动换流器两端 CCOV 和 PCOV

12 脉动换流器两端(图 3 中节点 9 与节点 8 之间)的 CCOV 是由换流器单元直流电压叠加 12 脉动电压组成。当触发延迟角 α 和换相重叠角 μ 为零时,按理论公式计算出的最高 CCOV 由式(2)给出:

$$CCOV = 2 \times U_{di0m} \times \frac{\pi}{3} \times \cos(15°) \quad\cdots\cdots\cdots\cdots\cdots(2)$$

式(2)计及换相重叠角 μ 后,理论计算出的 CCOV 由式(3)给出,其值小于式(2)计算值,可用于工程设计。

$$CCOV = 2 \times U_{di0m} \times \frac{\pi}{3} \times \cos^2(15°) \quad\cdots\cdots\cdots\cdots\cdots(3)$$

12 脉动桥两端的 PCOV 与 CCOV 的比值可根据工程经验选择,也可如 6 脉动桥一样建立高频模型计算确定。CCOV 与直流分量之比的典型值为 1.07。

换流器直流极顶母线避雷器(CB)(位置 9-G)的持续运行电压 CCOV 和 PCOV 波形见图 7。在换流器空载时,理论上 CB 避雷器的波形与 12 脉动桥两端波形相同。

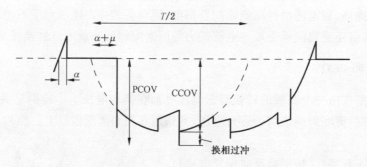

图 5 整流方式运行时阀避雷器(V)上的运行电压

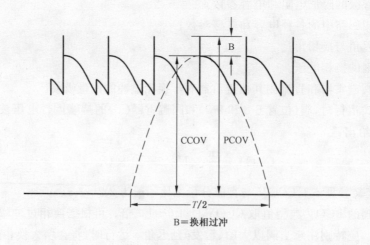

图 6 整流方式运行时中点直流母线避雷器(M)的运行电压

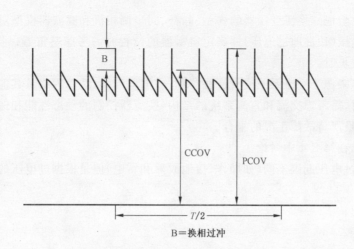

B＝换相过冲

图 7　整流方式运行时换流器直流极顶母线避雷器(CB)的运行电压

7.2.5　直流偏置电压(U_{offset})

理论上图 3 中阀厅内一端接地的 M 避雷器的 CCOV 与 6 脉动换流器两端的 CCOV 相同;T 和 CB 避雷器 CCOV 与 12 脉动换流器两端的 CCOV 相同,而无需加上中性母线(节点 8)上由直流电流流过接地极线路电阻产生的直流偏置电压(U_{offset}),因为换流器两端的 CCOV 是由最大理想空载电压计算得到的,即直流电流为零下的空载电势电压。既然直流电流为零,接地极线路也就无直流电流产生的压降。

直流工程在双极运行方式下,双极不平衡电流控制在额定电流的 1‰ 以下,不平衡电流在接地极线路产生 U_{offset} 会与双极中每极换流器上的各节点电压相加,导致与 U_{offset} 极性相同极上安装的直流避雷器对地 CCOV 提高,极性相反极上的直流避雷器对地 CCOV 降低。但因升高的值太小,可以忽略。另外,直流系统在各种运行方式下的控制原则是整流站控制直流电流,逆变站控制 U_{dI} 维持 U_{dR} 在全压值(U_{dI} 和 U_{dR} 分别为逆变站和整流站的极线对中性母线的电压)。逆变站控制电压算法中按实测的 U_{dI} 加上直流电流在极线电阻的压降和接地极线路不平衡电流在整流站和逆变站接地极线路电阻上的压降,按基尔霍夫电压定律,计算出 U_{dR},因此控制算法已经包括了两站接地极线路的 U_{offset}。在单极金属回线或单极大地方式下,整流站的 U_{offset} 与 U_{dR} 极性相反,两者相加,降低了整流站一端接地避雷器的 CCOV 和 PCOV,整流站接地极线路越长,降低得越多。逆变站在单极金属回线方式下接地极线路无直流电流或中性母线经高速接地开关接逆变站地网,$U_{offset}＝0$,只有单极大地方式下接地极线路压降上产生的 U_{offset} 与 U_{dI} 极性相同,需考虑 U_{offset} 的影响。然而前面已述,逆变站的电压控制算法中已经包括了两站的 U_{offset}。当逆变站接地极线路较长,其压降较大时,控制算法会降低逆变站空载电势,以维持 U_{dR} 为全压值。因此逆变站直流避雷器的 CCOV 和 PCOV 比按理想空载电压计算出值的要低,也不需加上 U_{offset}。当功率反送时,因逆变站设计的理想空载直流电压低于整流站,允许的反送功率小于正送,正常工况下逆变站反送时直流电压达不到额定直流电压,当减去线路直流压降后,整流站电压低于逆变站。因此,即使考虑整流站接地极线路压降,整流站直接接地避雷器的 CCOV 和 PCOV 也低于正送方式。

相当保守的做法可在图 1 和图 3 中逆变站的 T、CB、CM、MH 和 ML 避雷器的 CCOV 和 PCOV 加上在单极大地方式下接地极线路流过最大过负荷直流电流的电压降。而在整流站对上述避雷器的 CCOV 和 PCOV 分别加上最大不平衡直流电流在接地极线路上产生的直流偏置电压和平波电抗器上的谐波电压降。

7.3　过电压来源和类型

交流侧的过电压主要来源于操作、接地故障、甩负荷或雷电。交流网络的动态特性(阻抗及对主要瞬态振荡频率的有效阻尼)、换流变压器的模型、静补、同步调相机和滤波器模型对过电压的计算都很重要。在计算雷电过电压(快波前过电压)并确定避雷器的位置时需考虑避雷器保护的距离效应,尤其当交流场的母线长度较长时。

直流侧的过电压来源于交流系统或直流线路和/或电缆闪络、站内闪络及其他故障事件。

在研究过电压时,需考虑交流和直流系统的结构,换流器控制的动态性能和保护策略以及在第8章和第10章中讨论的最严苛故障工况的组合。

对避雷器的要求在第8章中讨论。

如上所述,虽然过电压起因不同(如操作、接地故障和雷电)但是根据过电压的波形和持续时间可分成以下几类:

——暂时过电压;

——瞬态过电压。

瞬态过电压又可进一步分为:

——缓波前过电压;

——快波前过电压;

——特快波前过电压;

——陡波前过电压。

7.4 暂时和谐振过电压

7.4.1 概述

暂时过电压被定义为相对较长持续时间的振荡过电压,无阻尼或只有弱阻尼。暂时过电压可以来源于交流侧或直流侧。谐振过电压指交直流系统的某一自由振荡频率等于外加强迫频率时导致发生谐振的那个谐波振幅急剧上升而产生过电压。谐振过电压有三种类型:线性谐振、铁磁谐振和参数谐振。

7.4.2 交流侧暂时过电压

交流侧暂时过电压通常是由断路器操作和接地故障产生。最高暂时过电压通常发生在由交流系统或直流系统故障导致的直流单、双极突然甩负荷,而交流侧滤波器和电容器仍然运行的情况下。如果连接的滤波器和电容器与交流系统阻抗存在着谐振条件,从过电压的幅值和避雷器的功耗来看,这种暂时过电压最为严重。

交流母线避雷器(A)额定电压值由暂时过电压和最高运行电压(U_s)确定。

选择阀避雷器(V)参数时,应考虑阀(触发)延迟角和关断角较大时伴随出现的暂时过电压。

由交流侧接地故障引起的暂时过电压会导致交流电压的不对称和波形畸变,会在直流侧产生二次谐波电压,同时又会在交流侧产生三次谐波电压,并施加到交流滤波器低压侧避雷器(FA)上。当换流器闭锁而投入旁通对时,交流相间暂时过电压将施加在与非导通阀并联的阀避雷器上。

限制暂时过电压的措施有妥善设计换流站的交流暂时过电压控制策略,避免交流侧避雷器过载。当工频过电压不超过典型设定值1.3 p.u.时,控制策略应按照最少投切滤波器原则分时段先切除小组电容器,后切除小组滤波器,控制工频过电压尽快地降低到设定的限值以下,其持续时间小于指定的时间以利于交直流系统的故障恢复,并满足切除滤波器组后的谐波限值要求。直流控制系统在交流接地故障期间不闭锁,维持较小的直流电流,在故障切除后立即解锁也是控制交流暂时过电压的策略之一。当工频过电压达到1.3 p.u.时,应立即切除全部小组滤波器或大组滤波器。在孤岛方式下工频过电压超过典型设定值1.4 p.u.以上时,可采用先切除大组滤波器,延迟解除换流变的策略,利用换流变饱和特性限制工频过电压幅值。其他限制措施有在交流场装静止无功补偿器、调相机和静止同步补偿器(STAT-COM)。

7.4.3 直流侧暂时过电压

逆变站闭锁,整流站不受控以最小触发角解锁的全电压启动会导致很高的操作和随后的直流暂时过电压,尤其是采用直流电缆输电系统,理论上在线路开路端可以产生2倍的过电压。该故障只有在直流系统的站控、极控、阀控和通信系统同时发生故障,才有可能发生,可以不作为选择直流避雷器参数的依据。交流暂时过电压传递到直流侧产生的直流暂时过电压会受到直流控制系统的快速调节而抑制到正常运行电压,选择直流避雷器参数时也可不予考虑。

另一个可以导致过电压的情况是在大电流下逆变器闭锁而旁通对未解锁,会导致工频电压通过逆变器窜入到直流线路上,若直流回路的谐振频率接近基频,会导致直流母线避雷器(DB、DL)泄放很大的能量。

7.4.4 交流侧谐振过电压

交流侧大容量的交流滤波器、电容器及其他无功补偿设备在低频段(基波～7次谐波)较大范围内,呈现容性阻抗,同时这些设备还随着输送直流负荷的变化经常投切。另一方面系统电抗也随运行方式而改变,因此系统电抗与交流滤波器可能形成各种频率的串联或并联谐振回路。而滤波器和换流变的投切操作以及系统单相或三相接地故障及清除会激发谐振过电压,特别是换流变保持有剩磁通时,换流变合闸或接地故障清除时,换流变发生偏磁性饱和,饱和励磁涌流含有高幅值的低次谐波,更易激发谐波谐振过电压。

换流站接到最小短路比大于3的强电网时,计入滤波器和电容器组的影响,谐振频率比3次谐波高得多,预期的谐波谐振过电压一般不危险。对于弱交流电网,甩负荷过电压增大,计入滤波器和电容器组的影响时,谐振频率可能在2次～3次范围内,对该电网结构应作详细的研究。

7.4.5 直流侧谐振过电压

对于所有直流运行接线方式和控制模式,直流双极、单极大地和单极金属回线运行方式下(包括接地极线路)主要的串联谐振频率离开基波频率和二次谐波频率的距离不宜小于5 Hz～15 Hz。应校核直流平波电抗器、直流滤波器参数与直流极线回路的谐振频率以及中性母线平波电抗器和中性母线冲击电容器参数与金属回线或与接地极线的谐振频率。

换流阀的任何连续不正常工作,例如交流侧单相接地故障和相间短路故障等,可能产生极线路或金属回线或接地极线路的二次谐波的谐振过电压。阀连续丢失触发脉冲和逆变站闭锁而旁通对未解锁故障会将工频电压加到极线上,产生工频谐振过电压。最低电位换流变低压套管闪络会将工频电压加到金属回线或接地极线路,产生工频谐振过电压。同廊道架设的交流线路在直流线路会感应工频纵向电势并由直流线路和换流站端部平波电抗器和直流滤波器形成的L、C并联回路得以放大,可导致换流变产生直流偏磁电流,换流站50 Hz分量保护误动,严重时产生工频谐振过电压、过电流。整流器快速启动和直流线路短路可能将阶跃或者接近阶跃的电压扰动加在直流线路上,激发谐波谐振过电压。

直流滤波器与高、低端换流变阀侧对地电容可能构成24次谐波谐振回路,受到扰动时如直流系统由GR转MR方式运行、高或低端换流器投入或退出、高或低端换流器控制方式转换等操作可能会激发低端或高端换流器24次谐波谐振过电压。由于谐振过电压频率高,避雷器会连续吸收能量而发生热崩溃。

应根据DB和DL避雷器在直流侧谐振过电压的幅值和持续时间下的泄放能量和换流站50 Hz和100 Hz保护发生误动的概率,确定是否需要采取限制措施。可采用在中性母线上串联50 Hz或100 Hz阻断滤波器或在直流滤波器上并联100 Hz谐振支路的措施,抑制直流极线的基波和2次谐波谐振过电压。但在激发50 Hz和100 Hz谐波谐振过电压的故障期间,50 Hz阻断滤波器和直流滤波器的元件上都会出现较高的谐波谐振过电压,应在这些元件的两端装避雷器给于过电压保护,如图1中的50FD避雷器。另外对直流回路所产生的谐振过电压,控制系统应能提供正阻尼。

7.5 缓波前过电压

7.5.1 概述

发生在交流侧的缓波前和暂时过电压对于避雷器应用极为重要。它与交流运行最高电压(U_s)共同决定了 HVDC 换流站交流侧的过电压保护和绝缘水平,也影响了阀的绝缘配合。

7.5.2 交流侧缓波前过电压

7.5.2.1 概述

高压直流换流站交流母线上的缓波前过电压,可能由操作连接在交流母线上的变压器、电抗器、静态无功补偿装置、交流滤波器和电容器组,接地故障及其清除以及线路合闸和重合闸操作引起。缓波前过电压仅在瞬态的前半个周期具有高幅值,随后几个周期幅值明显降低。远离高压直流换流站的交流电网在换流站交流场产生的缓波前过电压通常低于发生在换流站交流母线附近故障和操作产生的缓波前过电压。

在设备的运行寿命期间,换流站交流母线上的设备可能出现多次操作。常规的断路器开断操作引起的过电压一般比故障引起的缓波前过电压要低。但是在极少的情况下断路器开断时产生重燃现象会使过电压升高。

在选择高压直流换流站的交流避雷器时,应考虑到交流网络上原有的避雷器与换流站避雷器的并联运行,应选择换流站的交流避雷器额定电压等于或小于原有避雷器额定电压,避免原有避雷器在缓波前和暂时过电压下过载。

7.5.2.2 断路器操作引起的过电压和涌流

一般不希望保护设备的避雷器在断路器频繁操作时吸收相当大的操作过电压能量。因此,在有些情况下,为了限制在正常操作时产生的过电压,在断路器上装有合闸和/或分闸电阻、选相合闸和/或分闸装置。

投切交流滤波器和电容器组的断路器装有合闸电阻或选相合闸、分闸装置限制合闸涌流和开断的容性电流,降低投切操作在滤波器高压端和低压元件上的过电压,并将操作对交流系统电压的暂态扰动限制到允许范围内。当换流站双极闭锁甩负荷后产生的高幅值工频过电压下,要求大组滤波器断路器先于小组滤波器断路器紧急开断,切除全部滤波器和电容器时,大组滤波器断路器装分闸电阻可减小首先开断高幅值容性电流的主触头断口恢复电压和随后开断的电阻触头开断的容性电流,从而提高电阻断口承受暂态恢复电压(TRV)能力。大组滤波器断口上并联避雷器可限制断口恢复电压值,防止断口重燃;大组滤波器断路器采用多断口,可提高切除容性电流和断口承受 TRV 的能力。

由于磁饱和效应,合空载换流变压器或换流站内以及附近大容量的系统联络变压器会产生高幅值的励磁涌流,涌流中主要包括二次以及其他低次谐波分量。如果这些谐波电流的其中一个或多个满足谐振条件,且交流电网对其阻尼小,将产生高幅值的谐波电压并导致过电压。因为高压直流换流站装有交流滤波器和电容器组,容易产生严重的谐振,高幅值谐波电流注入交流滤波器可造成交流滤波器低压侧电阻、电感和电容元件过载。然而滤波器和电容器组的高压电容可降低系统谐振频率,而引起二次和三次谐波谐振过电压。逆变站合空载换流变和联络变压器产生过大的涌流且持续时间较长时会导致交流电压暂降,引起正在运行的换流器连续发生换相失败而闭锁。换流变和联络变压器断路器配高阻值的合闸电阻(1 500 Ω 及以上)或选相合闸装置可限制合闸涌流幅值和持续时间。由于合空变为计划性操作,在无换流器运行时,宜先投换流变压器,后投滤波器和电容器组。在已有换流器运行时可在合换流变和联络变之前采取手动增加正在运行的换流器 γ 角定值;或调节换流变分接开关提高阀侧交流电

压增加 γ 角；或规定在低压侧合空载联络变，在高压侧并列等措施，防止发生换相失败。

切除母线高压电抗器产生的两种缓波前过电压有两种类型：

a) 截流过电压；该过电压由断路器开断时在电抗器电流过零前截断电流所产生，波形类似于操作波。

b) 重燃过电压；该过电压由断路器开断时的 TRV 超过了触头之间间隙耐受电压造成重击穿产生，波形类似于雷电波。

过电压大小与断路器的特性有关。截流过电压水平取决于：

a) 断路器"截流数量级（chopping number）"特性；

b) 断路器等效并联电容；

c) 断路器串联的断口数量。

断路器重燃的概率取决于断路器截流后触头间介质恢复耐受电压的速度。多次重燃导致电压升高的危险与重燃后断路器截断高频电流的能力相关。抑制截流和重燃过电压措施有：

——采用避雷器直接与电抗器高压端并联；

——采用带选相分闸功能的断路器；

——采用带分闸电阻的断路器；

——断路器断口装氧化锌避雷器。

7.5.2.3 接地故障引起的过电压

当交流电网发生非对称接地故障时，由于零序网络的影响，在健全相上就会产生暂时和瞬态过电压。高压直流换流站的交流侧主要采用中性点直接接地方式，操作过电压（相对地）通常限制在避雷器操作冲击保护水平以下，在 1.4 p.u.～1.7 p.u. 的范围内。暂时过电压相当于避雷器额定电压数值，持续时间小于 10 s，一般在 1.2 p.u.～1.4 p.u. 之间。但在整流站孤岛运行方式下，过电压会超过上述范围。

接地故障时变压器中含有残磁，残磁的大小取决于故障的时刻。当故障切除后，电压恢复时，可能导致变压器饱和。因此在研究变压器饱和对过电压的影响时，应变化接地故障发生及其清除时刻。这些故障条件将在第 8 章进一步讨论。

三相短路甩负荷时，如果换流器同时闭锁而滤波器又没有及时切除，通常会产生最高的暂时过电压。滤波器和电容器组与交流系统阻抗可能形成低频谐振。从过电压的幅值和避雷器吸收的能量来看，这种暂时过电压最为严重。调谐或阻尼于二次到五次之间谐波频率下的滤波器，通常能有效减少电压的畸变和降低避雷器的吸收能量。采用交流有源滤波器也能达到阻尼效果。

7.5.3 直流侧缓波前过电压

7.5.3.1 概述

直流侧缓波前过电压和绝缘配合主要由故障或操作在直流侧产生的缓波前过电压确定。预测直流缓波前过电压时应考虑交流系统最大、最小短路容量、直流系统运行方式和最大、最小直流输送功率等情况，寻找苛刻的工况。需考虑的事件有：

7.5.3.2 交流侧相间操作过电压通过换流变压器传递到直流侧

换流站交流场及其附近交流线路不对称接地故障及其清除、投切换流变、交流滤波器、空载线路等操作产生的相间操作过电压通过换流变压器按变比传递到直流侧，作用在运行换流器中的阀和阀避雷器上，并且通过换流器的串联联接，在阀侧产生对地缓波前过电压。

7.5.3.3 直流侧接地、短路和开路故障

直流侧接地、短路和开路故障如下：

a) 换流器单元内部各节点在直流正常运行电压或操作过电压下发生接地故障。如图 1 中高低端

换流变阀侧 52、62、51 和 61 节点接地故障;节点 92、91、72、71、81 等接地故障,极线两平波电抗器中点接地故障;YY 换流变阀侧中性点接地故障。

b) 双极运行时,一极直流线路接地故障。

c) 接地极线路或金属回线开路故障。

d) 在直流正常运行电压或操作过电压下阀短路或 12 脉动换流器两端短路故障(逆变站高、低端换流器换相失败)。

7.5.3.4 直流控制和保护系统故障

直流控制和保护系统故障如下:

a) 逆变侧开路时整流站全电压启动;

b) 阀连续丢失触发脉冲或阀误触发导通;

c) 逆变站闭锁而旁通对未解锁;

d) 高端或低端换流器误投旁通对;

e) 逆变站失去交流电源(或称为逆变站最后一个交流断路器跳闸);

f) 6 脉动桥中同一换相组中三个阀电流同时熄灭或 6 脉动桥电流同时熄灭;

g) 直流侧接地和短路故障下保护拒动或延时过长。

7.5.3.5 直流开关操作过电压

直流开关操作过电压情况如下:

a) 图 1 中高或低端 12 脉动组换流器旁通开关与阀组控制配合下的合闸和分闸或误动;

b) 隔离开关投切直流滤波器;

c) MR 与 GR 运行方式相互转换时断路器(MRTB)操作。

以上这些偶然事件在第 8 章详细讨论。在换流器单元串联的 HVDC 换流站中,应考虑某些事件,例如一个换流桥投入旁通对,而另一个换流桥正在运行的情况,尤其是在逆变运行时。应特别注意采用换流桥单元并联结构的换流器绝缘配合。有关这些和其他特殊的换流器结构的更多情况见附录 E。

为了检修直流滤波器而不中断直流功率输送,需要带电投切直流滤波器。当直流电压高,直流滤波器主电容大时,需提高隔离开关切合电容电流的能力和抑制合闸操作在滤波器低压侧元件上产生的过电压。可采用的措施有改进隔离开关刀闸结构或在直流滤波器回路中串联可投切的分、合闸电阻。合闸电阻的功能是限制合闸涌流和直流滤波器低压元件的过电压。分闸电阻的功能是让直流滤波器失谐,减小分闸时隔离开关切断的谐波电流。

换流站故障下控制系统执行紧急停运(ESOF)过程中,整流站换流器的 α 角移相至 120°,当直流电流过零后移相至 160°,从整流转换成逆变状态,线路储能振荡通过换流阀放电。该过程可导致换流变阀侧线圈电压在 10 ms~20 ms 内极性翻转,形成反极性操作过电压,在换流变绝缘介质中出现过渡过程。由于换流变绕组端部绝缘结构复杂,不同介质的交界面处的空间感应电荷在瞬态过程中沿不同的方向充放电,对换流变阀侧绝缘带来威胁,因此换流变进行直流电压极性反转试验有可能是必要的,尽管有的大型电厂直流送出工程无功率反送的要求。

7.6 快波前、特快波前和陡波前过电压

应该使用不同的方法研究高压直流换流站的不同区域的快波前和陡波前过电压。这些区域包括:

——交流开关场区域:从交流线路入口到换流变压器网侧线端;

——直流开关场区域:从直流线路入口到平波电抗器线路侧线端;

——换流桥区域(阀厅):从换流变压器的阀侧线端到平波电抗器阀侧线端。

换流桥区域两侧由串联电抗与其他两区域隔开,一侧为平波电抗器电抗,另一侧为换流变压器漏

抗。来自换流变压器交流侧和平波电抗器外的直流侧的雷电侵入波,在两侧串联电抗和对地电容共同衰减作用下(也可能经电容传递,如8.3.5.4中讨论的),到达换流桥区域时,波形类似于缓波前过电压。因此,可作为缓波前过电压进行绝缘配合。

换流站雷过电压主要来源于接入交流开关场和直流开关场2 km进线段线路的雷电侵入波和换流站直击雷。交流开关场区域的出线较多,有交流滤波器和并联电容器组,且采用管母的敞开式或采用GIS的开关场,其波阻抗比架空线路的波阻抗低,因此对交流线路的雷电侵入波过电压衰减作用大。直流开关场接有直流滤波器、PLC、RI和平波电抗器等阻尼雷电波的设备,直流线路入口处、金属回线、接地极线路入口和中性母线等有多组避雷器,雷电过电压一般也不特别严重。换流站交直流场一般规定的屏蔽概率为99.99%,因此需妥善设计避雷针、避雷线和针线联合的屏蔽设计布置。可按GB/T 50064中避雷针和避雷线保护范围计算方法或滚球法选用直击雷电流对换流站直击雷电过电压保护进行校核,尤其是雷电穿过极线平波电抗器阀侧至阀厅穿墙套管之间区域上方布置的避雷线绕击极导线电流大小确定了是否装CB避雷器。

在高压直流换流站及阀厅内的接地故障引起陡波前过电压对绝缘配合是非常重要的,尤其是高电位换流变阀侧套管或线圈闪络接地故障时,在阀和阀避雷器两端产生陡波前过电压。陡波前过电压的波前时间一般为0.5 μs~1.0 μs,持续时间达10 μs。陡波前过电压幅值和波形通过数字仿真计算确定;其中峰值和陡度较为重要。计算陡波前过电压的模型需考虑极顶直流母线对地之间的分布电容、穿墙套管电容、母线和设备连接线电感和阀的均压电容,即与阀厅的结构和设备的布置等因素有关。阀避雷器模型需采用带频率特性的陡波前模型。

在交流场区域,气体绝缘开关设备(GIS)中的隔离开关或断路器的操作或许能够产生波前时间为5 ns~150 ns的特快波前过电压。有关对GIS的影响在C.5中将给出进一步信息。

8 避雷器的特性和应力

8.1 避雷器特性

目前,高压直流换流站过电压保护主要采用无间隙金属氧化物避雷器。避雷器的实际布置取决于高压直流换流站的结构和直流系统回路的形式。基本原则是换流器上的每个电压水平的设备应从设备运行的可靠性、过电压耐受能力和相应的绝缘配置成本来综合评价其过电压保护是否合适。

通过选择特性相匹配的金属氧化物避雷器电阻片并联可以提高避雷器吸收能量能力。可以单只避雷器元件内部并联多柱电阻片,也可以采用外部并联多只避雷器。需要降低避雷器保护水平时,也可采用避雷器电阻片并联方式。

避雷器的电流I随电压U变化的关系式见式(4):

$$I = k \times U^{\alpha} \quad\quad\quad\quad\quad\quad\quad (4)$$

式中:

k ——常数;

α ——非线性系数,与材料配方和取的电流范围有关。在避雷器工作段范围内,氧化锌电阻片的非线性系数较高,典型值范围是10~50。

避雷器的保护特性是由避雷器通过不同类型的冲击电流下的残压给定的,冲击电流波包括运行中出现的最大的陡波、雷电和操作冲击电流。定义避雷器保护水平的标准电流波形是GB 11032—2010中的8 μs/20 μs雷电冲击保护水平(LIPL)和30 μs/60 μs操作冲击保护水平(SIPL)。陡波冲击保护水平(STIPL)用避雷器通过波前时间为1 μs的冲击电流来确定。由于避雷器有较高的非线性系数,会导致避雷器上的电压波形与电流波形不同。配合电流依据避雷器的安装位置和不同类型的电流波形有不同的选择,并在最终的设计阶段详细研究确定(见第10章)。附录F中给出了典型的避雷器特性。

通常换流站交流侧避雷器额定电压和最大持续运行电压的选择与交流系统相同。避雷器额定电压是施加到避雷器端子间的最大允许工频电压有效值,按照此电压所设计的避雷器,能在所规定的动作负载试验中正确工作。最大持续运行电压是运行特性的表征参数。

对于高压直流换流站的直流侧避雷器,持续运行电压不同于交流系统避雷器,因为在大多数情况下连续出现在避雷器两端电压的波形是在直流分量上叠加基频和谐波分量,在某些情况下还叠加有换相过冲。避雷器的持续电压用最大峰值持续运行电压(PCOV)、峰值持续运行电压(CCOV)和等效持续运行电压(ECOV)来规定,其定义见第3章。针对上述工况,避雷器的相关试验在GB/T 25083—2010、GB/T 22389中已作调整。对避雷器的能量要求,应结合工程实际考虑波形、幅值、持续时间及放电次数等更多因素。

对于滤波器避雷器,应考虑谐波引起的较高损耗。

8.2 避雷器规范

8.2.1 避雷器参数的选择原则

避雷器参数的选择一般遵循下列原则:

避雷器的持续运行电压CCOV和PCOV需高于U_c和U_{ch},并考虑严酷工况下的直流运行电压叠加谐波和高频暂态,避免因避雷器持续吸收能量,加速老化,降低可靠性。

交流避雷器的额定电压U_r和直流避雷器的参考电压U_{ref}的选择需综合考虑荷电率、CCOV、PCOV、暂时过电压、雷电冲击和操作冲击保护水平以及避雷器的能量等因素优化选择。

8.2.2 直流侧避雷器的参考电压(U_{ref})的选择

直流侧避雷器未定义额定电压。工程中直流侧避雷器的直流参考电压U_{ref}定义为单柱电阻片直流1 mA下的电压,是决定避雷器电阻片材料特性、几何尺寸和串并联片数的主要参数。具体选择直流参考电压对应的直流参考电流可与电阻片单位面积电流密度相关,IEC 60099-9规定直流参考电流的典型值范围为单柱电阻片$0.01\ mA/cm^2 \sim 0.5\ mA/cm^2$,并要求制造厂给出直流参考电流下的最小$U_{ref}$,用于常规试验和型式试验。直流避雷器的荷电率是表征避雷器的电压负荷程度的一个参数,定义为CCOV或PCOV的电压峰值与直流参考电压U_{ref}的比值。荷电率高,电阻片数量少,残压降低,保护水平低;但泄漏电流增大,有功损耗增加,易老化,缩短了避雷器的使用寿命。反之,荷电率低,残压高,保护水平高,损耗小,寿命长。在确定了各类型避雷器的U_{ref}后,可基本确定其相应的保护水平。荷电率的大小取决于氧化锌电阻片的质量。诸如伏安特性曲线的非线性系数、在直流电压上叠加方波或高次谐波电压下的有功损耗大小、长期工作的老化特性、过电压下允许的泄放能量、安装位置(户内或户外)的温度和污秽的影响以及散热特性。目前有些工程的直流阀厅内选用无外套或薄硅橡胶外套形式,利于避雷器散热,在热崩溃时电阻片不会炸飞,有利于提高阀厅内直流避雷器荷电率。

工程中CM、CH、CL、CB、MH和ML避雷器的U_{ref}一般按CCOV的荷电率典型值0.82和PCOV的荷电率典型值0.9计算出的U_{ref}中的大者选择。也有直流工程按CCOV的荷电率为0.9左右选择U_{ref},运行经验表明选如此高的荷电率也是可行的。图1阀厅内高端12脉动换流器上的MH和CB避雷器按7.2中的公式计算出6脉动或12脉动两端CCOV,并按经验系数选择PCOV后,再加上中点母线(91点)纯直流电压得到的避雷器的CCOV和PCOV均满足PCOV/CCOV≤1.1(参见附录B),U_{ref}只能按CCOV的荷电率选取,选择过于保守,宜按MH和CB避雷器的PCOV的荷电率选取,以降低它们的保护水平。V和T避雷器U_{ref}的选择见8.3。

考虑到按U_{di0m}计算出阀厅内各类型直流避雷器的CCOV相当保守,可以用数字模拟计算确定可能的稳定运行条件下的CCOV,按CCOV荷电率选择U_{ref}。应注意CCOV大小与整流站和逆变站控制策略、控制参数和误差等多种因素相关,逆变站CCOV还与最小输送功率和功率反转相关,应考虑较严酷的工况计算两站的CCOV。由于仿真计算不可能模拟理想空载状态,也没有涉及4.3所列U_{di0m}的各种正误差,计算出的 CCOV 比采用公式法计算的 CCOV 要低。在调整 CCOV 的荷电率予以适当补偿上述不确定因素后,可降低各类型直流避雷器的 U_{ref} 及其保护水平。

8.2.3 直流避雷器的配合电流

避雷器残压为避雷器流过冲击放电电流时在避雷器两端出现的残压峰值。规定的避雷器保护水平对应的电流称为配合电流,见表7。

配合电流值由系统过电压研究确定。研究需考虑各类型避雷器吸收的能量、单台避雷器内部需并联柱数和单台避雷器放电电流峰值,该值与其外部并联的避雷器数量相关。配合电流对应的残压确定了受该避雷器直接(紧靠的)保护设备上的代表性过电压。该研究过程是在避雷器布置和参数选择与受其直接保护设备的要求耐受电压之间反复计算调整,寻找最优平衡点。最终结果是优选出配合电流。

对应配合电流的操作、雷电和陡波冲击电流的标准波形的定义见 GB 11032—2010,可用于避雷器的试验和确定保护水平。

对于可能遭受直击雷的高压直流换流站设备,确定避雷器雷电冲击配合电流应考虑交、直流场避雷线和避雷针以及针线联合的屏蔽设计(尤其对户外的阀)。确定屏蔽失效时的最大绕击电流,参考[11]或[14]。

8.2.4 直流侧避雷器能量参数

直流侧避雷器的能量与换流站故障类型及持续时间、控制和保护的响应速度及延迟时间密切相关。不同的过电压事件下避雷器放电电流的持续时间会有所变化。在规定避雷器的能量时,应考虑放电电流的幅值及其持续时间,包括因相关故障、操作或保护动作顺序而导致避雷器重复动作。连续几个基波周期的重复冲击放电电流可视为单次放电,该单次放电的能量和持续时间等于实际重复放电电流和时间的累积。从热稳定观点看,重复的冲击电流应该按照较长的电流持续时间来考虑,当确定等效能量时,还应考虑持续时间小于 200 μs 的电流脉冲会降低避雷器能量耐受能力[4]。

可选择特性相匹配的金属氧化物避雷器并联,满足避雷器单次允许能量要求和降低避雷器残压。并联方式可采用一个避雷器瓷套内部多柱电阻片并联或外部多只避雷器并联。应考虑多柱式避雷器或多只避雷器并联之间放电电流分配的不均匀性,尤其是动态均流特性以及单柱电阻片沿面耐受电压变化梯度的能力。

提高避雷器的参考电压(U_{ref})可以降低避雷器的比能量(kJ/kV)要求。

在规定避雷器吸收能量时,应对系统研究计算出的能量值考虑一个合理的安全因数。这个安全因数的取值范围为 0%～20%,该因数取决于计算输入数据的容差、所用模型及高于已研究的决定避雷器能量事件出现的概率。

8.2.5 整流站和逆变站直流侧避雷器 U_{ref} 的选择

当直流线路较短或虽然较长但采用大截面导线时,直流线路压降小,逆变站换流器的 U_{di0m} 与整流站相差较小,因而各类型避雷器的 CCOV 和 PCOV 比整流站低得不多,整流站和逆变站直流侧避雷器 U_{ref} 可选择一样,以简化设备和备件种类、降低制造和试验的复杂性。当直流线路较长时,直流线路压降大,逆变站可按逆变站各类型避雷器的 CCOV 和 PCOV 选择避雷器 U_{ref},从而降低逆变站的避雷器保护水平及设备的绝缘水平。

8.2.6 平波电抗器布置对 U_{ref} 的影响

在中性母线和极线装平波电抗器(见图1),两者电抗值相等,为换流站所需总平波电抗值的一半,该方式为平波电抗器分置在极线和中性母线方式。换流站单极或双极运行时,中性母线和极母线平波电抗器的谐波电压降大小相等,方向相反,理论上使得串联的两 12 脉动换流单元中间母线(图1中节点

91)的电压几乎为纯直流电压。因而高端 12 脉动换流单元各节点对地 CCOV 和 PCOV 可按常规的 12 脉动换流单元各节点对地 PCOV 的公式计算,然后加上中点母线的纯直流电压。否则需加上中点母线(节点 91)的 CCOV(为直流电压叠加谐波电压)。这样可降低高端 12 脉动换流单元各节点的 PCOV,也降低了安装于这些节点避雷器的 U_{ref},从而降低了避雷器保护水平以及被保护设备的绝缘水平,有较大经济效益,但各节点降低的幅值不等。

中性母线装平波电抗器的缺点是:

a) E1H 避雷器的能量要求需大于 E2H(高能量);

b) 为减小 E1H 避雷器的能量要求,可提高 E1H 避雷器的 U_{ref}。因而需选择阀底部设备的绝缘水平高于中性母线的绝缘水平,也会提高底部 YD 换流变阀侧绝缘水平;

c) 增加了中性母线 E1H 等设备的投资。

实际上平抗分置后的中点母线(节点 91)的直流电压并非纯直流,会含有基波、6 次和 24 次谐波和频率较低的过冲。谐波和过冲大小取决于高低端 12 脉动换流单元参数的对称度,它包括高、低端换流变漏抗、点火角、阻尼参数、换流变阀侧对地电容和平波电抗的电抗值等参数的对称度,其中换流变阀侧对地电容起主要作用。考虑到避雷器的 CCOV 和 PCOV 是按 U_{di0m} 设计,即为理想空载直流电压最大值,并考虑了直流分压器、交流 CVT、换流变漏抗、α 角等正误差,已十分保守,因此将中点母线电压看作纯直流选择高端 12 脉动换流单元避雷器的 PCOV 是安全的,留有足够的裕度。

应重视高低端 12 脉动换流单元参数不对称的情况。尤其是 ±800 kV 和 ±1 100 kV 工程逆变站采用分层接入交流系统方案。该方案高端换流变网侧接入 500 kV 交流系统,低端换流变网侧接入 1 000 kV 交流系统,因为高低端换流变的结构不同,所以短路阻抗、阀侧对地电容和分节开关的挡距等不同,再加上 500 kV 和 1 000 kV 系统的电压相位也不同,使得高、低端换流器产生的谐波相互抵消的效果很差,中点母线的 CCOV 相比常规方案有大幅度的提高。由于整流站和逆变站流过同一直流电流,逆变站分层接入产生的谐波电流也会通过直流线路使得整流站中点母线 CCOV 提高,但提高幅度小于逆变站。因此在计算两站 T、MH 和 CB 避雷器的 U_{ref} 时应加上中点母线的 CCOV,这样提高了高端换流器的绝缘水平。

8.2.7 交、直流避雷器发生热崩溃的差别

交流避雷器发生热崩溃的原因与直流避雷器有较大差别。标称放电电流 20 kA 的高压交流避雷器的配合电流很大,按 GB 11032—2010,规定为 2 kA。在故障和操作产生的过电压事件中在泄放操作过电压能量后,需立即承受工频过电压和持续运行电压,这是一个绝热过程。若避雷器电阻片温度保持持续上升,得不到冷却,会发生热崩溃。而直流高压避雷器操作过电压配合电流远小于交流避雷器,阀厅内高端换流器上的避雷器一般仅 200 A~500 A。当整流站和逆变站出现接近直流避雷器操作保护水平的过电压均为严重过电压,通过直流线路,两站均会产生强烈的电压和电流振荡,可导致整流站 α 角或逆变站 γ 角快速调节,以抑制直流电流增大和防止换相失败,直流电压和电流幅值在控制下快速大幅降低。若故障引起直流保护动作,执行 ESOF,整流站会进入逆变状态,当直流电流过零后,闭锁换流器;逆变站会投入旁通对,在直流电流过零后闭锁换流器。这样直流电流和电压在几百毫秒时间内降为零。即使直流避雷器吸收额定的操作过电压能量后,直流避雷器电阻片也有充足时间得到冷却。为了降低操作冲击保护水平,高端避雷器并联柱数较多,一般为 2 柱及以上,允许的单次吸收能量大。交、直流避雷器型式试验项目和程序,如动作负载试验、耐受暂时过电压试验等相差不大,因此直流避雷器比交流避雷器发生热崩溃的概率要低很多。

8.3 避雷器应力

8.3.1 概述

图 3 给出了双极高压直流工程,每极单 12 脉动换流器方案的换流器交流侧和直流侧的典型避雷器

布置。在某些情况下,根据换流器上某一节点上的设备的过电压耐受能力及其他避雷器串联组合对该节点提供过电压保护情况,可省去某些避雷器。

类似的保护布置可用于每极双12脉动换流器的换流站或背靠背换流站。背靠背换流站通常仅需要安装阀避雷器(V),因为两换流站之间没有很长的架空线路或电缆,直流极线上的过电压要远低于常规输电方式。然而有时也需要装中点直流母线避雷器(M)或桥避雷器(B)。

A避雷器对高压直流换流站的交流侧的交流母线和交流滤波器母线提供过电压保护。

交、直流滤波器避雷器一般并联在滤波器低压侧电抗器的两端或装在电抗器的高电位端与地之间,如图3所示。

直流电缆和架空线混合连接线路应在电缆和架空线的连接处安装避雷器,用来限制来自架空线的雷电过电压。

避雷器布置的基本原则:

——交流侧产生的过电压,应由交流侧避雷器来限制。主要由线路侧避雷器、交流母线避雷器、换流变、站用变避雷器限制;母线是否装避雷器由雷电侵入波过电压计算确定。

——直流线路或接地极线路产生的过电压,同样应该由直流母线、直流线路(DB和DL)避雷器、换流器极顶母线避雷器(CB)或直流电缆避雷器(DC)和中性母线避雷器(E)来限制。

高压直流换流站重点设备过电压由紧靠的避雷器直接保护。一般由保护其他元件的几种类型避雷器串联来实现换流变压器阀侧绕组的保护。最高电位的换流变阀侧绕组可安装紧靠它的避雷器直接保护。例如:阀避雷器(V)保护晶闸管阀,交流母线避雷器(A)保护换流变压器网侧绕组;高电位换流变阀侧绕组由T避雷器直接或由中点直流母线避雷器(M)与阀避雷器(V)串联组合提供过电压保护。

8.3.2 交流侧避雷器(A)

高压直流换流站交流侧是由换流变压器网侧、滤波器交流母线和站用变网侧A型避雷器以及与换流站布置有关的其他位置的A避雷器提供保护(见图3示例)。GB/T 50064—2014规定220 kV～750 kV交流系统在满足线路断路器变电站侧和线路侧工频过电压不超过1.3 p.u.和1.4 p.u.(持续时间不大于0.5 s)时,变电站侧和线路侧A避雷器的额定电压均可按0.75U_s选取。GB/Z 24842—2009规定1 000 kV交流系统线路侧和母线侧的避雷器均可按额定电压828 kV选择。为降低换流变阀侧和换流阀以及交流滤波器操作过电压(包括相地和交流滤波器断路器断口暂态恢复电压),基于避雷器具有耐受1.3 p.u.工频过电压良好的伏秒特性,换流站站控系统有控制工频过电压的策略,可选择换流站A避雷器额定电压比0.75U_s小一个级差。例如±500 kV和±800 kV换流站的换流变500 kV网侧和交流滤波器母线采用的氧化锌避雷器额定电压由420 kV降低为396 kV或400 kV避雷器。这种情况下,线路断路器的换流站侧的交流避雷器额定电压宜选为相同,因而在操作过电压下共同分担能量,否则,额定电压高的避雷器只能用于雷电过电压保护(如站用变避雷器额定电压仍选为420 kV)。

避雷器参数的选择应考虑接地故障清除后交流电压恢复的最苛刻工况,包括变压器饱和过电压和甩负荷过电压,以及断路器分闸时断口重击穿的过电压。

若存在高幅值和长持续时间的饱和过电压时(如整流站孤岛运行方式),应选择高性能的避雷器。

应注意A避雷器与换流站或其附近变电站已有的交流避雷器之间的配合。需根据雷电侵入波过电压计算确定交流母线是否装避雷器。

如果用避雷器限制暂时过电压,尤其是弱交流系统甩负荷并可能发生低次谐振过电压时,避雷器可能会吸收高能量,因而需要多柱或多台并联。

交流侧并联电容器和滤波器组构成的大容量的无功电源,可能会减小来自交流系统的操作和雷电冲击过电压,从而减小了避雷器泄放的能量。而已充电的并联无功设备放电可能会加大某些避雷器泄放能量。

当交流滤波器高压电容与电抗值较大电感元件相串联(如HP3滤波器)时,在工频过电压下断路器切除滤波器的操作,会导致断路器断口恢复电压超过其允许值。在该滤波器侧装一组 A 避雷器可限制断口恢复电压到允许值。可选该避雷器额定电压与滤波器母线 A 避雷器相同或为了避免在其他操作过电压下分担能量,选择稍高。

对于交直流紧密耦合系统应考虑各换流站交流避雷器额定电压、保护水平和相应配合电流相互配合,使它们各自适当地分担过电压下的能量(见 E.3)。

8.3.3 交流滤波器避雷器(FA)

交流滤波器低压侧 FA 避雷器对交流滤波器低压侧的电抗器和电阻器元件提供过电压保护。低压元件结构型式确定了避雷器的配置。避雷器的持续运行电压为工频电压叠加滤波器支路谐振频率的谐波电压,一般较低。因此避雷器的额定电压不由荷电率确定,而是在低压元件绝缘水平及其造价与避雷器的额定电压关系之间优化选择。原则是在不提高低压元件绝缘造价下,尽量选高的额定电压,避免滤波器频繁投切操作导致避雷器频繁动作,减少避雷器寿命。

FA 避雷器的持续运行电压是由工频电压与对应于滤波器回路谐振频率的谐波电压叠加组成。FA 避雷器的额定值通常由瞬态事件确定。由于谐波电压下避雷器功耗相对较高,所以在确定避雷器的额定值时应考虑谐波电压。

确定 FA 避雷器负载时应考虑交流母线上的暂时过电压叠加缓波前过电压和滤波器母线在缓波前过电压下发生接地故障时滤波电容器放电事件。前者确定 SIPL 要求,后者确定 LIPL 和吸收能量要求。计算 LIPL 时,滤波器和避雷器应采用快波前模型。在某些情况下,低次谐波谐振过电压或因接地故障产生三相不对称运行电压时激发低次非特征谐波谐振过电压,可使 FA 避雷器泄放高的能量。

在下列事件中,FA 避雷器承受高的能量负载:

a) 接地故障发生在滤波电容器充电至最大基频相对地电压;

b) 接地故障发生在滤波器电容器充电至避雷器操作冲击保护水平时;

c) 暂时过电压,尤其是弱交流系统甩负荷并激发低次谐振过电压条件下,特别是低次谐波滤波器上的 FA 避雷器。

8.3.4 高端换流变阀侧绕组避雷器(T)

图 1(或图 3)中通常 V 避雷器与 MH(或 M)避雷器串联为高端 YY 换流变阀侧绕组提供过电压保护。一般在 ±660 kV 及以下的高压直流工程中,不配置 T 避雷器。

然而,在较高电压(±800 kV 及以上)的直流工程中,当组成 12 脉动换流器的 6 脉动桥换流器的额定电压比较高时,如 ±800 kV 单极由单 12 脉动桥构成,6 脉动桥额定电压为 400 kV;±1 100 kV 单极由双 12 脉动桥构成,6 脉动桥额定电压为 275 kV,V 避雷器的 U_{ref} 及其相应的保护水平较高,M+V 的 U_{ref} 要高于 T 避雷器较多,从而保护水平要高于 T 避雷器。因此 T 避雷器可以考虑用于降低高端 6 脉动换流变压器阀绕组的相对地绝缘水平。

图 1 中考虑阀关断的暂态过程,T 避雷器的 PCOV 高于 CB 避雷器。采用平波电抗器分置在极线和中性母线方式可降低 T 避雷器上的 CCOV 和 PCOV。T 避雷器在交流一周中阀导通时,才承受一次较高的电压,电压从接点 72 跃变至接点 92,高电压持续时间为 10 ms(见图 4 中的 5-G 电压波形)。因而平均一周产生的热量低于 CB 避雷器,可选 PCOV 的荷电率 0.95 左右,取得较低的保护水平。缺点是数量为 3,因外绝缘的要求,有较大的高度,考虑空气间隙要求,布置困难。

决定 T 避雷器的操作保护水平和能量的主要故障为交流侧最高相间过电压经换流变传递到阀侧、逆变站失去交流电源和逆变站闭锁而旁通对未解锁。

8.3.5 阀避雷器(V)

8.3.5.1 概述

V 避雷器与阀并联,并靠近阀安装。

V避雷器为晶闸管阀提供过电压保护。该避雷器和晶闸管的正向保护触发构成了阀的过电压保护。因为阀的成本及其功耗与阀的绝缘水平大致上成正比,所以阀避雷器的保护水平应尽可能低,以降低阀的绝缘水平。

8.3.5.2 持续运行电压

V避雷器持续运行电压是由带有换相过冲和换相缺口的正弦波段组成,如图5所示。不考虑换相过冲,CCOV与U_{di0m}成正比例关系(见7.2)。

当确定V避雷器的交流额定电压或直流参考电压时,应考虑包括换相过冲的最大峰值持续运行电压(PCOV)。换相过冲大小取决于(触发)延迟角,应特别注意阀在大(触发)延迟角情况下的运行。

正常(触发)延迟角(α和γ)下的换相过冲(PCOV)为脉冲电压,陡度大,典型值范围为CCOV的15%～25%,持续时间为$100\mu s$～$300\mu s$,一般可取17%。

避雷器V在交流一周中阀不导通时才承受阀电压,因此阀电压下的泄漏电流平均一周产生的热量很小,其波形可视为交流电压。由于V避雷器内串联的电阻片数相对较少,入口电容大,PCOV产生的脉冲电流高频分量流过电阻片的固有电容,不会带来较高的损耗。因此可选避雷器的交流额定电压的峰值等于PCOV,而不会导致避雷器温度持续上升。其PCOV的荷电率可选为1.0～1.05左右。应尽量降低阀避雷器的额定电压从而降低阀的绝缘水平,以降低阀的损耗、阀和阀厅的高度,节省建设和运行成本。

8.3.5.3 暂时和缓波前过电压

8.3.5.3.1 概述

V避雷器的最大的暂时过电压由换流变交流侧按变比传递到阀侧,该最大的暂时过电压通常是由靠近高压直流换流站的交流侧接地故障清除伴随直流甩负荷而产生的。然而只有在换流阀未闭锁或部分阀闭锁情况下V避雷器上才承受暂时过电压。

V避雷器泄放较大的操作冲击电流的事件有:

a) 最高电位换流变阀侧接地故障;

b) 清除靠近高压直流换流站的交流接地故障;

c) 仅一个换相组内阀的电流同时熄灭(如果能发生)。

8.3.5.3.2 最高电位换流变压器阀侧接地故障

图3中最高电位换流变压器阀侧发生单相接地故障,将使处在最高直流电位换相组中的V避雷器承受很大的过电压。通过V避雷器的放电电流通常由两个电流峰值构成。第一个电流峰值是换流器的杂散电容和阻尼电容放电使故障相的阀上产生陡波前过电压引起的(见8.3.5.4)。第二个电流峰值是直流极线和线路(或电缆)的对地电容通过平波电抗器和换流变压器漏抗放电产生约1 ms达到峰值的缓波前过电压引起的。后者的放电会使非故障的两相中的其中一相V避雷器承受最大放电电流和能量。故障瞬间的直流电压、直流电流、平波电抗器电感、变压器漏抗和线路(电缆)等参数和故障时交流电压的相位决定了处在最高电位阀侧三个V避雷器其中之一承受最高缓波前过电压并泄放最大能量。由此计算时故障发生时刻应从0°～360°电角度变化。

对于换流器并联运行的直流系统,在换流器由继电保护保护闭锁前,无故障换流器仍向接地故障处提供电流,这种相对地短路故障事件将增加避雷器的能耗。在这种相对地短路故障情况下,确定最上部的三个V避雷器的允许能量和配合电流,取决于直流系统额定电流、控制系统的动态特性、平波电抗器的电感和保护策略。

在上述的相对地短路故障情况下,计算的V避雷器应力很大程度上取决于故障时极顶直流母线的电压值。推荐选用可持续数秒的高于持续运行电压的最高直流电压。应注意,在这种情况下,要求 V 避雷器具有很大的泄放能量能力。最终决定还应该考虑最高直流电压出现的概率。

图 1 中高端 YY 换流变阀侧绕组接地故障确定 V1 避雷器的 SIPL 和能量要求;高端换流节点 72 接地故障确定 V2 的 SIPL 和能量要求;交流侧相间过电压传递到阀侧是确定 V3 避雷器的 SIPL 和能量要求的关键事件之一,如图 8 中当阀导通时,V3 将承受来自 R 与 S 端的交流相间过电压。

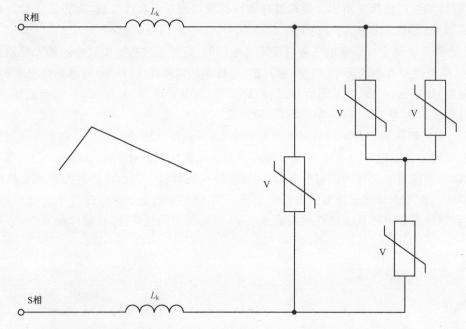

注:图中未标明影响设计的杂散电容。

图 8　来自交流侧相间缓波前过电压对 V3 避雷器的作用

8.3.5.3.3　接地故障清除

当交流网络接地故障清除后,如果换流器闭锁,在交流侧会产生很高的过电压。如果换流器恢复运行,吸收感性无功,过电压将被衰减,V 避雷器泄放的能量将会很小。通常当全部换流器永久闭锁时会投入旁通对,这种工况下 V 避雷器会吸收较大的能量。若在换流器闭锁后几个周波换流变断路器跳闸,则接地故障清除后,V 避雷器不会承受运行电压。当计算从网侧传递过来的过电压时,换流变压器分接头应放置在与潮流相符的位置。在不利的系统条件下,可能导致交流滤波器(并联电容器)与换流变压器和交流网络阻抗之间产生铁磁谐振过电压。为了涵盖因变压器饱和产生的过电压范围,在研究过程中应该变化接地故障的起始时刻和接地故障清除时刻。

8.3.5.3.4　阀电流熄灭

当在一个换相组的三个阀电流同时熄灭,而与换相组串联的阀仍导通,该事件可确定 V 避雷器的额定能量值。此时直流电流被强迫转移到与不导通阀并联的 V 避雷器中。如果该直流电流不能快速降到零,V 避雷器承受的能量将相当大。

导致仅在一个换相组中三个阀电流偶然熄灭的事件有:

a)　由于阀控制单元的故障引起阀触发失败;

b)　在换流器中所有阀闭锁时,未投旁通对。在一些暂态过程中,串联连接的换相组中的一个换相组的阀电流全部熄灭,可使换流器直流电流接近于零。这种情况在逆变运行时往往是最苛刻的。

如果认为换相组三个阀的电流不可能同时熄灭，这种情况可以被排除。电流是否熄灭，很大程度上取决于阀控制单元冗余度及控制和保护系统的形式。

8.3.5.4 快波前和陡波前过电压

换流区域的换流器通过换流变压器的漏抗和平波电抗器的电抗与交流场和直流场分隔开。雷电反击和绕击换流变的网侧交流线路或平波电抗器线侧的直流线路产生的雷电行波被换流变压器的漏抗和平波电抗器的电抗和对地电容衰减到较小幅值，其波形陡度变缓，成为缓波前过电压。然而当换流变的变比较大时（如背靠背站）需要考虑雷电行波经高低压线圈之间电容耦合传递到阀侧。阀和 V 避雷器一般仅承受交直流线路反击和绕击产生的快波前过电压和换流变压器阀侧接地故障产生的陡波前过电压。如果交直流场避雷线和避雷针屏蔽可能失效，应考虑雷点直击平抗阀侧至阀厅穿墙套管之间的极母线。当高压直流换流站具有良好的屏蔽和接地系统，雷电直击交、直流场设备和雷击避雷线、避雷针和门型构架导致设备的反击基本上可以不予以考虑。

产生最严重的陡波前过电压的事件通常是连接至最高直流电位换流变压器阀侧发生单相对地短路故障。在研究这种事件时，应采用高频模型，并根据换流变压器阀侧的连接管母和阀塔的布置，考虑连接管母对地杂散电容和电感。

在晶闸管阀的涌流设计中应考虑阀承受正向过电压时被触发，阀侧 V 避雷器的电流转移到了阀上。该转移电流很大，不应作为 V 避雷器的配合电流。一般在 V 避雷器承受反向过电压时确定为 V 避雷器的配合电流。在阀承受正向过电压时，可选择阀在保护触发电压下流经 V 避雷器具有缓波前特性的电流作为正向保护水平的配合电流。然而确定该配合电流大小时，还应考虑 V 避雷器伏安特性的误差和阀中晶闸管的冗余数量对其影响。

8.3.5.5 阀保护触发（PF）

保护触发可以通过触发晶闸管限制阀上的过电压。V 避雷器保护水平与保护触发水平的配合有两种方案。

第一种方案，V 避雷器限制阀上出现的正向及反向过电压，设置阀保护触发电压高于 V 避雷器操作冲击保护水平。在这种方案中，保护触发在阀失去触发信号或由于快速瞬态电压或陡波电压引起阀中串联晶闸管元件严重的非线性电压分布的情况下，对单独的晶闸管层进行过电压保护。

第二种方案，V 避雷器限制阀上出现的反向过电压，阀的正向保护触发电压设置较低，一般为 V 避雷器操作冲击保护水平的 95%～98%，作为主要的正向过电压保护。然而，第二种方案仅用于晶闸管的反向耐受电压高于其正向耐受电压的情况。在这种方案中，通常阀的晶闸管层的数量少于第一种方案，因此可降低换流器成本，提高效率。保护触发电压的临界值应设置到足够高，以确保在最高的暂时过电压（并考虑换相暂态和过电压分布不均匀）或是频繁事件（例如开关操作）下保护触发不启动，从而减少功率传输中断，并且有利于故障发生时换流器仍维持运行情况下的直流系统快速恢复运行。

晶闸管阀保护触发电压应与不同运行条件下的过电压相配合，并在阀的设计中说明保护触发电压和避雷器保护水平。仅在发生外部故障而直流极仍维持运行的条件下，才需要考虑保护触发对输电性能带来不利影响。

整流运行方式下，在交流系统出现暂态过电压期间，晶闸管的阀保护触发不会显著地加剧交流系统扰动。而在逆变方式运行时，阀保护触发将使该阀过早触发，发生换相失败，并导致交流系统故障清除后直流系统恢复时间增加。因此为了不影响直流系统的快速恢复，作为逆变方式运行的换流器在故障期间如果没有永久闭锁，在出现最高过电压时保护触发不应启动。

8.3.6 桥避雷器（B）

B 避雷器连接在 6 脉动桥换流单元两端。组成单 12 脉动换流单元的上下 6 脉动桥换流单元均可并联 B 避雷器。上 6 脉动换流桥 B 避雷器与中点直流母线避雷器 M 串联可为直流母线对地提供保护。

不考虑换相过冲，峰值持续运行电压（CCOV）与 V 避雷器的相同，见 7.2.3。确定 B 避雷器的直流参考电压时，应考虑包括换相过冲的最大峰值持续运行电压（PCOV）。换相过冲大小取决于（触发）延迟角 α，应特别注意大（触发）延迟角运行的工况。

以下情况可对 B 避雷器产生操作冲击电流：

a) 清除靠近高压直流换流站的交流接地故障；

b) 相应的 6 脉动桥电流熄灭（如果能发生，见 8.3.5.3.4）。

由于 B 避雷器与 V 避雷器并联，所以在交流侧传递的操作过电压下 B 避雷器一般放电电流较小，因此一般可以不装。

8.3.7 换流器单元避雷器（C、CH、CL、CM）

8.3.7.1 C 避雷器

图 3 中换流器单元 C 避雷器连接在单 12 脉动桥的两端。

CCOV 是由换流器单元的最大直流电压叠加 12 脉动电压组成。用于设计的计算公式见 7.2。

规定 C 避雷器的 PCOV 与 V 避雷器方法相同，应考虑换相过冲，但小于 V 避雷器，根据经验其比值在 1.04～1.12 范围内。换相过冲产生的电流部分通过避雷器本体电容泄放，在避雷器电阻片上产生的热量较直流分量小，且 C 避雷器装在阀厅内，可不考虑污秽和环境温度的影响，可选较高的 PCOV 的荷电率为 0.9 左右。

C 避雷器一般不会泄放高幅值操作冲击电流。

8.3.7.2 CH 和 CL 避雷器

当单极采用双 12 脉动换流器串联结构时（见图 1），CH 和 CL 避雷器的 CCOV 和 PCOV 和 PCOV 的荷电率选择与 C 避雷器相同。其中低端 12 脉动换流器单元在低负荷时的暂态过程中电流为零闭锁，或与之并联的旁通开关意外闭合，或投旁通对，或节点 72 和 62 对地闪络等故障下，换流器、线路和直流滤波器的放电，将会使与之串联的高端 12 脉动换流器单元的 CH 避雷器动作。但 CH 避雷器一般不会泄放高幅值操作冲击电流。雷电侵入波过电压传播到阀厅时，CH 与 CM 避雷器串联可以限制雷电过电压，当低端换流器退出运行，仅高端换流器运行时，因为极母线 DB、DL 避雷器的 U_{ref} 很高，不能保护高端 12 脉动换流器，所以操作过电压和雷电侵入波过电压对 CH 避雷器参数选择起决定性作用。

由于中性母线接有 15 μF 左右大容量的中性母线电容器，在缓波前过电压下，CL 避雷器与 CM 避雷器几乎并列运行，因而 CL 避雷器限制低端换流器两端过电压的作用不大，可以不装。

8.3.7.3 CM 避雷器

采用平波电抗器分置在极线和中性母线方式下（见图 1）理论上节点 91 运行电压为纯直流电压。但在上 12 脉动换流单元停运，下 12 脉动换流单元单独运行时，该节点电压为谐波电压，因此接在该节点的 CM 避雷器的 CCOV、PCOV 与 CL 避雷器相同。CM 避雷器可安装在低端阀厅中，其 CCOV 和 PCOV 的荷电率选择与 CL 相同。CM 避雷器也可装在户外低端阀厅高压套管户外端，污秽可导致避雷器瓷或硅橡胶外套电位分布不均，引起电阻片局部过热，环境温度对避雷器散热和伏安特性影响较大，其 PCOV 的荷电率应降低。CM 避雷器保护高、低端阀厅之间的穿墙套管和旁通开关等设备，并与 V3 避雷器串联保护高端 YD 换流变阀侧，当高端换流器退出运行时，因 DB 和 DL 避雷器保护水平过高，CM 避雷器对单独运行的低端换流器提供过电压保护。

8.3.8 中点直流母线避雷器（M、MH、ML）

8.3.8.1 M 避雷器

图 3 中 M 避雷器一般用于降低 12 脉动换流单元的 YY 换流变压器的绝缘水平。M 避雷器连接到

12脉动换流器的中点直流母线与地之间。

保守计算 M 避雷器的 CCOV 等于 V 避雷器的 CCOV。M 避雷器的 PCOV 的确定与 V 避雷器方法相同,应考虑换相过冲。根据7.2.5可不考虑 U_{offset};由于承受持续的 CCOV 和 PCOV,M 避雷器的 PCOV 的荷电率一般在0.82～0.92范围内选择,低于 V 避雷器。

若下部6脉动桥电流发生同时熄灭的事件时(见8.3.5.3.4),M 避雷器会承受显著的操作过电压。

8.3.8.2 MH 和 ML 避雷器

图1中 MH 避雷器的 CCOV 和 PCOV 为高、低端12脉动换流单元中点母线直流电压加上 V3 避雷器的 CCOV 和 PCOV。采用平波电抗器分置在极线和中性母线方式可降低 MH 避雷器上的 CCOV 和 PCOV。

MH 避雷器与 V2 串联保护高端 YY 换流变阀侧绕组,替代 T 避雷器。其优点是 MH 避雷器安装节点72的直流运行电压低于52节点,高度相应低,数量为一只,较经济,占阀厅的空间小。缺点是它与 V2 避雷器串联的保护水平略高于 T 避雷器。因此为了降低 MH＋V2 避雷器的保护水平,MH 的 PCOV 的荷电率可选较高。

MH 和 ML 避雷器在双12脉动换流单元串联连接的情况下,当高或低端12脉动换流单元旁通断路器操作时会承受操作过电压。当换流站阀厅套管与平波电抗器之间连接导线受雷电绕击时,MH 避雷器会承受雷电过电压。

ML 避雷器与 V3 串联用于保护低端 YY 换流变阀侧。在 α 角较大时,平波电抗器分置在极线和中性母线方式增加了 ML 避雷器上的 CCOV 和 PCOV,若高、低端换流变对地电容与直流滤波器构成24次谐波谐振回路,受到扰动时可能激发24次谐波谐振,而引起 ML 避雷器吸收很大能量(见7.4.5);在其他故障事件中 M 避雷器动作概率也较高。ML 避雷器可选较高的 U_{ref},以提高其通流容量,但同时也需要提高低端 YY 换流变对地绝缘水平。

确定 MH 和 ML 避雷器的操作保护水平和能量的主要工况是底部6脉动换流桥电流熄灭和高、低端12脉动换流器投旁通对或旁通断路器操作以及逆变站失去交流电源。

8.3.9 换流器单元直流母线避雷器(CB)

CB 避雷器位于平波电抗器阀侧,连接在换流器最高电位顶部直流母线与地之间(见图3)。CB 避雷器 CCOV 和 PCOV 类似于 CH 避雷器加上中点母线直流电压(节点91)。避雷器 PCOV 的荷电率可选0.85左右。

因为其 U_{ref} 和保护水平很高,该避雷器通常在缓波前过电压下不会动作。当换流站阀厅套管与平波电抗器之间连接导线受雷电绕击时,该避雷器会承受一定幅值的雷电过电压。

8.3.10 直流母线(DB)、直流线路(DL)和直流电缆(DC)避雷器

直流母线避雷器 DB 用于保护连接到直流极母线的直流场设备。通常,要考虑雷电侵入波过电压下 DB 避雷器保护距离,应根据雷电侵入波过电压计算结果使得安装在直流极母线不同位置的重点设备得到充分的保护,因此可安装多只 DB 避雷器。线路(电缆)入口处安装的避雷器被视为直流线路(直流电缆)避雷器 DL(DC)。当高压直流线路由架空线和电缆组成时,应在架空线与电缆连接处安装 DC 避雷器,用于电缆及其终端的雷电和操作过电压保护。当直流电缆直接连接到阀厅内直流母线上时,因为直流极线不承受快波前过电压,DC 避雷器可以省去。

DB 和 DL 避雷器的 CCOV 几乎是纯的直流电压(逆变站分层接入方案除外),电压的幅值取决于整流和逆变站换流器的控制系统,包括定电流、定电压、定逆变角控制精度以及换流变分接头控制级差和直流电压测量系统允许的测量误差。DB、DL 避雷器若装于户外,污秽可导致避雷器瓷或硅橡胶外套电位分布不均,引起电阻片局部过热,环境温度对避雷器散热和伏安特性影响较大,选择 CCOV 的荷电

率较低更合理,可选 0.85 左右。

DB 和 DL 避雷器主要限制雷电侵入波过电压。应优化设计主回路避免直流线路发生高幅值的缓波前过电压和随后产生的基波及二次谐振过电压导致 DB 和 DL 避雷器通流容量超出其允许值。

在双极架空线运行中发生单极接地故障时,在健全直流极线将产生操作波类型的感应过电压。该过电压的幅值取决于接地故障点的位置、线路长度和线路的终端阻抗。通常,线路的过电压对直流极线的设备绝缘不是决定性的。

当电缆与架空线连接处发生接地故障时,如果电缆的长度很短,在健全极的换流器端可能产生较高的操作过电压。

高压直流系统使用长电缆输电时,电缆 DC 避雷器的额定能量取决于突发事件下电缆充电至最高电压时对 DC 避雷器放电。相比而言通常放电电流较小,但 DC 避雷器放电能量可能很大。考虑的突发事件是阀误触发,或换流器丢失全部触发脉冲,或逆变站闭锁整流器全电压启动。

当高压直流线路由架空线和电缆组成时,如果架空线路地线能有效屏蔽导线防止被雷电绕击,或者从架空线与电缆连接处起至少几段的杆塔有较低的接地电阻值有效防止反击,因电缆的波阻抗较低,可不考虑线路和电缆连接处 DC 电缆避雷器的雷电过电压应力。

8.3.11 中性母线避雷器(E1、E1H、E、E2H、EM、EL)

8.3.11.1 概述

图 3 的单极单 12 脉动结构换流器在双极完全平衡运行方式下时,整流站和逆变站 E 型避雷器 CCOV 几乎为零。然而,不接地的整流站在单极金属回线运行时,金属回线线路流过过负荷直流电流产生的直流偏置电压导致 E 和 EM 型避雷器的 CCOV 幅值增加,而逆变站采用站内接地网接地或经接地极线路接地时 E、EM 和 EL 型避雷器的 CCOV 为零。在单极大地回线方式运行时,接地极线路流过过负荷直流电流产生的直流偏置电压在中性母线避雷器 E 和 EL 上的 CCOV 通常比较低。其中 EL 和 EM 为高能量避雷器由多台避雷器并联构成。

图 1 的单极双 12 脉动结构换流器,因中性母线装有平波电抗器,避雷器 E1 和 E1H 的 CCOV 由平抗上的谐波电压降叠加直流偏置电压组成,CCOV 幅值较大,高于 E、E2H、EL 和 EM 避雷器。一般 E 型避雷器的 CCOV 对选择其 U_{ref} 不起决定性作用。而接地故障下避雷器的缓波前过电压保护水平和能耗起决定性作用。

E1 避雷器为阀底带有绕组和电子元件的设备提供快波前和陡波前过电压保护,需紧靠它们安装。可选 E1 避雷器的 U_{ref} 高于 E1H。若无该类型设备,E1 避雷器可省去。

E1H 避雷器由多台避雷器并联构成,为高能量避雷器,它与 V3 避雷器串联可以保护低端的 YD 换流变压器阀侧。

E2H 避雷器由多台避雷器并联构成,为高能量避雷器,有以下两种布置方案:

方案(1):E2H 避雷器装在极 1 和极 2 共用的中性母线上,这样无论在 BP、GR 和 MR 运行方式下发生阀厅内接地和直流线路接地故障下,E2H 避雷器都参与承受换流器直流电压反转施加在中性母线上的过电压以及泄放直流滤波器电容和线路电容的储能。可选 E、EM 和 EL 避雷器为单柱避雷器,其直流参考电压高于 E2H,仅用于快波前过电压保护。E 避雷器的布置和数量需根据极线、金属回线和接地极线路雷电侵入波过电压计算,考虑快波前过电压保护的距离效应选择。一般布置在直流滤波器底部、冲击电容器侧等若干地方。

方案(2):选 EM 和 EL 避雷器为高能量避雷器,由多台避雷器并联构成,代替 E2H。EM 主要承受 MR 运行方式下发生接地故障时中性母线过电压和在故障起始时泄放直流滤波器电容和线路极间电容的储能。EL 主要承受 BP 和 GR 运行方式下发生接地故障时中性母线过电压和在故障起始时泄放直流滤波器电容的储能。由于接地故障下 EL 与接地极线路阻抗并联,EM 与极线阻抗并联,因而 EL 的能量要求小于 MR。E 型避雷器的选择与布置与方案(1)相同。

方案(1)优点是只需一组高能量避雷器 E2H,而方案(2)需两组高能量避雷器 EM 和 EL,避雷器数量多于方案(1)。

8.3.11.2　E1H 避雷器

在双极和单极大地方式下,高端 YY 换流变阀侧单相接地故障期间,阀侧交流电压与其阀侧所连接的 6 脉动桥下端换流器直流电压串联,由换流变压器漏抗与平波电抗器电抗和接地极线路波阻抗分压加在 E1H、中性母线避雷器 E2H 和中性母线冲击电容器上。决定中性母线避雷器参数的工况出现在有最长接地极线路的换流站或在金属回线运行方式下中性母线不接地的整流站。由于串联的中性母线平波电抗器抑制了能量对 E2H 的泄放,导致 E1H 型避雷器能耗比 E2H 避雷器大,尤其是整流站的 E1H 避雷器能量要求很大。因此 E1H(高能量)避雷器需采用多柱和多只并联,占地较大,布置困难。提高 E1H 的 U_{ref} 可提高通流能量,并能减少并联柱数,增加单柱串联电阻片的数量。优点是因为串联的电阻片数较多,即使其中个别电阻片特性差,对整体的性能影响小,因而各柱之间的动态均流特性容易匹配一致,且单柱中每个电阻片承受的电压低,减少了因个别电阻片质量差加速老化而导致整柱击穿的事故。缺点是提高了中性母线设备操作冲击绝缘水平,也提高了低端中性母线侧 YD 换流变的操作冲击绝缘水平。E1H 避雷器可装于户外,万一泄放能量过大,其中一只发生自爆,不会危及厅内设备。逆变站的 E1H 能量要求远小于整流站。若考虑功率反送,则 E1H 能量要求应与整流站相同。

8.3.11.3　E2H、E、EM、EL 避雷器

在直流母线和线路接地故障时,应假设故障前滤波器电压充至最大直流运行电压。计算直流滤波器通过中性母线 E2H 避雷器放电,放电电流为幅值高而持续时间短的冲击电流波,该冲击电流取决于直流滤波器电容量和直流滤波器低压元件侧保护避雷器的配置。直流滤波器快速放电后,紧接着是在换流器直流电压作用下经中性母线平波电抗器来的较缓的故障电流。直流电流的上升率受直流平波电抗器的限制。故障电流由接地极线路、中性母线冲击电容器和中性母线避雷器分担。在金属回线运行的方式下,整流站与中性母线避雷器并联的阻抗是作为金属回线运行的直流线路的阻抗。

因 E2H 由多柱并联,也存在与 E1H 相同的各柱之间的动态均流特性匹配问题。各种运行方式下逆变站总是接地运行,可选逆变站中性母线避雷器的 U_{ref} 低于整流站。

在单极大地回线运行期间,接地极线开路故障也可使 E1H、E2H(或 EL)避雷器承受很大的放电能量,这种情况下选择牺牲避雷器是一个比较好的方案。

由于滤波和抑制中性母线过电压的要求,在直流工程设计方案中,中性母线上设计有中性母线冲击电容器,这会减小中性母线避雷器的应力,在仿真计算模型中应予以考虑。中性母线避雷器的应力在很大程度上取决于换流器的控制响应速度和接地故障时的保护方式。

对避雷器需要吸收很大能量的小概率事件,特别是在更换自牺牲避雷器不显著影响直流系统停运时间的条件下,可以考虑采用一只自牺牲的避雷器。在双极运行情况下,在会导致双极停运的共用中性母线位置处,应避免安装自牺牲避雷器。

需选择 E2H、E、EM、EL 避雷器的 U_{ref} 高于与金属回线转换断路器(MRTB)并联的消能避雷器的 U_{ref},以保证 MRTB 正确开断。

确定 E 型避雷器的操作保护水平和能量的主要工况如下:

a)　最高电位和最低电位的换流变阀侧在额定运行电压或工频过电压或操作过电压下单相接地故障;

b)　平抗阀侧直流母线或操作过电压下接地故障;

c)　单极大地或金属回线运行方式下接地极线路或金属回线开路故障;

d)　双极直流线路发生重复多次接地和按控制系统规定的(全压和降压)重启动次数重启。

8.3.11.4 串联的基波和谐波阻断滤波器避雷器

如果中性母线安装了串联的基波和二次谐波阻断滤波器,也应考虑安装与阻断滤波器并联的避雷器,并进行绝缘配合。

8.3.12 平波电抗器避雷器(DR)

平波电抗器避雷器 DR 并联在干式平波电抗器端子间,为其提供过电压保护。平波电抗器串联在直流线路和阀厅之间有效阻尼了来自直流极线路的雷电波侵入波过电压进入阀厅,为了不降低平抗对雷电波侵入波过电压阻尼作用,应选择 DR 避雷器的保护水平以及相应的平波电抗器绝缘水平尽可能高。

DR 避雷器的 CCOV 仅为流过平抗的直流电流在平抗电阻上的压降叠加 12 脉动纹波电流在平抗电感上产生的电压降。对避雷器的 U_{ref} 选择不起决定性作用。

平波电抗器采用干式时,一般为两只串联,在每只平波电抗器两端并联 DR 避雷器。可选择两倍 DR 的 U_{ref} 大于直流线路最高运行电压,避免在线路接地故障下动作,因而可采用单柱轻型避雷器。确定单只 DR 避雷器的操作保护水平和能量的最主要故障为两只串联平波电抗器连接点对地闪络或承受与平波电抗器阀侧运行电压反极性的幅值等于 DB 避雷器操作冲击保护水平的缓波前过电压。DR 避雷器的最大的雷电过电压为平抗线路侧端子承受与其阀侧端子直流母线运行电压极性相反的雷电过电压(称为相减的雷电冲击电压)。应考虑通过 DR 避雷器泄放的雷电流可传播到阀厅在换流器上产生雷电侵入波过电压,降低平抗对雷电波侵入波过电压阻尼作用。可在减小 DR 的泄放的雷电流幅值、操作过电压下吸收的能量和平抗的雷电、操作冲击绝缘水平之间寻找平衡点,选择 DR 避雷器的冲击保护水平。

当平波电抗器的绝缘水平能够满足 DB 或 DL 避雷器冲击保护水平叠加最大反极性的直流运行电压的要求时,DR 避雷器可以省去。对于图 3 每极具有单 12 脉动换流单元,极线仅装一台平波电抗器的结构的换流站,粗略计算平波电抗器两端缓波前过电压 U_{DR} 的公式见式(5):

$$U_{DR} = (SIPL + U_d) \times L_{DR} / (L_{DR} + 4 \times L_T) \quad \cdots\cdots\cdots\cdots\cdots\cdots (5)$$

式中:

SIPL ——DB 避雷器的操作冲击保护水平;

U_d ——直流额定电压;

L_{DR} ——平波电抗器的电感值;

L_T ——换流变单相的漏抗电感值,换流器运行时有 4 只阀导通接入 4 相漏抗的电感值。

该公式粗略认为直流电源是理想的无穷大电源,直流电压恒定,因此计算结果十分保守,可能导致提高平波电抗器的绝缘水平。而采用模拟计算方法比公式法低得多,因为阀侧的直流电压也叠加上了经平波电抗器传递过来的反极性的操作过电压。

8.3.13 直流滤波器避雷器(FD)

直流滤波器避雷器 FD 为直流滤波器低压侧电抗器、电容器和电阻器提供两端之间或对地过电压保护。

直流滤波器电抗器侧避雷器的 CCOV 通常比较低,一般由与滤波支路谐振频率对应的一个或多个谐波电压组成。避雷器的交流额定电压不由 CCOV 的荷电率确定,在确定避雷器的参数时,应考虑谐波电压在避雷器上产生相对较高的功耗,并在低压元件绝缘水平及其造价与避雷器额定电压关系之间优化选择。

FD 的负载主要由隔离开关投切直流滤波器、直流极线在额定直流电压或缓波前过电压的接地故障引起的直流滤波器高压电容器暂态放电和雷电侵入波过电压来确定。极线路在离直流滤波器不同距离下的接地故障可能在低压元件上产生较高的过电压,可用于校核各低压元件并联避雷器的 SIPL。

8.3.14 接地极站(址)避雷器

在接地极站(址)的接地极线路的入口处可以安装避雷器保护接地极站的设备,例如配电开关、电缆和测量设备等。避雷器的 CCOV 几乎为零。避雷器负载由来自接地极线路雷电侵入波过电压确定。

8.3.15 A′避雷器

换流变网侧的 A 型避雷器相地操作过电压残压按换流变运行时网侧中性点有载调节分接头挡位下网侧与阀侧线圈的变比经电磁感应传递至阀侧线圈,为阀侧线圈两端提供操作过电压保护,相当于在阀侧线圈两端装了一只称为 A′避雷器。然而 A 避雷器与 A′避雷器之间有换流变的漏抗,两线圈之间存在电容以及线圈对地有杂散电容,在暂态过程中 A′避雷器的 SIPL 并非如同阀侧线圈两端装有真实的避雷器那样是确定的。

在图 1 中采用 MH 和 ML 避雷器布置方案下,工程中选择高端和低端 YY 换流变阀侧线圈中性点对地的 SIPL 分别等于 MH 和 ML 各自由严酷的故障确定的 SIPL 与 A′的 SIPL 之和。偏严考虑,A′避雷器的 SIPL 等于 A 避雷器 SIPL(超特高压交流系统规定配合电流为 2 kA)以换流变网侧线圈在最小分节头挡位下网侧与阀侧线圈的变比换算至阀侧。然而换流变阀侧线圈高压端与中性点的对地内绝缘水平选择是相同的(见 8.4.4),因而按此方法选择的阀侧线圈中性点对地的 SIPL 仅用于选择中性点母线(包括套管)在阀厅内的空气间隙。理论分析和仿真计算表明与稳态运行时类似,来自交流侧或直流侧的操作过电压在高或低端 YY 换流变阀侧线圈高压端的其中某一相产生最高幅值的操作过电压时,其中性点也跟随该相产生极性相同的操作过电压,但其幅值总是低于该相产生的操作过电压,即 A′避雷器的残压极性与直接保护阀侧的避雷器(MH+V2 或 ML+V3)的残压极性相同。若 YY 换流变中性点产生接近 MH+A′或 ML+A′的 SIPL 的操作过电压时,会导致阀侧线圈高压端的某相操作过电压超过其 SIPL。换流站的交流侧在每台换流变侧、大组交流滤波器母线侧、站用变和线路侧均装有 A 型避雷器,图 1 中不计站用变和线路侧 A 型避雷器,单极运行时至少装有 5 组 A 型避雷器,双极运行时多一倍以上。根据工程经验导致交流侧每只 A 型避雷器放电电流幅值均达到 2 kA 而同时 MH 和 ML 避雷器放电电流幅值也达到配合电流的严酷的故障在仿真研究中并未出现;即使可能出现,换流器在该故障下也会闭锁,MH 或 ML 避雷器也不能通过换相组中导通的阀与 A′串联;并且出现的概率也极小。在按平均无故障时间绝缘性能指标选择中性点对地空气间隙时可以忽略。

在图 1 中采用 T 避雷器直接保护 YY 换流变阀侧布置下,因 A′避雷器残压极性与 T 避雷器极性相同,阀侧线圈中性点的 SIPL 可由 T 避雷器 SIPL 减去 A′的 SIPL。偏严考虑,A′的 SIPL 等于 A 避雷器 SIPL 以换流变网侧高压端最大分节头下的变比换算至阀侧。而高端换流器中点母线(节点 72)上没有连接的有内绝缘的设备,可由 CM 避雷器与 V3 避雷器串联的 SIPL(当换流器导通时)选择空气间隙。不宜在已装有 T 避雷器的方案中为减小阀侧中性点空气间隙而刻意增加 MH 避雷器,但可在中性点装一只避雷器。

YY 和 YD 换流变阀侧相间没有有内绝缘的设备,相间的 SIPL 可保守地用 $2\,A'$ 和 $\sqrt{3}\,A'$ 去选择相间空气间隙。

综上所述,工程中计算 A′避雷器的 SIPL 的方法是保守的也是相当不准确的。尤其是当 A 型避雷器保护水平选择较高时,会导致要求中性点对阀厅墙壁和地面的空气间隙选择过大。应采用仿真计算出的阀侧线圈中性点在各种故障下的最高的 SIPL 采用统计法或半统计法进行绝缘配合,确定中性点的空气间隙大小(见第 12 章)。

8.4 保护策略

8.4.1 概述

根据换流站阀厅内设备连接特点,一些设备两端和节点直接采用连接其两端或节点对地的单只避雷器进行过电压保护,而有些是通过多只避雷器串联组合来进行过电压保护。

8.4.2 由单只避雷器直接保护的绝缘

由单只避雷器直接保护的设备绝缘两端的最大过电压由该避雷器伏安特性及其配合电流所决定(如图3的节点5到节点9之间换流阀由V避雷器直接保护)。下面列出了由单只避雷器直接保护的设备和节点:

a) 晶闸管阀两端;

b) 换流器两端;

c) 直流中点母线对地;

d) 换流变压器阀侧绕组相对地(特别是最高电位的6脉动桥);

e) 中性母线对地;

f) 平波电抗器;

g) 两端;

h) 直流滤波器低压侧元件两端;

i) 直流母线线路侧对地;

j) 直流母线阀侧对地;

k) 交流母线对地;

l) 交流滤波器低压侧元件两端。

8.4.3 由多只避雷器串联保护的绝缘

表4和表5给出了±800 kV特高压直流换流站直接保护的设备及其保护的避雷器。表4和表5中节点编号见图1和图3。当换流站的设备(如高端YY换流变阀侧)由两只串联连接的避雷器保护,其操作波保护水平由两只串联的避雷器各自保护水平相加决定时,可采用以下三种配合方法:

方法1:两只避雷器各自的操作波保护水平的配合电流以同一种关键故障下流过两只避雷器中的最大放电电流确定。而同一种关键故障中流过两只避雷器的各自放电电流不同,因此该方法给绝缘配合留有额外的裕度。

方法2:两只避雷器各自的操作波保护水平的配合电流以避雷器在各自的关键故障中所确定的保护水平确定,而实际上最大配合放电电流不可能在同一故障中同时出现在每只避雷器上,因此该方法给绝缘配合留有的裕度大于方法1。值得注意的是这种方法是相当保守的,可能没有必要。

方法3:以模拟计算的最大操作波过电压来确定,不计配合电流。该配合方法不考虑选配合电流时留下的额外裕度,存在避雷器动作时,其保护水平已超过设备的耐受水平的可能性。若产生最大过电压的故障出现概率很低,该方法也是可行的。

推荐采用方法1。

两只串联的避雷器的雷电冲击保护水平应由雷电侵入波和直接雷过电压计算确定。工程中也取两只串联的避雷器相同的配合电流下各自保护水平相加得到雷电冲击保护水平。因为两只避雷器串联节点连接有其他设备的对地电容,会对雷电流分流,所以得到的保护水平是相当保守的。

8.4.4 换流变压器阀侧中性点

换流变阀侧中性点对地的缓波前过电压和暂时过电压的最大值取与换流变阀侧高压端对地电压相同,如表4和表5所示。换流变阀侧线圈两端对地的内外绝缘耐受试验也是将两端套管端部短接后施加对地(外壳)的直流、工频和操作冲击电压。

8.4.5 换流变压器相间绝缘

换流变压器阀侧和网侧相间出现的缓波前过电压确定了网侧和阀侧相间空气间隙。换流变网侧接入中、低压交流系统,网侧相间空气间隙的选择通常不存在问题,但接入超、特高压交流系统时,因 A 型避雷器对限制相间过电压的作用较差,应研究最大的相间过电压,并妥善地设计换流变网侧 A 型避雷器、支撑绝缘子和导线的相间空气净距,避免增大换流变间隔距离和阀厅长度。

换流变压器网侧相地缓波前过电压按变比传递到阀侧,在多个 6 脉动桥串联运行情况下,当阀桥中的阀导通时,阀侧相间绝缘由一只 V 避雷器进行相间过电压保护。当阀不导通时,相间绝缘由换流变网侧 A 型避雷器残压按换流变变比变换到阀侧 A′ 避雷器进行相间过电压保护。

应引起注意的是不同结构(两绕组或三绕组,单相或三相变压器)的换流变中的线圈在不同位置承受的相间过电压是不同的。

8.4.6 保护策略汇总

表 4 和表 5 是对直流侧不同节点的避雷器保护的汇总,分别以图 3 和图 1 的示例为依据。在具体避雷器布置的设计中应建立这样的表格。

表中假设换流器解锁,并且三脉动换相组中至少有一个阀导通。以这种方式运行,6 脉动桥两端的电压就是导通的阀和与之并联的 V 避雷器的电压,因此 6 脉动桥两端的保护水平为 V 避雷器的保护水平。

当阀不导通时,需要考虑以下两种情况:

——来自直流或交流侧的雷电侵入波过电压只能通过直流极线平波电抗器线圈纵向杂散电容或换流变压器网侧与阀侧绕组之间的耦合电容传递到换流器,因而其幅值和陡度均受到衰减。雷电过电压按换流器回路对地杂散电容和阀的阻尼回路电容分布,过电压低于换流器解锁时的情况。

——交流侧的相地操作电压按换流变变比传递到阀侧。当阀闭锁时,阀侧无接地点,换流器上的过电压仅为相间操作过电压,无相地操作过电压,阀侧相间过电压由 A 型避雷器按换流变变比变换到阀侧的 A′ 避雷器进行相间操作过电压保护。来自直流侧的操作过电压传播到闭锁的换流器,过电压按闭锁的阀阻抗(包括阀侧阻尼回路)分布,操作过电压也低于换流器解锁时的情况。

表 4　直流侧避雷器保护:单个 12 脉动换流器(见图 3)

节点号	保护项目	避雷器种类	说明
	阀端子间	V	
9-7;7-8	6 脉动桥端子间	(1) V (2) B	
9-8	12 脉动换流器端子间	(1) C (2) 2·V	
9-10	平波电抗器端子间	DR	可省略
10	平波电抗器直流母线和线路(电缆)侧	DB,DL/DC	
9	极顶直流母线,直流电抗器阀侧	(1) CB (2) C+E (3) B+M (4) 2·V+E	
7	中点直流母线	(1) M (2) V+E	

表4（续）

节点号	保护项目	避雷器种类	说明
8	中性母线	E、EL、EM	
5	高端换流变阀侧相对地	(1) T (2) V+M (3) 2·V+E	
6	下部换流变相对地	V+E	
5a、5b、5c相间、6a、6b、6c相间	高低端换流器的上、下部换流变相间	A避雷器保护水平按换流变最小变比变换到阀侧为 A′避雷器。YY换流变阀侧相间由 2A′避雷器保护，YD换流变阀侧相间由 $\sqrt{3}$ A′避雷器保护	

注：以上括号中的数字指的是可能的避雷器保护选项，可以按最少的选项选择。

表5　直流侧避雷器保护：双 12 脉动换流器（见图 1）

节点号	保护项目	避雷器种类	说明
	阀端子间	V(包括 V1、V2、V3)	
92-72；72-91；91-71；71-81	6 脉动桥端子间	(1) V3 或 max(V1、V2) (2) B	B 可省去
92-91；91-81	12 脉动组端子间	(1) 高端 CH (2) 低端 CL、CM (3) 2·V	CL 可省去
92-81	双 12 脉动组端子间	(1) CB+E1H (2) CH+CM (3) 4·V	
10-92	平波电抗器端子间	DR	可省去
81-8	中性线平波电抗器端子间	E1H+E2H	非常保守的假设。可以减少为 E1H
10	平波电抗器线路侧	DB、DL/DC	
92	直流极顶母线，平波电抗器阀侧	(1) CB (2) CH+CM (3) 2V+CM (4) 4·V+E1H	CB 可省去
72	高端 12 脉动换流器上、下部 6 脉动桥之间中点母线	(1) MH (2) V3+CM	
91	中点直流母线	(1) CM (2) 2·V3+E1H	
71	低端 12 脉动换流器上、下部 6 脉动桥之间中点母线	(1) ML (2) V3+E1H	

表 5（续）

节点号	保护项目	避雷器种类	说明
81	中性母线，中性母线平波电抗器阀侧	E1H、E1	
8	中性母线，中性母线平波电抗器线路侧	E2H、E、EL、EM	
52	高端12脉动换流器的上部6脉动桥换流变阀侧相对地	(1) T (2) V2+MH	
62	高端12脉动换流器的下部6脉动桥换流变阀侧相对地	V3+CM	
51	低端12脉动换流器的上部6脉动桥换流变阀侧相对地	(1) V3+ML (2) 2·V3+E1H	
61	低端12脉动换流器的下部6脉动桥换流变阀侧相对地	V3+E1H	
52a、52b、52c 相间； 62a、62b、62c 相间； 51a、51b、51c 相间； 61a、61b、61c 相间	高端低端换流变阀侧（换流器）相间	A 避雷器保护水平按换流变最小变比变换到阀侧为 A′避雷器。YY 换流变阀侧相间由 2A′器保护，YD 换流变阀侧相间由 $\sqrt{3}$ A′避雷器保护	

注：以上括号中的数字指的是可能的避雷器保护选项，可以按最少的选项选择。

8.5 故障事件及避雷器应力汇总

第 7 章和第 8 章描述了高压直流换流站中设备和避雷器承受的持续、暂时、缓波前、快波前和陡波前的过电压应力。

表 6 和表 7 中汇总了这些故障事件和避雷器应力。表 6 给出了图 3 中单极单 12 脉动换流器结构可发生的各种突发故障事件和根据经验判断事件中会动作的避雷器类型。表 7 给出了单极单 12 脉动换流器结构可发生的各种突发故障事件和事件产生的过电压类型以及事件中应研究的动作避雷器类型、电流和能量。所列出的信息可供选用与过电压类型相关的模型进行详细计算研究。

换流器出现的偶发故障事件，例如换相失败或逆变器闭锁旁通对未解锁，对于确定高压直流换流站避雷器的保护水平和能量要求可能不是决定性的事件，然而，逆变器带着直流电流闭锁对确定避雷器能量要求可能是重要的(8.3.5.3.4)，除非认为这种情况不可能出现。某些情况下换相失败也可能是确定避雷器能量要求的决定性事件［例如：产生谐振或中性母线避雷器保护水平很低（E，EL，EM）而与之并联的接地极线路的阻抗很高的情况］。

表 6　不同故障事件中会动作的避雷器：单 12 脉动换流器（见图 3）

事件	避雷器（参考图 3 对避雷器命名）											
	FA	A	T	VB	M	CBC	E.	EL	EM	DR	DB DL DC	FD
直流极顶母线或直流线路接地故障（线路1、节点9、节点10）			×				×	×	×	×	×	×

表 6（续）

事件	避雷器（参考图 3 对避雷器命名）											
	FA	A	T	V B	M	CB C	E	EL	EM	DR	DB DL DC	FD
来自直流线路雷电侵入波							×		×	×	×	×
来自直流线路缓波前过电压							×	×	×		×	×
沿接地极线路雷电侵入波							×					
阀侧交流接地故障（节点 5、节点 6）				×	×		×	×	×	×		
三脉动换向组电流同时熄灭				×								
6 脉动桥电流同时熄灭				×	×							
单极大地运行失去接地极线路或换向失败							×	×	×			
交流侧接地故障和开关操作	×	×		×	×	×	×	×	×	×		×
来自交流系统的雷电侵入波	×	×										
换流站屏蔽失效，极母线（节点 9，节点 10，如果适用）				×	×	×						
换流站屏蔽失效，中性母线（节点 8，如果适用）							×	×	×			
注：有些低概率事件可以不必考虑。												

**表 7　不同故障事件产生的过电压类型和事件中应研究的动作避雷器的类型、
电流和能量：单 12 脉动换流器（见图 3）**

事件	快速波前和陡波前过电压		缓波前和暂时过电压	
	电流	能量	电流	能量
直流极顶母线或直流线路接地故障（线路 1、节点 9、节点 10）	E,EL,EM,FD	E,EL,EM,FD	DB,DL/DC,DR, E,EL,EM,T	E,EL,EM
来自直流线路雷电侵入波	DB,DL/DC,FD, DR,E,EM			
来自直流线路缓波前过电压			DB,DL/DC,E, EL,EM,FD	
沿接地极线路雷电侵入波	E,EL			
阀侧交流接地故障（节点 5、节点 6）	V,B		DR,V,B,E, EL,EM,M	V,B,E,EL, EM,M
三脉动换向组阀电流同时熄灭			V,B	V,B
6 脉动桥电流同时熄灭			M,V,B	M,V,B
单极大地运行失去接地极线路或换向失败			E,EL,EM	E,EL,EM

表7（续）

事件	快速波前和陡波前过电压		缓波前和暂时过电压	
	电流	能量	电流	能量
交流侧接地故障和开关操作	FA	FA	V,M,CB,A,FA,E,EL,EM,FD,DR,C,B,T	V,B,A,E,EL,EM,FD
来自交流系统的雷电侵入波	A,FA			
换流站屏蔽失效，极母线（节点9、节点10，如果适用）	V,M,CB,C,B			
换流站屏蔽失效，中性母线（节点8，如果适用）	E,EL,EM			
注：有些低概率事件可以不必考虑。				

9 绝缘配合设计程序

9.1 概述

正如6.2所讨论的交流和直流系统之间的主要差别导致交流和直流系统绝缘配合之间存有差异，因此本章明确地提出绝缘配合设计目标和为达到此目标，由9.2～9.7给出的绝缘配合程序。

第一个设计目标就是根据10.3系统设计资料确定避雷器安装位置。第二个设计目标是根据9.2提出避雷器的要求并进行设计与研究。这些研究总体上（但并非必须）基于第10章讨论的方法和工具计算和分析各种事件对各类型避雷器的作用。

主要目的是确定换流站设备的规定耐受电压，以达到预期的可靠性指标。

9.2～9.7给出的表格清楚地列出设计的避雷器各参数以及展示设计结果的可行方法。

9.2 避雷器要求

表8给出了对换流站的各类型避雷器，例如图3中的各类型避雷器在绝缘配合设计中提出的要求。表中的避雷器类型和所列的单个项目应清楚地标识出来。

9.3 绝缘特性

高压直流换流站如同交流变电站也有两种类型绝缘：自恢复绝缘（如空气间隙）和非自恢复绝缘（如油或纸）。而气体绝缘可纳入这两种绝缘类型中。直流设备应该考虑直流（包括极性翻转）、交流和冲击电压共同作用下的绝缘特性。单个类型的绝缘特性不包含在本部分的范围内。

9.4 代表性过电压（U_{rp}）

如GB 311.1—2012中的定义代表性过电压等于每种类型过电压中的最大过电压，其确定方法和步骤在第10章中论述。代表性过电压概念适用于交流和直流系统，但该概念在直流系统绝缘配合中的应用比较特别，认为受避雷器直接保护设备上的代表性过电压等于该避雷器的保护水平。

表9给出了应该进行相关故障计算分析后确定的换流站设备关键绝缘节点和绝缘上的代表性过电压类型和峰值（等于受避雷器直接保护的缓波前、快波前或陡波前过电压保护水平）以及要求耐受电压。当过电压类型确定后，选择代表性过电压的峰值可参照GB/T 311.2—2013的第4章考虑过电压持续

时间和波形进行调整。这种调整也可在 9.6 对避雷器保护水平使用配合因数时进行。

9.5 配合耐受电压(U_{cw})的确定

GB 311.1—2012 推荐的绝缘配合程序中使用的绝缘配合因数(K_c)乘以代表性过电压 U_{rp} 计算配合耐受电压(U_{cw}),即 $U_{cw}=K_c×U_{rp}$(见 GB 311.1—2012 的 4.3)。

对于直流侧设备采用确定性法计算配合耐受电压(见 GB/T 311.2—2013 的 3.3)用确定性配合因数 K_{cd}(见 GB/T 311.2—2013 的 3.3.2.1)代替 K_c。K_{cd} 考虑了以下因素:
——在建模计算过电压输入数据和模型的误差,避雷器严重的非线性特性带来的配合电流误差;
——过电压波形和持续时间与标准冲击试验波形的之间的差异。

对于直流应用,如果计算出的 U_{rp} 是所考虑的全部能够出现的且合理的故障事件中的最大值,则认为 U_{cw} 等于 U_{rp}。

9.6 要求耐受电压(U_{rw})的确定

直流设备如同交流设备,其绝缘按 GB 311.1—2012 分为自恢复和非自恢复绝缘设备。自恢复绝缘主要为气体间隙,而非自恢复绝缘主要是油和纤维电介质材料,用在变压器和电抗器等设备中。在某种程度上,晶闸管阀也可认为是自恢复绝缘设备。因为阀中有一定数量的冗余晶闸管,在阀维护周期时间段内,即使阀中的某些晶闸管随击穿损坏,只要击穿晶闸管数量少于冗余晶闸管也能维持阀的绝缘满足要求耐受电压。一般认为在每次检修后,阀的耐受电压都恢复到它的初始值。为了减少快波前和陡波带来的距离效应,V 避雷器应紧靠阀安装。

交流和直流设备的绝缘主要差别是直流设备的绝缘需要承受交流、直流和冲击电压的联合作用。联合电压作用下需要考虑绝缘上的电压按阻性和容性分压特性,非线性的分布可能会导致部分绝缘承受很高的稳态或暂态电压,因此应在设备的设计和试验时充分考虑。

将操作、雷电和陡波前配合耐受电压与相应的因数相乘确定相应的规定耐受电压 U_w。参考 GB 311.1—2012 图 1,要求耐受电压 U_{rw} 是由配合耐受电压 U_{cw}、外绝缘海拔修正因数 K_a 和取决于内部及外部绝缘类型的安全因数 K_s 共同确定的。安全因数 K_s 考虑了下列因素:
——绝缘老化;
——避雷器特性的变化;
——产品质量的分散性。

对于内绝缘 $K_s=1.15$;对于外绝缘 $K_s=1.05$。海拔修正因数的计算公式见 GB 311.1—2012。

换流站绝缘配合可采用确定法,根据经验从 0 至海拔 1 000 m 以内的高压直流换流站,由避雷器保护水平乘以一个因数获得设备的要求耐受电压。这个因数考虑了在本章开始讨论的所有因数。如果用户或者相关的设备委员会没有具体规定,表 10 提供了要求冲击耐受电压与冲击保护水平的比值用于绝缘配合。在表 10 中,所有设备都认为是由紧靠的避雷器直接保护。如果不是这样,例如,对于交流侧的一些设备,应考虑快波前和极快波前瞬态过电压对避雷器保护距离的影响,可提高比值(见 GB 311.1—2012 和 GB/T 311.2—2013 给出的配合因数和配合耐受电压)。

9.7 规定耐受电压(U_w)的确定

规定耐受电压应等于或高于要求耐受电压。对于交流设备,规定耐受电压为标准耐受电压值,由要求耐受电压在 GB 311.1—2012 中列出的标准冲击电压系列值中向上靠选择标准耐受电压值。

对于高压直流设备,没有标准耐受电压值,规定耐受电压等于要求耐受电压可向上调整到方便的可行值。

9.8 换流变阀侧绕组 SIWV/LIWV 的比值

由于不考虑换流变阀侧雷电侵入波过电压,可根据换流变厂家制造和运行经验来确定换流变阀侧

SIWV/LIWV 的比值,一般为 0.83~0.97。根据国内外换流变压器和交流变压器运行经验,较低的比值可能会导致换流变故障率增加。换流变试验时,为避免网侧交流绕组上电压过高,阀侧绕组一般不能进行一端加操作冲击,另一端接地的试验。试验时将阀绕组两端接在一起施加操作冲击,而将网侧绕组短路并接地,操作冲击加在阀绕组两端与换流变箱体之间的主绝缘上。阀侧绕组纵绝缘只能由雷电冲击试验检验,一端施加雷电冲击电压,另一端接地。因此,雷电冲击试验电压不宜过低,但绕组的绝缘结构主要由雷电冲击电压决定,降低换流变 SIWV/LIWV 的比值带来制造困难和成本的增加。可按 CIGRE 工作组建议选 SIWV/LIWV 的比值为 0.95 左右。可根据比值确定的 LIWV 选择保护避雷器的雷电冲击保护水平和配合电流。

表 8 避雷器要求

避雷器的类型a,b (见图1和图3)	持续运行电压			荷电率		在相应于配合电流下的避雷器保护水平a						能量吸收
	U_{ref}	CCOV	PCOV	CCOV/U_{ref}	PCOV/U_{ref}	SIPL		LIPL		STIPLc		避雷器能量
	kV	kV (幅值)	kV (峰值)			kV (峰值)	kA (峰值)	kV (峰值)	kA (峰值)	kV (峰值)	kA (峰值)	kJ
A	额定电压		不适用	不适用	不适用					不适用	不适用	
FA1,FA2	不适用		不适用	不适用	不适用					不适用	不适用	
V												
T										不适用	不适用	
B										不适用	不适用	
M,MH,ML										不适用	不适用	
C,CH,CL, CB,CM										不适用	不适用	
DB,DL,DC										不适用	不适用	
E1,E1H										E1H 不适用	E1H 不适用	
DR	不适用			不适用						不适用	不适用	
FD1,FD2、FD3	不适用			不适用						不适用	不适用	
E,E2H,EL, EM		不适用			不适用					不适用	不适用	

注:缩写见第4章和第5章,定义见第3章。

a 8.1 中给出相应冲击电流波形的一般信息。

b 图1是典型的高压直流换流站避雷器布置。实际布置依据具体设计。

c STIPL 仅针对 V 避雷器。

表 9　代表性过电压和要求耐受电压水平

绝缘位置 （见图 3）	代表性过电压 （保护水平等于代表性过电压 U_{rp}）			要求耐受电压 （U_{rw}）		
	SIPL RSFO	LIPL RFFO	STIPL[a] RSTO[a]	RSIWV	RLIWV	RSTIWV[a]
	kV	kV	kV	kV	kV	kV
Ⅰ 交流开关场						
交流母线和常规设备,1-地			N/A			N/A
交流滤波器电容器 a)　高压侧,1-地 b)　两端,1-2 c)　低压侧,2-地,3-地			N/A			N/A
交流滤波器电抗器 a)　低压侧,2-地,3-地 b)　两端,2-3			N/A			N/A
Ⅱ 阀厅设备						
阀两侧,5-9,7-5,6-7,6-8						
下部阀组,7-8			N/A			N/A
上部阀组,9-7			N/A			N/A
6 脉动桥相间 5a-5b,5b-5c,5c-5a 6a-6b,6b-6c,6c-6a			N/A			N/A
接地中点,7-地			N/A			N/A
12 脉动换流器单元顶部高压侧,9-地			N/A			N/A
12 脉动换流器单元底部低压侧,8-地			N/A			N/A
高压直流母线换流器,9-地			N/A			N/A
直流中性母线,8-地			N/A			N/A
Ⅲ 直流侧设备						
直流平波电抗器两端,10-9						
直流滤波器电容 a)　高压侧,10-地 b)　两端,10-11,12-8 c)　低压侧,11-地,8-地,12-地						
滤波器电抗器 a)　低压侧,11-地,12-地,8-地 b)　两端,11-12,12-8						
高压直流线路/电缆,10-地						
直流线路,10-地						

表 9（续）

绝缘位置 （见图3）	代表性过电压 （保护水平等于代表性过电压 U_{rp}）			要求耐受电压 （U_{rw}）		
	SIPL RSFO	LIPL RFFO	STIPL[a] RSTO[a]	RSIWV	RLIWV	RSTIWV[a]
	kV	kV	kV	kV	kV	kV
接地电极引线,8-地						
Ⅳ 其他设备如变压器、阀、绕组（如油浸式）						
星形绕组 a) 相对中性点,5a-n,5b-n,5c-n b) 相间,5a-5b,5b-5c,5c-5a c) 中性点对地,n-地 d) 相对地,5a-地,5b-地,5c-地						
三角绕组 a) 相间,6a-6b,6b-6c,6c-6a b) 相对地,6a-地,6b-地,6c-地						
星形绕组对三角绕组,5-6						
[a] STIPL、RSTO 和 RSTIWV 仅用于 V 避雷器。						
注：N/A 表示不适用。						

表 10　要求冲击耐受电压与冲击保护水平的比值

设备类型	要求冲击耐受电压与冲击保护水平比值[a,c]		
	RSIWV/SIPL	RLIWV/LIPL	RSFIWV/STIPL[b]
交流开关场母线,户外绝缘子和其他常规设备	1.20	1.25	1.25
交流滤波器元件	1.15	1.25	1.25
换流变（油中） 　网侧 　阀侧	1.20 1.15	1.25 1.20	1.25 1.25
换流阀[d]	1.10	1.10	1.15
直流阀厅设备	1.15	1.15	1.25
直流开关场设备（户外）（包括直流滤波器和直流电抗器）	1.15	1.20	1.25

[a] 用于一般设计的比值,最后的比值（增高或减小）根据选择的性能指标确定。

[b] V 避雷器的 STIPL。

[c] 以避雷器直接保护设备为基础的比值。

[d] 换流阀中的晶闸管单元有监控装置,易于发现和更换故障晶闸管,换流阀中的晶闸管单元不存在老化问题,一般认为在每次检修后,阀的耐受电压都恢复到它的初始值。且阀单元有阀避雷器直接保护,而阀的成本和阀的损耗近似地正比于阀的绝缘水平,降低阀的绝缘水平也可降低阀和阀厅的高度,因此最低可选择1.10。可经经济和技术比较后确定。

10 研究工具和系统模型

10.1 概述

本章讨论 HVDC 换流站的过电压特性及所需避雷器特性的总体研究方法和工具。作为第 8 章的进一步描述,这些研究的目的如下:

——确定 HVDC 换流站中的避雷器的能量和保护水平;

——形成 HVDC 换流站的绝缘配合依据;

——确定所有避雷器的规范。

10.2 研究方法及工具

需要下列信息开展研究,更详细的情况见 10.3:

——HVDC 换流站的结构,以及交流和直流系统数据;

——换流站交、直流场和阀厅的所有设备参数(如变压器、线路等);

——交流避雷器单电阻片的额定电压 U_r、直流避雷器单电阻片的直流 U_{ref}、交直流避雷器单电阻片耐受暂时过电压的伏秒特性;缓波前、快波前和陡波前冲击电压下的伏安特性以及单次允许的能量;

——换流器控制和保护策略,包括调节器的动态响应特性和保护配置、定值及延迟时间;

——运行方式;

——阀保护策略(阀保护触发水平)。

过电压的研究方法由下面步骤组成:

第 1 步:初步确定交直流避雷器的布置和参数,例如:由交流工频过电压伏秒特性确定交流避雷器额定电压,由每种类型直流避雷器安装位置 U_c 和 U_{ch} 幅值和波形特点选择对应的 CCOV 和 PCOV 以及荷电率确定 U_{ref}。

第 2 步:研究暂时和缓波前过电压,确定产生各类型交直流避雷器的最大缓波前残压、放电电流和能量的故障工况,并考虑严重工况和偶然事件出现的概率,确定避雷器单柱所需串联的电阻片片数、最少内部并联柱数和外部并联的只数等参数。如有必要,按第 1 步对避雷器的布置和参数进行调整。

第 3 步:研究快波前和陡波前过电压,验证在第 1 步和第 2 步确定的避雷器布置和参数,确定产生各类型避雷器的最大快波前和陡波前残压、放电电流。若考虑避雷器保护的距离效应也可能需要增加一些额外避雷器。

第 4 步:基于第 2 步和第 3 步研究结果,确定避雷器的配合电流、冲击保护水平和避雷器能量的要求并提出各类型避雷器的规范(见第 8 章)。所确定的配合电流应大于第 2 步和第 3 步过电压计算中的避雷器最大放电电流。

第 5 步:确定不同绝缘位置的最大代表性过电压,经绝缘配合,确定规定耐受电压(见 9.4)。

选用避雷器原则是确定避雷器吸收能量时选用避雷器的最小(V-I)保护特性,而与其相并联连接的其他避雷器应采用最大残压偏差特性,避免分流。确定保护水平时选用最大(V-I)保护特性。

尽管有许多工具可用于计算过电压和避雷器功耗,但关键是用该工具所建立的模型能否正确地模拟电力系统元件及其相应的特性。为了得到正确的计算结果,需要在与过电压类型相适应的频率范围内建立能代表相应系统特性的模型(建模的指导见 GB/T 311.4—2010)。通常数字电磁暂态分析方法的计算机程序可用于这些计算。

实时数字仿真器是一种有效的研究工具。但是在目前条件下,这些工具由于计算步长时间限制,可能不适用于高频过电压的研究。

10.3 系统模型

10.3.1 系统的建模

绝缘配合的研究中,要求模拟系统中所建各元件模型的有效频率范围尽可能从直流到 50 MHz。然而所有元件模型在全频范围内均有效是很难达到的。因此在关注的能代表过电压类型的频率范围内,选择元件模型的不同参数将对该模型模拟的正确性有不同的影响。

交直流系统从一个稳态过渡到另一个稳态的期间将出现瞬态现象。在交直流系统中这种扰动的主要原因是分合断路器操作或换流器阀的不正常开通和关断、设备和线路短路、接地故障和雷击以及控制和保护的失灵等。随后发生的电磁暂态现象是线路、电缆或母线段上的行波折反射和换流器、换流变等设备电感和电容之间产生的电磁振荡。线路的振荡频率由线路的波阻抗和传播时间来确定。

表 11 给出了各类型过电压暂态过程的起因以及对应的频率范围的概况。建模时需要参考这些频率范围。

表 11　过电压起因和相应的频率范围

组	典型的频率范围	主要的代表性过电压	过电压起因
I	0.1 Hz～3 kHz	暂时过电压	见 7.4
II	50 Hz～20 kHz	缓波前过电压	见 7.5
III	10 kHz～3 MHz	快波前过电压	见 7.6
IV	1 MHz～50 MHz	陡波前过电压	见 7.6

图 9 是换流站单极结构图。从绝缘配合的观点讲,一般将高压直流换流站及其交直流线路,按过电压起因分为不同的区域。这些区域包括:

a) 交流系统;

b) 高压直流换流站交流场,包括交流滤波器和任何其他无功电源、断路器和换流变压器线路侧;

c) 阀厅设备,包括换流变压器阀侧、换流器等;

d) 直流场,包括直流平波电抗器、直流滤波器、中性母线冲击电容和隔离开关和断路器等;

e) 直流线路/电缆和接地极线路/电缆。

在建立研究模型时应考虑这些区域,在不失去研究结果有效性的前提下,其模型可以详细也可适当简化。

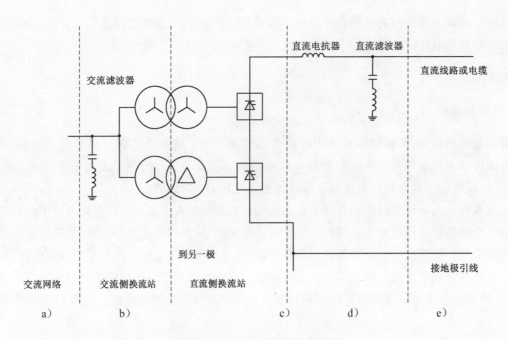

图 9　高压直流换流站的单极

10.3.2　交流网络和高压直流换流站的交流侧

10.3.2.1　缓波前和暂时过电压

本条给出了建立交流网络和交流侧设备模型研究缓波前和暂时过电压需要考虑的因素：

a)　可模拟高压直流换流站附近详细的三相交流系统或采用合适的等值交流系统。详细的三相交流系统应至少模拟从换流站交流至倒退两条母线的全部线路、变压器(包括它们的饱和特性)、高抗和直接接入的发电厂。计算暂时过电压时,尤其是孤岛运行方式,应包括发电机励磁和调速系统,系统的剩余部分可以用其短路电抗与其波阻抗并联来表示。等值交流系统为从高压直流换流站望出的等值网络作为模拟交流系统的主要部分,但也应考虑模拟等值交流系统的各低次谐波频率特性以及可产生阻尼的负荷。

b)　安装在高压直流换流站交流场的设备,包括任何无功电源(滤波器、电容器、SVC 和调相机)和换流变压器。换流变压器模型的饱和特性是关键参数之一。

c)　在几百赫兹频率范围内模拟装于交流场、滤波器和线路出线的避雷器或用 1 ms 或 30 μs/60 μs 操作电流冲击下的伏安的特性。根据标称雷电电流其配合操作冲击电流为 0.5 kA、1 kA 和 2 kA。

10.3.2.2　快波前和陡波前过电压

本条给出了建立交流网络和交流侧设备模型研究快波前和陡波前过电压需要考虑的因素,交流线路和母线等应采用足够高的频率参数模型：

a)　交流滤波器元件模型应包括杂散电感和电容。

b)　波在交流线路上传播时间超过所研究事件的整个计算时间时,交流线路可用波阻抗模拟。

c)　带有绕组设备的所有杂散电容,用对地和跨接在设备两端的集中电容模拟。

d)　在表 11 给出的快波前和陡波前频率范围内建立避雷器特性;也可用标准 8 μs/20 μs 雷电电流冲击下的伏安的特性和陡波电流冲击下的伏安的特性,并带有杂散电容(仅对 GIS 要求)和电感(线性电感约 1 μH/m),为了表示时延可以增加电感。模拟避雷器的频率特性可采用 IEEE

推荐的两个非线性电阻并联的模型。

e) 接地网、接地连接线和闪络电弧应采用合适的模型。

10.3.3 直流架空线路/电缆和接地极引线

10.3.3.1 缓波前和暂时过电压

本条给出了建立直流架空线路/电缆及接地极线路模型研究暂时和缓波前过电压需要考虑的因素：

a) 根据表 11 从直流到 20 kHz 频率范围模拟直流线路及接地极线路；避雷器用 30 μs/60 μs 或 1 ms 操作电流冲击下的伏安的特性。

b) 在几百赫兹频率范围内模拟直流极线避雷器和中性母线避雷器特性。

10.3.3.2 快波前和陡波前过电压

本条给出了建立直流架空线路/电缆及接地极引线模型研究快波前和陡波前过电压需要考虑的因素：

a) 直流线路、接地极引线及母线应使用足够高的高频参数模型模拟。若波在长线路传播中从远端反射回来，不与所研究的事件中产生的波过程相交，长的线路可用波阻抗模拟。线路绕击和反击下雷电过电压水平决定了快波前过电压的幅值。

b) 在表 11 中的快波前和陡波前频率范围内确定极母线和中性母线避雷器特性；也可用直流避雷器标准 8 μs/20 μs 雷电和陡波冲击电流下的伏安的特性，详见 10.3.2.2 的 e)。

c) 对设备接地连接线和闪络后的电弧也应考虑采用合适的模型。

10.3.4 高压直流换流站的直流侧

10.3.4.1 缓波前和暂时过电压

本条给出了建立直流侧换流站设备模型研究暂时和缓波前过电压需要考虑的因素：

a) 需要模拟直流换流站内直流侧设备（直流电抗器、阀、直流滤波器、中性母线避雷器和电容器等）。

b) 在几百赫兹频率范围内模拟直流侧避雷器特性；也可采用直流避雷器操作电流 30/60 冲击下的伏安的特性。

c) 控制和保护对过电压影响应予以考虑，特别是计算暂时过电压时。

10.3.4.2 快波前和陡波前过电压

本条给出了建立直流侧换流站设备模型研究快波前和陡波前过电压需要考虑的因素：

a) 直流侧设备（平波电抗器、直流滤波器、阀等）的模型应包括杂散电感和电容；

b) 带有绕组设备的所有杂散电容，用对地和跨接在设备两端的集中电容表示；

c) 应在相应的频率范围内模拟避雷器的特性，也可采用直流避雷器雷电和陡波电流冲击下的伏安的特性，详见 10.3.2.2 的 d)；

d) 由于控制和保护对快速瞬态电压来不及响应，所以不需考虑它们对快波前和陡波前过电压的影响。

10.3.5 直流控制和保护系统

10.3.5.1 概述

本条给出了建立换流站控制和保护模型研究缓波前过电压需要考虑的因素。

直流系统的缓波前过电压可以利用换流站的控制和保护系统加以抑制并协助直流系统平滑而快速地从故障中恢复。故障所引起的最大瞬态过电压的幅值、持续时间和避雷器能耗在很大程度上受控制和保护系统特性所左右。但是其本身发生故障或误动也会产生缓波前过电压。

10.3.5.2 直流控制系统

直流控制系统包括站控(双极)、极控和组(阀)控三个层次,宜用电磁暂态程序建立工程实际用直流控制系统模型进行暂时和缓波前过电压研究。对绝大多数缓波前过电压来说,最大过电压和避雷器能量出现在故障后300 ms内,剧烈的暂态过程持续时间较短,控制模型可以仅建立组控模型,对极控和站控予以简化,原因是暂态过程中它们来不及响应。而对于研究交直流系统从故障到恢复、谐波谐振和暂时过电压等持续时间较长的过电压时,应模拟极控(包括双极控制)的重要控制功能,如极电流限制、低压限流(VDCL)、分接头调节和极间功率转移等。组控直接对12脉动换流器的触发角快速控制,它包括基本的定电流、定电压和定熄弧角三个调节器和确定哪一个调节器起控制作用的切换逻辑,调节器限幅的动态设定,如最小 α 角限制和过电压限制等以及与继电保护接口的快速闭锁和紧急停机(ESOF)的顺序控制逻辑。直流控制系统是闭环控制系统,三个PI(比例和积分)调节器的参数和相应的直流电压、电流和 γ 角等反馈量的测量系统(包括测量系统中数字滤波模块)的暂态响应特性以及 ESOF 动作策略,对交直流故障和控制系统故障引起的缓波前过电压幅值大小、持续时间和避雷器的能耗有决定性的影响,应详细建模。需对控制系统模型的稳态和动态性能进行检验。三个调节器对相应参考指令的阶跃增加或者阶跃降低的响应性能指标应不优于功能规范书的要求。对某些关键故障,甚至需要固定触发角,以寻找最苛刻的缓波前过电压。

10.3.5.3 直流保护系统

直流保护系统包括双极、极和阀组保护,以及交直流滤波器、换流变、直流线路和接地极线路等的保护。计算缓波前过电压时的保护模型宜用电磁暂态程序建立工程实际用的保护模型,包括其工作原理、分段执行动作和配合、判据和定值。为了寻找最大缓波前过电压和避雷器在故障中吸收的最大能量,保护动作时延应不小于实际运行中可能出现的最长的动作时延。可根据计算的故障类型,仅对延迟时间小于200 ms的快速保护(包括分段保护中的快速段)进行模拟,如桥差动、极差动、交流过电压、换流器直流过电压、极母线和中性母线差动、交直流碰线、线路行波和低电压等。应详细模拟极和阀组保护动作后换流器的快速闭锁(FSOF)和 ESOF 过程。如整流站 ESOF 过程一般为 α 角移相120°,若 Id 降到零左右,α 角移相160°并延迟100 ms左右后,闭锁整流站。逆变站 ESOF 过程为立即触发旁通对(除非由保护禁止),在直流电流为零后,延迟500 ms后,闭锁阀。

11 爬电距离

11.1 概述

爬电距离是表明绝缘子在持续运行电压(交流、直流或两者叠加)下外绝缘特性的一个参数。在潮湿情况下,绝缘子上的污秽将降低其耐受运行电压的能力,雨、雪、凝露或雾等气象因素为这个过程提供了条件。诸如绝缘子的伞型、伞倾角和绝缘子的直径等其他参数都影响着绝缘子的污耐压能力。在污秽情况下,带有内部芯子结构的套管、直流电流测量装置、直流电压分压器和其他类似设备,内部和外部电压的分布都将发生改变。在合理确定绝缘子的类型和形状时需要考虑上述因素。

外绝缘表面的积污被凝露、雾或雨轻度湿润时,在各种直流运行方式下,已引起一些套管闪络。另外,外绝缘表面的不均匀湿润也会引起套管的闪络,例如,水平安装的套管发生闪络,但这种闪络现象与爬电距离无关。

11.2 爬电距离基准电压

配置外绝缘统一爬电比距(USCD)所用的基准电压为:

a) 换流站交流侧(交流设备)相对地绝缘:相对地最高持续运行电压的有效值;

b) 换流站交流侧(交流设备)相对相绝缘:相对相最高运行电压的有效值;

c) 承受纯直流电压的直流设备的绝缘:设备承受的最高持续直流电压;

d) 承受直流、基频和谐波叠加电压波形的绝缘:电压有效值(如阀和直流滤波元件);

e) 交流基频和谐波叠加电压波形的绝缘:电压的最高有效值(如交流滤波元件)。

GB/T 26218.1—2010 的 8.3 对要求的爬电距离进行了规定,为了标准化,规定了 5 个污秽等级以表征现场污秽度(SPS)。

11.3 直流电压下户外绝缘的爬电距离

多年来的工业应用中,采用较大的标称爬电距离成为趋势,污秽运行条件下的高压直流系统中,瓷绝缘子爬电比距为 60 mm/kV 左右。

已经采用了一些措施来应对目前的 HVDC 系统的污秽问题。早期硅脂的使用成功地降低了闪络率,但是在污秽条件下,增加了重涂硅脂的频率。随着防污领域的技术进步带来了绝缘子防污闪性能的改善,在绝缘子表面应用室温硫化橡胶(RTV)更为有效,复合绝缘材料增爬裙的应用也成功地避免了套管闪络。

在套管和其他设备上应用复合外套,已经成功解决了高压直流站的污闪问题,即使复合外套选择了较小的标称爬电距离。复合绝缘子和套管的运行经验表明,选择相当于瓷绝缘子爬电距离 75% 左右的复合绝缘子的防污性能也令人满意。复合材料的憎水性增加了其防污的适用性,包括在不均匀湿润的工况。近来,复合绝缘子和套管的使用令人满意,尤其是在 ±500 kV 及以上的工程中。

11.4 直流电压或混合电压下户内绝缘的爬电距离

因阀厅密封较好且具有空调系统,环境清洁且湿度可控,绝缘子广泛使的最小标称爬电距离约为 14 mm/kV(基于 11.2 所采用的基准电压),而不会发生污闪。一般确定换流阀外绝缘距离合适的参数可能不是泄漏路径,而是干弧距离。

对于环境不可控的户内高压直流设备(户内直流场),如果凝露可以避免,爬电距离在 20 mm/kV~30 mm/kV 时即可获得满意的污闪性能。

11.5 交流绝缘子爬电距离

GB/T 26218.2—2010 和 GB/T 26218.3—2011 分别为使用者提供了瓷和玻璃绝缘子或复合绝缘子的选择方法:

——由现场污秽度(SPS)等级(GB/T 26218.2—2010 的图 1 和 GB/T 26218.3—2011 的图 1)确定参考统一爬电比距(RUSCD);

——评估不同绝缘子外形的适用性;

——通过绝缘子形状、尺寸、安装位置等因素对 RUSCD 进行校正获得最小 USCD;

——如有需要,确定合适的试验方法和试验参数对候选绝缘子的性能予以验证。

12 换流站空气间隙

12.1 设备对地或两端的空气间隙

GB 311.1—2012 中详细地给出了如何选择交流系统要求的空气间隙,以满足标准的冲击耐受电压,其附录 A 中给出了标准大气条件下,统计耐受概率为 90% 的标准冲击耐受电压与最小空气距离的关系。

选择直流要求的最小空气间隙时要考虑交流、直流和冲击电压的联合作用情况。一般情况下,空气间隙的正极性直流和正极性冲击耐受电压要比负极性耐受电压低。直流电压叠加操作冲击电压下的空气间隙放电试验可以用单一操作冲击波试验代替,单一操作冲击波的幅值等于直流电压与操作冲击电压峰值的和。

确定空气间隙大小的因素中,操作比雷电重要。对于一个标准的空气间隙,正的雷电冲击击穿电压至少要比正的操作冲击击穿电压高30%。选择合适的电极形状可提高操作冲击的耐受电压,减小要求的最小空气间隙。

直流系统的空气间隙选择是基于设备规定的冲击耐受电压,该电压为避雷器保护水平乘以合适的裕度系数得到,而无需向上靠一个标准绝缘水平。

计算临界(50%)耐受电压(U_{50})选择户外空气净距时,可按照式(6),并至少考虑2σ:

$$U_{50} = U_w/(1-2\sigma) \quad\quad\quad\quad\quad\quad\quad\quad\quad\quad (6)$$

式中:

U_{50}——相应冲击电压波形下的50%的闪络电压,单位为千伏(kV);

U_w——规定的冲击耐受电压,单位为千伏(kV);

σ——标准偏差。

然后,可根据不同电极形状特性对应的间隙系数由U_{50}选择户外空气净距。推荐采用设备的真型或仿真间隙放电试验数据选择户外空气净距。

当公式中U_w为内绝缘规定的耐受电压时,根据9.6包含了外绝缘海拔1 000 m的修正,因此选择的设备的空气间隙适合于海拔1 000 m以下地区。而计算海拔1 000 m以上的U_w时,可按GB 311.1—2012的海拔修正公式减去1 000 m后进行修正。当U_w为外绝缘规定的耐受电压时(即避雷器保护水平乘以1.05),应从0 m按GB 311.1—2012的海拔修正公式进行修正。推荐采用外绝缘规定的耐受电压。因为直流设备不像交流设备有标准化的绝缘水平,可适合海拔1 000 m以下的所有地区,以增加设备的通用性和互换性。采用外绝缘规定的耐受电压选择的空气间隙小于按内绝缘规定的耐受电压,过电压下的闪络率高于内绝缘,有利于保护内绝缘。

最小净距应从设备操作和雷电冲击耐受电压下确定的净距中选择较大者。

对于阀厅内的设备,考虑到以下几点,U_{50}值应至少高于设备规定耐受电压2σ:

——计算大气修正因数时,阀厅的最高温度和相对低的湿度;

——应用间隙系数时所对应的典型电极结构与阀厅复杂电极结构的差别;

——单一冲击试验电压波形与阀厅设备承受的实际的复杂过电压波形不同,其包括直流、交流电压和瞬态过电压的叠加。

选择阀厅空气间隙时考虑到阀厅有空调系统,温度和湿度较为稳定,可按照GB/T 16927.1—2011进行大气修正。

12.2 相间空气间隙

选择换流站换流变网侧和阀侧、CVT、交流滤波器等设备的相间空气间隙要求的U_{50}耐受电压计算公式同12.1,可将公式中的U_w替换为$U_{rp} \times 1.05$。U_{rp}为所考虑的全部能够出现的且合理的故障事件中的相间操作过电压最大值,1.05为安全系数。户内大气修正和户外海拔修正方法同12.1。

接入超高压、特高压交流系统交流相间过电压预期值一般可取相对地避雷器保护水平的1.7倍~1.8倍左右,σ可取典型值0.035。选择相间空气间隙时推荐采用与模拟计算出的相间过电压α系数相同或较低的真型或仿真相间间隙临界波形放电试验数据选择相间空气净距,宜考虑波形修正。α系数的定义和由试验数据计算相间空气间隙击穿强度的方法见GB/T 311.2—2013附录C和附录F。换流站极间距离一般远大于交流相间空气间隙距离,可以不考虑。

13 直流线路过电压与绝缘配合

13.1 直流线路缓波前过电压

直流线路绝缘水平主要由直流工作电压、缓波前(操作)过电压和快波前(雷电)过电压确定。主要包括在这三种作用电压下线路绝缘子串(瓷和玻璃)的片数,复合绝缘子的结构高度的选择和导线对杆塔的空气间隙距离选择。

在双极运行方式下,由于雷电反击和绕击以及污秽等原因,直流线路单极会发生闪络。当一极发生接地故障时,在健全极上产生缓波前过电压。若健全极在缓波前过电压下也发生闪络,导致双极先后故障闭锁,则可能破坏两端交流系统的稳定运行。因此直流线路缓波前过电压应考虑单极接地在健全极线路产生的过电压,线路接地故障也是运行中出现概率最高的故障。

单极接地故障在健全极线路产生的缓波前过电压的大小及沿线分布与线路参数(长度和波阻抗)、线路端部阻抗(直流滤波器和平波电抗器的参数)、故障发生时间和沿线的位置、杆塔接地电阻、弧道电阻、直流输送功率大小和线路行波保护特性等多种因素有关,具有统计特性。健全极过电压的大小及沿线分布有以下特点:

a) 单极接地故障发生瞬间,通过极间电容耦合在健全极产生静电感应电压,幅值取决于线路的正序、零序波阻抗和杆塔的接地电阻(需考虑弧道的电阻、电感和故障杆塔两侧多个杆塔经架空地线并联对接地电阻值的影响),与接地电阻的大小反相关。随后静电感应电压行波向线路两端传播,并在端部发生折反射。单极接地点处从直流极电压跃变至零,短路电流的故障分量行波从故障点向线路两端传播,并在故障点和线路两端之间发生多次折反射。当行波第一次到达线路端部时直流滤波器电容放电,放电电流可通过电磁感应在健全极产生过电压。因而健全极过电压是故障极和健全极电压、电流行波折反射过程中经静电感应和电磁感应共同作用相互叠加形成的。可采用相模变换法,消除两极之间的耦合影响,将双极线路的电压和电流转换成正序和零序电压电流模量,分析健全极过电压产生的机理和影响因素。直流滤波器电容较大,线路较短时,健全极中点最高过电压主要由叠加在静电感应电压上的电磁感应电压确定。当电容较小,线路较长时,健全极中点最高过电压主要由静电感应电压行波在线路两端之间的折返射过程中相互叠加所确定。直流输送功率的大小、线路正序和零序参数、线路长度、逆变站分层接入、控制保护系统中的调节器动态响应和线路行波保护的快慢对最大过电压和沿线分布均有大小不同程度的影响,需要寻找健全极最大的过电压及其沿线分布。

b) 单极线路沿线路在不同地点接地,接地时间发生在一个工频周期内不同相位(尤其是逆变站分层接入不同交流电压等级的系统方案),可在健全极线路上产生与故障点位置和接地故障发生时间这两个随机变量相关的一系列沿线分布统计过电压。当直流输送功率为额定功率时,统计出的健全极线路沿线最大过电压分布为伞形,伞形的顶部一般为线路中点,由故障极线路中点发生接地故障所产生。因为故障点位于线路中点,两侧线路参数对称,故障产生的行波在故障点与线路两侧端部折反射过程在时间和空间上都是对称的,可在中点处完全叠加,产生最大缓波前过电压。

c) 对每一个空气间隙距离都有一个绝缘强度最低的临界波前时间。模拟计算的缓波前过电压的波前时间与杆塔空气间隙操作冲击试验电压临界波前时间 T_{cr} 之间的换算可按式(7)计算:

$$T_{cr} = 1.45 \times (T_p - T_{70\%}) \quad\cdots\cdots\cdots\cdots\cdots\cdots\cdots\cdots\cdots(7)$$

式中:

T_p ——缓波前过电压从过零点到达操作过电压 U_p 峰值的时间间隔;

$T_{70\%}$ ——缓波前过电压到达 $70\%U_p$ 的时间,原因是操作波中低于峰值 70% 的那部分波形对闪络电压值没有影响。

健全极中点由电磁感应产生的过电压按上述公式计算出的波前时间一般在 $150~\mu s$ 左右,波尾时间也较短,为短尾波。由健全极静电感应电压从线路两端反射叠加产生的过电压按上述公式计算出的波前时间一般在 $1~ms$ 左右。试验表明比临界波前时间更短的波前时间,其闪络一般都发生在峰值之后,而长波前的放电电压高于临界波前的放电电压,因此具有短尾波和长波前的波形的过电压发生闪络的概率相比相同峰值的临界波前的冲击试验电压要低。宜根据工程计算出的波前时间、幅值选择对应的真型和仿真型塔空气间隙在临界波前时间下的操作冲击电压放电曲线确定最小操作空气间隙。目前工程中一般采用标准操作冲击电压下放电曲线,可能留有额外裕度。

直流换流站一极直流侧操作、接地和控制故障产生的缓波前过电压受到本极换流站直流母线和线路入口处 D 型避雷器的抑制,低于其保护水平。当操作过电压达到 D 避雷器保护水平时,是非常严重的故障,本极换流器的保护会动作,闭锁换流器。即使本极的线路空气间隙在操作过电压下闪络,因有平抗的限流作用,对换流变和阀设备不会造成很大冲击,也不会带来额外损失。BP 方式下一方面故障极的电压、电流行波传播到线路后经线路双极之间静电和电磁耦合在健全极产生操作过电压,另一方面通过故障电流和电压的正序分量引起健全极电流和电压调节器快速调节影响了健全极电压和电流的暂态过程,持续时间比单极接地产生的过电压时间长,比较复杂。但健全极的操作过电压一般低于线路单极接地故障,而换流站出现达到 D 避雷器保护水平故障的概率比线路接地故障概率低很多。因此杆塔的空气间隙选择可以不考虑换流站内一极故障产生的操作过电压在健全极产生的缓波前过电压。换流站交流侧故障和操作会在双极产生操作过电压,其过电压一般较低,对直流线路的空气间隙选择不起决定性作用。直流线路不应考虑交流侧故障在直流线路上产生的二次谐波谐振过电压,谐振过电压应予以避开或抑制。

在必要时可采用无串联间隙的直流避雷器抑制直流线路中部缓波前过电压。直流避雷器宜带有故障脱扣装置,即为免维护型的,或带有遥测系统。

13.2 直流线路快波前过电压

直流线路绝缘水平很高,雷击地线或塔顶发生反击闪络的可能性很低;线路杆塔较高,较易发生绕击,正极性导线更易于发生反击和绕击。输电线路的防雷设计,应结合当地已有线路的运行经验、地区雷电活动强度、地闪密度、地形地貌及土壤电阻率等因素,通过计算分析和技术经济比较,采用合理的差异化防雷保护措施,以满足直流线路雷电闪络率性能指标。

直流线路应沿全线架设双地线,地线保护角采用负保护角。对雷电活动较强烈的山区可根据工程实际条件进一步减小地线保护角。两根地线之间的距离不应超过导线与地线垂直距离的 5 倍。

13.3 直流线路绝缘子

直流线路选用瓷、玻璃或复合绝缘子应满足能够耐受持续运行电压作用的要求,宜根据污耐压法确定。在缺乏污耐压试验数据时也可按爬电比距法确定,同时应符合耐受操作和雷电过电压要求。直流线路绝缘子串的积污比交流线路严重,直流输电线路的防污设计,应参考最新审定的污区分布图和直、交流积污比,并考虑污秽的发展。

13.4 直流线路的绝缘配合

13.4.1 缓波前过电压下的空气间隙

为了减小走廊宽度和降低线路损耗,±660 kV 等级及以上等级的直流线路一般采用 V 串绝缘子和大截面导线。直流线路的极间距离不再由电磁环境指标要求所确定,而由缓波前过电压下,导线对塔身的间隙距离要求所确定。因此需选择合理的缓波前过电压的绝缘配合方法,减小导线对塔身间隙距离,从而较少横担长度,以节省线路的投资。而采用 I 串绝缘子线路的杆塔最小空气间隙是由导线风偏下的直流工作电压确定的,而不由缓波前过电压。

选择缓波前过电压下塔头的空气间隙方法有统计法、简化统计法和半统计法。统计法是将过电压、绝缘强度或其他随机因素作为随机变量,按绝缘故障率要求进行配合的方法。简化统计法是考虑正态分布的统计过电压与作为正态分布随机变量的绝缘强度按绝缘故障率要求进行配合的方法。两种方法所确定的绝缘故障率从系统的运行可靠性和建设费用两方面来看应该是可以接受的,对降低线路绝缘水平具有显著经济效益。两种方法的应用可参考 GB/T 311.2—2013、GB/T 50064 和 GB/Z 24842。宜采用统计法根据 13.1 由两个随机变量计算得到的直流线路沿线健全极各节点操作过电压幅值的概率密度曲线与呈正态分布的杆塔空气间隙放电概率分布曲线直接采用数值积分计算绝缘故障率,并综合考虑引起单极接地故障事件出现的概率(如雷击闪络率)计算得到全线闪络率。然而主要因为目前各电压等级的直流工程均未规定直流极线路允许的闪络率指标,暂不能采用统计法选择空气间隙。目前工程中采用半统计法选择缓波前电压下的空气间隙。

半统计法是将绝缘强度作为变量,按绝缘闪络率要求进行配合的方法。该方法中代表性过电压可取过电压概率分布的截断值,则超过该值的概率为零,这样线路的单个间隙的闪络率仅取决于线路绝缘强度。导线对杆塔的单个空气间隙的正极性缓波前过电压下 50% 放电电压 U_{50s} 按式(8)计算:

$$U_{50s} = K_a \times K_s \times K_c \times U_{rp}/(1 - 2\sigma) \quad\cdots\cdots\cdots\cdots\cdots\cdots\cdots (8)$$

式中:

K_a ——海拔高度校正系数,可按 GB 311.1—2012 推荐的公式计算;

K_s 和 K_c——分别为安全系数和配合系数;

σ ——杆塔空气间隙在缓波前过电压下放电电压的变异系数,工程中一般采用 5% 或 6%;

U_{rp} ——代表性过电压,取为线路中点随机接地故障在健全极产生的统计过电压中的最大值,并作为全线的唯一过电压进行绝缘配合,以方便杆塔的设计和制造。

因为健全极中点最大过电压只有在故障极线路正好在中点接地,且接地时间也正好满足出现最大过电压的时刻,才会出现,再考虑每年雷击、污秽和异物接触等导致单相接地故障出现的次数和地点的概率,则全线出现中点最大过电压的概率极低,可认为是截断值,所以 K_s 和 K_c 均可取为 1。

真型塔或仿真塔的杆塔空气间隙在操作波下的放电概率曲线一般呈正态分布,则按半统计法取 2σ 进行绝缘配合,理论上单间隙的闪络率为 2.28%。当输送直流功率特别大时,为安全起见,可取 3σ,则单间隙闪络概率为 0.13%。可根据 U_{50s} 和 U_{rp} 转换的临界波前时间查真型塔或仿真塔在临界波前时间下的 50% 放电特性曲线确定最小空气间隙大小。

为节省投资,宜根据最大过电压沿线分布的形状和过电压下降的快慢,将直流线路分成中部地区和中部以外若干地区采用半统计法进行差异化绝缘配合。

13.4.2 带电作业下的空气间隙

带电作业校验的塔头空气间隙在缓波前过电压下的 50% 放电电压计算公式同式(1),取 3σ,缓波前过电压取健全极中点最大过电压。选择空气间隙时对操作人员需要停留的工作部位应考虑 0.5 m 的人体活动范围。因此带电作业要求的安全空气间隙,一般大于缓波前过电压要求的空气间隙,会导致塔头尺寸由带电作业控制。

一般不宜因考虑带电作业而增大特高压直流线路的塔头尺寸,增加投资,应考虑:(1)灵活多样的带电作业方式,如带电作业杆塔或附近杆塔加装保护间隙,改进带电进入导线的操作方式等;(2)通过降低带电作业极线的直流运行电压以降低另一极接地故障在带电作业极线的感应缓波前过电压水平;(3)在设计中应尽可能从塔头结构及构件布置上为带电作业创造方便条件。

13.4.3 雷电过电压下的空气间隙

直流输电工程一般不应以雷电要求的空气间隙确定塔头尺寸。因为直流线路闪络后,整流站快速转为逆变状态,直流电压、电流迅速降到零,经去游离时间后,重启动恢复送电,全过程约为 100 ms～300 ms,基本上不影响连续运行。雷击闪络后,流过绝缘子串的故障电流大小和持续时间远小于交流线路的短路电流,对绝缘子损伤比交流线路轻得多。直流线路的工作电压使得直流线路对雷电来说天然具有不平衡绝缘特性,一极雷击闪络,另一极仍然正常供电,并且可以在故障极闭锁后经一定的延迟时间,达到1.1倍~1.5倍过负荷运行,因此直流线路的绝缘配合应主要考虑缓波前过电压下杆塔的空气间隙的大小。应校核缓波前过电压选择的空气间隙是否能满足全线雷击闪络率的性能指标,必要时在雷电易击段和易击塔可增加空气间隙。可按0.8倍绝缘子串空气间隙(按0级污秽要求的绝缘子串长)的雷电冲击下50%闪络电压校核杆塔的雷电空气间隙。

13.4.4 工作电压下的空气间间隙

直流线路采用I型串或耐张塔跳线采用I型串绝缘子,绝缘子串风偏后跳线对杆塔空气间隙的直流50%放电电压计算可参照DL/T 436—2005中的公式。计算直流电压下的风偏角取线路设计最大风速。

13.5 接地极线路过电压与绝缘配合

13.5.1 缓波前和雷电过电压

接地极线路导线布置在杆塔两侧,悬垂串一般采用3片~4片绝缘子,绝缘水平较低,全线架设单根避雷线。接地极线路缓波前过电压的起因见8.3.11。邻近线路处雷云对地放电时,或雷电绕击或反击接地极线路一般可导致接地极线路一侧导线闪络。

13.5.2 接地极线路绝缘配合

单极大地方式下接地极线路导线遭受雷电绕击或反击绝缘子闪络后,数千安直流运行电流流过绝缘子,因直流电流无过零点,电弧不会自灭,可导致电弧烧毁绝缘子串,发生掉串事故。因此根据DL/T 5224—2014,接地极线路的绝缘子两端都装有招弧角,其空气间隙按小于0.85倍绝缘子有效串长选择。原则是定向雷电过电压击穿招弧角,引导直流续流流过招弧角。一般情况下,双极运行时,接地极线路一侧招弧角闪络后,流经招弧角的续流为线路的双极不平衡直流电流,仅为额定直流运行电流的1%约数十安,易于熄弧。但当极导线因雷电绕击和反击产生单极接地故障时,故障极电压反转加在中性母线和接地极线路上产生缓波前过电压,并受到中性母线避雷器限制。若接地故障发生在靠近整流站或沿接地极线路某个招弧角间隙距离因故变短,可能会闪络,此时流过招弧角的直流电流为健全极转为单极大地运行方式下的直流运行电流,达数千安,难以熄弧,可导致接地极线路不平衡和过流保护动作,强迫健全极换流器移相后闭锁,熄灭招弧角电弧,产生双极先后闭锁甩负荷的严重事故。若保护仅用于告警,则可发生烧毁招弧角和并联的绝缘子串,发生掉串事故。

为防止双极先后闭锁事故,换流站接地极线出口处的招弧角操作冲击的50%闪络电压可按式(9)计算:

$$U_{50} = K_a \times U_{sp}/(1-2\sigma) \qquad\cdots\cdots\cdots\cdots\cdots (9)$$

式中:

K_a ——海拔修正系数;

U_{sp} ——E2H(或EL)避雷器在换流站入口处线路单极接地故障下的操作冲击保护水平;

σ ——可取5%或6%。

按U_{50}选择的招弧角间隙同时应满足与绝缘子串长的雷电配合系数要求。宜根据接地极线路产生的缓波前过电压按沿线分布,逐渐减小招弧角间隙。另外可将接地极线路保护动作于故障极一次重新启动,若重启成功,则减小流过招弧角的直流电流至不平衡电流,有利于招弧角熄弧。若重启不成功,再动作于闭锁健全极。

受走廊的限制,直流线路可能与接地极线路同杆架设。同杆架设的极线与接地极线路为强耦合线路,在双极运行方式下,雷电绕击和反击极同杆架设段导线,发生闪络后,故障电流流过杆塔及其接地电阻可能会反击接地极线的招弧角。非同杆架设段导线的绕击和反击导线引起闪络后,在双极产生的过电流和过电压行波通过同杆架设段的静电和电磁耦合在接地极线路产生的过电压也可能引起接地极线路闪络。另外,一极闪络后,重复的雷电直击避雷线或同杆架设段的塔顶也可引起接地极线路闪络。因此同杆架设段的接地极线路招弧角闪络概率远高于接地极线路单独架设的情况,应增大同杆架设段的招弧角间隙距离。也可在同杆双回段每极塔的两侧接地极导线各用串联间隙接至一台避雷器代替招弧角。选择靠近换流站的接地极线路避雷器的直流参考电压高于中性母线避雷器,避免操作过电压吸收能量,而避雷器的雷电和操作冲击保护水平与绝缘子空气间隙相配合,将绝缘子串的闪络概率降低到可接受的范围内。

附　录　A

（资料性附录）

本部分与 IEC 60071-5:2014 相比的结构变化情况

本部分与 IEC 60071-5:2014 相比在结构上有较多调整,具体章条编号对照情况见表 A.1。

表 A.1　本部分与 IEC 60071-5:2014 的章条编号对照情况

本部分章条编号	对应的 IEC 章条编号
前言	—
第 1 章	第 1 章
第 2 章	第 2 章
3,3.1～3.21	3,3.1～3.21
3.22	—
4,4.1～4.3	4,4.1～4.3
4.4 部分内容	4.4
第 5 章	第 5 章
6,6.1～6.4	6,6.1～6.4
7,7.1	7,7.1
7.2,7.2.2	7.2
7.2.1,7.2.3,7.2.4,7.2.5	—
7.3	7.3
7.4,7.4.1～7.4.3	7.4,7.4.1～7.4.3
7.4.4,7.4.5	—
7.5,7.5.1～7.5.3	7.5,7.5.1～7.5.3
7.5.3.1～7.5.3.5	—
7.6	7.6
8,8.1,8.2	8,8.1,8.2
8.2.1～8.2.7	—
8.3,8.3.1～8.3.7	8.3,8.3.1～8.3.7
8.3.7.1～8.3.7.3	—
8.3.8	8.3.8
8.3.8.1,8.3.8.2	—
8.3.9～8.3.10	8.3.9～8.3.10
8.3.11.1～8.3.11.4	8.3.11.1 部分内容
8.3.12～8.3.14	8.3.12～8.3.14
8.3.15	—
8.4～9.7	8.4～10.3.4.2

表 A.1（续）

本部分章条编号	对应的 IEC 章条编号
9.8	—
10~10.3.4.2	10~10.3.4.2
10.3.5,10.3.5.1~10.3.5.3	—
11~12.1	第 11 章、第 12 章
12.2	—
13	—
附录 A	—
附录 B	附录 A 部分内容
附录 C	—
附录 D	附录 B
附录 E	附录 C
附录 F	附录 D
参考文献	参考文献

附　录　B
（资料性附录）
常规±800 kV高压直流换流站绝缘配合的例子

B.1　引言

本附录给出了常规±800 kV高压直流换流站基于第7章～第10章描述的程序和研究方法的绝缘配合例子。该例子在我国±800 kV云广和向上工程过电压保护和绝缘配合研究的成果基础上依据两工程各自的特点并参照运行经验提出了避雷器的布置和参数选择方法、关键过电压的计算方法和应考虑的因素以及确定设备规定的绝缘水平步骤，是一个知识性介绍的例子。

B.2　直流系统参数

本例子为常规±800 kV双极直流输电系统，单极换流器结构为两组12脉动换流单元相串联。每组12脉动换流单元的额定电压为400 kV。直流系统的额定参数见表B.1，整流站换流变和平波电抗器参数见表B.2。平抗采用户外型干式空芯电抗器，按平均分置在极母线和中性母线布置，各为150 mH。每极中性母线冲击电容器为15 μF。每极各装一台三调谐直流滤波器，调谐频率为600 Hz/1 200 Hz/2 250 Hz，主电容1.2 μF。

表 B.1　直流运行额定值

额定值		整流站	逆变站
额定功率（整流器直流母线处）	P_N	5 000 MW	
额定直流电流	I_{dN}	3.125 kA	
额定直流电压	U_{dN}	±800 kV（极线对中性母线）	
最大直流电压	U_{dmax}	±816 kV	
理想空载直流电压最大值	U_{diom}	235.7 kV	232.0 kV
额定整流器触发角	α	15°(12.5°～17.5°)	
额定逆变器熄弧角	γ		17°(17°～19.5°)

表 B.2　换流变压器和平波电抗器参数

参数		整流站	逆变站
换流变容量（单相双绕组换流变）	MVA	250.21	244.1
换流变短路阻抗		18%	18.5%
换流变网侧绕组额定(线)电压	kV	525	525
换流变阀侧绕组额定(线)电压	kV	Y线圈:169.85/$\sqrt{3}$ △线圈:169.85	Y线圈:165.59/$\sqrt{3}$ △线圈:165.59
换流变分接开关级数		+18/−6	+16/−8
分接开关的分接间隔		1.25%	1.22%
单极平波电抗器总电感值	mH	300	

当高或低 12 脉动换流单元发生故障时,为了减小传输功率损失,需将其旁路,退出运行,让健全的低或高端换流器与对侧换流器配对,单极直流电压降为 400 kV 运行。而修复后需将其重新投入。因而高、低 400 kV 换流器两端串联了隔离开关、并联了旁路断路器和旁通隔离开关(见图 B.1)。旁路断路器采用常规交流断路器,不能切断直流电流,其投切操作需与换流器阀组控制单元顺序控制程序紧密配合。

直流线路长度 1 400 km,导线采用 6×LGJ-630/45;整流站和逆变站接地极线路导线采用 2×2×ACSR-720/50,长度均为 100 km。换流站和线路的海拔高度均小于 500 m。

B.3 交直流系统模型

采用 PSCAD 电磁暂态程序建立交直流系统过电压计算模型,计算±800 kV 过电压。

B.3.1 交流系统模型

按 10.3.2 建立详细的大潮流和小潮流方式下三相系统模型。模拟从换流站交流母线倒退两条母线的全部线路、变压器、高抗和分别经两回 290 km 和两回 250 km 500 kV 紧凑型线路直接接入整流站的两水力发电厂,包括发电机励磁和调速系统。系统的剩余部分采用多端等值方法,用等值交流电源和与之串联的正序零序短路阻抗以及与其他电源的互阻抗表示。

B.3.2 直流系统模型

按 10.3.5 建立详细的直流控制和保护系统模型,并对稳态和动态性能进行检验,稳态下直流输送功率的偏差小于 1‰。按规范书规定对整流站定电流调节器、逆变站定电流、定电压和定 γ 角调节进行了动态响应检验。例如规范书规定当直流功率输送水平处于最小功率至额定功率之间,电流指令的阶跃增加或者变化量不超过直流电流余裕时,整流站电流控制器响应时间不得大于 30 ms。模拟计算 BP 方式下的电流控制器对 0.1 p.u.阶跃增加和阶跃降低响应时间为 45 ms,大于规范书的规定。

B.4 避雷器的布置和参数

B.4.1 避雷器布置方案

本例避雷器布置见图 B.1。与图 1 避雷器布置方案相比,有以下不同点:

a) 不装 B、CL 和 E1 避雷器;

b) 经直流场直击雷过电压计算,可不装 CB 避雷器;

c) 装 MH 避雷器,也给出 T 避雷器(虚线所示)安装位置供参考;

d) 在双极共用中性母线上装 E2H 高能量避雷器;

e) E 避雷器两台分别装在中性母线冲击电容器侧和直流滤波器底部,EM 避雷器 3 台,分别装在极线隔离开关金属回线母线侧和金属回线母线中点,EL 避雷器装在接地极线入口,E、EL 和 EM 仅用于防雷。

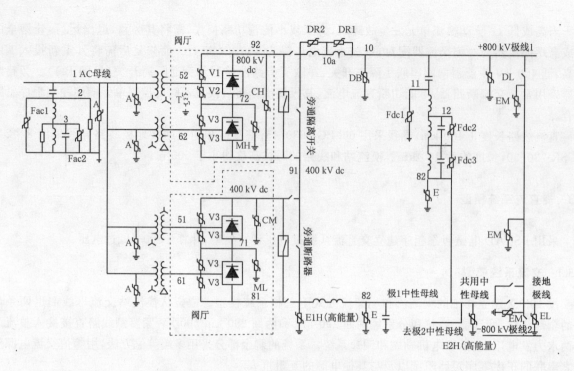

图 B.1 ±800 kV 避雷器布置方案和节点编号

B.4.2 CCOV 和 PCOV 的计算

按 7.2 公式计算各直流避雷器的 CCOV 和 PCOV,计算公式和计算结果见表 B.3。可根据高频模型或工程经验计算或选择 PCOV 与 CCOV 的比值,例如 T 避雷器的 PCOV/CCOV 根据工程经验可在 1.09~1.12 范围内选择;CH、CM 和 CB 避雷器的 PCOV/CCOV 在 1.04~1.12 范围内选择;V 避雷器的 PCOV/CCOV 可在 1.16~1.19 范围内选择,MH 和 ML 避雷器的 PCOV/CCOV 在 1.05~1.14 范围内选择。

表 B.3 各类型避雷器的 CCOV 和 PCOV 计算

避雷器类型	CCOV 计算	CCOV/kV	PCOV 计算	PCOV/kV
DB、DL	考虑分压器 2% 测量误差,±816 kV	816	与 CCOV 相同	816
V_1、V_2、V_3	$U_{di0m} \times \dfrac{\pi}{3}$	246.8	CCOV×1.17	288.78
MH	$U_{di0m} \times \dfrac{\pi}{3} + 400$	646.82	$U_{di0m} \times \dfrac{\pi}{3} \times 1.17 + 400$	688.78
T	$2 \times U_{di0m} \times \dfrac{\pi}{3} \times \cos^2(15°) + 400$	860.58	$2 \times U_{di0m} \times \dfrac{\pi}{3} \times \cos^2(15°) \times 1.12 + 400$	915.85
CH、CM	$2 \times U_{di0m} \times \dfrac{\pi}{3} \times \cos^2(15°)$	460.58	CCOV×1.08	497.43
ML	$U_{di0m} \times \dfrac{\pi}{3}$	246.8	CCOV×1.17	288.78
DR	来自换流单元的 12 脉动纹波电压	55	来自换流单元的 12 脉动纹波电压	55
E1H	2 h 过负荷直流电流在金属回线压降	76dc+80ac	CCOV 加上中性母线电抗器最大谐波压降峰值	76dc+80ac

表 B.3（续）

避雷器类型	CCOV 计算	CCOV/kV	PCOV 计算	PCOV/kV
E、E2H、EM、EL	2 h 过负荷直流电流在金属回线压降	76dc	与 CCOV 相同	75dc
A	交流最高相地运行电压	317	不适用	不适用

B.4.3　直流避雷器参数和保护水平的选择

基于第 8 章和 9.2，根据图 B.2 的单电阻片 30 μs/60 μs 标准操作冲击和 8 μs/20 μs 标准雷电冲击最大的伏安特性曲线，并考虑避雷器安装点的 CCOV、PCOV 波形特点，选择的各类型避雷器的荷电率、U_{ref}、串联的电阻片数、并联的柱数和允许的单次泄放能量以及操作和雷电冲击保护水平及其配合电流。提出的避雷器要求见表 B.4。可将确定的整只避雷器暂时、操作和雷电冲击伏安特性用于避雷器建模，进行过电压仿真计算。确定各类型避雷器的规范时，要求厂家配合电流下的残压和能量不高于表 B.4 中的值，而直流参考电压不宜低于表 B.4 中的值，其他参数供参考。

参照 8.3.11，中性母线避雷器布置采用方案 1，即 E2H 布置在双极共用中性母线上。为了避免在发生概率较高的线路接地故障中，因中性母线避雷器多柱并联的动态均流特性不一致，发生单柱先行击穿而导致双极停运事故，E1H 和 E2H 选择了较高的直流参考电压，减少了并联柱数，而中性母线其他避雷器的 U_{ref} 高于 E2H，仅用于防雷保护。

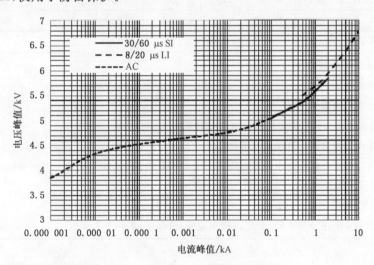

图 B.2　避雷器单片电阻片的雷电（LI）、操作（SI）和工频（AC）伏安特性曲线

表 B.4　避雷器参数和冲击保护水平

型号	CCOV/kV	PCOV/kV	U_{ref}/kV 单柱	PCOV 荷电率	LIPL/kV	8 μs/20 μs 配合电流/kA	SIPL/kV	30 μs/60 μs 配合电流/kA	单次泄放能量/MJ	单柱串联电阻片数（近似）	并联柱数
V1	246.8	288.8	285	1.01	395	2.4	395	4	10	74	8
V2	246.8	288.8	285	1.01	395	1.2	395	2	5	74	4
							387	1			
							363	0.2			

表 B.4（续）

型号	CCOV/kV	PCOV/kV	U_{ref}/kV 单柱	PCOV荷电率	LIPL/kV	8 μs/20 μs 配合电流/kA	SIPL/kV	30 μs/60 μs 配合电流/kA	单次泄放能量/MJ	单柱串联电阻片数（近似）	并联柱数
V3	246.8	288.8	285	1.01	395	0.6	395	1	2.6	74	2
DBDL	816	816	951	0.86	1 579	10	1 330	1	9	247	2
T[g]	860.6	915.9	963	0.95	1 344	0.6	1 344	1	9	250	2
CH、CM	460.6	497.4	554	0.90	793	1	734	0.25	5.33	144	2
			504[h]	0.98	791	5	706	1	4.85	131	2
MH	646.8	688.8	778	0.89	1 112	1	998	0.2	7	202	2
ML	246.8	288.8	358	0.81	500	0.6	500	1	3.3	93	2
DR[a]	55ac	55ac	408	N/A	719	10	641	3	2	106	1
E1H[b]	50dc+80ac	50dc+80ac	304	N/A	407	1	431	4	8.49	79	6
E2H[c]	N/A	N/A	219	N/A	328	20	298	4	16.3	57	16
EM[f]	N/A	N/A	304	N/A	505	5	N/A	N/A	2.8	79	1
E、EL	N/A	N/A	304	N/A	505	5	N/A	N/A	2.8	79	1
A[d]	322	N/A	403	N/A	913	20	780	2	8.9	80	2
A′[e]	N/A	N/A	N/A	N/A	N/A	N/A	266	N/A	N/A	N/A	N/A

注：N/A 表示不适用。

[a] 装于单节 75 mH 平抗两端。

[b] E1H 由 3 台避雷器组成。

[c] E2H 由 8 台避雷器组成。

[d] CCOV 为有效值，U_{ref} 一栏里为交流额定电压有效值。

[e] 由换流变网侧 A 避雷器操作波保护水平按换流变最小变比转移到阀侧的 A′ 避雷器的保护水平。

[f] EM 为 3 台，两台布置在极线与中性母线隔离开关中性母线侧，另一台布置在中性母线中间，用于限制来自金属回线的雷电侵入波过电压。

[g] 可代替 MH＋V2 避雷器。

[h] U_{ref} 的另一种选择。已在±800 kV 云广工程中应用，偏保守，本例中未采用。

B.5 暂时和缓波前过电压

参照 7.4.2、7.4.4、7.5.2 进行交流暂时、操作和谐振过电压研究。

B.5.1 交流侧工频暂时过电压

对整流站逆变站两侧交流系统在两种水平年的丰大和枯小共 4 种运行方式和整流站仅由两座大型水力发电厂供电的孤岛方式下工频过电压进行研究。计算的故障主要为交流侧不对称接地故障及其清除和直流单、双极闭锁甩负荷。模拟了换流器在交流故障期间不闭锁进入低压限流方式（VDCL）功能，采用快速向量检测工频过电压的紧急检控功能。按照工程规范书规定的交流母线工频过电压的伏秒特性要求，计算了工频过电压门槛值及其对应的保留运行的滤波器和电容器的数量，用于换流站依据电压限制滤波器组的控制功能中分时段切除滤波器和电容器。工程规范书规定的交流母线工频过电压的伏秒特性低于额定电压 403 kV 的 A 避雷器耐受工频过电压的伏秒特性,A 避雷器是安全的。在孤岛方式下整流站输送额定功率时出现双极闭锁故障需要在 100 ms 内跳开所有大组滤波器和电容器的断路器,而切除换流变晚于滤波器,可以抑制工频过电压到允许的伏秒特性内。

B.5.2　交流谐振过电压

在 4 种运行方式和孤岛运行方式下用变化交流电源频率扫描交流系统,计算出频率阻抗特性曲线,确认了不会发生低次谐波谐振过电压,并得到 B.5.3 操作过电压未激发低次谐波谐振过电压的验证。计算了孤岛方式下整流站发生发电机自励磁暂时过电压的条件和抑制措施。

B.5.3　交流缓波前过电压

在 4 种运行方式和孤岛运行方式下采用统计法研究交流系统不对称接地故障及其清除、直流单/双极闭锁、合空线、合空变和投切交流滤波器在交流侧产生的操作过电压。在孤岛方式出现的最高工频过电压下大组滤波器断路器开断的容性电流和暂态恢复电压(TRV)超过允许值,需采用 4 断口断路器或断路器配分闸电阻(600 Ω)措施。提出了可配选相合闸装置抑制合空变和合交流滤波器合闸涌流。工频过电压下分闸 HP3 交流滤波器断路器时,其 TRV 超过允许值,可在 HP3 交流滤波器侧装一组额定电压 400 kV 避雷器予以抑制。上述操作产生的交流相间过电压传递到直流侧在 V、MH、ML 等避雷器上产生的操作过电压均低于表 B.4 中的各避雷器 SIPL。

B.5.4　直流暂时过电压

不考虑逆变站闭锁,整流站不受控以最小触发角解锁的全电压启动产生的直流暂时过电压。

在双极输送额定直流功率下统计计算逆变站单极闭锁而旁通对未解锁故障在极线上产生的工频过电压。闭锁时间在一个周期内均匀分布。故障极闭锁,阀不能正常换相,原来导通的 8 个阀将继续导通,发生连续换相失败,将交流相间电压直接加到直流侧。直流电流的幅值及其电流中叠加的 50 Hz 分量超过了两站交直流碰线 1 段保护动作定值,延迟时间为零,启动极 ESOF。由于整流站 ESOF 过程中有 α 角上升速率限制环节,整流站在强迫移相过程中流过 8.19 kA 的工频电流峰值下未发生换相失败,过电压波形见图 B.3。统计最大过电压为 1 184 kV,平均值 1 148 kV,标准偏差为 27 kV。故障未激发工频谐振过电压,换流站的操作过电压低于表 B.4 中的 DB、DL 的 SIPL,其泄放能量较小。故障极在健全极直流线路上产生的过电压最高为 1.6 p.u.,(1 p.u.=800 kV),其过电压沿线分布低于 B.6.1 单极接地在健全极产生的操作过电压沿线分布,不会发生闪络。

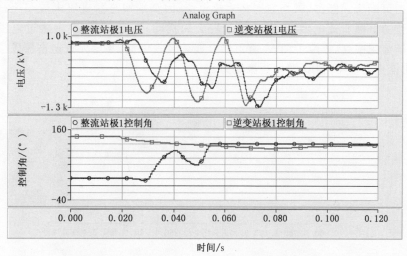

图 B.3　逆变器闭锁而旁通对未解锁故障下整流站、逆变站故障极电压和整流站 α 角

B.5.5 直流谐振过电压

采用频率扫描方法确定直流系统串联谐振频率。在直流分别运行在双极、单极大地和金属回线方式，而交流系统分别运行在丰大和枯小方式的组合下，当直流系统输送额定直流功率时，将扫描电源分别放在整流站或逆变站进行频率扫描。扫描结果表明交直流各种运行方式下满足规范书关于 50 Hz 和 100 Hz 距直流系统的串联谐振点的距离不小于 15 Hz 的规定(结果之一见图 B.4，串联谐振点为 70 Hz)。为了验证扫描结果，模拟计算了整流站和逆变站交流场发生侧单相接地、两相接地和两相短路不接地故障。故障持续期间双极±800 kV 直流电压上叠加了 100 Hz 交流分量，但未出现 100 Hz 谐振过电压。模拟计算了整流站高端或低端换流器中某一个阀连续丢失触发脉冲故障。因故障阀不能正常换相，故障极线路直流电压呈周期性的缺口，有 50 Hz 的交流分量叠加其在 800 kV 直流电压上，未出现 50 Hz 谐振过电压。B.5.4 计算出逆变器闭锁而旁通对未解锁故障也未出现 50 Hz 谐振过电压。根据频率扫描和三种故障的模拟计算结果，无需在直流滤波器上安装 100 Hz 并联滤波支路和在中性母线上安装 50 Hz 阻断滤波波路。

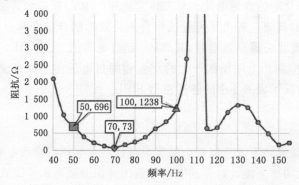

图 B.4 直流运行在双极，交流运行在丰大方式，直流系统输送额定直流功率下，扫描出的整流站线路侧正序阻抗频率特性

当直流稳态运行时若测量到 400 kV 中点母线直流电压叠加了 5% 以上较大的 24 次谐波电压，表明直流滤波器与低端换流变阀侧对地电容可能构成 24 次谐波谐振回路，受到扰动时如直流系统由 GR 转 MR 方式运行、高端换流器投入或退出和高或低端换流器控制方式转换等操作等可能会激发低端换流器 24 次谐波谐振过电压。模拟计算了整流站低端换流器单独运行且处于 24 次谐波谐振条件下高端 12 脉动换流器投入的操作激发低端换流器 24 次谐振过电压过程。高端换流器投入的基本策略是解锁高端换流器的同时开断旁通断路器，切断运行直流电流，因高端换流器直流电流与运行电流方向相反，利于断路器快速强迫开断直流电流，但也产生了较大的扰动，激发了 24 次谐振过电压，计算波形见图 B.5。由于 24 次谐波频率高，故障中的 M 避雷器会连续吸收能量，甚至导致避雷器发生热崩溃事故，因此可提高 M 避雷器直流参考电压，增大通流能力。

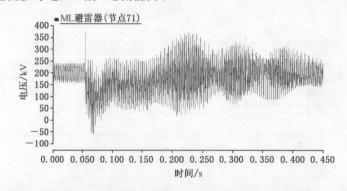

图 B.5 正极高端换流器投入操作激发低端换流器 ML 避雷器(节点 71)24 次谐振过电压

B.5.6 直流缓波前过电压

参照7.5.3所列故障项目和8.3所列确定各类型避雷器保护水平及配合电流的关键故障,研究直流侧缓波前过电压。对以下几种关键故障的模拟方法作简单介绍。

B.5.6.1 交流缓波前相间过电压传递到阀侧

交流侧相地最大过电压不会超过A避雷器的保护水平780 kV,相间过电压一般可取相地过电压的1.7倍,因此在换流变交流侧注入峰值1 326 kV波前时间为1 ms的相间操作过电压,并移动相间过电压叠加在运行交流电压的相位,寻找传递到阀侧最高操作过电压。直流系统运行在GR或MR方式,计算出换流站 V3、MH、ML、CM、CH 和 CL 等避雷器的最大残压和电流未超过表 B.4 中的保护水平和配合电流。

B.5.6.2 高端 YY 换流变阀侧高压套管闪络

计算时交流系统取最大短路容量,直流运行在 GR 或 MR 方式,取最大和最小输送直流功率方式。模拟接地故障发生在额定 800 kV 直流运行电压下发生闪络。接地故障发生时间在一个周波内均匀分布,并模拟了闪络中大气电弧和接地网的电阻和电感。阀避雷器最大过电压为 385 kV,出现在 GR 方式下。E1H 避雷器最大过电压为 416 kV,能量 2.4 MJ;E2H 最大过电压为 269 kV,能量 0.29 MJ;出现在 MR 方式下。V1、E1H 和 E2H 的保护水平和允许能量未超过表 B.4 中的值。某一次过电压波形见图 B.6。

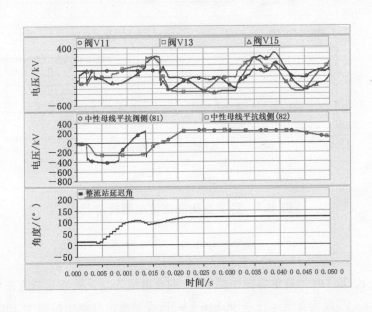

图 B.6 MR 方式下高端 YY 换流变阀侧高压套管接地故障下阀和中性母线电压波形

B.5.6.3 逆变站失去交流电源

逆变站交流侧 500 kV 线路同时跳闸,整流站输送的直流功率被迫全部注入到交流侧滤波器和电容器储能元件,交流母线电压异常升高,换流变压器饱和激磁电抗和漏抗、直流线路电抗与交流滤波器发生串并联振荡过电压。由于滤波器电容大,振荡频率低,衰减慢,同时因交流母线电压升高,直流电流减小,换相余度角变大,不易产生换相失败,高幅值的交流母线电压能短时维持住,直至换相失败或交流过电压保护动作,启动 ESOF,投旁通对,短路直流线路和交流母线,跳开换流变。在参数匹配条件下交流侧会产生工频或谐波谐振过电压,交流侧避雷器 A 和直流侧避雷器都会泄放很大的能量。因此近期新建的直流工程都装有"最后断路器跳闸"保护。该保护监测换流站进线状态,当最后一条进线断路器将要跳开,换流站失去交流电源前,提前启动 ESOF,避免直流功率注入交流滤波器和电容器。

在直流双极输送最大直流功率条件下,不考虑"最后断路器跳闸"保护,交流断路器跳闸时间在一个周期内均匀分布,三相不同期时间为 3 ms,统计计算极线最高过电压为 1 223 kV,交流母线最高过电压为 758 kV,故障在直流换流器各节点产生的最高操作过电压和避雷器能耗未超过表 B.4 中的保护水平和配合电流。统计过电压中某一次故障产生的过电压见图 B.7。

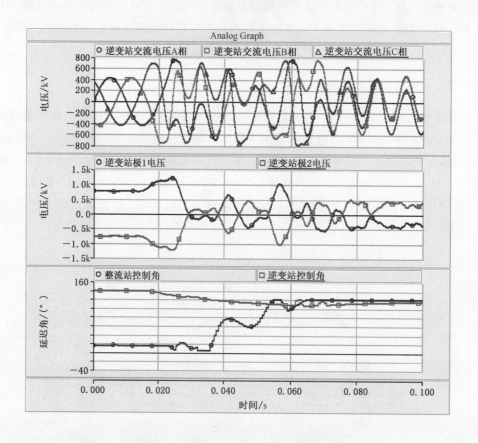

图 B.7 逆变站失去交流电源故障

B.5.6.4 平波电抗器

按 8.3.12 计算公式,取 DB 型避雷器操作波 1 kA 配合电流下与正极性运行直流电压反极性的操作波保护水平为 −1 328 kV;最大直流运行电压:816 kV;极线平波电抗器电抗值为 150 mH + 150 mH = 300 mH;换流变阀侧换相漏抗(8 相,每相 22 mH×8)176 mH,计算出 150 mH 平波电抗器两端操作过电压为 676 kV。模拟反极性的 −1 328 kV 操作过电压施加于 DL 和 DB 避雷器,计算出 150 mH 平波电抗器两端操作过电压为 649 kV,低于公式计算值,单台为 325 kV,并联在线圈两端的 DR 避雷器未动作,波形见图 B.8。

在运行中两串联平波电抗器中点发生接地故障,计算出 DR 避雷器操作残压为 635 kV,电流 2.74 kA,高于上述的 325 kV。因而可选 DR 避雷器配合电流 3 kA,操作保护水平 641 kV。

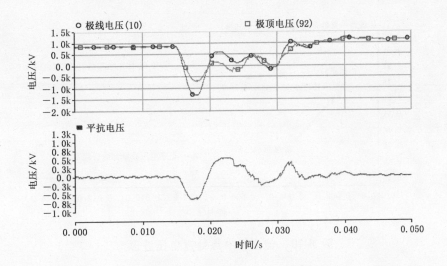

图 B.8　反极性的－1 328 kV 操作过电压施加于 DB 避雷器,模拟计算出的 150 mH
平波电抗器两端操作过电压

B.6　直流线路和接地极线路缓波前过电压

B.6.1　直流线路单极接地在健全极产生的缓波前过电压

计算单极接地在健全极产生的缓波前过电压时,在健全极上产生缓波前过电压时将直流线路均分为 10 段,整流站为 0%点,逆变站为 100%点。BP 方式下直流输送额定功率,负极性线路沿线从 0%至100%点分别接地,接地时间发生在一个工频周期内不同相位,在健全极沿线的每一个位置产生一组不同大小过电压数据,最大过电压沿线分布的包络线和中点(50%)过电压的直方图见图 B.9,分布包络线为伞形分布。经检验中点(50%)过电压的分布不为正态分布。接地故障发生在线路中点即 50%线路长度时,故障点对应的正极线路上感应过电压最高,最高为 1.69 p.u.(1 p.u.＝800 kV)最高过电压波形为电压零序模量传递到中点在健全极叠加形成,见图 B.10。按 13.4 计算出波前时间为 1.073 ms,波尾时间为 9.2 ms,为长波前操作过电压。输送直流功率为 0.1 p.u.时,健全极最大直流过电压小于输送额定直流功率方式。

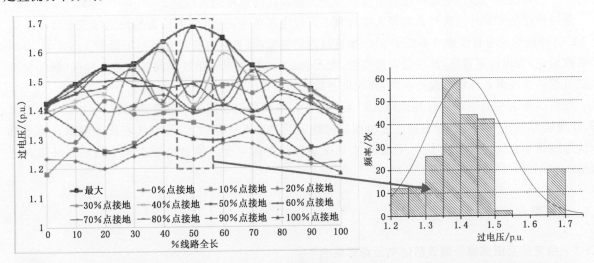

图 B.9　BP 方式下直流输送额定功率,负极性线路沿线从 0%至 100%点分别接地,接地时间发生
在一个工频周期内不同相位,在健全极沿线产生的过电压布和中点处过电压的直方图

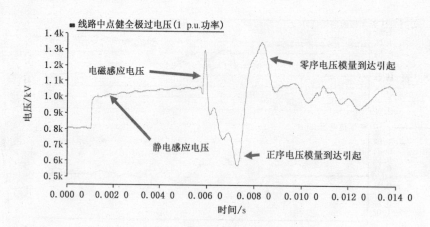

图 B.10　健全极中点处过电压波形

B.6.2　接地极线路缓波前过电压

模拟计算了 BP 和 GR 方式下线路单极接地故障、高端 YY 或低端 YD 换流变阀侧高压套管闪络、极顶接地故障和逆变器闭锁而旁通对未解锁故障在接地极线路上产生的缓波前过电压,最高缓波前过电压出现在与中性母线连接处,为 269 kV,并沿线路呈线性递减至接地极处 4.37 kV,故障为高端 YY 换流变阀侧高压套管闪络,接地极线最大缓波前过电压未超过 E2H 避雷器的保护水平。

B.7　换流站雷电侵入波和直击雷过电压

根据 2 km 交直流线路进线段每极杆塔参数,采用电气几何模型法计算每极塔的最大绕击电流;根据交直流场避雷针和避雷线布置采用 GB/T 5064—2014 或滚球法计算直击雷电流幅值。按换流站设备布置的平断面图在电磁暂态程序上建立雷电侵入波和直击雷高频模型,雷电流的波形取 2.6 μs/50 μs 的三角波,分别绕击和反击进线段每极杆塔。计算时避雷器的布置见图 B.1,考虑交流和直流场投运设备最少的严酷的运行方式,如交流场单回进线、两台换流变和两小组交流滤波器运行方式(直流线路运行在额定电压 400 kV),直流场单极大地或金属回线运行方式下分别考虑±800 kV 全压和±400 kV 半压运行。中性母线雷电波过电压考虑雷电反击和绕击金属回线或接地极线路。

采用惯用法和统计法进行雷电侵入波和直击雷过电压绝缘配合,要求设备的内绝缘安全裕度不低于 15%,外绝缘安全裕度要求不低于 5%;换流站的耐雷指标(平均无故障时间),不低于 1 500 年,否则需采取措施,如增加避雷器,移动避雷器位置,或改善 2 km 交直流线路进线段的防雷电性能(增加避雷线的负保护角或降低杆塔的接地电阻)或改进避雷针和避雷线布置等。

计算结果表明直流场可仅在线路入口装一台 DL 避雷器而不装 DB 避雷器;阀厅可不装 CB 避雷器;交流场 GIS 可不装母线避雷器。金属回线母线需装三台 EM 避雷器,分别装在极线隔离开关金属回线母线侧和金属回线母线中点,可避免来自金属回线的雷电侵入波过电压引起金属回线母线对地闪络。

B.8　绝缘配合

B.8.1　换流站直流侧设备缓波前过电压绝缘配合

B.5 直流侧设备缓波前过电压计算结果表明交、直流侧各类型避雷器的 SIPL 小于表 B.4 中给出的值。因此参照 8.4,可采用惯用法按表 B.4 的各类型避雷器的 SIPL 确定换流站设备各节点 SIPL 并进行绝缘配合。对于由紧靠的避雷器直接保护的设备,按表10给出的比值计算出内绝缘规定的 SIWV 见表 B.5。

表 B.5 换流站直流侧设备缓波前过电压的保护水平和规定的耐受电压

位置	直接保护的设备	保护避雷器	SIPL/kV	SIWV	安全系数
—	阀的端子之间	V_1、V_2、V_3	395	435	1.10
10	直流母线平波电抗器线路侧	DB、DL	1 330	1 600	1.20
92	直流母线平波电抗器阀侧	T	1 344	1 600	1.19
		MH+V2[a]	1 361	1 600	1.18
92-91	高端 YY 换流器端子之间	CH	734	850	1.16
		2V[b]	782	899	1.15
81-91	低端换流器端子之间	CM	734	850	1.16
		2V[d]	790	909	1.15
52	高端换流变 Yy 阀侧	T	1 344	1 600	1.19
		MH+V2[a]	1 361	1 600	1.18
72	高端 12 脉动换流器中间母线	MH	998	1 300	1.30
		CM+V3[c]	1 131	1 300	1.15
52N	高端换流变 YY 中性点	MH+A′	1 264	1 600	1.27
62	高端换流变 Yd 阀侧	CM+V3[c]	1 131	1 300	1.15
91	高、低组换流器之间直流中点母线	CM	734	850	1.16
51	低端换流变 Yy 阀侧	V3+ML	895	1 050	1.17
51N	低端换流变 YY 中性点	ML+A′	766	1 050	1.37
51、61	YY 换流变相间	2A′	532	650	1.22
52、62	YD 换流变相间	$\sqrt{3}$ A′	461	650	1.41
71	低端 12 脉动换流器中间母线	ML	500	580	1.16
61	低端换流变 Yd 阀侧	V3+E1H[b]	826	950	1.15
81	中性母线平抗阀侧	E1H	431	500	1.16
82	中性母线平抗线侧	E2H	298	350	1.17
10-10a	单台极线平抗 75 mH 端子之间	SR	641	950	1.48

[a] 操作配合电流 0.2 kA。

[b] E1H 配合电流 4 kA,V3 配合电流 1 kA。

[c] 操作配合电流 0.25 kA。

[d] 当阀导通时。

B.8.2 换流站直流侧设备快波前过电压绝缘配合

雷电侵入波过电压和直击雷计算结果表明交、直流侧各类型避雷器的 LIPL 小于表 B.4 中给出的值。因此参照 8.4 可按表 B.4 的各类型避雷器的 LIPL 采用惯用法确定换流站设备各节点 LIPL 并进行绝缘配合。对于由紧靠的避雷器直接保护的设备,按表10给出的比值计算出内绝缘规定的 LIWV

见表 B.6。实际上这种绝缘配合方法十分保守,雷电侵入波和直击雷计算出各节点的雷电过电压远低于 LIPL。

表 B.6   换流站直流侧设备快波前过电压的保护水平和规定的耐受电压

位置	直接保护的设备	保护避雷器	LIPL/kV	LIWV	安全系数
—	阀的端子之间	V1、V2、V3	395	435	1.10
10	直流母线平波电抗器线路侧	DB、DL	1 579	1 900	1.20
92	直流母线平波电抗器阀侧	T	1 344	1 800	1.34
		MH＋V2[a]	1 507	1 800	1.19
92-91	高端 YY 换流器端子之间	CH	793	1 175	1.48
		2V[c]	790	1 175	1.49
81-91	低端换流器端子之间	CM	793	1 175	1.48
		2V[c]	790	1 175	1.49
52	高端换流变 Yy 阀侧	T	1 344	1 800	1.34
		MH＋V2[a]	1 507	1 800	1.19
72	高端 12 脉动换流器中间母线	MH	1 112	1 500	1.35
		CM＋V3[b]	1 188	1 500	1.26
62	高端换流变 Yd 阀侧	CM＋V3[b]	1 188	1 500	1.26
91	高、低组换流器之间直流中点母线	CM	793	1 175	1.48
51	低端换流变 Yy 阀侧	V3＋ML[b]	895	1 300	1.45
71	低端 12 脉动换流器中间母线	ML	500	750	1.50
61	低端换流变 Yd 阀侧	V3＋E1H[b]	802	1 000	1.25
81	中性母线平抗阀侧	E1H	407	500	1.23
82	中性母线平抗线侧	E、EL、EM、	505	606	1.20
10-10a	极线平抗 75 mH 端子之间	DR	719	1 050	1.46

[a] 雷电配合电流 1 kA。

[b] 雷电配合电流 0.6 kA。

[c] 阀保护水平选 395 kV。

B.8.3   换流站直流侧空气间隙的选择

换流站直流侧空气间隙按第 12 章的方法选择。其中 U_w 为外绝缘规定的耐受电压时(即避雷器保护水平乘以 1.05),按 GB 311.1—2012 的海拔修正公式进行海拔高度 500 m 的修正,阀厅按 GB/T 16927.1—2011 进行大气修正。得到要求的 U_{50} 操作冲击放电电压。

平抗两端最大操作过电压为 649 kV,考虑 1.05 的安全系数和海拔 500 m 修正系数 1.053,按第 12 章计算公式,σ 取 6%,得到 $U_{50}=816$ kV,查仿真间隙操作冲击试验曲线,选择串联连接两平抗之间端对端的空气间隙距离。

B.8.4   直流线路绝缘配合

±800 kV 直流线路采用 V 型串线路,参照 13.4 采用半统计法进行缓波前过电压绝缘配合。全线操作过电压取 1.69 p.u.,操作过电压空气间隙放电电压的变异系数 σ 取 6%;放电特性曲线采用考虑了塔身宽度修正后作出了 ±800 kV 6 分裂导线-杆塔间隙标准操作冲击电压下的放电特性;海拔修正公式采用 GB 311.1—2012;计算出海拔高度 500 m 要求的单个最小操作波空气间隙为 5.3 m。直流运行电压取 816 kV,σ 取 0.9%,安全系数取 1.1,计算出海拔高度 500 m 要求的跳线对杆塔最小空气间隙为 2.4 m。

B.8.5 接地极线路绝缘配合

E2H 避雷器的操作冲击保护水平为 298 kV,按 13.5.2 计算公式,σ 取 6%,按海拔高度 500 m 进行海拔修正,得到 $U_{50}=360$ kV,查招弧角标准操作冲击电压放电曲线,要求的最小空气间隙为 630 mm。考虑线路接地在接地极线路产生的缓波前过电压波前时间达十几毫秒,为特长波前过电压,按波前时间修正放电电压后,靠近换流站的绝缘子片数选 5 片,线路中间选 4 片,靠近接地极选 3 片。招弧角间隙按 0.8 串长配置,则有:

——5 片绝缘子配招弧角间隙 680 mm;配合系数 0.8;

——4 片绝缘子配招弧角间隙 540 mm;配合系数 0.8;

——3 片绝缘子配招弧角间隙 400 mm。配合系数 0.78。

附　录　C
（资料性附录）
背靠背直流换流站绝缘配合的例子

C.1　引言

本附录给出了一种背靠背直流换流站绝缘配合示例。该示例中采用的研究方法和计算程序在我国高岭直流背靠背及其扩建工程中得以应用，该方法是对传统背靠背直流绝缘配合程序的一种改进。示例基于实际系统参数，对背靠背直流换流站避雷器的布置、参数选择、关键过电压应考虑的因素及确定设备规定的绝缘水平步骤进行介绍。

C.2　直流系统参数

背靠背直流输电主要用于两个非同步运行（不同频率或相同频率但非同步）的交流电力系统之间的联网或送电。整流站设备和逆变站设备通常装在一个换流站内，在背靠背换流站内，整流器和逆变器的直流侧通过平波电抗器相连，构成直流侧的闭环回路；而其交流侧则分别与联接电网的连接点相连，从而形成两个电力系统的非同步联网。被联电网之间交换功率的大小和方向均由控制系统快速方便地进行控制。

本示例为连接两个 500 kV 区域电网的背靠背直流输电系统，整流侧和逆变侧均采用 12 脉动换流器，整流站 12 脉动换流器中点（2 个 6 脉动换流桥之间）经 M 避雷器接地，逆变站 12 脉动换流器中点直接连接地网，换流器间无输电线路或电缆连接，结构及避雷器布置方案见图 C.1，具有双向的功率输送能力。该背靠背工程在正向和反向都能传输 750 MW 的额定功率（所有环境温度条件下都不需使用冗余的冷却设备）。标称直流电压为 ±125 kV，标称直流电流为 3 kA。换流站的最小直流功率水平为75 MW。两个区域电网交流侧换流变压器都使用单相三绕组型式。平波电抗器 120 mH。主要系统参数及设备参数分别见表 C.1 和表 C.2。

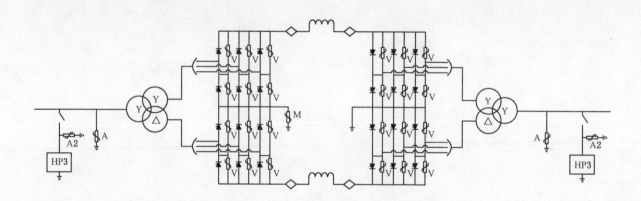

图 C.1　背靠背换流站避雷器布置方案

表 C.1 系统参数

换流器位置	整流侧	逆变侧
直流额定运行电压	125 kV	
额定运行电流	3 kA	
最高直流运行电压	139.08 kV	
最低直流运行电压	118.48 kV	
额定理想空载直流电压 U_{di0N}	142.81 kV	142.25 kV
最大理想空载直流电压 $U_{di0absmax}$	154.96 kV(计算值)	
	155.0 kV(设计值)	
交流系统运行额定电压	525 kV	
稳态最高运行电压	550 kV	
稳态最低运行电压	500 kV	
最大交流短路水平	45 466 MVA	
最大交流短路电流	50 kA	
X/R	14.42	10.62
最小交流短路水平	6 447 MVA	4 055 MVA
最小交流短路电流	7.09 kA	13.46 kA

表 C.2 主要设备参数

设备及其参数			参数值
变压器	变压器型式		单相三绕组
	额定容量		299.10 MVA
	线路标称电压		525 kV
	阀侧标称电压		105.75 kV
	线路最高电压		550 kV
	阀侧最高电压		114.77 kV
	变压器漏抗		16%
	变压器抽头步长		1.25%
	抽头最小挡位		—8
	交流侧绝缘水平	空气绝缘和油绝缘 LIWL	1 550 kV
		SIWL	1 175 kV
		线路侧中性点 LIWL	185 kV
干式平波电抗器	电感值		120 mH

由表 C.1,两侧直流系统运行参数基本相同。两侧的绝缘配合设计也按相同方案考虑。

C.3 避雷器的布置和参数

C.3.1 避雷器布置方案

背靠背换流站避雷器布置方案见图 C.1。

C.3.2 CCOV 和 PCOV 的计算

C.3.2.1 阀避雷器

CCOV 与 $U_{di0absmax}$ 成比例，且不包含换相过冲。PCOV 为 CCOV 考虑换相过冲后计算得到。本示例取换相过冲为 17%，即 PCOV=CCOV×1.17。

阀避雷器参数如表 C.3 所示。

表 C.3 阀避雷器(V)的 CCOV 和 PCOV

阀避雷器参数	计算值
U_{di0N}/kV	142.81
$U_{di0absmax}/kV$	155
CCOV/kV	162.3
PCOV/kV	189.9

阀避雷器既承受交流电压又承受直流电压，因此，应使用能耐受直流电压的阀片。其中，交流电压(包括谐波)占主导成分，只定义避雷器的交流额定电压为 137(kVrms)。

表 C.4 6 脉动桥避雷器(M)的 CCOV 和 PCOV

6 脉动桥避雷器参数	计算值
CCOV/kV	≥55
PCOV/kV	≥62
U_{ref}/kV	104

C.3.2.2 交流母线避雷器

交流母线避雷器参数见表 C.5。

表 C.5 交流母线避雷器(A 和 A2)的 CCOV 和 PCOV

避雷器参数	交流母线避雷器	HP3 滤波器断路器避雷器
CCOV/kV	≥318	≥324

C.3.3 避雷器参数及保护水平的选择

根据图 C.2 的避雷器 30 μs/60 μs 标准操作冲击和 8 μs/20 μs 标准雷电冲击最大的伏安特性曲线，并考虑避雷器安装点的 CCOV、PCOV 波形特点，选择的各类型避雷器参考电压、能量、操作和雷电冲击保护水平及其配合电流。提出的避雷器要求见表 C.6。

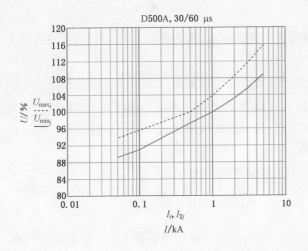

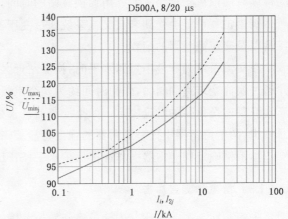

图 C.2　典型避雷器曲线

表 C.6　避雷器主要参数

避雷器	雷电冲击残压 LIPL,8 μs/20 μs kV/kA	操作冲击残压 SIPL,30 μs/60 μs kV/kA	最高持续运行电压 (峰值)(MCOV) kV	额定电压 kV	能量要求 MJ
V	253/1	268/4	190	137	3.59
M	148.6/2 166.3/10	148.6/2 164.4/10	≥62	104[a]	2.06
A	1 046/20	848.5/6	≥318	420	8.02
A2	1 106/20	897/2	≥324	444	3.11
[a]　直流参考电压 U_{ref}。					

C.4　过电压及其保护

C.4.1　晶闸管阀

C.4.1.1　故障

晶闸管阀由并联联接的阀避雷器 V 保护。就晶闸管阀而言,应考虑以下故障情况:

a)　直流系统中不同地点的接地故障,尤其是换流变压器与阀组之间连线的对地短路故障;

b)　整流运行,换流站近区交流故障清除;

c)　逆变运行,换流站近区交流故障清除;

d)　由交流开关场进/出线路侵入的雷电侵入波,或由于交流开关场屏蔽失效引起的雷击冲击;

e)　换流变压器与阀组之间连线的对地短路故障[与 a)相同],用以确定杂散电容的高频放电电流。

C.4.1.2　操作冲击

换流变压器与阀组之间连线的对地短路故障主要释放极母线对地电容的能量。所以,其负载主要取决于故障时刻的直流电压、平波电抗器电感、换流变压器漏抗、交流系统的强弱。阀避雷器耐受负载的持续时间取决于检测故障和闭锁换流站的时间。

阀避雷器可能会受到来自交流系统通过变压器传递的操作冲击,其负载取决于运行条件、交流系统特性以及交流滤波器的配置。

在交流系统处于最小短路水平时,换流站近区交流故障清除会在交流母线上产生较高暂态过电压并通过换流变传递到阀侧,作用时间约为几个工频周波,阀避雷器承受负载的持续时间由故障清除后换流器恢复输送负荷的时延决定。如果换流器被永久闭锁,感应到直流侧的相间过电压将由两个阀避雷器分担,两个避雷器中任一避雷器的强度将显著降低。

本示例确定阀避雷器操作冲击保护水平(SIPL)的配合电流选为 4 kA。

C.4.1.3 雷电和陡波冲击

交流侧的雷电冲击通过高低压线圈之间电容穿过变压器,可能会在阀避雷器上产生雷电过电压,但是阀避雷器的负载很低。阀避雷器雷电冲击水平(LIPL)的配合电流取 1 kA。

陡波过电压可能来源于变压器阀侧套管对地闪络。承受这种过电压的设备是阀和阀避雷器。对地故障后,平波电抗器对地杂散电容和极母线对地杂散电容将通过故障相的阀并联的避雷器放电。陡波前绝缘配合电流设计值定为 4 kA。

C.4.1.4 保护触发

晶闸管设有保护触发功能。通过触发晶闸管,来保护晶闸管遭受的正向过电压,保护触发对输电系统可能产生的不利影响。

整流运行时,一个工频周期内阀承受正向闭锁电压较短,因此其承受正向过电压的概率比逆变运行时小。更重要的是,即使在交流暂态期间触发保护动作,在阀上也不会产生严重的负载。

逆变运行的换流器交流侧系统接地故障清除会产生操作过电压,它会通过换流变压器的变比感应到阀侧。由于逆变运行的阀在一个工频周波内、较长的时间承受正向闭锁电压,因此,由正向过电压引起的保护触发的概率可能比较大。如果由于保护触发使阀提前触发,结果可能会导致换相失败,故障清除后的恢复输送功率的时间会延长。

选择触发保护水平的原则是,逆变运行换流器交流侧接地故障清除后的过电压不应导致阀的触发保护动作。因此,逆变运行换流器交流侧接地故障清除时计算出的阀避雷器电流所对应的残压是选择触发保护水平的基础。对具有较高 dV/dt 的快速暂态过电压而言,将降低触发保护水平,以改善晶闸管保护。阀厅内的接地故障会引起这种高 dV/dt 的快波前冲击。换流桥的差动保护会检测到阀厅内发生的接地故障,然后跳开换流器。这种情况下保护触发不会对运行造成任何损害,因为换流器总是被断开、然后清除故障。

C.4.1.5 晶闸管阀的试验电压

由避雷器最大电流得出的避雷器保护水平加上一定的绝缘裕度是阀试验的基值。

C.4.2 直流极母线

整流侧阀桥和平波电抗器之间的直流极母线的 LIPL 和 SIPL 由一个阀避雷器和 6 脉动中点避雷器(V+M)决定。这样选择的原因是,一个运行的 6 脉动桥两端的最高电压是一个阀避雷器(V)的保护水平。

逆变侧阀桥和平波电抗器间直流极母线的 LIPL 和 SIPL 由一个阀避雷器决定。这样选择的原因是,运行时阀侧直流极母线的最高电压是一个阀避雷器(V)的保护水平。

C.4.3 变压器阀侧相对地绝缘水平

整流器的 YD 和 YY 变压器绕组的阀侧相对地绝缘由一个阀避雷器和 6 脉动母线避雷器(V+M)保护。

逆变器的 YD 和 YY 变压器绕组的阀侧相对地绝缘由一个阀避雷器(V)保护。

C.4.4 阀侧相间绝缘

当阀桥中的阀导通时,相间绝缘由一个阀避雷器(V)保护。当阀不导通时,相间绝缘通过感应至阀侧的交流母线避雷器保护。

阀侧相间绝缘操作过电压冲击仅由交流母线操作过电压感应至阀侧引起。对操作冲击和工频而言,YY 变压器阀侧相间电压是交流母线相间电压在阀侧的反映;而 YD 变压器阀侧相间电压则是交流母线相对地电压减去零序电压在阀侧的反映。选择相间操作冲击绝缘水平保守的设计策略是以 $\sqrt{3}$ 乘以交流母线相对地避雷器保护水平,然后以变压器高压端最小抽头时的变比换算至阀侧。此水平记为 A'。

C.4.5 交流侧

交流避雷器设计时考虑以下故障形式:

a) 整流或逆变运行时换流站近区交流故障清除;

b) 经交流网络侵入的雷电冲击。

两侧 500 kV 各配置相同的交流母线避雷器来保护两侧换流变压器的网侧和交流母线上的所有设备。A 型避雷器的能量要求和操作冲击保护水平(SIPL)由交流系统故障清除引起的操作冲击决定。避雷器的配合电流选为 6 kA。

A 型避雷器的雷电冲击保护水平(LIPL)由交流系统的雷电冲击决定,其配合电流选为 20 kA。

在换流站两侧,另外单独安装一支保护 HP3 滤波器分组断路器的避雷器(图 C.1 中 A2)。该避雷器的作用主要是降低断路器动作时所产生的较高的恢复电压。该避雷器的能量要求不大,其额定电压设计为比 A 型避雷器高一个档级,以避免在 HP3 连接于系统时,A2 承受其他操作的冲击。

C.4.6 滤波器避雷器

交流滤波器的绝缘配合见交流滤波器暂态定值报告。

决定交流滤波器内避雷器参数取值的故障形式是高压电容器充电至其最高电压时滤波器母线发生近区短路。据以往的工程经验,高压电容器一般充电至其连接母线的操作保护水平。因此,一般的过电压,如合闸带电、重合闸带电以及高压电容器充电至标称电压时母线发生近区短路等情况,在避雷器上产生的强度都较所选值低。

按上述方式选择的避雷器额定参数将保证不会产生由于频繁操作而导致损坏和老化加速的现象,因为避雷器所受负载非常低。另外,由于避雷器保护水平选得足够高,正常的投切操作不会导致滤波器内部避雷器动作。

C.5 保护水平和绝缘水平

C.5.1 绝缘裕度

设备的最小绝缘裕度不小于表 C.7 中的值。

表 C.7 设备的最小绝缘裕度

绝缘介质	陡波前	雷电冲击	操作冲击
阀	20%	15%	15%
空气绝缘	25%	25%	20%
油绝缘	25%	20%	15%

本报告中给出的绝缘耐受水平是根据上述绝缘裕度得到的最小值。

C.5.2 设备的保护水平及绝缘水平

绝缘水平及保护水平列于表 C.8 和表 C.9。

表 C.8 换流站内油绝缘设备绝缘水平

保护目标	由…保护	LIPL/kV	LIWL/kV	裕度 %	SIPL/kV	SIWL/kV	裕度 %
交流母线	A	1 046	1 550	48	858	1 175	37
阀侧直流母线	整流侧 V+M	402	650	62	433	550	27
	逆变侧 V	253	305	20	268	310	16
Yy-变压器阀侧	整流侧 V+M	402	650	62	433	550	27
	逆变侧 V	253	305	20	268	310	16
Yd-变压器阀侧	整流侧 V+M	402	650	62	433	550	27
	逆变侧 V	253	305	20	268	310	16
Yy-变压器阀侧中性点	整流侧 A'+M	N/A	N/A	N/A	338	450	33
	逆变侧 A'				173	250	45
阀侧相间	$\sqrt{3}$ A'	N/A	N/A	N/A	300	450	50
注：N/A 表示不适用。							

表 C.9 换流站内空气绝缘设备绝缘水平

保护目标	由…保护	LIPL/kV	LIWL/kV	裕度 %	SIPL/kV	SIWL/kV	裕度 %
阀桥两侧	V	253	300	19	268	310	16
交流母线	A	1 046	1 550	48	858	1 175	37
阀侧直流母线	整流侧 V+M	402	650	62	433	550	27
	逆变侧 V	253	320	26	268	325	21
Yy-变压器阀侧	整流侧 V+M	402	650	62	433	550	27
	逆变侧 V	253	320	26	268	325	21
Yd-变压器阀侧	整流侧 V+M	402	650	62	433	550	27
	逆变侧 V	253	320	26	268	325	21
Yy-变压器阀侧中性点	整流侧 A'+M	N/A	N/A	N/A	338	450	33
	逆变侧 A'				173	250	45
阀侧相间	$\sqrt{3}$ A'	N/A	N/A	N/A	300	450	50
注：N/A 表示不适用。							

C.6 空气间隙

空气间隙需耐受的电压值列于表C.10,空气间隙的标识见图C.3。

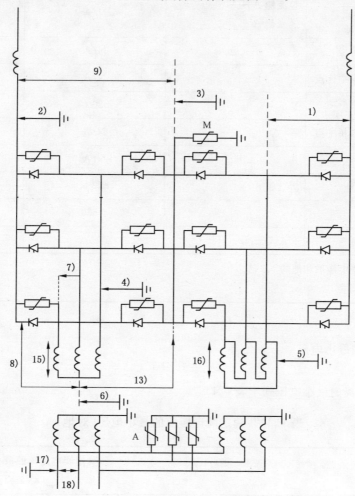

图 C.3 空气间隙的标示

表 C.10 空气间隙电压

保护目标	由...保护	LIWL/kV	SIWL/kV
1) 阀桥两侧	V	300	310
2) 阀侧直流母线	整流侧 V+M 逆变侧 V	650 300	550 310
3) 6脉动桥中点	整流侧 M	300	250
4) Yy变压器阀侧相地	整流侧 V+M 逆变侧 V	650 300	550 310
5) Yd变压器阀侧相地	整流侧 V+M 逆变侧 V	650 300	550 310

表 C.10（续）

保护目标	由…保护	LIWL/kV	SIWL/kV
6） Yy 变压器阀侧中性点	整流侧 A′＋M 逆变侧 A′	N/A	450 250
7） 阀侧相间	$\sqrt{3}$ A′	N/A	450
8） 阀侧直流母线对 Yy 中性点	A′	N/A	250
9） 极线对阀桥中点	V	300	310
13） Yy 阀侧中性点对阀桥中点	A′	N/A	250
15） Yy 一相端子间	A′	N/A	250
16） Yd 一相端子间	$\sqrt{3}$ A′	N/A	450
17） 交流母线相地	A	1 550	1 175
18） 交流母线线侧相间	f(A,UacN)		1 800

注 1：相间操作耐受电压取相地的 1.5 倍。
注 2：N/A 表示不适用。

C.7 确定爬电距离的最小电压

用作选择爬电距离的最小电压列于表 C.11。

表 C.11 确定爬电距离的最小电压（对地）

位置	确定爬电距离的最小电压 （kV）
交流母线	318
直流母线	140
△-变压器直流侧交流相	155
Y-变压器直流侧交流相	155

C.8 开关场的屏蔽

开关场被避雷针和避雷线有效屏蔽。屏蔽失效时交流母线处的雷电冲击电流被限制在 20 kA。保护交流开关场的避雷器有规定的雷电冲击保护水平(LIPL)。它是由假设一个配合电流而计算的，该电流是假定在遭受直击雷，或是由交流线路侵入的雷电冲击时，母线处的最大雷电流。因此，相应区域的所有设备都受到保护，不会遭受来自屏蔽导线、杆塔等的更大雷电电流的反击。

屏蔽保护要求列于表 C.12。

表 C.12 屏蔽保护要求的最大雷电电流

有关设备的区域	最大雷电电流 (kA)
交流场	20
交流滤波器开关场	20
交流滤波器构架	20
交流滤波器组,低压设备	2
换流变(包括备用单元)	20

附 录 D

（资料性附录）

可控串联补偿换流器（CSCC）和电容换流换流器（CCC）绝缘配合的例子

D.1 概述

本附录给出了以直流电缆作为接地回线的 CSCC 和 CCC 换流站的绝缘配合的计算方法和详细说明。这个例子是一个非常简略的知识性的指导。主要讲述了基于正文中的程序选择避雷器的额定值和额定绝缘水平的步骤。

在本附录中给出的结果是基于第 10 章及第 8 章中描述的程序和研究方法。因为直流没有标准耐受电压，把 SIWV、LIWV 和 SFIWV 的计算值近似地取为方便可行值。

D.2 避雷器保护方案

图 D.1a)和图 D.1b)表明了 CSCC 和 CCC 换流站的避雷器保护方案。所有避雷器采用无间隙氧化锌避雷器。

D.3 避雷器承受的负载、保护水平和绝缘水平的确定

D.3.1 概述

下列主要数据用于换流站绝缘配合设计：

交流侧：强交流系统

直流侧：

直流电压	500	kV（整流侧）	
直流电流	1 590	A	
平波电抗器	225	mH	
（触发）延迟角	15/17	(°)（整流/逆变）	

CCC/CSCC-电容器		CCC 换流器	CSCC 换流器
电容量	μF	118	43
U_{ch}	$kV_{r.m.s}$	45	136

换流变压器

容量（三相,6 脉动）	MVA	419	459
短路阻抗	p.u.	0.12	0.12
二次电压（阀侧）	kV	186.4	204
分接头范围	r.m.s	±5%	±5%
每相电感（阀侧）	mH	32	35

交流母线避雷器（A1）和（A4）（见表 D.1）

表 D.1 CCC 和 CSCC 换流器数据

参数	单位	CCC/CSCC	CSCC
		母线 1(A1)	母线 4(A4)
系统标称电压	$kV_{r.m.s}$	400	400
系统最高电压(U_s)	$kV_{r.m.s}$	420	420
持续运行电压,相对地	$kV_{r.m.s}$	243	256
SIPL(在 1.5 kA)	kV	632	690
LIPL(在 10 kA)	kV	713	790
传递到阀侧(相间)的最大缓波前过电压	kV	512/560	N/A
并联柱数	—	2	2
避雷器能量	MJ	3.2	3.4
注:N/A 表示不适用。			

阀避雷器(V1)和(V2)

下列数据适用于两端换流站

		CCC	CSCC	
CCOV	kV	$218×\sqrt{2}$	$208×\sqrt{2}$	
并联柱数		4	4	避雷器 V1
		2	2	避雷器 V2
能量	MJ	5.4	5.2	避雷器 V1
	MJ	2.7	2.6	避雷器 V2

阀避雷器上的强度由下面的研究工况确定。

D.3.2 从交流侧传递到阀侧的缓波前过电压

从交流侧传递的缓波前过电压出现在相间(如 R 和 S 两端)而此时单阀导通,相间过电压将对跨接在 RS 端的阀避雷器产生最大的强度[见图 D.2a)和图 D.2b)]。缓波前过电压的幅值取决于换流变网侧交流母线避雷器(A)的最大保护水平。

图 D.3a)和图 D.3b)表明了回路中仅跨接在 RS 端阀避雷器放电时的波形,这种相间过电压是确定全部 V2 型阀避雷器保护水平的关键工况。

阀避雷器(V2)的计算结果:

阀避雷器(V2)的操作冲击保护水平(SIPL)为:

SIPL＝488.1 kV   在 40 A[见图 D.3a)CCC 换流器]

      480.8 kV   在 466 A[见图 D.3b)CSCC 换流器]

RSIWV ＝1.15×488.1 kV＝561.3 kV   ⇨ | SIWV＝605 kV |

      ＝1.15×480.8 kV＝553 kV   ⇨ | SIWV＝605 kV |

上述值适用于 CCC 和 CSCC 换流器。

D.3.3 高端换流变套管接地故障

这个故障工况使最高电位的三脉动换流阀组的阀侧 V1 避雷器承受最大负载。图 D.4a)和图 D.4b)中给出了该工况的等效电路图。V1 阀避雷器的负载取决于故障起始的时刻。为了确定最大强度,单相接地故障发生时刻应从 0°～360°电角度变化。

CCC 和 CSCC 换流器阀避雷器的负载结果见图 D.5a)和图 D.5b)。

如果缓波前过电压不会导致较高的避雷器负载,那么,这个工况是设计阀避雷器(V1)的强度的关键。

对于阀避雷器(V1)计算结果:

阀避雷器(V1)的操作冲击保护水平(SIPL)为:

SIPL ＝523.6 kV 在 1 776 A[见图 D.5a)CCC 换流器]

　　　＝498.9 kV 在 2 244 A[见图 D.5b)CSCC 换流器]

RSIWV ＝1.15×523.6 kV＝602.1 kV ⇨ SIWV＝605 kV

　　　　　＝1.15×498.9 kV＝574 kV ⇨

上述值对于 CCC 和 CSCC 换流器都适用。

CCC 和 CSCC 电容器避雷器(C_{cc}/C_{sc})

		CCC 换流站	CSCC 换流站
CCOV	kV	45	136
并联柱数		8	6
能量[1]	MJ	4.0	4.0
SIPL	kV	149	207
相应配合电流	kA	7.8	8.8
		[图 D.6a)]	[图 D.6b)]
LIPL	kV	172	250
相应配合电流	kA	10	10
RSIWV＝1.15×SIPL	kV	200	250
RLIWV＝1.20×LIPL	kV	250	300

换流器单元避雷器(C)

下面给出的值适用于两个换流站:

CCOV:　　　　　　558 kV

并联柱数:　　　　1

能量:　　　　　　2.5 MJ

计算研究来自交流侧的缓波前过电压,确定 C 避雷器承受的负载。研究中设定换流器正常运行时四个晶闸管阀导通,缓波前过电压在两相间传递。传递的缓波前过电压幅值为阀避雷器电压的两倍。

设计换流器单元避雷器时,选择下列配合电流及其对应的值:

SIPL＝930 kV　　　　　在 0.5 kA

LIPL＝1 048 kV　　　　在 2.5 kA

RSIWV＝1.15×930 kV＝1 070 kV ⇨ SIWV＝1 175 kV

RLIWV＝1.20×1 048 kV＝1 258 kV ⇨ LIWV＝1 300 kV

直流母线避雷器(DB)

对两边换流站都应用下面的值:

CCOV:　　　　　　515 kV

并联柱数　　　　　1

能量:　　　　　　2.2 MJ

---

[1]　是基于换流变的高压套管接地故障。

对直流母线避雷器(DB)设计,选择下列配合电流及其对应的值:

SIPL=866 kV   在 1 kA

LIPL=977 kV   在 5 kA

RSIWV=1.15×866 kV=966 kV   ⇨ SIWV=1 050 kV

RLIWV=1.20×977 kV=1 173 kV   ⇨ LIWV=1 300 kV

直流线路/电缆避雷器(DL)

对直流线路/电缆终端都应用下面的值:

CCOV：   515 kV

并联柱数   8

能量：   17.0 MJ

设计直流线路/电缆避雷器(DL)时,选择下列配合电流及其对应的值:

SIPL=807 kV   在 1 kA

LIPL=872 kV   在 5 kA

RSIWV=1.15×807 kV=928 kV   ⇨ SIWV=950 kV

RLIWV=1.20×872 kV=1 046 kV   ⇨ LIWV=1 050 kV

中性母线避雷器(E)

下面给出两个换流站所有中性母线避雷器的值:

CCOV：   30 kV

并联柱数：   12

能量：   2.4 MJ

设计所有中性母线避雷器(E)时,选择下列配合电流及其对应的值:

SIPL=78 kV   在 2 kA

LIPL=88 kV   在 10 kA

RSIWV=1.15×78 kV=90 kV   ⇨ SIWV=125 kV

RSIWV=1.20×88 kV=106 kV   ⇨ LIWV=125 kV

交流滤波器避雷器(FA)

避雷器运行电压包括基波和谐波电压。

交流母线接地故障清除工况确定了避雷器的额定值。

交流滤波器避雷器(FA1)

U_{ch}：   60 kV

并联柱数：   2

能量：   1.0 MJ

设计避雷器(FA1)时,选择下面配合电流及其对应的值:

SIPL=158 kV   在 2 kA

LIPL=192 kV   在 20 kA

RSIWV=1.15×158 kV=182 kV   ⇨ SIWV=200 kV

RLIWV=1.20×192 kV=230 kV   ⇨ LIWV=250 kV

交流滤波器避雷器(FA2)

U_{ch}：   30 kV

并联柱数：   2

能量：   0.5 MJ

设计避雷器(FA2)时,选择下面配合电流及其对应的值:

SIPL=104 kV   在 2 kA

LIPL=120 kV   在 10 kA

RSIWV=1.15×104 kV=120 kV   ⇨ SIWV=150 kV

RLIWV=1.20×120 kV=144 kV   ⇨ LIWV=150 kV

直流滤波器避雷器(FD)

避雷器运行电压主要由谐波电压组成。

当缓波前过电压传递到直流侧时,直流母线发生接地故障。此时对该避雷器产生的作用将确定避雷器的额定值。

直流滤波器(FD1)

U_{ch}:   5 kV

并联柱数: 2

能量: 0.8 MJ

设计避雷器(FD1)时,选择下面配合电流及其对应的值:

SIPL=136 kV   在 2 kA

LIPL=184 kV   在 40 kA

RSIWV=1.15×136 kV=156 kV   ⇨ SIWV=200 kV

RLIWV=1.20×184 kV=221 kV   ⇨ LIWV=250 kV

直流滤波器避雷器(FD2)

U_{ch}:   5 kV

并联柱数: 2

能量: 0.5 MJ

设计避雷器(FD2)时,选择下面配合电流及其对应的值:

SIPL=104 kV   在 2 kA

LIPL=120 kV   在 10 kA

RSIWV=1.15×104 kV=120 kV   ⇨ SIWV=150 kV

RLIWV=1.20×120 kV=144 kV   ⇨ LIWV=150 kV

D.4 变压器阀侧规定耐受电压

D.4.1 相间

由于换流变的阀侧绕组没有避雷器直接保护,需要考虑下面两个工况:

——当阀导通时,换流变阀侧的相对相绝缘由一个阀避雷器(V)保护;

——当阀闭锁时,两个避雷器(V)串联在相对相之间,在这种情况下,从交流侧传递到阀侧的缓波前过电压决定了避雷器最大缓波前过电压。

SIPL=512 kV (对 CCC 的传递缓波前过电压)

  560 kV (对 CSCC 的传递缓波前过电压)

RSIWL=1.15×SIPL   SIWV=650 kV

          LIWV=750 kV

如果两相分属独立的换流变单元(单相,三绕组变压器)并且假设承受电压不同,对星形绕组相对相额定的绝缘水平选择如下:

$$SIWV=550\ kV$$

$$LIWV=650\ kV$$

D.4.2 高端换流变相对地(星形)

在阀导通状态期间,换流变压器相间施加的缓波前过电压决定了变压器和换流器的相对地绝缘。来源于交流侧的缓波前过电压受到换流变网侧避雷器(A)的限制。这种出现过电压的方式不可能在晶闸管阀非导通状态发生。因此,仅需考虑导通状态。

$SIPL=976\ kV$　对于 CCC[避雷器(V2)的 $2\times SIPL$,见图 D.3a)假设在中性母线避雷器中没有电流]

　　　962 kV　对于 CSCC[避雷器(V2)的 $2\times SIPL$,见图 D.3b)假设在中性母线避雷器中没有电流]

$RSIWV=1.15\times SIPL$ ⇨ $$SIWV=1\ 175\ kV$$

$$LIWV=1\ 300\ kV$$

D.4.3 低端换流变相对地(三角形)

假设中性母线避雷器无放电电流,相对地额定绝缘水平同于相间。

$$SIWV=650\ kV$$

$$LIWV=750\ kV$$

D.5 空气绝缘的平波电抗器规定耐受电压

D.5.1 缓波前过电压下的端对端

平波电抗器两端最为严重的过电压工况是经过避雷器(DL)限制过的缓波前过电压叠加直流电压,其总的电压是:

避雷器(DL)SIPL:	866 kV
最大直流电压:	500 kV
两个电压之和:	1 366 kV
平波电抗器:	225 mH
变压器电感(四相):	140 mH(4×35 mH)
总电感:	365 mH

一个 225 mH 平波电抗器

端子之间电压:　　　　　　　　$1\ 366\ kV\times(225\ mH/365\ mH)=842\ kV$

$SIPL=842\ kV$

$RSIWV=1.15\times842\ kV=968\ kV$ ⇨ $$SIWV=1\ 175\ kV$$

在端子之间的最大的快波前过电压是由电抗器两端子之间电容和电抗器阀侧对地电容相对比值决定。具体雷电规定耐受电压为: $$LIWV=1\ 300\ kV$$

D.5.2 端子对地

端子对地规定的绝缘水平同避雷器(C)或(DL) $$SIWV=1\ 175\ kV$$

$$LIWV=1\ 300\ kV$$

D.6 计算结果

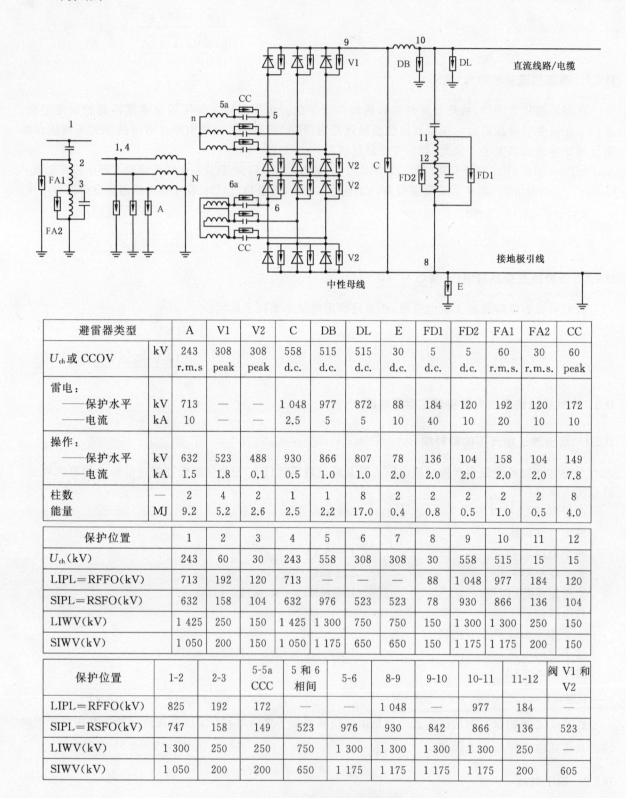

避雷器类型		A	V1	V2	C	DB	DL	E	FD1	FD2	FA1	FA2	CC
U_{ch} 或 CCOV	kV	243	308	308	558	515	515	30	5	5	60	30	60
		r.m.s	peak	peak	d.c.	d.c.	d.c.	d.c.	d.c.	d.c.	r.m.s.	r.m.s.	peak
雷电：													
——保护水平	kV	713	—	—	1 048	977	872	88	184	120	192	120	172
——电流	kA	10	—	—	2.5	5	5	10	40	10	20	10	10
操作：													
——保护水平	kV	632	523	488	930	866	807	78	136	104	158	104	149
——电流	kA	1.5	1.8	0.1	0.5	1.0	1.0	2.0	2.0	2.0	2.0	2.0	7.8
柱数	—	2	4	2	1	1	8	2	2	2	2	2	8
能量	MJ	9.2	5.2	2.6	2.5	2.2	17.0	0.4	0.8	0.5	1.0	0.5	4.0

保护位置	1	2	3	4	5	6	7	8	9	10	11	12
U_{ch}(kV)	243	60	30	243	558	308	308	30	558	515	15	15
LIPL＝RFFO(kV)	713	192	120	713	—	—	—	88	1 048	977	184	120
SIPL＝RSFO(kV)	632	158	104	632	976	523	523	78	930	866	136	104
LIWV(kV)	1 425	250	150	1 425	1 300	750	750	150	1 300	1 300	250	150
SIWV(kV)	1 050	200	150	1 050	1 175	650	650	150	1 175	1 175	200	150

保护位置	1-2	2-3	5-5a CCC	5 和 6 相间	5-6	8-9	9-10	10-11	11-12	阀 V1 和 V2
LIPL＝RFFO(kV)	825	192	172	—	—	1 048	—	977	184	—
SIPL＝RSFO(kV)	747	158	149	523	976	930	842	866	136	523
LIWV(kV)	1 300	250	250	750	1 300	1 300	1 300	1 300	250	—
SIWV(kV)	1 050	200	200	650	1 175	1 175	1 175	1 175	200	605

a) CCC换流器交流和直流避雷器

图 D.1 CCC 和 CSCC 换流器交流和直流避雷器

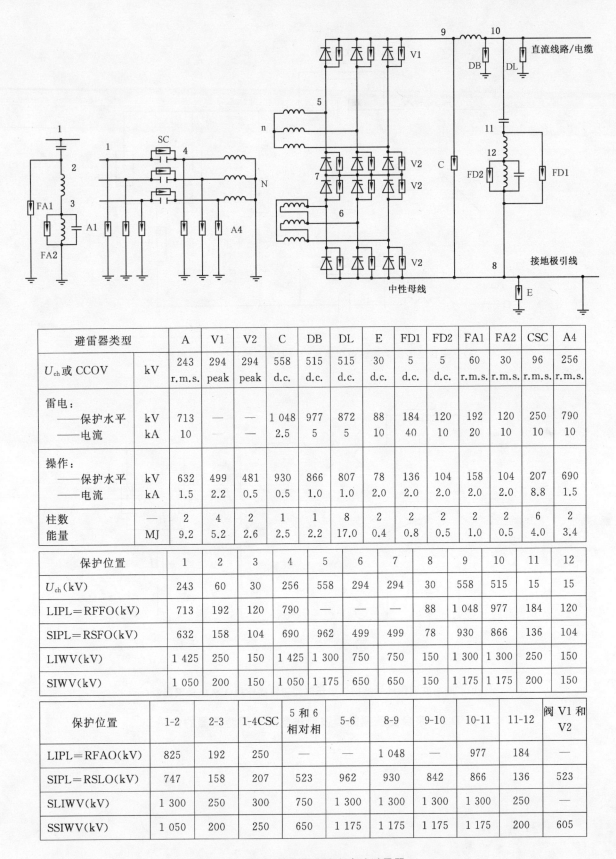

避雷器类型		A	V1	V2	C	DB	DL	E	FD1	FD2	FA1	FA2	CSC	A4
U_{ch} 或 CCOV	kV	243 r.m.s.	294 peak	294 peak	558 d.c.	515 d.c.	515 d.c.	30 d.c.	5 d.c.	5 d.c.	60 r.m.s.	30 r.m.s.	96 r.m.s.	256 r.m.s.
雷电： ——保护水平 ——电流	kV kA	713 10	— —	— —	1 048 2.5	977 5	872 5	88 10	184 40	120 10	192 20	120 10	250 10	790 10
操作： ——保护水平 ——电流	kV kA	632 1.5	499 2.2	481 0.5	930 0.5	866 1.0	807 1.0	78 2.0	136 2.0	104 2.0	158 2.0	104 2.0	207 8.8	690 1.5
柱数 能量	— MJ	2 9.2	4 5.2	2 2.6	1 2.5	1 2.2	8 17.0	2 0.4	2 0.8	2 0.5	2 1.0	2 0.5	6 4.0	2 3.4

保护位置	1	2	3	4	5	6	7	8	9	10	11	12
U_{ch}(kV)	243	60	30	256	558	294	294	30	558	515	15	15
LIPL＝RFFO(kV)	713	192	120	790	—	—	—	88	1 048	977	184	120
SIPL＝RSFO(kV)	632	158	104	690	962	499	499	78	930	866	136	104
LIWV(kV)	1 425	250	150	1 425	1 300	750	750	150	1 300	1 300	250	150
SIWV(kV)	1 050	200	150	1 050	1 175	650	650	150	1 175	1 175	200	150

保护位置	1-2	2-3	1-4CSC	5 和 6 相对相	5-6	8-9	9-10	10-11	11-12	阀 V1 和 V2
LIPL＝RFAO(kV)	825	192	250	—	—	1 048	—	977	184	—
SIPL＝RSLO(kV)	747	158	207	523	962	930	842	866	136	523
SLIWV(kV)	1 300	250	300	750	1 300	1 300	1 300	1 300	250	—
SSIWV(kV)	1 050	200	250	650	1 175	1 175	1 175	1 175	200	605

b）CSCC 换流器交流和直流避雷器

图 D.1（续）

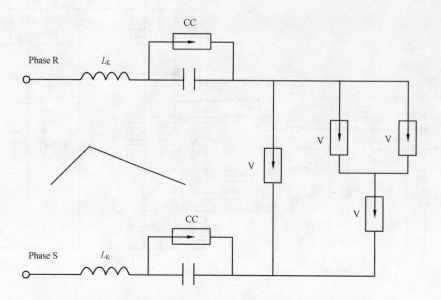

a) 来自交流侧的缓波前过电压对阀避雷器作用（CCC 换流器）

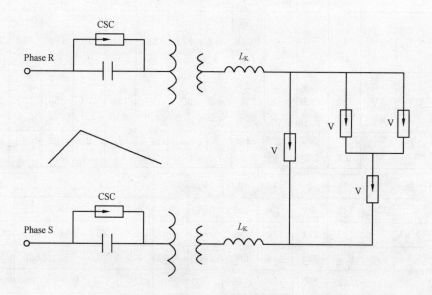

b) 来自交流侧的缓波前过电压对阀避雷器作用（CSCC 换流器）

图 D.2 来自交流侧的缓波前过电压对阀避雷器的作用

避雷器承受的作用值：

$U_{max}=488$ kV $I_{max}=0.04$ kA   能量$=1.9$ kJ

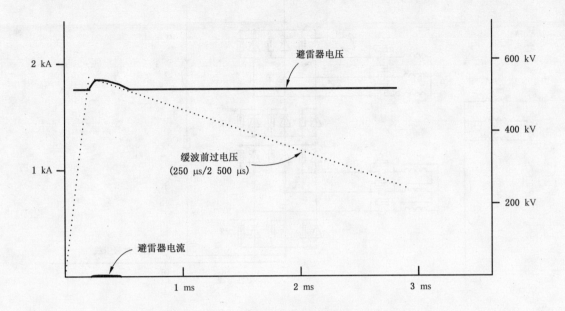

a) 来自交流侧的缓波前过电压在阀避雷器（V2）上的作用（CCC 换流器）

避雷器承受的作用值：

$U_{max}=481$ kV $I_{max}=0.47$ kA   能量$=223$ kJ

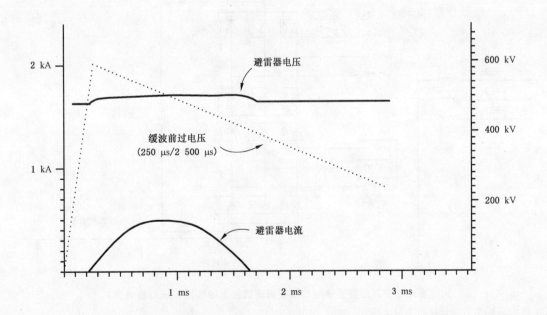

b) 来自交流侧的缓波前过电压在阀避雷器（V2）上的作用（CSCC 换流器）

图 D.3　来自交流侧的缓波前过电压在阀避雷器（V2）上的作用

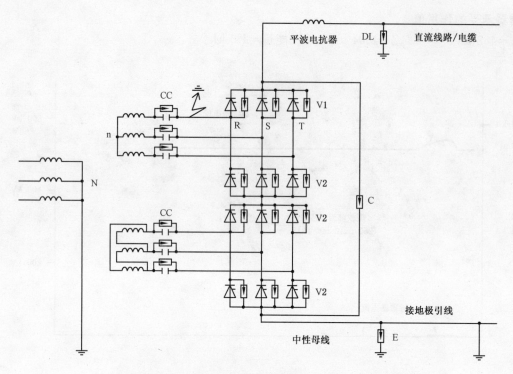

a) 高端桥变压器套管接地故障在阀避雷器上的作用（CCC 换流器）

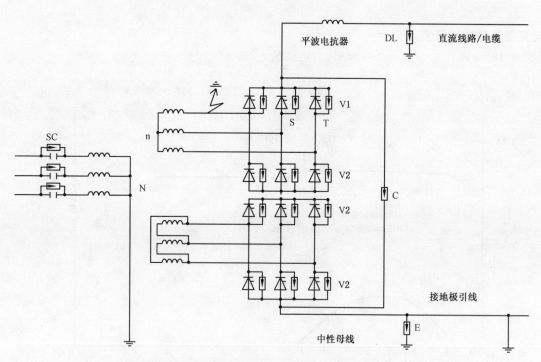

b) 高端桥变压器套管接地故障在阀避雷器上的作用（CSCC 换流器）

注：图中未标明影响设计的杂散电容。

图 D.4　高端桥变压器套管接地故障在阀避雷器上的作用

避雷器承受的作用值：

$U_{max}=524$ kV $I_{max}=1.78$ kA   能量＝3 690 kJ

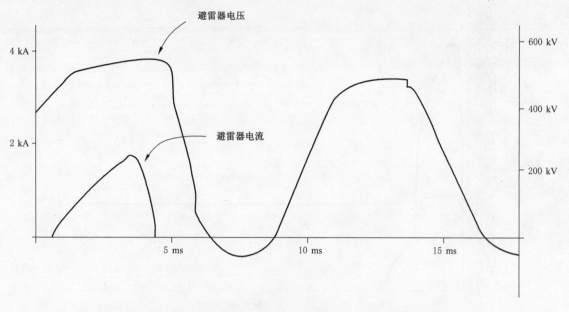

a) 高端桥变压器套管接地故障期间对阀避雷器 V1 的作用（CCC 换流器）

避雷器承受的作用值：

$U_{max}=499$ kV $I_{max}=2.24$ kA   能量＝4 309 kJ

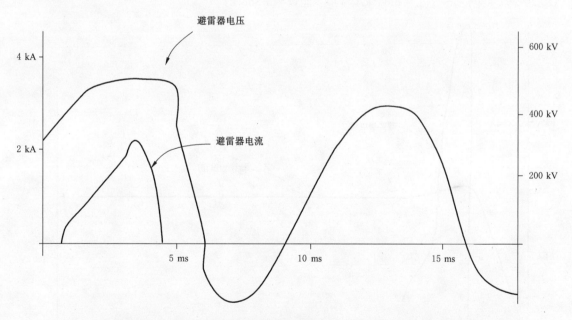

b) 高端桥变压器套管接地故障期间对阀避雷器 V1 的作用（CCC 换流器）（CSCC 换流器）

图 D.5 高端桥变压器套管接地故障期间对阀避雷器 V1 的作用

避雷器承受的作用值：

$U_{max} = 149$ kV $I_{max} = 7.81$ kA   能量 $= 3\ 687$ kJ

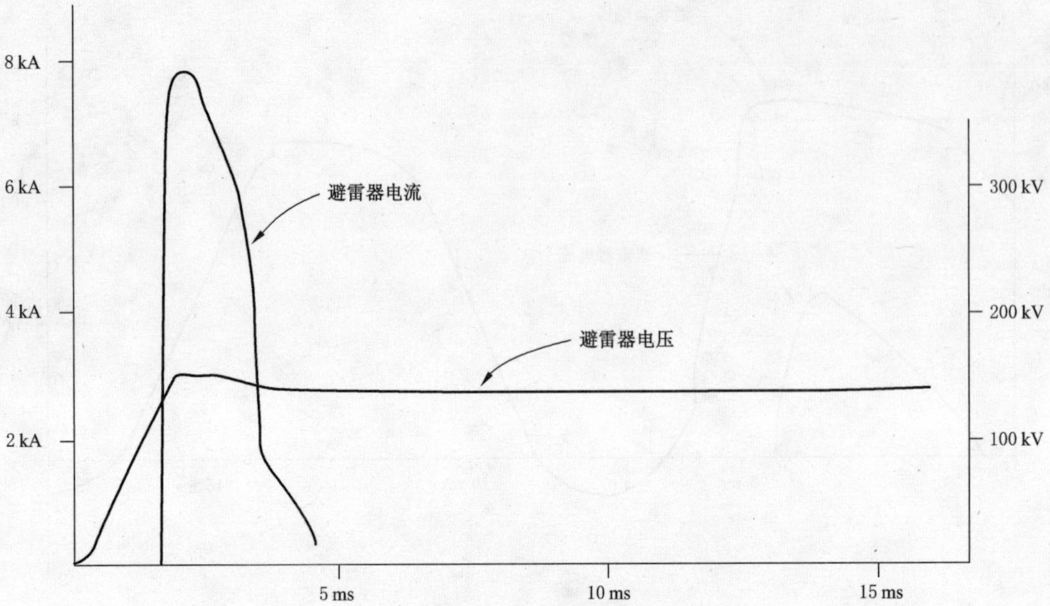

a) 高端桥变压器套管接地故障期间在 CCC 电容器避雷器的作用 C_{cc}（CCC 换流器）

避雷器承受的作用值：

$U_{max} = 207$ kV $I_{max} = 8.84$ kA   能量 $= 3\ 866$ kJ

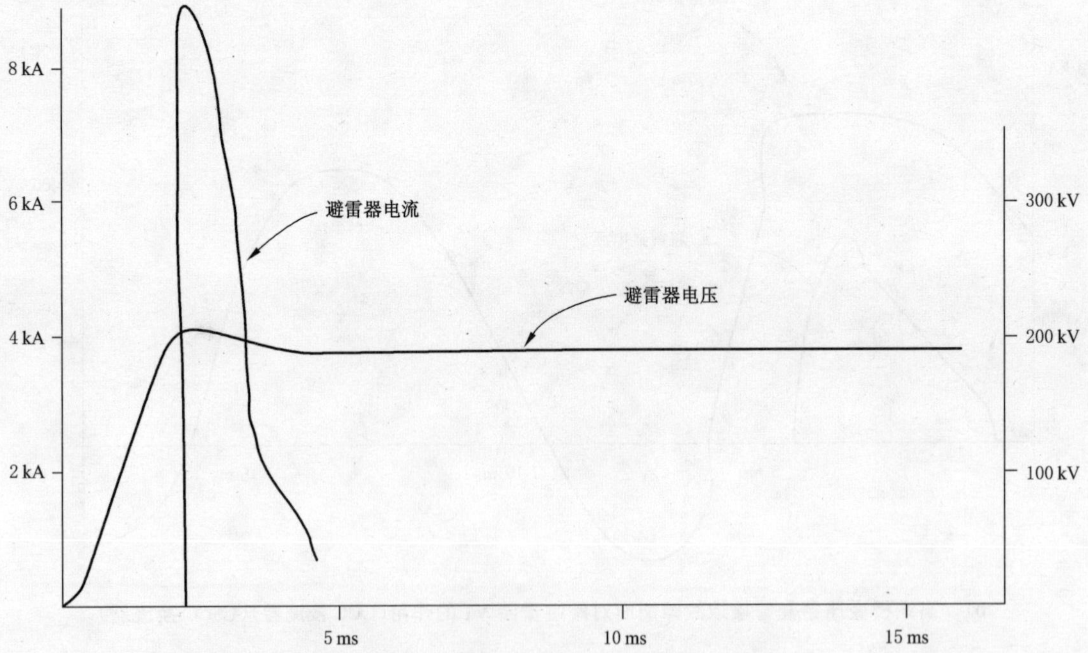

b) 高端桥变压器套管接地故障期间在 CSCC 电容器避雷器的作用 C_{sc}（CSCC 换流器）

图 D.6   高端桥变压器套管接地故障期间在 CSCC 电容器避雷器的作用 C_{cc} 和 C_{sc}

附 录 E

（资料性附录）

一些特殊换流器结构绝缘配合的确定

E.1 并联阀组的绝缘配合程序

E.1.1 概述

当设计一新的换流站或扩展一个现存的换流站可能会出现阀组并联的情况。这种换流站（图 E.1）的绝缘配合程序与第 8 章介绍的常规型单十二脉动换流站的方法相同。

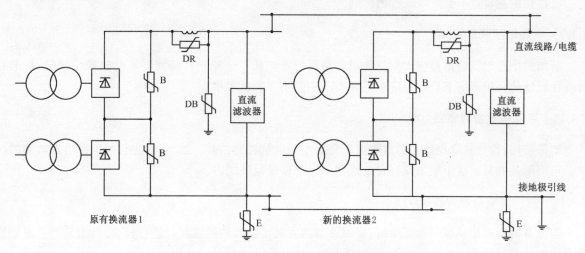

图 E.1 扩展的并联阀组高压直流换流站

所有避雷器，包括可能跨接在平波电抗器上的避雷器，都应该与换流器 2 的避雷器相配合。E.1.2～E.1.12 中，当一个原有换流站并联换流器 2 扩容时，对不同避雷器的不同方面要求在下列条款中描述。

E.1.2 交流母线避雷器（A）

扩展的交流母线避雷器的保护水平应该低于原有的避雷器保护水平，并有足够的裕度。在这种情况下，原有的交流母线避雷器将不会过载。然而新的交流母线避雷器应该设计到满足最苛刻的工况：交流故障清除后出现换流变饱和恢复过电压和甩负荷引起的过电压。在某些情况下，为了更好地使扩展和原有的避雷器能量分配均等，最好的技术方案是重新考虑避雷器的保护作用，更换原有的避雷器。

E.1.3 交流滤波器避雷器（FA）

在并联运行期间将增大低次谐波的幅值会使原有的低次谐波滤波器避雷器可能过载。因此这些避雷器需要更换，除非并联运行后对原有避雷器没有影响。

E.1.4 阀避雷器（V）

在并联运行期间最苛刻的工况是在最高电位的换流变阀侧发生接地故障。在这种情况下，健全的换流器提供的电流将会增加故障换流器阀避雷器的强度。保护动作可以避免阀避雷器过载，这仅对最高电位的三脉动换流阀组侧的阀避雷器有效。所有其他阀避雷器可以根据 8.3.5 中的规定设计。

E.1.5　桥避雷器(B)和换流单元避雷器(C)

在原有换流器接地故障期间这些避雷器可能过载。因此,这些避雷器需要更换。

E.1.6　中点避雷器(M)

高端阀组投入旁通对时,中点避雷器可能过载。此情况下中点避雷器需要更换。

E.1.7　换流器单元直流母线避雷器(CB)

已存在的避雷器不受并联运行的影响。

E.1.8　直流母线和直流线路/电缆避雷器(DB 和 DL)

已存在的避雷器不受并联运行的影响。

E.1.9　中性母线避雷器(E)

新加的中性母线避雷器应比原有的避雷器保护水平低。这样原有避雷器不会过载。同时,新的避雷器在较低的保护水平下设计都应满足 8.3.11 中所有工况的要求。

E.1.10　直流电抗器避雷器(DR)

如果使用,接地故障期间大的故障电流将影响到电抗器避雷器。然而,这将仅影响原有避雷器的保护水平而不是能量。这个增加或许在电抗器的保护裕度范围之内。

E.1.11　直流滤波器避雷器(FD)

当原有的直流滤波器仍然保留时,应对原有的直流滤波器的绝缘配合进行校核,特别是在直流滤波器支路内的接地故障。这个新的直流滤波器可以按 8.3.13 来设计。

E.1.12　带有并联阀组的新的换流组站

上述考虑也适用于原有换流站安装的有间隙的避雷器,并且包括并联新的金属氧化物避雷器。
如果设计两个新的换流站,这样的设计同样适用。

E.2　使用串联阀组更新原有换流站的绝缘配合程序

E.2.1　概述

两个 12 脉动的换流阀串联连接的换流站绝缘配合的一般程序见第 8 章中对普通型单 12 脉动阀的说明。然而,逆变站应采取特别的措施应对其旁通对的使用(见 7.4.3 和 7.5.3)。
对附加一个串联阀组的更新原有换流站(见图 E.2)的绝缘配合说明见 E.2.2～E.2.10。
所有新的换流器的避雷器应该与原有的换流器的避雷器相配合。E.2.2～E.2.10 中对新的避雷器及对原有避雷器的影响的不同方面进行了论述。如果原有极的任何设备都保留,那么就要对它们的绝缘进行充分的评估。

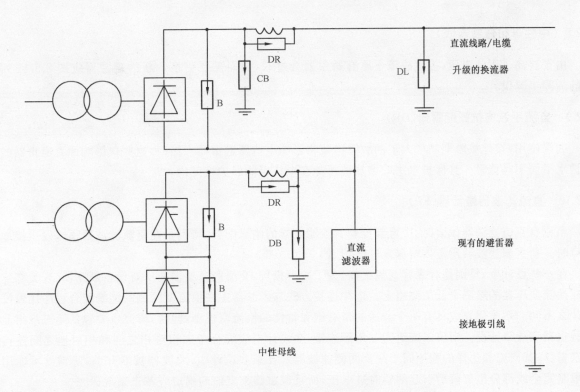

图 E.2　使用串联阀组升级了的高压直流换流器

E.2.2　交流母线避雷器(A)

新的交流母线避雷器的保护水平应比原有的避雷器保护水平低,并有足够的安全裕度。在这种情况下,原有交流母线避雷器将不会过载。而且在设计新的避雷器时应考虑最苛刻的故障:故障清除后换流变在恢复过电压下饱和及甩负荷引起的过电压下避雷器的强度。在某些情况下,为了使新的和原有的避雷器具有均等能量吸收能力,最好的技术方案是更换原有交流母线避雷器。

E.2.3　交流滤波器避雷器(FA)

由于在阀组串联中将增大低次谐波电流的幅值会使原有低次谐波避雷器产生过载,所以这些避雷器需要更换,除非不会对原有避雷器有影响。

E.2.4　阀避雷器(V)

预计对原有避雷器没有影响,新的阀避雷器设计可按8.3.5。

E.2.5　桥避雷器(B)和换流单元避雷器(C)

在原有换流器极接地故障期间,这些避雷器可能过载,在此情况下,这些避雷器就需要更换。

E.2.6　中点直流母线避雷器(M)

当阀组旁通运行期间,这些避雷器上可能过载。在此情况下,这些避雷器需要更换。

E.2.7　换流器单元直流母线避雷器(CB)、直流母线和直流线路/电缆避雷器(DB 和 DL)

在新的换流器单元的投入旁通对期间原有避雷器可能过载。在此情况下,原有避雷器应予以更换。更新母线避雷器设计应根据8.3.9和8.3.10。

E.2.8　中性母线避雷器(E)

由于提高了直流电压,接地故障下原有避雷器会过载,因而需要更换。新的避雷器应按 8.3.11 所给的故障工况设计。

E.2.9　直流平波电抗器避雷器(DR)

如果使用,接地故障期间增大了的故障电流将影响电抗器避雷器。然而,这些仅影响原有避雷器的保护水平而不是能量。其保护水平的增加值可能在电抗器的保护裕度内。

E.2.10　直流滤波器避雷器(FD)

当原有直流滤波器保留时,应重新校验直流滤波器的绝缘配合,特别是在直流滤波器顶部发生接地故障时。新直流滤波器避雷器根据 8.3.13 设计。

在一些设计中,特别是背靠背直流工程,为了减少投资,交流侧滤波器的所有设备断路器、开关都连接在换流变压器的第三个低压绕组上。这种连接方式与滤波器连在换流变网侧的绝缘配合程序比较没有什么不同。系统研究应具有一个合适的带有饱和特性的换流变模型,同时,研究也要包括第三绕组上的避雷器和故障情况。当第三绕组为三角形连接,在设计中应综合考虑相对相之间和相对地之间连接的避雷器,其研究和选择的程序同于交流网侧滤波器。在某些设计中,滤波器被断开前,避雷器可能用于限制完全或部分甩负荷后引起的暂时过电压,而且避雷器额定值的确定应基于系统研究。

E.3　紧密耦合的交直流系统在交流系统产生的过电压

当多条直流线路馈入同一地区同一电压等级的交流系统,且换流站电气距离相距较近,例如两回的直流线路连接到相距 20 km 或 30 km 的之间有交流线路互联的换流站时,称为紧密耦合的交直流系统。

一回直流回路的扰动,包括全部或部分甩负荷,引起的换流站交流过电压会影响到另一回直流回路的换流站。在这种情况下,交流系统故障能够在两站(即使换流站交流侧接入同一交流系统)产生的过电压比只有一回直流回路运行时产生的过电压更为严重。两临近的换流站交流系统侧避雷器的额定电压、保护水平和相应配合电流要相互配合,使它们各自适当地分担过电压下的能量。两个换流站交流母线连接的所有变压器的饱和特性和参数及交流网络的最小短路容量,都应合适地模拟,以研究最苛刻的过电压工况。绝缘配合的详细程序与单回直流方案相同。

E.4　气体绝缘开关对高压直流换流站绝缘配合的影响

对于某些直流海缆连接的位于海岸的高压直流站,应特别注意考虑盐污秽的防范措施,且需要考虑风暴和台风引起盐污染的程度和速度;对于一些难以获得足够空间安装变电站设备的高压直流换流站,使用气体绝缘设备(GIS)能够有效的帮助解决污秽问题,同时使设备结构紧凑,减少换流站面积。

GIS 能被用到换流站的交流侧和/或直流侧。在交流侧的 GIS(AC-GIS)与普通交流变电站 GIS 相同。AC-GIS 常包括断路器、隔离开关、交流母线避雷器和电压传感器、电流传感器。

典型的直流侧的 GIS(DC-GIS)由主母线上的隔离开关、作为旁通对功能用的旁通断路器、直流母线避雷器、电压传感器和电流传感器组成。对于 DC-GIS,通常要考虑由直流电场引起的 GIS 内表面悬浮导电颗粒和积累在盆式绝缘子表面的电荷。

在装有 GIS 的高压直流站中,产生的过电压的波形、峰值和持续时间,常常与空气绝缘的开关设备的换流站相同。一般不必要特别考虑换流站 GIS 对绝缘配合的影响。

在装有 GIS 设备的高压直流站中,当隔离开关合闸时,将在 GIS 中产生一个几百千赫到几兆赫的高频振荡电压。特别是当这个振荡电压经过很小的阻尼直接传到换流器上时。虽然这类型的电压峰值低,在某种程度不能称作"过电压"。然而,由于它的 dv/dt 值超过了晶闸管阀的允许值,应予以特别考虑。典型的解决措施是在隔离开关上装分合闸电阻。

在 GIS 中的避雷器的电压和电流特性通常与空气中的避雷器相同。在 SF_6 中避雷器的特性不会有什么变化,不像安装在空气中的避雷器,外套表面的污秽可能影响其特性。

为了确定直流 GIS(DC-GIS)的试验电压,要考虑在 SF_6 气体中不同类型过电压对电介质绝缘材料性能的影响。空气间隙耐受雷电冲击电压峰值与达到峰值时间的特性,在雷电冲击波前时间范围内有一个负 dv/dt 的比率关系。但在 SF_6 气体间隙中二者特性关系在所有波前时间范围内是相对平坦的。能用相同的研究工具(如数字暂态分析程序)研究直流 GIS 内的过电压,包括反极性直流过电压,快波前、缓波前和其他类型的过电压。

附 录 F

（资料性附录）

典型的避雷器特性

图 F.1 描述了一个绝缘配合研究中使用的典型的无间隙金属氧化物避雷器的特性。x 轴代表配合电流，单位安培，y 轴代表 10 kA 快波前保护值的保护电压，单位 p.u.。

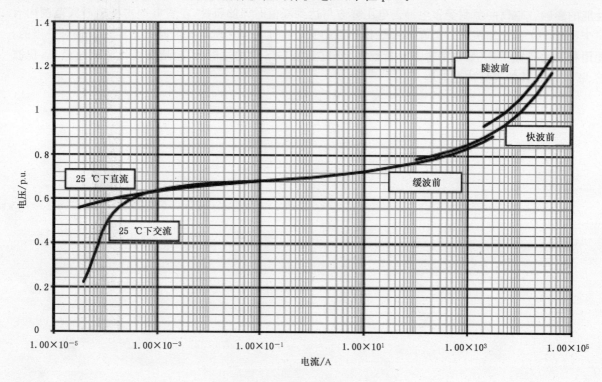

图 F.1 典型的避雷器 V-I 特性

参 考 文 献

[1]　EPRI.Insulation coordination(chapter 11).In:High-voltage direct current handbook.EPRI Publication no.TR-104166.Palo Alto,CA:EPRI,1994.

[2]　MELVOLD,D.DC arrester test philosophies on recent HVDC projects as used by various suppliers.IEEE Transactions on Power Delivery.1991,6(2),672-679.

[3]　IEEE. Bibliography on overvoltage protection and insulation co-ordination of HVDC converter stations,1979-1989.IEEE Transactions on Power Delivery.1991,6(2),744-753.

[4]　CIGRE.Guidelines for the application of metal-oxide arresters without gaps for HVDC converter stations.CIGRE 33/14.05,publication 34.Paris:CIGRE,1989.

[5]　ELAHI,H.et al.Insulation coordination process for HVDC converter stations:preliminary and final designs.IEEE Transactions on Power Delivery.1989,4(2),1037-1048.

[6]　CIGRE.Application guide for insulation coordination and arrester protection of HVDC converter stations.33.05,Electra No.96.Paris:CIGRE,1984,101-156.

[7]　EPRI.Handbook for insulation coordination of high-voltage DC converter stations.EPRI Report No.EL-5414.Palo Alto,CA:EPRI,1987.

[8]　IEEE.Insulation Coordination Designs of HVDC Converter Installations.IEEE Transactions on Power Apparatus and Systems.1979,PAS-98(5),1761-1776.

[9]　IEEE.Modeling guidelines for fast-front transients.IEEE Transactions on Power Delivery. 1996,11(1),493 - 506.

[10]　CIGRE.Guidelines for representation of network elements when calculating transients.CIGRE technical brochure No.39.Paris:CIGRE.

[11]　CIGRE.Guide to procedures for estimating the lightning performance of transmission lines. CIGRE technical brochure No.63.Paris:CIGRE,1991.

[12]　JONSSON,T.and BJÖRKLUND P-E,Capacitor commutated converters for HVDC.SPT PE 02-03-0366 IEEE/KTH.Stockholm Power Tech.Conference,June 1995.

[13]　SADEK,K.et al.Capacitor commutated converter circuit configurations for d.c.transmission.IEEE Transactions on Power Delivery.1998,13(4),1257-1264.

[14]　EPRI.Transmission Line Reference Book,345 kV and Above.2nd ed..Palo Alto,CA:EPRI,1982.

[15]　IEC 60099-5:1996　Surge arresters—Part 5:Selection and application recommendations

[16]　IEC 60505:2011　Evaluation and qualification of electrical insulation systems

[17]　IEC TS 60610:1978　Principal aspects of functional evaluation of electrical insulation systems:Ageing mechanisms and diagnostic procedures

[18]　IEC 60721-3-0:1984　Classification of environmental conditions—Part 3:Classification of groups of environmental parameters and their severities.Introduction

[19]　IEC/TR 60919-2:2008　Performance of high-voltage direct current(HVDC)systems with line-commutated converters—Part 2:Faults and switching

[20]　Canadian Electrical Association.Performance of Metal Oxide Gapless Surge Arresters for HVDC Systems:Phase I.Report 214 T 565,September 1990.

[21]　IEC 60700-1:2008　Thyristor valves for high voltage direct current(HVDC)power transmission—Part 1:Electrical testing

[22]　IEC 60050-604:1998　International Electrotechnical Vocabulary—Part 604:Generation, transmission and distribution of electricity—Operation

ICS 19.080
K 40

中华人民共和国国家标准

GB/T 311.6—2005/IEC 60052:2002
代替 GB/T 311.6—1983

高电压测量标准空气间隙

Voltage measurement by means of standard air gaps

(IEC 60052:2002,IDT)

2005-02-06 发布　　　　　　　　　　　　　2005-12-01 实施

中华人民共和国国家质量监督检验检疫总局
中国国家标准化管理委员会　发布

前　言

　　本标准是根据 IEC 60052:2002《高电压测量标准空气间隙》对 GB 311.6—1983《高电压试验技术第 6 部分:测量球隙》进行修订的。本标准等同采用 IEC 60052:2002。

　　本标准和 GB 311.6—1983 相比,技术上作了较大改动,"范围"内增加了操作冲击电压,增加了测量直流电压的标准棒对棒间隙,大气条件校正采用的方法增加了对大气湿度的校正等。

　　本标准从实施之日起,代替 GB 311.6—1983。

　　本标准的附录 A、附录 B、附录 C、附录 D 均为资料性附录。

　　本标准由中国电力企业联合会提出。

　　本标准由全国高压试验技术和绝缘配合标委会高压试验分委会归口。

　　本标准起草单位:武汉高压研究所。

　　本标准主要起草人:万启发、雷民、王建生、钟连宏、谷莉莉、陈勇、张祥贵、高骏。

　　本标准 1964 年首次发布,1983 年第一次修订后编号为 GB 311.6—1983。

高电压测量标准空气间隙

1 范围

本标准规定测量电压用标准空气间隙的制造与使用,并适用于下列电压峰值的测量:

a) 工频交流电压;

b) 标准雷电冲击全波电压;

c) 操作冲击电压;

d) 直流电压。

按照本标准制作和使用的空气间隙,主要用作高压测量系统的性能检验。

2 规范性引用文件

下列文件中的条款通过本标准的引用而成为本标准的条款。凡是注日期的引用文件,其随后所有的修改单(不包括勘误的内容)或修订版均不适用于本标准,然而,鼓励根据本标准达成协议的各方研究是否可使用这些文件的最新版本。凡是不注日期的引用文件,其最新版本适用于本标准。

GB/T 16927.1—1997 高电压试验技术 第一部分:一般试验要求(eqv IEC 60060-1:1989)

GB/T 16927.2—1997 高电压试验技术 第二部分:测量系统(eqv IEC 60060-2:1994)

3 标准球间隙

标准球间隙是指按照本标准布置安装的一种峰值电压测量装置,两个球电极间相距最近的点称为放电点。图1和图2分别表明了两种典型的球间隙布置方式:1) 垂直布置;2) 水平布置。

3.1 对球电极的要求

标准球间隙包括两个直径 D 相同的金属球电极及球杆、操纵机构、绝缘支撑物以及连接到被测电压处的引线。球电极直径(以 D 表示)的标准尺寸数为:2—5—6.25—10—12.5—15—25—50—75—100—150 和 200 cm。两个球电极之间的距离称为球间隙距离(以 S 表示)。

球电极一般用紫铜或黄铜制造;当用铝制造时,在放电点区域(以放电点为中心直径为 0.3D 的球面区域)必须用紫铜或黄铜镶嵌。球面要光滑,曲率要均匀。

通常,仅仅当球电极第一次使用时才需要合适的仪器(如球面计)检测球电极的形状和尺寸。

球电极的直径与所规定的标准之间的偏差,在球电极的任何地方都不大于2%。在放电点区域的球电极表面应避免表面不规则性,表面粗糙度 R_{amax} 须小于 10 μm。使用球间隙时,对表面的检查通常用触摸和目测方法。不相邻的半球上小的损伤不影响球间隙的放电特性。

3.2 测量用球间隙的一般布置

3.2.1 垂直间隙

当球间隙垂直布置时,高压球的球柄应无锐边和尖角,在等于 D 的长度上,柄的直径应不超过 0.2D。如果在球柄的端部采用电晕屏蔽球,则屏蔽球的最大直径应不大于 0.5D,且与高压球放电点的距离至少应为 2D。

接地球的球柄和传动机构的影响较小,其尺寸大小不太重要。

图1给出了典型垂直球间隙布置及各元件的尺寸范围。

3.2.2 水平间隙

当球间隙水平布置时,典型球间隙的尺寸范围由图2给出。

3.2.3 球间隙的高度

在实验室水平地面上,高压球极放电点的高度 A 应在表1给出的范围内。

如果球间隙的接地球极安装在天花板上且距离天花板与离其他接地平面的距离相比是最近的(如

墙壁和地平面都处于相当远的距离），则天花板应视为水平面，由此水平面向下测定 A。

3.2.4 球间隙周围的净空距离

高压球极的放电点到任何周围物体（如天花板、墙以及任何带电或接地的设备）和由导体材料制成的支持构架的距离应不小于表1中的 B 值。除非 B 大于 $2D$。

由绝缘材料制成的球极支架，如果干燥清洁，且仅当球间隙用于测量交流和冲击电压时，可以不受上述要求的限制。高压球放电点与支架的距离可以小于表1中规定的值，但也不得小于 $1.6D$。

表2及表3中的放电电压峰值，对球极周围净空距离处于表1的范围内时有效。

表 1 高压球极的放电点到任何周围物体的距离

球径 D/cm	A 的最小值 (A_{min})	A 的最大值 (A_{max})	B 的最小值 (B_{min})
6.25	$7D$	$9D$	$14S$
10～15	$6D$	$8D$	$12S$
25	$5D$	$7D$	$10S$
50	$4D$	$6D$	$8S$
75	$4D$	$6D$	$8S$
100	$3.5D$	$5D$	$7S$
150	$3D$	$4D$	$6S$
200	$3D$	$4D$	$6S$

注1：如果试验条件不能满足表中的 A_{min} 和 B_{min} 的要求，但能确认其性能符合3.3节的规定，这类球间隙也可以使用。

注2：在试验电压下，回路布置应满足：

——无对其他物体击穿性放电；

——在由 B 确定的空间内，没有从高压引线或球柄发出的可见先导放电；

——没有从接地物发出的延伸到由 B 确定空间的可见放电。

3.3 球间隙布置的连接线

球间隙的布置应按照 GB/T 16927.1—1997 规定的要求布置连接线。

3.3.1 工作接地

通常，一个球电极需要直接接地。为了某种需要也可以在球电极与地之间接一个低阻值的分流器。

3.3.2 高压引线

高压引线（包括串联电阻）应该连接到距离高压球电极放电点不小于 $2D$ 的球杆上。

在如图1和图2所示的以 B 为半径的范围内，高压引线（包括串联电阻）通常不得穿过 X 平面（距离高压球电极放电点 $2D$ 的平面）。

3.3.3 用于测量交流电压和直流电压的保护电阻

为了尽量减小球电极表面的烧伤和防止电压振荡使放电不稳定，必须与高压球电极串联一个 $0.1 M\Omega \sim 1 M\Omega$ 的保护电阻。在这个阻值范围内其测量时的电压降可以忽略不计。

保护电阻必须尽可能靠近球电极并直接与球电极相连。

如果试验回路出现刷状放电时，串联电阻对阻尼振荡和抑制过电压的作用显得特别重要。如果不仅试验回路而且连试品都未出现这类放电，则电阻值可以减小到不使球电极过度烧蚀的值。

3.3.4 用于测量冲击电压的保护电阻

试验时有时需要用串联电阻以降低球间隙放电电压截断时的下降陡度。当大直径的球电极放电时，为了阻尼测量回路的振荡也需要在回路中串联电阻。对于较小球电极，除非有较长的引线，否则不需要串联电阻。

电阻器应采用无感结构的电阻，电感不超过 $30 \mu H$，阻值不大于 500Ω。

回路中电阻的安装位置见 3.3.3。

4　球间隙的使用

球间隙是 IEC 标准测量装置。惯用偏差 z(GB/T 16927.1—1997)在工频交流和雷电冲击电压下小于1%;在操作冲击电压下小于1.5%。惯用偏差 z 的大小受球电极表面状况、自由电子(充分照射)的存在和测量方法的影响。

4.1　球电极表面状况

球电极表面特别是放电点附近必须保持清洁和干燥,但不必抛光。由于长期使用,球电极表面变得粗糙和起痕。这时可以用细砂纸磨擦和用不起毛的布清去灰尘;油迹需用溶剂清除。如果球电极变得非常粗糙或痕迹很深,必须进行修理和更换。

相对湿度较高的潮湿空气可能使球电极放电点的表面结露而影响测量结果的稳定性。

球电极放电点区域之外的轻微损坏不会影响球间隙的放电特性。

4.2　照射

球电极的放电电压受加压瞬间间隙中自由电子的影响。标准球间隙在规定的惯用偏差 z 不能满足要求时必须进行照射。

通常,冲击电压发生器间隙发出的光对球间隙的直接照射或工频交流出现电晕的情况下可以不需要照射。

有两种情况是必须采取照射的:

1)　测量低于 50 kV 峰值电压,无论球电极直径大小;

2)　球电极直径 12.5 cm 及其以下,无论测量电压大小。附加照射的布置方法见附录 C。

如果没有照射源,表 2 和表 3 中的值将存在较大的不确定度。

4.3　电压测量

用球间隙作为标准空气间隙测量试验回路中的电压时,就要建立被测电压与控制回路中电压表指示之间的关系,或者建立被测电压和适当的测量系统低压侧相连的测量装置上得到的电压峰值之间的关系。球电极之间的间距将由与电压测量的总不确定度相一致的方法来测量。如果回路有任何变化(它不同于球电极之间间隙的微小的变化),这种关系将变化,除非有证据证明它们之间的关系没有变化。

4.3.1　工频交流电压峰值测量

初始加电压时,电压的幅值应足够低以便不要引起放电。然后缓慢地升高电压,以便准确读取间隙放电瞬间低压侧电压表的读数。

连续放电至少 10 次,求取放电电压平均值和惯用偏差 z。惯用偏差 z 的值应小于放电电压平均值的1%。

相邻两次放电的间隔时间应不小于 30 s。

4.3.2　雷电冲击全波和操作冲击电压峰值测量

应确定 50% 放电电压 U_{50} 和惯用偏差 z。对雷电冲击全波电压,惯用偏差 z 应不大于1%,对操作冲击电压,惯用偏差应不大于1.5%。

可以采用多级法确定上述数值。以预期放电电压的1%左右为级差,施加五级电压,每级加压至少 10 次以获取 U_{50} 和检验惯用偏差。

也可用升降法求取需要的数值,试验中以预期的 U_{50} 电压的1%左右为电压级,加压次数最少为 20 次。

对雷电冲击电压,惯用偏差判据的检验应以 $U_{50}-1\%$ 的电压水平加电压 15 次,对操作冲击则以 $U_{50}-1.5\%$ 的电压加电压 15 次,加压过程中放电不应多于 2 次。

相邻两次放电的间隔时间不能小于 30 s。

注:在某种试验中,如果球间隙要在一定的间隙范围内使用,应在最小和最大间隙距离下检验惯用偏差。

4.3.3 直流电压测量

通常不推荐将球间隙用作直流电压测量。因为当空气中有灰尘或纤维性物质时,球间隙在直流电压下的放电出现不稳定和放电电压较低。在湿度范围为 $1 \text{ g/m}^3 \sim 13 \text{ g/m}^3$ 时,推荐用棒对棒间隙测量直流电压。

如果没有棒对棒间隙,推荐按以下步骤使用球间隙:使间隙的空气流通,间隙中的风速保持至少 3 m/s,然后从较低电压开始升压。缓慢地升高电压,以便准确读取间隙放电瞬间低压侧电压表的读数。

放电最稳定的电压值如表 2 所示。

注:球间隙放电电压不确定的特点,可能要求施加很多次电压试验,直到确定稳定的电压为止。

5 表 2 和表 3 中的放电电压值

在标准大气条件下不同球间隙距离的放电电压值由表 2 和表 3 中给出。

标准大气条件为:

气温　　$t_0 = 20℃$

气压　　$b_0 = 101.3 \text{ kPa}$

表 2 和表 3 中的放电电压值是在绝对湿度为 $5 \text{ g/m}^3 \sim 12 \text{ g/m}^3$(平均 8.5 g/m^3)的条件下获得的。

表 2 给出了下列电压的放电电压峰值(冲击电压为 U_{50}),单位为 kV:

——工频交流电压;

——负极性雷电冲击全波和操作冲击电压;

——正负极性的直流电压。

表 3 给出了下列电压的放电电压峰值(冲击电压为 U_{50}),单位为 kV:

——正极性雷电冲击全波和操作冲击电压。

表 2 和表 3 中的结果不适用于低于 10kV 以下的冲击电压测量。

注:附录 A 和附录 B 给出了表 2 和表 3 中电压值的实验电压范围,其不确定度在 5.1 给出的限度内。

5.1 表 2 和表 3 中数值的准确度

表 2 和表 3 中的电压值可以作为国际一致同意的参考测量标准。

5.1.1 交流和冲击电压

表 2 和表 3 中的放电电压值,在不低于 95% 置信度的水平下其不确定度为 3%。

表 2 和表 3 中给出了间隙在 $0.5D$ 和 $0.75D$ 之间的间隙距离对应的一些放电电压值(括号中的数值),这些值的置信度水平未确定。

如果间隙与球径之比非常小,则很难对球间隙进行准确的测量和调整,建议球间隙不小于 $0.05D$。

5.1.2 直流电压

目前没有足够的资料来评价直流电压值的不确定度。

5.2 大气密度校正因数

在大气条件与前述规定不同时,与给定间隙距离对应的放电电压值可由表 2、表 3 中的电压值乘以校正因数后求得。相对大气密度校正因数即相对大气密度 δ 由式(1)计算:

$$\delta = (b/b_0)(273 + t_0)/(273 + t) \quad\quad\quad\cdots\cdots\cdots\cdots\cdots\cdots(1)$$

式中:

δ——大气密度校正因数;

b——测量时的大气压力,kPa(mbar);

b_0——参考标准大气压力,101.3 kPa(1 013 mbar);

t——测量时的大气温度,℃;

t_0——参考标准大气温度,20℃。

5.3 湿度校正因数

球间隙的放电电压随绝对湿度的增加以 $0.2\%/(\mathrm{g/m^3})$ 的比率增加。

表2和表3中的放电电压值是在平均绝对湿度为 $8.5\ \mathrm{g/m^3}$ 下获得的,在进行测量时表2和表3中的放电电压值必须进行湿度校正,即表2和表3中的放电电压值乘以湿度校正因数 k。湿度校正因数 k 由式(2)计算:

$$k = 1 + 0.002(h/\delta - 8.5) \qquad\qquad\cdots\cdots\cdots\cdots\cdots\cdots(2)$$

式中:

h——测量时的绝对湿度, $\mathrm{g/m^3}$;

δ——测量时的相对大气密度。

表 2 放电电压峰值(对冲击电压为 U_{50} 值)kV,适用于工频交流电压、负极性雷电冲击全波和操作冲击电压、正负极性直流电压

球间隙距离/ cm	球径/cm											
	2	5	6.25	10	12.5	15	25	50	75	100	150	200
0.05	2.8											
0.10	4.7											
0.15	6.4											
0.20	8.0	8.0										
0.25	9.6	9.6										
0.30	11.2	11.2										
0.40	14.4	14.3	14.2									
0.50	17.4	17.4	17.2	16.8	16.8	16.8						
0.60	20.4	20.4	20.2	19.9	19.9	19.9						
0.70	23.2	23.4	23.2	23.0	23.0	23.0						
0.80	25.8	26.3	26.2	26.0	26.0	26.0						
0.90	28.3	29.2	29.1	28.9	28.9	28.9						
1.0	30.7	32.0	31.9	31.7	31.7	31.7	31.7					
1.2	(35.1)	37.6	37.5	37.4	37.4	37.4	37.4					
1.4	(38.5)	42.9	42.9	42.9	42.9	42.9	42.9					
1.5	(40.0)	45.5	45.5	45.5	45.5	45.5	45.5					
1.6		48.1	48.1	48.1	48.1	48.1	48.1					
1.8		53.0	53.5	53.5	53.5	53.5	53.5					
2.0		57.5	58.5	59.0	59.0	59.0	59.0	59.0	59.0			
2.2		61.5	63.0	64.5	64.5	64.5	64.5	64.5	64.5			
2.4		65.5	67.5	69.5	70.0	70.0	70.0	70.0	70.0			
2.6		(69.0)	72.0	74.5	75.0	75.5	75.5	75.5	75.5			
2.8		(72.5)	76.0	79.5	80.0	80.5	81.0	81.0	81.0			
3.0		(75.5)	79.5	84.0	85.0	85.5	86.0	86.0	86.0	86.0		
3.5		(82.5)	(87.5)	95.0	97.0	98.0	99.0	99.0	99.0	99.0		
4.0		(88.5)	(95.0)	105	108	110	112	112	112	112		
4.5			(101)	115	119	122	125	125	125	125		
5.0			(107)	123	129	133	137	138	138	138	138	
5.5				(131)	138	143	149	151	151	151	151	
6.0				(138)	146	152	161	164	164	164	164	

表 2（续）

球间隙距离/cm	球径/cm										
	5	6.25	10	12.5	15	25	50	75	100	150	200
6.5			(144)	(154)	161	173	177	177	177	177	
7.0			(150)	(161)	169	184	189	190	190	190	
7.5			(155)	(168)	177	195	202	203	203	203	
8.0				(174)	(185)	206	214	215	215	215	
9.0				(185)	(198)	226	239	240	241	241	
10				(195)	(209)	244	263	265	266	266	266
11					(219)	261	286	290	292	292	292
12					(229)	275	309	315	318	318	318
13						(289)	331	339	342	342	342
14						(302)	353	363	366	366	366
15						(314)	373	387	390	390	390
16						(326)	392	410	414	414	414
17						(337)	411	432	438	438	438
18						(347)	429	453	462	462	462
19						(357)	445	473	486	486	486
20						(366)	460	492	510	510	510
22							489	530	555	560	560
24							515	565	595	610	610
26							(540)	600	635	655	660
28							(565)	635	675	700	705
30							(585)	665	710	745	750
32							(605)	695	745	790	795
34							(625)	725	780	835	840
36							(640)	750	815	875	885
38							(655)	(775)	845	915	930
40							(670)	(800)	875	955	975
45								(850)	945	1 050	1 080
50								(895)	1 010	1 135	1 180
55								(935)	(1 060)	1 210	1 260
60								(970)	(1 110)	1 280	1 340
65									(1 160)	1 340	1 410
70									(1 200)	1 390	1 480
75									(1 230)	1 440	1 540
80										(1 490)	1 600
85										(1 540)	1 660
90										(1 580)	1 720
100										(1 660)	1 840
110										(1 730)	(1 940)
120										(1 800)	(2 020)
130											(2 100)
140											(2 180)
150											(2 250)

表 3 放电电压峰值(冲击电压为 U_{50} 值)kV,适用于正极性雷电冲击全波和操作冲击电压

球间隙距离/	球径/cm											
cm	2	5	6.25	10	12.5	15	25	50	75	100	150	200
0.05												
0.10												
0.15												
0.20												
0.25												
0.30	11.2	11.2										
0.40	14.4	14.3	14.2									
0.50	17.4	17.4	17.2	16.8	16.8	16.8						
0.60	20.4	20.4	20.2	19.9	19.9	19.9						
0.70	23.2	23.4	23.2	23.0	23.0	23.0						
0.80	25.8	26.3	26.2	26.0	26.0	26.0						
0.90	28.3	29.2	29.1	28.9	28.9	28.9						
1.0	30.7	32.0	31.9	31.7	31.7	31.7	31.7					
1.2	(35.1)	37.8	37.6	37.4	37.4	37.4	37.4					
1.4	(38.5)	43.3	43.2	42.9	42.9	42.9	42.9					
1.5	(40.0)	46.2	45.9	45.5	45.5	45.5	45.5					
1.6		49.0	48.6	48.1	48.1	48.1	48.1					
1.8		54.5	54.0	53.5	53.5	53.5	53.5					
2.0		59.5	59.0	59.0	59.0	59.0	59.0	59.0	59.0			
2.2		64.0	64.0	64.5	64.5	64.5	64.5	64.5	64.5			
2.4		69.0	69.0	70.0	70.0	70.0	70.0	70.0	70.0			
2.6		(73.0)	73.5	75.5	75.5	75.5	75.5	75.5	75.5			
2.8		(77.0)	78.0	80.5	80.5	80.5	81.0	81.0	81.0			
3.0		(81.0)	82.0	85.5	85.5	85.5	86.0	86.0	86.0	86.0		
3.5		(90.0)	(91.5)	97.5	98.0	98.5	99.0	99.0	99.0	99.0		
4.0		(97.5)	(101)	109	110	111	112	112	112	112		
4.5			(108)	120	122	124	125	125	125	125		
5.0			(115)	130	134	136	138	138	138	138	138	
5.5			(139)	145	147	151	151	151	151	151		
6.0			(148)	155	158	163	164	164	164	164		
6.5			(156)	(164)	168	175	177	177	177	177		

表 3(续)

球间隙距离/	球径/cm										
cm	5	6.25	10	12.5	15	25	50	75	100	150	200
7.0			(163)	(173)	179	187	189	190	190	190	
7.5			(170)	(181)	187	199	202	203	203	203	
8.0				(189)	(196)	211	214	215	215	215	
9.0				(203)	(212)	233	239	240	241	241	
10				(215)	(226)	254	263	265	266	266	266
11					(238)	273	287	290	292	292	292
12					(249)	291	311	315	318	318	318
13						(308)	334	339	342	342	342
14						(323)	357	363	366	366	366
15						(337)	380	387	390	390	390
16						(350)	402	411	414	414	414
17						(362)	422	435	438	438	438
18						(374)	442	458	462	462	462
19						(385)	461	482	486	486	486
20						(395)	480	505	510	510	510
22							510	545	555	560	560
24							540	585	600	610	610
26							570	620	645	655	660
28							(595)	660	685	700	705
30							(620)	695	725	745	750
32							(640)	725	760	790	795
34							(660)	755	795	835	840
36							(680)	785	830	880	885
38							(700)	(810)	865	925	935
40							(715)	(835)	900	965	980
45								(890)	980	1 060	1 090
50								(940)	1 040	1 150	1190
55								(985)	(1 100)	1 240	1 290
60								(1 020)	(1 150)	1 310	1 380
65									(1 200)	1 380	1 470
70									(1 240)	1 430	1 550
75									(1 280)	1 480	1 620
80										(1 530)	1 690
85										(1 580)	1 760
90										(1 630)	1 820
100										(1 720)	1 930
110										(1 790)	(2 030)
120										(1 860)	(2 120)
130											(2 200)
140											(2 280)
150											(2 350)

6 测量直流电压的标准——棒对棒间隙

6.1 棒对棒间隙的典型布置

棒对棒间隙的典型布置如图 3(a)（垂直间隙）或图 3(b)（水平间隙）所示。

棒电极应以钢或黄铜材料制造，截面为 15 mm×25 mm 的长方形，且两根棒电极必须布置在一条轴线上。棒电极的端部为直角且棱边不在轴线上。

高压棒电极的端部到接地体和墙壁（不包括接地平板）的距离应不小于 5 m。

6.2 参考电压值

标准大气条件下无论是垂直间隙还是水平间隙的正、负极性直流放电电压都可由式(3)给出：

$$U_0 = 2 + 0.534d \quad \cdots\cdots\cdots\cdots\cdots\cdots\cdots (3)$$

式中：

U_0——放电电压，kV；

d——间隙距离，mm。

由式(3)计算的放电电压 U_0，在置信度不低于 95% 的水平下的不确定度为 3%。其适用的范围间隙距离为 250 mm～2 500 mm，且湿度为 1 g/m³～13 g/m³。

棒对棒间隙不能在间隙距离小于 250 mm 时用作认可的测定装置，因为此时没有预放电流柱。距离大于 2 500 mm 时由于没有足够的试验来验证，因此也不能作为标准测量装置来使用。

6.3 校准方法

设定棒电极距离 d，并对间隙施加电压。大约在 1 min 左右将电压升至放电电压的 75%～100%。在校准状态下，读取待校准测量装置在间隙火花放电瞬间的电压值，经过标准大气条件校正，取 10 次的平均值由式(3)给出。这个电压必须考虑实际大气条件的大气密度 δ（参见 5.2）和湿度校正因数 k。湿度校正因数 k 由式(4)给出：

$$k = 1 + 0.014(h/\delta - 11) \quad \cdots\cdots\cdots\cdots\cdots\cdots (4)$$

式中：

h——测量时的绝对湿度，g/m³；

δ——测量时的大气相对密度。

式(4)适用的范围为 1 g/m³～13 g/m³。

实际大气温度 t、气压 b 和湿度 h 条件下的放电电压 U 可以由式(5)转换到标准参考大气条件下的值：

$$U_0 = U/(\delta \times k) \quad \cdots\cdots\cdots\cdots\cdots\cdots\cdots (5)$$

式中：

U——测量时的放电电压值，kV；

δ——密度校正因数；

k——湿度校正因数。

7 用标准空气间隙例行校核认可的测量系统

当例行反复校核同一认可的测量系统时，在任何大气条件下检测经校正到标准参考大气条件后的放电电压值，可以认为不确定度小于 3%。

然而，当对同一认可系统的特性检验重复进行时，相继测量值之间的差别在对所有大气条件进行校正后，可望显著小于 3%。

单位为 mm

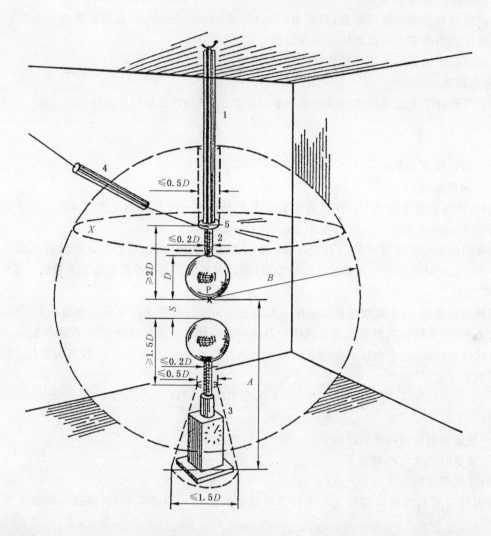

1——绝缘支架；

2——球柄；

3——传动机构；

4——带串联电阻的高压引线；

5——均压罩（图视最大尺寸）；

P——高压球极放电点；

A——相对地平面 P 点的高度；

B——无外结构的空间半径；

X——距 P 点为 B 的范围内元件 4 不应穿过的平面。

图 1 球间隙垂直布置图

单位为 mm

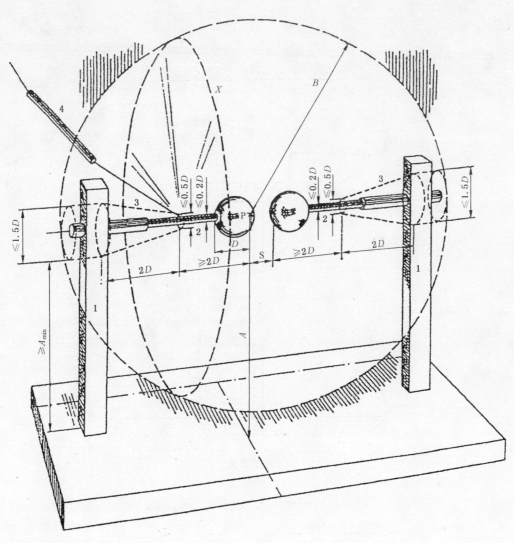

1——绝缘支架;

2——球柄;

3——传动机构;

4——带串联电阻的高压引线;

5——均压罩(图视最大尺寸);

P——高压球极放电点;

A——相对地平面 P 点的高度;

B——无外结构的空间半径;

X——距 P 点为 B 的范围内元件 4 不应穿过的平面。

图 2 球间隙水平布置图

单位为 mm

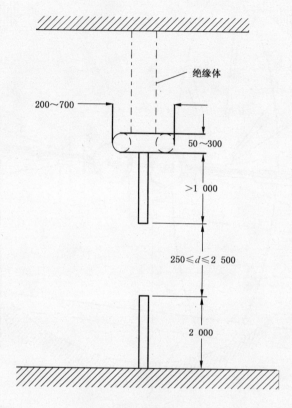

a) 垂直布置

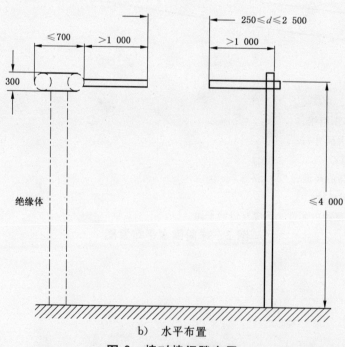

b) 水平布置

图 3 棒对棒间隙布置

附　录　A

（资料性附录）

试验校准的范围

表2和表3中的数据部分引用了表A.1中参考文献的试验结果。比表A.1中参考文献给出数值更高的电压没有进行验证。

表A.1　球间隙试验校准

电压类型	最高电压/kV （峰值）	参考文献
工频交流电压	1 700	Transactions AIEE,Vol(1952)，Part Ⅲ，p.455
工频交流电压	1 400	JIEE,Vol.82,(1938),P.655
正极性直流电压（球间隙）	800	Zeit. techn. Phys.18(1937),P.209
负极性直流电压（球间隙）	1 300	Zeit. techn. Phys.18(1937),P.209
正、负极性直流电压（球间隙）	1 300	ELECTRA No.117,March 1988,P.23-24
正极性雷电冲击电压	2 580	Transactions AIEE,Vol(1952)，Part Ⅲ,P.455
负极性雷电冲击电压	2 410	Transactions AIEE, Vol(1952)，Part Ⅲ,P.455
正、负极性操作冲击电压	1 200	ELECTRA No.136,June 1991,P.91-95
高频交流电压		E. T. Z. Vol 60(1939),P.92(见注1)
等幅高频交流电压	见注2	J. AIEE,Vol.46(1927),P.1314 Arch. Elektr,Vol.14(1924),P.491 Arch. Elektr,Vol.24(1930),P.525 Arch. Elektr,Vol.25(1931),P.322 Arch. Elektr,Vol.26(1932),P.123
不等幅高频交流电压	同上	Ann. Phys.19(1906),P.1016 Arch. Elektr,Vol.16(1926),P.496 Arch. Elektr,Vol.20(1928),P.99

注1：本资料包括阻尼和准阻尼的高频电压校正,它是在一定电压和频率范围内进行的。表中其他参考资料给出了单项校正的细节。

注2：由这些参考文献的结果可知,它们是不完整的有时是相互矛盾的,看来表2可用于测量不衰减高频电压的误差不大,其频率可达20 kHz,但电压仅能适用到15 kV。频率再高,适用的电压要降低。

资料还说明,表3可用于测量逐渐衰减交流电压频率达500 kHz,但电压仍然不超过15 kV。

附　录　B

（资料性附录）

由一些国家标准和其他资料来源获得表2和表3放电电压值的方法

在1956年IEC第42技术委员会(TC-42)慕尼黑会议上,通过了被国际接受的放电电压表。

新表中的放电电压值为以下资料来源的平均值:

1. 1939年7月在巴黎IEC认可的放电电压值;

2. A.S.A标准C68.1中的放电电压值(1953)(经温度调整后的值)。

平均值的计算产生了少数异常值,特别是在球径减小时,小间隙距离下的放电电压变化相当不规则。

这些异常值已尽可能剔去以免引入其他的矛盾。

但也有一些例外,如:

1) A.S.A标准中无直径为2,5,10,15 cm球间隙的数据。IEC 1939年的5,10,15 cm球的值引入目前的表中时,除上面提到的小的调整外,未作任何变动。

2) IEC 1939年同意的文件中,直径2 cm球的数值,对正冲击电压不适用,后来发现从小距离直到1 cm也不准确。因而引入以发表在JIEE.Vol.95(1948) Pt.Ⅱ,P.309上的数据为基础的新的校正值,不过,这些放电电压值对于测量低于10 kV的两种极性冲击电压不适用。对于后一论点的证明,见 Proc. IEE,Vol.101(1954),Pt.Ⅱ,P.428。

3) IEC 1939年高于1400 kV电压的数据和最近在美国测得的数值相比,据认为可靠性较低,因而本表采用美国的数据(见 A.S.A. C68.1,1953 及 Trans. AIEE,Vol.71(1952),Pt.Ⅲ,P.455)。表2、表3中的数字已如表B.1所示进行了归整。

表 B.1　表2、表3中数值的归整

数值 kV	归整 kV
＜50	0.1
50～100	0.5
100～500	1
500～1 000	5
＞1 000	10

附 录 C

（资料性附录）

照 射 源

对于交流电压，可由回路中的电晕获得照射，然而由于其他原因，例如局部放电测量常常不希望出现电晕，因此建议用附加照射。

对于冲击电压，球间隙直接由冲击发生器放电间隙发出的光进行照射可能就够了。

可由水银石英灯（石英管水银蒸汽）获得额外的间隙照射，光的光谱处在远紫外波段（UVC）。水银石英灯的光谱落在紫外 UVA 和 UVB 波段者，通常照射不足，故不予推荐。灯的功率和对间隙的具体距离影响照射效果。

间隙的外加照射也可由负极性直流电晕的预放电获取。

附　录　D

（资料性附录）

球间隙的校准和不确定度

表 2 及表 3 中 3% 的不确定度是在估算用球间隙测量电压时总不确定度控制性限值。

不确定度的数值考虑包括影响可达 1% 的表中电压值收整在内的许多因素。对高于 10 kV 的电压，这就引入 0.5% 的误差，电压低于 10kV，误差还要大。不确定度可通过球隙内部校准程序而显著减小。球隙的内校由实验室用适当的标准测量系统在校准实验室的"认可测量系统"时进行。

在一定球距范围根据新校准的测量系统测得的电压对球隙作校正可视为实验室对球隙进行"内校"。校正的总不确定度应明显小于与表 2、表 3 相关之值。

从校准时起，如果条件保持不变，则测量系统与球隙测得值之间随后的任何差值均应用来对其一致性进行估算。估算时可使用由校正过程中得到的减低了的不确定度，以说明测量系统的可能误差。

参　考　文　献

[1]　KUFFEL，E. The effect of irradiation on the breakdown voltage of sphere-gaps in air under direct and alternating voltages, Proceedings IEE, Vol. 106, 1959, P. 133-139

[2]　ALLIBONE，T. E. DRING, D. Influence of radiation on sparkover of sphere-gaps and crossed-cylinder gaps stressed with impulse voltages, Proceedings IEE, Vol, 120, 1973, P. 815-821

[3]　KACHLER，A. J. Contribution to the problem of impulse voltage measurement by means of sphere-gaps, ISH Zurich, 1975, P. 217-221

[4]　GOURGOULIS，D. E. STASSINOPPOULOS, Influence of irradiation on impulse break-down of sphere-gaps and sphere-rods, Proceedings IEE Sci. Meas. Technol 1988, Vol. 145, No. 3, P147-151

[5]　FESER，K. HUGHES, R. C. Measurement of direct voltage by rod-rod-gap-gap. Electra No. 117, March 1988, P. 23-24

附录 A 的参考文献

[6]　HAGENGUTH，J. H. ROHLFS, A. F. DEGNAN, W. J. Sixty-Cycle and impulse Spark-over of Large Gap Spacings, Transactions AIEE Vol. 71 Part III, January 1952, P455-460

[7]　EDWARDS，F. S, SMEE, J, F. The Calibration of the Sphere Spark-Gap for Voltage Measurement up to one million volts (effective) at 50 cycles, Journal, Institution of Electrical Engineers, Vol. 82, 1938, P. 655-669

[8]　BOUWERS，V. A, KUNTKE, A. Ein Generator fur drei Millionen Volt Gleichspannung, Zeitschrift fur technische Physik, Vol. 18, 1937, P. 209-219

[9]　HAGENGUTH. J. H. ROHLFS, A. F. DEGNAN, W. J. Sixty-Cycle and impulse Spark-over of Large Gap Spacings, Transactions AIEE Vol. 71 Part III, January 1952, P. 455-460

[10]　GOCKENBACH，E. Measurement of Standard Switching Impulse Voltages by Means of Sphere-gaps (One Sphere Earthed), Electra No. 136, June 1991, P. 91-95

[11]　JACOTTET，V. P. Zur Frage der Messung yon Hochfrequenzspannungen und StoB-span-nungen kützrdyrt Dauer mit der Kugelfunkenstrecke, Elektrotechnische Zeitschrift, Vol. 60, Jan. 1939, P. 92-97

[12]　REUKEM，L. E. The Relation Between Frequency and Spark-Over Voltage in a Sphere-Gap Voltmeter, Journal of the American Institute of Electrical Engineers, Vol. 46, 1927, P1314-1321

[13]　GOEBELER，E. Über die dielektrischen Eigenschaften der Luft und einiger fester Isolier-materialien bei hochgespannter Hochfrequenz, Arch. Elektr, Vol. 14, 1925, P. 491-510

[14]　KAMPSCHUL TE，J. Luftdurchschlag Überschlag mit Wechselspannung yon 50 und 100 000 Hertz, ARCH. Elektr, Vol. 24, 1930, P. 525-551

[15]　LASSSEN，H. EINLEITUNG, A. Frequenzabhangigkeit der Funkenspannung in Luft, Arch Elektr, Vol. 25, 1931, P. 322-332

[16]　MISERE，F. Luftdurchschlag bei Nieduerfrequenz und Hochfrequenz an verschiedenen Elektroden, Arch. Elektr, Vol. 26,1932, P. 123-126

[17]　ALGERMISSEN，V. J. Verhaltnis von Schlagweite und Spannung bei schnellen Schwing-

ungen, Annalen der Physik, Vol. 19, 1906, P. 1016-1029

[18] ROGOWSKL, W. Townsends Theorie und der Durchschlag der Luft bei Stossspannungen, Arch. Elektr. Vol. 16, 1926, P. 496-508

[19] ROGOWSKL, W. Stossspannung und Durchschlag bie Gasen, Arch. Elektr. Vol. 20, 1928, P. 99-106

[20] American standard for measurement of voltage in dielectric tests, ASA Std. C68.1, 1953

[21] COOPER, R. , GARFITT, D. E. M. MEEK, J. M. The calibration of 2-cm diameter spheregaps, journal, Institution of Electrical Engineers, Vol. 95 Part II, 1948, P. 309-311

[22] HARDY, D. R. BROAOBENT, T. E. The effect of irradiation on the calibration of 2-cm-diameter sphere-gaps, Proceedings IEE, Vol. 101 Part II, 1954, P. 438-440.

ICS 17.220.20
L 86

中华人民共和国国家标准

GB/T 16896.1—2005
代替 GB/T 16896.1—1997
GB/T 813—1989

高电压冲击测量仪器和软件
第 1 部分：对仪器的要求

Instruments and software used for measurements in high-voltage impulse tests—
Part 1：Requirements for instruments

(IEC 61083：2001，MOD)

2005-02-06 发布

2005-12-01 实施

中华人民共和国国家质量监督检验检疫总局
中国国家标准化管理委员会 发布

前　言

本部分是根据 IEC 61083-1:2001《高电压冲击测量用仪器和软件　第 1 部分:对仪器的要求》对 GB/T 16896.1—1997《高电压冲击试验用数字记录仪　第一部分:对数字记录仪的要求》及 GB/T 813—1989《冲击试验用示波器和峰值电压表》进行修订的。在技术内容上修改采用 IEC 61083-1:2001标准,编写规则上与之基本对应。

GB/T 16896《高电压冲击测量用仪器和软件》共分 2 部分:

——第 1 部分:对仪器的要求;

——第 2 部分:对用于确定冲击波形参数的软件的评价。

本部分是 GB/T 16896《高电压冲击测量用仪器和软件》的第 2 部分。

本部分规定的对高电压冲击测量用仪器的要求和试验项目与 IEC 标准完全一致。根据我国的实际经验补充了附录 A 中的步骤 G1 和 G2,它们是两个行之有效的关于直流电压校验项目的具体操作方法;同时也补充了与附录 A 中的步骤 G1 和 G2 相关的附录 E:数字记录仪直流电压校验用的直线拟合法。

本部分的附录 A、附录 B、附录 C 为规范性附录;附录 D、附录 E 为资料性附录。

本部分从实施之日起代替 GB/T 16896.1—1997 和 GB/T 813—1989。

本部分由中国电力企业联合会提出。

本部分由全国高电压试验技术及绝缘配合标准化委员会高电压试验技术分技术委员会归口并负责解释。

本部分负责起草单位:武汉高压研究所。

本部分参加起草单位:清华大学、上海交通大学、佛山供电局、浙江电力试验研究所、浙江北仑第一发电有限责任公司。

本部分主要起草人:钟连宏、朱同春、戚庆成、雷民、朱旭东、胡文堂、张国鸣。

本部分由全国高电压试验技术标准化分技术委员会负责解释。

高电压冲击测量仪器和软件
第1部分:对仪器的要求

1 范围

本部分适用于冲击高电压和冲击大电流试验中测量用数字记录仪(包括数字示波器),模拟示波器和峰值电压表。本部分规定了为满足 GB/T 16927.2 中测量不确定度和程序所要求的测量性能和校验。

本部分包括:

——数字记录仪、模拟示波器和峰值电压表有关的专用术语的定义;

——对这些仪器必需的要求,以保证它们符合高电压和大电流冲击试验的要求;

——满足这些要求所必须的试验和程序。

本部分仅涉及可从长期或临时的存储器中存取原始数据的数字记录仪,这些原始数据连同相关的刻度因数等资料,可以:

——打印或绘图;

——以数字形式存贮。

2 规范性引用文件

下列文件中的条款通过 GB 16896 的引用而成为本部分的条款。凡是注日期的引用文件,其随后所有的修改单(不包括勘误的内容)或修订版均不适用于本部分,然而,鼓励根据本部分达成协议的各方研究是否可使用这些文件的最新版本。凡是不注日期的引用文件,其最新版本适用于本部分。

GB/T 16927.1—1997 高电压试验技术 第一部分:一般定义和试验要求(eqv IEC 60060-1:1989)

GB/T 16927.2—1997 高电压试验技术 第二部分:测量系统(eqv IEC 60060-2:1994)

GB/T 17626.4—1998 电磁兼容 试验和测量技术 电快速瞬变脉冲群抗扰度试验(idt IEC 61000-4-4:1995)

IEC 60060-2 修正案 1:1996 附录 H:高电压测量不确定度的估算程序

3 术语和定义

本部分采用下列术语和定义。

3.1 通用术语

3.1.1

数字记录仪 digital recorder

指包括数字示波器的测量仪器,它能够把按比例缩小的高电压和大电流冲击采集为暂存的数字记录,这些暂存的数字记录可转化为长存的记录。数字记录能够以模拟曲线的形式显示。

注:记录的波形可以被显示在屏幕上,也可以绘图或打印。这个过程由于进行了处理,也许会改变波形的形状。

3.1.2

模拟示波器 analogue oscilloscope

能够把按比例缩小的高电压或大电流冲击捕捉为暂存的模拟记录的仪器。这些暂存的记录可转变为长存的记录,长存的记录能够以示波屏的模拟曲线或照片的形式显示。

3.1.3

峰值电压表 peak voltmeter

能够测量按比例缩小的高电压或大电流冲击峰值的仪器,该冲击不应有短时过冲或高频振荡(见第 7 章)。

3.1.4

预热时间 warm-up time

从仪器首次接通电源到仪器达到符合使用要求的时间间隔。

3.1.5

使用范围 operating range

在本部分规定的不确定度限值内仪器可被使用的输入电压范围。

3.1.6 **仪器的输出**

3.1.6.1

数字记录仪的输出 output of a digital recorder

在特定瞬时数字记录仪的数字值。

3.1.6.2

模拟示波器的输出 output of an analogue oscilloscope

在特定瞬时模拟示波器轨迹的偏转值。

3.1.6.3

峰值电压表的输出 output of a peak voltmeter

峰值电压表的显示。

3.1.7

偏置 offset

仪器零输入时的输出。

3.1.8

满刻度偏转 full scale deflection f.s.d.

在给定量程下使仪器产生最大标称输出的最小输入电压。

3.1.9

幅值非线性 non-linearity of amplitude

仪器实际输出与其标称值之间的差别,该标称值是由输入电压除以刻度因数来确定的。

注:直流输入电压的静态非线性可能与动态条件下的非线性有区别。

3.1.10

刻度因数 scale factor

与校正偏置后的输出相乘,可确定输入量的因数。刻度因数包括任何内置或外部衰减器的倍数并由校准来确定。

3.1.10.1

静态刻度因数 static scale factor

确定直流电压输入量的刻度因数。

3.1.10.2

冲击刻度因数 impulse scale factor

确定具有相应波形的冲击输入量的刻度因数。

3.2 **数字记录仪和模拟示波器的专用术语**

3.2.1

上升时间 rise time

数字记录仪输入阶跃波时,响应曲线上稳定幅值的 10% 和 90% 两点间的时间间隔。

3.2.2

时间刻度因数　time scale factor

与记录的间隔相乘,可确定输入时间间隔的因数。

3.2.3

时基的非线性　non-linearity of time base

在扫描轨迹或数字记录中不同部分测得的时间刻度因数与其平均值的差异。

3.3　数字记录仪的专用术语

3.3.1

额定分辨率　rated resolution[1]

r

能检测出的额定最小输入电压增量占满量程的份额。额定分辨率表示为 2 的 N(A/D 转换器的额定位数)次方减 1 后的倒数,即 $r=(2^N-1)^{-1}$。

3.3.2

采样率　sampling rate

单位时间内的采样数。

注:采样间隔是采样率的倒数。

3.3.3

记录长度　record length

以时间单位或采样总数表示的记录持续时间。

3.3.4

原始数据　raw data

数字记录仪将模拟信号转换为数码形式时采集到的量化信息的原始记录。

允许对输出作偏置校正来给出以零为基数的记录,同样也允许把记录与一固定的刻度因数相乘,按这种方式处理后的记录仍被认为是原始数据。

注 1:这种数据可采取适用于二进制、八进制、十六进制或十进制的形式。

注 2:与数字记录相关的刻度因数等资料也应存贮。

3.3.5

处理后数据　processed data

原始数据通过任何处理(偏置校正和/或与固定的刻度因数相乘除外)后获得的数据。

注:本部分不适用于不能存取原始数据的数字记录仪。

3.3.6

基线　base line

在冲击记录的初始平直部分或预触发期间的记录仪输出值中至少取 20 个采样的平均数。

3.3.7

量化特性　quantization characteristic

数字记录仪的输出数码和直流输入电压间关系的特性(见图 1)。

注:量化特性的平均斜率等于静态刻度因数的倒数。

3.3.8

数码　code

k

标明数字电平的整数。

---

1) IEC 61083-1 中的 1.3.3.1 条,表示为 2 的 N 次方的倒数,即 $r=2^{-N}$。

3.3.9

数码宽度 code bin width

$w(k)$

归属数码 k 的输入电压范围(见图 2)。

3.3.10

平均数码宽度 average code bin width

w_0

满刻度偏转与额定分辨率的乘积(见图 2)。

注:平均数码宽度约等于静态刻度因数。

3.3.11

整体非线性 integral non-linearity

$s(k)$

测得的量化特性和按静态刻度因数计算的理想量化特性相对应点之间的差异(见图 1)。

3.3.12

数字记录仪的整体非线性 integral non-linearity of a digital recorder

$S_m^{2)}$

全部数码的整体非线性的最大绝对值。

3.3.13

局部非线性 differential non-linearity

$d(k)$

测得的数码宽度与平均数码宽度间的差除以平均数码宽度(见图 2)。

$$d(k) = \frac{w(k) - w_0}{w_0}$$

3.3.14

数字记录仪的局部非线性[3)] differential non-linearity of a digital recorder

D_m

全部数码的局部非线性的最大绝对值。

4 使用条件

表 1 给出的使用条件范围内,仪器应正常工作且满足规定的准确度要求。

表 1 使用条件

条 件		范 围
环境	环境温度	+5℃～+40℃
	周围相对湿度(不凝露)	10%～90%
电源	电源电压	额定电压 ±10%(有效值) ±12%(交流峰值)
	电源频率	额定频率±5%

对表 1 中给定值以外的任何情况,应在性能记录中明确地说明并标明为例外情况。

---

2) 这一条是本部分增加的术语定义。

3) 这一条是本部分增加的术语定义。

5 校准和试验方法

5.1 冲击校准

冲击校准是确定被校数字记录仪、模拟示波器和峰值电压表的冲击刻度因数的标准方法,它也是校核数字记录仪和模拟示波器确定的时间参数的标准方法。校准认可测量系统的仪器中使用的标准冲击发生器的要求如表2。

根据待测冲击电压或冲击电流的类型和极性从表2选择波形。施加的校准冲击的峰值和时间参数应在表2所列范围内,实际值应该记录在性能记录中。

校准冲击的极性应与待测冲击一致。相应于校准冲击的输出应至少取10次冲击进行估算,输出峰值与其平均值的最大偏差应在平均值的±1%以内。冲击刻度因数是输入峰值和输出峰值平均值之比。

时间参数也应至少用10次冲击来估算,各次输出的时间参数与其输入的偏差应在±2%以内。

冲击校准对试验所用的各个量程都应进行,校准中应注意避免低输入阻抗的仪器过载。

注:对于指数电流冲击波,数字记录仪可采用标准冲击发生器产生的雷电冲击全波作校准,而对于 $10/350~\mu s$ 电流冲击波可采用操作冲击波作校准。

表 2 对标准冲击发生器的要求

冲击类型	被测参数	数值	不确定度[a]	短期稳定度[b]
雷电全波和标准截波	半峰时间	$55~\mu s \sim 65~\mu s$	≤2%	≤0.2%
	波前时间	$0.8~\mu s \sim 0.9~\mu s$	≤2%	≤0.5%
	电压峰值	使用范围内	≤0.7%	≤0.2%
波前截断的雷电冲击波	截断时间	$0.45~\mu s \sim 0.55~\mu s$	≤2%	≤1%
	电压峰值	使用范围内	≤1%	≤0.2%
操作冲击波	峰值时间	$15~\mu s \sim 300~\mu s$	≤2%	≤0.2%
	半峰时间	$2~600~\mu s \sim 4~200~\mu s$	≤2%	≤0.2%
	电压峰值	使用范围内	≤0.7%	≤0.2%
矩形冲击波	持续时间	$0.5~ms \sim 3.5~ms$	≤2%	≤0.5%
	电压峰值	使用范围内	≤2%	≤1%

[a] 依据 IEC 60060-2 附录 H,不确定度由可溯源的校准来确定,校准中采用至少10次冲击来估算出平均值。

[b] 短期稳定度是至少10次连续冲击的标准偏差。

5.2 阶跃波校准

将一准确度在±0.1%范围内,幅值在仪器的使用范围内的已知直流电压 V_{CAL} 施加到仪器的输入端,然后通过一适当的开关装置(最好是汞润继电器)对地短路。阶跃波上升时间应小于5.3中规定的时间间隔下限的10%。记录下降到零值的暂态过程,并计算5.3中规定的时间间隔内的输出值 $O(t)$ (参见图5)。为减小随机噪声,至少采用10次记录作平均计算。各瞬时的 $O(t)$ 值与其平均值 O_s 的偏差应在刻度因数的规定限值之内。10次记录的平均值 O_s 与其总平均值 O_{sm} 的偏差也应在刻度因数的规定限值之内。冲击刻度因数则为输入电压 V_{CAL} 与 O_{sm} 之比。

电压校准对试验所用的各个量程都应进行。校准中应注意避免低输入阻抗的记录仪过载。

试验应在两个极性下进行,如果确定的刻度因数偏差在±1%以内,这个方法是有效的,否则,冲击刻度因数校准应根据5.1中规定的方法在适当的极性下进行。

5.3 规定的时间间隔内刻度因数的恒定性

将一数字记录仪或模拟示波器使用范围内的直流电压施加于其输入端,然后通过一适当的开关装置(最好是汞润继电器)对地短路,记录阶跃波响应下降到零值的暂态过程,并在下列时间间隔内进行计算:

$0.5T_1 \sim T_{2max}$ 对于雷电冲击全波和指数电流冲击波;

$0.5T_c \sim T_c$ 对于波前截断的冲击波;

$0.5T_p \sim T_{2max}$ 对于操作冲击和 $10/350~\mu s$ 电流冲击波;

$0.5(T_t-T_d)\sim T_t$　对矩形电流冲击波。

在这些时间间隔内,记录到的阶跃波响应的稳定电平应为常量,变动不应超过冲击刻度因数规定的限值。

为减小随机噪声,可采用若干个响应的记录取平均值。

刻度因数的恒定性校验对试验所用的各个量程都应进行。

注:T_1、T_2、T_c、T_p、T_t 和 T_d 的定义见 GB/T 16927.1—1997。T_{2max}是 T_2 的最大值,它是由系统测量得到的。

5.4 时基

采用时标发生器或高频振荡器来校准仪器的时基,时间刻度因数的值应该分别根据约 20%,40%,60%,80%和 100%扫描时间处的记录数据来测定。

时基校准对试验所用的各个扫描档都应进行。

5.5 上升时间

施加一阶跃波,其上升时间应小于仪器规定限值的 20%,幅值应为满刻度偏转值的$(95\pm5)\%$。按输出稳定幅值 10%~90%之间的时间间隔测定为上升时间。

上升时间校验对试验所用的各个量程都应进行。

5.6 模拟示波器的电压偏转特性

将直流电压从满刻度偏转值的 0%,10%,20%,…,100%分别施加在示波器上,对每一个输入电压,测量轨迹的垂直偏转。垂直偏转与输入之间的关系就是偏转特性,以此可以确定电压偏转系数(即刻度因数)。

注:一般情况下,对一个给定输入量程测定的偏转特性可以代表所有量程的情况。衰减器的影响采用冲击校准(见5.1 或 5.2)来确定。校验中应注意避免低输入阻抗衰减器的热过载。

5.7 静态整体和局部非线性

将幅值为 $0.2\times n\times 2^{-N}\times$满刻度偏转量的直流电压施加于记录仪的输入端,$n$ 从 1 至 5×2^N 递增。对于每一个直流输入电压,记录其输出,并计算至少 100 个采样的平均值。输出平均值和输入值的关系就是量化特性,从中可以确定静态整体和局部非线性(见图 1 和图 2),确定这些非线性的程序参见附录 A。

注:一般情况下,对一个给定输入量程测定的整体和局部非线性可以代表数字记录仪的所有量程的情况。任何衰减器的影响可采用冲击或阶跃波校准(见 5.1 或 5.2)来确定,校准中应注意避免低输入阻抗衰减器的热过载。

5.8 动态局部非线性

在记录仪的输入端施加一个对称的三角波,幅值为$(95\pm5)\%$的满刻度偏转值,斜率应大于或等于 f. s. d. $/0.4T_x$,其中 f. s. d. 是满刻度偏转值(T_x参见 7.1.2.1),频率应与采样频率无谐波关系。记录并统计每个数码电平出现次数的直方图。重复 M 次,计算出累积直方图。M 应足够大,使每个数码电平出现次数的平均值大于或等于 100。

这个过程产生的直方图具有一近似均匀的部分而两边有较大的峰值。该均匀部分应大于或等于满刻度偏转值的 80%。在这近似均匀部分上每一点与其平均值的偏差除以此平均值即为局部非线性。

注:一般情况下,在给定输入量程测定的动态局部非线性可以代表数字记录仪所有量程的情况。任何衰减器的影响可以由冲击或阶跃波校准(见 5.1 或 5.2)来确定。校准中应注意避免低输入阻抗衰减器的热过载。

5.9 内部噪声电平

5.9.1 数字记录仪

施加一幅值在数字记录仪量程内的直流电压。按给定的采样率采集至少 1 000 个采样。这些采样的标准偏差就作为内部噪声电平。

注:这些数据可以根据附录 A 在确定静态整体和局部非线性时采集。

5.9.2 示波器

在给定的扫描下,施加一幅值在示波器量程内的直流电压。垂直偏转变化量的峰-峰值之半就作为内部噪声电平。

5.10 干扰

单项干扰试验按附录 B.3 进行。整个系统的干扰试验应按 GB/T 16927.2 进行[4]。

6 输入阻抗

根据所用的测量系统的类型,测量仪器的输入阻抗应该与同轴电缆的标称波阻抗相匹配,偏差应在±2%以内(如电阻分压器或分流器)或者为不小于 1 MΩ 和不大于 50 pF 的并联阻抗(如电容或阻尼电容分压器)。

注:匹配阻抗也可直接外接在仪器输入端。

7 冲击测量用数字记录仪

7.1 有关冲击测量的要求

7.1.1 对用于认可测量系统的数字记录仪的要求

根据 GB/T 16927.2,用于认可测量系统的数字记录仪的总不确定度应不大于(置信度水平不小于95%,参见 IEC 60060-2 附录 H):

——对于雷电全波和标准截波冲击、操作冲击和矩形冲击的峰值电压(电流)测量为 2%;

——对于波前截断的雷电冲击的峰值电压测量为 3%;

——对于冲击波的时间参数(波前时间、截断时间等)测量为 4%。

这些不确定度应根据 IEC 60060-2 附录 H 来估算。数字记录仪应保存原始数据至少到该试验被认可。

7.1.2 单项要求

为了不超过 7.1.1 中给定的限值,一般应满足 7.1.2 中给出的单项限值的要求。在有些情况下,一项或几项限值可能超过,但总不确定度不允许超过限值。

7.1.2.1 采样率

采样率应不小于 $30/T_x$,T_x 为待测的时间间隔。

注:$T_x = 0.6T_1$ 是待测雷电冲击的 T_{30} 到 T_{90} 间的时间间隔。对于 1.2/50 μs 雷电冲击,波前时间的允许下限 $T_1 = 0.84$ μs。因此要求采样率至少应为有为 60 MS/s。

为了测出波前的振荡,采样率至少应为 $8f_{max}$[5],其中 f_{max} 是测量系统可重现的波前振荡最高频率。

7.1.2.2 额定分辨率

对测定冲击波参数的试验,要求额定位数为 8 位(分辨率为满刻度偏转的 0.4%)或更高。对于测定波形参数之外还涉及信号处理的试验,推荐额定位数为 9 位(分辨率为满刻度偏转的 0.2%)或更高。

注:由模拟示波器可得到最好的分辨率约为满刻度偏转的 0.3%。因此上述 0.2% 满刻度偏转的限值可保证用于对比测量(如确定变压器的传递阻抗)的数字记录仪至少和模拟示波器一样准确。

7.1.2.3 冲击刻度因数

冲击刻度因数的不确定度应不大于 1%,并在 5.3 规定的时间间隔内应恒定在 ±1% 范围内。

7.1.2.4 上升时间

上升时间应不大于 $3\% T_x$,T_x 是待测的时间间隔。

对于雷电冲击的测量,为了再现 GB/T 16927.2—1997 中 9.1.2 给定的频率范围内的叠加振荡,上升时间应不大于 $1/(2\pi f_{max})$[6],其中 f_{max} 是测量系统可重现的波前振荡最高频率。

7.1.2.5 干扰

数字记录仪用于冲击测量时,整个系统干扰试验的要求应符合 GB/T 16927.2 的规定,即偏离基值的最大幅值应在所用量程满刻度偏转的 1% 以内。电脉冲群的干扰试验要求见 B.3.1。

---

4) 整个系统的干扰试验为本部分所加。

5) IEC 61083-1 中为 $6f_{max}$。

6) IEC 61083-1 中为 15 ns,它是部分响应时间的要求,与上升时间的要求不同。

注：依据 GB/T 16927.2—1997 中 5.5.4 要求对整个冲击测量系统进行干扰试验。

7.1.2.6 记录长度

记录长度应充分长，以满足所需参数（如 T_2 或 T_p）的计算或特定现象的观察。具体的记录长度应由相关的技术委员会规定。

7.1.2.7 幅值非线性

静态整体非线性应当在满刻度偏转值的 ±0.5% 以内，静态和动态局部非线性应在 ±0.8[7] 以内。

7.1.2.8 时基非线性

时基整体非线性应不大于 $0.5\% T_x$，T_x 为待测的时间间隔。

7.1.2.9 噪声电平

对于波形参数测量，内部噪声电平应小于满刻度偏转值的 0.4%，对于涉及信号处理的测量应小于满刻度偏转值的 0.1%。

7.1.2.10 使用范围

使用范围的下限应不小于满刻度偏转值的 $4/N$，N 为数字记录仪的位数。

注1：这意味着对于 8 位数字记录仪，峰值应不小于满刻度偏转值的 50%，对于 10 位数字记录仪为 40%，而对于 12 位数字记录仪为 33%。

注2：对于比对测量的试验，推荐使用范围的下限不小于满刻度偏转值的 $6/N$。

7.1.3 对用于标准测量系统的数字记录仪的要求

7.1.3.1 一般要求

这些仪器用于标准系统，按 GB/T 16927.2 规定，标准测量系统可通过比对测量来校准认可的测量系统。峰值和时间参数通常由至少 10 次测量的平均值来确定。根据 GB/T 16927.2，用于标准测量系统的数字记录仪的总不确定度应不大于（置信度水平不小于 95%，见 IEC 60060-2:1997 附录 H）：

——对于雷电冲击全波和标准截波冲击、操作冲击和矩形冲击的峰值电压（电流）测量为 0.7%；

——对于波前截断的雷电冲击的峰值电压测量为 2%；

——对于冲击波的时间参数（波前时间、截断时间等）测量为 3%。

7.1.3.2 单项要求

为了不超过 7.1.3.1 中给定的限值，应满足 7.1.2 给出的限值要求和下面的附加要求：

——采样率应不小于 $30/T_x$，对于波前截断冲击，采样率应不小于 100 MS/s；

——使用范围的下限应不小于满刻度偏转值的 $6/N$；

——冲击刻度因数不确定度应不大于 0.5%；

——冲击刻度因数在 5.3 给定的时间间隔内应恒定在 ±0.5% 以内；

——干扰电压应不大于 0.5%。

7.1.4 试验

本标准要求数字记录仪需做的试验如表3。

所有校准设备都应直接或间接溯源到国际或国家标准，并应记录校准过程。

7.1.4.1 型式试验

型式试验应在同系列数字记录仪中取某一台进行。型式试验由数字记录仪制造商完成。如果制造商没有提供型式试验结果，则使用者应安排设备的验证试验。

7.1.4.2 例行试验

例行试验对每台数字记录仪都应进行。例行试验由制造商完成。如果制造商没有提供例行试验结果，则使用者应安排设备的验证试验。

数字记录仪修理后也应进行例行试验。

7.1.4.3 性能试验

---

7) IEC 61083-1 中为 $\pm 0.8\ w_0$。

性能试验对每台新的数字记录仪都应进行,并以后每年由使用者重复一次。每次性能试验的日期和结果都应记录在性能记录中。

如果仪器的性能校核表明冲击刻度因数的变化超过 1% 时,则也要对该仪器进行性能试验。

7.1.4.4　性能校核

仪器的性能校核仅当整个测量系统的性能校核表明标定的刻度因数有显著变化时才进行(见 GB/T 16927.2—1997 的 6.3)。

性能校核对冲击试验需用的每一档都应进行。如果使用外部衰减器,并且该衰减器并没有与分压器或分流器一起校验,则应包括在仪器的性能校核中。

表 3　数字记录仪需做的试验

试验项目	试验方法	试验要求		试验类别			
		记录仪输入衰减器置某一档位	记录仪输入衰减器置于每个档位	型式试验	例行试验	性能试验	性能校核
静态整体非线性	5.7	7.1.2.7		×			
静态局部非线性	5.7	7.1.2.7		×			
动态局部非线性	5.8	7.1.2.7				×	
时基非线性	5.4	7.1.2.8		×			
冲击刻度因数	5.1 或 5.2		7.1.2.3		×	×	×
刻度因数恒定性	5.3		7.1.2.3		×	×	×
上升时间	5.5		7.1.2.4	×			
内部噪声水平	5.9	7.1.2.9		×			
干扰[a]	5.10	7.1.2.5,B.3.1		×	×		
[a]　例行试验中增加了干扰试验,如制造商难于实现整个系统的干扰试验时,可由用户来完成。							

如果试验表明静态和冲击刻度因数差别不大于 0.5%,则可用附录 A[8] 中描述的直流电压校验代替 5.2 中的阶跃波校准。

7.1.5　性能记录

数字记录仪的性能记录应包括下述内容:

a)　标称特性

　　1)标志(序列号、型号等);

　　2)额定分辨率;

　　3)采样率范围;

　　4)最大记录长度;

　　5)触发功能;

　　6)输入电压最大和最小值;

　　7)输入阻抗;

　　8)波形范围;

　　9)预热时间;

　　10)使用条件范围。

b)　型式试验结果

---

8)原文中为附录 C。

c) 例行试验结果

d) 性能试验

1) 每次试验日期和时间;

2) 每次性能试验的结果。

e) 性能校核

1) 每次性能校核的日期和时间;

2) 结果——通过/失败(如果失败,记录处置情况)。

8 冲击测量用模拟示波器

8.1 有关冲击测量的要求

8.1.1 对用于认可测量系统的模拟示波器的要求

根据 GB/T 16927.2,用于认可测量系统的模拟示波器的总不确定度应不大于(置信度水平不小于 95%,参见 IEC 60060-2:1996 的附录 H):

——对于雷电全波和标准截波冲击、操作冲击和矩形波冲击峰值电压(电流)测量为 2%;

——对于波前截断的雷电冲击的峰值电压测量为 3%;

——对于冲击波的时间参数(波前时间、截断时间等)测量为 4%。

所有的校准都应采用在实际试验中使用的同一架照相机(或数字相机)进行,若放大可调,则校准和试验之间放大不允许有变化。

8.1.2 单项要求

为了不超过 8.1.1 中给定的限值,一般应满足 8.1.2 中给出的单项限值的要求,在有些情况下,一项或几项限值可能超过,但总的不确定度不允许超过限值。

8.1.2.1 使用范围

使用范围表示有效的屏幕区域,在此区域内,电压和时间测量的总不确定度可满足 8.1.1 的要求,并且单项要求也能满足。

8.1.2.2 电压偏转的非线性

在使用范围内,电压偏转的非线性应不大于 1%。否则,校准冲击(见图 3)或校准电压(见图 4 和附录 C)[9] 应与测得的冲击一起显示在示波图上,以便按上述规定限值进行电压校准。

8.1.2.3 时基的非线性

时基的整体非线性不应大于 $2\% T_x$,T_x 为待测的时间间隔。否则,时标或校准脉冲应与测得的冲击一起显示在示波图上,以便按上述规定的限值进行时间校准(见图 4 和附录 C)[9]。

8.1.2.4 冲击刻度因数

冲击刻度因数的不确定度应不大于 1%,并在 5.3 规定的时间间隔中应恒定在 ±1% 以内。

8.1.2.5 上升时间

上升时间不应超过 $3\% T_x$,T_x 为待测的时间间隔。

对于雷电冲击的测量,为了能再现 GB/T 16927.2—1997 中 9.1.2 给定的频率范围内的叠加振荡,上升时间应不大于 $1/(2\pi f_{max})$[10],其中 f_{max} 是测量系统可重视的波前振荡最高频率。

8.1.2.6 干扰

整个系统干扰试验的要求应符合 GB/T 16927.2 的规定,即在干扰试验中偏离基值的最大幅值应在冲击试验所用量程满刻度偏转的 1% 以内。电脉冲群的干扰试验要求见 B.3.1。

注:依据 GB/T 16927.2—1997 中的 5.5.4,要求对整个冲击测量系统进行干扰试验。

---

9) 此处的附录 C 为本部分所加。

10) IEC 61083-1 中为 15 ns,它是部分响应时间的要求,与上升时间的要求不同。

8.1.3 试验

本标准要求模拟示波器需做的试验见表4。

所有校准仪器都应直接或间接溯源到国际或国家标准,并应记录校准过程。

8.1.3.1 型式试验

型式试验应在同系列模拟示波器中取某一台进行。型式试验由制造商完成。如果制造商没有提供型式试验结果,则使用者应安排设备的验证试验。

8.1.3.2 例行试验

例行试验对每台模拟示波器都应进行。例行试验由制造商完成。如果制造商没有提供例行试验结果,使用者应安排设备的验证试验。

模拟示波器修理后也应进行例行试验。

8.1.3.3 性能试验

表 4 模拟示波器需做的试验

试验项目	试验方法	试验要求		试验类别			
		示波器输入衰减器置某一个档位	示波器输入衰减器置每个档位	型式试验	例行试验	性能试验	性能校核
电压偏转特性	5.6	8.1.2.2		×[11]		×	
时基非线性	5.4	8.1.2.3		×		×	
冲击刻度因数	5.1或附录A		8.1.2.4	×	×	×	
刻度因数恒定性	5.3		8.1.2.4	×	×	×	
上升时间	5.5		8.1.2.5	×			
干扰	5.10	8.1.2.6 B.3.1[12]		×	×[13]		

性能试验对每台新的模拟示波器都应进行,并以后每年由使用者重复一次。每次性能试验的日期和结果都应记录在性能记录中。

如果仪器的性能校核表明刻度因数的变化超过1%,则也要对该仪器进行性能试验。

8.1.3.4 性能校核

仪器的性能校核仅当整个测量系统的进行性能校核表明标定的刻度因数有显著变化时才进行(见GB/T 16927.2—1997 的 6.3)。

性能校核对冲击试验需用的每一档都应进行。如果外部衰减器没有与分压器或分流器一起校验,则应包括在仪器的性能校核中。

如果试验表明静态和冲击刻度因数的差别不大于0.5%时,则可用附录A[14]中描述的直流电压校验代替3.5.2中的阶跃波校准。

8.1.4 性能记录

模拟示波器的性能记录应包括以下内容:

a) 标称特性

   1) 标志(序号、型号等);

   2) 扫描时间范围;

---

11) 本部分所加的试验项目。

12) 本部分所加的试验要求。

13) 例行试验中增加了干扰试验,如制造商难于实现整个系统的干扰试验时,可由用户来完成。

14) 原文中为附录C。

　　　3) 输入电压最大值和最小值；

　　　4) 波形范围；

　　　5) 使用范围(有效屏幕区域)；

　　　6) 预热时间；

　　　7) 使用条件范围；

　　　8) 输入阻抗；

　　　9) 内置校准器。

　b) 型式试验结果

　c) 例行试验结果

　d) 性能试验

　　　1) 每次试验日期和时间；

　　　2) 每次试验结果。

　e) 性能校核

　　　1) 每次校核日期和时间；

　　　2) 结果——通过/失败(如果失败,记录处置情况)。

9 冲击测量用峰值电压表

9.1 有关冲击测量的要求

　　峰值电压表用于测量冲击的最高峰值。然而,冲击的最高峰值不一定总是与试验电压值相对应(见附录 D)。这个问题限制了峰值电压表只能用在冲击波形十分光滑,而没有短时过冲或高频振荡的场合。在其他情况下,必要时须并联一合适的记录仪,以便能校正峰值电压表的读数。

9.1.1 对峰值电压表的一般要求

　　根据 GB/T 16927.2,用于认可测量系统中峰值电压表的总不确定度不应大于(置信度水平不小于95%,参见 IEC 60060-2:1996 的附录 H):

　　——对于雷电全波和标准截波冲击、操作冲击的峰值电压(电流)测量为 2%;

　　——对于波前截断的雷电冲击的峰值测量为 3%。

9.1.2 单项要求

　　为了不超过 9.1.1 给定的限值,一般应满足 9.1.2 中给出的单项限值的要求。在有些情况下,一项或几项限值可能超过,但总的不确定度不允许超过限值。

9.1.2.1 使用范围

　　使用范围表示冲击电压的测量范围,在此范围内,冲击峰值测量的总不确定度可满足 9.1.1 的要求,并且以下单项要求也能满足。

9.1.2.2 冲击刻度因数

　　冲击刻度因数不确定度应不大于 1%。

　　另外,刻度因数在峰值电压表规定的读数保持时间内应恒定在 ±1% 以内,直至手动或自动复归为止。

9.1.2.3 电压幅度的非线性

　　在使用范围内,电压幅度的非线性应不大于 1%。

9.1.2.4 干扰

　　整个系统干扰试验的要求应符合 GB/T 16927.2 的规定,在冲击试验使用范围内由于电磁干扰造成的峰值电压测量误差应小于满刻度偏转的 1%。电脉冲群的干扰试验要求见 B.3.1。

　　注: 依据 GB/T 16927.2—1997 的 5.5.4,要求对整个冲击测量系统进行干扰试验[15]。

9.1.3 试验

---

15) 本部分所加的注。

本部分要求峰值电压表需做的试验如表5。

所有校准设备都应直接或间接地溯源到国际或国家标准,并应记录校准过程。

9.1.3.1 型式试验

型式试验应在同系列峰值电压表中取某一台来进行。型式试验由制造商完成。如果制造商没有提供型式试验结果,则使用者应安排设备的验证试验。

9.1.3.2 例行试验

例行试验对每台峰值电压表都应进行。例行试验由制造商完成。如果制造商没有提供例行试验结果,则使用者应安排设备的验证试验。

表 5 峰值电压表需做的试验

试验项目	试验方法	试验要求		试验类别			
		峰值表输入衰减器置某一档位	峰值表输入衰减器置每个档位	型式试验	例行试验	性能试验	性能校核
电压幅度的非线性	5.1	9.1.2.3		×			
冲击刻度因数	5.1		9.1.2.2		×	×	×
干扰	5.10	9.1.2.4 B.3.1[16]		×	×[17]		

峰值电压表修理后也应进行例行试验。

9.1.3.3 性能试验

性能试验对每台新的峰值电压表都应进行,并以后每年由用户重复一次。每次性能试验的日期和结果都应记录在性能记录中。

如果仪器的性能校核表明冲击刻度因数的变化超过1%,则也要对该仪器进行性能试验。

9.1.3.4 性能校核

仪器的性能校核仅当整个测量系统的性能校核时发现所标定刻度因数有显著变化时才进行(见 GB/T 16927.2—1997 的 6.3)。

性能校核对冲击试验需用的每一档都应进行。如果使用外部衰减器,并且该衰减器并没与分压器或分流器一起校验,则应包括在仪器的性能校核中。

9.1.4 性能记录

峰值电压表的性能记录应包括以下内容:

a) 标称特性
   1) 标志(序号、型号等);
   2) 额定分辨率(如果有);
   3) 输入电压最大值和最小值;
   4) 波形范围;
   5) 使用范围;
   6) 读数保持时间(如果有);
   7) 预热时间;
   8) 使用条件范围;
   9) 输入阻抗。

b) 型式试验结果

c) 例行试验结果

d) 性能试验
   1) 每次试验日期和时间;

---

16) 本部分所加的试验要求。

17) 例行试验中增加了干扰试验,如制造商难于实现整个系统的干扰试验时,可由用户来完成。

2) 每次试验结果。

e) 性能校核

1) 每次校核日期和时间；

2) 结果——通过/失败（如果失败，记录处置情况）。

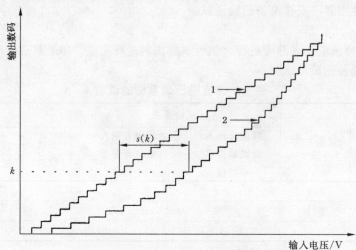

曲线 1：理想的 5 位数字记录仪的量化特性

曲线 2：非线性的 5 位数字记录仪的量化特性

（为使图形清楚起见，选择了低分辨率的 5 位数字记录仪）

图 1　整体非线性 $s(k)$

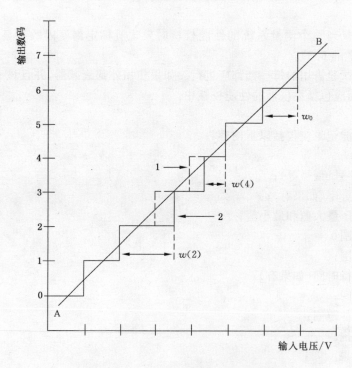

曲线 1：理想的 3 位数字记录仪的量化特性

曲线 2：在 $k=2,3$ 和 4 处有较大 $d(k)$ 的 3 位数字记录仪的量化特性

连线 AB：理想的数字记录仪码宽中点所连的直线

（为使图形清楚起见，选择了低分辨率的 3 位数字记录仪）

图 2　直流电压下的局部非线性 $d(k)$ 与码宽 $w(k)$

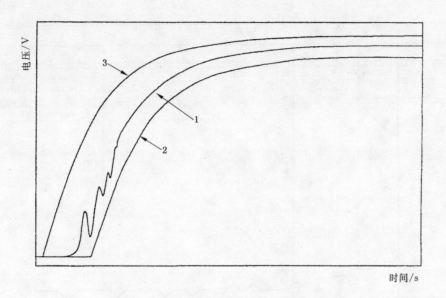

（为使图形清楚起见，三根曲线在时间上错开）

曲线 1：测得的冲击波形；曲线 2、曲线 3：校准冲击波形

图 3　用比对法校准

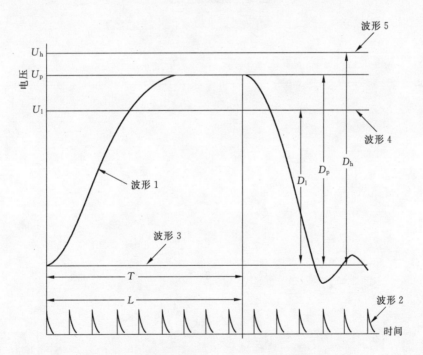

波形 1：测得的波形；波形 2：时标脉冲；波形 3：基线；

波形 4：低值直流校准电压；波形 5：高值直流校准电压

U_p、D_p：冲击波峰值及其偏转；U_l、D_l：低值校准电压幅值及其偏转；

U_h、D_h：高值校准电压及其偏转；T、L：时间间隔及其扫描长度

图 4　电压和时间分别校准（见附录 C）

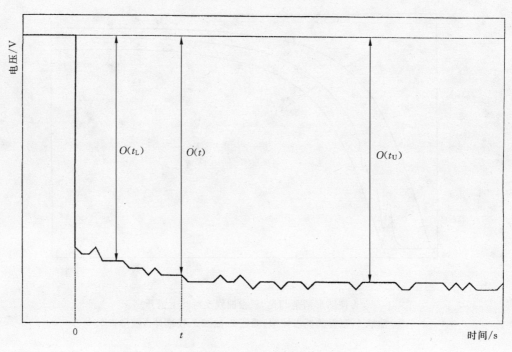

t_L 和 t_U 的值见 5.3 中的下限和上限时间

图 5 阶跃波校准

附 录 A
（规范性附录）
确定数字记录仪静态非线性的程序——直流电压校准

A.1 步骤 A

施加一稍高于数字记录仪能够记录的最小电压的电压 $V(i)$（约为标称满刻度电压值的 2%），取一次记录并存贮输入电压为 $V(i)$ 和记录的平均值为 $A(i)(i=1)$。

A.2 步骤 B

升高输入电压，增量 ΔV 应小于满刻度电压和额定分辨率的乘积，约为 $1/10 \sim 1/4$ 平均码宽。取一次记录并存贮输入电压为 $V(i+1)$ 和记录的平均值为 $A(i+1)$。

A.3 步骤 C

重复步骤 B，增量相同，i 增加 1，直到可以覆盖数字记录仪的满刻度偏转，记录并存贮输入电压 $V(i)$ 和记录的平均值 $A(i)$。

A.4 步骤 D

如果 $A(i)$ 已经标定（即它们以 V 为单位），可从下式计算理想阈值[18]：

$$T(k) = \frac{f.s.d.}{2^N - 1}(k + 1/2)$$

如果 $A(i)$ 没有标定（即它们是 A/D 转换器输出数码的平均值），则理想阈值为：

$$T(k) = k + 1/2$$

这里 N 是 A/D 转换器的额定位数，k 是二进制数码（从 0 到 $2^N - 1$）。

A.5 步骤 E

确定每一个实际数码从 k 到 $k+1$ 的转换阈值（见图 A.1）：
a) 找出小于或等于 $T(k)$ 而 n 为最大的 $A(n)$；
b) 找出大于 $T(k)$ 而 $m(m>n)$ 为最小的 $A(m)$；
c) 则从 k 到 $k+1$ 的转换阈值可由线性插值法求出：

$$c(k) = V(n) + \frac{T(k) - A(n)}{A(m) - A(n)}[V(m) - V(n)]$$

A.6 步骤 F

每个数码 k 的中心电压是 $p(k)$，它是二个数码转换阈值的平均值，可表征数码 k 的电平：

$$p(k) = 1/2[c(k) + c(k-1)]$$

每个数码 k 的宽度 $w(k)$：

$$w(k) = c(k) - c(k-1)$$

---

18) IEC 61083-1 中的附录 A 的步骤 D。$T(k)$ 式中分母为 2^N。

A.7 步骤 G[19]

确定静态刻度因数 F_s。

用直流电压校验数字记录仪的静态特性,需测定全部静态特性参数时采用小增量法;性能试验和性能校核中只需测定静态刻度因数时可采用大增量法或两点法以减小工作量。

A.7.1 小增量法(G1)

根据步骤 C 记录的输入直流电压 $V(i)$ 及相应的输出数码平均值 $A(i)$ 的全部数据,利用最小二乘法把输出与输入拟合成直线关系并计算此直线的斜率 K(见附录 E)。数字记录仪的静态刻度因数 F_s 用斜率 K 的倒数计算:

$$F_s = \frac{1}{K}$$

A.7.2 大增量法(G2)

在不大于 95% 满量程电压范围内,均匀地选取 20~50 个点作为输入直流电压 $V(i)$,在每一个输入电压 $V(i)$ 下,取一次记录,并计算所记录输出数码的平均值 $A(i)$;根据 $V(i)$ 和 $A(i)$ 的数据,同样采用直线拟合法,根据 G1 的方法确定数字记录仪的静态刻度因数 F_s。

A.7.3 两点法(G3)

取 k_1 和 k_2 两点,则静态刻度因数 F_s:

$$F_s = \frac{p(k_2) - p(k_1)}{k_2 - k_1}$$

这里 $(k_2 - k_1)$ 是大于或等于 $2^N \cdot 90\%$。

A.8 步骤 H

确定每个数码的整体非线性 $s(k)$:

$$s(k) = p(k) - (k - A_0)F_s \quad [20]$$

式中 A_0 为数字记录仪的偏置(见附录 E)。

将 $s(k)$ 转换成满刻度的百分比,则为[21]:

$$S(k) = 100\% \cdot \frac{s(k)}{f.s.d.}$$

A.9 步骤 I

确定直流电压下每个数码的局部非线性 $d(k)$:

$$d(k) = \frac{w(k) - F_s}{F_s}$$

注:当局部非线性在 ±0.8 之内时,所有的码宽 $w(k)$ 都在平均码宽 w_0 的 (1 ± 0.8) 范围内,即 $0.2w_0 < w(k) < 1.8w_0$。一般情况下,数码的局部非线性各不相同,并且是被测信号变化率的函数。

A.10 步骤 J[22]

确定数字记录仪的静态整体非线性和静态局部非线性分别为:

---

19) IEC 61083-1 中附录 A 的步骤 G。本部分增加小增量法(G1)和大增量法(G2)。两点法(G3)等于 IEC 中的步骤 G。

20) 原文中为 $s(k) = p(k) - p(k_1) - (k - k_1)F_s$。

21) IEC 61083-1 中附录 A 的步骤 H。原文中 $S(k)$ 的百分比表示式中的分母为 $\max[A(i)] - \min[A(i)]$。

22) 本部分增加的步骤。

$$S_m = | \ s(k) \ |_{max}$$
$$D_m = | \ d(k) \ |_{max}$$

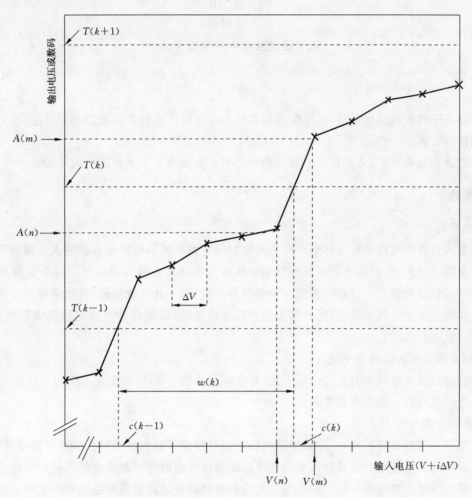

标有 $n, m, A(n), A(m), V(n)$ 和 $V(m)$ 的实测量化特性的一部分。

第 k 个数码转换阈值 $c(k)$ 处于 $(V(n), A(n))$ 和 $(V(m), A(m))$ 的连接线

与第 k 个阈值水平线 $T(k)$ 的交点。

图 A.1 非线性的确定

附　录　B

（规范性附录）

高电压试验室中的电磁干扰

B.1　概述

通用仪器用于高电压试验室时,其屏蔽可能不够。干扰可能由瞬态电磁场感应产生,也可能通过信号或电源线传导引入。

干扰可能达到很高水平,尤其在冲击截波的情况下更为突出。下述预防措施可降低这种干扰。

B.2　预防措施

B.2.1　电磁屏蔽

将仪器置入对有关频段具有足够衰减作用的法拉第笼内可减弱电磁场直接透入仪器的干扰。这种法拉第笼由金属箱体构成,箱体上固定的或活动的联接点都应有良好的导电性。这个金属箱体可以是屏蔽的控制室或仪器的箱壳。仪器的箱壳可由两部分组成,其一是高效屏蔽(将数字记录仪完全封闭起来),以满足实时记录冲击波的要求,另一部分是可打开的箱壳,以便在冲击波记录完成后接触计算机、绘图仪和打字机进行操作。

B.2.2　减弱电源线引入的传导干扰

电源经滤波器接入可减少引入的传导干扰(有效频段为数十 kHz 到数十 MHz)。应在仪器和电源之间接入绕组间电容较小的隔离变压器。

B.2.3　信号线上的干扰

通过电压分压器侧良好接地,采用双屏蔽同轴电缆且外层屏蔽在电缆输入端和仪器端两端接地,以及(或)将电缆穿入两端接地的金属管内等措施可以减弱由于电流流经测量电缆屏蔽层引起的干扰。内层和外层屏蔽应在输入端接在一起。避免测量电缆和接地回线之间形成环路也可以减弱干扰。

尽可能提高输入电压,使数字记录仪在其最大电压量程内工作,或在电缆末端和仪器间插入一外部衰减器等措施可以减弱由于感应或作用在测量电缆两端间的电位差而引起的干扰。

B.2.4　采用光学方法传输信号

采用光学方法(模拟的或数字的)传输信号可减小干扰,只要这种传输性能足以满足 GB/T 16927.2 的要求。

B.3　单项干扰试验

这些试验是为了校核仪器对以上所列各种类型干扰的敏感性。

如果仪器在一个良好屏蔽区域(例如在屏蔽控制室)中操作,且电源有妥善的滤波与隔离措施,则这些试验可以不做。

> 注：注入测量和控制电缆屏蔽层的电流可按下列方法校核：
>
> 电缆应该按正常工作方式接到仪器上,注入电缆屏蔽层的暂态电流最好是具有峰值 100 A,频率 1 MHz 的阻尼振荡。在这种基本振荡上,还叠加一峰值 10 A,频率 10 MHz～20 MHz,持续时间不小于 10 ms 的振荡,一种可能的试验电路如图 B.1。

B.3.1　叠加在电源上的瞬态

根据 GB/T 17626.4,对仪器的电源应做电脉冲群抗扰性试验(第 3 级),如果仪器在脉冲群施加过程中能保持其性能在限值内,则通过该试验。

B.3.2 施加电场和磁场

不带测量电缆的仪器,包括任何附加屏蔽,应经受表征高电压试验回路产生的快速变化的电场和磁场的作用。

高电压试验室的试验表明,电场可达 100 kV/m,磁场可达 1 000 A/m。

这些电磁场可由充电的电容器通过球隙放电产生(图 B.2 所示)。

对于电场试验,与电容器相连的传输线应端接波阻抗($R=Z$)。对于磁场试验,与电容器相连的传输线应短路($R=0$)。两种试验对应的瞬态特性由试验回路参数确定,试验电压为上升时间约 50 ns 的阶跃波;试验电流为频率约 0.5 MHz 的阻尼振荡波。

注:浸在油或压缩气体中的球隙可用于校核 SF_6 绝缘冲击试验检测用的仪器。相应的瞬态电压和电流分别具有较短的上升时间(数个 ns)和较高的起始振荡频率(数十 MHz)。

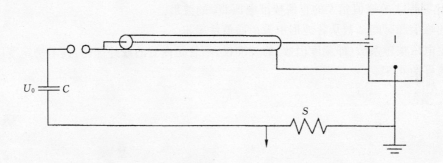

$U_0=$充电电压　$C=$电容器

$S=$测量分流器　$I=$仪器

图 B.1　电流注入电缆屏蔽层

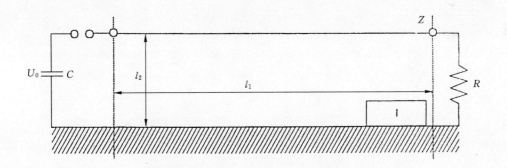

$U_0=$充电电压;$C=$电容器;$Z=$传输线波阻抗;

$R=$终端电阻;$I=$置于传输线末端的仪器;

电容 $C=20$ nF;传输线长度 $l_1=5$ m;高度 $l_2=1$ m;

电场试验:$U_0=40$ kV($R=Z$);磁场试验:$U_0=100$ kV($R=0$)

图 B.2　电场和磁场试验

附　录　C
（规范性附录）
模拟试波器的校验方法——电压和时间分别校验

校准中用了 5 个波形，它们全都在相同的时基下获得，如图 4。

波形 1：测得的冲击波形。

波形 2：时标或校准脉冲波形。

波形 3：零输入波形（基线）。

波形 4：比波形 1 的峰值稍小的直流校准电压 U_1 的波形。

波形 5：比波形 1 的峰值稍大的直流校准电压 U_h 的波形。

波形 1 的峰值和时间参数从各波形中采用插值法确定。

用来确定电压偏转系数（即刻度因数）的校准仪，不管是内置的或外部的，其不确定度应不大于每次显示的校准信号的 0.5%。

附 录 D

（资料性附录）

冲击波形的分析

D.1 冲击波形分析

冲击波形分析需顺序从平均曲线中确定：

1) 基线值和平均曲线的最大值（最小值）；

2) 它们的差值作为峰值；

3) 峰值的 10%，30%，50%，70% 和 90% 处的线和点；

4) 按配对的线和点间的差值计算其他波形特性值。

分析模拟和数字记录的冲击波形有几种方法，可以采用软件、游标或模拟记录如绘图、打印或照像。试验中采用的处理方法也应采用于校准中。

校准记录不需要保存，但概括的结果需要保存，如冲击参数的平均值和标准偏差等。

不管使用什么方法，关于叠加在波形上的振荡和过冲等应满足 GB/T 16927.1 的要求。

D.2 记录的平均曲线

确定数字记录的平均曲线可以采用许多方法中的任何一种，即将记录拟合到模型曲线，或用数字滤波器平滑数据等。采用的技术应按 IEC 61083-2 进行检验，并应满足该标准规定的相关要求。

D.3 模拟记录的平均曲线

模拟记录的平均曲线可以采用手画，并修正到试验中有关各方都同意为止。另一种方法可按 IEC 61083-2 将模拟记录数字化后加以处理，并应满足该标准规定的相关的要求。

D.4 参考文献

IEC 61083-2:1996 高电压冲击测量用数字记录仪——第 2 部分：冲击波形参数测定软件的评估。

附　录　E[23]

（资料性附录）

数字记录仪直流电压校验用的直线拟合法

在用直流电压检验一台 N 位数字记录仪时，如果共得到 M 点 $[M=(4\sim10)2^N]$ 输入电压 $V(i)$ 及对应的输出数码平均值 $A(i)$ 的数据（参见附录 A），可按下述步骤将输出与输入拟合成直线关系：

a)　按下式计算参量 a、v、u、w、b：

$$a = \frac{1}{M}\sum_{i=1}^{M} A(i)$$

$$v = \frac{1}{M}\sum_{i=1}^{M} V(i)$$

$$u = \frac{1}{M}\sum_{i=1}^{M} A(i)V(i)$$

$$w = \frac{1}{M}\sum_{i=1}^{M} (V(i))^2$$

$$b = w - v^2$$

b)　按下式计算直线的斜率 K 和截距 A_0：

$$K = \frac{1}{b}(u - av)$$

$$A_0 = \frac{1}{b}(aw - uv)$$

c)　所拟合的直线关系为：

$$A = KV + A_0$$

上列直线关系可写为：

$$V = \frac{1}{K}(A - A_0) = F_s(A - A_0)$$

由此可见，数字记录仪的静态刻度因数 F_s 为直线斜率 K 的倒数（见 3.1.10 和附录 A），而直线的截距 A_0 为数字记录仪的偏置。

---

23)　为适应附录 A 的步骤 G 而增加的附录。

ICS 19.020
K 40

中华人民共和国国家标准

GB/T 16927.1—2011
代替 GB/T 16927.1—1997

高电压试验技术
第 1 部分：一般定义及试验要求

High-voltage test techniques—Part 1：General definitions and test requirements

（IEC 60060-1：2010，MOD）

2011-12-30 发布

2012-05-01 实施

中华人民共和国国家质量监督检验检疫总局
中国国家标准化管理委员会　发布

前　言

GB/T 16927《高电压试验技术》分为 3 个部分：

——第 1 部分：一般定义及试验要求；

——第 2 部分：测量系统；

——第 3 部分：现场试验的定义及要求。

本部分是 GB/T 16927 的第 1 部分。

本部分按照 GB/T 1.1—2009 给出的规则起草。

本部分修改采用 IEC 60060-1：2010《高电压试验技术　第 1 部分：一般定义及试验要求》。

本部分是对 GB/T 16927.1—1997《高电压试验技术　第 1 部分：一般试验要求》的修订。

本部分与 GB/T 16927.1—1997 相比，除编辑性修改外主要技术变化如下：

——增加了一般定义和术语；

——删除了人工污秽试验的详细描述和原有附录 B"人工污秽试验程序"；

——删除了所有用认可的测量装置校准未认可的测量装置条款；

——删除了冲击电流试验的相关内容；

——删除了原有附录 C"用棒-棒间隙校核未认可的测量装置"；

——增加了规范性附录 B"叠加过冲或振荡的标准雷电冲击参数计算程序"；

——增加了资料性附录 C"求取试验电压函数的数字滤波器举例"；

——增加了资料性附录 D"冲击电压函数评估冲击过冲背景介绍"；

——增加了资料性附录 E"确定大气修正因数时逆程序中的重复计算方法"；

——对大气修正进行了修订（见 4.3）；

——重新定义雷电冲击波形过冲限值的规定和计算方法（见第 7 章）；

——联合电压试验给出了具体规定（见第 9 章）。

本部分与 IEC 60060-1：2010 的主要差异如下：

——按 GB/T 1.1—2009 的规定，对标准的语言表述和格式作了修改；

——删除了国际标准的前言，增加了本标准的前言；

——计算特性参数 g 时，对"最小放电路径"增加说明"L 可参考 GB 311.1 的附录 A"（见 4.3.4.3）；

——湿试验明确给出 800 kV 及 1 100 kV 设备外绝缘湿试验程序提出仪器设备的推荐值（见 4.4）；

——IEC 60060-1 频率范围为 45 Hz～65 Hz，考虑到 60 Hz 对我国电网不适用，故将频率范围定为 45 Hz～55 Hz，以便与 GB 311.1 相一致（见 6.2.1.1）；

——雷电冲击波前振荡保留对波前振荡最大允许值的要求，IEC 标准对此不做要求（见 7.2.2）；

——增加了计算示例：1 100 kV 断路器的实际试验时获得的示波图作为示例进行计算（见附录 B）。

本部分与 IEC 60060-1：2010 的上述主要差异涉及的条款已通过在其外侧页边空白位置的垂直单线（｜）进行了标示。

本部分代替 GB/T 16927.1—1997《高电压试验技术　第 1 部分：一般试验要求》。

本部分由中国电器工业协会提出。

本部分由全国高电压试验技术和绝缘配合标准化技术委员会（SAC/TC 163）归口。

本部分负责起草单位：西安高压电器研究院有限责任公司、国网电力科学研究院。

本部分参加起草单位：昆明电器科学研究院、河南平高电气股份有限公司、保定天威保变电气股份有限公司、山东电力研究院、湖南省电力试研院、国家绝缘子避雷器质量监督检验中心、库柏耐吉（宁波）

电气有限公司、南方电网技术研究中心、江西省电力科学研究院、西安交通大学电气学院、沈阳变压器研究所、湖北省电力试验研究院、深圳电气科学研究所。

本部分主要起草人：王建生、杨迎建、崔东、雷民、张小勇、万启发、李彦明、危鹏、李前。

本部分参加起草人：王亭、廖学理、周琼芳、阎关星、曾其武、李众祥、陈玉峰、蒋正龙、刘成学、吕金壮、万军彪、李彦明、李世成、阮羚、邓永辉、肖敏英。

本部分所代替标准的历次版本发布情况为：

——GB 311.2—1983、GB 311.3—1983、GB/T 16927.1—1997。

高电压试验技术
第1部分：一般定义及试验要求

1 范围

GB/T 16927 的本部分规定了所用的术语，对试验程序和试品的一般要求，试验电压和电流的产生、试验程序、试验结果的处理方法和试验是否合格的判据。

本部分适用于最高电压 U_m 为 1 kV 以上设备的下列试验：

a) 直流电压绝缘试验；

b) 交流电压绝缘试验；

c) 冲击电压绝缘试验；

d) 以上电压的联合和合成试验。

注1：有关现场试验见 GB/T 16927.3。

注2：为获得可再现且有效的结果，可以要求采用替代试验程序。由有关技术委员会选择合适的试验程序。

注3：对 U_m 大于 800 kV 的设备，若要满足某些规定的程序，则有可能无法满足容差和不确定度。

2 规范性引用文件

下列文件对于本文件的应用是必不可少的。凡是注日期的引用文件，仅注日期的版本适用于本文件。凡是不注日期的引用文件，其最新版本（包括所有的修改单）适用于本文件。

GB 311.1　绝缘配合　第1部分：定义、原则和规则（IEC 60071-1：2006，MOD）

GB/T 4585　交流系统用高压绝缘子的人工污秽试验（IEC 60507：1991，IDT）

GB/T 7354　局部放电测量（IEC 60270：2000，IDT）

GB/T 11022　高压开关设备和控制设备标准的共同技术要求（IEC 60694：1996，EQV）

GB/T 16896.1　高电压冲击测量仪器和软件　第1部分：对仪器的要求（IEC 61083-1：2001，MOD）

GB/T 16896.2　高电压冲击测量仪器和软件　第2部分：软件的要求（IEC 61083-2：1996，MOD）

GB/T 16927.2　高电压试验技术　第2部分：测量系统（IEC 60060-2：1994，EQV）

GB/T 16927.3　高电压试验技术　第3部分：现场试验的定义及要求（IEC 60060-3：2006，MOD）

GB/T 22707　直流系统用高压绝缘子的人工污秽试验（IEC/TR 61245：1993，MOD）

3 术语和定义

下列术语和定义适用于本文件。

3.1 放电特性

3.1.1

破坏性放电　disruptive discharge

与电气作用下绝缘发生故障有关的现象。试验时绝缘完全被放电桥接，并使电极间的电压实际降到零。适用于固体、液体和气体介质以及它们的复合介质中的破坏性放电。有时也称"电气击穿"。

注：也可能出现非自持破坏性放电，此时试品被火花放电或电弧短暂桥接。这种情况下，试品上的电压会短暂地降
到零或非常低的值。根据试验回路和试品的特性，可能出现绝缘强度的恢复，甚至允许试验电压达到更高的数
值。除非有关技术委员会另有规定，否则这种情况应视作破坏性放电。

3.1.2

火花放电　sparkover

气体或液体媒介中发生的破坏性放电。

3.1.3

闪络　flashover

气体或液体媒介中沿介质表面发生的破坏性放电。

3.1.4

击穿　puncture

固体介质中发生的破坏性放电。

注：固体介质中发生破坏性放电会导致绝缘强度的永久丧失；而在液体或气体介质中绝缘只是暂时丧失强度。

3.1.5

试品的破坏性放电电压值　disruptive discharge voltage value of a test object

本部分相关条款规定的各种试验中引起破坏性放电的试验电压值。

3.1.6

非破坏性放电　non-disruptive discharge

发生在中间电极之间或导体之间的放电，此时试验电压并不跌落至零。除非有关技术委员会另有
规定，否则，这种现象不能视作破坏性放电。

有些非破坏性放电称为"局部放电"，参见 GB/T 7354。

3.2　试验电压特性

3.2.1

试验电压的预期特性　prospective characteristics of a test voltage

如果没有破坏性放电发生，应该能获得的特性。一旦使用预期特性，必须加以注明。

3.2.2

试验电压的实际特性　actual characteristics of a test voltage

试验电压的实际特性是指试验期间试品端子之间出现的特性。

3.2.3

试验电压值　value of the test voltage

见本部分的相关条款。

3.2.4

试品的耐受电压　withstand voltage of a test object

耐受试验中，表征试品绝缘性能的规定的预期电压值。

除非另有规定，耐受电压是指标准大气条件下的值（见 4.3.1）。仅适用于外绝缘。

3.2.5

试品的确保破坏性放电电压　assured disruptive discharge voltage of a test object

破坏性放电试验中，表征绝缘性能的规定的预期电压值。

3.3　容差和不确定度

3.3.1

容差　tolerance

测量值与规定值之间的允许差值。

注1：容差不同于测量不确定度。

注2：试品试验通过（或失败）的结论是根据测量值确定的，并不考虑测量不确定度的影响。

3.3.2

测量不确定度 uncertainty of a measurement

与测量结果有关的一个参数，它表征受到测量一定程度影响的数值的分散性。

在本部分中，所有不确定度规定为在 95% 置信水平下的值。

注1：不确定度是正的，给出时不带符号。

注2：不应与试验规定值或参数的容差相混淆。

3.4 破坏性放电电压值的统计特性

破坏性放电电压是随机变化的，通常须进行大量的试验才能获得统计意义上的电压值。本标准中给出的试验程序，一般是基于统计考虑而确定的。试验结果的统计评价信息见附录A。

3.4.1

试品的破坏性放电概率 disruptive discharge probability of a test object

_p_

施加一次给定波形的具有确定的预期电压数值的电压后试品上引起破坏性放电的概率。参数 p 可用百分数或适当的小数来表示。

3.4.2

试品的耐受概率 withstand probability of a test object

_q_

施加一次给定波形的具有确定的预期电压数值的电压后试品上不引起破坏性放电的概率。如果破坏性放电概率为 p，则耐受概率 q 为 $(1-p)$。

3.4.3

试品的 _p_% 破坏性放电电压 _p_ % disruptive discharge voltage of a test object

U_p

在试品上产生破坏性放电概率为 $p\%$ 的预期电压值。

注1：数学上，$p\%$ 破坏性放电电压是对应 p 分位点的击穿电压。

注2：U_{10} 称为统计耐受电压；而 U_{90} 则称为统计确保破坏性放电电压。

3.4.4

试品的 50% 破坏性放电电压 50% disruptive discharge of a test object

U_{50}

50% 破坏性放电电压是指在试品上产生破坏性放电的概率为 50% 的预期电压值。

3.4.5

试品的破坏性放电电压的算术平均值 arithmetic mean value of the disruptive voltage of a test object

U_a

由下式估算：

$$U_a = \frac{1}{n}\sum_{i=1}^{n}U_i$$

式中：

U_i——第 i 次破坏性放电电压的测量值；

n ——测量次数（放电次数）。

注：对于对称分布，$U_a = U_{50}$。

3.4.6

试品的破坏性放电电压的标准偏差　standard deviation of the disruptive voltage of a test object

s

指破坏性放电电压分散性的大小。由下式计算：

$$s = \sqrt{\frac{1}{n-1}\sum_{i=1}^{n}(U_i - U_a)^2}$$

式中：

U_i——第 i 次破坏性放电电压的测量值；

U_a——破坏性放电电压的算术平均值(大多数情况下 $U_a = U_{50}$)；

n　——测量次数(放电次数)。

注1：标准偏差 s 也可从 50% 和 16% 破坏性放电电压的差值来估算(或从 84% 和 50% 破坏性放电电压的差值来估算)。通常表示为标幺值 s^* 或 50% 破坏性放电电压的百分数。

注2：对于连续破坏性放电试验,标准偏差 s 可由上述公式求得;对多级法和升降法试验,它是分位差。两种算法是一致的,因为在 $p=16\%$ 和 $p=84\%$ 之间,所有分布函数几乎是一致的。

3.5　试品绝缘的分类

设备和高压结构的绝缘系统可分为自恢复绝缘和非自恢复绝缘,并可能包含外绝缘和/或内绝缘。

3.5.1

外绝缘　external insulation

空气绝缘及设备固体绝缘的外露表面,它承受电压作用并直接受大气和其他外部条件的影响。

3.5.2

内绝缘　internal insulation

不受外部条件如污秽、湿度和虫害等影响的设备内部绝缘的固体、液体或气体部件。

3.5.3

自恢复绝缘　self-restoring insulation

施加试验电压引起破坏性放电后,能完全恢复其绝缘特性的绝缘。

3.5.4

非自恢复绝缘　non-self-restoring insulation

施加试验电压引起破坏性放电后,丧失或不能完全恢复其绝缘特性的绝缘。

注：在高压设备中,自恢复绝缘和非自恢复绝缘总是组合在一起的,有些部件在电压的连续或反复作用下绝缘可能出现劣化。有关技术委员会在规定所采用的试验程序时必须考虑这种情况下的绝缘特性。

4　一般要求

4.1　对试验程序的一般要求

特定试品的试验程序,例如试验电压、使用的极性、用两种极性试验时极性的顺序、加压次数和加压时间间隔应在有关设备标准中规定。规定时需考虑以下因素：

——试验结果的准确度；

——被观测现象的随机性；

——被测特性与极性的关系；

——重复施加电压引起绝缘逐渐劣化的可能性。

试品应装上对绝缘有影响的所有部件,并按有关设备标准规定的方法进行处理。试验时,试品应尽可能地适应试验区域环境大气条件(试品表面温度与周围环境温度),应当记录到达平衡的时间。

4.2 干试验时试品的布置

试品的破坏性放电特性可能受到其总体布置的影响：
——邻近效应（与其他带电或接地装置间的距离）；
——离地面的高度，试品应模拟实际产品现场运行的高度；
——高压引线的布置等。

总体布置应由有关技术委员会规定。

注1：试品与外部构件的净距离不小于试品最短放电距离的1.5倍时，这些邻近效应可以忽略。在湿试验和污秽试验或试品上电压分布以及带电电极和周围电场显然不受外部影响时，在保证对外部构件不发生放电的条件下，可取较小距离。

注2：在交流或正极性操作冲击电压高于750 kV（峰值）的情况下，当带电电极对邻近物体的距离不小于其对地距离时，则邻近物体的影响可以忽略。图1给出了最高试验电压同实际允许距离的关系。更短的净距离可能在个别的情况下适用。但是考虑到电压取决于最大场强，因此建议采用实验结果或进行电场计算。

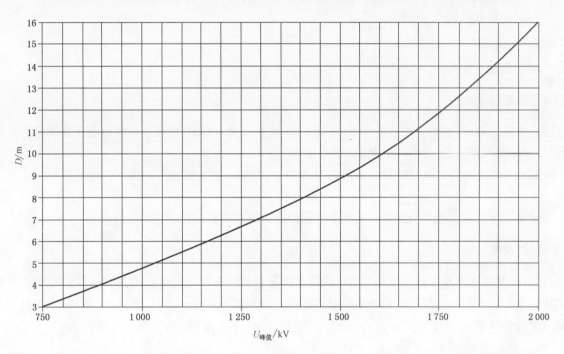

图 1 交流或正极性操作冲击试验时最高试验电压与试品高压电极对接地体或外部带电体间最小距离的关系

干试验时，试品应当干燥清洁并在试区大气条件下进行试验，除非有关技术委员会另有规定。电压施加程序在本标准的相关条款中规定。

4.3 干燥状态试验（干试验）时的大气条件修正

4.3.1 标准参考大气条件

标准参考大气条件是：
——温度 $t_0 = 20$ ℃；
——绝对压力 $p_0 = 101.3$ kPa；
——绝对湿度 $h_0 = 11$ g/m³。

注1：101.3 kPa 的压力相当于 0 ℃时水银气压计中汞柱高度为 760 mm 高度。如果气压计水银柱高度是 H mm 时，则用 kPa 表示的大气压力近似为：

$$p = 0.133\ 3\ H \quad kPa$$

不考虑水银柱高度的温度修正。

注2：不应该使用能自动修正压力的气压计。

4.3.2 大气修正因数

外绝缘破坏性放电电压与试验时的大气条件有关。通常，给定空气放电路径的破坏性放电电压随着空气密度或湿度的增加而升高；但当相对湿度大于 80％时，破坏性放电会变得不规则，特别是当破坏性放电发生在绝缘表面时。

注：大气修正不适用于闪络，只适用于火花放电。

破坏性放电电压值正比于大气修正因数 K_t。K_t 是下列两个因数的乘积：

——空气密度修正因数 k_1（见 4.3.4.1）；

——湿度修正因数 k_2（见 4.3.4.2）。

$$K_t = k_1 k_2$$

4.3.3 修正因数的使用

4.3.3.1 标准程序

通过修正因数，可以将在试验条件下（温度 t、压力 p、湿度 h）测得的破坏性放电电压换算到标准参考大气条件下（温度 t_0、压力 p_0、湿度 h_0）的电压值。

将试验条件下测得的破坏性放电电压值 U 除以 K_t 可以得到标准大气条件下的电压值 U_0：

$$U_0 = U/K_t$$

试验报告应提供试验期间的实际大气条件和使用的修正因数。

4.3.3.2 逆程序

反之，必须将标准参考条件下规定的试验电压换算到试验条件下的电压值，此时，可能需要采用重复计算程序。试验期间施加在试品外绝缘上的电压 U 由规定的试验电压 U_0 乘以 K_t 求得（除非有关技术委员会另有规定）：

$$U = U_0 K_t$$

但是，由于 K_t 的计算中引入了 U，因此会有重复计算的过程（见附录 E）。

注1：对使用 $U_0 = U/K_t$ 来正确选取 U 时，如果结果是规定的试验电压 U_0，则 U 选择正确。如果 U_0 太大，应减小 U；反之，应增大 U。

注2：对海拔＞1 000 m 的试验地点，应进行重复计算。

注3：若 K_t 接近 1，则不必进行重复计算。

4.3.4 修正因数分量

4.3.4.1 空气密度修正因数

k_1

空气密度修正因数 k_1 取决于相对空气密度 δ，一般可表达为：

$$k_1 = \delta^m$$

式中：

m——指数，在 4.3.4.3 中给出。

当温度为 t 和 t_0 以摄氏度表示，大气压力为 p 和 p_0 单位相同时（如 kPa），相对空气密度为：

$$\delta = \frac{p}{p_0} \cdot \frac{273 + t_0}{273 + t}$$

k_1 在 0.8～1.05 范围内时是可靠的。

4.3.4.2 湿度修正因数

k_2

湿度修正因数可表达为：

$$k_2 = k^w$$

指数 w 在 4.3.4.3 中给出。k 取决于试验电压类型并由绝对湿度 h 与相对空气密度 δ 的比率 h/δ 的函数来求得，函数如下（或如图 2）：

直流：$k = 1 + 0.014(h/\delta - 11) - 0.000\,22(h/\delta - 11)^2$，适用于 $1 < h/\delta < 15$ g/m³；

交流：$k = 1 + 0.012(h/\delta - 11)$，   适用于 $1 < h/\delta < 15$ g/m³；

冲击：$k = 1 + 0.010(h/\delta - 11)$，   适用于 $1 < h/\delta < 20$ g/m³。

注：对于冲击 k 值是基于正极性雷电冲击波形的试验数据。也适用于负极性雷电冲击电压和操作冲击电压。

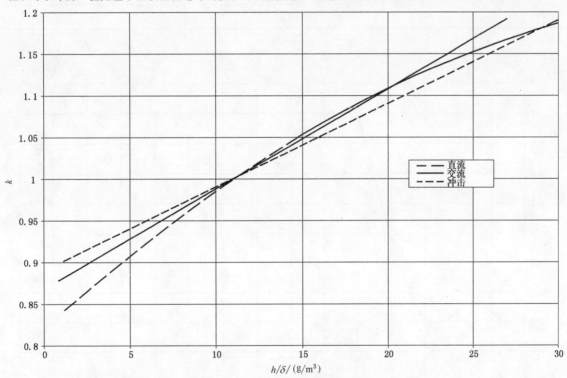

图 2　k 与 h/δ 的关系曲线（h 为绝对湿度，δ 为相对空气密度）

对于最高电压 U_m 低于 72.5 kV（或间隙距离 $l < 0.5$ m）的设备，目前不规定进行湿度修正。

注：对于特殊的电器设备，其他程序由有关技术委员会规定（如 GB/T 11022 高压开关设备和控制设备）。

4.3.4.3 指数 m 和 w

由于修正因数与预放电类型有关，由此引入参数 g：

$$g = \frac{U_{50}}{500 L \delta k}$$

式中：

U_{50}——指实际大气条件时的 50% 破坏性放电电压值(测量值或估算值),kV;

L ——试品最小放电路径,m;

δ ——相对空气密度;

k ——4.3.4.2 定义的无量纲参数。

耐受试验时,无法得到 50% 破坏性放电电压的估算值,此时 U_{50} 可假定为试验电压值 U_0 的 1.1 倍。L 参见 GB 311.1 附录 A。

指数 m 和 w 可由表 1 中 g 的范围得到(或由图 3、图 4 求得)。

表 1　空气密度修正指数 m 和湿度修正指数 w 与参数 g 的关系

g	m	w
<0.2	0	0
0.2～1.0	$g(g-0.2)/0.8$	$g(g-0.2)/0.8$
1.0～1.2	1.0	1.0
1.2～2.0	1.0	$(2.2-g)(2-g)/0.8$
>2.0	1.0	0

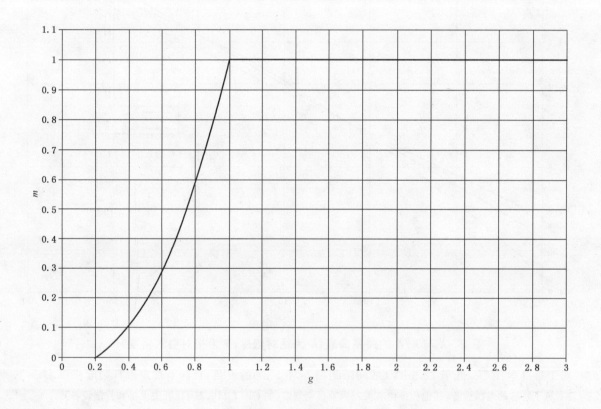

图 3　空气密度修正指数 m 值和参数 g 的关系

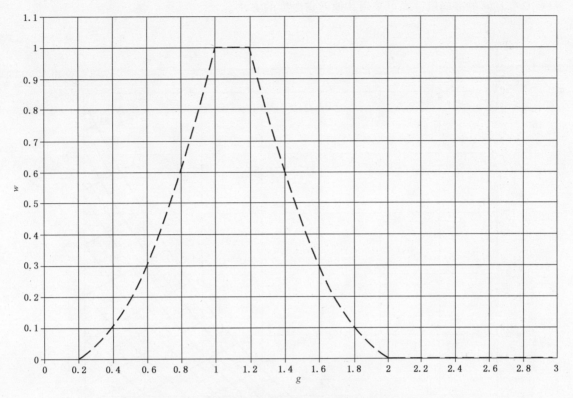

图 4　湿度修正指数 w 与参数 g 的关系

4.3.5　大气参数的测量

4.3.5.1　湿度

湿度最好用其扩展不确定度不大于 1 g/m³ 的仪表直接测量绝对湿度,只要能够满足上述绝对湿度测量准确度的要求,也可以通过测量相对湿度和环境温度确定绝对湿度。

$$h = \frac{6.11 \times R \times e^{\frac{17.6 \times t}{243+t}}}{0.461\,5 \times (273+t)} \quad \cdots\cdots\cdots\cdots\cdots\cdots\cdots\cdots\cdots (1)$$

式中:

h ——绝对湿度,g/m³;

R ——相对湿度,用百分数表示;

t ——环境温度,℃。

注:这种测量也可使用通风式干湿球温度计的方法进行,绝对湿度是温度计读数的函数,可按照图 4 确定,图 4 还可以确定相对湿度。重要的是将温度计处于良好的通风环境中并仔细读取温度,以免在确定湿度时造成过大的误差。

图 4 是指标准大气压下空气湿度与干湿球温度读数的关系,非标准大气压条件时需将湿度图读数与修正值 Δh 相加以得到实际湿度值。Δh 的计算公式为:

$$\Delta h = (1.445 \times \Delta t \times \Delta p)/(273+t)$$

式中:

t ——空气干球温度,℃;

Δt ——干湿球温度之差;

Δp ——标准大气压与实际大气压之差,即 $\Delta p = 101.3 - p$,kPa;

Δh ——绝对湿度的修正值,g/m³。

只要具有足够的准确度。亦可采用其他确定湿度的方法。

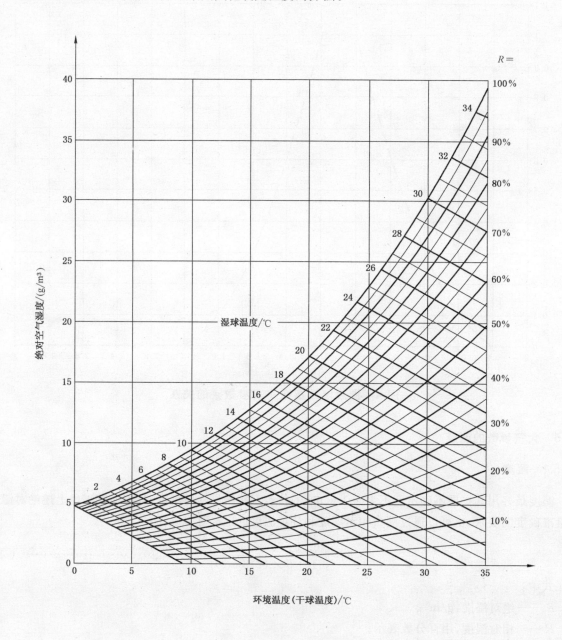

图 5　空气绝对湿度(相对湿度)与干、湿球温度计读数的关系

4.3.5.2　温度

通常测量环境温度扩展不确定度不大于 1 ℃。

4.3.5.3　绝对压力

测量周围绝对压力的扩展不确定度应不大于 0.2 kPa。

4.3.6　内绝缘和外绝缘试验有冲突时的要求

当耐受水平是标准参考大气条件下的规定值时,由于试验室所处大气条件与标准参考大气条件的差异,会出现使用了大气修正因数后导致内绝缘的耐受水平明显高于外绝缘的耐受水平的情况。此时,必须采取措施加强外绝缘的耐受水平,以使得能对内绝缘施加正确的试验电压。有关技术委员会应根据不同的被试设备规定相关措施,包括将外绝缘浸入绝缘的液体或压缩气体中等。

对于外绝缘试验电压高于内绝缘耐受电压的情况。只有当内绝缘具有较大设计裕度时才能正确地试验外绝缘,否则,除非有关技术委员会另有规定,内绝缘应用额定值进行试验,外绝缘用模型进行试验。在这种情况下,有关技术委员会应规定所使用的试验程序。

4.4 湿试验

4.4.1 标准湿试验程序

湿试验程序的目的是模拟自然雨对外绝缘的影响。建议对所有类型的设备进行所有类型的电压试验。

有关技术委员会应规定湿试验中试品的布置。

应该用规定的电阻率和温度的水(见表2)喷射试品,落到试品上的水应成滴状(避免雾状),并控制喷射角度使其垂直和水平分量大致相等。用量雨器测量雨量,量雨器应具有两个隔开的开口均为(100~750)cm² 的容器;一个开口测水平分量,一个开口测垂直分量,垂直的开口面对淋雨方向。

试品相对于雨水垂直和水平分量的方位,应由有关技术委员会规定。

通常湿试验结果与其他高压放电或耐受试验相比,其重复性差,为减少分散性,应采用下述办法:

——对于高度小于 1 m 的试品,量雨器要在靠近试品的地方,但要避免试品上溅出雨滴。测量时,应缓慢地在足够大的区域内移动并求其雨量的平均值。为避免个别喷嘴喷射不均匀的影响,测量的宽度应等于试品宽度,最大高度为 1 m;

——对于高度在(1~3)m 之间的试品。应在试品顶部、中部和底部分别进行测量,每一测量区域仅涵盖试品高度的三分之一;

——对于高度超过 3 m 的试品,测量段的数目应增加至覆盖试品的整个高度,但不应重叠;

——对高度超过 8 m 的试品,测量段数不少于 5 段。

注:已有的试验经验表明对于超过 8 m 以上的试品,淋雨排宽度≥2 m,高度≥ 15 m,最高喷嘴离地高度≥ 20 m 的淋雨装置较易满足试验要求。

——对于水平尺寸大的试品采用类似做法。

——试品表面用活性洗涤剂洗净会减少试验的分散性。洗涤剂在开始淋雨之前必须擦净。

——试验的结果可能受局部反常(偏大或偏小)淋雨量的影响。如果需要的话,宜采用局部测量进行检验以改进喷射的均匀性。

淋雨装置应能调整以便在试品上产生表 2 中规定的在允许容差内的淋雨条件。

只要能满足本标准表 2 规定的淋雨条件,任何形式的喷嘴均可采用。

应在收集到的即将到达试品的水的样品中测量雨水的温度和电阻率。若经验证明在水从水箱到达试品的时候水温没有多大变化,可以由储水箱取样测量。

试品应按规定条件在规定的容差范围内至少不间断预淋 15 min,预淋时间不包括为调整喷水需要的时间。开始时也可以用自来水预淋 15 min,接着在试验开始前需用规定条件的水连续预淋至少2 min。雨水条件应在试验开始前进行测量。

除非有关技术委员会另有规定,湿试验的试验程序和规定的相应干试验的程序相同。交流电压湿试验的持续时间为 60 s。如果没有其他规定,一般交流和直流电压湿耐受试验时,允许闪络一次,但在重复试验时不得再发生闪络。

表 2　标准湿试验程序的淋雨条件

所有测量点的平均淋雨率	垂直分量	mm/min	1.0～2.0
	水平分量	mm/min	1.0～2.0
单独每次测量和每个分量的极限值		mm/min	平均值±0.5
雨水温度		℃	周围环境温度±15
雨水电导率		μS/cm	100±15

4.4.2　湿试验的大气修正

湿试验时应按 4.3 进行空气密度修正,但不进行湿度修正。

4.5　人工污秽试验

人工污秽试验是为了得到外绝缘在典型污秽运行条件下的性能,不必模拟特定的运行条件。详细的方法见 GB/T 4585。

5　直流电压试验

5.1　直流试验电压的有关术语和定义

5.1.1

试验电压值　value of the test voltage

试验电压的算术平均值。

5.1.2

纹波　ripple

相对于直流电压算术平均值的周期性偏差。

5.1.3

纹波幅值　ripple amplitude

纹波的最大值与最小值之差的一半。

注:在纹波波形近似正弦时,纹波幅值可由实际有效值乘以$\sqrt{2}$。

5.1.4

纹波因数　ripple factor

纹波幅值与试验电压值之比。

5.2　试验电压

5.2.1　对试验电压的要求

5.2.1.1　电压波形

除非有关技术委员会另有规定,试品上的试验电压应是纹波因数不大于 3% 的直流电压。

注:纹波幅值的增加直接与阻性电流的增加有关。有严重流注放电的绝缘试验会导致很大的纹波,和/或电压跌落。湿试验和污秽试验要求电源能提供足够大的阻性电流,参见 GB/T 22707。

5.2.1.2　容差

如果试验持续时间不超过 60 s,在整个试验过程中试验电压测量值应保持在规定电压值的±1% 以内;当试验持续时间超过 60 s 时,在整个试验过程中试验电压测量值则应保持在规定电压值的±3%以内。

> 注:必须强调,容差为试验电压规定值与试验电压测量值之间允许的差值。它与测量不确定度不同(见 3.3.1)。

电源的额定输出电流应使试品电容在适当短的时间内充电。但当试品电容很大时,也允许长达几分钟的充电时间。当进行湿试验或污秽试验时,电源(包括储能电容)还应能提供试品的瞬时放电电流且其电压降应小于 10%。

5.2.2 试验电压的产生

试验电压一般用变压器整流回路产生。对试验电源的要求很大程度上取决于试品的类型和试验条件。这些要求主要由电源所提供的试验电流的数值和特性确定。试验电流的主要组成部分见 5.2.4。

5.2.3 试验电压的测量

算术平均值、纹波因数和试验电压的瞬时压降应使用满足 GB/T 16927.2 规定的认可测量系统测量。

在测量纹波、瞬态电压或电压稳定性时,测量装置的响应特性应符合要求。

5.2.4 试验电流的测量

在测量流过试品的电流时,可以区分出几个独立的分量。对同一个试品和同一试验电压,各分量的大小可能差几个数量级。这些分量是:

a) 电容电流:由于开始加上试验电压或由于试验电压上纹波或其他波动所引起。

b) 介质吸收电流:由于绝缘中发生缓慢的电荷位移而引起。电流可持续几秒至儿小时。该过程局部可逆。当试品放电或短路时,可观察到反极性电流。

c) 持续泄漏电流:当 a)和 b)分量衰减到零后,在恒定电压下达到稳态的直流电流。

d) 局部放电电流。

测量 a)、b)、c) 3 个分量时需用量程较宽的仪器。应注意保证仪器对某一个电流分量的测量不受其他分量的影响。对于非破坏性试验,有时可以从观测电流随时间的变化规律中了解绝缘状态。

每个电流分量的相对幅值和重要性取决于试品的类型和状态、试验的目的以及试验的持续时间。当特别需要区分某一特定分量时,相应的测量程序由有关技术委员会规定。

应使用校准过的测量系统进行电流测量。

应使用 GB/T 7354 局部放电测量标准中规定的专用仪器进行局部放电脉冲电流的测量。

> 注:由于直流电压试验中可能出现破坏性放电,其电流远大于常规电流,因此通常应在直流电流测量回路中使用电压保护装置。

5.3 试验程序

5.3.1 耐受电压试验

对试品施加电压时应从足够低的数值开始,以防止瞬变过程引起的过电压的影响;然后应缓慢地升高电压,以便能在仪表上准确读数,但也不应太慢,以免试品在接近试验电压 U 时耐压的时间过长。如果当电压高于 $75\%U$ 时以 $2\%U/s$ 的速率上升,通常能满足上述要求。将试验电压值保持规定的时间后,通过适当的电阻使回路电容(包括试品电容)放电来降低电压。

耐受电压的持续时间应由有关技术委员会根据试品的电阻和电容决定的达到稳态电压分布的时间来确定。若有关技术委员会没有规定,则耐受电压试验持续时间为 60 s。

电压的极性或每种极性电压的施加次序,以及任何不同于上述规定的要求应由有关技术委员会规定。

如果试品上没有破坏性放电发生,则满足耐受试验要求。

5.3.2 破坏性放电电压试验

在试品上施加电压并连续升压(同耐受电压试验)直至试品上发生破坏性放电。应记录破坏性放电发生瞬间的最后电压值。该试验应重复 n 次,以得到一组 n 个电压测量值。

有关技术委员会规定升压速度、施加电压次数和评估试验结果的方法(见附录 A)。

5.3.3 确保破坏性放电电压试验

在试品上施加电压并连续升压(同耐受电压试验)直至试品上发生破坏性放电。应记录破坏性放电发生瞬间前的最后电压值。该试验需重复 n 次,以得到一组 n 个电压测量值。

如果在该组电压中没有一个电压高于确保破坏性放电电压,则认为满足试验要求。

有关技术委员会应规定施加电压的次数和升压速度。

6 交流电压试验

6.1 交流电压试验的术语和定义

6.1.1
交流电压峰值 peak value of an alternating voltage

正负半波峰值的平均值。

注:在许多情况下仪器只测量一个极性的峰值,如果经确认电压波形对称,且在 6.2.1.1 要求的范围内,这样的单极性峰值是可以接受的。

6.1.2
试验电压值 value of the test voltage

峰值除以 $\sqrt{2}$。

注:有关技术委员会可能要求测量试验电压的方均根值(有效值),而不是峰值。例如考虑热效应时,测量方均根值可能更有意义。

6.1.3
方均根(有效)值 r.m.s.value

一个完整的周波中电压值平方的平均值的平方根。

6.1.4
电压跌落 voltage drop

几个周波的短时间内试验电压的瞬时降低。

6.2 试验电压

6.2.1 对试验电压的要求

6.2.1.1 电压波形

试验电压一般应是频率为 45 Hz～55 Hz 的交流电压,通常称为工频试验电压。有些特殊试验,有关技术委员会可规定频率低于或高于这一范围。

注 1:IEC 60060-1 频率范围为 45 Hz～65 Hz,考虑到 60 Hz 对我国电网不适用,故将频率范围定为 45 Hz～55 Hz,以便与 GB 311.1 相一致。

注 2:GB/T 16927.3 规定的交流试验电压的频率为 10 Hz～500 Hz。

试验电压的波形应为近似正弦波,且正半波峰值与负半波峰值的幅值差应小于 2%。若正弦波的峰值与有效值之比在 $\sqrt{2}\pm5\%$ 以内,则认为高压试验结果不受波形畸变的影响。

对于常用的一些试验回路允许更大的偏差。但注意,特别是试品具有非线性特性,可能会使正弦波产生严重畸变。

注:除了上述要求,可用总谐波失真度(THD)来表征波形畸变,因为这可能对局部放电模式识别测量很重要。具体可由有关技术委员会规定。

$$THD = \frac{\sqrt{\sum_2^m U_n^2}}{U_1}$$

式中:

U_1——基波有效值;

U_n——是 n 次谐波有效值;

m ——为考虑的最高次谐波。

除非有关技术委员会另有规定,实际情况下认为 $m=7$ 就足够了。

6.2.1.2　容差

若试验持续时间不超过 60 s 时,在整个试验过程中试验电压的测量值应保持在规定电压值的 ±1% 以内。当试验持续时间超过 60 s 时,在整个试验过程中试验电压测量值应保持在规定电压值的 ±3% 以内。

试验电压源,包括附加电容,应足以提供瞬态放电电流,并在湿试验和污秽试验时压降不超过 20%。

注:必须强调,容差为试验电压规定值与试验电压测量值之间允许的差值。它与测量不确定度不同(见 3.3.1)。

6.2.2　试验电压的产生

6.2.2.1　一般要求

试验电压一般用升压试验变压器产生,也可用串联谐振或并联谐振回路产生。

试验回路的电压应足够稳定。不致受泄漏电流变化的影响。试品上非破坏性放电不应使试验电压降低过多及维持时间过长以致明显影响试品上破坏性放电电压的测量值。

在非破坏性放电的情况下,除有关技术委员会另有规定外,只要表明试验电压值在相应放电发生后的几个周期时间内变化不超过 5%,并且非破坏性放电期间瞬时电压降不超过电压峰值的 20%,则认为耐压试验通过。试验回路的特性必须满足上述要求,它与试验类型(干试验、湿试验)、试验电压水平和试品性能有关。

注:非破坏性放电可能使试品接线端之间的电压产生较大波动。这种现象可能造成试品和试验变压器损坏,补救的办法通常是在高压回路内串入电阻,但电阻应足够小,使其不能影响施加到试品上的试验电压值。

试品和所有外接电容的总电容量应足以确保测得的破坏性放电电压不受试品非破坏性局部放电或预放电的影响。通常,总电容量在 0.5 nF~1.0 nF 范围内就足够了。

6.2.2.2　对试验变压器回路的要求

高电压试验时,随着电压的上升,通常会在负载电流上叠加随时间变化的电流脉冲。试验布置、连接试品的引线、大气条件、试验电源的特性和其他因素会影响电流脉冲的幅值和持续时间。对被试设备来讲,产生一些脉冲属正常现象,因为试验电压远远高于运行电压,且这些设备试验时电极尺寸不够大,接地屏蔽不良,从而会产生电晕。由于电流脉冲持续时间短,传统的交流测量系统无法识别电压跌落,有随时间变化的泄漏电流脉冲时的交流试验系统的电压稳定性可用一频带足够宽的电压测量系统来检测。

一般来说,当出现变化的泄漏电流时,为了使电压的稳定性和电压跌落小于要求值的 5%,就必须要求试验电源系统(变压器、调压器等,或发电机)的短路阻抗小于 20%。

对固体绝缘、液体绝缘或两者复合的试品在100 kV以下的干试验时,电源额定电流大于100 mA及系统短路阻抗小于20%,一般就足够了。

对自恢复外绝缘100 kV以上的绝缘试验(试品电容较小,如绝缘子、断路器和开关),试验电源的额定电流大于100 mA且系统短路阻抗小于20%,对干试验且不产生流注放电的情况,通常也足够了。

对于100 kV以上的绝缘试验,若出现持续流注放电,或进行湿试验,则可能要求试验系统的额定电流为1 A且系统短路阻抗小于20%。当出现持续流注放电,建议使用较快响应的电压测量系统,以保证在试验持续时间内,试验电压保持在5%的容差以内。当然,也可以采取措施来降低流注放电,如增加电极直径或使用粗导线等。

任何试验电压下出现的短时电流脉冲大多是由试验回路中的存储电容器的电荷引起的,建议对100 kV以上的试验,回路电容应≥1 000 pF。

对人工污秽试验,可能要求1 A～5 A额定电流,参见GB/T 4585。

6.2.2.3 对串联谐振回路的要求

串联谐振回路主要由容性试品或容性负载和与之串联的电感以及中压电源组成。它还可由电容器与感性试品串联而成。改变回路参数或电源频率,回路即可调谐至谐振,同时将有一个幅值远大于电源电压,且波形接近于正弦波的电压施加在试品上。

谐振条件和试验电压的稳定性取决于电源频率和试验回路特性的稳定性,用品质因数来表征,是无功功率与有功功率之比。

当试品放电时,由回路电容瞬时放电,因而电源输出电流较小,从而限制了对试品绝缘的严重损坏。

当试品为容性时(如电容器、电缆或气体绝缘的试品)其外绝缘泄漏电流同流过试品的电容电流相比很小或者形成破坏性放电的能量很小时,串联谐振回路就特别有用。串联谐振回路可以作为回路的附加电容提供较大的泄漏电流。串联谐振回路具有足够大的回路电容时对电抗器试验也很实用。

对淋雨和污秽条件下的外绝缘试验,串联谐振回路可能不适用,除非能满足6.2.2.1的要求。一般,可事先在回路中加入足够的负载电容来满足湿试验要求。

6.2.3 试验电压的测量

试验电压值,方均根(有效)值和瞬态电压降的测量应采用经GB/T 16927.2规定程序认可的测量系统。

6.2.4 试验电流的测量

通常使用接在试品地线上的传统的电流互感器测量试品电流,也可在试品高压引线上来测取。

应使用校准过的测量系统进行电流测量。

注:假定并联电容器的容性电流可以忽略,试验电流还可在升压变压器或谐振电抗器的地线上测取。

6.3 试验程序

6.3.1 耐受电压试验

对试品施加电压时,应当从足够低的数值开始,以防止操作瞬变过程引起的过电压的影响;然后应缓慢地升高电压,以便能在仪表上准确读数。但也不能升得太慢,以免造成在接近试验电压U时耐压时间过长。若试验电压值从达到75%U时以2%U/s的速率上升,一般可满足上述要求。试验电压应保持规定时间,然后迅速降压,但不得突然切断,以免可能出现瞬变过程而导致故障或造成不正确的试验结果。

试验电压施加时间由有关技术委员会规定,并且在频率为45 Hz～55 Hz范围内与频率无关。如果有关技术委员会未规定试验电压的施加时间,则耐受试验的持续时间为60 s。

如果试品上无破坏性放电发生,则满足耐受试验要求。

6.3.2 破坏性放电电压试验

在试品上施加电压并连续上升(同耐受电压试验)直到试品上发生破坏性放电,并记录破坏性放电发生瞬间的试验电压值。该试验需重复 n 次,以得到一组 n 个测量电压。

有关技术委员会应规定升压速度、施加电压次数和试验结果的评价方法(见附录 A)。

6.3.3 确保破坏性放电电压试验

在试品上施加电压并连续上升(同耐受电压试验)直到试品上发生破坏性放电,并记录破坏性放电发生瞬间前的最后试验电压值。该试验程序需重复 n 次,以得到一组 n 个测量电压。

如果在规定的加压次数中每次记录的放电电压值均不高于规定的确保放电电压,则认为满足试验要求。

加压次数和升压速度由有关技术委员会规定。

7 雷电冲击电压试验

7.1 雷电冲击电压试验的术语和定义

7.1.1

冲击电压 impulse voltage

迅速上升到峰值然后缓慢地下降到零的非周期瞬态电压。

对于特殊目的,可采用波前近似线性上升或瞬态振荡或近似矩形的冲击波。

注:术语"冲击(impulse)"不同于术语"浪涌(surge)",后者是指电气设备中或电网运行中出现的瞬态现象。

7.1.2

雷电冲击电压 lightning impulse voltage

波前时间小于 20 μs 的冲击电压。

7.1.3

雷电冲击全波电压 full lightning impulse voltage

不为破坏性放电而截断的雷电冲击电压(如图 6)。

注:波形可通过双指数波近似模拟,$u(t) = A(e^{-t/\tau 1} - e^{-t/\tau 2})$。

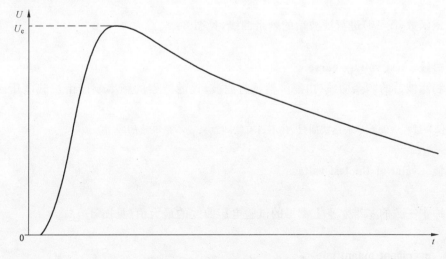

图 6　雷电冲击全波

7.1.4

过冲　overshoot

冲击电压的峰值处因回路引起的阻尼振荡而导致的幅值的增加。

注：这种振荡（频率范围通常为 0.1 MHz～2 MHz）是由回路电感引起的，而且有时无法避免，特别是大尺寸回路或感性试品。过冲的计算方法见附录 B。

7.1.5

记录曲线　recorded curve

冲击电压试验数据的图形或数字化的表示（见图7）。

7.1.6

基准水平　base level

当记录仪器零信号输入时，冲击测量系统记录到的水平。

7.1.7

基准曲线　base curve

没有叠加振荡的雷电冲击全波电压的估计曲线（如图7和图8）。基准曲线的计算方法见附录 B。

7.1.8

剩余曲线　residual curve

$R(t)$

记录曲线和基准曲线间的差（如图7）。

7.1.9

极限值　extreme value

U_e

从与施加冲击一致的基准水平上测得的记录曲线的最大值。

7.1.10

基准曲线最大值　base curve maximum

U_b

基准曲线的最大值。

7.1.11

滤波后的剩余曲线　filtered residual curve

$R_f(t)$

对试验电压函数（图10）进行滤波后的剩余曲线，见图8。

7.1.12

试验电压曲线　test voltage curve

基准曲线和滤波后的剩余曲线（由滤波器进行滤波，该滤波器的频率响应由试验电压函数确定）之和，见图8。

注：该曲线仅为过程中的数学表达式曲线，并不具有物理意义或不是等效的冲击。

7.1.13

试验电压值　valut of the test voltage

U_t

从与施加冲击一致的基准水平上测得的试验电压曲线的最大值（见图8）。

7.1.14

过冲幅值　overshoot magnitude

β

记录曲线极值和基准曲线最大值之差（见图7）。

7.1.15

相对过冲幅值 relative overshoot magnitude

β'

过冲幅值和极限值 U_e 的比率,通常用百分数表示。

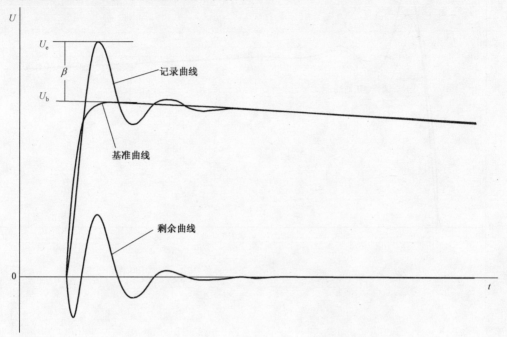

图 7   表示过冲和剩余曲线的记录和基准曲线

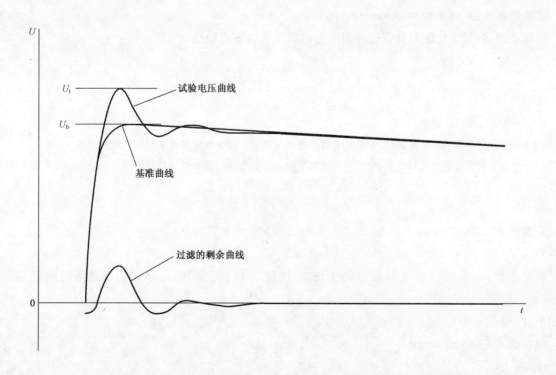

图 8   试验电压曲线(增加了基准曲线和过滤的剩余曲线)

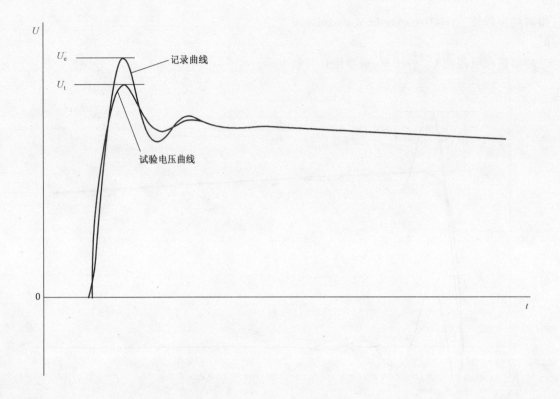

图 9 记录曲线和试验电压曲线

7.1.16

试验电压函数 test voltage function

幅频函数,定义为绝缘对具有过冲的冲击的响应。由下式给出:

$$k(f) = \frac{1}{1+2.2f^2}$$

式中:

f——频率,MHz(见图 10)。

注 1:当已获得更多的试验数据时,有关技术委员会可以规定不同绝缘类型的不同试验电压曲线。

注 2:用函数对剩余曲线进行滤波,允许对等效雷电冲击全波电压的试验电压值进行计算(见附录 B,附录 C 和附录 D)。

7.1.17

波前时间 front time

T_1

视在参数,定义为试验电压曲线峰值的 30% 和 90%(图 11 中点 A 和 B)之间时间间隔 T 的 1/0.6 倍。

7.1.18

视在原点 virtual origin

O_1

试验电压曲线中相对于 A 点超前 $0.3T_1$ 的瞬间,如图 11 所示。对于具有线性时间刻度的波形,它为通过波前部分的 A、B 两点所画直线与时间轴的交点。

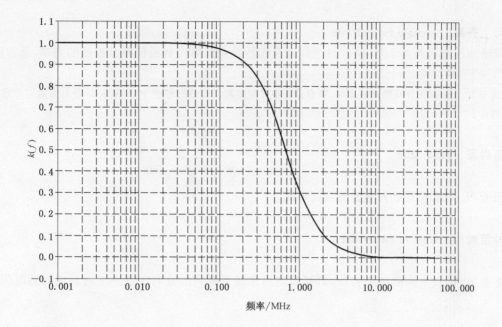

图 10　试验电压函数

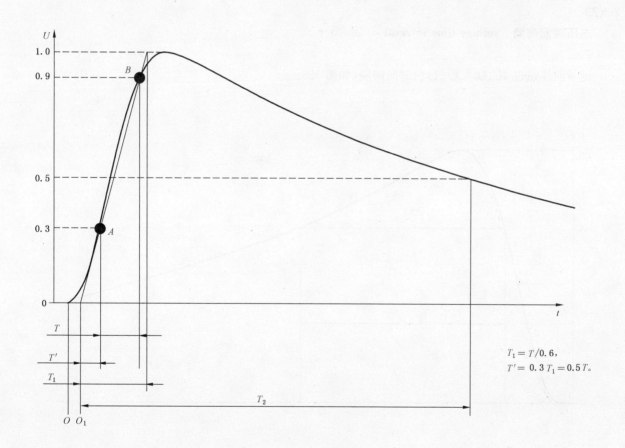

$T_1 = T/0.6$,
$T' = 0.3 T_1 = 0.5 T$。

图 11　冲击全波电压时间参数

7.1.19

平均上升率 average rate of rise

由记录曲线极限值的30%和90%之间的全部数据点计算得到最佳拟合直线的斜率,通常用 kV/μs 表示。

> 注:对于30%和90%处有噪声或振荡,数据点将被界定在起点为最后通过30%值的点,终点为第一个通过90%值的点。

7.1.20

峰值时间 peak time

T_e

极限值 U_e 除以平均上升率后得到的时间。

7.1.21

半峰值时间 time to half-value

T_2

视在参数,定义为从视在原点 O_1 到试验电压曲线下降到试验电压值一半时刻之间的时间间隔(如图11)。

7.1.22

等效光滑冲击 equivalent smooth impulse

没有过冲的且峰值等于试验电压曲线的最大值,波前时间与半峰值时间与试验电压曲线相应时间相同的估计的雷电冲击电压。

7.1.23

电压时间间隔 voltage time interval

T_λ

记录曲线超过 λU_e ($0<\lambda<1$) 的时间间隔(如图12)。

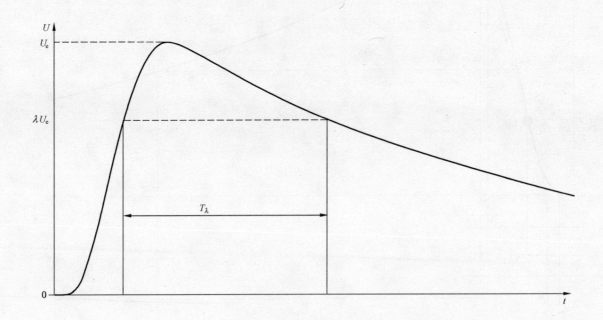

图 12 电压时间间隔

7.1.24

电压积分 voltage integral

在规定的时间间隔内的电压记录曲线对时间的积分(如图13)。

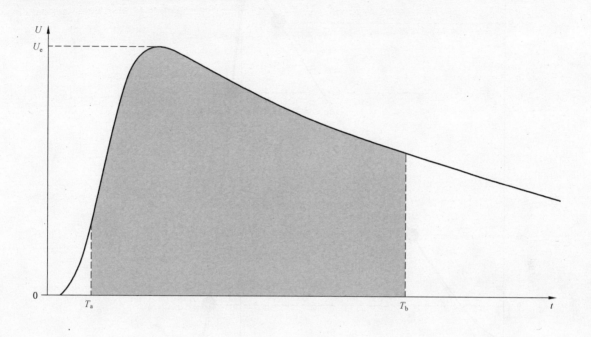

图 13 电压积分

7.1.25

雷电冲击截波电压 chopped lightning impulse voltage

指由破坏性放电导致的电压突然跌落至零的雷电冲击电压(如图14～图16)。

跌落可以发生在波前、波峰或波尾。

对于波前截断的雷电冲击电压,试验电压曲线是记录曲线。

对于波尾截断的冲击电压可像全波一样计算试验电压和波前时间,即可在降低电压下(例如≤50%)来确定。

注1:截断可通过外部截断间隙实现,或由于试品内绝缘或外绝缘的破坏性放电所引起。

注2:对某些试品或试验布置,可能使波峰变平或在电压截断前电压呈圆弧状,由于测量系统的不完善也可观察到类似的结果,有关截波参数的精确确定需要用陡变及快速响应的测量系统。其他情况由有关技术委员会考虑。

7.1.26

截断瞬时 instant of chopping

在电压跌落曲线上70%和10%点(C点和D点)连接的直线与电压跌落曲线的交点的时刻(见图14和图15)。

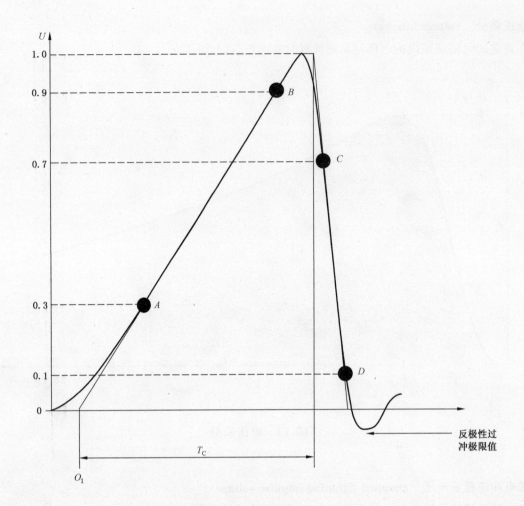

图 14　波前截断的雷电冲击波

7.1.27

截断时间　time to chopping

T_c

为一视在参数,定义为视在原点与截断瞬时的时间间隔(如图 14 和图 15)。

7.1.28

截断时电压跌落特性　characteristics related to the voltage collapse during chopping

截断时电压跌落的视在特性是根据截断瞬时电压的 70% 和 10% 处的两个点即 C 和 D 来定义(如图 11)。电压跌落的持续时间是 C 和 D 两点时间间隔的 1.67 倍。电压跌落的陡度是截断瞬时电压值与电压跌落的持续时间之比。

> 注：C 和 D 两点仅是为了定义的目的,并不意味着截断的持续时间和陡度可以用传统的测量系统进行任意准确度的测量。

7.1.29

冲击反极性过冲的极限值　extreme value of the undershoot of an impulse

针对施加冲击由基准水平测得的反极性最大幅值(如图 14)。

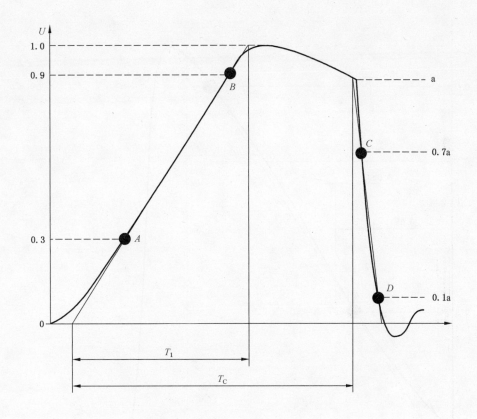

图 15　波尾截断的雷电冲击波

7.1.30

线性上升波前截断冲击　linearly rising front-chopped impulse

电压以近似恒定陡度上升直至由破坏性放电截断。

为了定义这种冲击波,在波前部分峰值的 30％和 90％之间画一条最佳拟合直线,该直线与峰值的 30％和 90％的两个交点分别记为 E 和 F(如图 16)。

此冲击波用下述参数定义:

U_e——最大电压;

T_1——波前时间;

S——视在陡度;

$$S = U_e / T_1$$

这是通过 E、F 两点所画直线的斜率,通常用 kV/μs 表示。

如果波前从 30％幅值起到截断时刻完全位于与直线 EF 相平行,在时间上相差±0.05 T_1 的两条直线之间,则可认为这种冲击截波近似为线性上升冲击截波(如图 16)。

注:视在陡度 S 的值和容差应由相关技术委员会规定。

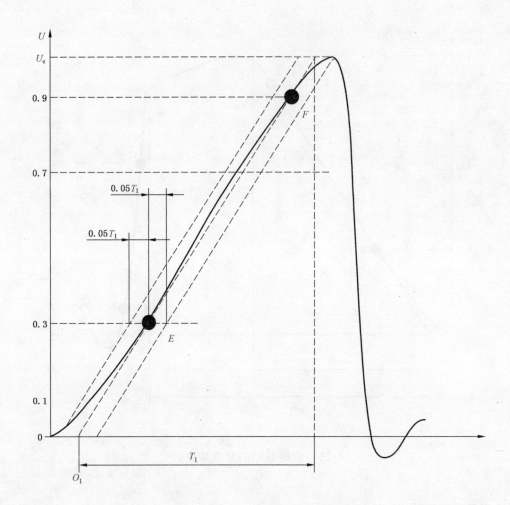

图 16　线性上升波前截断冲击

7.1.31

伏/秒特性　voltage/time curves

7.1.31.1

线性上升冲击电压的伏/秒特性　voltage/time curve for linearly rising impulse voltage

指放电电压与波前时间 T_1 的关系曲线。此曲线可通过施加不同陡度的冲击电压获得(如图16)。

7.1.31.2

恒定预期波形冲击电压的伏/秒特性　voltage/time curve for impulse voltage of constant prospective shape

试品放电电压与截断时间的关系曲线,截断时间可能发生在波前、峰值或波尾。此特性曲线可通过施加波形一定而预期峰值不同的冲击电压获得(如图17)。

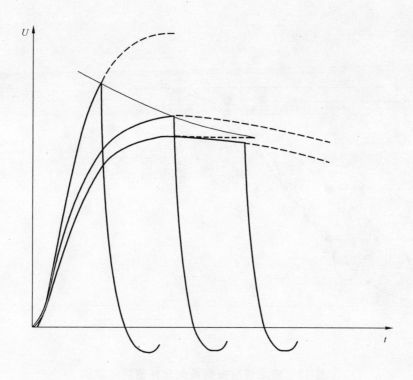

图 17　预期波形一定的冲击波的伏-秒特性

7.2　试验电压

7.2.1　标准雷电冲击电压

标准雷电冲击电压是指波前时间 T_1 为 1.2 μs，半波峰值时间 T_2 为 50 μs 的光滑的雷电冲击全波。表示为 1.2/50 μs 冲击。

7.2.2　容差及过冲允许值

除非有关技术委员会另有规定，以下的偏差为标准雷电冲击规定值与实际记录值之间的允许偏差：

峰值　　　　　　±3％；

波前时间　　　　±30％；

半峰值时间　　　±20％。

过冲和峰值附近的振荡是容许的，允许相对过冲最大幅值不超过 10％。

注 1：有关技术委员会可规定更低的过冲幅值。

对某些试验回路和试品，不易实现规定的标准波形。此时，为避免超出允许的过冲幅值，可适当延长波前时间 T_1。有关技术委员会需给出这种情况的导则。

注 2：正在考虑用峰值时间 T_e、电压时间间隔 T_λ 和电压积分作为雷电冲击电压的表征参数，具体由有关技术委员会规定。

对于通常使用的冲击电压发生器回路，在峰值的 90％ 以下波前部分的振荡对试验结果的影响一般是可以忽略的。如果认为这些振荡和过冲很重要，则建议这些振荡的幅值的 $A'B'$ 的直线（见图 18）以下。图中 AB 两点作法如下：

首先作出振荡波的平均曲线（如虚线所示），并按波前时间的定义确定 A、B 两点，然后由 A、B 作纵轴的平等线段 AA' 和 BB' 并使其分别等于峰值的 25％ 和 5％。

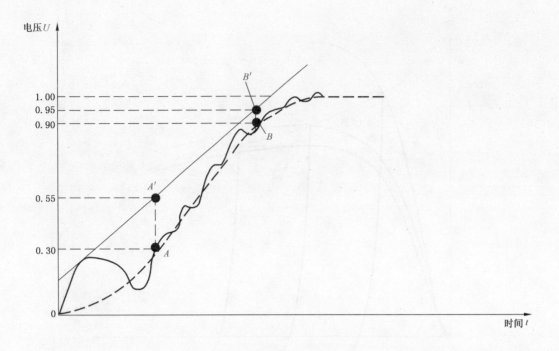

图 18 确定波前振荡最大允许值的示意图

这些冲击基本上应为单向的,特殊情况见注。

注: 在特殊情况下,例如在低阻抗试品或大尺寸特高压试验回路中,可能无法将冲击波形调整在所规定的容差之内或无法保持振荡或过冲在规定限值之内或无法避免极性翻转,这些情况均在有关设备标准中处理。

7.2.3 标准雷电冲击截波电压

标准雷电冲击截波是指截断时间为 $2\ \mu s \sim 5\ \mu s$ 被外部间隙截断的标准冲击。有关技术委员会可以规定不同的截断时间。电压跌落时间可能比冲击的波前时间更短,有关技术委员会可规定其限值。相应的测量和不确定度要求参见 GB/T 16927.2。

7.2.4 特殊雷电冲击

在某些情况下,可采用振荡雷电冲击,这使得可能产生较短波前时间的冲击或者使发生器效率大于 1。

注: 参见 GB/T 16927.3。

7.2.5 试验电压的产生

试验电压一般由冲击电压发生器产生,冲击电压发生器主要由许多电容器组成,电容器先由直流电源并联充电,然后串联对包含试品在内的回路放电。

7.2.6 试验电压的测量和冲击波形的确定

测量试验电压峰值、各时间参量和振荡或过冲时,用经 GB/T 16927.2 规定程序认可的测量系统。测量应在试品接入回路时进行,通常对每个试品都要校核冲击波形。但是具有相同设计和相同尺寸的几个试品,在同一个条件下进行试验,只需要校核一次。

对于雷电冲击截波电压,电压跌落可出现在波前、峰值或是波尾。对于波前截断的雷电冲击,试验电压曲线就是记录曲线;对波尾截断的雷电冲击,试验电压和波前时间的计算可与全波一样的计算方法来处理,即可由不造成截断的降低电压的冲击(如≤50%)来确定。截断可以通过一个外部截断间隙来完成或由试品内部或外部绝缘的破坏性放电来产生。

对于有些试品或试验布置,在电压最终跌落前,峰值部分可能会出现平坦或弧形。由于测量系统的缺陷,也会观察到类似情况。有关截波参数的精确确定需要采用突变和快速测量系统。其他情况由有关技术委员会去考虑。

根据试验回路参数,通过计算不能作为确定冲击波形的依据。

7.2.7 冲击电压试验过程中电流的测量

由有关技术委员会规定在高压冲击试验时应测量的流过试品的电流的特性。这类测量用于进行比较时,电流波形很重要,而电流绝对值的测量可能不太重要。

7.3 试验程序

7.3.1 耐受电压试验

推荐的试验程序与试品性质有关,见3.5。由有关技术委员会规定应采用哪一种程序。在程序A、B和C中,施加到试品上的电压仅仅是规定的耐受值,而在程序D中,必须施加几个电压等级。

注:不同程序的"试验目的"不同,但对绝缘配合(GB 311.1)来讲,假定试验结果是相同的。

7.3.1.1 耐受电压试验程序A

对试品施加3次具有规定波形和极性的耐受电压。如果按有关技术委员会规定的检测方法未发现损坏,则认为通过试验。

注:这种程序推荐用于非自恢复绝缘。

7.3.1.2 耐受电压试验程序B

对试品施加15次具有规定波形和极性的耐受电压,如果在自恢复绝缘上发生不超过2次破坏性放电,且按有关技术委员会规定的检测方法确定非自恢复绝缘上无损伤,则认为通过试验。除非有关技术委员会另有规定,试验程序应按如下规定进行:

1) 冲击次数至少15次;
2) 非自恢复绝缘上不应出现破坏性放电;如不能证实,可通过在最后一次破坏性放电后连续施加3次冲击耐受来确认;
3) 破坏性放电的次数不应超过2次(此次数是指从第1次施加冲击至最后1次施加冲击的合计破坏性放电次数,且仅发生在自恢复绝缘上);
4) 如果在第13次至第15次冲击中发生1次破坏性放电,则在放电发生后连续追加3次冲击(总冲击次数最多18次)。如果在追加的3次冲击中没有再发生破坏性放电,则认为试品通过试验。

7.3.1.3 耐受电压试验程序C

对试品施加3次具有规定波形和极性的耐受电压,如果没有发生破坏性放电,则认为通过试验;如果发生破坏放电超过1次,则试品未通过试验;如果仅在自恢复绝缘上发生1次破坏性放电,则再加9次冲击,如再无破坏性放电发生,则试验通过。

如果在试验期间按有关技术委员会规定的检测方法发现非自恢复绝缘部分有任何损坏,则试品未通过试验。

7.3.1.4 耐受电压试验程序 D

自恢复绝缘的 10％冲击破坏性放电电压 U_{10} 由附录 A 阐述的统计试验程序估算。

这些试验方法允许直接估算 U_{10} 和 U_{50} 或者间接估算 U_{10}。

对于后一种情况，U_{10} 可由以下关系式从 U_{50} 导出：

$$U_{10}=U_{50}(1-1.3s^*)$$

有关技术委员会应规定破坏性放电电压的标准偏差 s 的假定值，对于不包含任何其他绝缘的空气绝缘干试验的标准偏差标幺值取 $s^*=0.03$。

如果 U_{10} 不低于规定的冲击耐受电压值，则满足试验要求。

有两种试验方法可确定 50％放电电压值 U_{50}：

a) 多级法(见 A.1.1)：电压级数 $m \geqslant 4$，每级冲击次数 $n_i \geqslant 10$；

b) 升降法(见 A.1.2)：每级冲击次数 $n=1$，有效冲击次数 $m \geqslant 20$。

为估算 U_{10}，可采用每级不超过 7 次冲击，至少 8 个有效电压级的升降法。

电压级差 ΔU 约为 U_{50} 估算值的 1.5％～3％。

7.3.2 确保放电电压试验程序

确保放电电压试验程序类似于 7.3.1 中叙述的耐受电压试验程序，仅在放电和耐受条件间作相应变化。

有关技术委员会还可为特殊试品规定其他程序。

8 操作冲击电压试验

8.1 操作冲击电压试验的有关术语和定义

8.1.1

操作冲击电压 switching impulse voltage

波前时间(按雷电冲击的计算)大于或等于 20 μs 的冲击电压。

8.1.2

试验电压值 value of the test voltage

如果有关技术委员会未作其他规定，试验电压值是指最大值。

8.1.3

波前时间(到峰值时间) time to peak

T_p

从实际原点到操作冲击电压的最大值时刻的时间间隔。

注：由于最大电压处的持续时间相对较长，在实际确定该时间时会有难度，8.2.3 中给出了方法。

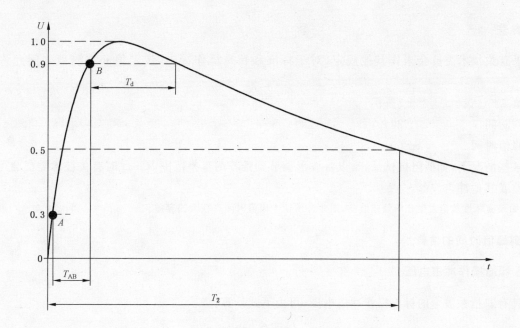

图 19　操作冲击全波

8.1.4

实际原点　true origin

O

记录曲线开始单调上升（或下降）的瞬间。

8.1.5

半峰值时间　time to half-value

T_2

实际原点和电压第一次衰减到半峰值瞬间的时间间隔（如图19）。

8.1.6

90%峰值以上的时间　time above 90%

T_d

冲击电压超过最大值的90%的时间间隔（如图19）。

8.1.7

过零时间　time to zero

T_z

实际原点和电压第一次过零瞬间的时间间隔。

注：用90%峰值以上的时间和到过零时间代替半峰值时间的规定是有用的，例如，当冲击波形受试品或试验回路中饱和现象支配时，或者认为对试品内绝缘的重要部分的试验严格程度主要取决于这些参数的场合。在定义操作冲击波时，通常仅给出一组与波形有关的参数。定义特殊的时间参数，应当清楚地指出，例如，T_p/T_2 或 $T_p/T_d/T_0$ 冲击波。

有关技术委员会可规定特殊试验的附加参数。

8.2　试验电压

8.2.1　标准操作冲击

标准操作冲击是到峰值时间 T_p 为 250 μs，半峰值时间 T_2 为 2 500 μs 的冲击电压，表示为 250/2 500 μs 冲击。

8.2.2 容差

如果有关技术委员会未作其他规定,对于标准和特殊操作冲击,规定值和实测值之间允许下列偏差:

峰值　　　　　　　　±3%;
波前时间　　　　　　±20%;
半峰值时间　　　　　±60%。

在某些情况下,如低阻抗试品,难以将波形调节到推荐的容差范围内。此时有关技术委员会可规定其他容差或其他冲击波形。

注:如果破坏性放电发生在峰值或波前,则允许预期半峰值时间有较大的容差。

8.2.3 到峰值时间的估算

8.2.3.1 标准操作冲击电压

对具有双指数波形的标准操作冲击电压,可由下式计算:

$$T_p = K T_{AB}$$

式中:

K——无量纲参数,表达式为:

$$K = 2.42 - 3.08 \times 10^{-3} T_{AB} + 1.51 \times 10^{-4} T_2$$

式中:T_{AB} 和 T_2 的单位为 μs,且 $T_{AB} = t_{90} - t_{30}$。

注:在 GB/T 16927.3 现场试验中,标准操作冲击电压的 $T_p = 2.4 T_{AB}$。

8.2.3.2 非标准操作冲击

此时可根据实际波形,采用多种数字曲线拟合的方法来确定到峰值时间。

注:如果要求考虑不确定度,须注明到峰值时间的计算方法。

8.2.4 特殊操作冲击

为特殊目的,认为用标准操作冲击不能满足要求或不适合时,有关技术委员会可以规定其他非周期性或振荡波形两种特殊的操作冲击。

注:参见 GB/T 16927.3。

8.2.5 试验电压的产生

操作冲击通常由冲击电压发生器产生。

注:也可用对试验变压器(或被试变压器)的低压绕组施加冲击电压的方法来产生,但这种方法很难产生 8.2.1 和 8.2.2 规定的标准参数。

在选择产生操作冲击回路的元件时,要避免由试品的非破坏性放电电流而引起冲击波形畸变过大。特别是高压外绝缘的湿试验时,电流可能达到相当大的数值;如果试验回路的内阻抗相当高,可能引起波形严重畸变,甚至阻止破坏性放电发生。

8.2.6 试验电压的测量和冲击波形的确定

测量试验电压峰值、各时间参量时,应使用经 GB/T 16927.2 规定程序认可的测量系统。测量应在试品接入回路时进行,通常对每个试品都要校核冲击波形。但是具有相同设计和相同尺寸的几个试品,在同一个条件下进行试验,只需要校核一次。

8.2.7 冲击电压试验时电流的测量

有关技术委员会应规定高压冲击试验时应测量的流过试品的电流的特性。若此类测量仅用于比较时,波形就显得重要,而电流的绝对值的测量并不重要。

8.3 试验程序

除非有关技术委员会另有规定,试验程序一般与雷电冲击相同,而且可采用与之类似的统计法(参照 7.3 和附录 A)。对于不带任何其他绝缘的空气绝缘的干试验和湿试验的破坏性放电的标准偏差标幺值可假定为:$s^* = 0.06$。

当应用多级法和升降法时可使用较大的电压级差 ΔU。

注:在操作冲击试验时,破坏性放电经常出现在峰值前的任意时刻,这时在按 7.3.1.4 整理破坏性放电试验结果时,放电概率与放电电压的关系中电压值通常以预期峰值来表示;但也可能用另一种方法,即测量每次冲击的实际破坏性放电电压,然后可按照附录 A 中第 3 类试验结果规定的方法确定实测电压值的概率分布。

9 联合和合成电压试验

9.1 联合和合成电压试验的有关术语和定义

9.1.1

联合电压 combined voltage

指由两个独立电源产生的两个不同电压(参照第 5 章)分别接到有 3 个端子试品的两个带电端子之间(第三端接地)的电压(如图 20)。

注:联合电压适用于以下试验,例如开关装置的纵绝缘和三相系统和设备的相间绝缘试验。电压施加于试品的不同端子上。

9.1.2

联合电压值 value of a combined voltage

指试品带电两端的最大电位差(如图 21a))。

a) 联合电压 $U = U_1 - U_2$。

b) 合成电压 $U = U_1 + U_2$。

9.1.3

合成电压 composite voltage

将适当方式连接的两个独立电源产生的不同的试验电压(参照第 7 章～第 9 章)的叠加(如图 21b)和图 22)。

注:两个电源同时施加到试品的一个端子上。

9.1.4

合成电压值 value of a composite voltage

在试品上测得的最大值。

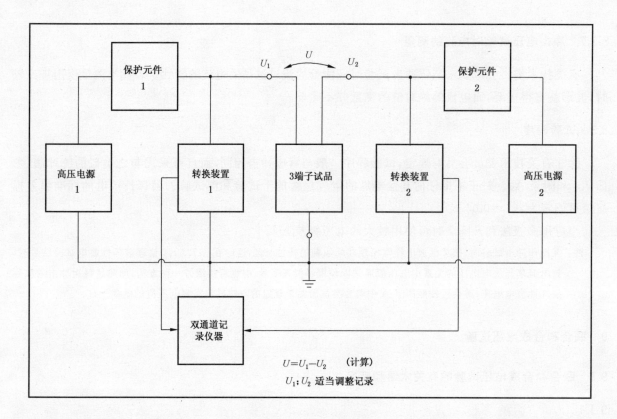

图 20　联合电压试验回路

9.1.5

电压分量　voltage components

指根据本部分相关条款表征的,作用在试品上引起联合或合成的两个试验电压。

9.1.6

时延　time delay

Δt

两个电压分量到达峰值时刻之间的时间间隔(如图 23)。

注:若有一个电压分量是工频,以负峰值时刻作为时延计时起点。

9.2　联合试验电压

9.2.1　参数

根据本部分由两个电压分量产生的联合试验电压,由下列参数表征(除非有关技术委员会另有规定):

——电压值;

——时延;

——根据本标准相关条款规定的两个分量的参数。

9.2.2　容差

实际记录电压值与规定值之间的差应≤±5%(除非有关技术委员会另有规定)。

时延 Δt 的容差为 $\pm 0.05 T_p$,对于冲击,T_p 为到峰值时间或波前时间;对交流电压,T_p 为四分之一周波时间。T_p 可取两个电压分量的时间中的较大值。

9.2.3 试验电压的产生

因为两个单独电源被连接，因此每一个电源应经由一个保护装置连接到试品高压端子上（如图20）。保护装置应当在相关电源引起试品破坏性放电情况下，使得作用电压不损坏其他电源。

由于两个电源系统之间的耦合，使得两个电压分量的幅值和波形可能不同于分别单独用同一电源产生的电压的幅值和波形。工频电压上跌落应≤5%。

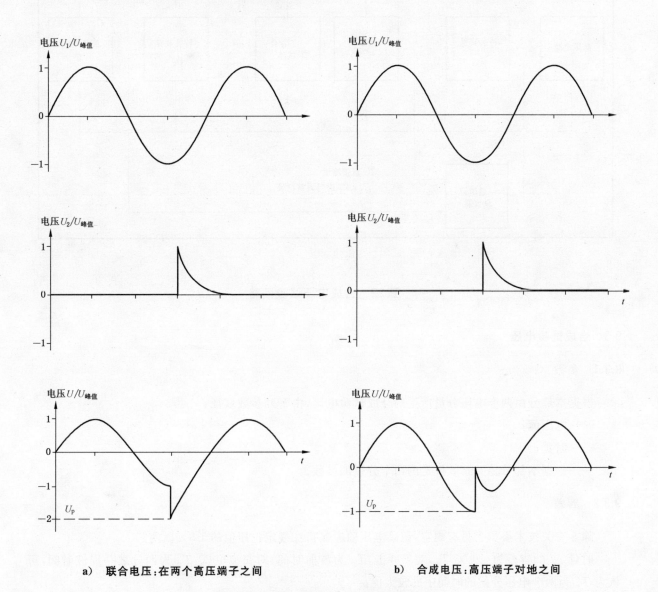

a) 联合电压：在两个高压端子之间

b) 合成电压：高压端子对地之间

图21 联合电压和合成电压图解示例

9.2.4 测量

由于系统耦合（如图20），接在试品每一高压端子和地之间的两个电压分量测量系统必须满足GB/T 16927.2对两个电压分量测量的要求。根据GB/T 16896推荐用双通道记录仪器来直接记录联合电压的两个电压分量，如图21a)所示。

注：工频电压测量系统应同时能够满足GB/T 16927.2对雷电冲击电压测量的要求。

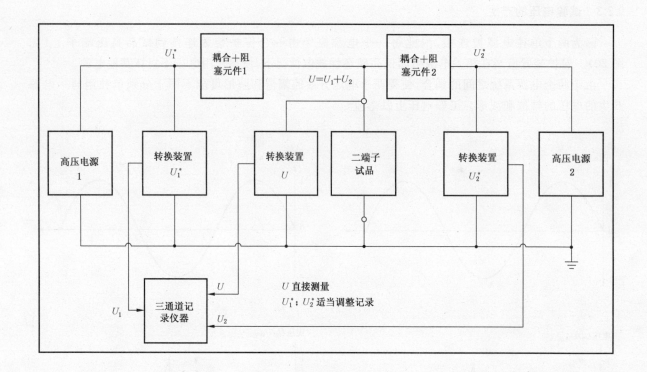

图 22 合成电压试验回路

9.3 合成试验电压

9.3.1 参数

根据本部分由两个电压分量产生的合成试验电压,由下列参数表征:

——电压值;

——时延;

——根据本部分相关条款规定的两个分量的参数。

9.3.2 容差

除非有关技术委员会另有规定,记录电压值应保持在规定电压值的±5%以内。

时延 Δt 的容差为±$0.05\,T_p$,对于冲击,T_p 为波前时间;对交流电压,T_p 为四分之一周波时间,可认为 T_p 为两个电压分量的时间中的较大值。

9.3.3 试验电压的产生

由于两个独立电压源共同连接于试品高压端子的连接点(如图 22),必须考虑两个电源的相互作用,应采取保护元件来避免一个电源对另一个电源的危害。对于电源本身的要求可参照本部分的相关条款。

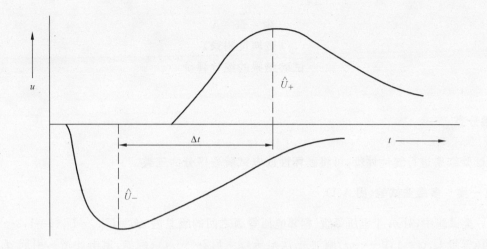

a) 两个冲击电压的联合电压

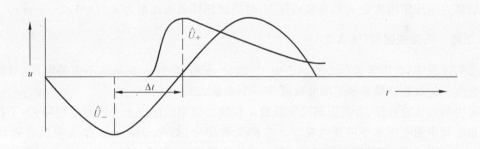

b) 一个冲击电压和一个工频电压的联合电压

图 23 时延 Δt 定义

9.3.4 测量

合成电压的电压和时间特性应由一套安装在试品连接点与对地间的测量系统测量(如图 22)。测量系统必须满足 GB/T 16927.2 对两个电压分量的测量要求。建议直接测量每个电压源的输出电压(图 22)并同时记录 3 个电压。

9.4 试验程序

联合和合成电压试验的程序和试品的布置由有关技术委员会给出。

关于大气修正,参数 g(见 4.3.4.3)应根据联合或合成试验电压值计算。参数 k_1 和 k_2(见 4.3.4.1 和 4.3.4.2)应根据电压分量中较大的值选取,并对两个分量都进行修正。

附 录 A
（资料性附录）
试验结果的统计评价

A.1 试验分类

为对试验结果进行统计评价,可将破坏性放电试验程序分为三类。

A.1.1 第一类 多级法试验(图 A.1)

在第一类试验中,对 m 个电压等级(相邻电压等级之间的级差为 $\Delta U = U_{i+1} - U_i (i=1,2\cdots\cdots m-1)$)的每个电压等级 $U_i (i=1,2\cdots\cdots m)$ 施加 n_i 次电压 $(i=1,2\cdots\cdots m)$ (例如,雷电冲击),引起 $d_i \leqslant n_i$ 次破坏性放电。这一类程序主要适用于冲击试验,但是某些规定持续时间的交流和直流电压试验也属于这一类。

注: 相关参数应选择如下:对所有 $i=1,2\cdots\cdots m$ 和 $\Delta U = (0.01\sim0.06)U_{50}$: $m \geqslant 5$; $n_i \geqslant 10$。

试验结果为电压作用次数 n_i 和每级电压 U_i 时的破坏性放电次数为 $k_i (i=1,2\cdots\cdots m)$。

A.1.2 第二类 升降法试验(图 A.2)

在第二类试验中,电压等级 $U_i (i=1,2\cdots\cdots l)$ 施加 m 组,每组 n 次基本不变的电压,每组加压的电压水平根据前一组试验结果来确定增加或减少一个小量 ΔU。

通常采用两种试验程序:为找出相应于低破坏性放电概率的电压水平的耐受程序;为了找出相应于高破坏性放电概率的电压水平的放电程序。在耐受程序中,如果一组 n 次加压中没有破坏性放电发生,则电压水平增加 ΔU,否则减少同样的 ΔU。在放电程序中,如果一组 n 次加压中耐受住一次或一次以上则增加 ΔU,否则减少同样的 ΔU。

当 $n=1$ 时,上面两种程序相同并相应于 50% 破坏性放电电压升降法试验。

也可用其他的 n 值进行试验来确定相应于其他破坏性放电概率的电压。试验结果为用电压 U_i 所加的电压组数 k_i。第一个 U_i 是在该电压下至少已经施加了两组的电压。电压水平 U_i 下总的有效组数为 $m = \sum k_i (i=1\cdots\cdots l)$。

注: 以 $n=7$ 求得的 10% 和 90% 破坏性放电电压分别定义为耐受电压和破坏性电压(见 7.3.1.4)。只要满足 $\Delta U = (0.01\sim0.06)U_{50}$ 和 $m > 15$,也可选取其他参数。

A.1.3 第三类 连续放电试验

在第三类试验中,施加 n 次电压,每次试品均发生破坏性放电。试验电压可连续或逐级升高直到在电压 U_i 下发生破坏性放电或在某个电压水平下保持不变,直到观察到在 t_i 时刻发生破坏性放电。试验结果表现为电压 U_i 下的加压次数 $n(n \geqslant 10)$,或破坏性放电发生的时刻 t_i。

这种试验可用于连续或逐级升压的直流、交流试验以及逐级升压的冲击电压试验。在冲击波前发生破坏性放电的试验属于此类。

A.2 破坏性放电的统计特性

对一个给定的试验程序,当破坏性放电概率 p 仅取决于试验电压 U 时,试品的特性可以由放电发展过程所确定的函数 $p(U)$ 表征。实际上,这种破坏性放电概率函数在数学上可以由至少与两个参数 U_{50} 和 s 有关的理论概率分布函数来表示,其中 U_{50} 为 50% 放电电压,$p(U)=0.5$,s 为标准偏差(见 3.4.4 和

3.4.6)。

注1：$p(U)$的实例可以根据高斯(或正态)概率分布、韦伯尔(Weibull)概率分布和哥伯尔(Gumbel)概率分布函数来导出。经验表明p处于0.16和0.84之间时可以认为大多数理论分布是相等的。详见有关文献[3]～[6]。

注2：有时p是两个或两个以上参数的函数，例如U和dU/dt，这时没有简单的表示p的函数。详见有关文献。

只要在试验期间试品的特性保持不变，则从大量试验中可得到$p(U)$、U_{50}和s^*。

实际上，施加电压次数是有限的，根据假定$p(U)$估算的U_{50}和s具有统计不确定度。

A.2.1 置信限

如果参数y是根据n次试验结果估算的，则可以确定置信限的上限y_u和下限y_l，y的真值落于这些置信限内的概率为C，C称为置信水平，置信度上限和下限之差值称为置信宽度。

通常C取为0.95(或0.90)，相应地称为95%(或90%)置信限。

对给定的C值，置信宽度同时取决于n和标准偏差s的值。标准偏差s可从实际试验中估算得到。但必须注意：当试验时间相当长时，可能因环境条件改变而抵消增加试验次数所提高的准确度。

由于从有限的试验次数中不能准确的估算s，因此有关技术委员会通常会规定根据一般试验结果所估算出的s值。

A.3 试验结果的分析

下列分析适用于试验结果是独立的，即第n次试验不受该次试验前任何一次试验的影响。

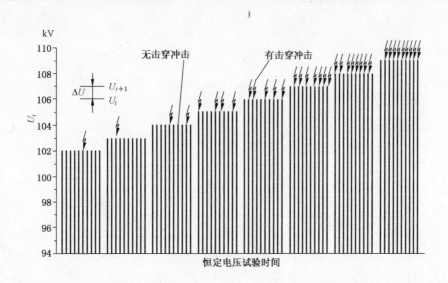

图 A.1 多级法试验示例(第一类试验)

作用电压次数 i	1	2	3	4	5	6	7	8
电压施加次数 n_i	10	10	10	10	10	10	10	10
破坏性放电次数 k_i	1	1	2	4	5	7	8	9
破坏性放电频率 $f_i = k_i/n_i$	0.1	0.1	0.2	0.4	0.5	0.7	0.8	0.9
破坏性放电总数 g	1	2	4	8	13	20	28	37

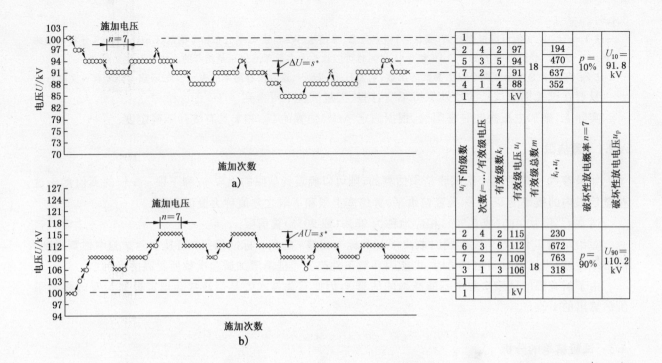

图 A.2　升降法试验分别确定 90％和 10％破坏性放电概率的示例（第二类试验）

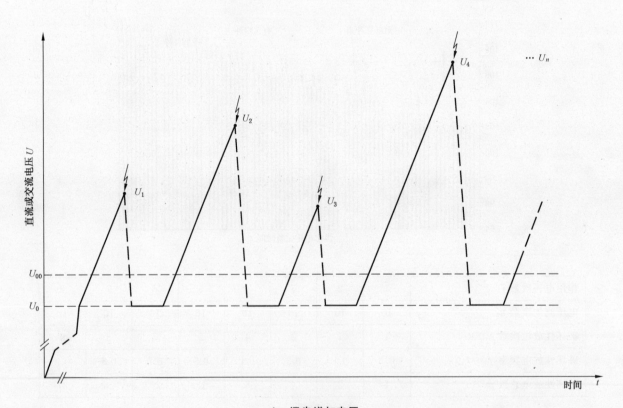

a)　逐步增加电压

图 A.3　连续增加施加电压

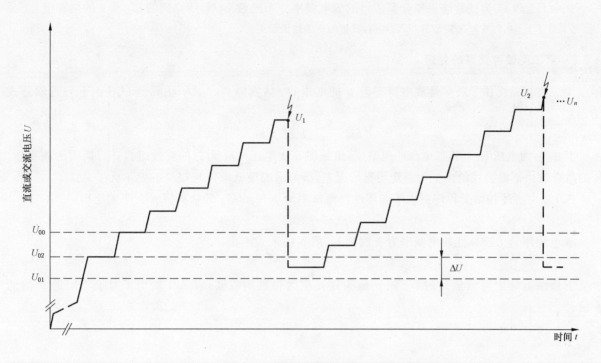

b) 试验示例

图 A.3 （续）

A.3.1 第一类试验结果的处理

在这种情况下，电压水平 U_i 时的放电频率 f_i（$f_i=k_i/n_i$）取作电压 U_i 时放电概率 $p(U_i)$ 的估计值，在第一类试验中得到的 m 个 $p(U_i)$ 估计值拟合至一个设定的概率分布函数 $p(U)$，然后确定参数 U_{50} 和 s。

当概率估算值符合一种特定的概率分布函数 $p(U)$ 时，传统的做法是在专门设计的坐标纸上画出 f_i 和 U_i 的关系直线。高斯（或正态）概率纸是一个熟悉的例子，对于估算符合高斯分布的函数，绘出一条直线。

$$p(U) = (1/s\sqrt{2\pi})\int_{-\infty}^{u} \exp\left[-(u-U_{50})^2/2s^2\right] \mathrm{d}u$$

注：正态概率分布纸不能给出 $p=0$ 或 $p=1$ 的点，因此，全部放电（$k_i=n_i$）的电压和不发生放电的电压（$k_i=0$）不可能直接画出。用这些结果的可能方法是将这些值与邻近电压水平得到的值结合起来作为加权平均电压将它们点出。

另外应用最小二乘法或似然法（见 A.4）的计算机解析拟合技术可以找出 U_{50}、s（以及采用的其他分布函数的参数）和这些估计值的置信限。

在任何情况下，要用适当的方法（例如惯用回归系数或置信限）来检查所假定的概率函数是否以足够的准确度与测量值相符。

作为一般导则，置信宽度与每一级电压 U_i 的施加次数 n_i 的平方根成反比，和电压级数 m 成反比。如果所有的 f_i 值既不是 0 也不是 1，5 级电压（$m=5$），每级加压 10 次（$n=10$），则 95% 置信限为：

对于 U_{50}：

$$U_{50}^* - 0.72s^* \leqslant U_{50} \leqslant U_{50}^* + 0.72s^*$$

对于 s：

$$0.4s^* \leqslant s \leqslant 2.0s^*$$

式中 U_{50}^* 和 s^* 为试验结果拟合到假定的放电概率分布函数 $p(U)$ 所得到的 U_{50} 和 s 的估算值。

注：对于 $p=0.5$，或 50%附近的 U_p 估算值，其置信宽度趋于最小值。

A.3.2 第二类试验结果的处理

第二类试验提供了破坏性放电概率为 p 的电压 U_p 估算值 U_p^*，U_p 估算值 U_p^* 由下列近似公式给出：

$$U_p^* = \sum (k_i U_i)/m$$

其中 k_i 为电压 U_i 下施加电压的组数（每组施加 n 次电压）；m 为总的有效组数。对期望的概率 p，n 的适合值由下面公式给出。为避免明显的误差，所考虑的最低电压与 U_p^* 的差不大于 $2\Delta U$。

A.1.2 中所述的耐受程序提供了破坏性放电概率为 p 时的 U_p 的估算值 p 由下式给出：

$$p = 1 - (0.5)^{1/n}$$

放电程序给出破坏性放电概率为 p 时的 U_p 值 p 由下式给出：

$$p = (0.5)^{1/n}$$

升降法试验中可以估计的 U_p 的 p 值受到 n 应为整数的限制，表 A.1 给出了对于不同的 n 值的 p 值。

表 A.1

n	70	34	14	7	4	3	2	1
耐受程序 p	0.01	0.02	0.05	0.10	0.15	0.20	0.30	0.50
放电程序 p	0.99	0.98	0.95	0.90	0.85	0.80	0.70	0.50

估算 s 以及 s 的置信限的程序可以获得，但建议不作为通用目的。

A.3.3 第三类试验结果的处理

第三类试验结果一般是 n 个电压值 U_i，根据它可以确定破坏性放电概率函数的参数 U_{50} 和 s。按高斯（或正态）分布，参数 U_{50} 和 s 的估算值为：

$$U_{50}^* = \sum (U_i)/n$$
$$s^* = [\sum (U_i - U_{50}^*)^2/(n-1)]^{1/2}$$

对于其他分布，可以用最大似然法来估计相关的参数（见 A.4）。对于分析破坏性放电发生时间 t_i 的情况则用同样的表达式和方法。

对于高斯分布（U_{50} 和 s），置信限可以用学生式 t 分布或 chi-平方式分布来求出。

例如对高斯分布，根据 $n=20$ 的试验所得的 U_{50} 和 s 估算值的 95% 的置信限为：

对于 U_{50}：

$$U_{50}^* - 0.47s^* \leqslant U_{50} \leqslant U_{50}^* + 0.47s^*$$

对于 s：

$$0.74s^* \leqslant s \leqslant 1.48s^*$$

A.4 最大似然法的应用

可用最大似然法并采用任何一种概率函数分析上述各类试验的结果。可用这些方法来进行参数的估算以及破坏性放电电压 U_p 的定值。而且，可能使用所得到的全部结果并可求出相应于任何期望置信水平 C 的置信限。

对于第一类和第二类试验,在每个电压水平 U_i 的放电次数 k_i 和耐受次数 w_i 是已知的。如果已知或假定了放电概率分布函数 $p(U;U_{50};s)$,则在电压 U_i 的放电概率为 $p(U;U_{50};s)$,耐受概率为 $[1-p(U;U_{50};s)]$。相应于在电压水平 U_i 时的 k_i 次放电和 w_i 耐受的似然函数 L_i 为:

$$L_i = p(U_i;U_{50},s)^{k_i}(1-p(U_i;U_{50},s))^{w_i}$$

因 U_i,k_i 和 w_i 是已知的,则 L_i 仅是 U_{50} 和 s 的函数。

包括 n 和 U_i 的一套完整结果的似然函数为:

$$L = L_1 L_2 \cdots L_i \cdots L_n = L(U_{50},s)$$

对于逐级升压的第 3 类试验,在结果中出现的每个电压水平 U_i 相当于破坏性放电。通常电压水平 U_i 将出现 m_i 次,这里 $m_i \geq 1$。似然函数则变为:

$$\log L = m_1\log[f(U_1;U_{50},s)]+m_2\log[f(U_2;U_{50},s)]+\cdots+m_n\log[f(U_n;U_{50},s)]$$

式中:

f——表征 $U_i(i=1\cdots n)$ 附近的概率密度函数。

U_{50} 和 s 的最佳估算值是 L 为最大值时的 U_{50}^* 和 s^*。这可以通过数值计算求得,已有相关的软件。

通常使用计算机对于假定的 U_{50}^* 和 s^* 重复计算 L 以逐步逼近得到最大值。固定 U_{50}^* 和 s^* 相应于所要求的放电概率 p 的 U_p 值可以假定的放电概率分布函数。确定 U_{50}^* 和 s^* 置信限的方法可在有关文献中找到。对于 $C=0.9$,可用方程 $L(U_{50},s)=0.1 L_{max}$ 来确定这些置信限。

附 录 B

（规范性附录）

叠加过冲或振荡的标准雷电冲击参数计算程序

本附录描述使用试验电压函数方程计算叠加过冲的雷电冲击全波电压的波形参数。

B.1 程序依据

该程序基于经验公式：

$$U_t = U_b + k(f)(U_e - U_b) \quad\quad\quad\quad\quad\quad\quad\quad (B.1)$$

式中：

U_b——基准曲线的最大值；

U_e——去除噪声后的原始记录曲线最大值。

描述在过冲幅值 β 的雷电冲击电压下，决定绝缘的试验电压 U_t。

试验电压函数 $k(f)$ 与频率有关，由下式给出：

$$k(f) = \frac{1}{1 + 2.2f^2} \quad\quad\quad\quad\quad\quad\quad\quad\quad (B.2)$$

式中：

f——频率，MHz。

B.2 雷电冲击全波参数的计算程序

运用计算机辅助计算程序实现式(B.1)以数字形式计算冲击波。该程序用于从试验电压曲线求得冲击参数。程序步骤如下：

1) 从输入电压为零所记录的开始部平坦部分计算电压值的平均值，求取记录曲线的基准水平；

2) 从记录曲线 $U(t)$ 中去掉基准水平偏置，求得偏置补偿记录曲线 $U_0(t)$，并用该曲线进行后续步骤；

3) 从偏置补偿记录曲线 $U_0(t)$（见图 7）找出极限值 U_e；

4) 找出波前小于 $0.2\,U_e$ 电压值的最后采样点；

5) 找出波尾大于 $0.4\,U_e$ 电压值的最后采样点；

6) 选取步骤 4)中确定的采样点之后至步骤 5)中确定的采样点之前的数据进行进一步分析；

7) 对步骤 6)中数据进行下列双指数函数拟合：

$$u_d(t) = U[e^{-(t-t_d)/\tau 1} - e^{-(t-t_d)/\tau 2}]$$

式中：

t ——时间；

$u_d(t)$ ——双指数电压函数；

U、τ_1、τ_2 和 t_d ——拟合所得出的参数。

8) 用记录曲线的基准水平对时间 t_d 内采样点（步骤 4)）和从时间 t_d 到步骤 5)中最后采样点时刻的 $u_d(t)$，构建波形的基准曲线 $U_m(t)$；

9) 从偏置补偿记录曲线 $U_0(t)$ 中减去基准曲线 $U_m(t)$ 以获得剩余曲线 $R(t) = U_0(t) - U_m(t)$，如图 7；

10) 用等于试验电压函数函数 $k(f)$(式 B.2)的传递函数 $H(f)$ 创建滤波器；

11) 对剩余曲线 $R(t)$ 进行滤波，求得滤波后的剩余曲线 $R_f(t)$（如图 8）；

12) 将滤波后的剩余曲线 $R_f(t)$ 与基准曲线 $U_m(t)$ 相加,求得试验电压曲线 $U_t(t)$;

13) 计算试验电压值 U_t 以及从试验电压曲线上计算时间参数(如图 8);

14) 找出基准曲线 $U_m(t)$ 的最大值 U_b(如图 8);

15) 计算相对过冲幅值,$\beta' = 100 \times (U_e - U_b)/U_e\%$;

16) 显示偏置补偿记录曲线 $U_0(t)$ 和试验电压曲线 $U_t(t)$(如图 9);

17) 给出试验电压值 U_t、波前时间 T_1、半峰值时间 T_2 和相对过冲幅值 β'。

B.3 根据波形的手工计算程序

从图形化的波形中手工计算冲击波参数从而实现式(B.1)的求解。

1) 手工绘制穿过记录曲线 $U(t)$ 的基准曲线 $U_m(t)$,以便去除波前和峰值处的振荡;

2) 找出 $U_m(t)$ 的峰值 U_b;

3) 找出记录曲线 $U(t)$ 的最大值 U_e;

4) 计算过冲持续时间 t,即 $U(t)$ 最大峰值的两侧的 $U(t)$ 曲线和 $U_m(t)$ 曲线的两个交点的时间间隔,并且计算过冲频率 $f_0 = 1/2t$;

5) 用式(B.2)计算试验电压函数 $k(f)$;

6) 用式(B.1)计算试验电压值 U_t;

7) 计算相对过冲幅值,$\beta' = 100 \times (U_e - U_b)/U_e\%$;

8) 用 U_t 作为峰值来确定 $30\%U_t$、$50\%U_t$ 和 $90\%U_t$ 的值,以此来确定基准曲线的时间参数;

9) 给出试验电压值 U_t、波前时间 T_1、半峰值时间 T_2 和相对过冲幅值 β'。

注:由于手工计算存在很大的随意性,因此手工计算结果的不确定度很可能超出 GB/T 16927.2 的规定值。

B.4 对波尾截断雷电冲击参数的计算程序

本程序采用 B.2 中计算雷电冲击全波的算法,可用本程序来计算在极限值的 95% 之后截断的波形参数。

本程序需要记录两种波形:

——需计算用的波尾截断冲击波形;

——不改变试验布置,在较低电压下(不截断)的全波参考冲击波形。

本程序步骤如下:

步骤 1)至步骤 3)对全波参考冲击和截波均适用;步骤 4)至步骤 8)适用于全波参考冲击波形。

1) 从输入电压为零所记录的开始部平坦部分计算电压值的平均值,求取记录曲线的基准水平;

2) 从记录曲线 $U(t)$ 中去掉基准水平偏置,求得偏置补偿记录曲线 $U_0(t)$,并用该曲线进行后续步骤;

3) 从偏置补偿记录曲线 $U_0(t)$(见图 7)找出极限值 U_e;

4) 找出波前小于 $0.2U_e$ 电压值的最后采样点;

5) 找出波尾大于 $0.4U_e$ 电压值的最后采样点;

6) 选取步骤 4)中确定的采样点之后至步骤 5)中确定的采样点之前的数据进行进一步分析;

7) 对步骤 6)中数据进行下列双指数函数拟合:

$$u_d(t) = U[e^{-(t-t_d)/\tau_1} - e^{-(t-t_d)/\tau_2}]$$

式中:

t ——时间;

$u_d(t)$ ——双指数电压函数;

U、τ_1、τ_2 和 t_d ——拟合所需的参数。

8) 用记录曲线的基准水平对时间 t_d 内采样点(步骤4))和从时间 t_d 到步骤5)中最后采样点时刻的 $u_d(t)$,构建波形的基准曲线 $U_m(t)$;

下面步骤 a)至 g)仅适用于波尾截断的冲击波形:

a) 找出截断时刻;

b) 找出截波波形开始偏离全波参考冲击波形的点;

c) 选取步骤 b)中确定的点之前的数据作进一步分析;

d) 用交叉关系技术,或在波前找出 30%,50% 和 80% 电压的点的方法来求出全波参考冲击波形和截断冲击波形之间的时间差 t_L;

e) 将全波冲击和截波冲击之间的时间差 t_L 调至零;

f) 找出截波幅值和全波幅值的比率 E。方法可以采用峰值相除或在两个波形上规定时间的时间间隔内计算得到的平均值相除;

g) 用该比率 E 在基准曲线幅值标上刻度。

9) 从偏置补偿记录曲线 $U_0(t)$ 中减去基准曲线 $U_m(t)$ 以获得剩余曲线 $R(t)=U_0(t)-U_m(t)$,如图7;

10) 用等于试验电压函数 $k(f)$(式 B.2)的传递函数 $H(f)$ 创建滤波器;

11) 对剩余曲线 $R(t)$ 进行滤波,求得滤波后的剩余曲线 $R_f(t)$(见图8);

12) 将滤波后的剩余曲线 $R_f(t)$ 与基准曲线 $U_m(t)$ 相加,求得试验电压曲线 $U_t(t)$;

13) 计算试验电压值 U_t 以及从试验电压曲线上计算时间参数(如图8);

14) 找出基准曲线 $U_m(t)$ 的最大值 U_b(如图8);

15) 计算相对过冲幅值,$\beta'=100\times(U_e-U_b)/U_e\%$;

16) 显示偏置补偿记录曲线 $U_0(t)$ 和试验电压曲线 $U_t(t)$,如图9;

17) 给出试验电压值 U_t、波前时间 T_1、半峰值时间 T_2 和相对过冲幅值 β'。

B.5 计算示例

以下给出实验室进行特高压试验时采集的有过冲的雷电冲击波形并计算相关参数例子。

B.5.1 示例一(正极性)

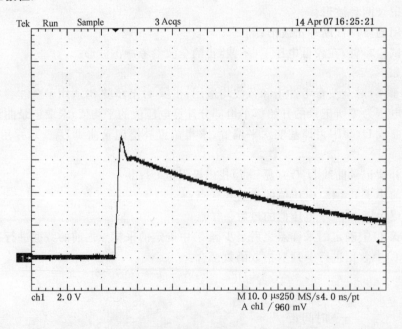

图 B.1 特高压产品雷电冲击电压波形(正极性)

B.5.1.1 手工计算

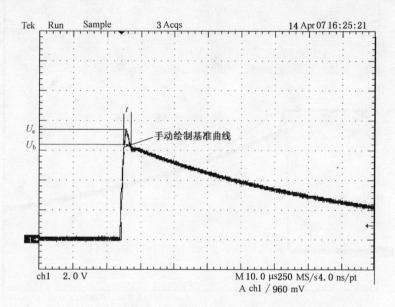

图 B.2 手动绘制基准曲线的雷电冲击电压波形

1) 根据记录曲线用手工绘制基准曲线;

2) 找出基准曲线 $U_m(t)$ 的峰值 U_b：
$$U_b=2.0 \text{ V}\times 3.20=6.40 \text{ V};$$

3) 找出记录曲线 $U_m(t)$ 的峰值 U_e：
$$U_e=2.0 \text{ V}\times 3.70=7.40 \text{ V};$$

4) 计算过冲持续时间 t，即 $U(t)$ 最大峰值的两侧的 $U(t)$ 曲线和 $U_m(t)$ 曲线的两个交点的时间间隔，并且计算过冲频率 $f_0=1/2t$；
$$t=10.0 \text{ μs}\times 0.214=2.14 \text{ μs}$$
$$f_0=1/2t=\frac{1}{2\times 2.14}=0.234 \text{ MHz}$$

5) 使用方程 $k(f)=\dfrac{1}{1+2.2f^2}$ 计算 $k(f)$；

6) $k(f)=\dfrac{1}{1+2.2f^2}=\dfrac{1}{1+2.2\times 0.234^2}=0.89$；

7) 使用方程 $U_t=U_b+k(f)\times(U_e-U_b)$ 计算 U_t：
$$U_t=U_b+k(f)\times(U_e-U_b)=6.40+0.89\times(7.40-6.40)=6.40+0.89=7.29 \text{ V};$$

8) 计算相对过冲幅值，$\beta'=100\times(U_e-U_b)/U_e\%$：
$$\beta'=100\times\frac{U_e-U_b}{U_e}\%=100\times\frac{7.40-6.40}{7.40}\%=13.5 \text{ }\%;$$

9) 以 U_t 为峰值电压，用基准曲线确定时间参数，如图 B.3。

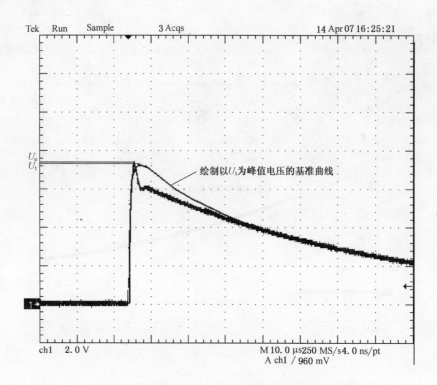

图 B.3 绘制以 U_t 为峰值电压的基准曲线

$$T_1 = 10.0 \ \mu s \times 0.804/0.6 = 1.34 \ \mu s$$
$$T_2 = 10.0 \ \mu s \times 4.24 = 42.4 \ \mu s$$

给出试验电压值 U_t、波前时间 T_1、半峰值时间 T_1 和相对过冲幅值 β'：

$U_t = 7.29 \ V$；$T_1 = 1.34 \ \mu s$；$T_2 = 42.4 \ \mu s$；$\beta' = 13.5\%$。

B.5.1.2 数字化计算结果

波形通过满足标准要求的测量软件进行处理和计算，如图 B.4。

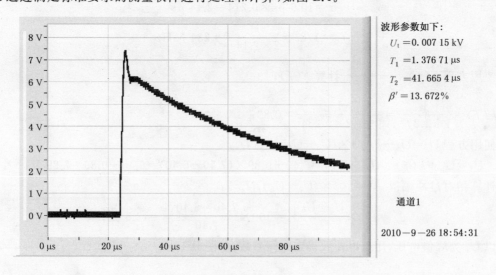

波形参数如下：

$U_t = 0.007 \ 15 \ kV$

$T_1 = 1.376 \ 71 \ \mu s$

$T_2 = 41.665 \ 4 \ \mu s$

$\beta' = 13.672\%$

通道1

2010—9—26 18:54:31

图 B.4 软件测量雷电冲击电压波形界面

$U_t = 7.15 \ V$；$T_1 = 1.38 \ \mu s$；$T_2 = 41.7 \ \mu s$；$\beta' = 13.7\%$。

B.5.2 示例二(负极性)

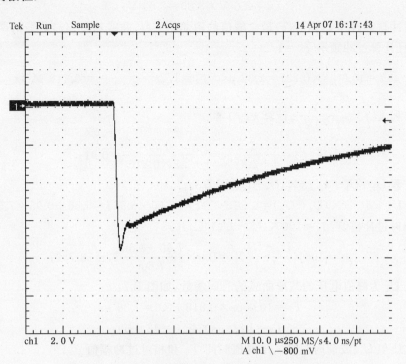

图 B.5 特高压产品雷电冲击电压波形(负极性)

B.5.2.1 手工计算

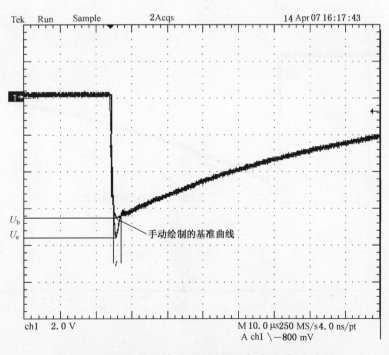

图 B.6 手动绘制基准曲线的雷电冲击电压波形

1) 根据记录曲线用手工绘制基准曲线;
2) 找出基准曲线 $U_m(t)$ 的峰值 U_b:

$$U_b = 2.0\ V \times 3.28 = 6.56\ V;$$

3) 找出记录曲线 $U(t)$ 的峰值 U_e：

$$U_e = 2.0 \text{ V} \times 3.80 = 7.60 \text{ V};$$

4) 计算过冲持续时间 t，即 $U(t)$ 最大峰值的两侧的 $U(t)$ 曲线和 $U_m(t)$ 曲线的两个交点的时间间隔，并且计算过冲频率 $f_0 = 1/2t$：

$$t = 10.0 \text{ μs} \times 0.232 = 2.32 \text{ μs} \quad f_0 = 1/2t = \frac{1}{2 \times 2.32} = 0.216 \text{ MHz}$$

5) 使用方程 $k(f) = \dfrac{1}{1 + 2.2f^2}$ 计算 $k(f)$：

$$k(f) = \frac{1}{1 + 2.2f^2} = \frac{1}{1 + 2.2 \times 0.216^2} = 0.91;$$

6) 使用方程 $U_t = U_b + k(f) \times (U_e - U_b)$ 计算 U_t：

$$U_t = U_b + k(f) \times (U_e - U_b) = 6.56 + 0.91 \times (7.60 - 6.56) = 6.56 + 0.95 = 7.51 \text{ V};$$

7) 计算相对过冲幅值，$\beta' = 100 \times (U_e - U_b)/U_e \%$：

$$\beta' = 100 \times \frac{U_e - U_b}{U_e}\% = 100 \times \frac{7.60 - 6.56}{7.60}\% = 13.7\%;$$

8) 确定以 U_t 为峰值电压的基准曲线的时间参数，如图 B.7：

$$T_1 = 10.0 \text{ μs} \times 0.818 \div 0.6 = 1.36 \text{ μs}$$
$$T_2 = 10.0 \text{ μs} \times 4.20 = 42.0 \text{ μs}$$

给出试验电压值 U_t、波前时间 T_1、半峰值时间 T_2 和相对过冲幅值 β'：

$U_t = 7.51 \text{ V}; T_1 = 1.36 \text{ μs}; T_2 = 42.0 \text{ μs}; \beta' = 13.7\%$。

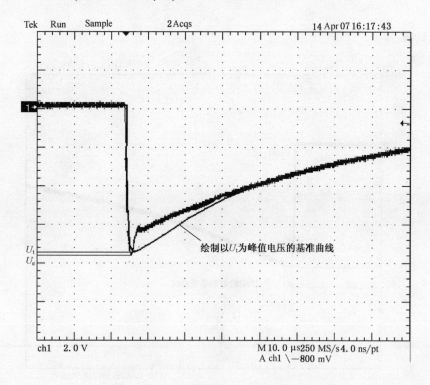

图 B.7　手动绘制基准曲线的雷电冲击电压波形

B.5.2.2　数字化计算结果

波形通过满足标准要求的测量软件进行处理和计算，如图 B.8。

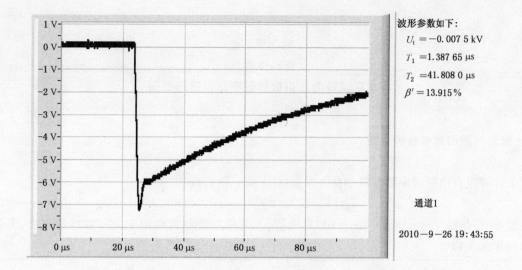

波形参数如下：

$U_t = -0.007\,5$ kV

$T_1 = 1.387\,65$ μs

$T_2 = 41.808\,0$ μs

$\beta' = 13.915\%$

通道1

2010—9—26 19：43：55

图 B.8　软件测量雷电冲击电压波形界面

附 录 C

（资料性附录）

求取试验电压函数的数字滤波器的举例

C.1 计算双指数函数拟合的导则

用于计算拟合曲线的函数有四个自由参数（U、τ_1、τ_2 和 t_d）：

$$u_d(t) = U\left[e^{-(t-td)/\tau_1} - e^{-(t-td)/\tau_2}\right] \quad\cdots\cdots\cdots\cdots\cdots\cdots(C.1)$$

莱温布-马夸特（Levenberg-Marquart）算法[7]及其演算曾经成功用于及录取线的拟合，下列软件包可以用于此类拟合：

软件包（试验版）	拟合函数
Matlab 及其优化工具(7.0.4 版)	Lqscurvefit
GNU Octave(3.2.0 版)	Leasqr
LabVIEW(LabVIEW 8 专业版)	Nonlinear Curve Fit
LabWindows/CVI(第 6 版)	NonLinearFit

设置 3 个参数初始假定值，可以缩短计算时间。对拟合函数，其初始假定值如下：

U——曲线的极限值；

τ_1——70 μs；

τ_2——0.4 μs；

t_d——曲线的实际原点或视在原点。

已经发现数据归一化（即对电压和时间刻度分距近似为 0～1）可以加速计算的收敛，然后，拟合后参数需还原到实际电压时间刻度。

牛顿-拉普森（Newton-Raphson）算法的结果与莱温布-马夸特算法的结果是一致的。

C.2 求取试验电压函数的数字滤波器的举例

为求取试验电压函数，必须建立其幅频响应等于试验电压函数的数字滤波器（附录 B 中式 B.2）。本附录中给出了有效和精确求取零相位 IIR 滤波器的例子，也可采用如通过频率采样方法得到的 FIR 滤波器，或用开窗任意响应滤波器设计算法得到的和商用软件中的其他滤波器。

以下描述基于正向计算的零相位 IIR（有限冲击响应）滤波器见文[8]。在该方法中，滤波器的衰减仅为所需的一半，而数据需两次通过滤波器，先正向后反向。该滤波器与试验电压函数之间的幅值误差和相位漂移小到可忽略不计。

仅需两个滤波器系数就可实现正向滤波。文[7]导出的创建滤波器的公式如下：

$$y(i) = b_0 x(i) + b_1 x(i-1) + a_1 y(i-1) \quad\cdots\cdots\cdots\cdots\cdots\cdots(C.2)$$

$b_0 = b_1 = x/(1+x)$

$a_1 = (1-x)/(1+x)$

$x = \tan\left[(\pi T_s/\sqrt{a})\right]$

式中：

$a = 2.2 \times 10^{-12}$（K 因数滤波器的一3 dB 点）；

T_s ——记录信号时使用的采样间隔；

$x(i)$——滤波器的输入采样排列（电压）；

$y(i)$——滤波器的输出采样排列。

例如，对 10 ns 采样间隔，可得到下列数据：

$a_1 = 0.958\,511\,3, b_0 = b_1 = 0.020\,744\,34$。

然后用所得的 IIR 正向滤波器根据下列差分方程进行两次滤波（一次正向，一次反向）：

$$y(i) = 0.020\,744\,34[x(i) + x(i-1)] + 0.958\,511\,3y(i-1) \quad \cdots\cdots\cdots\cdots(C.3)$$

为了避免 IIR 滤波器经常出现的数值问题，对滤波器系数必须有足够的有效位数（本例中有效位数为≥6）。

附　录　D
（资料性附录）
冲击电压函数评估冲击过冲背景介绍

D.1　GB/T 16927.1—1997 版标准情况

在 20 世纪 80 年代后期，大多数实验室用示波器记录冲击波形，此时需要花大量时间来读示波图，而且对各实验室的要求受到实际情况限制，很难规定示波器分辨率的限值。GB/T 16927.1—1997 将雷电冲击全波波形分为两类：即光滑的雷电冲击全波电压和带阻尼振荡的雷电冲击全波电压。实际上，所有冲击均带有振荡。因此，实验人员不得不对波形做出主观判断，什么情况下需将这类冲击看作带阻尼振荡的雷电冲击全波电压来处理。实际做法是，把带阻尼振荡的雷电冲击全波电压在振荡处画"平均曲线"来求取参数。因此，试验人员必须主观判断所画的光滑曲线是否正确。在该标准中还规定了"对单峰振荡峰值不能超过冲击电压峰值的 5%"这一限值。

在 GB/T 16927.1—1997 中的 7.1，给出了依据过冲的持续时间和频率来确定峰值的方法："对于一些试验回路，冲击峰值附近会有振荡或过冲，如果振荡频率不低于 0.5 MHz 或过冲时间不超过 1 μs，为了便于测量应当绘制一条平均曲线，该曲线的最大幅值作为峰值被定义为试验电压值"。

这样就出现了突变的情况（如图 D.1）。但当过冲已限制在 5% 及以内时，对示波图这样的处理方法认为是可接受的。

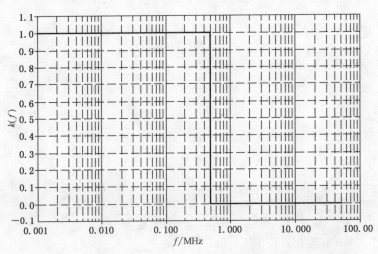

图 D.1　GB/T 16927.1—1997 中有效试验电压函数

这会导致测量一致性的 3 个问题：

1)　当过冲频率在 500 kHz 附近时，最大值到平均曲线最大值的突变会导致很大的误差。这种突变不能很好地说明绝缘材料的特性，而且也难以准确确定频率。

2)　选择平均曲线随意性很大，这对计算带阻尼振荡的雷电冲击全波的参数带来了很大的附加不确定度。与光滑冲击相比会导致参数估算时产生很大的不确定度。

3)　对冲击是光滑的，或仅带有很小叠加振荡时，也没有准确规定如何处理。

在过去的 20 年间，数字记录仪的使用越来越普遍，由软件来分析的数字记录仪的精确度远比 GB/T 16927.1—1997 规定的不精确的示波器的要高。许多用户开发了各种软件程序，这些软件经过了 IEC 61083-2 TDG 波形的测试，但其使用仍受到 GB/T 16927.1—1997 不精确定义的限制。由特定软件程序计算的参数值与 IEC 61083-2 中的参数值之间的差异给出了用于不确定度计算的附加分量。

D.2 解决办法的研究和软件开发情况

CIGRE WG D1.33(前身是 CIGRE WG33.03)收集了过去 20 年的这些问题,而且 IEC TC42 MT4 也一直在进行这方面的工作。

从 1997 年~1999 年由欧洲共同体资助的在 5 个研究院开展了一项调查,研究叠加在双指数雷电波上的不同频率和幅值的振荡对于 5 类绝缘击穿强度的影响,数据见图 D.2。结果给出了接近于双指数波叠加的光滑的雷电冲击全波电压下的击穿电压概率,还给出了叠加有不同频率和幅值的振荡的同一冲击波形时的击穿电压概率,并给出了光滑雷电冲击全波电压的等效电压值。叠加振荡频率 f 的影响因采用因数 $k(f)$ 而降低,即等效冲击的峰值等于施加光滑冲击的峰值加上振荡峰值的 $k(f)$ 倍。通过实验确定了 $k(f)$ 与频率的关系曲线,见图 D.2。

尽管数据非常散乱,但是主要结论很清楚。叠加振荡的影响取决于频率。换句话说,过冲幅值频率对绝缘强度的关系是一种渐变而不是急剧的突变过程。

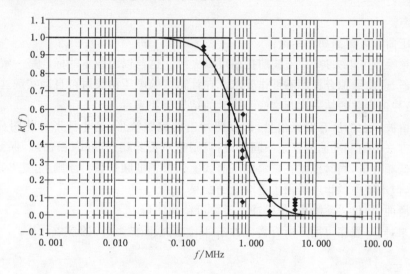

图 D.2 来自欧洲试验的数据点

研究人员引入因数 k,$k(f)$,来描述这个渐变过程。也就是现在标准中所称的试验电压函数:

$$U_t = U_b + k(f)(U_e - U_b) \quad\quad\quad\quad\quad\quad (D.1)$$

式中:

U_t——待确定的试验电压值;

U_b——拟合基准曲线的最大值;

U_e——原始记录曲线的最大值。

试验电压值 U_t 为等效光滑雷电冲击全波电压的最大值。"试验电压曲线"用于计算时间参数,因为这种方法很精确、可重复,且实用。试验电压曲线是一数学人工产物,不是等效光滑雷电冲击的物理表示。允许时间参数有大的容差是基于几十年的经验,欧洲试验的结果也支持了这样的事实,即时间参数对确定击穿来讲并不十分重要。因此,对时间参数的新计算方法只要足够接近用老方法计算的值即可。

$k(f)$ 的最佳公式在 CIGRE 进行过很多讨论。由于在过冲频率可能的最大范围,计算得出的起始和终止频率对结果影响不大,提出了一个简单公式(D.2)并被标准采纳。公式如下:

$$k(f) = \frac{1}{1 + 2.2f^2} \quad\quad\quad\quad\quad\quad\quad (D.2)$$

式中:

f——频率(MHz),见图 D.2。

由于原始数据来自叠加了振荡的双指数冲击波,标准中使用了称作"剩余滤波"的方法,即用 k 因数方程得到测量的冲击与拟合的双指数波之间的差。已经发现双指数函数的选择对最大值的估算并不非常关键,但为获得一致的时间参数的估算有必要规定双指数波拟合的方法。

因此,前面提到的 3 个问题得以解决:

——渐变过程代替了以前的突变过程,不需要再确定过冲频率。

——选取平均曲线的难题得以解决,因为引入了明确的基准曲线。

——所有雷电冲击电压均用一样的方法处理,不需要再确定冲击是否光滑。

另外,由于定义更加准确,且是基于数字记录处理,可用数字记录仪进行计算,从而可以获得很低的测量不确定度(许多实验室已经进行了计算)。

还考虑了若出现其他形式的畸变时由新程序求得的结果的一致性。这些畸变包括:

——波前振荡;

——叠加在过冲上的振荡;

——波尾振荡;

——高频噪声。

采用试验电压曲线可得到如下结论:

——所有高频噪声可以去掉,冲击波前振荡可以去掉。这与以前版本的标准是一致的,但对其他数字滤波器,或曲线拟合程序不再作要求。在计算试验电压曲线时可自动实现这些干扰的去除。结论是:冲击参数的结果比有这些干扰时的结果更加满意。

——可以保留波形上的所有低频信号,即保留冲击的完整波形,这个波形可能明显不同于基准曲线。该方法中的基准曲线仅是中间曲线,只用它来去除剩余曲线(振荡)。保留了剩余曲线上的所有低频分量,同时也就在试验电压曲线上保留了低频分量。原则上,这与以前版本标准是一致的,但本版中的程序给出了更满意的结果。

——若是光滑曲线,仅去除噪声,使得冲击参数可精确保留。

——一般说来,同一程序可用于所有雷电冲击(除波前截断波形外)的参数计算。

D.3 过冲限值

希望能明确给出等价于 GB/T 16927.1—1997 中所使用的过冲限值。"平均曲线"的随意性导致高的不确定度(估计为 2%)。双指数函数叠加后处在光滑曲线的下方,平均来说,约为 3%。为了涵盖几乎所有(97.5%)且被 GB/T 16927.1—1997 中所允许的带阻尼振荡的冲击,因此,将相对过冲限值设定为 10%。这样就允许和以前一样处理同一冲击波形,但允许用更精确的方法来分析。

注:某些情况下(如电力变压器),有过冲时无法确定对绝缘的作用情况,把相对过冲幅值的容差增加到 10% 会使正在试验的设备的结果产生影响。这种情况由有关技术委员会考虑。

D.4 超出限值的冲击

欧洲的研究中,阻尼振荡的幅值可达 20%,因此可以说明对绝缘的影响。但对一般试验,不需要超过 10%。对特殊情况,由有关技术委员会来确定最佳方案。剩余曲线可用于判断畸变的程度,且可用于检测严重畸变的波形,这种波形严重偏离双指数函数。

必须指出,这种方法是基于对绝缘的研究(如同 GB/T 16927.1—1997),并没有考虑高上升率对设备电场分布的影响。

本标准给出了一些新参数的定义(如极限值、平均上升率),这是由 CIGRE TF WG33.03 建议的。

附 录 E
（资料性附录）
确定大气修正因数时逆程序中的重复计算方法

E.1 概述

已经发现，如果 K_t 远小于 1（如 K_t=0.95 或更小），而不采用重复计算（见 4.3.3.2），大气修正因数 K_t 的计算误差很大。在典型的高海拔试验地点，由于空气压力低，因此 K_t 数值小是很普遍的。

本附录中给出的例子表明，当大气压力明显低于标准水平时，必须采用 4.3.3.2 的重复计算程序。示例还表明，对在接近海平面的地方进行试验时，通常不必采用重复计算程序。

E.2 大气压力随海拔高度的变化

海拔高度 10 000 m 以内，空气压力几乎随海拔高度的增加而线性下降。在给定的海拔高度下的大气压力可由下式计算求得：

$$p = 101.3 \times e^{-(H/8\,150)}$$

式中：

p ——大气压力，kPa；

H ——海拔高度，m。

空气压力 p 与海拔高度 H 的关系见图 E.1。表 E.1 列出了三个典型海拔的空气压力。

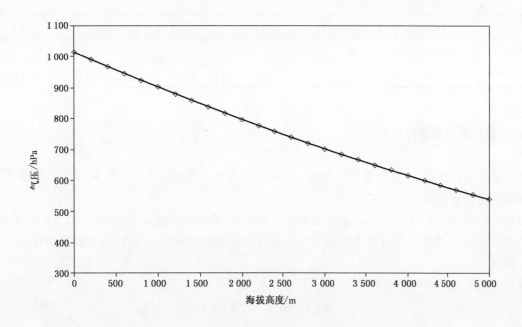

图 E.1 大气压力与海拔高度的关系

表 E.1　某些地点的海拔高度和空气压力

地　点	A	B	C
海拔高度/m	0	1 540	2 240
空气压力/kPa	101.30	83.86	76.96

E.3　K_t 对 U_{50} 的敏感度

50％破坏性放电电压 U_{50} 作为计算大气修正因数 K_t 的输入,对 50％破坏性放电试验,U_{50} 是试验结果并可能直接用于 K_t 的计算。可以忽略由于 U_{50} 的误差引起的 K_t 的误差。

然而,如果在进行电压耐受试验时 K_t 是用来修正试验电压,U_{50} 的值是不知道的。所以,4.3.4.3 推荐用规定的试验电压 U_0 的 1.1 倍来估算 U_{50}。即:$U_{50}=1.1U_0$,在计算 K_t 时用估算的 U_{50}。

用估算的 U_{50} 可能导致 K_t 的计算误差,因此修正试验电压 $U=K_tU_0$。

K_t 误差取决于对 U_{50} 的变化 K_t 有多大的敏感度。数值计算表明,K_t 相对于 U_{50} 的敏感系数在空气压力接近海平面时是非常小的,典型值为:5％的 U_{50} 的误差引起的 K_t 的误差小于 0.1％。在海拔高度约为 2 000 m 处的敏感系数随空气压力的下降而明显增大。在这一海拔高度,敏感系数的典型值为:5％的 U_{50} 的误差引起的 K_t 的误差约为 1％。

表 E.2 列出了计算得到的 K_t 初始值(未采用重复计算程序)以及交流试验电压为 395 kV 耐受试验时的敏感系数。该交流有效值对应于 GB/T 11022 中规定的 252 kV 断路器的相对地试验电压。

表 E.2　标准试验电压 395 kV 下,K_t 初始值以及对 U_{50} 的敏感系数

海拔高度/m	空气压力 kPa	空气温度/℃	相对湿度 RH ％	放电长度/m	K_t 初始值	dK_t/dU_{50} 1/kV
0	101.30	25.4	35	2.57	0.990 4	-4.1×10^{-5}
1 500	83.86	20	35	2.57	0.930 8	-2.7×10^{-4}
2 240	76.96	15	35	2.57	0.884 9	-4.3×10^{-4}

E.4　用重复计算程序进行计算

在重复计算程序中,一直要重复计算 K_t 直到其收敛于一恒定值为止。其剩余误差限由试验电压的总不确定度预计值确定。

用参数 U_{50} 计算 K_t(4.3.2)。以运行在海拔 2 240 m(接近西宁地区海拔)的 252 kV 断路器为例。第一个 K_t 为 $K_{t,0}$;和第一个试验电压值为 $U_{t,0}$ 是由 50％破坏性放电电压 $U_{50,0}$ 的初始估计值计算得到的。步骤如下:

规定的试验电压的峰值为:

$$U_{0p}=\sqrt{2}U_0=558.61 \text{ kV}$$

则:

$U_{50,0}=1.1U_{0p}=614.48 \text{ kV}$

$g=U_{50,0}/(500 L\delta k)=0.660 0$

$k_1=\delta^m=0.906 9$

$k_2 = k^w = 0.975\ 7$

$k_{t,0} = k_1 \times k_2 = 0.884\ 9$

$U_{t,0} = k_{t,0} \times U_{0p} = 194.30\ \text{kV}$

第 i 步中 $k_{t,i}$ 和 $U_{t,i}$ 的计算中用的 U_{50} 是用第 $i-1$ 步中的 $k_{t,i-1}$ 值求得的 K_t 来计算的，即：

$$U_{50,i} = 1.1\ U_{t,i-1} = 1.1\ k_{t,i-1} \times U_{0p}$$

下一个重复试验电压值 $U_{t,i}$ 的计算式为：

$$U_{t,i} = k_{t,i} \times U_{0p}$$

因此，重复上述步骤，可以得到：

$U_{50,1} = 1.1\ k_{t,0} \times U_{0p} = 543.72\ \text{kV}$

$g = U_{50,1}/(500\ L\delta k) = 0.584\ 0$

$k_1 = \delta^m = 0.930\ 3$

$k_2 = k^w = 0.982\ 0$

$k_{t,1} = k_1 \times k_2 = 0.913\ 6$

$U_{t,1} = k_{t,1} \times U_{0p} = 510.36\ \text{kV}$

$U_{50,2} = 1.1\ k_{t,1} \times U_{0p} = 561.40\ \text{kV}$

$g = U_{50,2}/(500\ L\delta k) = 0.603\ 0$

$k_1 = \delta^m = 0.924\ 7$

$k_2 = k^w = 0.980\ 5$

$k_{t,2} = k_1 \times k_2 = 0.906\ 7$

$U_{t,2} = k_{t,2} \times U_{0p} = 506.52\ \text{kV}$

$U_{50,3} = 1.1\ k_{t,2} \times U_{0p} = 557.17\ \text{kV}$

$g = U_{50,3}/(500\ L\delta k) = 0.598\ 5$

$k_1 = \delta^m = 0.926\ 1$

$k_2 = k^w = 0.980\ 9$

$k_{t,3} = k_1 \times k_2 = 0.908\ 4$

$U_{t,3} = k_{t,3} \times U_{0p} = 507.45\ \text{kV}$

$U_{50,4} = 1.1\ k_{t,3} \times U_{0p} = 558.19\ \text{kV}$

$g = U_{50,4}/(500\ L\delta k) = 0.599\ 6$

$k_1 = \delta^m = 0.925\ 8$

$k_2 = k^w = 0.980\ 8$

$k_{t,4} = k_1 \times k_2 = 0.908\ 0$

$U_{t,4} = k_{t,4} \times U_{0p} = 507.22\ \text{kV}$

上述最后两步中试验电压峰值之差为：

$$507.45\ \text{kV} - 507.22\ \text{kV} = 0.23\ \text{kV}$$

该值已经小于最后一步重复计算得到的试验电压峰值的 0.1%。将 0.1% 作为收敛限值是比较合适的，而且采用自动计算的话很容易达到。

第一个 k_t 估计值的误差 Δk_t(%) 和第一个试验电压峰值的误差 ΔU_t(%) 可分别为：

$$\Delta k_t = 100 \times (0.884\ 9 - 0.908\ 0)/0.884\ 9 = -2.61\%$$

$$\Delta U_t = 100 \times (494.30 - 507.22)/494.30 = -2.61\%$$

最终施加到试品上的交流试验电压(有效值)可由最终收敛的交流试验电压峰值来计算确定。对本例,其值为:

$$507.22 \text{ kV}/\sqrt{2} = 358.66 \text{ kV}$$

注:这个试验电压是指在海拔 2 240 m 处施加的电压,而设备则是安装在标准参考大气条件处(接近海平面);不是指安装在海拔 2 240 m 处的设备,在标准参考大气条件下所要施加的试验电压。

表 E.3 列出了用重复计算程序对表 E.2 中具有相同相对湿度和放电长度的其他海拔高度计算得到的 K_t 的初始值和收敛值。最后一列给出了与没有进行重复计算比较时的误差。计算结果还表明温度对误差的影响通常可以忽略。

表 E.3 395 kV 标准相对地交流试验电压下 K_t 的初始值和收敛值

海拔高度 m	空气压力/kPa	空气温度 ℃	K_t 初始值	K_t 收敛值	ΔK_t 或 ΔU_t (%)
0	101.30	25.4	0.990 4	0.990 7	−0.03
0	101.30	15	0.987 1	0.987 6	−0.05
1 540	83.86	20	0.930 8	0.940 4	−1.03
1 540	83.86	15	0.927 2	0.937 7	−1.14
2 240	76.96	20	0.890 7	0.912 0	−2.39
2 240	76.96	15	0.884 9	0.908 1	−2.62

E.5 小结

当 K_t 小于 0.95 时(这不能归因于零海拔处的不正常天气),由于不正确的 U_{50} 初始输入值引起 K_t 的误差很明显。引起 K_t 偏低的主要原因是因为在高海拔地点进行试验。示例表明即使在海拔高度为 1 540 m 处不采用重复计算程序,修正试验电压时的误差可高达 1.1%;对海拔约为 2 240 m 时,误差增加到了 2.6%。在零海拔处,这种误差通常可以忽略。

参 考 文 献

[1]　FESER, K. *Dimensioning of electrodes in the UHV range-Illustrated with the example of toroid electrodes for voltage dividers*. ETZ-A 96 (1975), 4 pp, 206-210.

[2]　HAUSCHILD, W. *Engineering the electrodes of HV test systems on the basis of the physics of discharges in air*. 9th ISH Graz (1995), Invited Lecture 9002.

[3]　CARRARA, G., and HAUSCHILD, W. *Statistical evaluation of dielectric test results.* Electra No.133 (1990), pp.109-131.

[4]　YAKOV, S. *Statistical analysis of dielectric test results*. CIGRE Brochure No.66 (1991)

[5]　HAUSCHILD, W., and MOSCH, W. *Statistical Techniques for HV Engineering*. IEE Power Series No.13, Peter Pereginus Ltd., London, 1992.

[6]　VARDEMAN, S.B. *Statistics for Engineering Problem Solving*. IEEE Press/PWS Publishing Company, Boston, 1994.

[7]　http://www.siam.org/siamnews/mtc/mtc 1093.htm.

[8]　LEWIN, Paul L., TRAN, Trung N., SWAFFIELD, David J., and HÄLLSTRÖM, Jari K. *Zero Phase Filtering for Lightning Impulse Evaluation: A K-factor Filter for the Revision of IEC 60060-1 and-2*. IEEE Transactions on Power Delivery, Vol.23, No.1, pages 3-12, January 2008.

[9]　GARNACHO, F., SIMON, P., GOCKENBACH, E., HACKEMACK, K., BERLIJN, S., and WERLE, P. Evaluation *of lightning-impulse voltages based on experimental results.* Electra No.204, October 2002.

[10]　HÄLLSTRÖM, JK. et al, *Applicability of different implementations of k-factor filtering schemes for the revision of* IEC 60060-1 *and-2*. Proceedings of the XIVth International Symposium on High Voltage Engineering, Beijing, 2005, paper B-32, p 92.

[11]　ISO Guide to the expression of uncertainty in measurement, 1995.

[12]　IEC 60060-2, High-voltage test techniques, Part 2: Measuring systems, Annex A.

[13]　IEC 62271-1 Ed.1.0: High-voltage switchgear and controlgear—Part 1: Common specifications.

ICS 19.080
K 40

中华人民共和国国家标准

GB/T 16927.2—2013
代替 GB/T 16927.2—1997

高电压试验技术　第2部分：测量系统

High-voltage test techniques—Part 2：Measuring systems

（IEC 60060-2：2010，MOD）

2013-02-07 发布

2013-07-01 实施

中华人民共和国国家质量监督检验检疫总局
中国国家标准化管理委员会　发布

前　言

GB/T 16927《高电压试验技术》已经或计划发布以下部分：
——第1部分：一般定义及试验要求；
——第2部分：测量系统；
——第3部分：现场试验的定义及要求。

本部分为 GB/T 16927 的第2部分。

本部分按照 GB/T 1.1—2009 给出的规则起草。

本部分代替 GB/T 16927.2—1997《高电压试验技术　第2部分：测量系统》。

本部分与 GB/T 16927.2—1997 相比，除编辑性修改外主要技术变化如下：
——增加并修改了与高电压测量相关的术语，特别是冲击电压测量系统的术语；
——对测量系统的使用和性能试验程序（包括周期）提出了更加明确的要求；
——对认可测量系统及其组件的校核提出了更细的要求，增加了软件处理的内容；
——对测量系统及其组件的不确定度分量及其确定方法给出了具体方法；
——删除了冲击电流测量系统的内容；
——删除了 1997 版标准中的附录 A；增加了新的附录 A，给出了不确定度及其分量的确定方法；
——删除了 1997 版标准中附录 B，增加了新的附录 B，给出了认可测量系统不确定度计算示例；
——对附录 C，阶跃响应测量进行了修订；
——删除了 1997 版标准中附录 D，增加了新的附录 D，用阶跃响应测量确定动态性能的卷积法；
——删除了 1997 版标准中附录 F，将这些内容放在相关标准条款中叙述。

本部分修改采用 IEC 60060-2：2010《高电压试验技术　第2部分：测量系统》。本部分与 IEC 60060-2：2010 的技术性差异及其原因如下：
——按照我国实验室认可测量系统不确定度的计算惯例，收集实验室高电压测量数据，给出高压（交流、冲击、雷电冲击）测量系统不确定度计算示例（见附录 B）；
——对于测量系统的性能校验程序的工作条件，考虑到我国高压测量仪器设备以及实验室的具体情况，增加"设备委员会可规定更长标定工作时间"的说明（见4.5）。

本部分还做了下列编辑性修改：
——对图3校准不确定度分量中图示公式有误处作出相应修改；
——对图 C.1a)　单位阶跃响应 $g(t)$ 的有关定义中符号有误处作出相应修改。

本部分与 IEC 60060-2：2010 的上述主要差异涉及的条款已通过在其外侧页边空白位置的垂直单线(|)进行了标示。

请注意本部分的某些内容可能涉及专利。本部分的发布机构不承担识别这些专利的责任。

本部分由中国电器工业协会提出。

本部分由全国高电压试验技术和绝缘配合标准化技术委员会(SAC/TC 163)归口。

本部分负责起草单位：西安高压电器研究院有限责任公司、国网电力科学研究院。

本部分参加起草单位：国家高压电器质量监督检验中心、国家绝缘子避雷器质量监督检验中心、清华大学、西安交通大学、南方电网科学研究院、深圳电气科学研究院、陕西电力科学研究院、江西省电力科学研究院、沈阳变压器研究院、昆明电器科学研究院、西安西电开关电气有限公司、西安西电变压器有限责任公司、保定天威保变电气股份有限公司、山东电力研究院、湖北省电力公司电力试验研究院、北京华天机电研究所有限公司、四川省绵竹西南电工设备有限责任公司、江苏盛华电气有限公司、桂林电力电容器有限责任公司、北京兴迪仪器有限责任公司、湖北省电力公司生产技术部、苏州华电电气股份有限责任公司。

　　本部分主要起草人：王建生、雷民、崔东、冯建强、戚庆成、张艳、李前、李彦明、危鹏。

　　本部分参加起草人：王亭、肖敏英、李世成、陈绍义、黄天顺、艾晓宇、廖学理、赵磊、周琼芳、汪涛、王琦、高永利、赵富强、薄海旺、蒲路、王军、李银行、邓永辉、周春荣、张健、黄永祥、肖传强、卢军、余青。

　　本部分所代替标准的历次版本发布情况为：
　　——GB/T 311—1964；
　　——GB 311.4—1983；
　　——GB 311.5—1983；
　　——GB/T 16927.2—1997。

高电压试验技术 第2部分：测量系统

1 范围

GB/T 16927 的本部分适用于在实验室和工厂试验中用于测量 GB/T 16927.1 规定的直流电压、交流电压、雷电和操作冲击电压的测量系统及其组件。现场试验测量见 GB/T 16927.3。

本部分规定的测量不确定度的限值适用于 GB 311.1 规定的试验电压，但其原则也适用于更高试验电压，此时不确定度可能较大。

本部分包含以下内容：

a) 定义所使用的术语；

b) 给出高压测量不确定度的估算方法；

c) 规定测量系统应当满足的要求；

d) 给出测量系统的认可方法及其组件的校核方法；

e) 给出测量系统满足本部分要求的程序，包括测量不确定度的限值。

2 规范性引用文件

下列文件对于本文件的应用是必不可少的。凡是注日期的引用文件，仅注日期的版本适用于本文件。凡是不注日期的引用文件，其最新版本（包括所有的修改单）适用于本文件。

GB 311.1 绝缘配合 第 1 部分：定义，原则和规则（GB 311.1—2012，IEC 60071-1，MOD）

GB/T 311.6 电压测量标准空气间隙（GB/T 311.6—2005，IEC 60052，MOD）

GB/T 7354 局部放电测量（IEC 60270，IDT）

GB/T 16896.1 高电压冲击测量仪器和软件 第 1 部分：对仪器的要求（IEC 61083-1，MOD）

GB/T 16896.2 高电压冲击测量仪器和软件 第 2 部分：软件的要求（IEC 61083-2，MOD）

GB/T 16927.1 高电压试验技术 第 1 部分：一般定义和试验要求（IEC 60060-1，MOD）

GB/T 16927.3 高电压试验技术 第 3 部分：现场试验的定义及要求（IEC 60060-3，MOD）

JJF 1059 测量不确定度评定与表示

3 术语和定义

下列术语和定义适用于本文件。

3.1 测量系统 Measuring systems

3.1.1

测量系统 measuring system

用于进行高电压测量的整套装置。用于获取或计算测量结果的软件也是测量系统的一部分。

注 1：测量系统通常包括以下组件：

- 带引线的转换装置，该引线是指转换装置与试品或回路的连接以及接地连接；
- 连接转换装置的输出端到测量仪器（并附有衰减、终端匹配阻抗或网络）的传输系统；

- 带有电源线的测量仪器；仅由以上某些组件组成或基于非传统原理的测量系统，只要符合本部分规定的不确定度要求也是可以接受的。

注2：测量系统所处的环境，如与带电体和接地物体的净距、周围电场或磁场等都可能明显影响测量结果及其不确定度。

3.1.2

性能记录　record of performance

使用者建立并保存的测量系统的详细记录，是说明系统和表明系统达到标准所列要求的证明文件。

注：文件中应包含初始性能试验结果和历次性能试验，性能校核结果以及相应性能试验（校核）的周期。

3.1.3

认可测量系统　approved measuring system

满足本部分给出的一组或几组要求的测量系统。

3.1.4

标准测量系统　reference measuring system

通过校准可溯源到相关国家和/或国际基准，且具有足够的准确度和稳定性的测量系统。在进行特定波形和特定电压范围内的比对测量中，该系统用于认可其他的测量系统。

注：满足本部分要求的标准测量系统可作为认可测量系统使用，但认可测量系统不能作为标准测量系统使用。

3.2　测量系统组件　Components of a measuring system

3.2.1

转换装置　converting device

将被测量转换成测量仪器可记录或显示的量值的装置。

3.2.2

分压器　voltage divider

由高压臂和低压臂组成的转换装置。输入电压加到整个装置上，而输出电压则取自低压臂。

注：两个臂的元件通常是电阻、电容或两者的组合体。装置的名称取决于元件的类型及布置（例如，电阻、电容或阻容）。

3.2.3

电压互感器　voltage transformer

包含有一变压器的转换装置，在正常使用条件下，其二次电压基本正比于一次电压；对正确的连接方式，其相位差近似为零。

3.2.4

电压转换阻抗　voltage converting impedance

承载与施加电压成比例的电流的转换装置。

3.2.5

电场探头　electric-field probe

测量电场幅值和波形的转换装置。

注：当测量不受电晕或空间电荷的影响时，电场探头可用来测量产生电场的电压波形。

3.2.6

传输系统　transmission system

将转换装置的输出信号传输到测量仪器的一套装置。

注1：传输系统一般由带终端阻抗的同轴电缆组成，还可包括转换装置与测量仪器之间所连接的衰减器、放大器或其他装置，例如，光纤系统包括光发射器、光缆和光接收器以及相应的放大器。

注2：传输系统可全部或部分地归入转换装置或测量仪器中。

3.2.7

测量仪器　measuring instrument

单独或与外加装置一起进行测量的装置。

3.3　刻度因数　scale factor

3.3.1

测量系统的刻度因数　scale factor of a measuring system

与测量仪器的读数相乘便得到整个测量系统的输入量值的因数。

注1：对不同的标定测量范围、不同的频率范围或不同的波形，一个测量系统可有多个刻度因数。

注2：直接显示输入量值的测量系统，其标称刻度因数为1。

3.3.2

转换装置的刻度因数　scale factor of a converting device

与转换装置的输出量值相乘便得到其输入量值的因数。

注：转换装置的刻度因数可以是无量纲的（例如分压器的分压比），也可以是有量纲的（例如电压转换阻抗的阻抗）。

3.3.3

传输系统的刻度因数　scale factor of a transmission system

与传输系统的输出量值相乘便得到其输入量值的因数。

3.3.4

测量仪器的刻度因数　scale factor of a measuring instrument

与仪器的读数相乘便得到其输入量值的因数。

3.3.5

标定刻度因数　assigned scale factor

F

最近一次性能试验所确定的测量系统的刻度因数。

注：一个测量系统可有多个标定刻度因数。例如，若系统有几个测量范围和/或标称时段（见3.5.4），每个范围或标称时段可有不同的刻度因数。

3.4　额定值　rated values

3.4.1

工作条件　operating conditions

规定的条件范围，在此条件范围内测量系统能在规定的不确定度范围内工作。

3.4.2

额定工作电压　rated operating voltage

测量系统可适用的具有规定频率或波形的最大电压水平。

注：额定工作电压可高于标定测量范围的上限。

3.4.3

标定测量范围　assigned measurement range

用单一刻度因数来表征的具有规定频率或波形的测量系统可能工作的电压范围。

注1：标定测量范围限值可由使用者选定，并经本部分规定的性能试验加以验证。

注2：对于含有多个刻度因数的测量系统可有多个标定测量范围。

3.4.4

标定工作时间　assigned operating time

对直流或交流电压，测量系统能在标定测量范围上限工作的最长时间。

3.4.5

标定施加频次 assigned rate of application

测量系统能在标定测量范围上限工作,并在规定的时间间隔内所能承受的规定冲击电压的最大次数。

注:该次数通常以每分钟施加次数以及以数分钟或数小时为时间间隔内的施加次数来表示。

3.5 有关动态特性的定义 definitions related to the dynamic behaviour

3.5.1

测量系统的响应 response of a measuring system

G

当系统的输入端施加规定的电压时的输出,该输出是时间或频率的函数。

3.5.2

幅-频响应 amplitude-frequency response

$G(f)$

当输入为正弦波时,测量系统的输出和输入之比值与频率 f 的关系(见图1)。

3.5.3

阶跃响应 step response

$G(t)$

当输入为一个阶跃波时,测量系统的输出与时间的关系。

注:关于阶跃响应和阶跃响应参数的详细信息参见附录C。

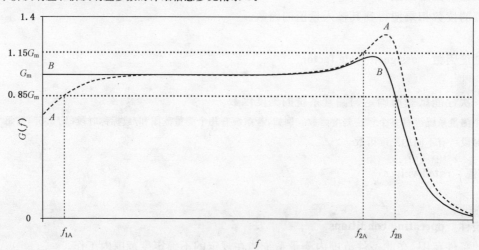

说明:曲线 A 示出了上、下限频率;曲线 B 为一个下限直到直流的恒定的响应。

图 1 幅-频响应及限值频率(f_1、f_2)示例

3.5.4

标称时段(仅对冲击测量) nominal epoch(impulse voltage only)

τ_{N1}

测量系统被认可的相关冲击电压时间参数最小值(t_{min})和最大值(t_{max})之间的间隔。

注1:相关的时间参数是:

- 全波和波尾截断雷电冲击的波前时间 T_1;
- 波前截断雷电冲击的截断时间 T_C;
- 操作冲击的峰值时间 T_P。

注2:对于不同的波形,一个测量系统可能有一个以上的标称时段。例如,一个特定的测量系统可以认可如下标称时段:

- 对全波或波尾截断的雷电冲击,标定刻度因数 F_1 被认可的标称时段 τ_{N1} 为 $T_1 = 0.8\ \mu s \sim 1.8\ \mu s$;
- 对波前截断的雷电冲击,标定刻度因数 F_2 被认可的标称时段 τ_{N2} 为 $T_C = 0.5\ \mu s \sim 0.9\ \mu s$;
- 对操作冲击,标定刻度因数 F_3 被认可的标称时段 τ_{N3} 为 $T_p = 150\ \mu s \sim 500\ \mu s$。

注3:"波前截断冲击"是指冲击截断发生在波前 $0.5\ \mu s$ 到峰值时间的范围内,以区别于截断时间大于峰值时间的"波尾截断冲击"。

3.5.5

限值频率 limit frequencies

f_1 和 f_2

幅-频响应近似恒定范围的频率的下限和上限(见图 1)。

注:该上、下限是响应第一次偏离恒定值某一数值(例如 $\pm15\%$)的位置。容许的偏离与测量系统可接受的不确定度有关。

3.6 有关不确定度的定义 definitions related to uncertainty

3.6.1

容差 tolerance

测量值与规定值之间的允许差值。

注1:此差值应区别于测量不确定度。

注2:测得的试验电压应在规定试验电压的给定容差范围内。

3.6.2

误差 error

被测量值与参考量值之差。

3.6.3

(测量)不确定度 uncertainty(of measurement)

表征合理地赋予被测量之值的分散性,与测量结果相联系的参数。

注1:不确定度是不带符号的正数。

注2:电压测量的不确定度不应与规定试验电压的容差相混淆。

注3:更多信息参见附录 A 和附录 B。

3.6.4

标准不确定度 standard uncertainty

u

以标准偏差表示的测量结果的不确定度。

注1:标准不确定度与被测值的估计值有关,与被测值有相同的量纲。

注2:某些情况下,可以使用测量的相对标准不确定度,测量的相对标准不确定度是标准不确定度除以被测值,因此是无量纲值。

3.6.5

合成标准不确定度 combined standard uncertainty

u_c

当测量结果是由若干个其他分量的值求得时,测量值的标准不确定度等于各分量的方差或协方差总和的平方根的正值。计算时需依据各分量对测量结果的影响权重。

3.6.6

扩展不确定度 expanded uncertainty

U

确定测量结果区间的量,合理赋予被测量之值分布的大部分可望含于此区间。

注1:扩展不确定度非常接近本部分较早版本中的"总不确定度"。

注2:由于覆盖概率小于 100%(见 3.6.7),不可知的试验电压的真值可能落在不确定度的限值之外。

3.6.7

覆盖因子(包含因子) coverage factor

k

为求得扩展不确定度,与合成标准不确定度相乘的数字因子。

注:对95%覆盖概率和正态(高斯)概率分布,覆盖因子约为$k=2$。

3.6.8

(不确定度的)A 类评定 Type A evaluation(of uncertainty)

对一系列观测值进行统计分析来评定标准不确定度的方法。

3.6.9

(不确定度的)B 类评定 Type B evaluation(of uncertainty)

对一系列观测值进行非统计分析来评定标准不确定度的方法。

3.6.10

可溯源性 traceability

通过一条具有规定不确定度的不间断的比较链,使测量结果或测量的标准值能够与规定的参考标准,通常是与国家测量基准或国际测量基准联系起来的特性。

3.6.11

国家计量研究机构 National Metrology Institute

由国家指定的对一个或多个量的国家测量基准进行开发和维护的科研机构。

3.7 有关测量系统试验的定义 Definitions related to tests on measuring systems

3.7.1

校准 calibration

在规定条件下,为确定测量仪器或测量系统所指示的量值,或实物量具或参考物质所代表的量值,与对应的由标准所复现的量值之间关系的一组操作。

3.7.2

型式试验 type test

在一套(台)或多套(台)典型测量系统或测量装置上进行的符合性试验。

注:测量系统的型式试验可理解为,对相同设计的整套测量系统或单个组件在工作条件下检测其性能的试验。

3.7.3

例行试验 routine test

每个单套测量系统或其组件加工期间或加工后进行的符合性试验。

注:例行试验可理解为对每个整套测量系统或每个组件在工作条件下检测其性能的试验。

3.7.4

性能试验 performance test

对整套测量系统在工作条件下检测其性能的试验。

3.7.5

性能校核 performance check

验证最近一次性能试验所确定的结果是否仍有效所进行的简化试验。

3.7.6

参考记录(仅对冲击测量) reference record(impulse measurements only)

性能试验中规定的条件下得到的记录,可用来与将来进行的相同条件下试验或校核所得的记录进行比较。

参考记录经常被称作"指纹",用于表征动态特性。冲击电压测量经常从阶跃响应测量中提取参考记录。

4 测量系统的使用和性能校验程序

4.1 概述

每个认可测量系统在其整个使用寿命期间均需经初始试验、性能试验(周期性的,见 4.2)及其性能校核(周期性的,见 4.3)。初始试验包括型式试验(在相同设计的单个组件或系统上进行)和例行试验(在每个组件或系统上进行)。

性能试验和性能校核应证明测量系统可对拟测量试验电压进行测量,且应满足本部分给出的不确定度要求,而且该测量可溯源到相应的国家或国际测量基准。只有在其性能记录中包含系统布置和工作条件的情况下,测量系统才能被认可。

测量系统的转换装置、传输系统、测量仪器的主要要求是在规定的工作条件范围内应稳定,保证测量系统的刻度因数在长时间内保持恒定。

标定刻度因数通过性能试验校准确定。使用者应采用本部分规定的试验来评定其测量系统。当然,使用者也可选择由国家计量机构或有资质的校准实验室来进行性能试验。不论采取何种方式,使用者应将试验数据存入性能记录中。

任一校准应溯源到国家和/或国际基准。使用者应保证每次自行校准是由能胜任的人员使用标准测量系统和合适的操作程序进行。

注:由国家计量机构或有资质的校准实验室进行的校准及其出具的报告、证书可以认为是已溯源到国家和/或国际基准。

4.2 性能试验周期

为保持测量系统的性能,应定期重复性能试验以确定其标定刻度因数。性能试验周期应基于以往测量系统的稳定性评估。建议性能试验应每年重复一次,最大时间间隔不应超过 5 年。

注:性能试验的周期加长会增加测量系统变化未被发现的风险。

测量系统经过大修后以及回路布置超出性能记录中给出的使用范围时均应进行性能试验。

由于性能校核中发现标定刻度因数不再有效而必须进行性能试验时,在性能试验前应先研究发生变化的原因。

4.3 性能校核周期

应根据性能记录中记录的测量系统稳定性的时限进行性能校核。与最近性能试验或性能校核的时间间隔不应超过 1 年。

对新的或检修过的系统应缩短其性能校核的时间间隔以确定其稳定性。

由于性能校核的准确度要求低于性能试验的要求,因此对性能校核不规定标准方法。

4.4 对性能记录的要求

4.4.1 性能记录的内容

所有试验和校核结果包括获取这些结果的条件均应保存在由使用者建立并保存的性能记录中(根据地方法规和质量体系允许由纸质文件或电子文档储存),性能记录应包含测量系统的每个组件,而且保证测量系统的性能完整连续可查。

性能记录至少包括以下信息:

——测量系统的一般说明;

——转换装置、传输系统和测量仪器、测量系统(如果已进行的)的型式试验和例行试验结果;

——测量系统的每次性能试验结果；

——测量系统的每次性能校核结果。

注：测量系统的一般说明通常由测量系统的主要指标和功能组成，比如：额定工作电压、波形、净距范围、工作时间、或电压最大施加频次。对许多测量系统而言传输系统以及高压和接地布置的信息是重要的。如果需要，测量系统的组件说明还应包括测量仪器的型号和相关文件。

4.4.2 例外情况

对本部分 1997 版公布前制造的测量系统或组件，所要求的型式试验和例行试验有些部分证明文件可能无法获得。按较早版本的标准进行性能试验和校核，只要表明刻度因数是稳定的，就认为是足够了，但这些早期校核记录结果应录入性能记录中。

由几件可互换使用的装置组成的认可测量系统应包括各种最少重复组合的单独性能记录，即每一装置应单独记录，而传输系统和测量仪器可综合记录。

4.5 工作条件

认可的电压测量系统应直接与试品两端相连，或使试品两端和测量系统间的电压差可被忽略。连接时应使试验和测量回路之间的杂散耦合减至最小。

注 1：杂散耦合还需进一步研究。

在性能记录给出的整个工作和环境条件范围内，认可测量系统的不确定度应当在本部分所规定的范围内。

对交、直流电压应规定测量系统的标定工作时间。

注 2：推荐最短标定工作时间为 1 h。有关设备委员会可规定更长的标定工作时间。[1]

对冲击电压应规定最大施加频次。

注 3：推荐最大施加频次的最小值为 1 次/min 或 2 次/min，且应根据转换装置的尺寸来规定。

应当注明测量系统组件满足本部分要求的环境条件范围。

4.6 不确定度

按本部分进行的所有测量的不确定度应依据 JJF 1059 规范进行评定。

评定不确定度的程序可按 JJF 1059 规范以及本部分给出的方法进行。本部分第 5 章中给出的简化程序对高电压试验中常用的仪表设备和测量布置已足够了。但是，使用者也可从 JJF 1059 规范中选取其他合适的程序，附录 A 和附录 B 简要给出了这些程序。

通常，被测量需要考虑的是测量系统的刻度因数。但是在某些情况下还应考虑其他量值，例如冲击电压的时间参数及其误差。

注 1：对特殊的转换装置其他量是常用的。例如，分压器是由使用范围内的分压比及其不确定度进行表征，电压互感器则由变比误差、相位差和相应的不确定度进行表征。

依据 JJF 1059，测量的不确定度由 A 类和 B 类（见 5.10、5.11 和附录 A）合成不确定度确定。应从测量结果、制造商手册、校准证书以及测量期间影响因素的合理估算值中获得。例如，第 5 章中所述的影响因素包括温度影响和邻近效应；其他的如测量仪器的有限分辨率也应包括在内（如果需要）。

注 2：测量仪器的分辨率，如记录仪的位数较低，可能是不确定度的重要影响因素。

实际电压试验期间，除了校准证书中所述刻度因数的校准不确定度，通常需要考虑附加的影响因素，以获得试验电压值的测量不确定度。

第 5 章及附录 A 和附录 B 中给出了需要考虑的不确定度分量及其合成不确定度的确定导则。不确定度应以覆盖概率近似为 95% 的扩展不确定度给出，在正态分布的假定下，覆盖因子 $k=2$。

---

1) 采标说明：根据我国实际情况，增加此说明。

本部分中,刻度因数的不确定度和电压测量的不确定度(5.2~5.10)是用相对不确定度来表示的,而不是 JJF 1059 规范通常考虑的绝对不确定度。在 5.11 以及附录 A 和附录 B 中,对时间参数直接采用 JJF 1059 规范并以绝对不确定度来表示。

5 对认可测量系统及其组件的试验和试验要求

5.1 一般要求

应依据规定的性能试验进行校准来确定测量系统的标定刻度因数。对标定的测量范围,标定刻度因数是唯一值。如果需要,不同的标定测量范围可规定不同刻度因数。

对冲击测量系统,性能试验还应表明其动态特性足以满足规定的测量要求,而且其任意干扰水平未超出规定范围。

因为设备的大尺寸和实际环境条件,校准应尽量在现场通过与标准测量系统的比对来进行。

较小尺寸的测量系统或其组件可送到其他实验室按其工作条件布置进行校验。但是,干扰试验(如果规定),应在使用者实验室进行。

如果转换装置对邻近效应是敏感的,则应确定有效标定刻度因数对应的净距范围,且应保存在性能记录中。每一净距范围对应的标定刻度因数均应验证。

应当在标定测量范围内确定测量系统的刻度因数,最好是通过与标准测量系统的比对来确定。但是,高电压的标准测量系统很难获得,比对可在大于或等于 20%标定测量范围内进行,前提是已证明从该电压至标定测量电压范围最高值是线性的。

所有用于确定测量系统刻度因数的设备应可溯源至国家和/或国际基准的校准。

注:由国家计量机构或有资质的校准实验室进行的校准及其出具的报告、证书可以认为是已溯源到国家和/或国际基准。

对认可测量系统的校准结果有重要影响的条件应包含在性能记录中。

5.2 校准—确定刻度因数

5.2.1 通过与标准测量系统比对进行校准(优选方法)

5.2.1.1 比对测量

整套测量系统的刻度因数是通过与标准测量系统的比对确定的。

用于校准的输入电压应与被测电压具有相同类型、频率或波形。如不满足此条件,应估算相关不确定度分量。

对溯源至国家计量机构的比对标准测量系统,应与被校测量系统并联连接。应采取措施避免转换装置和测量仪器间的接地环路。两个系统应同时读数。由标准测量系统读到的每次测量的输入量除以被校测量系统仪器的相应读数求得该次测量的刻度因数 F_i 值。重复该测量 n 次求取被校测量系统在某一电压水平 u_g 下的刻度因数平均值 F_g。平均值由式(1)给出:

$$F_g = \frac{1}{n}\sum_{i=1}^{n} F_{i,g} \quad\quad\quad\quad\cdots\cdots\cdots\cdots\cdots\cdots（1）$$

F_g 的相对标准偏差 s_g 由式(2)给出:

$$s_g = \frac{1}{F_g}\sqrt{\frac{1}{n-1}\sum_{i=1}^{n}(F_{i,g}-F_g)^2} \quad\quad\cdots\cdots\cdots\cdots\cdots\cdots（2）$$

平均值 F_g 的 A 类相对标准不确定度 u_g 由式(3)求得(参见附录 A):

$$u_g = \frac{s_g}{\sqrt{n}} \quad \cdots\cdots\cdots\cdots\cdots\cdots\cdots\cdots\cdots\cdots\cdots\cdots \quad (3)$$

注 1：通常独立读数 $n=10$ 已足够。

注 2：对交、直流电压的测量，独立读数可通过施加试验电压读取 n 个读数或施加 n 次电压读取每次读数来求得。对冲击电压则是施加 n 次冲击。

有多个标定测量范围（例如有几个低压臂的分压器）或采用不同传输系统的测量系统应当对每个范围或每个传输系统进行校准。有二次衰减器的测量系统，只要能够通过其他试验证明对所有设置该转换装置的输出负载是不变的，可仅在一个设置上校准，这种情况应分别校准二次衰减器的所有范围。

刻度因数应在整个标定测量范围由以下 5.2.1.2（优选）、5.2.1.3 和 5.2.2 所述方法之一确定。

5.2.1.2 全部标定测量范围内进行比对

该试验包括标定刻度因数的确定和线性度的确定，应在标定测量范围的最小和最大值之间直接与标准测量系统进行比对来确定刻度因数，而且还应在至少 3 个近乎相等间隔的中间值下进行比对（见图 2）。标定刻度因数即为 h 个电压水平下记录到的所有刻度 F_g 因数的平均值见式（4）：

$$F = \frac{1}{h}\sum_{g=1}^{h} F_g, \text{ 其中 } h \geqslant 5 \quad \cdots\cdots\cdots\cdots\cdots\cdots\cdots \quad (4)$$

取各个 A 类标准不确定度中的最大值[见式（5）]作为标定刻度因数 F 的标准不确定度（见图 3）。

$$u_A = \max_{g=1}^{h} u_g \quad \cdots\cdots\cdots\cdots\cdots\cdots\cdots\cdots\cdots\cdots \quad (5)$$

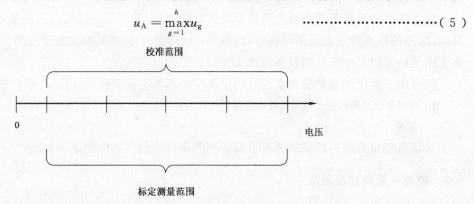

图 2　全电压范围内比对的校准

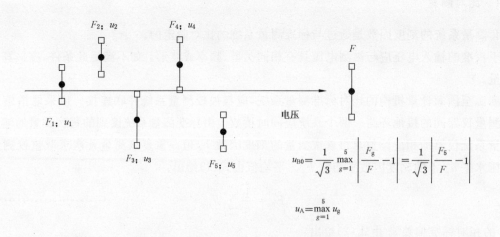

图 3　校准的不确定度分量（最少取 5 个电压水平的示例）[2]

---

[2]　采标说明：IEC 图中公式有误，这里已作修改。

F 中非线性度的影响估计为一个 B 类标准不确定度，由式(6)表示：

$$u_{B0} = \frac{1}{\sqrt{3}} \max_{g=1}^{h} \left| \frac{F_g}{F} - 1 \right| \quad \cdots\cdots\cdots\cdots\cdots\cdots\cdots (6)$$

注 1：在评估刻度因数的扩展不确定度时，如果将修约值 F_0 和 F 的差值作为 B 类不确定度的分量来考虑，可将 F_0 作为标定刻度因数。

注 2：应在校准证书中给出 h 个电压水平下对应的每个刻度因数及其不确定度。

5.2.1.3 有限电压范围内的比对

在标定测量范围超过标准测量系统测量范围的情况下，应比对至标准测量系统最高电压来确定刻度因数。应在不低于标定测量范围 20% 的电压下进行比对(见图 4)。

应依据 5.3 补充进行线性度试验。使用测量系统时，计算测量不确定度时应考虑与线性度有关的不确定度分量，见 5.10.3。

与标准测量系统比对在 $a \geqslant 2$ 个电压水平下进行，最高电压水平等于标准测量系统的最高电压值。所需的线性度试验在 $b \geqslant 2$ 个电压水平下进行，其中一个电压水平应等于比对最高电压水平(见 5.3)。所选取的电压水平至少包括标定测量范围的最大、最小值，因此，

$$a + b \geqslant 6$$

标定刻度因数 F 即为标准测量系统记录的刻度因数的平均值见式(7)：

$$F = \frac{1}{a} \sum_{g=1}^{a} F_g \quad \cdots\cdots\cdots\cdots\cdots\cdots\cdots (7)$$

刻度因数 F 的标准不确定度由以下两个分量构成：

A 类标准不确定度，即为单个标准不确定度 u_g 的最大值见式(8)：

$$u_A = \max_{g=1}^{a} u_g \quad \cdots\cdots\cdots\cdots\cdots\cdots\cdots (8)$$

和校准值中的非线性分量见式(9)：

$$u_{B0} = \frac{1}{\sqrt{3}} \max_{g=1}^{a} \left| \frac{F_g}{F} - 1 \right| \quad \cdots\cdots\cdots\cdots\cdots\cdots\cdots (9)$$

注：在评估刻度因数的扩展不确定度时，如果将修约值 F_0 和 F 的差值作为 B 类不确定度的分量来考虑，可将 F_0 作为标定刻度因数。

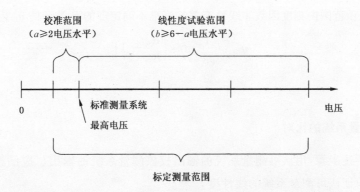

图 4　有限电压范围比对和附加线性度试验的校准

5.2.2　由测量系统组件刻度因数确定测量系统刻度因数(替代方法)

测量系统的标定刻度因数应为其转换装置、传输系统、二次衰减器以及测量仪器的刻度因数的乘积。

对转换装置和传输系统或它们的组合,其刻度因数应由以下方法之一进行测量。对仅以电缆组成的传输系统不要求单独试验。测量仪器的刻度因数的确定是依据相关标准(见第 2 章,特别是 GB/T 16896.1 和 GB/T 16896.2)或依据第 5 章实施校准和试验。

组件刻度因数可通过以下方法之一进行确定:

——与标准组件比对(例如:分压器与标准分压器比对)或采用精确的低压校准器;

——同步测量其输入输出量;

——电桥法或精确的低压下的变比测量;

——基于所测阻抗的计算。

注 1:应当采取措施确保测量中包括了杂散电容或耦合电容的影响以及组件间的相互影响。

对测量系统的每一组件,应估算 A 类和 B 类不确定度分量(5.2~5.9),确定每一组件的合成不确定度时应考虑校准中使用的测量装置的不确定度分量。

注 2:组件校准法中不确定度分量的估算要求对每一组件在全范围条件内,如电压、温度、邻近效应等对结果的影响,这种分析比较复杂,需要对测量过程有深入的了解。

应根据 JJF 1059 规范(见附录 A 和附录 B,尤其是 B.2 示例),通过将各组件合成不确定度的组合来求取电压测量的扩展不确定度。

时间参数测量不确定度的估算应按 5.11 进行,与电压测量的原则相同。

5.3 线性度试验

5.3.1 应用

该试验仅是为了依据 5.2.1.3 进行校准的最大电压的刻度因数提供一个扩展的有效范围,即扩展至标定测量范围的最高限值(见图 4)。

测量系统的输出应与线性度已被认可或其被推测在全电压范围是线性的装置或系统进行比对(见 5.3.2)。使用该方法得到的不满足要求的线性度不一定意味着系统非线性。在这种情况下可选择其他适合线性度测量的试验。应按 5.2.1.1 从标定测量范围的最高限值到确定刻度因数的电压值范围中给出 b 个不同电压值内测量系统与比对装置或系统的读数之比值(见图 4)。

线性度的评估是基于 b 个测量电压和对应比对装置电压之比值 R_g 与平均值 R_m 的最大偏差。该最大偏差作为与在扩展电压范围内刻度因数非线性有关的标准不确定度的 B 类评估 u_{B1}[见式(10)、图 5]:

$$u_{B1} = \frac{1}{\sqrt{3}} \max_{g=1}^{b} \left| \frac{R_g}{R_m} - 1 \right| \quad \cdots\cdots\cdots\cdots\cdots\cdots\cdots\cdots\cdots\cdots (10)$$

5.3.2 替代方法

5.3.2.1 与认可测量系统的比对

应依据 5.3.1 所述步骤,用认可测量系统的输出校核测量系统的输出。应已按 5.2 给出的校准的优选标准方法予以验证认可测量系统的线性度。

5.3.2.2 与线性高压发生器的输入电压比对

考虑 5.3.1 所述电压水平,用高压发生器的输入电压校核测量系统的输出。

注 1:此方法尤其适用于多级冲击电压发生器充电电压或多级直流电压发生器的交流输入。

注 2:应当注意电压发生器所有级的均匀充电。必须让发生器所有级有足够的时间充电后再触发。

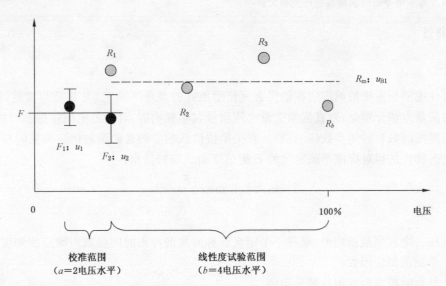

说明：

F_1，F_2 ——由标准分压器在校准范围内确定的刻度因数；

u_1，u_2 ——刻度因数 F_1 和 F_2 的标准不确定度；

F ——F_1 和 F_2 的平均值；

$R_1 \cdots R_b$ ——仅是在扩展电压范围内线性度试验确定的比值；

R_m ——在扩展电压范围内线性装置确定的比值的平均值；

u_{B1} ——扩展电压范围内刻度因数非线性引起的B类标准不确定度。

图 5 用线性装置在扩展电压范围内进行测量系统的线性度试验

5.3.2.3 与电场测量仪器输出比对（电场探头）

可用相关的电场测量系统校核测量系统，该电场探头放置在某一正比于被测电压的电场中并测量电场。

电场测量系统应当对被测电压类型有足够的响应。

注1：该方法可用于测量电晕起始电压（见 GB/T 7354）。

注2：此方法适用于测量交流电压和冲击电压。

5.3.2.4 与 GB/T 311.6 推荐的标准空气间隙比对

可用球隙校核交流、雷电冲击或操作冲击电压测量系统。对直流电压测量系统应使用棒-棒间隙。两种情况下的比对均应依据 GB/T 311.6 给出的方法进行。

整个线性度试验应当在大气条件不改变且由此不需进行大气修正的短时间内进行。否则，须依据 GB/T 16927.1 进行大气条件的修正。

5.3.2.5 多级转换装置（分压器）的方法

对一个由几个相同高压单元组成的转换装置，应进行以下试验：

——在一个等效的完整转换装置（安装了电极）上进行第6章～第9章规定的型式试验。

——在5个均等间隔的电压下测量每一个高压单元的电容和/或电阻值。由测得的值和低压臂值计算对应电压下的刻度因数(类似于 5.2.1.2 的规定)。

——对装配好的转换装置的校核不应受电晕及在标定测量范围的上限电压的其他影响。

注:可视及可见电晕或泄漏电流会产生很大影响。

5.4 动态特性

5.4.1 概述

一个组件或测量系统的响应应在能代表其使用条件的条件下确定,尤其是与接地体和带电体的距离。优选的测量方法分别是:对直流和交流电压测量其幅频响应;对冲击电压在标称时段的上限和下限分别确定其刻度因数和时间参数(5.4.3)。有关单位阶跃响应测量的附加信息参见附录 C。

有关动态特性的相对标准不确定度的 B 类估算由式(11)给出:

$$u_{B2} = \frac{1}{\sqrt{3}} \max_{i=1}^{k} \left| \frac{F_i}{F} - 1 \right| \quad\quad\quad\quad\quad\quad (11)$$

式中:

k ——在一个频率范围内的,或在一个定义标称时段的冲击时间参数内确定的刻度因数的次数;

F_i ——单独的刻度因数;

F ——标称时段内刻度因数的平均值。

5.4.2 幅频响应的确定

向系统或组件施加一已知幅值的正弦输入,测量其输出,该试验通常是在低电压下进行。测量在一个合适的频率范围内重复进行,刻度因数的偏差应按式(11)进行计算。

5.4.3 冲击电压测量系统的标准方法

用校准刻度因数(见 5.2)时得到的冲击电压的记录来确定标称时段的限值,应按式(11)对电压及时间参数的不确定度分量进行计算。

注:有关单位阶跃响应测量和计算参见附录 C。

5.5 短时稳定性

在适当的预期使用时间内,对测量系统连续施加标定测量范围的最大电压(对冲击则以标定最大施加频次),在刚刚达到最大电压时,立即测量刻度因数,并在电压降低前立即重复测量。

注 1:短时稳定性试验应包括转换装置的自热效应。

注 2:电压施加时间不能长于标定工作时间,但可限制到一个足以达到平衡的时间。

试验结果是在电压施加时间内刻度因数变化的一个估算值,在这段时间内,可获得一 B 类估算的标准不确定度分量见式(12):

$$u_{B3} = \frac{1}{\sqrt{3}} \left| \frac{F_{after}}{F_{before}} - 1 \right| \quad\quad\quad\quad\quad\quad (12)$$

式中:

F_{before} ——短时稳定性试验前的刻度因数;

F_{after} ——短时稳定性试验后的刻度因数。

5.6 长期稳定性

应对刻度因数在一段时间内的稳定性进行考虑和评估。通常是以在一个预定的使用时间段 T_{use}(一般至下一次校准)内不确定度分量的有效性来评估,评估可以采用制造商提供的数据或以一系列性能试验结果为基础。评定的结果是刻度因数变化的一个估算值。评估产生一个以 B 类估算的标准不

确定度分量见式(13):

$$u_{B4} = \frac{1}{\sqrt{3}} \left| \frac{F_2}{F_1} - 1 \right| \cdot \frac{T_{use}}{T_2 - T_1} \qquad \cdots\cdots\cdots\cdots\cdots\cdots\cdots\cdots (13)$$

式中:F_1 和 F_2 分别是在时间 T_1 和 T_2 进行的两个连续的性能试验的刻度因数。

在可得到许多性能试验结果的情况下,长期稳定性可由 A 类分量的形式来表征,见式(14):

$$u_{B4} = \frac{T_{use}}{T_{mean}} \sqrt{\frac{\sum_{i=1}^{n} \left(\frac{F_i}{F_m} - 1 \right)^2}{n-1}} \qquad \cdots\cdots\cdots\cdots\cdots\cdots (14)$$

式中:

F_i ——刻度因数;

F_m ——刻度因数平均值;

T_{mean} ——平均时间间隔。

重复的性能试验结果为刻度因数 F_i 及其平均值 F_m 和重复的平均时间间隔 T_{mean}。

注:长期稳定性通常规定以一年为周期。

5.7 环境温度影响

测量系统的刻度因数可能受环境温度影响,这可以通过在不同环境温度下确定刻度因数来定量,或基于组件的特性计算来确定。试验或计算的详细资料应存入性能记录中。

试验和计算的结果是由于环境温度变化引起的刻度因数变化的一种估算。

其 B 类标准不确定度由式(15)给出:

$$u_{B5} = \frac{1}{\sqrt{3}} \cdot \left| \frac{F_T}{F} - 1 \right| \qquad \cdots\cdots\cdots\cdots\cdots\cdots\cdots\cdots (15)$$

式中:

F_T ——所关注的温度下的刻度因数;

F ——校准时温度下的刻度因数。

注1:如果 F_T 与 F 的偏差大于 1%,建议对刻度因数进行校正。

注2:自热效应包含在短时稳定性试验中。

注3:当环境温度在一个很宽的温度范围内变化时,可对刻度因数使用温度修正系数。任何温度修正应在性能记录中列出。一旦使用了温度修正系数,可将温度修正系数的不确定度 u_{B5} 作为不确定度分量。

5.8 邻近效应

由邻近效应而引起装置的刻度因数或参数的变化,可通过装置距一接地墙或一个带电体的不同距离所进行的测量来确定。

试验的结果是刻度因数的变化,其 B 类标准不确定度分量估算由式(16)给出:

$$u_{B6} = \frac{1}{\sqrt{3}} \cdot \left| \frac{F_{max}}{F_{min}} - 1 \right| \qquad \cdots\cdots\cdots\cdots\cdots\cdots\cdots (16)$$

式中:

F_{max} ——距其他物体最长距离时的刻度因数;

F_{min} ——距其他物体最短距离时的刻度因数。

注1:不同的距离范围可得出不同的 u_{B6} 值。

注2:一些试验场所可能只选择对单组距离或几组距离或某些距离范围来认可其测量系统。

5.9 软件处理

若测量数据是由软件处理的,则必须评估因软件处理产生的不确定度。这可以通过让软件对一组已有的参考试验数据进行处理来进行评估,对冲击电压见 GB/T 16896.2。

评定结果是一个对数据处理影响的估算,由此获得一 B 类相对标准不确定度分量 u_{B7}。

5.10 刻度因数的不确定度计算

5.10.1 概述

这里给出了确定一个测量系统的标定刻度因数的扩展不确定度的简单程序。这基于很多假定,这些假定在许多情形下是真实的。但是应该在每一独立的情形下予以验证。主要假定如下:

a) 测量量之间没有相关性;

b) 用 B 类方法评定的标准不确定度分量假定具有矩形分布;

c) 最大的三个不确定度分量具有近似相等的幅值。

这些假定提供了一个刻度因数 F 的扩展不确定度的评定程序,该刻度因数 F 既适用于校准状况也适用于认可测量系统在测量中的应用。

校准的扩展不确定度 U_{cal} 是由标准系统的校准不确定度和在本条款中阐明的其他量的影响估算得到的,例如,标准测量系统稳定性和校准期间的环境参数等。

一个试验量的测量值的扩展不确定度 U_M 是由认可测量系统的刻度因数的校准不确定度和在5.10.3 条中讨论的其他量的影响估算求得,例如,测量系统的稳定性,校准证书中没有考虑的测量过程中的环境参数。

评估不确定度的其他方法在 JJF 1059 规范中给出,同时也在附录 A 和附录 B 中给出。

5.10.2 校准的不确定度

刻度因数校准的相对扩展不确定度 U_{cal} 是由标准测量系统的不确定度和所阐述的 A 类和 B 类不确定度计算而来的,见式(17):

$$U_{cal} = k \cdot u_{cal} = 2\sqrt{u_{ref}^2 + u_A^2 + \sum_{i=0}^{N} u_{Bi}^2} \quad\cdots\cdots\cdots\cdots\cdots\cdots\cdots(17)$$

式中:

$k = 2$——覆盖因子,对应于约 95% 的覆盖概率,且为正态分布;

u_{ref} ——标准测量系统在其校准时的刻度因数的合成不确定度;

u_A ——在刻度因数确定中统计的 A 类不确定度;

u_{B0} ——在刻度因数校准过程中确定的标准不确定度的非线性分量;

u_{Bi} ——由第 i 个影响量产生的刻度因数的合成标准不确定度分量,以 B 类分量估算(参见附录A)。

这些分量和标准测量系统相关,由非线性、短时和长期不稳定性等因素产生。根据 5.3~5.9,既可由附加测量确定也可由其他数据源估算确定,如果校准期间其他量,如其短时稳定性、测量的分辨率,对认可测量系统的影响是重要的,则必须考虑在内。

注:如果校准是在整个标定测量范围内进行(5.2.1.2),则不需要进行单独的线性度试验(5.3)。

在以上假定不成立的情况下,可采用附录 A 给出的程序,或如果需要,可采用 JJF 1059 规范中给出的程序。

B 类不确定度分量的个数 N 可因不同类型的试验电压(第 6 章~第 9 章)而不同,更多的有关 B 类不确定度分量的信息在相关条款中给出。

如果测量系统的标定刻度因数是由其组件的刻度因数(5.2.2)计算得到的,则组件校准的标准不确定度必须结合测量系统的其他条件和环境条件来综合考虑(参见附录 A)。

5.10.3 使用认可测量系统的测量不确定度

使用者应进行试验电压值测量的扩展不确定度的估算。然而,可以结合校准证书,在测量条件的某一限定范围内给出其估算。

测量试验电压值的相对扩展不确定度 U_M 由认可测量系统的校准中确定的标称刻度因数的合成标准不确定度和所阐述的 B 类不确定度分量计算得出,见式(18):

$$U_M = k \cdot u_M = 2\sqrt{u_{cal}^2 + \sum_{i=0}^{N} u_{Bi}^2} \quad \cdots\cdots\cdots\cdots\cdots\cdots\cdots (18)$$

式中:

$k=2$——覆盖因子,对应于约 95% 的覆盖概率,且为正态分布;

u_M——使用认可测量系统测量的合成标准不确定度,在预定的使用时间(例如一个校准时间间隔)内有效;

u_{cal}——在校准中确定的认可测量系统的刻度因数的合成标准不确定度;

u_{Bi}——由第 i 个影响量产生的认可测量系统合成标准不确定度的分量,以 B 类分量估算。这些分量和认可测量系统的正常使用有关,由非线性,短时和长期不稳定性等因素产生,根据 5.3~5.9,既可由附加测量确定,也可由其他数据源估算确定,还应考虑其他重要影响因素,如认可测量系统仪器的显示分辨率等。

注:校准证书可包含校准不确定度 u_{cal} 的信息及当在规定条件下使用时认可测量系统的试验电压值的相对扩展测量不确定度 U_M 的信息。

在上述 5.10.1 提及的假定不成立的情况下,可采用附录 A 给出的程序,或如果需要,可采用 JJF 1059 规范中给出的程序。

B 类不确定度分量个数 N 可随测量量类型的不同而不同(第 6 章~第 9 章,电压和时间参数)。

5.11 时间参数测量的不确定度计算(仅对冲击电压)

5.11.1 概述

当冲击电压的时间参数在规定的范围内时,冲击电压的认可测量系统应能在规定的不确定度限值内准确测量时间参数(T_1, T_2, T_p, T_c)。对波前时间,该规定范围通常是指标称时段。可通过比对法或组件法来给出实验论据,还可以在实验阶跃响应的基础上用卷积的方法以计算给出论据(附录 C 和附录 D)。

以由比对方法确定的波前时间 T_1 为例(参见附录 B.3 示例),对估算时间参数及其不确定度的一般程序进行了描述。该方法同样也适用于其他时间参数。

注:时间参数不确定度估算得出的是绝对不确定度值。

5.11.2 时间参数校准的不确定度

n 次冲击电压的波前时间 T_1 应和被校测量系统(标记为 X)以及标准测量系统(标记为 N)同时评估,可以假定忽略标准系统的误差,则波前时间的平均误差见式(19):

$$\Delta T_1 = \frac{1}{n}\sum_{i=1}^{n}(T_{1X,i} - T_{1N,i}) \quad \cdots\cdots\cdots\cdots\cdots\cdots\cdots (19)$$

实验标准偏差见式(20):

$$s(\Delta T_1) = \sqrt{\frac{1}{n-1}\sum_{i=1}^{n}(\Delta T_{1,i} - \Delta T_1)^2} \quad \cdots\cdots\cdots\cdots\cdots (20)$$

式中:

$\Delta T_{1,i}$——系统 X 和系统 N 测量的第 i 次波前时间的差。

注1:通常需要不大于 $n=10$ 次的独立的读数。

注2:通常,波前时间是由系统 X 和系统 N 用于确定峰值刻度因数的相同记录来求取。

由 $s(\Delta T_1)$,可算出 A 类标准不确定度,见式(21):

GB/T 16927.2—2013

$$u_A = \frac{s(\Delta T_1)}{\sqrt{n}} \qquad \cdots\cdots\cdots\cdots (21)$$

比对在一个合适的电压下进行,至少需用两个波前时间,包括测量系统认可的标称时段的最小和最大 T_1 值。在标称时段中间,可增加一个另外的 T_1 值,时间参量的 A 类标准不确定度可从不同的 T_1 值确定的单个不确定度中的最大值来求得。对每个不同的 T_1 值,可按上述方法计算平均误差 $\Delta T_{1,j}$,对 $m \geqslant 2$ 平均误差的总平均见式(22):

$$\Delta T_{1m} = \frac{1}{m} \sum_{j=1}^{m} \Delta T_{1,j} \qquad \cdots\cdots\cdots\cdots (22)$$

用单个 $\Delta T_{1,j}$ 值与其平均值 ΔT_{1m} 之最大差值来确定 B 类不确定度 u_B,见式(23):

$$u_B = \frac{1}{\sqrt{3}} \max_{j=1}^{m} |\Delta T_{1,j} - \Delta T_{1m}| \qquad \cdots\cdots\cdots\cdots (23)$$

注:更一般地,标准测量系统 N 可由如同其校准证书中标明的标称时段一样,也可用同样的方式由其波前时间的平均误差 ΔT_{1ref} 来表征。被校系统 X 本身引起的波前时间测量结果误差为:$\Delta T_{1cal} = \Delta T_{1m} + \Delta T_{1ref}$。

时间参数校准的扩展不确定度等于求得的平均误差 ΔT_{1cal} 的扩展不确定度,由式(24)求得:

$$U_{cal} = k \cdot u_{cal} = 2\sqrt{u_{ref}^2 + u_A^2 + u_B^2} \qquad \cdots\cdots\cdots\cdots (24)$$

式中:

u_{cal} ——被校测量系统的平均波前时间误差 ΔT_{1cal} 的合成标准不确定度;

$k=2$ ——覆盖因子,对应于约 95% 的覆盖概率,且为正态分布;

u_{ref} ——标准测量系统平均波前时间的误差 ΔT_{1ref} 的合成标准不确定度;

u_A ——被校测量系统平均波前时间误差 ΔT_{1m} 的 A 类标准不确定度;

u_B ——被校测量系统平均波前时间误差 ΔT_{1m} 的 B 类标准不确定度。

在特殊情况下,扩展不确定度的其他分量可能很重要,应加以考虑。

5.11.3 使用认可测量系统的时间参数测量的不确定度

使用者应进行时间参数测量的扩展不确定度的估算,然而可以结合校准证书,在测量条件的某一限定范围内给出其估算。

注:如果时间参数校准的扩展不确定度比本部分规定的时间参数测量的扩展不确定度低 70%,则通常可假定所用认可测量系统时间参数测量的不确定度 U_M 等于 U_{cal}。

时间参数测量的扩展不确定度 U_M 应按式(25)进行计算:

$$U_M = k \cdot u_M = 2\sqrt{u_{cal}^2 + \sum_{i=1}^{N} u_{Bi}^2} \qquad \cdots\cdots\cdots\cdots (25)$$

式中:

u_{cal} ——被校测量系统平均波前时间误差的合成标准不确定度;

$k=2$ ——覆盖因子,对应于约 95% 的覆盖概率,且为正态分布;

u_{Bi} ——由第 i 个影响量产生的认可测量系统冲击时间参数的合成标准不确定度的分量,以 B 类分量估算。这些分量和认可测量系统的正常使用有关,由例如长期不稳定性,软件影响等因素产生,也可由不理想的冲击波形产生。依据 5.3~5.9,既可由附加测量确定,也可由其他数据源估算确定,在某些情况下,还应考虑其他影响,例如,认可测量系统的显示分辨率;

u_M ——用认可测量系统测得的冲击电压时间参数的合成标准不确定度,在一个预定的使用期间内有效。

在特殊情况下,计算 U_M 时应考虑到扩展不确定度的其他分量可能很重要,如在冲击电压波前叠加振荡的情况。

360

注：当用认可测量系统测量无振荡的冲击电压时，可用在校准时确定的相关时间参数结果误差 ΔT_{1cal} 来修正所测得的时间参数 T_{1meas}：

$$T_{1corr} = T_{1meas} - \Delta T_{1cal}$$

该程序也适用于其他时间参数。修正后的时间参数 T_{1corr} 的扩展不确定度应参见附录 B 中 B.3 示例给出。

5.12 干扰试验（对冲击电压测量的传输系统和仪器）

试验应在测量系统上进行，在不改变电缆或传输系统接地连接的状况下，把电缆和传输系统解开，置于惯常的位置，并将其输入端短路。采用高压试验中具有典型的冲击电压幅值、波形和可能放电瞬时的冲击电压，以破坏性放电在测量系统输入端来产生干扰，并由仪器记录其输出。

注：为了防止转换装置（电压分压器）的过电压输出，建议将分压器的输出端短路。

干扰比应由被测干扰的最大幅值除以测量系统测量该试验电压的输出幅值来确定。

测得的干扰比应小于 1%，如果能够表明其干扰不影响测量，则干扰比大于 1% 是允许的。

5.13 转换装置的耐受试验

转换装置应通过具有规定电压值、要求频率或波形的电压的干耐受试验。

注 1：建议耐受试验电压为额定工作电压的 110%，耐受试验的试验程序见 GB/T 16927.1。

耐受试验应在测量系统工作电压的单个极性或两个极性下进行。

当规定要进行湿试验和污秒试验时，应作为型式试验进行。

注 2：认可测量系统的任一组件的设计和结构应能保证承受发生在试品上的破坏性放电不会使其特性发生改变。

6 直流电压测量

6.1 对认可测量系统的要求

6.1.1 概述

一般要求是按照 GB/T 16927.1 测量试验电压值（算术平均值）的扩展不确定度为 $U_M \leqslant 3\%$。

当纹波幅值在 GB/T 16927.1 中规定的限值以内时，不确定度极限值不应超过上述规定。

注：应注意可能出现交流电压耦合到测量系统并影响测量仪器的读数。

6.1.2 不确定度分量

对直流电压测量系统，测量的扩展不确定度 U_M 应按照 5.10.3 以 95% 覆盖概率进行评定，如果需要，还可参见附录 A 或附录 B 进行评定。为评定不确定度分量所需进行的试验在表 1 中给出。某些情况下，其他分量可能显得重要时，应另外加以考虑。

6.1.3 对转换装置的要求

用于直流电压的转换装置，通常是一个电阻分压器或一个电压测量阻抗（高压电阻），该转换装置应能确保绝缘外表面的泄漏电流对测量不确定度的影响可以忽略。

注：为保证泄漏电流的影响可以忽略，在额定电压时，测量电流可能需要达到 0.5 mA。

6.1.4 测量电压变化的动态特性

对按照以每秒试验电压的 1% 的规定速率上升或下降的直流电压的测量，高压测量系统的时间常数应不大于 0.25 s。

注 1：实际测量时，可使用实验阶跃响应时间 T_N 来代替时间常数。

注 2：通常，用于测量试验电压值（即算术平均值）的仪器不受纹波的影响。然而，如果使用了具有快速响应的仪器时，有必要保证测量不受纹波的不利影响。

当需要测量污秽试验中的瞬时电压跌落时,测量系统的时间常数应小于瞬态电压上升时间的三分之一。

6.2 认可测量系统的试验

为了鉴定测量系统及其组件的资格以及评估测量系统的扩展不确定度,依据第 5 章,必须进行表 1 中的试验。例外情况见 4.4.2。

型式试验和例行试验结果可以从制造商的数据获得,例行试验应在每一个组件上进行。

6.3 性能校核

6.3.1 概述

一个认可测量系统的刻度因数可通过下述方法之一进行校核。

表 1 直流电压认可测量系统要求的试验

试验类型	型式试验	例行试验	性能试验	性能校核
刻度因数校准			5.2	
刻度因数校核				6.3
线性度,见注 2		5.3	5.3(若适用)	
动态特性	5.4			
短时稳定性		5.5		
长期稳定性	5.6		5.6(若适用)	
环境温度影响	5.7			
邻近效应(见注 3)	5.8(若适用)		5.8(若适用)	
软件影响	5.9(若适用)			
转换装置的干耐受试验	5.13	5.13(若适用)		
转换装置的湿或污秽耐受试验	5.13(若适用)			
转换装置的刻度因数	5.2.2	5.2.2		
除电缆外的传输系统刻度因数	5.2.2	5.2.2		
测量仪器的刻度因数	5.2.2	5.2.2		
责任	组件由制造商负责		系统由使用者负责(见注 1)	
推荐重复率	仅 1 次(型式试验和例行试验)		推荐每年 1 次,但至少每 5 年 1 次	视其稳定性,但至少每年 1 次

注 1:如果性能试验是按照替代方法(见 5.2.2)进行的,上表所列试验也适用于单个组件。为了得到认可测量系统的测量不确定度,组件的测量不确定度必须按照附录 B 示例说明进行合成。

注 2:只有当校准不能在整个标称测量范围内(5.2.1.2)进行比对时,才需要按照 5.3 进行线性度试验。

注 3:邻近效应可能由电晕和相关的空间电荷效应产生的,只有当型式试验数据不充分时,才需要在性能试验中进行邻近效应的试验研究。

6.3.2 与认可测量系统比对

可按照 5.2 的程序与另一个认可测量系统进行比对,或按照 GB/T 311.6 与一个棒-棒间隙进行比对。如果两个系统被测量值之间的差值(绝对值)不大于 3%,则认为标定刻度因数仍然有效;如果该差值超出 3%,应按 5.2 中描述的性能试验(校准)确定标定刻度因数的新值。

6.3.3 组件的刻度因数的校核

应使用扩展不确定度不大于 1% 的内部或外部校准器来校核每个组件的刻度因数,如果每一个组件的刻度因数与其先前的值之差值(绝对值)不大于 1%,则认为该标定刻度因数仍然有效;如果该差值超出 1%,则应按 5.2 中描述的性能试验(校准)来确定标定刻度因数的新值。

6.4 纹波幅值的测量

6.4.1 要求

纹波幅值测量的扩展不确定度应不大于纹波幅值的 10% 或不大于直流电压算术平均值的 1%,取两者中较大者。

可以使用独立的纹波测量系统测量电压的平均值和纹波幅值或使用带有两台独立仪器的同一转换装置来测量电压的平均值和纹波幅值。

纹波测量系统的幅频响应的 −15% 上限频率应大于纹波基波频率 f 的 5 倍;而 −15% 下限频率应小于纹波基波频率 f 的 0.5 倍。

注:在许多情况下,可用电源电压的频率来检验对下限频率的要求。

6.4.2 不确定度分量

对于纹波电压测量系统,不确定度应参考附录 A 进行估算,另外,应考虑条款 5.3～5.9 中提及的其他不确定度分量。更详细的情况也可参见交流电压测量(第 7 章)的相关条款,在个别情况下,其他不确定度分量可能显得重要。这里给出的信息仅作参考。

6.4.3 纹波电压认可测量系统的校准和试验

表 2 中规定的试验只适用于纹波幅值测量系统。

可通过在具有相同设计的一个装置上的试验或由制造商提供的数据来验证其满足型式试验的要求。例行试验应在每一个组件上进行,例外情况见 4.4.2。

在个别情况下,其他不确定度分量可能显得重要,这里给出的信息仅作参考。

表 2　纹波测量不确定度分量要求的试验

试验类型	型式试验	例行试验	性能试验	性能校核
测量系统的刻度因数校准			5.2	
刻度因数校核				6.4.6/7.4
纹波动态特性		6.4.5	6.4.5	
长期稳定性	5.6			
环境温度影响	5.7			
责任	组件由制造商负责		系统由使用者负责	
推荐重复率	仅 1 次(型式试验和例行试验)		推荐每年 1 次,但至少每 5 年 1 次	视其稳定性,但至少每年 1 次

6.4.4 纹波频率下刻度因数的测量

纹波测量系统的刻度因数应在纹波基波频率 f 下确定,其扩展不确定度不应大于 3%。也可以由组件的刻度因数的乘积来确定测量系统刻度因数。

6.4.5 由幅频响应确定动态特性

向测量系统输入一已知幅值的正弦波(通常为低电压),测量其输出,在 0.5 倍~7 倍的纹波基波频率的频率范围内重复这种测量,测得的电压的差应在 3 dB 以内。

6.4.6 纹波测量系统的性能校核

认可测量系统的刻度因数可通过 7.4 中描述的交流电压测量系统的方法之一进行校核。

7 交流电压的测量

7.1 对认可测量系统的要求

7.1.1 概述

一般要求是按照 GB/T 16927.1 在其额定频率下测量试验电压值(峰值/$\sqrt{2}$ 或 r.m.s 值)的扩展不确定度为 $U_M \leqslant 3\%$。

7.1.2 不确定度分量

对于交流电压测量系统,扩展不确定度 U_M 应按照 5.10.3 以 95% 覆盖概率进行评定,如果需要,可参考附录 A 和附录 B 进行评定。为评定不确定度分量所需进行的试验在表 3 中给出。有些情形下,其他分量可能显得重要,则应另外加以考虑。

7.1.3 动态特性

打算工作在单一基频 f_{nom} 下的测量系统的幅频响应应处在由不确定度要求求得的图 6 中标明区域内,图中成对的数字为归一化频率(对数刻度)和限值线拐点处对应的偏差。测量系统从在 f_{nom} 至 $7f_{nom}$ 范围内的特性应由试验或回路分析来检验,此区域外的幅频响应仅作为信息给出。

测量系统也可在一段基波频率范围内进行认可(如依据 GB/T 16927.1 在 45 Hz~55 Hz 范围内),这种情况下,从最低基波频率 f_{nom1} 至最高基波频率 f_{nom2},刻度因数应稳定在 1% 以内。在 f_{nom1} 至 $7f_{nom2}$ 范围内的幅频响应应处于图 7 中表明的区域内,图中成对的数字为归一化频率和限值线拐点处对应的偏离理想响应的允许偏差。应由试验或回路分析来证明测量系统从 f_{nom1} 至 $7f_{nom2}$ 之间的特性,此区域外的幅频响应仅作为信息给出。

动态特性的特殊要求由相关的技术委员会具体规定。

注 1:满足上述要求的测量系统可认为其频率响应适合测量试验电压的谐波总失真度(THD)。

注 2:对标明区域外的频率响应,虽然不做要求,但其的确很好地代表了实际情况。

注 3:若交流电源(例如串联谐振系统)能够证明它在所有运行条件下试验电压峰值与 r.m.s. 的比值为 $\sqrt{2}\pm1\%$ 内,则用于这种交流电源的测量系统可以不做幅频响应测试。

注 4:在某些情况下,有必要测量叠加在交流电压上的瞬态电压,对这一点,这里没有给出要求,但可参考第 8 章中的一些指导。

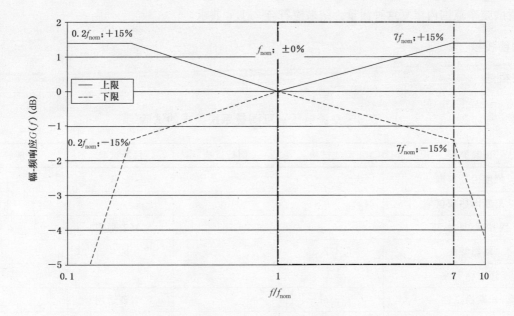

图 6 用于单个基波频率 f_{nom}（试验频率为 $f_{nom} \sim 7f_{nom}$）的测量
系统的可接受的归一化幅频响应阴影区域

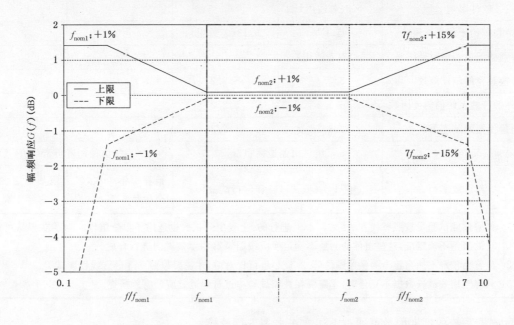

图 7 用于基波频率 f_{nom1} 至 f_{nom2} 范围（试验频率为 $f_{nom1} \sim 7f_{nom2}$）的测量
系统的可接受的归一化幅频响应阴影区域

7.2 认可测量系统的试验

为了鉴定测量系统及其组件的资格以及评估测量系统的扩展不确定度,依据第5章,必须进行表3中的试验。例外情况见4.4.2。

型式试验和例行试验结果可以从制造厂的数据中获得,例行试验应在每一单元上进行。

7.3 动态特性试验

为了确定动态特性,向测量系统输入一已知幅值(通常为低电压)的正弦波,测量其输出。在1倍至

7 倍的测试频率范围内重复这种测量。结果应符合 7.1.3 要求。

7.4 性能校核

7.4.1 概述

表 3 交流电压认可测量系统要求的试验

试验类型	型式试验	例行试验	性能试验	性能校核
刻度因数校准			5.2	
刻度因数校核				7.4
线性度(见注 2)		5.3	5.3(若适用)	
动态特性	5.4/7.3		5.4	
短时稳定性		5.5		
长期稳定性	5.6		5.6(若适用)	
环境温度影响	5.7			
邻近效应(见注 3)	5.8(若适用)		5.8(若适用)	
软件影响	5.9(若适用)			
转换装置的干耐受试验	5.13	5.13(若适用)		
转换装置的湿或污秽耐受试验	5.13(若适用)			
转换装置的刻度因数	5.2.2	5.2.2		
除电缆外的传输系统的刻度因数	5.2.2	5.2.2		
测量仪器的刻度因数	5.2.2	5.2.2		
责任	组件由制造商负责		系统由使用者负责(见注 1)	
推荐重复率	仅 1 次(型式试验和例行试验)		推荐每年 1 次,但至少每 5 年 1 次	视其稳定性,但至少每年 1 次

注 1:如果性能试验是按照替代方法(见 5.2.2)进行的,上表所列试验也适用于单个组件。为了获得认可测量系统的测量不确定度,这些组件的测量不确定度应按附录 B 中示例说明进行合成。

注 2:只有当校准不能在整个测量范围内(5.2.1.2)进行比对时,才需要按照 5.3 进行线性度试验。

注 3:只有当型式试验数据不充分时,才需要在性能试验中进行邻近效应的实验研究。

认可测量系统的刻度因数可通过下述方法之一进行校核。

7.4.2 与认可测量系统比对

可按 5.2 的程序与另一认可测量系统进行比对,或按 GB/T 311.6 与一球隙进行比对,如果两个系统测量值之间的差值(绝对值)在 3% 以内,则认为标定刻度因数仍然有效;如果该差值超出 3%,则应按 5.2 中描述的性能试验(校准)来确定标定刻度因数的新值。

7.4.3 组件刻度因数的校核

应使用扩展不确定度不大于 1% 的内部或外部校准器来校核每个组件的刻度因数。如果每一组件的刻度因数与其先前值的差值(绝对值)不大于 1%,则认为该标定刻度因数仍然有效;如果该差值超出 1%,则应按 5.2 中描述的性能试验(校准)来确定标定刻度因数的新值。

8　雷电冲击电压的测量

8.1　对认可测量系统的要求

8.1.1　概述

一般要求是：

——按照 GB/T 16927.1 测量全波或波尾截断冲击的试验电压值的扩展不确定度为 $U_{M1} \leqslant 3\%$；

——测量波前截断($0.5\ \mu s < T_c < 2\ \mu s$)冲击的峰值的扩展不确定度为 $U_{M2} \leqslant 5\%$；

——按照 GB/T 16927.1 测量规定波形的时间参数的扩展不确定度为 $U_{M3} \leqslant 10\%$；

——测量可能叠加在冲击波上的振荡，应保证振荡不超过 GB/T 16927.1 给出的允许值。

注：对于电压跌落的测量不给出建议，因为设备委员会在这方面还没有规定要求。

8.1.2　不确定度分量

对于雷电冲击电压测量系统，测量的扩展不确定度 U_M 应按照 5.10.3、5.11.3 以 95％覆盖概率进行评定。如果需要，可参考附录 A 和附录 B 进行评定。为评定不确定度分量所需进行的试验在表 4 中给出，有些情况下，其他分量可能显得重要，应另外加以考虑。

8.1.3　对测量仪器的要求

测量仪器应满足 GB/T 16896.1 和 GB/T 16896.2 的要求。

8.1.4　动态特性

如果满足下列条件，则对于测量性能记录中所规定的波形，测量系统的动态特性能满足标称时段内的峰值电压和时间参数的测量：

——刻度因数在下列限值内是恒定的：

- 对冲击全波和波尾截断的冲击在±1％以内。
- 对波前截断的冲击在±3％以内。

——测量系统的时间参数的测量扩展不确定度不大于10％。

注 1：为了在记录曲线上重现可能叠加在冲击波上的振荡，测量系统的上限频率可达数兆赫，若测量系统的响应参数 T_α 等于或小于数十纳秒，则认为可满足要求（见附录 C）。这些限值仍在考虑中。

注 2：最好是一个测量系统能够测量所有要求的量，例如峰值、时间参数和振荡。然而，许多测量系统可用于测量峰值和时间参数但却不能用于测量振荡。在这种情况下，则需认可一个测量系统用于测量峰值和时间参数，而认可一个辅助系统用于测量振荡。

8.1.5　与试品的连接

应将转换装置直接接到试品的端子上，不应将转换装置接在电源和试品之间，连接转换装置的引线应仅承载流入测量系统的电流，转换装置的位置应使得试验回路和测量回路间的耦合可忽略不计。

注：可能的例外是联合电压试验（见 GB/T 16927.1）。

8.2　认可测量系统的试验

为了鉴定雷电冲击电压测量系统及其组件的资格以及评估测量系统的扩展不确定度，依据第 5 章，必须进行表 4 中的试验。例外情况见 4.4.2。

型式试验和例行试验的结果可以从制造厂的数据获得，例行试验应在每一单元上进行。

表 4 雷电冲击电压认可测量系统要求的试验

试验类型	型式试验	例行试验	性能试验	性能校核
刻度因数和时间参数的校准			5.2 5.11/8.3	
刻度因数校核				8.5
线性度(见注 2)		5.3	5.3(若适用)	
动态特性	5.4/8.4		5.4/8.4	8.5
长期稳定性	5.6		5.6(若适用)	
环境温度影响	5.7			
邻近效应(见注 3)	5.8(若适用)		5.8(若适用)	
软件影响	5.9(若适用)			
干扰试验			5.12	5.12
转换装置的干耐受试验	5.13	5.13(若适用)		
转换装置的湿或污秽耐受试验	5.13(若适用)			
转换装置的刻度因数、时间参数	5.2.2	5.2.2		
除电缆外的传输系统的刻度因数、时间参数	5.2.2	5.2.2		
测量仪器的刻度因数、时间参数	5.2.2(GB/T 16896)	5.2.2(GB/T 16896)		
责任	组件由制造商负责		系统由使用者负责(见注 1)	
推荐重复率	仅 1 次(型式试验和例行试验)		推荐每年 1 次,但至少每 5 年 1 次	视其稳定性,但至少每年 1 次

注 1:如果性能试验是按照替代方法(见 5.2.2)进行的,上表所列试验也适用于单个组件。为了获得认可测量系统的测量不确定度,这些组件的测量不确定度应按附录 B 中示例说明进行合成。

注 2:只有当校准不能在整个测量范围内(5.2.1.2)进行比对时,才需要按照 5.3 进行线性度试验。

注 3:只有当型式试验数据不充分时,才需要在性能试验中进行邻近效应的实验研究。

8.3 测量系统的性能试验

8.3.1 标准方法(优选)

应按 5.2 中给出的方法,通过与标准测量系统的比对来确定测量系统的标定刻度因数和动态特性,建议在两个测量系统间设置一个模拟试品。

应采用两种不同波形的冲击来验证标称时段 t_{min} 至 t_{max} 范围内的性能:

对于全波和波尾截断的冲击:

——t_{min} 等于最短波前时间 T_{1min};

——t_{max} 等于最长波前时间 T_{1max}。

——两种波形都应近似地具有测量系统要求认可的最长半峰值时间 T_{2max}。

对于波前截断的冲击:

——t_{min} 等于最短截断时间 T_{cmin};

——t_{max} 等于最长截断时间 T_{cmax}。

8.3.2 附加阶跃响应测量的替代方法

首先,按 5.2 通过与标准测量系统比对测量来确定标定刻度因数,采用一种全波冲击,其波前时间 T_{1cal} 在 $T_{1\min}$ 和 $T_{1\max}$ 范围内,半峰值时间约等于测量系统需认可的最长半峰值时间。也可选用由组件的刻度因数来确定标定刻度因数(5.2.2)。

对用于测量波前截断冲击的测量系统,校准冲击的截断时间 T_{ccal} 应在 $T_{c\min}$ 和 $T_{c\max}$ 之间。

然后,按照附录 C 进行测量系统的阶跃响应的测量,在下列时刻被试测量系统的阶跃响应值与参考电平时段内的参考电平的差值(绝对值)应不大于:

——在 T_{1cal} 时刻,对全波和波尾截断的冲击为 1%;

——在 T_{ccal} 时刻,对波前截断的冲击波为 1%。

在参考电平时段 $0.5T_{1\min}\sim2T_{1\max}$ 内(附录 C),阶跃响应与参考电平的偏离应不大于 2%,而在 $2T_{1\max}\sim2T_{2\max}$ 范围内阶跃响应与基准电平偏离应不大于 5%,这里,$T_{2\max}$ 是系统需被认可的冲击波的最长半峰值时间。

8.4 动态特性试验

8.4.1 与一个标准测量系统比对(优选)

可以采用 8.3.1 的试验中获取的相同记录,两个系统均应测量计算被测冲击的相关时间参数,同时应评定被试测量系统测量的时间参数的不确定度(见 5.11)。

注:对于需要认可一组冲击波形的情形,$t_{\min}$ 可以从一种冲击波形中选取,$t_{\max}$ 可以从另一种冲击波形中选择取,对这种情况半峰值时间应取所有冲击波形中最长的半峰值时间。

8.4.2 基于阶跃响应参数的替代方法(附录 C)

给系统输入一个电压阶跃波,记录其输出,其值的计算见附录 C。

注:测量系统的性能可以使用卷积技术进行研究,测量系统的刻度因数可通过任何合适的方法确定。用于确定刻度因数的波形在附录 D 中描述的卷积法覆盖范围之内。

动态特性由测量系统的阶跃响应(按附录 C 记录)以及所记录的阶跃响应与需认可的归一化标称波形的卷积确定。通过卷积,可以估算由于测量系统对不同波形产生的误差(附录 D),在基准电平时段内,刻度因数的变化应在 ±1% 以内。

8.5 性能校核

8.5.1 与认可测量系统比对

可按照 5.2 的程序与另一个认可测量系统(或标准测量系统)进行比对,对峰值比对可与满足 GB/T 311.6 标准的球隙进行。

若两个测量系统测得的峰值的差值(绝对值)不大于 3%,则认为标定刻度因数仍然有效;如果该差值超出 3%,则应进行性能试验重新确定标定刻度因数的新值。

每个时间参数值与另一测量系统所测值相应的差值(绝对值)应在 10% 以内。若差值超出 10% 时,则应进行性能试验重新确定标称时段。

8.5.2 组件刻度因数的校核

应使用扩展不确定度不大于 1% 的内部或外部校准器来校核每个组件的刻度因数。如果每一组件的刻度因数与其先前值的差值(绝对值)不大于 1%,则认为该标定刻度因数仍然有效;如果差值超出 1%,则应确定标定刻度因数的新值。

8.5.3 用参考记录进行动态特性校核

若需要用测量系统的阶跃响应进行性能校核,则应按照附录 C 的方法记录测量系统的阶跃响应。结果应包括在性能记录的记录中以作为一个参考记录("指纹"),用于检测以后性能校核中动态特性的是否变化的判据。

9 操作冲击电压的测量

9.1 对认可测量系统的要求

9.1.1 概述

一般要求是:

——按照 GB/T 16927.1 测量操作冲击试验电压值的扩展不确定度为 $U_{M1} \leqslant 3\%$;

——按照 GB/T 16927.1 测量规定波形的时间参数的扩展不确定度为 $U_{M3} \leqslant 10\%$。

9.1.2 不确定度分量

对于操作冲击电压测量系统,测量的扩展不确定度 U_M 应按照 5.10.3,5.11.3 以 95% 覆盖概率进行评定,如果需要,可参考附录 A 和附录 B 进行评定。为评定不确定度分量所需进行的试验在表 5 中给出。有些情况下,其他分量可能显得重要,应另外加以考虑。

9.1.3 对测量仪器的要求

测量仪器应满足 GB/T 16896.1 和 GB/T 16896.2 的要求。

9.1.4 动态特性

如果满足下列条件,则测量系统的动态特性是满足的,

——在性能记录中规定的冲击波波形范围内,刻度因数稳定在 ±1% 以内;

——在波形范围内,所测时间参数的扩展不确定度不大于 10%。

9.1.5 与试品的连接

认可测量系统应直接接到试品的端子上,与雷电冲击电压测量(见 8.1.5)不同的是,测量系统可以接在电源和试品之间。试验回路和测量回路间的耦合可忽略不计。

9.2 认可测量系统的试验

为了鉴定操作冲击电压测量系统及其组件的资格以及评估测量系统的扩展不确定度,依据第 5 章,必须进行表 5 中的试验。例外情况见 4.4.2。

型式试验和例行试验的结果可以从制造厂的数据中获得。例行试验应在每一单元上进行。

9.3 测量系统的性能试验

9.3.1 标准方法(优选)

应按 5.2 中给出的方法,通过与标准测量系统的比对来确定测量系统的标定刻度因数和动态特性。用如下两种不同波形的冲击来验证标称时段 t_{min} 至 t_{max} 范围内的性能:

——t_{min} 等于最短峰值时间 T_{pmin};

——t_{max} 等于最长峰值时间 T_{pmax}；

——两种波形都应近似地具有测量系统要求认可的最长的半峰值时间 T_{2max}（或 90％峰值以上时间或回零值时间）。

9.3.2　附加阶跃响应测量的替代方法

首先，按 5.2 通过与标准测量系统的比对测量来确定标定刻度因数。采用一种全波冲击，其峰值时间 T_{pcal} 在 T_{pmin} 和 T_{pmax} 范围内，半峰值时间（或 90％峰值以上时间或回零值时间）近似等于测量系统要求认可的最长半峰值时间（或 90％峰值以上时间或回零值时间）。也可选用由组件的刻度因数来确定标定刻度因数（5.2.2）。

然后，按照附录 C 进行测量系统的阶跃响应的测量，在 T_{pcal} 时刻被试测量系统的阶跃响应与参考电平时段内的参考电平的差值（绝对值）应不大于 1％。

被试测量系统在 T_{pmin} 至 T_{2max}（或 90％峰值以上时间或回零值时间）范围内，阶跃响应的变化应不大于 5％。

9.4　动态特性的比对试验

可以采用 9.3.1 的试验中获取的相同的记录，两个系统均应测量计算被测冲击的相关时间参数，同时，应按 5.4（表 5）评定被试测量系统测量的时间参数的不确定度。

注：对于需要认可一组冲击波形的情形，t_{min} 可以从一种冲击波形中选取，t_{max} 可从另一种冲击波形中选取，对这种情况半峰值时间应取所有冲击波形中最长的半峰值时间。

表 5　操作冲击电压认可测量系统要求的试验

试验类型	型式试验	例行试验	性能试验	性能校核
刻度因数和时间参数的校准			5.2 5.11/9.3	
刻度因数校核				9.5
线性度（见注2）		5.3	5.3（若适用）	
动态特性	5.4/9.4		5.4/9.4	9.5
短时稳定性		5.5		
长期稳定性	5.6			
环境温度影响	5.7			
邻近效应（见注3）	5.8（若适用）		5.8（若适用）	
软件影响（GB/T 16896）	5.9（若适用）			
干扰试验			5.12	5.12
转换装置的干耐受试验	5.13	5.13（若要求）		
装换装置的湿或污秽耐受试验	5.13（若要求）			
转换装置的刻度因数、时间参数	5.2.2	5.2.2		
除电缆外的传输系统的刻度因数、时间参数	5.2.2	5.2.2		
测量仪器的刻度因数、时间参数	5.2.2（GB/T 16896）	5.2.2（GB/T 16896）		
责任	组件由制造商负责		系统由使用者负责（见注1）	

表 5（续）

试验类型	型式试验	例行试验	性能试验	性能校核
推荐重复率	仅 1 次（型式试验和例行试验）		推荐每年 1 次，但至少每 5 年 1 次	视其稳定性，但至少每年 1 次

注 1：如果性能试验是按照替代方法（见 5.2.2）进行的，上表所列试验也适用于单个组件。为了获得认可测量系统的测量不确定度，这些组件的测量不确定度应按附录 B 中示例说明进行合成。

注 2：只有当校准不能在整个测量范围内（5.2.1.2）进行比对时，才需要按照 5.3 进行线性度试验。

注 3：只有当型式试验数据不充分时，才需要在性能试验中进行邻近效应的实验研究。

9.5 性能校核

9.5.1 与认可测量系统比对

可按 5.2 的程序与另一个认可测量系统（或标准测量系统）进行比对，对峰值比对可与满足 GB/T 311.6 标准要求的球隙进行。

若两个测量系统测得的峰值的差值（绝对值）不大于 3%，则认为标定刻度因数仍然有效；如果该差值超出 3%，则应进行性能试验重新确定标定刻度因数的新值。

每个时间参数值与另一测量系统所测值相应的差值（绝对值）应在 10% 以内，若差值超出 10% 时，则应进行性能试验重新确定标称时段。

9.5.2 组件刻度因数的校核

应使用扩展不确定度不大于 1% 的内部或外部校准器来校核每个组件的刻度因数。如果每一组件的刻度因数与其先前值的差值（绝对值）不大于 1%，则认为该标定刻度因数仍然有效；如果差值超出 1%，则应确定标定刻度因数的新值。

9.5.3 用参考记录进行动态性能校核

若需要用测量系统的阶跃响应进行性能校核，应按照附录 C 的方法记录测量系统的阶跃响应。结果应包括在性能记录的记录中以作为一个参考记录（"指纹"），用于检测以后性能校核中动态特性的是否变化的判据。

10 标准测量系统

10.1 对标准测量系统的要求

10.1.1 直流电压

对直流电压测量，标准测量系统在其使用范围内的扩展不确定度为 $U_M \leqslant 1\%$。不确定度不应受纹波系数最高达 3% 的纹波的影响。

10.1.2 交流电压

对交流电压测量，标准测量系统在其使用范围内的扩展不确定度为 $U_M \leqslant 1\%$。

10.1.3 雷电全波和雷电截波以及操作冲击电压

对全波和波尾截断的冲击电压峰值的测量，标准测量系统在其使用范围内的扩展不确定度为

$U_{M1} \leqslant 1\%$;对波前截断的冲击电压峰值的测量,标准测量系统在其使用范围内的扩展不确定度为 $U_{M2} \leqslant 3\%$。对时间参数的测量,标准测量系统在其使用范围内的扩展不确定度为 $U_{M3} \leqslant 5\%$。

注:应能准确记录振荡和/或过冲(见8.1.4)。

10.2 标准测量系统的校准

10.2.1 概述

应通过10.2.2的试验表明标准测量系统满足本部分10.1给出的相关要求。也可用10.2.3的可选试验。

10.2.2 标准方法:比对测量

应通过与较高级标准测量系统在相关试验电压下进行比对测量的校准来证明标准测量系统的性能符合要求,此较高级标准测量系统可溯源到国家计量机构的基准。

对冲击电压,应施加能覆盖标称时段的两个或更多不同波前时间的波形。

注:对较高级的标准测量系统的要求是:对电压的扩展不确定度 $U_{M1} \leqslant 0.5\%$;对时间参数(仅对冲击电压)的扩展不确定度 $U_{M3} \leqslant 3\%$。

10.2.3 对冲击电压的替代方法:刻度因数的测量和阶跃响应参数的计算

首先,标准测量系统的刻度因数应对一种冲击电压波形来确定,其方法可通过与较高级的标准测量系统在相关试验电压下进行比对。然后,按照附录C测得的响应参数应满足表6的要求,而且在冲击电压参数对应时刻被校的测量系统的阶跃响应值与参考电平时段内定的参考水平的差值(绝对值)不应大于0.5%。

表6 冲击电压标准测量系统响应参数的推荐值

电压	推荐值		
	全波和波尾截断雷电冲击	波前截断雷电冲击	操作冲击
实验响应时间 T_N	$\leqslant 15$ ns	$\leqslant 10$ ns	
稳定时间 t_s	$\leqslant 200$ ns	$\leqslant 150$ ns	$\leqslant 10$ μs
部分响应时间 T_α	$\leqslant 30$ ns	$\leqslant 20$ ns	

10.3 标准测量系统的校准周期

校准周期应按照国家规定确定,如果没有规定,建议至少每五年重复一次校准,但前提是定期的性能校核表明标准测量系统是稳定的。

10.4 标准测量系统的使用

建议标准测量系统仅用于性能试验的比对测量,然而,标准测量系统也可用于其他测量,包括例行的日常使用,不过,需表明此种应用不会影响它们的性能(本部分中规定的性能校核足以验证这一点)。此外,只要满足相关标准的要求允许用等效的测量仪器予以替换。

附 录 A

（资料性附录）

测量不确定度

A.1 概述

第 5 章描述了在适用于和完全满足高压测量的通常条件下评定测量不确定度的一个简化程序。然而，在有些情况下，有必要或期望用一个更复杂的方法来评定不确定度。

附录 A 给出了针对这些状况如何进行处理的说明，附录 B 给出了 3 个应用例子。

每个量的测量都会存在一些不足，测量的结果只是测量量"真"值的一个近似（"估算"）。测量不确定度对测量给出了一个清楚的说明。它能够使使用者去比较和权衡处理结果，例如从不同的实验室获得的处理结果。它提供了例如测量结果是否在标准规定的限值内这样的信息。目前，JJF 1059 规范是我国估算测量不确定度的标准。

JJF 1059 作为一个导则，提供在各种不确定度水平下的测量的宽频谱范围内的不确定度的评定和表达的一般规则，因此有必要从 JJF 1059 中提炼出一套特殊规则，用于处理高电压测量的这个特殊领域和准确度水平以及各种复杂状况。与 JJF 1059 的基本原理一致，不确定度按照其评定方法分为两类。两种方法都基于影响测量的量的概率分布和基于以方差或标准偏差定量表示的标准不确定度，允许对两类不确定度和对被测量的合成标准不确定度的评定进行统一处理。在本部分的范围内，扩展不确定度对应的覆盖概率约为 95%。

本附录给出了 JJF 1059 的基本原理和在高压测量中如何去确定不确定度的示例。这里给出的公式和示例对于经常出现在高电压测量中的非相关输入量是有效的。

A.2 补充定义

A.2.1

可测量的量　measurable quantity

现象、物体或材料可以定性辨识和定量确定的特征。

A.2.2

量值　value of a quantity

一般由一个数乘以测量单位所表示的特定量的大小。

A.2.3

被测量　measurand

作为测量对象的特定量。

A.2.4

方差　variance

在其预期的可能性意义上，随机变量的偏差的平方期望值。

A.2.5

相关性　correlation

两个或几个随机变量在其分布范围内相互的关系。

A.2.6

覆盖概率 coverage probability

数值分布的百分率,通常是大百分率,作为理应属于被测量的测量结果。

A.3 模型函数

每一测量可以用一个函数关系 f 描述见式(A.1):

$$Y = f(X_1, X_2, \cdots, X_i, \cdots, X_N) \quad\cdots\cdots\cdots\cdots\cdots\cdots\cdots\cdots(A.1)$$

式中,Y 是被测量,X_i 是编号从 1 到 N 的不同的输入量。在 JJF 1059 规范中,函数模型 f 包含所有的测量值、影响量、修正值、修正系数、物理常数和任何可能对 Y 值和其不确定度有重要影响的其他数据。此模型函数可以以一个单项的或多项的解析式或数字表达式表示,或是它们的组合,通常,输入量 X_i 是随机变量,以具有指定概率分布的观测值 x_i(输入估计值)表示,并与 A 类和 B 类的标准不确定度 $u(x_i)$ 相关联。两种类型的不确定度按照 JJF 1059 规范进行合成产生输出估算量 y 的标准不确定度 $u(y)$。

注 1:式(A.1)中的模型函数也分别对于输入和输出估算值 x_i 和 y 有效。

注 2:在一系列观测值中,第 k 个 X_i 量的观测值用 x_{ik} 表示。

A.4 标准不确定度的 A 类评定

A 类评估方法适用于在相同的测量条件下获得的 n 个独立观测值所构成的随机变量。通常,可假定 n 个观测值 x_{ik} 具有正态(高斯)概率分布(图 A.1)。

注 1:X_i 可以是用一系列观测值 x_{ik} 表示的刻度因数,试验电压值或时间参数。

n 个观测值 x_{ik} 的算数平均值 $\bar{x}_i$ 定义如式(A.2):

$$\bar{x}_i = \frac{1}{n} \sum_{k=1}^{n} \bar{x}_{ik} \quad\cdots\cdots\cdots\cdots\cdots\cdots\cdots(A.2)$$

该式认为是 X_i 的最佳估算值。其 A 类标准不确定度等于实验标准偏差平均值,见式(A.3):

$$u(\bar{x}_i) = s(\bar{x}_i) = \frac{s(x_i)}{\sqrt{n}} \quad\cdots\cdots\cdots\cdots\cdots\cdots(A.3)$$

式中:

$s(x)$——各观测值的实验标准偏差,见式(A.4)。

$$s(x_i) = \sqrt{\frac{1}{n-1} \sum_{k=1}^{n} (x_{ik} - \bar{x}_i)^2} \quad\cdots\cdots\cdots\cdots\cdots(A.4)$$

方值 $s^2(x_i)$ 和 $s^2(\bar{x}_i)$ 分别称为样本方差和平均方差,观测数 n 应至少 10 次,即 $n \geqslant 10$,否则,A 类标准不确定度的可靠性须用有效自由度来校核(见 A.8)。

注 2:某些情况下,有可能由以往很明确的条件下得到的大量观测来综合估算方差 s_p^2,然后再由少量的 $n(n=1,2,3,\cdots)$ 个类似的测量,用 $u(\bar{x}_i) = s_p/\sqrt{n}$ 来估算标准不确定度,这种方法优于用式(A.3)进行的估算。

A.5 标准不确定度的 B 类评定

B 类评估方法适用于除一系列观察的统计分析以外的所有事项。B 类不确定度由科学判断进行评定,这种判断基于具有观测值 x_i 的输入量 X_i 的可能变化的所有可用的信息,如:

1) 量的估算方法;

2) 测量系统及其组件的校准不确定度;

3) 分压器和测量仪器的非线性；

4) 动态特性，如刻度因数随频率或冲击波形的变化；

5) 短时稳定性，自热；

6) 长期稳定性，漂移；

7) 测量期间的环境条件；

8) 周围物体的邻近效应；

9) 仪器或计算结果采用的软件的影响；

10) 数字仪器的有限分辨率、模拟量仪器的读数。

输入量和不确定度信息可从以下方面获得，如：实际的或以前的测量、校准证书、手册中数据、标准、制造商规范以及相关仪器或材料特性的知识等。以下情况的不确定度的 B 类评定可认为是确定的：

a) 常常已知单个输入值 x_i 及其标准不确定度 $u(x_i)$，如单个测量值、修正值或从参考文献查到的参考值。该值 (x_i) 及其不确定度可用于模型函数式(A.1)。若 $u(x_i)$ 为未知，则须从其他相关不确定度数据计算求得或根据经验估算。

b) 可将标准不确定度与覆盖因子 k 的乘积作为装置的不确定度。如校准证书中的数字电压表的扩展不确定度 U(见 A.7)。当电压表用于复杂的测量系统时，其不确定度分量见式(A.5)：

$$u(x_i) = \frac{U}{k} \quad\quad\quad\quad\quad\quad\quad\quad\quad (A.5)$$

式中：

k——覆盖因子。可用置信度表述，如 68.3%、95.45% 或 99.7% 代替扩展不确定度和覆盖因子的表述。通常可以假定如图 A.1 所示的正态分布，则上述置信度的表述分别对应覆盖因子 $k=1$、$k=2$ 或 $k=3$。

c) 输入量 X_i 的估算值 x_i 落在具有一定概率分布 $p(x_i)$ 的 a_- 至 a_+ 区间内。通常，没有 $p(x_i)$ 的详细知识，可假定其可能值为矩形分布(图 A.2)，那么 X_i 的期望值即为该区间的中间点 $\overline{x_i}$ 见式(A.6)：

$$\overline{x_i} = \frac{(a_- + a_+)}{2} \quad\quad\quad\quad\quad\quad\quad (A.6)$$

相关的标准不确定度见式(A.7)

$$u(x_i) = \frac{a}{\sqrt{3}} \quad\quad\quad\quad\quad\quad\quad\quad\quad (A.7)$$

式中：

$a = (a_- - a_+)/2$。

某些情况下，采用其他概率分布可能更适合，如四边形、三角形或正态分布。

注 1：对三角形分布，标准不确定度为 $u(x_i) = \frac{a}{\sqrt{6}}$；对正态分布，$u(x_i) = \sigma$。也就是说，矩形分布的标准不确定度比其他分布的标准不确定度要大。

JJF 1059 规范指出，如果特殊影响已在 A 类不确定度中考虑了，则 B 类不确定度不应二次计算。而且，不确定度的评定应该是实际的并依据标准不确定度来进行，以避免因个人因素或其他安全保险原因求得比按 JJF 1059 规范方法求得的还要大的不确定度。通常输入量 X_i 应予以调整或修正以减小幅值的系统影响，如根据温度和电压的关系。但是，仍应考虑与该修正相关联的不确定度 $u(x_i)$。

注 2：当使用数字记录仪进行重复冲击测量时，可能会出现不确定度分量二次计算的情况，如刻度因数的校准。N 个测量值的分散性产生 A 类不确定度分量，但这种分散性可能部分地是由记录仪的分辨率不够或其内部噪声造成的，可不必再次考虑分辨率的全部影响，仅需在 B 类不确定度中考虑很小的一部分即可。但是，如果数字记录仪在冲击电压试验期间测得一个测量值，则分辨率不够这一因素应在 B 类不确定度中考虑。

注3：B类不确定度评定要求相关的物理关系、影响量和测量技术的广博知识和经验。由于评估本身不是可导致单一解答的严谨科学，有经验的试验工程师可能用不同的方式判断测量过程，得到不同的B类不确定度，这种情况很常见。

A.6 合成标准不确定度

用A类或B类评定的每一输入量 X_i 的估算值 x_i 的相应标准不确定度 $u(x_i)$，对输出量的标准不确定度的影响见式（A.8）：

$$u_i(y) = c_i u(x_i) \qquad\qquad\cdots\cdots\cdots\cdots\cdots\cdots\cdots（\text{A.8}）$$

式中，c_i 为敏感系数，其意义为输入量 x_i 的微小变化影响输出量 y 的程度，其值可从模型函数 f 进行偏微分直接求得（见 A.9）。也可用等效数值法或实验的方法求得。c_i 的符号可正可负。若输入量是不相关量，则不必考虑其符号，因为只有标准不确定度的方值才会在下一步骤中［式（A.9）］用到。

$$c_i = \frac{\partial f}{\partial X_i}\bigg|_{X_i = x_i} = \frac{\partial f}{\partial x_i} \qquad\qquad\cdots\cdots\cdots\cdots\cdots\cdots\cdots（\text{A.9}）$$

N 个标准不确定度 $u_i(y)$［见式（A.8）］对输出量的合成不确定度的关系遵循"不确定度传递定律"：

$$u_c^2(y) = u_1^2(y) + u_2^2(y) + \cdots + u_N^2(y) = \sum_{i=1}^{N} u_i^2(y) \qquad\cdots\cdots\cdots\cdots\cdots\cdots\cdots（\text{A.10}）$$

由式（A.10），$u_c(y)$ 为平方根的正值，即：

$$u_c(y) = \sqrt{\sum_{i=1}^{N} u_i^2(y)} = \sqrt{\sum_{i=1}^{N} \left[c_i u(x_i)\right]^2} \qquad\cdots\cdots\cdots\cdots\cdots\cdots\cdots（\text{A.11}）$$

若输出量 Y 是输入量 X_i 的积或商，可用类似的表达式如式（A.10）和式（A.11）求得相对不确定度 $u_c(y)/|y|$ 和 $u_c(x_i)/|x_i|$。"不确定度传递定律"也适用于不相关输入量模型函数的两种类型（A类和B类）。

注：对存在相关性的情况，在"不确定度传递定律"中将出现线性项，并且敏感系数也有相应的符号了。例如用同一台仪器测量两个或多个输入量的场合就会出现相关性。为避免复杂的计算，以适当的修正和不确定度在模型函数 f 中增添附加的输入量可消除相关性。某些情况下，相关输入量的存在甚至会减小合成不确定度，因此，对于复杂不确定度的分析，为达到非常精确的不确定度评估，基本上必须考虑相关性。本部分中不再讨论相关性问题。

A.7 扩展不确定度

在高电压和大电流测量领域，如同大多数其他工业应用一样，要求相应于约95%覆盖概率的不确定度已足够了。可将合成标准不确定度 $u_c(y)$ 乘以覆盖因子 k 来求取，见式（A.12）。

$$U = k u_c(y) \qquad\qquad\cdots\cdots\cdots\cdots\cdots\cdots\cdots（\text{A.12}）$$

式中，U 为扩展不确定度。覆盖因子 $k=2$ 用在 y 属于正态分布和 $u_c(y)$ 有足够的可靠度，即 $u_c(y)$ 的有效自由度足够大（见 A.8）的场合，否则应取 $k>2$ 以使 $p=95\%$。

注1：在某些老标准中采用术语"总不确定度"，大多数情况下，该术语解释为覆盖因子 $k=2$ 的扩展不确定度。

注2：由于不确定度定义为正值，U 的符号总是正的。当然，在用 U 表示不确定度区间时，将 k 表述为 $\pm U$。

A.8 有效自由度

通常，假定扩展不确定度具有正态分布在如下场合可以满足：具有类似的数值和很明确的概率分布（高斯、矩形等）的几个不确定度分量（如 $N>3$）组成合成标准不确定度的场合；以及A类不确定度是依

GB/T 16927.2—2013

据 $n \geqslant 10$ 个重复观测值估算的场合。对电压测量系统的校准,这些条件均满足。若正态分布的假定不合理,需采用 $k>2$ 的值以使覆盖概率达到约95%。适当的覆盖因子可依据标准不确定度 $u_c(y)$ 的有效自由度 ν_{eff} 来确定,见式(A.13)。

$$\nu_{eff} = \frac{u_c^4(y)}{\sum_{i=1}^{N} \frac{u_i^4(y)}{\nu_i}} \qquad\qquad (A.13)$$

式中:

$u_i(y)$ ——由式(A.8)给出,$i=1,2,\cdots N$;

ν_i ——为相应的自由度,其可靠值如下:

$\nu_i = n-1$——适用于由 n 个独立观测得到的 A 类不确定度;

$\nu_i \geqslant 50$ ——适用于由校准证书给出的 B 类不确定度,且表明覆盖概率不小于95%的情形;

$\nu_i = \infty$ ——假定在区间 a_- 至 a_+ 之间为矩形分布的 B 类不确定度。

据此,可按式(A.13)计算有效自由度,而覆盖因子则由表 A.1 中选取。表中数值是依据 t 分布且覆盖概率为95.45%确定的。若 ν_{eff} 不是整数,则可用 ν_{eff} 插值或截尾为下一个较低的整数。

也可用式(A.14)由 ν_{eff} 计算 k:

$$k = 1.96 + \frac{2.374}{\nu_{eff}} + \frac{2.818}{\nu_{eff}^2} + \frac{2.547}{\nu_{eff}^3} \qquad\qquad (A.14)$$

表 A.1 有效自由度 ν_{eff} 对应的包含因子 $k(P=95.45\%)$

ν_{eff}	1	2	3	4	5	6	7	8	10	20	50	∞
k	13.97	4.53	3.31	2.87	2.65	2.52	2.43	2.37	2.28	2.13	2.05	2.00

A.9 不确定度预算

一个测量的不确定度预算是依据模型函数 f 对不确定度所有因素及数值的详细分析,应以与表 A.2 相同或类似的表格形式将相关数据进行保存以备复查。最后一行说明测量结果 y 的值,合成不确定度 $u_c(y)$ 以及有效自由度 ν_{eff}。

A.10 测量结果表述

在校准证书以及测试报告中,测量量 Y 的结果应表示为 $y \pm U$,并注明覆盖概率(或置信限)约为95%,扩展不确定度 U 应修正到不超过 2 位有效数字。若修正后使数值减小超过 $0.05U$,则应向上修正(四舍五入原则)。y 数值应修正到可能受扩展不确定度影响的最少有效数字。

注1:作为例子,电压测量结果可用下列方式之一表述:

$(227.2 \pm 2.4)kV$;

$227.2 \times (1 \pm 0.011)kV$;

$227.2 \times (1 \pm 1.1 \times 10^{-2})kV$。

并应加注说明覆盖概率 P 以及覆盖因子 k。

注2:作为例子,推荐采用下列完整表述(括号中内容适用于 $\nu_{eff}<50$,即 $k>2.05$(见表 A.1)的场合):

"被报告的扩展不确定度表述为测量不确定度乘以覆盖因子,$k=2(k=XX)$,相应于覆盖概率约为95%的正态分布(t 分布,且有效自由度 $\nu_{eff}=YY$)。测量的标准不确定度是按 GB/T 16927.2 的方法确定的"。

表 A.2　不确定度预算的示意

量 X_i	值 x_i	标准不确定度 分量 $u(x_i)$	自由度 ν_i / ν_{eff}	敏感系数 c_i	合成标准不确定度 分量 $u_i(y)$
X_1	x_1	$u(x_1)$	ν_1	c_1	$u_1(y)$
X_2	x_2	$u(x_2)$	ν_2	c_2	$u_2(y)$
⋮	⋮	⋮	⋮	⋮	⋮
X_N	x_N	$u(x_N)$	ν_N	c_N	$u_N(y)$
Y	y		ν_{eff}		$u_c(y)$

注：有效软件可从商业市场获取，也可由使用者从通用软件自行开发，以使由模型函数 f 中对本表的量进行自动计算。

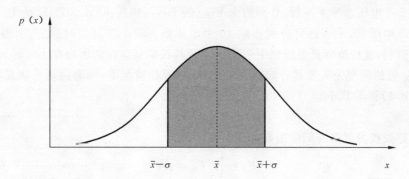

注：阴影区域表示标准不确定度高于或低于 $\overline{x_{i_i}}$。

图 A.1　正态概率分布 $p(x)$

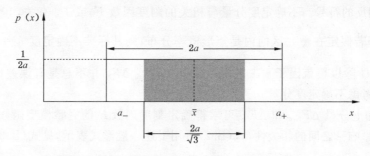

注：阴影区域表示标准不确定度高于或低于 $\overline{x_{i_i}}$。

图 A.2　矩形概率分布 $p(x)$

附 录 B

（资料性附录）

高电压测量不确定度计算示例[3]

B.1 示例1：交流测量系统的刻度因数（比对法）

由一认可的校准实验室在客户实验室对一型号为 OWF200-500 额定电压为 200 kV 的交流测量系统（记为 X）进行校准。校准是与标准测量系统（记为 N）进行比对，最高电压为 $V_{Xmax} = 200$ kV（见图 B.1）。两套系统均有分压器和数字电压表，分别在分压器输出端显示电压值 V_N 和 V_X。标准测量系统 N 的刻度因数和扩展不确定度为：25 ℃下，$F_N = 1\ 056$，$U_N = 0.33\%(k=2)$，包括温度变化和长期稳定性不确定度分量的估算值。

比对测量在 5 个电压水平下进行，分别约为 V_{Xmax} 的 20%、40%、60%、80% 以及 100%，在每一个电压水平上同时读取电压 V_N 和 V_X，且分别读取 10 个电压数。进一步对短时稳定性、温度差异等试验。根据制造商数据资料，被校准测量系统到下一次校准时其长期稳定性的影响在 ±0.3% 以内。

用于计算 F_X 值的模型公式及其合成不确定度如下，理想情况下，两套测量系统显示的交流电压 V 的值相同，见式（B.1）和图 B.1：

$$V = F_N V_N = F_X V_X \quad\quad\quad\quad\quad\quad (B.1)$$

由此导出计算被校测量系统刻度因数的基本式（B.2）：

$$F_X = \frac{V_N}{V_X} F_N = \frac{V}{V_X} \quad\quad\quad\quad\quad (B.2)$$

正如上述，两套系统的刻度因数均会受到多个参量的影响，如漂移、温度等，它们会影响刻度因数值及其不确定度。这些影响因素分别记为：对标准测量系统，为 ΔF_{N1}，ΔF_{N2}，…；对被校测量系统，为 ΔF_{X1}，ΔF_{X2}，…。通常，影响刻度因数 F_N 和 F_X 的每一分量包括误差和标准不确定度。用误差来修正刻度因数，修正具有相反的符号。不确定度分量与相关的刻度因数 F_N 或 F_X 有关，其评定方法与 A.5 中所述的方法类似，即若假定在 ±a_i 区间内是矩形概率分布，则其标准不确定度 $u_i = \frac{a_i}{\sqrt{3}}$；或者，用被校组件的扩展不确定度 U 除以覆盖因子 k 来求得。分量 ΔF_N 或 ΔF_X 并不总是有误差（或假定误差很小可以忽略），因此仅需考虑不确定度分量 u_i。

基本式（B.2）加上分量 $\Delta F_{N,m}$ 和 $\Delta F_{X,i}$ 可求得确定刻度因数 F 的完整模型函数及其合成标准不确定度。由于可忽略影响量之间的相关性，式（B.2）可用下述一般形式表示，见式（B.3）：

$$F_X - \sum_i \Delta F_{X,i} = \frac{V_N}{V_X}\left(F_N - \sum_m \Delta F_{N,m}\right) \quad\quad (B.3)$$

注1：根据定义，加入等式两边的误差项带负号，定义为 $\Delta F =$ 显示值－正确值。

对有些场合，交流测量系统的刻度因数 F_X 可表示为式（B.4）：

$$F_X = \frac{V_N}{V_X}(F_N - \Delta F_N) + \sum_{i=1}^{5} \Delta F_{X,i} \quad\quad (B.4)$$

式中：

ΔF_N ——标准测量系统在较低温度下产生的分量；

$\Delta F_{X,1}$ ——商的非线性产生的分量；

$\Delta F_{X,2}$ ——被校系统温度变化产生的分量；

---

3) 采标说明：这里给出我国高压（交流、冲击、雷电冲击）测量系统不确定度计算示例。

$\Delta F_{X,3}$ ——被校系统短时稳定性产生的分量;

$\Delta F_{X,4}$ ——被校系统长期稳定性产生的分量;

$\Delta F_{X,5}$ ——被校系统其他影响因素产生的分量。

注2:本示例中,ΔF_N 由刻度因数 F_N 的修正值及其不确定度分量组成,项 $\Delta F_{X,1} \sim \Delta F_{X,5}$ 仅对刻度因数 F_X 有影响。为了方便,不确定度分量 $\Delta F_{X,1} \sim \Delta F_{X,5}$ 直接与 F_X 相关联,即已经考虑了这些输入量的敏感系数。

标准系统 N 与测量系统 X 在单个电压下的比对测量产生 10 对测量值 V 和 V_x,由此可计算 V/V_x 之商值,相应的平均值以及实验标准偏差 $s(V/V_x)$。商 V/V_x 和标准偏差 $s(V/V_x)$ 是针对 200 kV 以内 5 个电压等级下求得的。

表 B.2 中 5 个商 V/V_x 的平均值为 1 000.9,为保守起见,V/V_x 的 A 类标准不确定度由标准偏差最大值 $s_{max}=2.3$ 进行估算:

$$u_A = \frac{s_{max}}{\sqrt{n}} = \frac{2.3}{\sqrt{10}} = 0.73$$

表 B.1 比对测量结果

次数	20%电压值			40%电压值			60%电压值		
	V_x/V	V/kV	V/V_x	V_x/V	V/kV	V/V_x	V_x/V	V/kV	V/V_x
1	40.1	40.05	998.8	80.3	80.35	1 000.6	121.4	121.60	1 001.6
2	39.9	39.72	995.5	79.4	79.63	1 002.9	121.4	121.72	1 002.6
3	40.2	40.19	999.8	80.5	80.48	999.8	120.9	120.96	1 000.5
4	40.1	40.21	1 002.7	79.8	79.90	1 001.3	120.5	120.95	1 003.7
5	40.3	40.12	995.5	79.9	80.28	1 004.8	120.3	120.41	1 000.9
6	39.8	39.81	1 000.3	80.3	80.17	998.4	120.1	120.02	999.3
7	40.2	40.19	999.8	79.4	79.48	1 001.0	120.3	120.27	999.8
8	40.1	40.02	998.0	79.1	79.31	1 002.7	120.7	120.98	1 002.3
9	39.9	39.87	999.2	80.4	80.37	999.6	121.3	121.45	1 001.2
10	39.8	39.64	996.0	80.2	80.24	1 000.5	121.8	121.82	1 000.2
V/V_x 平均值			998.6	—	—	1 001.2	—	—	1 001.2

次数	80%电压值			100%电压值					
	V_x/V	V/kV	V/V_x	V_x/V	V/kV	V/V_x			
1	160.9	161.08	1 001.1	199.6	199.62	1 000.1			
2	160.7	160.62	999.5	199.6	200.36	1 003.8			
3	160.9	161.29	1 002.4	200.3	200.52	1 001.1			
4	159.7	160.26	1 003.5	199.3	200.02	1 003.6			
5	160.3	160.48	1 001.1	199.4	199.76	1 001.8			
6	161.1	161.38	1 001.7	199.3	199.33	1 000.2			
7	159.5	160.15	1 004.1	200.1	200.67	1 002.8			
8	159.9	160.32	1 002.6	200.1	200.32	1 001.1			
9	160.5	160.52	1 000.1	199.4	200.35	1 004.8			
10	161.0	161.12	1 000.7	200.7	200.84	1 000.7			
V/V_x 平均值			1 001.7	—	—	1 002.0			

表 B.1 中，商 V/V_X 与其平均值的偏差表征系统 X 的非线性特性，在 $20\%V_{Xmax}$ 下其最大偏差为 $a_1=2.3$（见表 B.2），由非线性产生的 V/V_X 的 B 类标准不确定度。由此求得 B 类不确定分量：

$$u_{B0}=\frac{1}{\sqrt{3}}\max_{g=1}^{h}|F_g-F|=\frac{1}{\sqrt{3}}\times 2.3=1.3$$

表 B.2 $h=5$ 个电压水平（$V_{Xmax}=200\ kV$）下结果汇总

电压等级数 g	电压水平 V_{Xmax} 的百分数	F_g	$s(V/V_X)$
1	20	998.6	$2.3(=s_{max})$
2	40	1 001.2	1.9
3	60	1 001.2	1.4
4	80	1 001.7	1.5
5	100	1 002.0	1.7
平均值 F		1 000.9	

制造商提供的分压器温度变化参数为 $0.02\%/℃$，分压器使用温度范围为 $5\ ℃\sim35\ ℃$，比对时的环境温度为 $25\ ℃$。工作温度偏差最大值为 $\Delta T=25-5=20\ ℃$。所以最大温度变化带来的刻度因数的最大变化为：

$$\Delta F=0.02\%\times 20\times 1\ 000.9=4.0;$$

$$u_{B1}=\frac{1}{\sqrt{3}}\Delta F=\frac{1}{\sqrt{3}}\times 4.0=2.3$$

表 B.3 短时稳定性测试，在分压器系统施加 199.5 kV 电压，持续 1 h，耐压前后分别比对其刻度因数。

表 B.3 短时稳定性试验结果

	V_X/V	V/kV	V/V_X
施加电压前	199.1	199.32	1 001.1
施加电压后	199.0	199.50	1 002.5

刻度因数的最大变化量为 $1\ 002.5-1\ 001.1=1.4$，所以短时稳定性带来的刻度因数的不确定度分量为：

$$u_{B2}=\frac{1}{\sqrt{3}}\Delta F=\frac{1}{\sqrt{3}}\times 1.4=0.81$$

长期稳定性的不确定度为：

$$u_{B3}=\frac{1}{\sqrt{3}}\Delta F=\frac{1}{\sqrt{3}}\times 3.0=1.7$$

对于其他的影响因素的不确定度用以下 u_{B4} 估算值为：

$$u_{B4}=0.2\%\times F_X=2.0$$

把所有输入量的数值及其标准不确定度代入模型公式(B.4)的右侧，用附录 A 中给出的公式对模型公式进行手工计算，也可借助于适用于计算不确定度的专业软件进行计算。计算结果见表 B.4，表中最后一行给出了标定刻度因数 F_X 的合成标准不确定度及其有效自由度，$\nu_{eff}=1\ 730$ 表示 F_X 可能值属正态分布,因此 $k=2$ 是有效的(见附录 A 中表 A.1)。

最后,认可测量系统校准的不确定度为:

$$u=\sqrt{u_A^2+u_{B0}^2+u_{B1}^2+u_{B2}^2+u_{B3}^2+u_{B4}^2+u_{ref}^2}=4.2$$

扩展不确定度为:

$$U=k\cdot u=8.4$$

最后,认可测量系统校准的完整结果由其标定刻度因数及其扩展不确定度表示:

$$F_X=1\ 000.9\pm8.4=1\ 000.9(1\pm0.008\ 4),25\ ℃,覆盖概率不小于\ 95\%(k=2)。$$

表 B.4 标定刻度因数 F_X 的不确定度预算

量	值	标准不确定度分量	自由度	敏感系数	合成标准不确定度分量
F_N	1 056	0.003 3/2[a]	50	1 000.9	1.65
ΔF_N	0	0	∞	0	0
V/V_X	1 000.9	0.73[a]	9	1	0.73
$\Delta F_{X,1}$	0	1.3[b]	∞	1	1.3
$\Delta F_{X,2}$	0	2.3[b]	∞	1	2.3
$\Delta F_{X,3}$	0	0.81[b]	∞	1	0.81
$\Delta F_{X,4}$	0	1.7[b]	∞	1	1.7
$\Delta F_{X,5}$	0	2.0[b]	∞	1	2.0
F_X	1 000.9		1 730		4.2

[a] 正态分布;

[b] 矩形分布。

标定刻度因数的相对扩展不确定度 $U=0.84\%$。由于该数值已考虑了长期稳定性引起的不确定度分量,只要在直到下一次校准之前中间进行的性能校核(见 4.3)结果表明其刻度因数是稳定的,那么上述 F_X 值可作为该认可测量系统在下次校准之前的试验电压的扩展不确定度。

B.2 示例 2:冲击电压测量系统的刻度因数(比对法)

冲击电压测量系统包括额定电压为一台 4.8 MV 的冲击分压器(实际使用最大参数为 3 MV)、一台 12 位数字记录仪和一根 50 米长的同轴电缆。

比对过程使用一个 800 kV 的标准冲击测量系统,标准测量系统 N 的刻度因数和扩展不确定度为:23 ℃下,$F_N=82\ 100$,$U_N=0.56\%(k=2)$,包括温度变化和长期稳定性不确定度分量的估算值。

标准冲击电压测量系统的电压最高只能达到 800 kV,所以对校准冲击测量系统只能进行 20% 电压到 800 kV 之间进行比对。其比对数据见表 B.5。

表 B.5 正极性冲击电压比对

次数	约+20% 电压值			约+800 kV 电压值		
	V_X/V	V/kV	V/V_X	V_X/V	V/kV	V/V_X
1	165.9	625.22	3 768.7	211.3	795.27	3 763.7
2	164.8	623.18	3 781.4	210.4	795.43	3 780.6

表 B.5（续）

次数	约+20%电压值			约+800 kV电压值		
	V_x/V	V/kV	V/V_x	V_x/V	V/kV	V/V_x
3	165.5	624.8	3 775.2	211.1	797.35	3 777.1
4	165.1	622.51	3 770.5	211.4	795.86	3 764.7
5	165.7	623.23	3 761.2	211.4	797.62	3 773.0
6	166.1	624.32	3 758.7	210.9	793.92	3 764.4
7	165.8	625.29	3 771.4	211.3	793.87	3 757.1
8	165.2	623.74	3 775.7	211.3	798.84	3 780.6
9	165.3	621.12	3 757.5	211.2	796.27	3 770.2
10	165.8	623.43	3 760.1	211.2	794.89	3 763.7
V/V_x 平均值			3 768.0	—	—	3 769.5

表 B.6　负极性冲击电压比对

次数	约-20%电压值			约-800 kV电压值		
	V_x/V	V/kV	V/V_x	V_x/V	V/kV	V/V_x
1	161.4	608.09	3 767.6	210.5	790.08	3 753.3
2	160.9	603.65	3 751.7	210.9	795.85	3 773.6
3	161.2	606.85	3 764.6	210.5	792.96	3 767.0
4	161.3	607.61	3 767.0	210.4	791.46	3 761.7
5	161.3	606.08	3 757.5	210.7	790.32	3 750.9
6	161.1	607.82	3 772.9	210.3	792.96	3 770.6
7	161.2	605.65	3 757.1	210.5	791.55	3 760.3
8	161.5	608.82	3 769.8	210.5	790.26	3 754.2
9	161.4	607.56	3 764.3	210.1	791.57	3 767.6
10	160.8	603.32	3 752.0	210.4	790.28	3 756.1
V/V_x 平均值			3 762.5	—	—	3 761.5

表 B.7　各电压水平下结果汇总

电压等级数 g	电压水平/kV	F_g	$s(V/V_x)$
1	600	3 768.0	8.3（=s_{max}）
2	800	3 769.5	8.1
3	-600	3 762.5	7.4
4	-800	3 761.5	7.9
平均值 F		3 765.4	

表 B.7 中 4 个商 V/V_x 的平均值为 3 765.4，为保守起见，V/V_x 的 A 类标准不确定度按下式由标准偏差最大值 $s_{max}=8.3$ 进行估算：

$$u_A = \frac{s_{max}}{\sqrt{n}} = \frac{8.3}{\sqrt{10}} = 2.6$$

校准在 800 kV 下其最大偏差为 $a_1=4.1$（见表 B.6），由非线性产生的 V/V_x 的 B 类标准不确定度分量为：

$$u_{B0} = \frac{1}{\sqrt{3}} \max_{g=1}^{h} |F_g - F| = \frac{1}{\sqrt{3}} \times 4.1 = 2.4$$

扩展范围的非线性试验采用冲击发生器充分充电，确保输出电压波形没有明显变化情况下的发生器效率变化。试验数据见表 B.8。

表 B.8 扩展范围的非线性试验

序号	校准系统测量电压/ kV	发生器单级充电电压/ kV	输出电压/充电电压 R_g	$|R_g - R|$
1	786.5	33.3	23.62	0.11
2	1 756	74.5	23.57	0.06
3	2 438	103.8	23.48	0.03
4	3 014	128.9	23.38	0.13（＝max）
平均值 R	—	—	23.51	

扩展范围的非线性 B 类不确定分量：

$$u_{B1} = \frac{1}{\sqrt{3}} \times \frac{F_x}{R} \times \max_{g=1}^{b} |R_g - R| = 12.0$$

制造商提供的分压器温度变化参数为 0.02%/℃，分压器使用温度范围为 5 ℃～35 ℃，比对时的环境温度为 23 ℃，工作温度偏差最大值为 $\Delta T = 23-5 = 18$ ℃。所以最大温度变化带来的刻度因数的最大变化为：

$$\Delta F = 0.02\% \times 18 \times 3\ 765.4 = 13.56$$

$$u_{B2} = \frac{1}{\sqrt{3}} \Delta F = \frac{1}{\sqrt{3}} \times 13.56 = 7.9$$

短时稳定性测试，在对冲击测量系统 3 000 kV，30 次（0.5 次/分）耐压前后分别比对其刻度因数。

刻度因数的最大变化量为 3 756.1－3 744.5＝11.6（见表 B.9），所以短时稳定性带来的刻度因数的不确定度分类为：

$$u_{B3} = \frac{1}{\sqrt{3}} \Delta F = \frac{1}{\sqrt{3}} \times 11.6 = 6.8$$

表 B.9 短时稳定性测试

	V_x V	V kV	V/V_x
施加电压前	210.4	790.28	3 756.1
施加电压后	205.5	768.36	3 744.5

根据制造商数据资料,到下一次校准时其长期稳定性的影响在±0.3%以内。

长期稳定性的不确定度分量为:

$$u_{B4} = \frac{1}{\sqrt{3}} \Delta F = \frac{1}{\sqrt{3}} \times 11.3 = 6.5$$

对于其他的影响因素的不确定度用以下 u_{B5} 估算值为:

$$u_{B5} = 0.2\% \times F_X = 7.5$$

采用类似于示例1的标定刻度因数 F_X 的不确定度预算方法见表 B.10。

表 B.10 标定刻度因数 F_X 的不确定度预算

量	值	标准不确定度分量	自由度	敏感系数	合成标准不确定度分量
F_N	82 100	0.005 6/2[a]	50	3 765.4	10.5
ΔF_N	0	0	∞	0	0
V/V_X	3 765.4	2.6[a]	9	1	2.6
$\Delta F_{X,1}$	0	2.4[b]	∞	1	2.4
$\Delta F_{X,2}$	0	12.0[b]	∞	1	12.0
$\Delta F_{X,3}$	0	7.9[b]	∞	1	7.9
$\Delta F_{X,4}$	0	6.8[b]	∞	1	6.8
$\Delta F_{X,5}$	0	6.4[b]	∞	1	6.5
$\Delta F_{X,6}$	0	7.5[b]	∞	1	7.5
F_X	3 765.4		907		21.8

> [a] 正态分布;
> [b] 矩形分布。

表中:

ΔF_N ——标准测量系统在较低温度下产生的分量;

$\Delta F_{X,1}$——商的非线性产生的分量;

$\Delta F_{X,2}$——被校系统扩展范围的非线性产生的分量;

$\Delta F_{X,3}$——被校系统温度变化产生的分量;

$\Delta F_{X,4}$——被校系统短时稳定性产生的分量;

$\Delta F_{X,5}$——被校系统长期稳定性产生的分量;

$\Delta F_{X,6}$——被校系统其他影响因素产生的分量。

表中最后一行给出了标定刻度因数 F_X 的合成标准不确定度及其有效自由度,$\nu_{eff} = 907$ 表示 F_X 可能值属正态分布,因此 $k=2$ 是有效的(见附录 A 中表 A.1)。

最后,认可测量系统校准的不确定度为:

$$u = \sqrt{u_A^2 + u_{B0}^2 + u_{B1}^2 + u_{B2}^2 + u_{B3}^2 + u_{B4}^2 + u_{B5}^2 + u_{ref}^2} = 21.8$$

扩展不确定度为:

$$U = k \cdot u = 2 \times 21.8 = 43.6$$

最后,认可测量系统校准的完整结果由其标定刻度因数及其扩展不确定度表示:

$F_X = 3 765.4 \pm 43.6 = 3 765.4(1 \pm 0.012)$,23 ℃,覆盖概率不小于 95%($k=2$)。

标定刻度因数的相对扩展不确定度 $U=1.2\%$。由于该数值已考虑了长期稳定性引起的不确定度分量,只要在直到下一次校准之前中间进行的性能校核(见4.3)结果表明其刻度因数是稳定的,那么上述 F_X 值可作为该认可测量系统在下次校准之前的试验电压的扩展不确定度。

B.3 示例3:雷电冲击电压的波前时间

用一包括分压器和数字记录仪(12位,采样率为100 MS/s)的2 MV冲击电压测量系统 X 与一标准测量系统 N 在约500 kV的雷电冲击电压下进行比对校准波前时间(见图B.1)。系统 N 在标称时段测量波前时间的系统平均误差为 $\Delta T_{1N}=0.01\ \mu s$,扩展不确定度为 $U_N=0.02\ \mu s(k=2)$。

通过比对,两套系统同时记录了10对具有规定波前时间的雷电冲击电压。由系统 N 记录的第 i 次冲击电压的实际波前时间由式(B.5)确定:

$$T_{1N,i}=\frac{(t_{90}-t_{30})}{0.6} \quad\cdots\cdots(B.5)$$

式中,t_{30} 和 t_{90} 分别为系统 N 确定的峰值幅值的30%和90%对应的时刻;由系统 X 记录的同一冲击电压的波前时间 $T_{1X,i}$ 也是按相同方法计算的。

根据系统 X 和系统 N 测得的 $n=10$ 个对应波前时间的差,由式(B.6)确定波前时间偏差的平均值:

$$\Delta T_1=\frac{1}{10}\sum_{i=1}^{n}(T_{1X,i}-T_{1N,i}) \quad\cdots\cdots(B.6)$$

比对在标称时段的最小、最大和中间值三种不同的波前时间下进行,即 $T_1\approx0.8\ \mu s$、$T_1\approx1.6\ \mu s$ 和 $T_1\approx1.2\ \mu s$。对每个 T_1 值均计算平均偏差 $\Delta T_{1,j}$,三个 $\Delta T_{1,j}$ 值的总平均见式(B.7):

$$\Delta T_{1m}=\frac{1}{3}\sum_{j=1}^{3}\Delta T_{1,j} \quad\cdots\cdots(B.7)$$

换句话说,ΔT_{1m} 表示系统 X 相对于系统 N 在 $T_1\approx0.8\ \mu s\sim1.6\ \mu s$ 内的平均波前时间误差。

经标准系统 N 的误差 ΔT_{1N} 修正后,系统 X 的误差的模型函数见式(B.8):

$$\Delta T_{1cal}=\Delta T_{1m}+\Delta T_{1N} \quad\cdots\cdots(B.8)$$

表 B.11 列出了由校准获得的单个数值、误差和偏差并另外在图 B.2 中显示。

表 B.11 波前时间 T_1 和偏差的校准结果

		值		
$T_{1N,j}$	μs	0.80	1.20	1.60
$T_{1X,j}$	μs	0.73	1.17	1.61
$s_j(T_{1X,j})$	μs	0.015	0.01	0.01
$\Delta T_{1,j}$	μs	−0.07	−0.03	0.01
ΔT_{1m}	μs	−0.03		

由三个 $T_{1X,j}$ 值的最大标准偏差计算 A 类标准不确定度见式(B.9):

$$u_A(T_{1X})=\frac{1}{\sqrt{10}}\max_{j=1}^{3}s_j=\frac{0.015\ \mu s}{\sqrt{10}}=0.004\ 7\ \mu s \quad\cdots\cdots(B.9)$$

由于在模型函数中没有直接提及 T_{1X},因此在不确定度预算中(表 B.7),$u_A(T_{1X,j})$ 单独列出。

由平均值 ΔT_{1m} 中的三个单独 $T_{1X,j}$ 值的最大偏差给出 B 类标准不确定度见式(B.10):

$$u_B(T_{1m})=\frac{1}{\sqrt{3}}\max_{j=1}^{3}|\Delta T_{1,j}-\Delta T_{1m}|=\frac{0.04\ \mu s}{\sqrt{3}}=0.023\ 1\ \mu s \quad\cdots\cdots(B.10)$$

把所有输入量的数值及其标准不确定度代入模型公式(B.6 和 B.7)的右侧,用附录 A 中给出的公式对模型等式进行手工计算,也可借助于适用于计算不确定度的专业软件进行计算。计算结果见表 B.12,表中最后一行给出了平均误差 ΔT_{1cal}、合成标准不确定度及其有效自由度,$\nu_{eff}=1\ 700$ 表示 ΔT_{1cal} 的可能值属正态分布,因此 $k=2$ 是有效的(见附录 A 中表 A.1)。

表 B.12 波前时间偏差 ΔT_{1cal} 的不确定度预算

量	值/μs	标准不确定度分量/μs	自由度	敏感系数	合成标准不确定度分量/μs
ΔT_{1N}	0.01	0.01[a]	50	1	0.01
ΔT_{1m}	−0.03	0.017 3[b]	∞	1	0.023
$u_A(T_{1X})$	0.0	0.004 74[a]	9	1	0.004 7
ΔT_{1cal}	−0.020 μs		1 700		0.025 6 μs
[a] 正态分布;					
[b] 矩形分布。					

最后,完整校准结果可表示为:

$$\Delta T_{1cal}=-0.020\ \mu s \pm 0.051\ \mu s,覆盖概率不小于95\%(k=2)。$$

换句话说,系统 X 在标称时段测得的波前时间误差太小,只有 $-0.02\ \mu s$,当用系统 X 测量冲击电压时,波前时间修正值只需将所测值 T_{1meas} 加上 $0.02\ \mu s$ 即可。如果波前时间没有别的不确定度分量需要考虑,则 T_{1cor} 的扩展不确定度为 $0.051\ \mu s(k=2)$。

附加不确定度分量可能因系统 X 中用的数字记录仪与在比对时用的量程不同产生的。应估算其对 t_{30} 和 t_{90} 的影响,可根据式(B.6)计算 T_1 的合理偏差,由此在不确定度预算中引入了相应的 B 类标准不确定度。

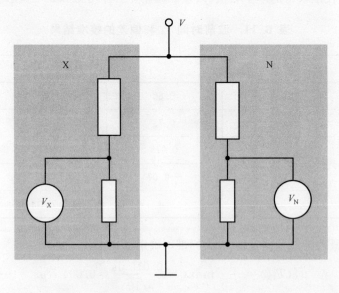

图 B.1 被校系统 X 与标准系统 N 的比对

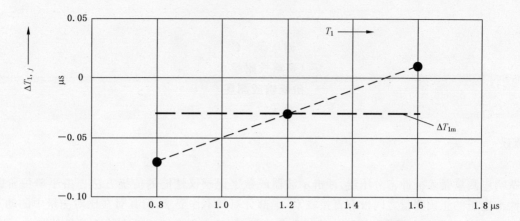

图 B.2 $T_1 \approx 0.8\ \mu s \sim 1.6\ \mu s$ 内系统 X 相对于标准系统 N 的
波前时间偏差 $\Delta T_{1,j}$ 及其平均值 ΔT_{1m}

对于直流测量系统可以参照 B.1 交流测量系统和 B.2 冲击测量系统的例子进行分析。

附 录 C

（资料性附录）

阶跃响应测量

C.1 概述

阶跃响应测量是表征冲击分压器、冲击示波器或数字记录仪性能的传统方法。由于单位阶跃响应参数与冲击电压的正确测量之间没有直接联系，本部分对其不作要求，但其对在比对测量中的动态特性仍有重要意义，特别是对分压器和仪器的研制十分有用，而且它仍适用于动态特性的性能校核（见 8.5.3 和 9.5.3）。

C.2 补充定义

C.2.1

参考电平（仅对冲击测量） reference level

l_R

在基准水平时段[见 C.2.10 和图 C.1a)]内取得的阶跃响应的平均值 l_R，该时段为 $0.5t_{min}$ 至 $2t_{max}$。

注：一个测量系统可以具有一个以上的基准水平。例如，由于响应水平（见 3.5.4 和图 C.1）的变化，对不同的波形可具有不同的刻度因数。

C.2.2

阶跃响应原点 origin of a step response

O_1

响应曲线在（单位）阶跃响应[见图 C.1a)]的零电平处的噪声幅值之上的首次开始单调上升的瞬间。

注 1：某些情况下，单位阶跃响应起始部分有畸变（见图 C.2），原点 O_1 确定为由阶跃响应单调上升部分向下延伸线与零线的交点。起始畸变部分可由参数 T_0（称为起始畸变时间）来表征，它是零线与阶跃响应至 O_1 之间的那部分区域。

注 2：所有时间值（T_0 除外）均从原点 O_1 开始测量。

C.2.3

单位阶跃响应 unit step response

$g(t)$

以基准水平为单位值和零电平为零[图 C.1a)]，经归一化后的阶跃响应。

注：对每一个基准水平，测量系统就有一个单位阶跃响应。阶跃响应的原点 O_1 同单位阶跃响应的原点相同。

C.2.4

阶跃响应积分 step response integral

$T(t)$

1 减去单位阶跃响应 $g(t)$ 的差从 O_1 至 t 的积分[图 C.1b)]。

$$T(t) = \int_{O_1}^{t} [1 - g(\tau)]d\tau \qquad\cdots\cdots\cdots\cdots\cdots\cdots\cdots(C.1)$$

C.2.5

实验响应时间 experimental response time

T_N

在 $2t_{max}$ 时刻阶跃响应的积分值。

$$T_N = T(2t_{max}) \quad \cdots\cdots\cdots\cdots\cdots\cdots\cdots (C.2)$$

C.2.6

部分响应时间　partial response time

T_α

在 $t \leqslant 2t_{max}$ 内的阶跃响应积分的最大值[见图 C.1b)],它等于图 C.1a)中的阴影区域。

注：通常，$T_\alpha = T(t_1)$，这里 t_1 是 $g(t)$ 首次到达单位幅值的时间[图 C.1a)]。

C.2.7

剩余响应时间　residual response time

$T_R(t_i)$

在某一特定的时间 $t_i(t_i \leqslant 2t_{max})$ 实验响应时间 T_N 减去阶跃响应的积分值。

$$T_R(t_i) = T_N - T(t_i) \quad \cdots\cdots\cdots\cdots\cdots\cdots (C.3)$$

C.2.8

单位阶跃响应的过冲　overshoot of the unit step response

β_{rs}

$g_{max}(t)$ 的最大值减去 1 的百分数（图 C.1a)：

$$\beta_{rs} = 100\% (g_{max}(t) - 1) \quad \cdots\cdots\cdots\cdots\cdots (C.4)$$

C.2.9

稳定时间　settling time

t_s

使剩余响应时间 $T_R(t)$ 达到且保持小于 $2\%t$ 的最短时间，即：

$$|T_N - T(t)| < 0.02t \quad \cdots\cdots\cdots\cdots\cdots\cdots (C.5)$$

t 的所有值应在 O_1 至被测冲击电压最长半峰值时间 T_{2max} 的时间段内[图 C.1b)]。

C.2.10

参考电平时段（仅对冲击电压）　reference level epoch

确定阶跃响应的参考电平时段，其下限等于 0.5 倍的标称时段的下限值($0.5t_{min}$)，其上限等于 2 倍的标称时段的上限值($2t_{max}$)。

C.3　阶跃响应测量回路

应在性能记录中说明测量阶跃响应所采用的回路布置，并应尽可能的接近实际使用条件。

图 C.3 给出了合适的回路，优选的回路为图 C.3a)。在回路中，阶跃波发生器放置在金属墙上或放置在宽度至少为 1 m 的金属导体板上，该金属导体板用做地回路。

为产生阶跃波，可用一缓慢上升的脉冲或直流电压施加到测量系统上，然后用继电器或间隙截断[图 C.3d)]，可采用下述截断方法：

——利用汞润触点继电器，提供达几百伏的阶跃波。

——利用大气压下的最大至几毫米均匀场空气间隙，提供达几千伏的阶跃波。

——利用增加气压下的、最大至几毫米的均匀场间隙，提供达几十千伏的阶跃波。

当使用重复式的发生器产生阶跃波时，应对阶跃波的持续时间和阶跃波之间的间隔时间进行选择，以期不产生和单次脉冲有关的附加误差。

C.4　对组件阶跃响应的要求

对组件（通常为一个转换装置或一个记录测量仪器）施加一个阶跃电压，测量其输出，所施加的阶跃的上升时间应小于部分响应时间 T_α 的 1/5。建议对阶跃响应的记录数据进行适当的平滑处理,以减小叠加在阶跃响应上的小的振荡和噪声的影响。

在选定的参考电平时段内的单位阶跃响应与单位值的偏离应不大于±2%。如果用于标定刻度因数测量的相应电压波形的时间 t_f 落在标称时段之外,则在 t_f 处的单位阶跃响应与参考电平的偏离也不应大于±1%。当用雷电冲击电压全波来确定标定刻度因数时,$t_f=2T_1$,也就是说是冲击电压波前时间的两倍;当用波前截断的冲击确定标定刻度因数时,$t_f=2T_C$;也就是说是冲击截断时间的两倍;当用操作冲击确定标定刻度因数时,$t_f=T_p$,即为冲击的到达峰值的时间;当用直流电压确定标定刻度因数时,$t_f=100$ ms;当用交流电压确定标定刻度因数时,$t_f=1/4$ 电压周期。对冲击电压标准测量系统阶跃响应的要求,见10.2.3。

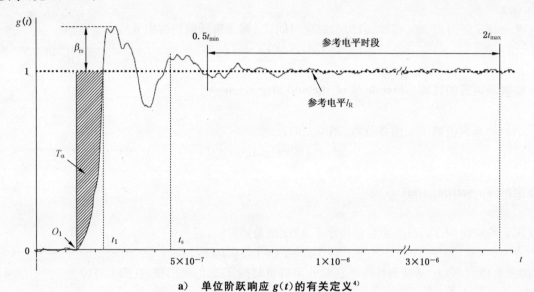

a)   单位阶跃响应 $g(t)$ 的有关定义[4]

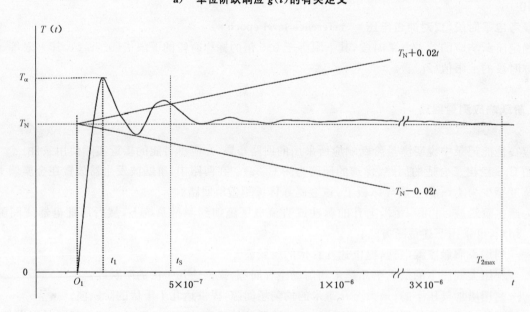

b)   阶跃响应积分 $T(t)$ 的有关定义

图 C.1   响应参数的定义

---

4)   采标说明:IEC图中时间参数符号有误,这里已作修改。

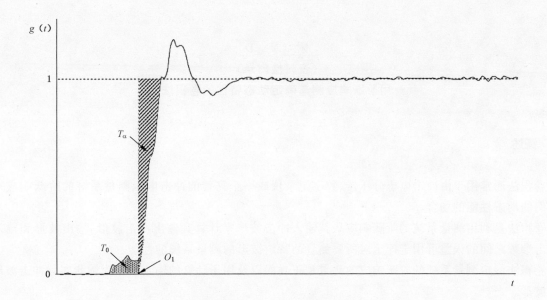

图 C.2 带有起始畸变时间 T_0 的单位阶跃响应 $g(t)$

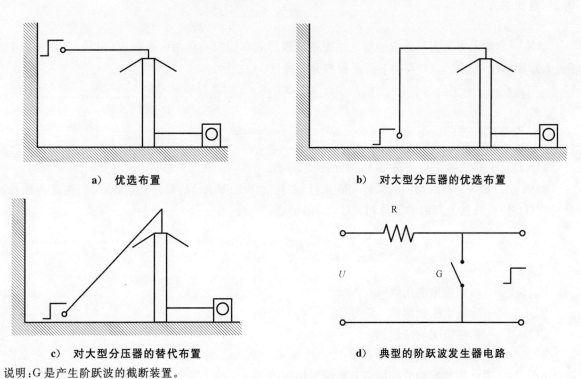

a) 优选布置

b) 对大型分压器的优选布置

c) 对大型分压器的替代布置

d) 典型的阶跃波发生器电路

说明：G 是产生阶跃波的截断装置。

图 C.3 阶跃响应测量的适用电路

附 录 D

（资料性附录）

用阶跃响应测量确定动态特性的卷积法

D.1 概述

卷积法通常用于由冲击电压分压器、数字记录仪或一个完整的冲击电压测量系统的阶跃响应来确定它们的动态性能的场合。

卷积法是利用测量系统的阶跃响应从其输入冲击波形来计算其输出冲击波形，输出波形和输入波形冲击参数之间的误差可用于评定对所要测量的特定波形的测量系统的性能。

卷积法假定测量系统的阶跃响应的测量是正确的以及用于计算的输入波形为被测实际冲击波形的典型波形。

D.2 卷积的方法

如果一个冲击电压测量系统的输入冲击电压波形和单位归一化的阶跃响应（附录 C）分别为 $V_{in}(t)$ 和 $g(t)$，则输出电压 $V_{out}(t)$ 可用下面卷积积分公式（D.1）表示：

$$V_{out}(t) = \int_0^t V'_{in}(\tau) g(t - \tau) \, d\tau \quad\cdots\cdots\cdots\cdots\cdots\cdots\cdots\cdots（D.1）$$

式中：

t　　——时间；

$V'_{in}(t)$——输入冲击电压波形 $V_{in}(t)$ 的一阶导数。

如果 $g(t)$ 和 $V_{in}(t)$ 以相同的采样间隔采样，并且 $g(t)$ 和 $V_{in}(t)$ 的采样点数也相同，由此连续卷积积分公式（D.1）可转换为离散卷积总和式（D.2）的形式。

$$V_{out}(i) = \sum_{k=0}^{i} V'_{in}(k) \cdot g(i-k) \cdot \Delta t \quad i = 0, \cdots, n-1 \quad\cdots\cdots\cdots\cdots\cdots\cdots（D.2）$$

式中：

$V_{out}(i)$——离散输出电压数列；

$V'_{in}(i)$——输入电压数组的一阶导数；

$g(i)$　——单位阶跃响应数列；

n　　——输入电压数列采样点数；

Δt　——电压数列和阶跃响应数列的采样间隔。

D.3 进行卷积计算的程序

这个程序是基于公式（D.2）描述的离散卷积积分和，通常用于利用数字冲击波形来辅助计算的计算机，此程序用于估算冲击测量系统的输出和输入冲击参数的误差，这里给出的程序描述了计算的主要步骤，这些步骤是：

　　a）　获取输入冲击波形数组 $V_{in}(i), i=0, \cdots, n-1$，并计算其冲击参数。

　　b）　输入冲击波形的采样率应与单位阶跃响应的采样率相同，且采样点数等于单位阶跃响应的采样点数（见步骤 3），输入波形应为平滑波形，其噪声最高频率已减小至远低于奈奎斯特频率

（冲击数列的采样频率的一半）。平滑的输入波形数列和它的冲击参数可用下列方法之一获得：

    1)   由冲击的解析表达式（如一双指数函数）产生。该波形的冲击参数既可以由解析表达式获得，也可以由被测冲击测量系统的冲击计算软件求得。

    2)   已由一精密低通数字滤波器或用一分段三次样条拟合算法进行平滑后得到的实际记录波形。波形的冲击参数可由被测冲击测量系统的冲击计算软件求得。

c)   通过数值计算的方法获得输入冲击波形 $V_{in}(i)$ 的一阶导数 $V'_{in}(i)$，$i=0,\cdots,n-1$。

d)   获得单位阶跃响应数组 $g(i)$，$i=0,\cdots,m-1$，$m=n+j$，j 是所记录的阶跃响应原点 O_1 之前的数据点数。

    1)   把所测阶跃响应进行归一化后求得单位阶跃响应（附录 C）。为了进行卷积，可把数个阶跃响应记录取平均来获得低噪声的单位阶跃响应，如果公式（D.2）用于卷积计算且冲击数列 $V_{in}(i)$ 已经平滑，则单位阶跃响应数列 $g(i)$ 的平滑便不太关键了。

    2)   把阶跃的开始前记录的阶跃响应数列 $s(i)$ 的采样值取平均来获得阶跃响应的零电平 l_0。

    3)   把某一时间范围内记录的阶跃响应数列 $s(i)$ 的采样值取平均来获得阶跃响应的基准水平 l_R。该时间范围是从测量系统需测的最短波前时间至确定转换装置刻度因数是所取频率的等效时间。

    用式（D.3）把阶跃响应数列 $s(i)$ 归一化为临时单位阶跃响应数列 $g_0(i)$。

$$g_0(i) = \frac{s(i) - l_0}{l_R - l_0} \quad\quad\quad\quad\quad\quad\quad\quad\quad\quad (D.3)$$

    4)   求取阶跃开始前 $g_0(i)$ 数列的采样值的标准偏差来求得零电平处噪声幅度。再反回去从头搜索 $g_0(i)$，找出大于三倍的标准偏差 d_0 的采样值。把这个采样值的时间标定为 $g_0(i)$ 的原点 O_1，并把采样值的下标标为 j。

    5)   除去原点前 $g_0(i)$ 的采样值，由此构建从原点开始的单位阶跃相应 $g(t)$：

$$g(i-j) = g_0(i) \quad i = j,\cdots,m+j-1 \quad\quad\quad\quad\quad\quad (D.4)$$

注：临时的单位阶跃响应 $g_0(i)$ 的记录有 $m+j$ 个点。除去原点 O_1 之前的 j 个点后，单位阶跃响应 $g(i-j)$ 有 $n=m$ 个点。

e)   求取输出数列及其冲击参数：

    1)   在时域或频域用等式（D.2）计算获取输出冲击波形数列 $V_{out}(i)$。

    2)   用冲击测量系统的冲击计算软件计算 $V_{out}(i)$ 的冲击参数。

    3)   计算 $V_{out}(i)$ 和 $V_{in}(i)$ 的冲击参数之差作为 $V_{out}(i)$ 的误差。

D.4　不确定度分量

    原则上，由卷积计算的误差值可用来修正被算的参数，然而，这种修正要求具有波形的臆断认识，也就是说，除非冲击具有已知的规则形状，否则修正是不可靠的。不同波形的误差及分散性可用作有关参数测量的合成不确定度的一个分量。不确定度计算应按 JJF 1059 规范进行，也可参考附录 A 及附录 B 中的示例。

D.5　冲击参数计算误差的讨论

D.5.1　峰值误差

    单位阶跃响应的单位电平不总是恒定的。因此，尽管它与峰值电压要求的测量不确定度相比可能较小的，但是峰值电压的计算误差与卷积数值误差相比往往是较大的。

峰值电压计算的相对误差应等于在输入冲击 $V_{in}(i)$ 的波前时间 T_1 大约 2 倍的时刻（$2T_1$）处 $g(i)$ 值与单位 1 之间的相对差值。在峰值电压的计算误差可与单位阶跃响应作比较以验证卷积计算是否正确。

D.5.2　波前时间误差

卷积计算可以揭示出由测量系统性能引起的冲击波形上的改变，因此可揭示出波前时间误差的大小，而阶跃响应响应本身显示不出这误差。由于阶跃响应较慢结果，输出冲击波前时间变得较长。然而，波前时间也受阶跃响应的过冲和负冲的影响，根据过冲和负冲在阶跃响应上的时间位置，冲击波形的波前部分可能被改变成不同的形状，导致波前时间增加或减少。

D.5.3　半峰值时间误差

半峰值时间 T_2 主要受被算冲击大约 $2T_1$ 时的 $g(i)$ 值和等于 T_2 时 $g(i)$ 值之间的差值的影响，可以用卷积的计算来估算 T_2 误差的大小，而用阶跃响应本身是无法直接求得的。

参 考 文 献

[1]　IEC 60050(300):2001,International Electrotechnical Vocabulary(IEV)—Electrical and electronic measurements and measuring instruments—Part 311:General terms relating to measurements—Part 312:General terms relating to electrical measurements—Part 313 Types of electrical measuring instruments—Part 314:Specific terms according to the type of instrument

[2]　IEC 60050(321):1986,International Electrotechnical Vocabulary(IEV)—Chapter 321:Instrument transformers

[3]　IEC 60051,Direct acting indicating analogue electrical measuring instruments and their accessories

[4]　IEC 60060-3:2004,High-voltage test techniques—Part 3:Definitions and requirements for on site testing

[5]　IEC 60071-1:2006,Insulation co-ordination—Part 1:Definitions,principles and rule

[6]　IEC 60270:High-voltage test techniques—Partial discharge measurements

[7]　IEC 62475:2011 High-current test techniques:Definitions and requirements for test currents and measuring systems

[8]　ISO/IEC 17025:2005,General requirements for the competence of testing and calibration laboratories(Metrology in short:Euromet ISBN 87-988154-1-2)

[9]　JCGM 200:2008,International vocabulary of metrology—Basic and general concepts and associated terms(VIM),http://www.bipm.org/en/publications/guides

[10]　J. G. Proakis and D. G. Manolakis,Introduction to Digital Signal Processing. Macmillan Publishing Company,New York,1988.

[11]　Y. Li,J. Rungis and A. Pfeffer,The Voltage and Time Parameter Measurement Uncertainties of a Large Damped Capacitor Divider due to its Non-ideal Step Response. Proceedings of 15 International Symposium on High Voltage Engineering,Ljubljana,2007.

前　言

本标准等同采用国际电工委员会(IEC)的技术报告 IEC 61321-1:1994《极快速冲击高电压试验技术　第1部分:气体绝缘变电站中陡波前过电压用测量系统》制定的。在技术内容、编写格式上与上述技术报告相同。

随着我国气体绝缘变电站(GIS)的发展,迫切需要对 GIS 中产生的陡波前过电压的测试技术及其对相应测量系统的要求,校验方法等提供统一的依据,以便对测量结果进行合理的评价。

IEC 61321-1 技术报告推荐的 GIS 中产生的陡波前过电压的特性、测量方法、对测量系统的要求、测量系统的校验方法及不确定度的估算等均是对世界各国在该技术领域中工作的总结。我国已按该技术报告中的有关要求进行了相关的研究工作。因此等同该 IEC 技术报告是可行的。

在本标准中,"本标准"一词对应 IEC 61321-1 中的"本技术报告"。

本标准旨在对 GIS 中陡波前过电压测量技术给出指导,本标准中给出的对陡波前过电压的测量方法是目前国际上普遍采用的,根据我国目前的实际情况,这些方法仅作为推荐使用,以便在实践中积累经验,也可采用其他的方法,但测量系统应满足本标准有关条款的要求。有关本标准的意见应寄到全国高电压试验技术和绝缘配合标准化技术委员会秘书处。

附录 A、附录 B 和附录 C 是提示的附录。

本标准由国家机械工业局提出。

本标准全国高电压试验技术和绝缘配合标准化技术委员会归口。

本标准负责起草单位:西安高压电器研究所、武汉高压研究所。

本标准参加起草单位:西安交通大学、清华大学、华东电力试验研究院、西安高压开关厂、云南电力试验研究所。

本标准主要起草人:王建生、李彦明、戚庆成、钟连宏、种亮坤、王建强、王凯。

IEC 前言

1) IEC(国际电工委员会)是由各国家电工技术委员会(IEC 国家委员会)组成的世界性的标准化组织。IEC 的目的是促进电气和电子领域内涉及标准化的所有问题的国际合作。为达此目的,除这些活动外,IEC 还发布国际标准。这些标准委托各技术委员会准备,对所涉及的问题感兴趣的任何 IEC 国家委员会均可参与这项准备工作。与 IEC 协作的国际组织,政府和非政府组织也可参与这项准备。IEC 与国际标准化组织(ISO)按照两个组织间的协议所确定的条件密切地进行合作。

2) IEC 关于技术问题的正式决议或协议,是由代表所有对这些问题特别感兴趣的国家委员会组成的技术委员会提出的,他们尽可能地表达出对所涉及问题的国际上一致的意见。

3) 这些决议或协议以标准、技术报告或导则的形式出版,以推荐的形式供国际上使用,并在此意义上为各国家委员会所接受。

4) 为了促进国际上的统一,各 IEC 国家委员会同意在他们的国家和区域性标准中清楚地、最大限度地采用 IEC 国际标准。IEC 标准和相应的国家或区域性标准间的任何差异应在后者中清楚地指出。

IEC 技术委员会的主要任务是制定国际标准。在特殊情况下,技术委员会可以建议出版下列类型技术报告:

● 第一类型,尽管反复努力,但作为国际标准的出版物仍不能得到所要求的支持时;

● 第二类型,当项目尚处于技术发展中或由于其他原因,将来而不是现在有可能就国际标准达成协议时;

● 第三类型,技术委员会收集到的与正规出版的国际标准不同的资料,例如"科学发展动态"。

第一和第二类型的技术报告在出版后三年内须经审查,以决定是否能转变成国际标准。第三类型的技术报告在所提供的资料被认为不再有效或有用之前不必审查。

IEC 61321-1 是属于第二类型的技术报告,是由 IEC 第 42 技术委员会:"高电压试验技术"制定的。

本技术报告的正文是基于下述文件:

委员会草案	表决报告
42(SEC)93	42(SEC)100 42(SEC)100A

表决赞成本技术报告的全部资料都可在上表所指出的表决报告中查找到。

> 本文件按照 IEC/ISO 指令第一部分的 G4.2.2 以出版物的技术报告系列的第二类技术报告出版,作为高压试验技术领域内的"暂时应用的预期标准"颁布,因为迫切需要对将此领域的许多标准应如何使用才能符合一致的要求提供指导。
>
> 此文件不视为"国际标准"。建议将其供临时应用,以便可在实践中积累其使用的知识和经验。有关此文件内容的意见应寄送到 IEC 中央办公室。
>
> 本第二类型的技术报告将在其出版后三年内进行复审,并决定:是再延长三年,还是转变成国际标准,或者取消。

附录 A、B 和 C 仅供参考。

中华人民共和国国家标准

极快速冲击高电压试验技术
第1部分：气体绝缘变电站中陡波
前过电压用测量系统

GB/T　18134.1—2000
idt IEC 61321-1:1994

High-voltage testing techniques with very fast impulses
Part 1:Measuring systems for very fast
front overvoltages generated in
gas-insulated substations

1　范围

本标准适用于测量气体绝缘金属封闭变电站(GIS)中由于操作或破坏性放电产生的陡波前过电压,尤其适用于测量下述三种陡波前过电压[1]*的装置和整个测量系统:

　　a) 内部陡波前过电压;

　　b) 瞬态外壳电压;

　　c) 外部陡波前过电压。

本标准中所考虑的时间参数被限定在 10 μs 以内。

估算测量不确定度的程序适用于 IEC 61259 中所述的内部陡波前过电压的试验水平。不确定度的估算是基于 IEC 61259 规定的试验回路产生的预期内部陡波前过电压中的典型波形。

本标准:

　　a) 定义使用的术语;

　　b) 叙述陡波前过电压的一般特性;

　　c) 给出三种陡波前过电压中每一种陡波前过电压的特性;

　　d) 给出对测量系统的要求;

　　e) 叙述一些可能的测量系统(更详细的情况可在技术文献[2]中查找到);

　　f) 叙述测量系统的校验程序;

　　g) 仅给出内部陡波前过电压测量中估算典型陡波前过电压峰值的不确定度的导则(可用类似的方法估算瞬态外壳电压或外部陡波前过电压峰值的不确定度)。

2　引用标准

下列标准所包含的条文,通过在本标准中引用而构成为本标准的条文。本标准出版时,所示版本均为有效。所有标准都会被修订,使用本标准的各方应探讨使用下列标准最新版本的可能性。

　　GB/T 16927.1—1997　高电压试验技术　第一部分:一般试验要求(eqv IEC 60060-1:1989)

　　GB/T 16927.2—1997　高电压试验技术　第二部分:测量系统(eqv IEC 60060-2:1994)

　　GB 7674—1997　72.5 kV 及以上气体绝缘金属封闭开关设备(eqv 60517:1990)

---

　　*　方括号内的数字表示附录 C 中给出的参考文献目录的序号。

国家质量技术监督局 2000-07-14 批准　　　　　　　　　　　　2000-12-01 实施

IEC 61259:1994　额定电压72.5 kV及以上气体绝缘金属封闭开关设备——隔离开关开合母线充电电流的要求

3　定义

本标准采用下列定义。

3.1　陡波前（VFF）过电压　very fast front (VFF) overvoltages

由于GIS内隔离开关或断路器的切换操作，或由于GIS内部破坏性放电产生的电压。它们是由于GIS中操作或破坏性放电造成电压快速跌落（根据GIS的特性，通常小于10 ns）引起的阶跃电压行波的反射和折射分量叠加形成的（见图1）。

3.2　内部陡波前过电压　internal very fast front overvoltages

在GIS内高压导体（导管）和外壳之间出现的陡波前过电压。

3.3　瞬态外壳电压（TEV）　transient enclosure voltages(TEV)

在GIS外，GIS外壳和地之间出现的陡波前过电压；它们是由于阶跃电压行波在外壳的各个中断点处（即与电缆或架空线的连接处）的折射引起的（见附录B）。

3.4　外部陡波前过电压　external very fast front overvoltages

在GIS外，GIS的外接设备上或设备内出现的陡波前过电压；它们是由于阶跃电压行波在外壳的各个中断点处（即电缆或架空线终端）的折射引起的。

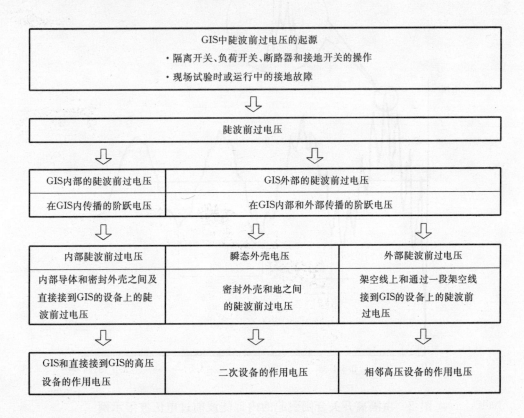

图1　GIS内部和外部陡波前过电压的起源和分类〔3〕

4　内部陡波前过电压测量的推荐方法

下述的推荐方法用于测量内部陡波前过电压峰值。

4.1　内部陡波前过电压的特性

GIS中的内部陡波前过电压是由于隔离开关和断路器操作及破坏性放电过程中必然产生两个陡变

的阶跃电压行波引起的,这些行波在 GIS 和与之相连接的设备中传播。在每个阻抗突变处,每一入射波部分被反射,部分被折射;通常反射和折射部分都有所畸变,例如,由于突变处的集中电容造成的畸变。所有行波叠加起来就形成了陡波前过电压波形。

总的波形往往很复杂,但通常由四个分量组成:

a)阶跃电压;

b)在 GIS 母线管道内(如电晕屏蔽罩、弯管等处),由于波阻抗的多处微弱变化形成的甚高频范围 f_1 分量(最高达 100 MHz);

c)在 GIS 母线管道末端和电缆或架空线终端处,由于波阻抗的显著变化引起反射而形成的高频范围 f_2 分量(最高达 30 MHz);

d)由于外部的大电容设备,如电容式电压互感器或输电线载波系统的耦合电容器引起谐振而产生的低频范围 f_3 分量(0.1 MHz~5 MHz)。

因此,内部陡波前过电压的波形取决于 GIS 的内部结构和外部配置。此外,由于陡波前过电压的行波特性,其波形随位置不同可有很大的变化(在某些情况下,1 m 的距离就会造成显著的变化)。内部陡波前过电压的幅值范围为系统电压的 1.0~2.5 倍。图 2 为内部陡波前过电压示例。

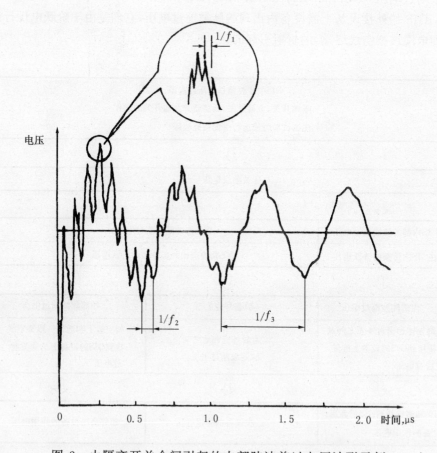

图 2　由隔离开关合闸引起的内部陡波前过电压波形示例

4.2　对测量系统的要求

4.2.1　概述

测量系统由转换装置(传感器),记录仪器及连接这两部分的传输系统构成(见图 3)。这三部分性能互有影响。因此应把测量系统作为一个整体进行校核和校验。

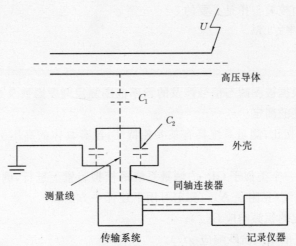

图 3　在 GIS 母线中使用电场探头的测量系统示例

4.2.2　传感器的安置和制作

传感器应置于外壳的内部并尽可能地靠近需测处。根据 GIS 的结构,传感器的位置不可能总是与需测处相一致。在这种情况下,测到的陡波前过电压可能明显地不同于需测处出现的陡波前过电压,如果需测处和传感器实际位置之间的波阻抗有突变,则尤为明显。对于这种情况通过计算机分析的方法近似计算指定位置处出现的陡波前过电压,这种分析法将产生附加误差,误差的大小可通过利用相同的分析方法计算传感器处的电压并将算得的电压与测得的电压相比较来估算。

传感器应设计成对介质的完整性或对被试 GIS 的波阻抗不会产生不利的影响;既不应引起电晕和明显的电场畸变也不会引起阶跃电压行波的明显反射。

4.2.3　测量系统的传递特性

测量系统的传递特性可以在频域或者在时域内确定。

a) 如果用幅频响应评价传递特性,对用于内部陡波前过电压的测量系统,则测到的响应在 10 kHz ～100 MHz 间的平直度应在 ±1 dB 内。

若在工频下测定刻度因数,则测量系统测得的响应在低至工频范围内的平直度应在 ±1 dB 之内(如果需要,可用带宽重叠的不同装置进行多次校验来测定)。

b) 如果用单位阶跃响应评价测量系统的传递特性,则响应参数应在下列限值之内:

——稳定时间: $t_s < 20$ ns;

——实验响应时间的绝对值: $|T_N| < 5$ ns;

——剩余响应时间的绝对值: $T_R(t_1) = |T_a - T_N| < 5$ ns;

其中:

T_a 是部分响应时间;

t_1 是阶跃响应首次穿过稳态响应值时的时间;

——单位阶跃响应在 2.5 ns～25 μs 间的平直度应在 ±10% 以内。

所有的时间参数和单位阶跃响应的平直度应计算到下列时间:

——用于确定刻度因数的冲击波的峰值时间;

——如果用工频测定刻度因数,计算到 $T/4$ 的时间, T 是工频的周期。

注:应当校核由于高、低压臂中介质材料的不同频率特性而引起的响应的"蠕变"。

4.3　测量系统的可行方案

传感器可以是安装在母线管道外壳内适当位置的电场探头,探头作为分压器的低压臂,高压臂则由探头的暴露表面和带电导体之间的电容构成(见图 3)。

尽管几何形状往往很简单,但考虑到实际测量中的所有影响因素,用电场分析来计算刻度因数不足以达到足够的准确度,因而校验工作是必要的。

注:传感器的尺寸限制频率的上限。

4.4 测量系统的校验

4.4.1 概述

校验测量系统时,应根据被测瞬态信号涉及的频率范围测定刻度因数及其适用范围。

4.4.2 测量系统传递特性的测定

与惯用的分压器系统相比,测量系统具有某些独特性;没有具体的高压引线,高压臂可认为是近于理想的电容器。

传递特性的测定可在一个类似于 GIS 中测量系统的模拟装置上进行,例如带有终端匹配的横向电磁波(TEM)装置或同轴系统(见附录 A)。测定可用下述任一方法:

方法 A:测定测量系统的幅频响应 $G(f)$;

方法 B:测定测量系统的单位阶跃响应 $g(t)$。

并应考虑下述因素:

a) 在测定幅频响应或单位阶跃响应时,实际测量过程中用来调整被测信号的任何电子装置都应接入并按通常方式工作。

b) 传输系统(电缆或光纤)应与实际测量时所用的类型和长度一样。

c) 试验或测量布置的实际几何形状会影响试验的结果。因此,应在有关的几何形状与实际进行测量时相同的情况下测定传递特性。

4.4.3 刻度因数的测定

测定刻度因数时应将传感器装在需要进行测量的设备内。

由于记录仪器的输入阻抗与低压臂相并联,所以传感器基本上是个高通滤波器,因此可用任一种类型的电压进行刻度因数测定,只要能确认测定的刻度因数可在直到被测量的最高频率范围内适用(见 4.2.3)。

实际测定中允许用三种可能的方法:

方法 A:只要满足 4.2.3 的有关条件,则刻度因数可用工频高压并与一精密分压器进行比对来测定;

方法 B:只要满足 4.2.3 的有关条件,冲击情况下的刻度因数可用一快速冲击分压器进行比对来测定。此时,应注意由快速分压器测得的确实就是作用于传感器上的电压;

方法 C:当工频校准不能满足但冲击校准能满足 4.2.3 的条件时,则可在专门的校验装置上(见附录 A)分别进行工频和冲击校验以确定从工频刻度因数换算到冲击刻度因数的换算因数。在实际测量条件下测量工频刻度因数并用上面的换算因数进行校正便得到了标定的冲击刻度因数(换算因数的不确定度属于附加影响应包括在总不确定度的估算值中(见 4.5.3))。

4.5 内部陡波前过电压峰值测量总不确定度的估算

4.5.1 用幅频响应时不确定度的来源

当由幅频响应确定测量系统的传递特性时,内部陡波前过电压峰值测量的不确定度的来源如下:

a) 以交流电压测得的刻度因数的不确定度 ε_1 引起陡波前过电压峰值的不确定度 ε'_1;

b) 由频率分析仪的不确定度 ε_2 引起陡波前过电压峰值的不确定度 ε'_2;

c) 测得的测量系统频率响应在所需带宽范围内的"平直度"的不确定度 ε_3 引起陡波前过电压峰值的不确定度 ε'_3(在表 2 给出的数值计算中 ε'_3 被分成 ε'_3 和 ε'_4 两部分);

d) 由于传递特性测定装置与实际测量装置之间的变动产生的不确定度 ε_5 引起陡波前过电压峰值的不确定度 ε'_5。

4.5.2 用单位阶跃响应时不确定度的来源

a) 用冲击电压测定的冲击刻度因数的不确定度 ε_1 引起陡波前过电压峰值的不确定度 ε'_1;

b) 在确定仪器的基准电平时(由于数字记录仪的噪声或示波器的扫描线)影响内部陡波前过电压三种频率成分的各分量幅值造成不确定度 ε_2 而引起陡波前过电压峰值的不确定度 ε'_2；

c) 由于单位阶跃响应稳态电平的延伸(确定稳定时间常数时)产生的不确定度 ε_3 影响高频分量的波形而引起陡波前过电压峰值的不确定度 ε'_3；

d) 由于蠕变时间常数(冲击刻度因数测试点(数微秒)和 100 ns 之间传递特性的改变)影响内部陡波前过电压三种频率各分量幅值造成不确定度 ε_4 而引起陡波前过电压峰值的不确定度 ε'_4；

e) 由于传递特性测定装置与实际测量装置之间的变动产生的不确定度 ε_5 引起陡波前过电压峰值的不确定度 ε'_5。

4.5.3 估算陡波前过电压峰值总不确定度的一般程序

注：此程序是首次提出的方法，它将按 GB/T 16927.2 的附录 H(在制定中)修订。

陡波前过电压波形随 GIS 的结构不同而有所不同。不象其他惯用的标准试验电压，至今还没有标准的陡波前过电压波形。

陡波前过电压实测峰值的总不确定度取决于各组成分量的加权值(见表 1)：

——某些不确定度对所有全部分量都一样适用，因此加权因数为 1；

——另一些不确定度对各分量有所不同，因此加权因数小于 1 且取决于所测频率分量的幅值。

若不知道陡波前过电压的实际波形就不可能给出总不确定度。

为了说明总不确定度的估算程序，必须确定如图 2 所示的内部陡波前过电压波形(IEC 61259 给出的 GIS 隔离开关试验中预期的代表性波形)峰值瞬时各频率分量的百分比。

陡波前过电压(见图 2)在峰值瞬时包含三个主要频率分量的幅值 $A(f_i)$(不考虑阶跃分量)。加权因数即为这些幅值与出现在 100 ns 和 500 ns 之间的陡波前过电压峰值 P 之比，表 1 给出了构成陡波前过电压峰值的加权因数 $W_i = A(f_i)/P$。

表 1 内部陡波前过电压的加权因数

$i=$	1	2	3
$W_i = A(f_i)/P$	W_1	W_2	W_3

注：应根据实测的陡波前过电压波形确定实际的加权因数。

根据这些加权因数和测量系统传递特性的测定方法，表 2 和表 3 列出了由各不确定度分量得出峰值总不确定度的过程。

表 2 用幅频响应确定传递特性和交流电压测取刻度因数时，陡波前过电压峰值
测量不确定度的来源和相应的不确定度分量以及总不确定度的确定

不确定度的来源 ε_i	相应的陡波前过电压峰值的不确定度 ε'_j
用交流电压测定刻度因数 ε_1	刻度因数 $\varepsilon'_1 = \varepsilon_1$
频率分析仪 ε_2	此不确定度包括与三个频率分量的三个加权因数有关的不确定度 $\varepsilon'_2 = (W_1 + W_2 + W_3)\varepsilon_2$
测量系统频率响应的脉动 ε_3	有关 f_2 和 f_3 分量的第一个不确定度分量 $\varepsilon'_3 = (W_2 + W_3)\varepsilon_3$ 有关 f_1 分量的第二个不确定度分量 $\varepsilon'_4 = W_1 \varepsilon_3$
从传递特性测定装置到实际测量位置的更换 ε_5	$\varepsilon'_5 = \varepsilon_5$
峰值总不确定度	$\varepsilon'_t = \sqrt{\sum_j \varepsilon'^2_j}$

表3 用单位阶跃响应确定传递特性和由雷电冲击电压测定刻度因数时，
陡波前过电压峰值测量不确定度的来源和相应的不确定度分量以及总不确定度的确定

不确定度的来源 ε_i	相应的陡波前过电压峰值的不确定度 ε'_j
用雷电冲击电压测定刻度因数 ε_1	$\varepsilon'_1 = \varepsilon_1$
确定仪器的基准电平：数字记录仪的噪声或示波器的扫描线 ε_2	$\varepsilon'_2 = \varepsilon_2$
单位阶跃响应稳态电平的延伸（稳定时间常数） ε_3	影响陡波前过电压的高频波形 $\varepsilon'_3 = \varepsilon_3$
蠕变时间常数：校验点和100 ns点间的传递特性的改变 ε_4	$\varepsilon'_4 = \varepsilon_4$
从传递特性测定装置到实际测量位置之间的更换 ε_5	$\varepsilon'_5 = \varepsilon_5$
峰值总不确定度	$\varepsilon = \sqrt{\sum_j \varepsilon'^2_j}$

4.5.4 内部陡波前过电压峰值测量不确定度举例

下述的不确定度估算例子是使用认可的方法和当前最适用的测试设备得到的。

注：如果使用4.2.3和GB/T 16927.1给出的不确定度的最大限值，则总不确定度将高于表4和表5中的估算值。

加权因数的选取是用来表征IEC 61259要求的试验中可能出现的内部陡波前过电压，且取 $W_1 = 0.02, W_2 = 0.15, W_3 = 0.3$。

虽然按IEC 61259规定的试验要求，测量系统的总不确定度理应优于5%，但表4和表5表明，无论使用哪一种测定传递特性方法，不确定度都在10%左右。

表4 对于用幅频响应确定传递特性的测量系统，陡波前过电压峰值总不确定度的估算

i	$\varepsilon_i =$	$\varepsilon'_j =$	$\varepsilon'_j =$	$j =$
1	2%（用交流校验）	2%	2%	1
2	12%（1 dB）	$(0.02+0.15+0.3)\times 12 = 5.6\%$	5.6%	2
3	12%（1 dB）	$(0.15+0.3)\times 12 = 5.4\%$	5.4%	3
	12%（1 dB）	$(0.02)\times 12 = 0.24\%$	0.24%	4
5	5%	5%	5%	5
			9.5%	峰值电压的总不确定度

注
1 对于不确定度 ε_5，表中所设值为5%，是基于工作组的经验。
2 对于 ε_2 和 ε_3 的取值12%值是基于幅频响应平直度为限值±1 dB的最坏情况，用"蒙特卡洛"（Monte-carlo）方法可计算出其统计估计值。
3 须强调指出，容许偏差是指规定值和实测值间允许的差异。应将这些差异和测量误差区别开来，后者是实测值和真值间的差异。表4和表5中引用的不确定度值是测量误差可能的界限值的估算值。有关估算不确定度的更详细的资料将由GB/T 16927.2的附录H（在制定中）提供。

表 5　对于用单位阶跃响应确定传递特性的测量系统陡波前过电压峰值总不确定度的估算

i	$\varepsilon_j=$	$\varepsilon_j=$	$j=$
1	3%（用雷电冲击校准）	3%	1
2	2%	2%	2
3	5%	5%	3
4	5%	5%	4
5	5%	5%	5
		9.4%	峰值电压的总不确定度
注:表中给出的不确定度值是基于工作组的经验。			

5　瞬态外壳电压(TEV)测量的推荐方法

注:关于瞬态外壳电压的测量,由于尚无通用的测量技术,所以仅提供指导(测量方法需用专门的装置,并视所进行的测量的原由而定)。

5.1　瞬态外壳电压的特性

附录 B 中阐述了产生 TEV 的原理,TEV 本质上是内部陡波前过电压造成的,TEV 的峰值取决于外壳离地面的高度、外壳与接地系统的连接方式及接地系统本身。

通常,GIS 外壳上的 TEV 包含叠加在"阶跃电压"上的三个主要频率范围的分量。由于 GIS 接地的阻抗很低,阶跃电压通常在最初的几纳秒内衰减。三个分量是:

a) 甚高频范围 f_1 分量(最高达 100 MHz),由 GIS 外壳及其内部的波阻抗多处微弱变化所致(如支撑、弯管、接地连接等);

b) 高频范围 f_2 分量(最高达 30 MHz),由于如 GIS 外壳接地引线等处波阻抗的显著变化引起的反射所致;

c) 低频范围 f_3 分量(0.1 MHz～1 MHz),由外部大设备的集中电容,如输电线载波系统的耦合电容器引起的谐振所致。

当有强阻尼时(即有多点低阻抗接地连接时),TEV 的持续时间小于几微秒。在这种情况下低频分量就很小。

因此,TEV 波形主要取决于 GIS 的接地而其峰值可能为系统电压的 0.01～0.5 倍。图 4 为 TEV 示例,表 6 给出了三个频率分量的加权因数范围(TEV 峰值瞬时的各频率分量幅值 A_i 与出现在 25 ns～100 ns 间峰值 P 之比给出加权因数 $W_i=A(f_i)/P$)。

表 6　瞬态外壳电压的加权因数

$i=$	1	2	3
$W_i=A(f_i)/P$	0.1～0.2	0.7～0.8	0.05～0.1

5.2　对测量系统的要求

5.2.1　概述

测量系统由转换装置(传感器),记录仪器及联接这两部分的传输系统组成。这三部分互有影响,因此,应把测量系统作为一个整体进行校核和校验。

TEV 的行波特性意味着被测信号与测量的位置密切相关。测量系统的输入阻抗可能会影响被测 TEV 的幅值和波形。

5.2.2　传感器的安置和制作

传感器应置于外壳的外部并尽可能靠近需测处。根据 GIS 的结构,传感器不可能总是位于需测处。在这种情况下,如果需测处和传感器的实际位置之间的波阻抗有突变,则测得的 TEV 可能明显地不同于需测处出现的 TEV。

测量系统应设计成对被测现象的影响减至最小的程度。

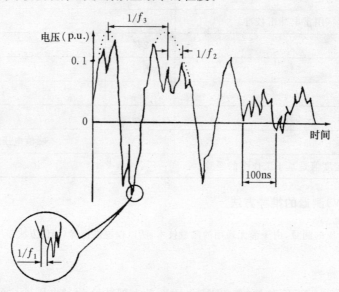

图 4 瞬态外壳电压(TEV)示例

5.2.3 测量系统的传递特性

传递特性的要求与内部陡波前过电压的要求相同(见 4.2.3),只是下限截止频率可较高些(最高达 10 倍)。

5.3 测量系统的可行方案

5.3.1 电场探头

传感器可以是置于 GIS 外壳和地之间的电场探头。电场探头测量电场的垂直分量 $E_z(t)$,它与垂直点处的外壳电压有关,其关系式为:

$$E_z(t) = G(z) \cdot V(t)$$

式中:$V(t)$——外壳电压而 $G(z)$ 由下式给出:

$$G(z) = \frac{1}{\log(2h/R)} \times \left(\frac{1}{h - z + R} + \frac{1}{h + z + R} \right)$$

其中:R——GIS 外壳的半径;

h——GIS 外壳离地面的高度;

z——电场探头离地面的高度(见图 5)。

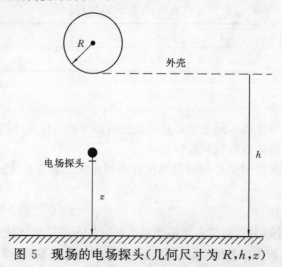

图 5 现场的电场探头(几何尺寸为 R, h, z)

上述关系式不能给出现场探头足够精确的刻度因数值;因为忽略了许多影响因素,因而要求在现场进行刻度因数的测定。

5.3.2 特制的电阻性阻抗分压器(Newi 探头[4])

传感器可以是一特制的电阻性阻抗分压器(Newi 探头,图 6)。从电阻至记录仪器沿 Z_1 的传播时间 τ 的 2 倍时间内探头的刻度因数为:

$$A_1 = (Z_0 + Z_1 + R)/Z_0$$

式中: Z_0——测量电缆的特性阻抗;

Z_1——测量电缆屏蔽和地之间传输线的特性阻抗(地也可以是双屏蔽电缆的外层屏蔽);

R——Newi 探头的高压臂电阻(假定为纯电阻);

τ——测量电缆屏蔽和地之间传输线的自由空间传播时间。

对于更长时间(如有需要),刻度因数为:

$$A_2 = (Z_0 + R)/Z_0$$

若 R 值较大,则 A_1 近似等于 A_2。

例如典型值为: $Z_0 = 50\ \Omega$,$Z_1 = 200\ \Omega$,$R = 10\ k\Omega$,则 $A_1 = 205$,$A_2 = 201(\Delta A = 2\%)$。

在很多实际情况中,所关注的频率相当高以致于可用足够长的电缆而仅需使用 A_1。

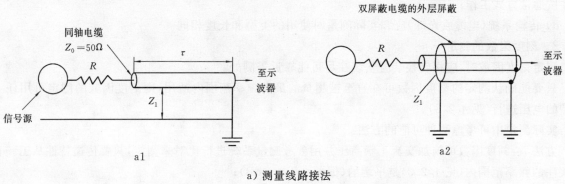

a1　　　　　　　　a2

a) 测量线路接法

b) 短时响应的示意图

τ—单屏蔽电缆屏蔽对地或接地的双屏蔽电缆内屏蔽对外屏蔽形成的传输线的自由空间传播时间;

R—"高压臂"电阻(假定为纯电阻)

图 6　特制的电阻性阻抗探头(Newi 探头)装置

5.4　测量系统的校验

5.4.1　概述

整个测量系统进行校验时,应根据被测瞬态信号涉及的频率范围测定刻度因数及其适用范围。

测定刻度因数时,应将传感器置于靠近 GIS 外壳上需测点。

但是,测定传递特性时,应将备有全部有关组件的测量系统置于特定的试验装置中进行。

5.4.2　测量系统传递特性的测定

与惯用的分压器相比,测量系统具有某些独特性:

a) 对于电场探头,没有具体的高压引线,其高压臂可认为是近于理想的电容器。由于试验装置的几何形状所产生的杂散影响会引入不确定度。

b) 特制的电阻性阻抗分压器最适宜在沿电缆长度的 2 倍自由空间传播时间内使用。在此时间以后的测量中,对刻度因数的变化应留有容差。同样,如果不用双屏蔽电缆,则 Z_1 会受到几何形状的杂散影响,对此应特别注意保持 Z_1 为常数。

传递特性的测定可在一个类似于 GIS 中测量系统的模拟装置上进行。测定可选用下述任一方法:

方法 A:测定测量系统的幅频响应 $G(f)$;

方法 B:测定测量系统的单位阶跃响应 $g(t)$。

并应考虑下述因素:

a) 对于电场探头,构成高压臂的介质材料(空气)往往不同于低压臂的介质;

b) 对于特制的电阻性阻抗探头(Newi 探头),响应在很大程度上取决于电阻器接近理想的集中电阻的程度。实际上,应考虑它的自感和杂散电容。此外,在电阻器内会出现很高的瞬态电压梯度,因此还应考虑到外部破坏性放电的可能性及电阻材料电压系数的影响;

c) 在测定幅频响应或单位阶跃响应时,实际测量中可能用来调整被测信号的任何电子装置都应接入并按通常方式工作;

d) 传输系统(电缆或光纤)应和实际测量时使用的类型和长度相同。

5.4.3 刻度因数的测定

测定刻度因数时,应将转换装置安装在尽可能靠近需测处。

只要能确认测定的刻度因数可在直至被测量的最高频率范围内适用,则刻度因数的测定可用任一类型的电压进行(见 4.2.3)。

实际测定中可考虑两种可能的方法:

方法 A:刻度因数可施加交流工频高压并用参考测量系统进行比对来测定,只要传递特性从工频直至关注的频率范围内(见 4.2.3)是平坦的(偏差小于 ±1 dB);

方法 B:冲击刻度因数可施加冲击高压并用参考测量系统进行比对来测定,只要单位阶跃响应参数是在规定的限值之内。应注意保证参考测量系统所测的确实就是作用于被校转换装置上的电压。

对于方法 A,应检查单位阶跃响应在直至毫秒范围内的稳定性以证实响应达到了稳态并保持恒定(在 ±10% 以内)。应考虑由于高、低压臂的不同频率特性引起的蠕变现象,特别是在电场探头的情况下。

对于特制的电阻性阻抗探头的刻度因数应使用波前时间小于 2 倍探头传播时间的阶跃电压来测定。

6 外部陡波前过电压测量的推荐方法

6.1 外部陡波前过电压的特性

附录 B 说明了外部陡波前过电压产生的原理。外部陡波前过电压本质上是由内部陡波前过电压引起的,因此,它们具有相似的波形。外部陡波前过电压的峰值主要取决于 GIS 的外接设备,但也取决于 GIS 及其接地方式。

通常,在紧靠 GIS 终端附近(几十米内)设备上的外部陡波前过电压包含四个主要频率范围分量:

a) 阶跃电压;

b) 甚高频范围 f_1 分量(最高达 100 MHz),由 GIS 母线内部(如支撑、弯管等处)波阻抗多处微弱变化而产生;

c) 高频范围 f_2 分量(最高达 30 MHz),由 GIS 母线末端、电缆或架空线终端等波阻抗的显著变化引起反射而产生;

d) 低频范围 f_3 分量(0.1 MHz～5 MHz),由外部设备的大电容,例如输电线载波系统的耦合电容器引起谐振而产生。

因此,外部陡波前过电压*波形既取决于 GIS 内部结构,也取决于 GIS 外部配置,但主要取决于 GIS 的外部配置。外部陡波前过电压幅值范围为系统电压的 1.0～2.5 倍。

图 7 为外部陡波前过电压示例。

表 7 给出了三种频率分量加权因数的范围(外部陡波前过电压峰值瞬时的各频率分量幅值 A_i 与出现在 500 ns～1 000 ns 间的峰值 P 之比给出加权因数 $W_i = A(f_i)/P$)。

表 7 外部陡波前过电压的加权因数

$i=$	1	2	3
$W_i = A(f_i)/P$	＜0.01(注)	0.05～0.1	0.4～0.5
注：给出甚高频率范围 f_1 的值仅仅是为了完整性,因从测量不确定度的观点看这无关紧要。			

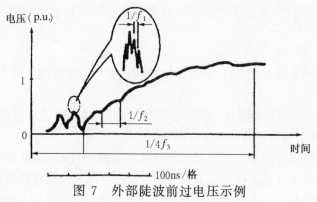

图 7 外部陡波前过电压示例

6.2 对测量系统的要求

注：关于外部陡波前过电压的测量,尚无通用的测量技术,所以仅提供指导(测量方法需用专门的装置并视所进行测量的原由而定)。

6.2.1 概述

测量系统由一个转换装置(传感器)、记录仪器和连接这两部分的传输系统构成。这三部分性能互有影响。因此,应将测量系统作为一个整体进行校核和校验。

6.2.2 传感器的安置和制作

传感器应尽可能地置于靠近需测处。根据结构,传感器的位置不可能总是与需测处相一致。特别是,如果需测处和传感器的实际位置之间的波阻抗有突变,则实测的外部陡波前过电压可能明显地不同于需测处出现的陡波前过电压。

测量系统应设计成对被测现象的影响减至最小的程度。

6.2.3 测量系统的传递特性

与内部陡波前过电压相关的要求相同(见 4.2.3)。

6.3 测量系统的可行方案

传感器可以是电场探头或电容分压器。

6.4 测量系统的校验

6.4.1 概述

整个测量系统进行校验时,应根据被测瞬态信号涉及的频率范围测定刻度因数及其适用范围。

应将传感器安装在需测处测定刻度因数。

6.4.2 测量系统传递特性的测定

传递特性的测定可在一个类似的装置上进行,例如带有终端匹配的横向电磁波(TEM)装置或同轴

---

* IEC 61321-1 中为 TEV,从上下文看应为外部陡波前过电压。

系统。测定可用下述任一方法：

方法 A：测定测量系统的幅频响应 $G(f)$；

方法 B：测定测量系统的单位阶跃响应 $g(t)$。

应考虑下述因素：

a) 构成高压臂的介质材料（例如压缩气体）可能不同于低压臂的介质（如固体绝缘）；

b) 在测定幅频响应或单位阶跃响应时，实际测量中可能用来调整被测信号的任何电子装置都应接入并按通常方式工作；

c) 传输系统（电缆或光纤）应与实际测量时使用的类型和长度相同。

6.4.3 刻度因数的测定

测定刻度因数时应将转换装置安装在需测处。

由于记录仪器的输入阻抗与低压臂相并联，所以传感器基本上是个高通滤波器，因此可用任一类型的电压进行刻度因数的测定，只要能确认测定的刻度因数可在直到被测量的最高频率范围内适用（见 4.2.3）。

实际测定中允许用三种可能的方法：

方法 A：只要满足 4.2.3 的有关条件，则刻度因数的测定可用工频高压并与参考测量系统进行比对来测定；

方法 B：只要满足 4.2.3 的有关条件，冲击刻度因数可由一快速冲击分压器通过比对来测定，此时，应注意由快速分压器测到的确实就是作用于传感器上的电压；

方法 C：当用工频校准不能满足但冲击校准满足 4.2.3 的条件时，则可在一专门的校验装置（见附录 A）上分别进行工频和冲击校验以确定从工频刻度因数换算到冲击刻度因数的换算因数。在实际测量条件下测量工频刻度因数，并用上面的换算因数进行校正便得到标定的冲击刻度因数（换算因数的不确定度属于附加影响应包括在总不确定度的估算中，见 4.5.3）。

对于方法 A，应保证单位阶跃电压在直至毫秒范围的稳定性以表明响应达到了稳态并保持恒定（在 $\pm10\%$ 之内）。应考虑由于高、低压臂的不同频率特性引起的蠕变现象。

附 录 A
（提示的附录）
横向电磁波装置

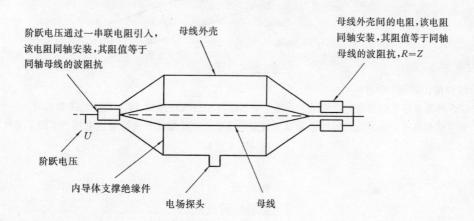

此试验装置最重要之处在于两个端部采用锥形过渡,其外壳和导杆均以各自相同的锥度逐渐变细以保持在整个长度上特性阻抗相同(合理的近似值)。

图 A1　测定电场探头传递特性的横向电磁波 TEM 装置示例

附 录 B
（提示的附录）
瞬态外壳电压(TEV)和外部陡波前过电压的产生[5]

在空气终端处 TEV 和外部陡波前过电压的产生机理可将 GIS/空气界面看作三条传输线的连接点来分析:① 同轴的 GIS 传输线;② 由套管导杆和架空线形成的传输线;③ GIS 外壳和地的传输线。这三条传输线分别具有波阻抗 Z_1、Z_2、Z_3。

当内部行波传播到气体和空气套管时:

a) 瞬态电压的一部分被耦合到架空线和地的传输线②上形成外部陡波前过电压;

b) 另一部分被耦合到 GIS 外壳和地的传输线③上形成 TEV。

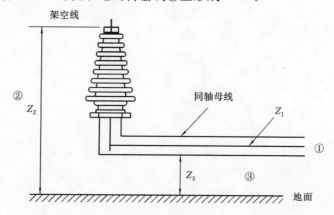

a) 实际布置图

图 B1　以三个传输线为模型的 GIS 空气终端

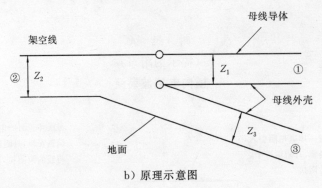

b）原理示意图

注：从 GIS 内部传输线①耦合至：

——GIS 外壳和地平面形成的传输线③的部分瞬态电压是空气终端处 TEV 产生的主要机理；

——架空线和地平面形成的传输线②的部分瞬态电压是空气终端处外部陡波前电压产生的主要机理。

图 B1（完）

附 录 C
（提示的附录）
参考文献目录

〔1〕 CIGRE Working Group 33/13—90："Monograph on GIS Very Fast Transients",Cigre Technical Brochure No. 35,1989.

〔2〕 Cigre Working Group 33-03："Measurements of Very Fast Transients",Electra,to be published.

〔3〕 J. MEPPELINK,K. DIEDERICH,K. FESER,W. PFAFF:"Very Fast Transients in Gas",IEEE Trans. Power Delivery,Vo14,No. 1,1989,PP. 223—233.

〔4〕 G. NEW1:"A High Impedance,Nanosecond Rise Time Probe for Measuring High Voltage Impulses",IEEE Trans. Power Apparatus and Systems,PAS—87,No. 9,1968,PP. 1779—1786.

〔5〕 N. FUJIMOTO,E. P. DICK,S. A. BOGGS,G. L. FORD："Transient Potential Rise in Gas—insulated Substations—Experimental Studies",IEEE Trans Power Apparatus and Systems,PAS—101,No. 10,1982,PP,3603—3609.

ICS 13.340.10
C 73

中华人民共和国国家标准

GB/T 18136—2008
代替 GB 18136—2000

交流高压静电防护服装及试验方法

AC high voltage electrostatic shielding clothing and test procedure

2008-09-24 发布

2009-08-01 实施

中华人民共和国国家质量监督检验检疫总局
中国国家标准化管理委员会 发布

前　言

本标准代替 GB 18136—2000《高压静电防护服及试验方法》。

本标准与 GB 18136—2000 相比主要修改和增加了以下内容：

——本标准修改了适用范围，原标准适用于交流 10 kV～500 kV，修改为适用于 110(66) kV～
750 kV；

——本标准增加了用于交流 750 kV 电压等级的静电防护服装的技术要求。

本标准由中国电力企业联合会提出。

本标准由全国带电作业标准化技术委员会归口并负责解释。

本标准主要起草单位：国网武汉高压研究院、长沙电业局。

本标准主要起草人：胡毅、邵瑰玮、柏克寒、张丽华、易辉、王力农、刘凯、徐莹。

本标准所代替标准的历次版本发布情况为：

——GB 18136—2000。

交流高压静电防护服装及试验方法

1 范围

本标准规定了交流高压静电防护服装的技术要求、试验方法及检验规则。

本标准适用于额定电压 110(66) kV～750 kV 的交流输电线路和变电站巡视及地电位作业人员所穿戴的交流高压静电防护服装。

按本标准制成的交流高压静电防护服装不得作为等电位屏蔽服装使用。

2 规范性引用文件

下列文件中的条款通过本标准的引用而成为本标准的条款。凡是注日期的引用文件,其随后所有的修改单(不包括勘误的内容)或修订版均不适用于本标准,然而,鼓励根据本标准达成协议的各方研究是否可使用这些文件的最新版本。凡是不注日期的引用文件,其最新版本适用于本标准。

GB/T 1335.1 服装号型 男子

GB/T 6568 带电作业用屏蔽服装(GB/T 6568—2008,IEC 60895:2002,MOD)

GB/T 14286 带电作业工具设备术语 (GB/T 14286—2008,IEC 60743:2001,MOD)

3 术语和定义

除 GB/T 14286 规定的术语外,下列术语和定义适用于本标准。

3.1

交流高压静电防护服装 A. C. high voltage electrostatic shielding clothing

用导电材料与纺织纤维混纺交织成布后做成的服装,以有效地保护线路和变电站巡视及地电位作业人员免受交流高压电场的影响。

整套交流高压静电防护服装包括:上衣、裤、帽、手套和鞋。

3.2

连接带 connection tape

采用符合 GB/T 6568 中技术指标的屏蔽衣料做成的布带(宽 15 mm 双层),缝置在衣、裤、帽、手套上,以使各部形成电气连接。

4 技术要求

4.1 衣料

4.1.1 衣料电阻

衣料电阻不得大于 300 Ω。

4.1.2 衣料屏蔽效率

用于不同电压等级的交流高压静电防护服装屏蔽效率应满足表 1 要求。

表 1 用于不同电压等级交流高压静电防护服装的屏蔽效率

适用电压等级	屏蔽效率
500 kV 及以下	≥28 dB
750 kV	≥30 dB

4.1.3 断裂强度和断裂伸长率

衣料经向断裂强度不得小于 345 N,纬向断裂强度不得小于 300 N,经、纬向断裂伸长率不得小于 10%。

4.1.4 透气性能

透过衣料的空气流量不得小于 35 L/(m² · s)。

4.1.5 耐磨

在磨损试验后,交流高压静电防护服装的屏蔽效率应满足表 1 要求,衣料电阻值应满足 4.1.1 要求。

4.1.6 耐洗涤

在洗涤试验后,交流高压静电防护服装的屏蔽效率应满足表 1 要求。

4.2 成衣

包括衣、裤、帽、鞋和连接带。

4.2.1 屏蔽效果

全套成衣的屏蔽效果要求服装内体表的场强不得超过 15 kV/m。

4.2.2 鞋

鞋的电阻不得大于 500 Ω。

4.2.3 帽

帽、帽檐、外伸边沿或披肩均应用静电防护衣料制作,避免人体头部裸露部位产生不舒适感。

4.2.4 连接带

上衣的衣领、袖口及上衣与裤连接的两侧均应配制连接带。

裤与上衣连接的两侧及两裤脚均应配制连接带。

帽、手套均应配制一根连接带。

连接带与衣、裤、帽、手套的搭接长度不得小于 100 mm,宽度不得小于 15 mm,且连接带与被连接件的纵向缝制不得少于 3 道,并应均匀分布于连接带上。

5 试验方法

5.1 外观检查

衣服成品应逐件检查外型、连接带及连接头,必须确保其完好无损。

5.2 衣料电阻试验

5.2.1 主要设备

一个圆柱形四端环形电极,其四个圆环用厚度为 15 mm 的有机玻璃圆盘装配在一起,底面加工成同一水平面,并镀以 5 μm 厚的黄金。电极总柱高为 53 mm,有效测试面是一个内圆直径为 44 mm、外圆直径为 114 mm 的环形面。电极材料选用黄铜,自重 2.8 kg,附加质量 20 kg(电极尺寸详见图 1 a),电极附加重块尺寸见图 1 b)。

5.2.2 试样的准备

试样尺寸为 240 mm×240 mm,共计 3 块。试样中心点必须在布料的 45°对角线上,试样上不得有影响试验结果的严重疵点及整理剂浸轧不匀等。

试样可在大匹布料上剪取,也可在样品布上剪取。如在大匹布料上剪取时,必须在离开布端至少 2 m 以上处取样;如在样品布上剪取,须在距布边至少 50 mm 处剪取。

如试品是成衣,则在衣服不同部位测试,不必剪样。

试验应在温度为 23 ℃±2 ℃、相对湿度为 45%~55% 的环境中进行。

单位为毫米

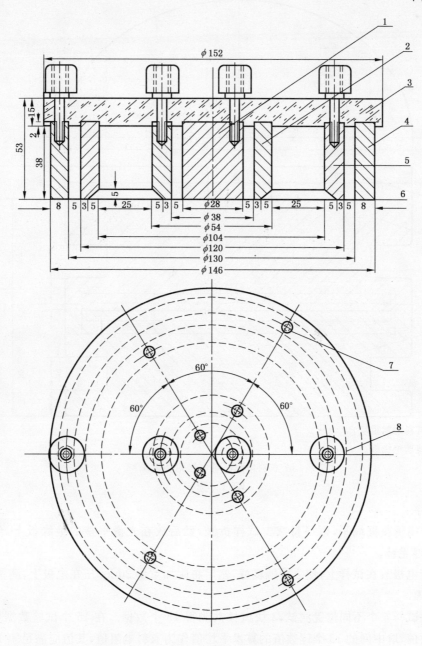

1——中心圆柱形电极；

2,4,5——环形电极；

3——有机玻璃绝缘板；

6——与试样接触的水平表面；

7——定位螺丝；

8——接线柱。

a) 衣料电阻测量电极

图 1 衣料电阻测量

单位为毫米

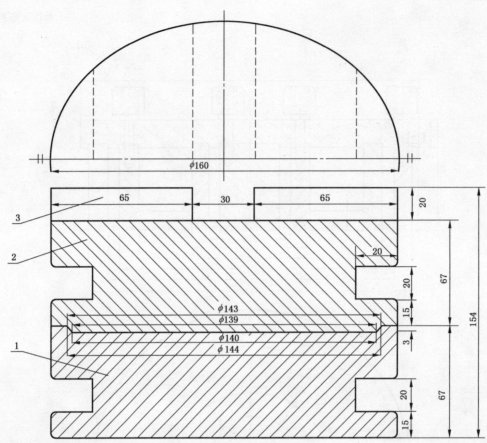

1,2——铸铁材料附加重块；

3——有机玻璃绝缘板。

b）衣料电阻测量电极附加重块

图 1（续）

5.2.3 试验程序

    a）将试样用绣花框绷平，以尽量减少试样折皱，然后放在光滑平整的绝缘板上，绝缘板上垫有
       5 mm 厚毛毡；

    b）将测量电极放在试样上，使之接触良好，然后将附加重块 20 kg 压在电极上，测量电阻值。

5.2.4 试验结果

    分别在每块试样 5 个不同位置测试，3 块试样共测得 15 个数据。在 15 个试验数据中去掉最大读
数值和最小读数值，取中间的 13 个读数值的算术平均值作为衣料电阻值，其值应满足 4.1.1 的要求。

5.3 衣料屏蔽效率试验

5.3.1 主要设备

主要设备包括：

    a）一台频率为 50 Hz、电压有效值为 600 V 的正弦波电压发生器；

    b）一个按图 1 制造的黄铜电极，内装 2 MΩ 负载电阻，总质量为 3 kg；

    c）一台输入阻抗大于 10 MΩ 的电压测量仪器（电压表或示波器）；

    d）一台量程为 600 V 的电压表；

    e）一块直径为 400 mm、厚度为 5 mm±0.5 mm 的橡胶板，其表面硬度为肖氏级 60 度～65 度；

    f）一块直径为 300 mm 并带有接线柱的黄铜板；

    g）一块直径为 400 mm 的圆形绝缘板。

试验电极装置结构详见图2。

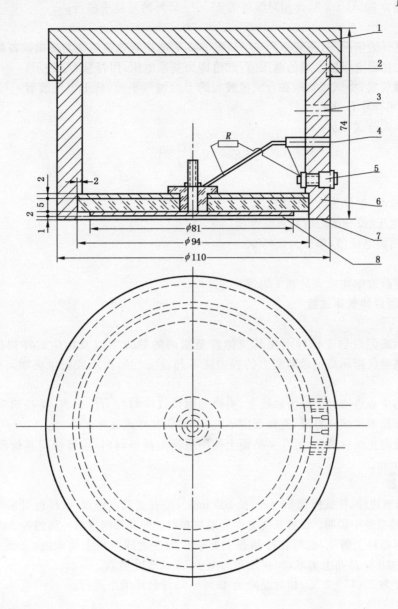

1——上盖；

2——屏蔽外壳；

3——固定电缆螺孔；

4——电缆连接测量仪表；

5——接地螺母；

6——屏蔽电极；

7——绝缘板；

8——接收电极；

R——负载电阻。

图 2 屏蔽效率试验电极装置

5.3.2 试样的准备

试样尺寸为 180 mm×180 mm，共计 3 块。

试样可在大匹布料上剪取，也可在样品布上剪取。如在大匹布料上剪取时，必须在离开布端至少 2 m 以上处取样；如在样品布上剪取，须在距布边至少 50 mm 处剪取。

试验前需将试样在温度为 23 ℃±2 ℃、相对湿度为 45％～55％的环境中放置 24 h 以上。

试验需在温度为 23 ℃±2 ℃及相对湿度为 45％～55％的环境中进行。

5.3.3 试验程序

a) 在没有试样的情况下,将频率为 50 Hz 的 600 V 电压有效值施加到测量设备的电极之间,在测量仪表上读出电极输出端的电压值,此值即为基准电压,用符号 U_{ref} 表示;

b) 拿起电极装置,将试样紧贴在合成橡胶板的上面铺展平整,放上电极装置,读出电极输出端的电压值,用符号 U 表示。

屏蔽效率按下列公式计算:

$$SE = 20\lg\left(\frac{U_{ref}}{U}\right)$$

式中:

SE——屏蔽效率,单位为分贝(dB)。

U_{ref}——基准电压(没有屏蔽时),单位为伏(V)。

U——屏蔽后的电压值,单位为伏(V)。

5.3.4 试验结果

每块试样的屏蔽效率均应满足表 1 的规定。

5.4 断裂强度和断裂伸长率试验

5.4.1 主要设备

一台具有指示或记录加于试样上使其拉伸直至脱离的最大力以及相应试样伸长率的等速伸长(CRE)试验仪。试验仪指示或记录断裂力的误差应不超过±1％,指示或记录夹钳间距的误差应不超过±1 mm。

仪器两夹钳的中心点应处于拉力轴线上,夹钳的钳口线应与拉力线垂直,夹持面应在同一平面上。夹钳应能握持试样而不使试样打滑,夹钳面应平整,不剪切试样或破坏试样。

如果夹钳不能防止试样滑移,可在夹持面上使用适当的衬垫材料;也可使用其他形式的夹持器,挟持宽度不小于 60 mm。

5.4.2 试样的准备

剪取并精确修整边纱,使试样宽 50 mm,长 200 mm。按有关双方协议,试样也可采用其他宽度,在这种情况下,应在试验报告中说明。试样长度方向分别与布料径向和纬向方向一致的各 3 块,共计 6 块。

试样可在大匹布料上剪取,也可在样品布上剪取。如在大匹布料上剪取时,必须在离开布端至少 2 m 以上处取样;如在样品布上剪取,须在距布边至少 50 mm 处剪取。

试验应在温度为 23 ℃±2 ℃、相对湿度为 45％～55％的环境中进行。

5.4.3 试验程序

a) 在夹钳中心位置夹持试样,并保证拉力中心线通过夹钳中点;

b) 给试样施加 10 N 的预张力,记录试样长度 L_0;

c) 开启试验仪,以 100 mm/min 的速度拉伸试样至断脱。记录断裂强力,断裂伸长 L_1,按下式计算断裂伸长率。

$$断裂伸长率 = (L_1 - L_0)/L_0 \times 100\%$$

5.4.4 试验结果

a) 各以径向及纬向的 3 块试样试验结果的算术平均值小数二位,按四舍五入法,保留小数一位,作为衣料径向及纬向断裂强度的指标;

b) 各以径向及纬向的 3 块试样断裂伸长率的算术平均值,作为衣料径向及纬向断裂伸长率,以百分数表示;

c) 试验结果需满足 4.1.3 要求。

5.4.5 试验注意事项

a) 在试验中,如果试样在钳口处滑移不对称或滑移量大于 2 mm 时,应重换试样试验;

b) 操作时,防止夹钳口内试样扭转歪斜。

5.5 透气性能试验

5.5.1 试样的准备

试样可不必开剪,直接在大匹布料上或整段样品布上或成衣上进行试验。

如需剪取试样,按5.2.2取样,试样尺寸随试验仪器类型而定,试样各边分别与织物的径向和纬向一致。所取试样不应折皱,也不能烫平。

试验需在温度为23 ℃±2 ℃、相对湿度为45%～55%的环境中进行。

5.5.2 试验程序

a) 将试样平放在透气仪的进气孔上,套上适当的夹圈并固紧试样;

b) 缓慢调节吸风电机的速度并逐渐抽真空,使试样两侧达到147 Pa固定压差,及时读取垂直压力计的液面高。如某些织物达不到上述压差时,可采用其他压差,但应在试验报告中注明使用的具体压差;

c) 根据垂直压力计的液面读数,从仪器提供的压差-流量表格中查出试样的透气量;

d) 在试样上随机选择10个位置重复a)项～c)项程序,一共进行10次透气性能试验。

5.5.3 试验结果

以试样10次透气性能试验的算术平均值作为检验衣料透气性能的指标,其值应满足4.1.4的要求。

5.6 耐磨试验

5.6.1 主要设备

一台圆盘式织物耐磨试验机,其工作盘直径为140 mm,砂轮磨擦轨迹宽24 mm,选用砂轮规格为150粒碳化硅砂轮。

5.6.2 试样的准备

试样尺寸为240 mm×240 mm,共计3块。

试样可在大匹布料上剪取,也可在样品布上剪取。如在大匹布料上剪取时,必须在离开布端至少2 m以上处取样;如在样品布上剪取,须在距布边至少50 mm处剪取。试样各边分别与布料径向和纬向方向一致。

试验需在温度为23 ℃±2 ℃、相对湿度为45%～55%的环境中进行。

5.6.3 试验程序

a) 修整砂轮,使砂轮露出新摩擦面,并用砂纸手磨砂轮棱角。砂轮每使用500转后,需要重复修整一次,以保证试验的正确性;

b) 将试样放在工作盘上固定,使试样平整舒展,并给试样表面施加2.5 N的压力;

c) 启动耐磨机,同时启动吸尘器,并用毛刷清扫砂轮,保持砂轮上无粉末吸附。当砂轮转数小于500时,观察试样表面变化,若出现以下情形之一则停止耐磨机,记录砂轮转数(该值即为试样的耐磨转数),试验结束。

——出现网格状损坏面的面积大于或等于6 cm² 时;

——现个别洞眼的面积大于或等于2 cm² 时。

d) 当砂轮转数达到500转时,停止耐磨机,按5.2在试样5个不同位置测量电阻,按5.3测量衣料屏蔽效率。

5.6.4 试验结果

a) 每块试样耐磨转数不得小于500转;

b) 每块试样屏蔽效率应满足表1要求,电阻应满足4.1.1要求。

5.6.5 最大耐磨转数的确定

试验程序参照5.6.3,但须每隔200转停机一次,按5.2在试样5个不同位置测量电阻,按5.3测量试样屏蔽效率。

最大耐磨转数根据以下原则确定：

a) 若试验过程中，试样表面变化出现 5.6.3 中 c)项的任一情形，但此时试样的屏蔽效率和电阻仍分别满足表 1 和 4.1.1 要求，则试验中砂轮总转数即为试样的最大耐磨转数；

b) 否则，试样的最大耐磨转数等于试验中耐磨机上一次停机时的砂轮转数。

试验结果取 3 块试样的最大耐磨转数的算术平均值。

每块试样的最大耐磨转数与试验结果之间的差不得大于 40%，否则取样重做。

5.7 耐洗涤试验

5.7.1 主要设备

a) 一台应具备以下技术条件的洗衣机：

——搅拌速度为 300 r/min～500 r/min，每个方向交替旋转 30 s；

——洗涤时间调节在 0 min～15 min 之间，最小调节时间为 1 min；

——脱水速度正常情况下为 940 r/min～1 450 r/min；

b) 不含有漂白剂的洗涤剂；

c) 等效负载。用单位面积质量约为 110 g/m² 的织好而未染色的聚脂-棉纱纤维布代替。

5.7.2 试样的准备

试样尺寸为 260 mm×260 mm，共计 3 块。

试样可在大匹布料上剪取，也可在样品布上剪取。如在大匹布料上剪取时，必须在离开布端至少 2 m 以上处取样；如在样品布上剪取，须在距布边至少 50 mm 处剪取。试样各边分别与布料径向和纬向方向一致。剪取后，沿试样四周边缘缝进毛边。

5.7.3 试验程序

a) 将 3 块试样放入洗衣机内并加入一定量的等效负载，使干织物的总质量等于 2 kg。往洗衣机内注入 40 L±4 L 水，使水温达到 50 ℃～70 ℃，并把洗衣机操作在"正常"洗涤位置；加上足量的洗涤剂并搅拌成皂水，开动洗衣机洗涤 2 min；

b) 放去皂液，开动洗衣机继续运转进行漂洗，共漂洗 3 次，每次 2 min～3 min；

c) 将试样和等效负载一起放到脱水桶里进行脱水，时间为 1 min～2 min；

d) 将试样和等效负载取出，一起放入烘干机里，烘干温度为 65 ℃～70 ℃，直至烘干为止；

e) 重复以上程序 10 次；

f) 将试样展平放在环境温度为 23 ℃±2 ℃、相对湿度为 45%～55% 的条件下存放 4 h 以上，然后按 5.3 做屏蔽效率试验。

5.7.4 试验结果

经 10 次"洗涤-烘干"过程后，屏蔽效率应满足表 1 规定。

5.8 成衣屏蔽效果试验

5.8.1 主要设备

a) 模拟线路。其杆塔、绝缘子、导线、金具等均按实际线路情况布置；

b) 场强表一块；

c) 模拟人；

d) 一台 500 kV 以上工频试验变压器及其配套设备。

本条款中以 500 kV 用交流高压静电防护服装成衣屏蔽效果试验为例进行说明，对于其他电压等级用的交流高压静电防护服装，其试验方法/布置可参照本条款。

经双方协商，也可采用其他等效试验方法/布置进行本项试验。

5.8.2 试验条件

试验需在温度为 23 ℃±2 ℃、相对湿度为 45%～55% 的环境中进行。

5.8.3 试验程序

a) 调整模拟导线距地面高度,使得在模拟导线上施加 317.5 kV 工频电压(有效值)时,离地 1 m 高处的未畸变场强达到 58 kV/m;

b) 切除电压,将模拟人放在模拟导线正下方,场强表探头置于服内帽子下头顶处;

c) 重新给模拟导线施加 317.5 kV 工频电压(有效值),读取场强表读数,切除电压;

d) 将场强表分别置于服内模拟人胸部、背部,重复 b)项、c)项步骤。

5.8.4 试验结果

服内任一测点的场强读数均应满足 4.2.1 要求。

5.9 鞋子电阻试验

5.9.1 主要设备

a) 一块量程为 1 Ω~1 000 Ω 的电阻表,其误差小于或等于 1%;

b) 一块尺寸为 300 mm×200 mm 的黄铜平板电极和一个直径为 30 mm、高为 50 mm 带接线柱 的圆柱形黄铜电极;

c) 直径为 4 mm 的钢珠适量。

5.9.2 试验程序

将鞋子平放在平板电极上,然后将圆柱形电极放在鞋里的底面上,并装上直径为 4 mm 的钢珠铺在 电极周围,以将整个鞋底盖住并达到 20 mm 深(如图 3 所示),用电阻表测量两电极之间的电阻。

对装有连接带的鞋子,将鞋子平放在平板电极上,其内装有直径为 4 mm 的钢珠达 20 mm 深,可在 连接带与平板电极之间测量电阻。

5.9.3 试验结果

试验结果应满足 4.2.2 要求。

单位为毫米

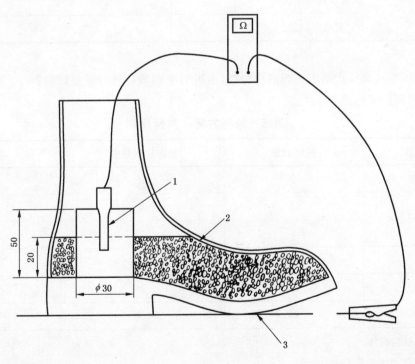

1——测试电极接线柱;

2——钢珠;

3——测试电极。

图 3 鞋子电阻测量示意图

GB/T 18136—2008

6 检验规则

6.1 型式试验

制造厂家对定型前的产品必须按本标准规定的项目和试验方法进行型式试验。

如改变定型产品所使用的材料或改变制造工艺流程和织物结构应重新进行型式试验。

提供型式试验的样品必须是同一批次中随机抽取的三套静电防护服装和生产该批次静电防护服装用的布料 2 m。

若试品在表 2 中的任一试验项目中未通过试验则认为该批产品不合格。

型式试验在经国家认可、且试验设备经计量部门检验合格的单位进行。

表 2　试验项目

序号	本标准条号	试验项目	型式试验	抽样试验	例行试验	验收试验	预防性试验
1	5.1	外观检查	√	√	√	√	√
2	5.2	衣料电阻试验	√	√	—	√	√
3	5.3	衣料屏蔽效率试验	√	√	√	√	√
4	5.3	断裂强度和断裂伸长率试验	√	—	—	—	—
5	5.4	透气性能试验	√	—	—	—	—
6	5.5	耐磨试验	√	—	—	—	—
7	5.6	耐洗涤试验	√	—	—	—	—
8	5.8	成衣屏蔽效果试验	√	—	—	—	—
9	5.9	鞋电阻试验	√	√	√	√	√

6.2 抽样试验

如用户要求,可在交货产品中进行抽样检查,也可对个别项目进行重复试验。

抽样方案和判别规则见表3。

表 3　抽样方案和判别规则

产品批量数	抽样数量	允许缺陷数量[a]	拒收数[b]
2~5	2	0	1
6~10	3	0	1
11~90	5	1	2
91~150	8	2	3
151~3 200	13	3	4
3 201~3 500	20	5	6

[a] 最大允许缺陷数目。

[b] 如果缺陷等于或者大于这个数目。

经双方同意,也可以进行本标准未作规定的其他补充试验。

6.3 例行试验

例行试验由生产厂家进行,如用户提出要求,亦可参加监督进行。

例行试验项目见表2。

衣服成品应逐件检查外形、分流连接带必须确保其完好无损。

所有衣服成品均应有近5年内的型式试验报告,每件成衣须经出厂试验合格并附有产品合格证。产品合格证应包括试验结论、试验日期和试验人员代号。

生产厂必须确保产品的稳定性和交货产品与型式试验样品的一致性。厂家应向用户提供抽样试验的结果。

6.4 验收试验

验收试验是为购买者检验合同的一种试验。验收试验的项目可由用户与生产厂协商,试验可在用户试验室、生产厂试验室或第三方试验室进行。验收试验可以按照例行试验或抽样试验进行,试验项目见表2。

6.5 预防性试验

预防性试验每年一次。在具备试验条件、且经计量部门检验合格的单位进行。

7 服装号型

7.1 上衣、裤号型

根据 GB/T 1335.1 的规定,上衣和裤子均选用 5.3B 系列。

选用上衣的号型有:165/93、170/96、175/99、180/102、185/105 等五种;选用裤的号型有:165/84、179/87、175/90、180/93、185/96 等五种。

7.2 帽号型

选用 57 mm、58 mm、59 mm、60 mm、61 mm 等五种号型。

7.3 鞋号型

选用 25 mm、26 mm、27 mm、28 mm 等四种号型,宽均选用Ⅲ型。

8 标志与包装

8.1 标志

8.1.1 对交流高压静电防护服装颜色不作规定。

8.1.2 凡符合本标准的交流高压静电防护服装,必须有下列标志:

    a) 制造厂名;

    b) 商标;

    c) 号型;

    d) 制造日期。

以上内容用一种红色圆形标志来显示,以区别带电作业等电位电工用的屏蔽服装。

圆形标志(见图4)应牢固地缝制在交流高压静电防护服装的上衣、裤、帽、手套上。

圆形标志的尺寸参数(见图5)为:

    a) 圆形框条宽 5 mm;

    b) 圆形外径为 50 mm,内径为 40 mm。

8.2 包装

交流高压静电防护服装的包装袋或包装箱应有产品名称、号型、数量、出厂日期和厂名等标志。

交流高压静电防护服装应包装在塑料袋内、然后装入硬质箱子中以免运输过程中长期受重压而损坏金属导电材料。

包装箱内必须附有合格证和使用说明书。

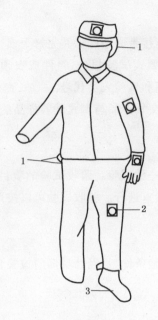

1——连接带；
2——标志；
3——导电鞋。

图 4　高压静电防护服装

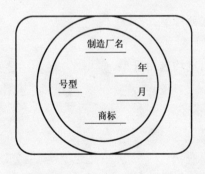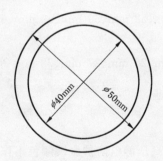

注：圆形、全部字均为大红色底布为浅蓝色。

图 5　标志

ICS 29.200；29.240.99
K 46

中华人民共和国国家标准化指导性技术文件

GB/Z 20996.1—2007/IEC/TR 60919-1：1988

高压直流系统的性能
第 1 部分：稳态

Performance of high-voltage direct current（HVDC）systems—
Part 1：Steady-state conditions

（IEC/TR 60919-1：1988，IDT）

2007-06-21 发布

中华人民共和国国家质量监督检验检疫总局
中国国家标准化管理委员会　发布

前　　言

GB/Z 20996《高压直流系统的性能》是国家标准化指导性技术文件,共包括以下 3 个部分：

第 1 部分：稳态；

第 2 部分：故障和操作；

第 3 部分：动态。

本部分为第 1 部分,等同采用 IEC/TR 60919-1：1988《高压直流系统的性能　第 1 部分：稳态》,有关技术内容和要求的规定完全相同。由于该 IEC 文件出版已有近 20 年时间,所以编写格式与现行的我国国家标准有较大差异。本部分按我国 GB/T 1.1—2000 规定的格式编写。例如在原 IEC/TR 60919-1：1988 的规范性引用文件中,所引用的大量文件基本都未在正文中被引用。按我国国家标准规定,这部分文件就不能被视为规范性引用文件。因此,在本部分的规范性引用文件中,将未在正文中引用的全部文件删除。另外,对 IEC/TR 60919-1：1998 所作出的修改及差异,在正文 11.1 和 16.3 中以条文脚注的方式标出。

本部分由中国电器工业协会提出。

本部分由全国电力电子学标准化技术委员会(SAC/TC 60)归口。

本部分负责起草单位：中国电力科学研究院、西安电力电子技术研究所。

本部分参加起草单位：西安高压电器研究所、北京网联直流输电工程技术有限公司、西安西电电力整流器有限公司、南方电网技术研究中心、机械工业北京电工技术经济研究所。

本部分主要起草人：赵畹君、陆剑秋、郑军、马为民、李斌、黎小林、曾南超、周观允、张万荣、方晓燕、陶瑜、王明新、刘宁、蔚红旗。

本部分为首次发布。

本部分由全国电力电子学标准化技术委员会负责解释。

引　言

　　高压直流输电在我国电网建设中,对于长距离送电和大区联网有着非常广阔的发展前景,是目前作为解决高电压、大容量、长距离送电和异步联网的重要手段。根据我国直流输电工程实际需要和高压直流输电技术发展趋势开展的项目在引进技术的消化吸收、国内直流输电工程建设经验和设备自主研制的基础上,研究制定高压直流输电设备国家标准体系。内容包括基础标准、主设备标准和控制保护设备标准。项目已完成或正在进行制定共 19 项国家标准:

　　(1)《高压直流系统的性能　第一部分　稳态》

　　(2)《高压直流系统的性能　第二部分　故障与操作》

　　(3)《高压直流系统的性能　第三部分　动态》

　　(4)《高压直流换流站绝缘配合程序》

　　(5)《高压直流换流站损耗的确定》

　　(6)《变流变压器　第二部分　高压直流输电用换流变压器》

　　(7)《高压直流输电用油浸式换流变压器技术参数和要求》

　　(8)《高压直流输电用油浸式平波电抗器》

　　(9)《高压直流输电用油浸式平波电抗器技术参数和要求》

　　(10)《高压直流换流站无间隙金属氧化物避雷器导则》

　　(11)《高压直流输电用并联电容器及交流滤波电容器》

　　(12)《高压直流输电用直流滤波电容器》

　　(13)《高压直流输电用普通晶闸管的一般要求》

　　(14)《输配电系统的电力电子技术静止无功补偿装置用晶闸管阀的试验》

　　(15)《高压直流输电系统控制与保护设备》

　　(16)《高压直流换流站噪音》

　　(17)《高压直流套管技术性能和试验方法》

　　(18)《高压直流输电用光控晶闸管的一般要求》

　　(19)《直流系统研究和设备成套导则》

高压直流系统的性能
第1部分:稳态

1 总则

1.1 范围

GB/Z 20996 的本部分对高压直流系统的稳态性能要求提供通用的指导。本部分所涉及的是采用两个三相换流桥组成的 12 脉波(脉动)换流器(见图 1)的两端高压直流系统的稳态性能,它不包括多端高压直流输电系统。两端换流站均考虑采用晶闸管阀作为半导体换流阀,并具有双向输送功率的能力。本部分不考虑采用二极管换流阀的情况。

GB/Z 20996 由三个部分组成。第 1 部分稳态,第 2 部分故障和操作,第 3 部分动态。在制定与编写过程中,已经尽量避免了三部分内容重复。因此,当使用者准备编制两端高压直流系统规范时,应参考三个部分的全部内容。

对系统中的各个部件,应注意系统性能规范与设备设计规范之间的差别。本部分没有规定设备技术条件和试验要求,而是着重于那些影响系统性能的技术要求。本部分也没有包括详细的地震性能要求。另外,不同的高压直流系统可能存在许多不同之处,本部分也没有对此详细讨论,因此,本部分不应直接用作某个具体工程项目的技术规范。但是,可以以此为基础为具体的输电系统编制出满足实际系统要求的技术规范。本部分涉及的内容没有区分用户和制造厂的责任。

通常,对于一个具体工程的两端高压直流换流站,其性能规范应作为一个整体来编写。高压直流系统的一些部分也可以单独地编写规范和采购,在此情况下,必须适当地考虑每一部分与整个高压直流系统性能目标的配合,并应该明确地规定每一部分和系统之间的接口。比较容易划分并明确接口的典型部分有:

- a) 直流输电线路,接地极线路和接地极;
- b) 远动通信系统;
- c) 阀厅,基础和其他的土建工程;
- d) 无功补偿设备,包括交流并联电容器组、并联电抗器、同步调相机和静止无功补偿器;
- e) 交流滤波器;
- f) 直流滤波器;
- g) 辅助系统;
- h) 交流开关设备;
- i) 直流开关设备;
- j) 直流电抗器;
- k) 换流变压器;
- l) 避雷器;
- m) 换流阀及其辅助设备;
- n) 控制和保护系统。

注:实际上最后两项分开有一定的难度。

1.2 规范性引用文件

下列文件中的条款通过 GB/Z 20996 的本部分的引用而成为本部分的条款。凡是注日期的引用文件,其随后所有的修改单(不包括勘误的内容)或修订版均不适用于本部分,然而,鼓励根据本部分达成协议的各方研究是否可使用这些文件的最新版本。凡是不注日期的引用文件,其最新版本适用于本部分。

GB/T 6113.2—1998 无线电骚扰和抗扰度测量方法 (eqv CISPR 16-2:1996)

2 高压直流系统稳态性能规范概述

本部分从第 3 章到第 21 章全面论述了高压直流系统的稳态性能。

尽管各类设备通常是单独编写规范和采购,本部分仍然包括直流输电线路、接地极线路和接地极(见第 10 章),目的是为了考虑其对高压直流系统性能的影响。

本部分假定一个高压直流换流站,由一个或多个安装在同一地点的换流器单元组成,同时要考虑与其配套的厂房建筑物、直流电抗器、滤波器、无功补偿设备、控制、保护、监视、测量和辅助设备。在本部分中没有讨论交流开关站的问题,但包括了交流滤波器和无功功率补偿设备,如第 16 章所述,这些设备可以和高压直流换流站分开,单独接在交流母线上。

3 高压直流系统的类型

3.1 概述

规范的这一部分应包括以下基本内容:

a) 高压直流工程的目的和换流站站址的一般情况;

b) 所需要的系统类型,包括简单的单线图;

c) 12 脉波(脉动)换流器组数;

d) 本章所提到的相应资料。

一般来说,在本部分所讨论的工程类型中,经济上应考虑投资、损耗费用和其他预期的年运行费用。

3.2 背靠背高压直流系统(图 2)

在背靠背系统中,没有直流输电线路,两个换流器均放在同一地点。两个换流器的换流阀可以放在一个阀厅内,甚至在一个集成的结构中。同样,两个换流器的其他设备,如控制系统、冷却设备、辅助系统等,也可放在一个区域内,甚至可以集中布置在一起,供两个换流器共同使用。电路结构可能不同,图 2 给出了一些例子。这些不同回路接线的性能和经济性,必须进行评估。背靠背系统不需要直流滤波器。

对于一个给定的额定功率,为了得到最低的换流器造价,其中包括对损耗成本的评估,应对额定电压和电流进行优化选择。背靠背直流工程与具有架空线路和电缆的直流工程相比,由于无线路损耗,可降低额定电压值,提高额定电流值。通常,用户不需要规定直流电压和电流的额定值,除非有特殊的原因,例如:为了适应已有的变电站,或为便于进一步扩建或有别的原因。从经济性方面考虑,每个换流器通常是一个 12 脉波(脉动)换流单元。有的运行准则要求,失去一个换流器不应导致中断全部输送能力;因此,一些大的高压直流换流站,可以由两个或者多个背靠背系统组成。为此,一些背靠背系统的设备,由于经济上的原因而安装在一个区域,甚至集成在一起。

3.3 单极大地回路高压直流系统(图 3)

决定采用单极大地回路方式,往往是从经济上考虑,特别是对于昂贵的电缆输电来说更是如此。单极大地回路方式也可能是双极直流工程的第一期。在高压直流换流站中,单极的布置可以是一个 12 脉波(脉动)换流器,或者是多个 12 脉波(脉动)换流器串联或并联(图 4、图 5)。在以下情况下可能采用多个 12 脉波(脉动)换流器:

a) 当一个换流器停运时,仍可保证有部分输送容量;

b) 工程建设要分期进行;

c) 由于换流变压器运输的限制。

单极大地回路方式要求在架空线或电缆的每一端有一个或多个直流电抗器,通常这些电抗器放在高压侧。如果最终性能可以接受,直流电抗器也可以放在接地侧。对于架空线路,每一端可能均需装设直流滤波器(见第17章)。输电线路的两端需要设置接地极线路,可以连续运行的接地极,并需要考虑接地极的腐蚀和磁场效应等问题。

3.4 单极金属回路高压直流系统(图6)

这种方式通常在以下情况采用:

a) 作为双极系统分期建设的第一期,并且在过渡期间地电流不允许长期运行时;

b) 假定输电线路太短,以至于建设接地极线路和接地极不经济和不需要时;

c) 如果地电阻率很高,会引起不可接受的经济损失时。

可以使用一条高压导线和一条低压导线。两个高压直流换流站中有一个换流站的中性点在换流站接地或者接在相应的接地极上,另一个换流站中性点通过电容器或避雷器接地,或者通过二者接地。

高压导线的两端均需装设直流电抗器,如果其最终性能可以接受,直流电抗器也可以装在接地侧。如果是架空线路,可能还需要装设直流滤波器。

如果这种方式是双极系统的第一期工程,则其中性线导线的绝缘应能承受在该工程阶段的高电压。

3.5 双极高压直流系统(图7和图8)

这是直流输电线路与两个高压直流换流站连接时最常用的方式,它相当于一个双回线交流输电系统。同单极运行相比,它可以降低谐波干扰并且可以保持流入地中的电流值最小。两个单极大地回路方式联合组成一个双极方式。

对于某一方向的输电潮流,一个极对地是正极性,另一个极则是负极性。如果潮流向另一方向输送则两个极均改变其极性。当双极运行时,流过地回路的不平衡电流能保持很小的数值。

这种类型的输电系统可以提供一系列的应急运行方式,因此,在规范中应考虑以下要求:

a) 当高压直流输电系统一个极停运时,另一个极的换流设备应能通过大地回路连续运行。

b) 如果不希望出现长时间的地电流,故障极线路仍能保持一定的低电压绝缘能力,则双极系统应能运行在单极金属回路方式(图8)。向这种应急运行方式转换的操作是首先将被切除的故障极导线和大地回路并联,然后再断开大地回路,从而将电流转换到金属回路(停运极的导线)中去。这种不中断输电的负荷转移要求在高压直流系统的一个换流站中有一个金属回路转换断路器(MRTB)。如果允许短时间中断输送功率,则不需要 MRTB。在高压直流输电系统中接有 MRTB 端的换流站中性点设备,其绝缘水平应高于输电系统另一端中性点设备的绝缘水平。

c) 当接地极或接地极线路进行检修时,如果流入大地的两极间的不平衡电流保持在很小的数值,则双极系统应能将高压直流系统的一端或两端换流站的中性点接在换流站的接地网上运行。把不平衡电流保持在很小的值,是为了避免由于部分不平衡电流流过变压器中性点,而使换流变压器饱和。在这种运行方式下,当一极的输电线路或换流站的一个极停运时,则两个极必须自动闭锁。

d) 在两端换流站均接地极的双极运行方式下,高压直流系统两个极的运行电流可以不相同。当一个极的冷却系统有问题,或者由于其他不正常的条件使其不能运行在全电流时,则会出现这种运行工况。

e) 假如线路绝缘有部分损坏时,要求系统还能连续运行,则换流器应设计为能降压连续运行,以便使两个极能降压运行(参见 7.3)。

f) 当失去一个极的输电线路时,换流站可通过一个极极性反接的相应倒闸操作,来实现换流站两个极并联,可单极大地回路方式运行。但是,为此要求每个 12 脉波(脉动)换流器的直流端子均需按全电压进行绝缘,并且线路和接地极从发热角度考虑,应均能在比额定电流大的电流下运行。

每个极的每一端均需一个直流电抗器。同时,如果高压直流系统是架空线路,则大部分情况下还需要有直流滤波器。最常用的是每极一组 12 脉波(脉动)换流器。但是,对于大容量的系统或者是分期扩建的系统,则可能要求进行 12 脉波(脉动)换流器组的串联或并联(图 4 和图 5)。

3.6 双极金属中性线系统(图 9)

如果地电流不能容忍,或者高压直流两端之间的距离很近,或者是由于大地电阻率很高而不可能选到接地极时,则输电线可以建设成具有第三条导线的双极金属中性线系统。第三条导线在双极运行时,可流过不平衡电流。当输电线的一个极退出运行时,第三条导线则成为返回线。第三条导线只要求低电压绝缘,并且如果是架空线路,它还可以作为避雷线使用。但是,如果它是全绝缘,则可作为一条备用的导线,在这种情况下,则需要一条单独的避雷线。

两个高压直流换流站之一的中性点应该接地,而输电系统另一端的中性点则浮动,或通过避雷器或电容器或两者与换流站接地网连接。

对于第三条导线是全绝缘的输电系统,在一条导线不能工作时,它还可以运行在双极方式。此时两个换流站的中性点均需要接到换流站的接地网上,并且应特别注意要保持不平衡电流为很小的值。在这种运行方式下,一个极停运则要求另一个极也停运,再进行开关操作,使高压直流输电系统中完好的部分运行。

如果换流站的一个极不能运行,直流输电系统可以用换流站的另一个极以单极金属回路方式运行。

3.7 每极两组 12 脉波(脉动)换流器

对于大容量双极系统,可以考虑每极两个 12 脉波(脉动)换流器串联。这就是说,当一组 12 脉波(脉动)换流器发生强迫停运或计划停运时,只损失 25%的输送功率,并且还可以按双极平衡电流方式运行(无地电流)。如果输电系统有足够的过负荷能力,则可以保持满负荷或接近满负荷运行。需要装设直流开关,对任何一组运行的 12 脉波(脉动)换流器进行旁路和退出。与同样容量的每极一组 12 脉波(脉动)换流器的输电系统相比,采用每极两组时其造价会增加。

3.8 换流变压器的组合方式

每组 12 脉波(脉动)换流器的三相变压器需要两组阀侧绕组,一组为星形接线而另一组为三角形接线。这可以由以下方式构成:

a) 1 台带两组阀侧绕组的三相变压器;

b) 2 台三相变压器,一台接成星/星,另一台接成星/三角;

c) 3 台单相变压器,每台有 2 个阀侧绕组,一个绕组为星形接线,另一个为三角形接线;

d) 6 台单相变压器,接成 2 个三相组,一个为星/星接线,另一个为星/三角接线。

根据高压直流系统可用率的要求,在一端换流站或两端换流站需要设置备用变压器。如果采用一台三相带两组阀侧绕组的变压器,只需要 1 台备用变压器。由于星形和三角形接线的三相变压器的设计不同,因此应考虑对每种设计有一台备用。

对于单相双阀侧绕组的变压器,只需要 1 台备用,因为 3 台单相变压器完全一样。对于上面所提到的其他选项的变压器,建议用 2 台备用,一台作为阀侧绕组星形接线单相变压器的备用,另一台作为三角形接线单相变压器的备用。

如果不用备用变压器,当 1 台变压器退出运行时,上述方案 b)和 d)可以按 6 脉波(脉动)方式在一半容量运行(假定设计的直流系统允许在这种方式下运行),但是这种运行方式对于方案 a)和 c)则不行。

3.9 直流开关场接线方式

直流开关场有许多接线方式可以提高高压直流系统的可用率。

双极系统的单极金属回路运行方式已在 3.5 讨论。

对于双极系统来说,直流开关场的接线方式可以使换流器的任一端换接在任一导线上或中性点上(图 10)。这种方式对于具有全绝缘备用电缆的电缆工程或并联电缆的工程是有益的。如果换流站的一个极退出工作,则电缆可以并联运行,还可降低线路损耗。一般来说,若换流器与两条极母线和中性母线的连接是固定的,则换流站的两个极不可能并联连接。

但是,如果需要换流站两个极并联连接的灵活性时,则至少换流站的一个极应可以进行极性反接,并且,这个极的中性端必须达到全电压绝缘水平。图11给出了一种可能的接线方式。

当直流输电系统包括架空线路和电缆时,可用图12所示的在架空线和电缆连接处的直流换接方式。

对于多回双极线路的情况,可以考虑换流站极的并联连接,这是为了在一回输电线路停运时可以恢复输电能力(图13)。

对于远距离多回双极线路并联运行的情况,可以采用像图14所示的中间换接方式。

4 环境条件

对于每一个高压直流换流站,应该提供表1所示环境条件资料。

表 1　每一个高压直流换流站应提供的环境条件资料

参　数	单　位		应用实例和注释
● 海拔高度	m		用于空冷系统设计和空气净距
● 户外温度	℃		给出最高温度,是为了计算额定功率的需要。最低温度是为了计算过负荷能力的需要。如果用户想要设备能过负荷运行并且允许相应的缩短预计寿命,这些均应加以说明并提供所需的资料
	对低温容量	对额定容量	最好能给出以月为基础的一年中温度的变化曲线
● 最高干球温度	℃	℃	阀冷却,变压器和电抗器设计
● 最高湿球温度	℃	℃	蒸发冷却系统设计和阀厅相对湿度设计
● 24 h 最高平均干球温度	℃	℃	变压器和电抗器设计
● 24 h 最低平均干球温度	℃	—	变压器、电抗器和隔离开关设计以及建筑物取暖需要
● 最低干球温度	℃	—	变压器、电抗器和隔离开关设计以及建筑物取暖需要
● 最高和最低户内空气温度和相对湿度	℃ %	℃ %	通常阀厅由阀设计者确定,控制室由控制设计者确定
● 维修期间和停运后最大过渡时期内的室内空气温度和相对湿度	℃ %	℃ %	如果户内温度对维修人员来说非常高时需要规定
● 最大日照入射功率 　水平面 　垂直面	W/m² W/m²		建筑物冷却,变压器、电抗器、母线等的额定值等
● 风力条件 　——最大连续风速 　——最大阵风速 　——在最低温度(℃)下的最大风速	m/s m/s m/s		建筑物和设备支柱设计 建筑物和设备支柱设计 导线、张力绝缘子和杆塔设计
● 冰雪负荷 　——无风时的最大冰厚 　——最大风速(m/s)时的最大冰厚 　——最大雪荷 　——最大雪深	mm mm N/m² mm		设备和结构设计,例如隔离开关/开关、导线等 设备和结构设计,例如隔离开关/开关、导线等 建筑物设计 为了安全,设备在雪上面的高度

表 1（续）

参　　数	单　位		应用实例和注释
● 降雨量			建筑物和现场排水
——年平均	mm		
——1 h 最大量	mm		
——5 min 最大量	mm		
● 雾和污秽 绝缘子冲洗和涂敷规程			决定绝缘和空冷系统过滤器设计的要求。对于绝缘子设计应该规定一个估计的等值盐密水平
● 换流站和线路两侧 5 km～10 km 的雷击水平	雷击次数/km²/年（换流站）雷击次数/100 km/年（线路）		换流站防雷设计
● 地震条件			设备、结构和基础设计
——最大水平加速度	m/s²		
——水平振动的频率范围	Hz		
——最大垂直加速度	m/s²		
——垂直振动的频率范围	Hz		
——发生地震的持续时间	周期		
● 现场冷却水的供应能力（如果使用二次冷却时）			二次冷却水可用于补充及冷却蒸发式冷却器，或用于直排冷却。蒸发式冷却塔对绝缘子可能是高湿度来源，应特别注意其安放位置
● 水源			水库、水井等
	对低温容量	对额定容量	最好能给出以月为基础的这些参数在一年中的变化曲线
● 最大连续流量	m³/s	m³/s	冷却系统设计需要
● 24 h 最大流量	m³/s	m³/s	冷却系统设计需要
● 最小连续流量	m³/s	m³/s	冷却系统设计需要
● 24 h 最小流量	m³/s	m³/s	冷却系统设计需要
● 最高水温	—	℃	冷却系统设计需要
● 最低水温	℃	—	冷却系统设计需要
● 允许的最高回水温度	℃	℃	冷却系统设计需要
● PH 水平			水处理站设计
● 水的电导率	μS/m		水处理站设计
● 可溶固体的种类			水处理站设计
● 可溶固体量	g/m³		水处理站设计
● 不可溶固体的种类			水处理站设计
● 不可溶固体量	g/m³		水处理站设计
● 高压直流换流站最高地电阻率	Ωm		站接地设计
● 地下水位深度	m		基础设计
● 现场土壤条件			钻孔资料（如岩石）和特殊的条件如最大结冰深度；基础设计
● 现场交通状况			决定安装和运输费用
● 运输重量及尺寸的限制			设备设计——特别是变压器和直流电抗器
● 设备和建筑物布置的限制			影响设备、母线和建筑物设计
● 环境条件			可听噪声限制，审美要求——建筑的处理、环境美化等
上面未列出的特殊条件，例如影响系统性能的有关规程等均应列出			

5 额定功率、额定电压和额定电流

5.1 额定功率

额定功率是高压直流系统能够在所规定环境条件范围内连续输送的有功功率。此时,除冗余设备外,所有设备均投入运行;交流系统频率、直流系统电压以及换流器的触发角和关断角均在其稳态范围内。

因为高压直流系统通常包括两个高压直流换流站和输电线路三部分,每一部分均产生损耗,因此需要规定额定功率的测量点。

5.1.1 以极为基础的高压直流输电系统的额定功率

以极为基础的高压直流输电系统的额定功率定义为额定直流电压和直流电流的乘积。

对于给定的一个直流电流值,输电线路损耗随环境条件而变化,且沿线的损耗可能不均匀。因此,额定功率通常规定在整流器的直流母线上测量。如果要求把额定功率定在其他的地方,如送端交流母线、受端交流母线或者直流线路上的某处,则应当先确定额定直流电压,再通过高压直流系统的优化设计来选择额定直流电流。

逆变器直流母线的额定功率和额定电压根据整流器的参数推算出,假定沿线的导线温度相同,线路损耗在所规定的导线参数下得到。

远距离高压直流输电系统可为单极或双极,其额定功率应该以极数和每个极功率为基础确定。

5.1.2 背靠背直流系统

背靠背系统没有输电线路,因此,其额定直流电压和额定直流电流通过对高压直流系统的设计优化来选择。此外,整流器和逆变器在直流侧固定连接在一起,如同一个设备在运行。对于这种系统的额定功率,可以规定为额定直流电压和额定直流电流的乘积。

5.1.3 功率方向

如果每个方向上的额定功率相同,例如作为交换功率的系统联络线,那么必须作出明确规定。

如果功率潮流主要是向一个方向输送,像从远方电站向系统送电的情况,则额定功率可只按一个方向来确定,这样可降低逆变站的造价。此时,在反方向上,则只具有较低的功率输送能力。

5.2 额定电流

额定电流是高压直流系统直流电流的平均值。高压直流系统应能在所有规定的环境条件下以额定直流电流连续运行,没有时间的限制。对于背靠背系统的额定电流,如 5.1.2 所述,不需要作出规定,除非有特殊原因。

5.3 额定电压

额定电压是在额定直流电流下,输送额定直流功率所要求的直流电压的平均值。额定电压的测量点规定在换流站直流电抗器线路侧的直流高压母线和换流站直流侧低压母线之间,接地极线路除外。额定电压是在额定交流系统电压和换流器额定触发角,并运行在额定直流电流的条件下确定。

对于远距离高压直流输电系统,规定额定电压在送端。如果直流输电线路的电压承受能力比额定电压高,则应予以说明。对于背靠背系统的额定电压,如 5.1.2 所述,不需要作出规定,除非有特殊原因。

6 过负荷和设备容量

6.1 过负荷

高压直流换流站的过负荷通常是指直流电流高于额定值。为此,需要考虑设备预期寿命缩短多少是可以接受的(如由于热老化),以及考虑利用冗余设备和低的环境温度等。

过负荷可以用功率来规定。包括变压器在内的换流器的电压调节,通常使电流的增加比功率的增加多一些。如果在过负荷条件下要保持额定电压,则可以采取以下措施,但要增加投资。

a)　换流器应设计得具有较高的空载电压,如果在交流母线电压的全部变化范围内均要求过负荷,这将引起换流器的额定容量增大;

注:如果只在稳态交流系统电压较高范围内要求过负荷,则不需要增大容量。

b)　基于变压器空载电压的换流阀电压额定值应升高;

c)　假如换流器触发角需要保持在额定值,则应增加有载分接头调节范围。或者,把换流器设计为能够在额定功率下以大一些的额定触发角运行,这将增加无功消耗、谐波和损耗,同时换流阀部件的内部应力也将增加。

因此,如果在过负荷条件下保持额定直流电压,则需要加大设备的容量。

为了更经济地设计,可以规定一个过电流额定值,与直流电压调节无关。用基本的换流器方程式可以决定最大电流,超过此范围再增加过负荷能力,可用额外的电压调节来解决。

高压直流换流站过负荷时间的要求,通常取决于交流系统的需要,特别是在交流系统或者直流系统发生故障后。

但是,应当看到,高压直流换流站的设备过负荷能力是有限度的。如6.2所述,设备的热时间常数的范围在1秒至数小时之间。因此,高幅值长时期过负荷要求可能显著增加设备的额定值,从而提高造价或降低预期寿命。在对过负荷进行规范时,对上述因素应在系统利益上全面权衡。

注:例如,1 h过负荷的实际值可以是1.2 p.u.,不会降低油冷变压器和电抗器的预期寿命,但在设计晶闸管换流阀时则需要考虑。针对具体的设计,如果使用冗余冷却,1 h过负荷可以转变成连续过负荷。

另一些例子,包括频率在1 Hz以下、持续时间为数秒的振荡性过负荷和5 s过负荷,可抑制暂时过电压或频率变化。应该对这种类型的过负荷频率及时间间隔作出规定。

6.2　设备容量

设备容量定义为高压直流换流站的设备在不降低设备预期寿命的条件下,允许输送比额定功率大的能力。设备容量与各单台设备的运行条件及设计准则有关,设计准则实际上与过负荷规范的关系将在下面各条款中讨论。

环境温度是一个重要的因素。电力设备应设计成能在最不利的环境条件下,以额定负荷运行。但是,这些条件通常只在有限的时间内发生。在低环境温度下,如果6.2.3中所列的限制可以克服,一些裕度可用来提高系统容量。这个裕度与所选择的特定设备设计有关,并且对于不同的高压直流换流站设备是不同的。输送容量与环境温度的关系包络线应结合交流系统条件规定。包络线应采用湿球和干球环境温度。

6.2.1　换流阀容量

在晶闸管阀中,晶闸管与散热器组合的热时间常数比较小(数秒至数分钟)。当在额定电流和最高环境温度下连续运行后发生过负荷时,晶闸管的结温将升高。在规定换流阀的故障抑制能力时应考虑到这点。因此,晶闸管阀的冷却系统应设计成,即使在规定的过负荷运行条件下,也不超过其安全运行的温度。

在换流阀冷却回路中通常设有备用,换流阀的设计应能在最不利的环境条件下,并且失去阀的冗余冷却设备时,仍满足所规定的额定容量的要求。如需要在无备用冷却时加大容量,则必须做出明确规定。

另一方面,当全部冗余冷却设备投入运行时,则具有额外的散热能力。根据阀的散热和冷却系统设计,可以确定超过额定电流的能力。

按照上述观点,换流器的过负荷规范,应规定过负荷的幅值和持续时间、用于调制目的的振荡型过负荷的频率、以及最高环境温度下所假定的冷却设备状态。

6.2.2　油冷变压器和电抗器的容量

变压器或电抗器绕组的热时间常数大约为15 min,而其油回路大约在1小时至数小时的范围内,这取决于设计。

因此,对于5 s范围内的短时过负荷,在高压直流换流站过负荷方面,油冷设备不是限制因素。对持续超过1h的过负荷,应规定是否允许缩短预期寿命。此外,预计发生这种过负荷的频度也应作出规定。

6.2.3 交流滤波器及无功补偿设备的容量

高压直流换流站过负荷运行时,通常将增大产生的谐波电流,这将加大滤波器的谐波负荷和损耗,以及谐波干扰的水平。应在规范中规定在过负荷条件下,是否也应满足像在额定条件下那样的干扰水平,或者允许性能降低到何种程度。

同样,由于过负荷增加了换流器吸收的无功功率,规范中应规定在设计滤波器和无功补偿设备时应如何对此进行考虑。如果在高压直流换流站过负荷条件下,所增加的无功功率从交流系统中吸收,则可能发生交流母线电压大范围变化和随之而来的功率下降。因此,应对过负荷条件下所预期的交流母线电压作出规定。

6.2.4 开关设备和母线的容量

开关设备和母线通常不会限制高压直流换流站的过负荷能力,除非换流器按计划并联运行。但是,应特别注意电流互感器和套管的过负荷能力。

7 最小输送功率和空载备用状态

7.1 概述

高压直流换流站存在一个最小稳态电流的限制。这是由于在电流小到一定程度时将产生电流断续。这也是最小输送容量限制的主要依据。

7.2 最小电流

由于高压直流换流站的直流输出电压是由交流母线正弦电压的许多部分所组成,因而直流电流不是一个平滑的或恒定的常数,更确切地说,是由于与换流器串联的直流电抗器而使直流电流连续。对于某一恒定的直流平均电压,在低功率时,直流电流是否发生断续,这取决于直流电抗器电感值的大小,当换流桥串联时还取决于串联数,另外还取决于换流器触发角的大小。在稳态运行时应该避免出现电流断续,除非换流设备是针对这种运行方式设计。

因为直流电抗器的电感值通常由另外的设计准则所决定,而且换流器的触发角是变化的,故应该规定一个最小电流限制值。一般来说最小电流取额定电流的5%～10%。这个最小电流值可以用选择较大的直流电抗器电感值的方法来进一步降低。

7.3 降低直流电压运行

在污秽条件下,如果同时伴随最不利的气候条件,直流架空线路有时不能在额定电压下运行。但是,通过高压直流换流站控制系统的各种控制方式,可使直流输电系统在降低电压下继续输送功率。

一种可行的方法是改变换流变压器的分接开关位置,使加到换流阀上的交流电压最低。要进一步降低直流电压,可通过加大触发角运行来达到。

这种要求意味着要对换流阀进行特殊设计,并且会引起换流阀造价升高。此外,由于在大触发角下运行,会引起谐波和无功消耗的增加,如果滤波和无功补偿设备的额定值不是在这些条件下确定的,降压运行则需要减小直流电流。

另一些可能的方法是加大换流变压器分接开关的调节范围,或者当高压直流系统由孤立的电厂供电时,还可以考虑降低交流母线电压。

降低直流电压运行的电压值一般为额定电压的70%～80%,或许会同时要求降低直流电流。当使用备用冷却装置时,在75%的额定电压下,如果稍高的谐波干扰水平可以接受,那么连续运行的能力大约可达到额定电流值,并且还取决于这种运行方式的频度和持续时间。

在采用两个12脉波(脉动)换流器串联的场合,一个换流器可退出运行,将使直流电压降低50%,此时可不必加大换流器的触发角和降低直流电流。

为了得到设备的经济设计,对于预期的直流运行电压,应规定对应的交流电压水平。

7.4 空载备用状态

这种状态是指高压直流换流站已做好立即带负荷的准备,而不再需要很多的起动步骤。如果计划要空载备用状态运行,则需要对各种设备的状态作出规定,以便确定高压直流换流站的空载损耗。

7.4.1 换流变压器的空载备用状态

换流变压器可以是带电或不带电,这取决于用户对待损耗的策略。当不带电时需考虑励磁涌流衰减的时间。油泵和冷却器应运行在变压器设计要求的最低水平。

7.4.2 换流阀的空载备用状态

换流阀应在闭锁状态。如果换流变压器在带电状态,在阀的均压回路中将有少量的损耗。为满足立即带负荷的要求,一次冷却系统、二次冷却系统和阀厅内冷却系统应运行在足够的水平。

7.4.3 交流滤波器和无功补偿装置的空载备用状态

交流滤波器和无功补偿装置可以接入或不接入,这取决于交流系统的无功功率控制策略。但为了确定空载损耗,还是应考虑不接入。

7.4.4 直流电抗器和直流滤波器的空载备用状态

应接入直流电抗器和直流滤波器。直流电抗器的油泵和冷却器应运行在电抗器设计要求的最低水平。

7.4.5 辅助电源系统的空载备用状态

辅助电源系统应全部运行并准备好能带额定负荷,即全部站用电变压器需带电,蓄电池充电装置等也应投入运行。

7.4.6 控制和保护的空载备用状态

所有控制和保护回路应处在运行状态。

8 交流系统

8.1 概述

对两端的交流系统的每个发展阶段以及所预期的变化情况,均应作出规定。

对于换流器和滤波器所连接的交流开关场的布置,包括交流出线在内,应作出说明。此外,还应完成所设计的交流开关场的运行方案。

需要有附近发电机的详细参数,特别是当发电机的大部分负荷是通过直流输电输出时更是如此。通常,关于潮流和短路研究的全部数据也是需要的。

8.2 交流电压

8.2.1 额定交流电压

额定交流电压是所设计系统的相间基波电压的有效值,且交流设备的一些特性与该系统有关,如:交流开关、交流滤波器、无功补偿设备、换流变压器的一次绕组等。额定电压可用于定义这些交流设备的额定功率。

8.2.2 稳态电压范围

稳态电压范围是高压直流系统能传送额定功率的电压变化范围,并且应能满足所有的性能要求,另有规定时除外。

对超出稳态范围限值的任何特殊性能要求,均需作出规定,这些性能可能影响主要设备的设计,如换流变压器、交流滤波器、辅助设备等。

8.2.3 负序电压

按照对称分量法计算的交流电压的负序分量,是一组三相平衡电压,它的各相最大值出现的顺序与正序电压分量相反。通常是用额定电压的百分比来表示其大小。

虽然要得到这个参数的实际值比较困难,但是,应规定其最大值,用来确定交流侧非特征谐波电流

和直流侧非特征谐波电压。这些谐波电流和谐波电压值分别用于设计交流滤波器和直流滤波器(见第16章和第17章)

8.3 频率

8.3.1 额定频率

应规定交流系统的频率,因为它是换流变压器等交流设备额定值的设计基础,同时也是换流桥和控制系统的设计基础。

直流滤波器的设计也受交流系统频率的影响。

8.3.2 稳态频率范围

稳态频率范围的定义是:在此频率范围内并在交流稳态电压范围内,能够传送额定直流功率并能满足所有性能要求。

8.3.3 短期频率偏差

应对能保持系统性能的短期频率偏差的限值和持续时间作出规定。对于交流滤波器和直流滤波器的设计来说,这是一个敏感的参数。可在此频率变化范围内的滤波性能作出规定。

8.3.4 紧急情况下的频率变化

在紧急情况下,交流系统的频率可能在有限的时间内变化很大。应对这种极端的频率值及其所允许的持续时间作出规定。在此情况下,设备应能保持运行而不被损坏,但不要求满足所规定的运行性能。当频率超出所规定的运行频率限值时,可以允许设备自动切除。

8.4 系统工频阻抗

为了对换流器的换相条件进行分析,必须对系统的工频阻抗作出说明。对于进行这样的分析,需要在不考虑任何滤波器和无功补偿设备的条件下,换流站交流母线的次暂态阻抗的最大值和最小值。

次暂态阻抗是交流系统的正序阻抗,它由同步发电机的次暂态电抗、感应电动机的漏抗和系统连接线的正序阻抗确定。

8.5 系统谐波阻抗

为了进行交流滤波器的设计和性能计算,需要2次~50次谐波频率的系统阻抗。

对于高压直流换流站母线少于5~8时,谐波阻抗可以用线路、变压器和发电机参数进行计算。但是,考虑到系统不同的建设时期和负荷条件,谐波阻抗是变化的。因此,通常更方便的方法是用一个 R-X 谐波阻抗图,画出所预期的系统条件下的谐波阻抗轨迹的包络线。图上应包括最小电阻值(R_{min})和最小电抗值(X_{min})。

实际上,这个阻抗图可以有不同的形式,例如用 R/X 比值为常数限定的圆图,或者是二者结合限定的阻抗图。

8.6 正序和零序波阻抗

为了对来自换流站载波频带内的干扰进行评估,以及设计相应的滤波器,需要所有进入换流站交流线路的正序和零序波阻抗。

8.7 其他谐波源

应该查明电气上距高压直流换流站较近的其他谐波源。在确定交流滤波器和电容器组的容量时,应考虑这些谐波源的影响。对于接在换流站母线上或附近交流变电站的静止无功补偿器来说,应对其所产生的谐波电流作出规定。

8.8 次同步谐振

如果预计存在次同步谐振问题,则需要提供有关研究的所有相关资料(见第9章)。

9 无功功率

9.1 概述

高压直流系统使用电网换相换流桥,不管是作为整流器或逆变器运行,均需消耗一定量的无功功率。对于一般所用的换流变压器漏抗值和换流器的触发角或关断角来说,在满负荷时所消耗的无功功率约为额定功率的50%～60%。

在低负荷时,通过相应的控制策略,可使换流器消耗的无功功率根据交流系统的要求而变化。控制策略经常利用调节换流变压器的分接开关来保持整流器的触发角α或逆变器的关断角γ在一个很小的范围内变化。图15给出当理想空载直流电压(U_{dio})恒定时,无功功率随有功功率的变化曲线。曲线a为关断角γ恒定或整流器的触发角α恒定时,无功功率随有功功率的变化关系。曲线b为直流电压恒定时的变化关系,当负荷减小时,采用加大整流器触发角或逆变器关断角的方法,可以得到线性变化关系。

如果保持直流电流恒定,用加大触发角而降低直流电压的方法来减小负荷,则如曲线c所示,低负荷时所消耗的无功功率将增大。在曲线a和c之间,可以得到任意的特性,满足交流系统的特定需要。

高压直流换流站所需无功功率的控制,可以采用换流阀触发角控制和换流变压器有载分接开关控制的配合来实现。但是,由于这种方法要求加大触发角,从而增大了所产生的谐波电流和电压,并且也增加了换流阀阻尼回路的损耗。

从另一方面看,交流电流通过谐波滤波器来进行滤波,滤波器可产生无功功率。但是,按照满负荷条件下交流侧滤波的要求来确定的滤波器所产生的基波无功功率,一般来说比换流桥所消耗的无功功率要小一些。因此,通常增加电容器组来提供满足换流器所需的全部无功功率。

必要时通过投切滤波器组和电容器组,可以把换流器消耗的和滤波器产生的无功功率差值控制在一定限度内,且同时满足滤波要求。

为确定一个合适的无功功率控制策略,对以下问题需要作出规定。

9.2 换流器消耗的无功功率

整流器和逆变器消耗的无功功率,应当在低负荷、满负荷和过负荷等不同运行条件下予以确定。对计算方法和在计算中所用的参数均需作出规定。

需要考虑的运行条件包括潮流方向、单极大地回路、单极金属回路、双极运行以及在所规定的交流母线稳态电压范围内降低直流电压运行。

9.3 与交流系统的无功功率平衡

为确定装设的无功功率源,应该明确总的无功功率平衡需求。除了换流器所需的无功功率外,还需要考虑以下的因素:

——在所有的运行条件下,交流线路所保持的功率因数范围;

——交流系统在峰值负荷和轻负荷时的运行电压范围;

——附近发电机能够提供的无功功率;

——裕度的要求。

当整流器直接与一个发电厂相连时,还应该考虑以下各点:

——发电机超过最大和最小运行电压范围的运行能力;

——升压变压器的分接开关变化范围和每个发展阶段所用的分接头;

——其他负荷的无功功率需要;

——发电机所允许的最小有功功率;

——发电机的自励磁限制;

——所连接发电机的最少台数。

9.4 无功功率源

满足一系列要求的无功功率源,应该是满足性能要求的交流滤波器、并联电容器、并联电抗器、同步调相机和静止无功补偿器的最经济的组合。大部分无功功率由满足谐波性能的滤波器提供。在轻负荷条件下,尽管连接的滤波器已经最少,仍可能出现多余的无功功率,从而产生过高的稳态电压。这可能需要装设并联电抗器或者利用换流器吸收更多无功功率。

并联电容器组在提供无功功率方面是最经济的无功功率源。同步调相机和静止无功补偿器只有在动态电压或稳定有问题时才采用(见第8章)。此外,还可能有一些涉及相邻交流系统的附加要求。

9.5 可投切无功功率组的最大容量

滤波器和电容器可以分成较小的可投切组。每组容量与以下因素有关:

a) 从空载到满负荷以及过负荷的全部运行范围内电压控制的要求;

b) 每次投切可接受的调节幅度(应该指出,投切无功功率组的调节作用可与换流器控制相配合);

c) 投切的频度。

当考虑滤波器和并联电容器与同步调相机联合使用时,为避免同步调相机发生自励磁,滤波器和电容器组的容量要受到一定的限制。

10 直流输电线路、接地极线路和接地极

10.1 概述

本节要讨论与换流器稳态规范有关的直流输电线路、接地极和接地极线路的性能,其中包括电力线载波性能及设计要求,但不涉及直流输电线路、接地极和接地极线路本身的设计规范。

直流输电线路、接地极和接地极线路的关键性能规范参数应预先作出规定。

这些参数不需要精确地给出,因为这些参数小的变化,在换流器设计阶段比较容易进行调整。

10.2 架空线路

10.2.1 概述

应该给出架空线路或电缆线路的总长,包括每一段线路的详细情况,合用线路走廊的详细情况。为了能够评价可能存在的电气影响和干扰,应给出所有的线路交叉和平行走线的详细情况。在不知道准确的线路长度时,应给出一个预计的线路长度范围。

对于双极和多极线路,需要给出沿全线的极间和双极间的距离。

10.2.2 电气参数

a) 电阻:在最小电流、额定电流、最大过负荷电流下的最大正序和零序直流电阻值,并且要考虑在各种负荷下的环境条件(温度、日照、风速等)。在额定电流下的频率特性曲线(取到100 kHz);

b) 电容:正序和零序电容(C_1和C_0);

c) 电感:正序和零序电感(L_1和L_0),以及与频率的关系曲线(取到100 kHz)。

如果没有可用的上述参数,作为一种替代方案,应给出能计算出这些参数所需的数据。这些数据有:

a) 导线的型号、尺寸、空间位置(包括避雷线);

b) 铁塔外形尺寸、间距及弧垂的情况;

c) 沿线的土壤电阻率;

d) 铁塔的接地电阻;

e) 如果采用电力线载波,为计算电晕效应,应给出在最不利情况下的最大导线表面电场强度;

f) 绝缘的临界冲击闪络水平。

特别强调,在距高压直流换流站10 km之内,直流输电线路对直击雷应有足够的屏蔽,并且,直流线路铁塔的接地电阻应足够低,例如应小于10 Ω~25 Ω。

作为第三种方案,这些参数也可以用导线和地之间的互阻抗和自阻抗的型式给出,以替代序分量的参数。

10.3 电缆线路

10.3.1 概述

应适当说明线路各分段长度或总长度。应说明电缆供应商对使用条件有何限制。

例如,这些限制可能包括:

a) 极性反转的限制;

b) 放电速率的限制;

c) 电压和电流纹波水平的限制;

d) 过电压和过电流的限制。

10.3.2 电气参数

a) 芯线的直流电阻,包括在额定电流和最大过负荷电流下的最大值,在最小电流下的最小值;

b) 芯线的电阻,频率 5 kHz 以下;

c) 电缆铅皮的电阻,频率 5 kHz 以下;

d) 电感,频率 20 kHz 以下;

e) 电缆芯线对铅皮的电容;

f) 电缆铅皮对地(铠装)电容;

g) 电缆芯线对铅皮的波阻抗;

h) 衰减特性,频率 50 kHz 以下。

10.4 接地极线路

流经换流站接地系统和变压器接地中性点的直流电流,可能引起变压器饱和,为了对此进行评估,应给出接地极线路的长度。如果接地极线路有一段架设在直流线路铁塔上,应给出其长度。

应给出接地极线路的电阻(在设定环境温度下的最大值)。

10.5 接地极

应给出接地极对远地点的最大电阻。注意,这个电阻可能随时间、环境条件和/或负荷条件而增大。

11 可靠性

11.1 概述

高压直流系统的可靠性是指在所规定的系统和环境条件下,在规定的时间内传输规定能量的能力。本章的范围和目的是为了编写功能规范和评价可靠性。本章说明高压直流系统在验收期的可靠性计算方法。[1]

下面说明高压直流系统在可靠性方面的定义和术语。关于可靠性通常主要考虑以下两个因素:

——能量可用率;

——强迫停运次数。

在以下条目中,对不同类型的停运及可靠性考虑两个因素的计算方法作了规定。

注:为了得到高压直流系统足够的可靠性,在编写系统各部件的可靠性规范时应特别注意。特别是一些主要设备,如:远动通信系统、无功补偿装置、开关、辅助设备等不是由高压直流换流站供货商所提供时,更要注意。高压直流换流站之间的远动通信在可靠性方面可能起到重要的作用,这取决于控制保护系统的设计。

11.2 停运

高压直流系统的停运是指当输送能力低于所定义的基本功率水平 P_B(见 11.4)的事件。事件发生的起因,可能是部分设备或元件的缺陷、人员的失误、设备维护和检修而退出工作;或保护装置动作产生的停运;或外部故障引起的停运等(见 11.8.2)。在定义时应考虑哪些情况应包括在可用率计算中,哪

---

1) 国际大电网会议(CIGRE)的参考文献【参考文献 14-80(WG04)15:关于高压直流输电系统运行性能报告的内容格式】论述了编写高压直流系统在运行中总的可用率及故障的报告内容,其范围与本部分有所不同。

些情况应包括在年强迫停运次数计算中。如果某个缺陷不引起输送能力降低到基本功率水平P_B以下,则这种情况不算停运。一次停运要么算在强迫停运之中,要么算在计划停运之中(见11.2.2和11.2.3)。

11.2.1　部分停运

部分停运是指当输送能力降低到小于基本功率水平(P_B),但所剩的功率还大于零的一种停运。

11.2.2　强迫停运

强迫停运是指不能推迟的一种停运,并且它超过了规定的时间限制。重要之处在于如何确定检修或更换每个大设备的停运时间。计算此停运时间时,应将实际花费的时间、有关的人工、备品备件和工具考虑在内。

11.2.3　计划停运

计划停运是指为了维修、试验、测量或其他工作的需要而发生的部分停运或全部停运。这种停运应是事先计划好的,或可以推迟到方便的时候进行,但推迟的时间不应小于规定的时间。如何计算实际花费的时间和人工,对确定计划停运的时间是重要的。对输电系统或其某一部分允许计划停运的时间间隔也应做出规定。对于每年一次的例行检修,通常是事先规定好停运时间,每次由一个或多个工作班组完成。对每班的工作时间和每天及每周的班次也应作出规定。

根据对每个器件的价值、复杂性、故障率以及检修能力的不同,换流站的一些设备可以有不同的检修周期,例如,可以是半年、一年或长达三年到五年。

计划停运次数和每年的停运时间主要取决于:高压直流设备的维修设备情况;有多少受过培训的人员;能快速识别系统中故障或误动的试验和监测装置;对一些重要的或者复杂的设备进行拆卸和重新组装所需的辅助工具和设备情况;备品的种类、数量和复杂性,以及这些备品是在现场就有的还是要由供货商提供。对所有这些问题均需作出规定。

阀的晶闸管冗余数可根据预计的晶闸管故障率和计划维修周期来确定。故障的晶闸管可以在计划停运时进行更换。

11.3　周期小时数(PH)

在所考虑周期内的日历小时数即为周期小时数。全年有8 760周期小时。

11.4　基本功率水平(P_B)

基本功率水平是指在计算可用率时,用来作为基准的功率水平。正常条件下,在此功率水平下可以连续运行。可以有不只一个基本功率水平(P_B),例如:额定功率水平,50%的额定功率水平,连续过负荷功率水平等。

11.5　能量不可用率(EU)

能量不可用率是指因停运而未传输的能量的量度。

能量不可用率由强迫能量不可用率(FEU)和计划能量不可用率(SEU)组成,通常用百分数表示。

$$EU=FEU+SEU$$

对可靠性研究来说,主要是要区别单极输电系统线路故障的影响和多极(双极)输电系统线路故障的影响。

在单极系统中,线路故障使输电系统全部停运。在双极系统中,大部分情况下线路故障只影响输电系统的一个极,因此线路故障一般来说只降低50%的输送能量。但是,如果剩下的一个极的输电线路设计有一定的过电流能力,并且高压直流换流站的换流器可以并联连接,则通过换流器并联连接,输电系统可以输送大于50%的能量。

当换流器发生故障时,故障的换流器需要退出工作,损失的输送容量的百分比取决于退出工作的换流器数和总的换流器数的比例。

还可能有其他事故情况,如失去部分滤波器、接地极线路故障等。对于这些故障对可用率的影响也应作出规定。

11.5.1 强迫能量不可用率（FEU）

强迫能量不可用率是指因强迫停运而未传输的能量的量度：

$$FEU = \sum_{i=1}^{n} \left(\frac{P_f}{P_B} \times \frac{OD}{PH} \right)_i \times 100$$

式中：

P_f——当发生强迫停运时，与基本功率水平相比所降低的输送能力；

OD——用小时数表示的停运时间，是按照所同意的方法计算的；

n——在所考虑的周期小时内所发生的强迫停运次数。

11.5.2 计划能量不可用率（SEU）

计划能量不可用率是指因计划停运而未传输的能量的量度：

$$SEU = \sum_{i=1}^{m} \left(\frac{P_S}{P_B} \times \frac{OD}{PH} \right) \times 100$$

式中：

P_S——当发生计划停运时，与基本功率水平相比所降低的输送能力；

m——是在所考虑的周期小时内所发生的计划停运次数。

11.6 能量可用率（EA）

能量可用率是指高压直流系统能输送的能量的量度：

$$EA = 100 - EU$$

11.7 最大允许强迫停运次数

并非所有强迫停运都需要计算在内。对于这样的计算，强迫停运是不能推迟的停运，是超出规定时间限制的停运，并且其功率的损失部分超过所规定的水平。在所考虑的周期小时（Ph）内，对这种强迫停运的最大允许次数应作出规定。

11.8 停运概率

11.8.1 元件故障

除整个系统的可用率外，一些单个元件的可靠性也应该考虑。

系统中每个元件可以用它的故障率（λ）来表征。应对统计性故障（随机停运）和元件因寿终而失效（例如：发光二极管因老化而失效）加以区别。因为所有元件在达到寿命周期时均需要更换，区分好这两种类型的故障，对备品的储备十分有益。

11.8.2 外部故障

对高压直流系统性能有不利影响的交流系统故障的预计次数及其持续时间，应作出规定。在确定高压直流系统允许的强迫停运次数时，需考虑这种故障产生的概率。

12 控制和测量

12.1 控制的目的

高压直流系统的优越性，在很大程度上与其能充分发挥对不同系统要求的最大灵活性、可靠性和适应性的控制性能有关。

高压直流控制系统的目的，是在保持每个极的最大独立性和不危及设备安全的条件下，对功率方向、功率大小和变化速度提供有效和最灵活地控制。该控制系统应具有高速控制性能，它能够对交流系统和直流系统的扰动作出很好的响应。应该认识到，对于远距离直流输电，为了最有效地运行，需要一个快速远动通信系统。但是，高压直流系统应能在无远动通信情况下运行，并应最大限度地保持其性能。

控制系统应使高压直流系统消耗的无功功率最少。它还应能适应以下情况：

a) 必要时增加并控制无功消耗，用以控制交流电压；

b)　频率控制；

c)　有功功率调制；

d)　有功功率和无功功率联合调制；

e)　次同步谐振(SSR)的阻尼；

f)　远动控制。

12.2　控制结构

高压直流换流站的各控制回路通常为分层结构,正常情况下全都自动运行。对于高压直流输电系统,为了整流站和逆变站的相互配合,需要一个远动通信系统。以下从最低的层次开始对各控制层次进行说明(见图 16)。

12.2.1　换流器控制

换流器控制主要是开环控制。对于一个 12 脉波(脉动)换流器,其控制的输出是对每个换流阀的触发脉冲。这些触发脉冲与交流系统电压同步。它的输入是由高一级的控制层所提供的触发角(α)或触发超前角(β)。

高压直流输电所用的换流器触发控制原理,主要有两类:

——等触发角控制；

——等距触发控制。

等触发角控制是换流阀脉冲的一种计时方法,它主要保持换流器内各换流阀的触发角基本相等,而不管交流电压是否不平衡。

等距触发控制是换流阀控制脉冲的另一种计时方法,它使这些控制脉冲在时间上是等距的,而不管交流系统电压是否畸变或不平衡。

换流器触发控制的功能要求是:

a)　运行时无功功率消耗最小,即触发角(α)和关断角(γ)尽可能小；

b)　当交流电网的短路容量和直流传输功率之比很低时(例如 2~3)也能够运行；

c)　等距触发允许的偏差应为 $\pm\Delta°$。即在所规定的条件下,每次触发产生于前次触发之后的 $30\pm\Delta°$时刻(对 12 脉波(脉动)换流器)。应该指出,对于不同的换流器运行方式,如运行在最小 α 控制、定电流控制或定关断角控制下,对 $\Delta°$值的要求是不同；

d)　电流整定值和实际电流值之间的偏差取决于电流控制系统和电流传感器的精度。典型的精度要求在额定电流时小于 1%。

12.2.2　极控制

极控制给每个极的所有串联换流器(如果有的话)提供参考值。

极控制是闭环控制,它包括使高压直流系统稳定运行所要求的基本控制功能。

通常换流站每个极均需配备一个极控制(见图 16),它控制由换流阀触发时刻所决定的换流器的直流输出电压。极控制测量实际值和整定值的差别,并且相应地调整换流器的直流输出电压。如果整流器的电流整定值比实际电流值大,触发控制则减小触发角,使直流电压升高从而增大直流电流,直到电流实际值和其整定值相等时为止,或者直到触发角已经调到最小(换流阀能够被触发所需的、加在阀上的最小电压),即直流电压已经达到最大值时为止。另一方面,如果电流实测值比其整定值大,则相应地减小直流电压。当换流器由整流工况转为逆变工况运行时,触发角由最小允许关断角(保证换流阀安全换相)所决定,这种电压的降低是有限的。

整流器和逆变器的电压—电流特性曲线分别示于图 17 a)和图 17 b)。

通常逆变器的最大电压限制值比整流器的低,并且电流是由整流器控制的。也就是说,由逆变器保持电压,整流器则调整其电压,直到电流等于其整定值,从而确立一个稳态工作点 A(见图 17 a))。如果逆变器的最大电压限制值比整流器的高,由逆变器控制电流,整流器保持最大电压,则可确立一个稳态工作点 B(见图 17 b))。

如上所述,通常由整流器控制电流,逆变器确定电压。逆变器的电流整定值等于整流器的电流整定值减去一个"电流裕度"($\Delta I = I_R - I_I$)(见图 17 a))。为了保持换相裕度为 γ_{min} 不变,在相应的最小触发超前角 β 下强制触发逆变器,从而由逆变器确定直流线路电压。一些输电系统由逆变器保持直流线路电压恒定,在这种情况下,允许关断角适当比 γ_{min} 大。

对于远距离输电,通常通过适当控制逆变侧换流变压器分接开关保持直流电压恒定。

通过调整换流变压器分接开关,可把整流器的触发角保持在一个很窄的范围内(额定 $\alpha \pm \Delta \alpha$)。由触发角变化 $\Delta \alpha$ 所引起的直流电压变化,一般和由一级分接开关调压的变化相当。另一种方案则是用分接开关调节来保持换流器的理想空载直流电压恒定。

有时可能需要降低直流电压运行,例如,当直流输电线路承受电压的能力降低时。这可以由整流器和逆变器的换流变压器分接开关控制和调节触发角来完成,当有串联换流器时,则可以切除一组换流器。

12.2.3 高压直流换流站控制

高压直流换流站控制是一个闭环控制。它包括:

a) 通过远动通信系统进行两端换流站电流整定值的配合,通常以极为基础进行;

b) 功率控制;

c) 高压直流换流站极之间的配合(如果是多极时);

d) 更高级的控制策略。

下面举例说明更高级的控制策略。

高压直流换流站消耗的无功功率取决于直流电流和触发角。因此,直流输电可以用来进行无功功率控制或者交流系统的电压控制。

高压直流换流站控制可以和高压直流站的外部控制相配合,例如与发电厂的调速器配合。高压直流换流站还可以提供避免汽轮机轴系次同步谐振的控制。

极平衡控制可以使地电流最小(在双极高压直流输电系统中,地电流等于两极之间的不平衡电流),从而避免由于地电流通过地下设施而产生的腐蚀问题。在没有极平衡控制的双极系统中,两极之间典型的不平衡电流极限可达额定电流的 3%。

准备采用哪些控制策略,以及在不同的运行条件及交流系统条件下,这些控制策略的优先级别等都应作出规定。

功率控制的精度取决于分压器、电流传感器的精度以及功率整定值的分辨率。在额定功率下典型的精度约为 1.5%。

12.2.4 主控制

主控制通常归在高压直流换流站控制内。但是,如果两个以上的高压直流换流站连接在同一条交流母线上,则主控制将是独立于站控之上的控制级别,并且它包括含有更高级的控制策略。主控制需要和交流系统联系并需和各站配合。主控制也可以设在远方,如在调度中心。在这种情况下,从调度中心到高压直流换流站必须有远动通信系统。

12.3 控制指令整定

通常高压直流系统的两个换流站装设相同的控制设备,这是因为大部分高压直流系统都设计为可以双向输送功率。

在同一时间只有一个地点的换流站控制是起主导作用的。通常站控制指令的整定值和变化率是由主导站手动给出的。在其他换流站,改变指令是通过远动通信实现的。主导站设置整定值的权力也可以转到远处,例如调度中心。

如果通过电话通信可以进行两站之间的配合联系,在电流控制方式下,可以在两站中手动进行电流指令的整定。电流控制也可以从远方进行,例如从调度中心。

从功率控制方式向电流控制方式的切换,可以在远动通信通道故障之后自动进行,或者由换流站控制发出命令进行。

功率控制定值的分辨率应做出规定(在 1 000 MW 额定功率时,常用 10 MW),也可对它的变化率做出规定(例如:在 1 MW/min 和 99 MW/min 之间,步长为 1 MW/min)。

通常功率方向的改变由主导站发出信号进行,但是当需要紧急功率反转时,例如在一侧交流系统中产生扰动之后,也可以自动进行。

12.4 电流限制值

在电流指令上加有各种限制,其主要目的是根据回路设备和冷却系统的条件来优化允许的电流值。例如有以下限制:

a) 限定时间的过负荷:在每 24 h 周期内,在一个固定的持续时间内允许的过负荷,例如,考虑到变压器温升的限制;

b) 冬季过负荷:在环境温度较低的时期,当换流阀的冷却条件有利时,可允许的过负荷;

c) 动态过负荷:按照晶闸管和其散热器的暂态热性能所允许的短时间过负荷;

d) 其他的电流限制:接在整流站的发电机的负荷限制,或由于降压运行或其他系统动态性能要求的限制;

e) 最小电流限制:通常取 0.05 p.u. ~0.1 p.u.。

经过限制的电流指令,可以在两个换流站之间传送,并应有同步装置保证在任何时刻两个站得到的电流指令都是相同的。

12.5 控制回路冗余

高压直流换流站控制回路的结构,通常应保证当一个回路故障或工作不正常时,不会引起整个输电系统停运。使用冗余控制回路,可以使高压直流系统部分停运减少。

12.6 测量

高压直流系统所关心的测量项目如下:

——直流电流;

——直流电压及极性;

——直流功率及方向;

——换流器所消耗的无功功率;

——包括无功补偿装置和滤波器在内的无功功率;

——交流电流;

——交流电压;

——交流功率;

——能量;

——地电流;

——触发角;

——关断角;

——分接开关位置。

需要决定这些项目中哪些应进行测量,是否以每极为基础进行测量以及测量精度是多少。

13 远动通信

13.1 远动通信的类型

可供高压直流输电系统运行和控制选用的远动通信类型有:

a) 电话;

b) 电力线载波(PLC);

c) 微波;

d) 无线电；

e) 光纤通信。

应规定要采用的远动通信系统的类型。可以采用多于一种类型的通信系统。

13.2 电话

公用电话网络是高压直流输电系统控制的一种通信方式，特别是可以作为备用，甚至也可在连续运行时使用。主要是在两个换流站之间需要有一个话音通信通道，当改变运行方式时，借以在两个站得到正确的动作时间配合。但是，对于由调度中心控制的无人值班的高压直流换流站，当要利用控制系统对输送功率固有的快速响应特性时，需要有一个性能良好的远动通信系统（见 13.3，13.4 和 13.5）。

13.3 电力线载波（PLC）

PLC 是高压直流架空线路所采用的一种通信方式，但它的性能可能不能很好地满足快速调制控制的要求。

对于高压直流电缆系统，当电缆距离长时，PLC 的传输能力将降低。对于双工 PLC 载波通道，其电缆长度的限制大约为 150 km。

当为直流线路 PLC 分配载波频率时，为避免干扰，应考虑与交流互联网络中其他 PLC 系统的频率配合。

直流线路的 PLC 在高压直流换流站附近应采用较高的载波频率，这样可以得到对换流器干扰满意的信噪比。在离换流站一定距离以后，可以采用较低的载波频率，因为较低的频率衰减较慢。对交直流线路交叉处可能产生的干扰，也应给以注意。

13.4 微波

微波通信对直流输电控制虽然不一定是必须的，但对于需要快速传送大量信息以实现更复杂的高压直流系统的控制保护来说，采用微波通信是一种正确的选择。

13.5 无线电通信

无线电通信在远距离跨海高压直流电缆输电工程中可以考虑采用，因为在这种情况下，电力线载波不能提供足够的速度。

13.6 光纤远动通信

高压直流系统的控制保护可以采用光纤远动通信系统。

光纤远动通信是一种可快速传送大量信息并且抗干扰性能好的通信方式。

13.7 传输数据的分类

下面列出在高压直流换流站之间，不同类型传送信息的分类清单。应区别各类信息的不同要求，如速度、分辨率和可靠性等。

a) 连续控制的指令信号：

——功率指令；

——电流指令；

——频率控制；

——阻尼控制。

b) 操作命令：

——运行控制方式的改变；

——保护联锁；

——开关操作；

——闭锁/解锁。

c) 状态指示：

——开关位置；

——运行中换流器数。

d) 测量数据。

e) 报警信号。

f) 语音信号。

g) 直流线路故障定位信息。

13.8 快速响应的远动通信

以下类型的控制需要快速远动通信,如微波通信(大于 1 200 波特的通道):

a) 交流系统的阻尼控制;

b) 交流系统的频率控制;

c) 交流和直流系统的快速功率控制;

d) 直流线路故障定位。

13.9 可靠性

通常远动通信系统均具有自动的自检系统。如果有备用远动通信系统,则必须具有自动切换功能,从而保持高压直流系统的全部控制功能。如果没有备用远动通信系统,则在失去通信以后,高压直流系统应在所规定的不需远动通信的控制策略下不间断运行。

14 辅助电源

14.1 概述

通常辅助电源总容量占高压直流换流站容量的 0.2%～1%,它用于冷却泵、风扇、控制、保护、隔离开关的马达驱动等,以及满足一般站用电需要。为保证有足够的安全性和避免供电中断,这种系统一般是由换流站的高压交流电网直接供电。

在具有独立配电网络供电的地方,这种电源可用作后备,提供中压和低压开关设备及供电变压器事故的补充保护。

14.2 可靠性和负荷分类

辅助电源的短时断电不应干扰高压直流输送的功率。当交流母线被保护切除后,高压直流换流站应能在控制作用下安全停运(尽管需要装设保护,以防止由于滤波器或无功补偿设备造成的假性换相,但是,高压直流换流器是电网换相方式,如果失去了交流电源,就不能持续输电)。

即使是很短时间的供电中断,控制保护和数据记录系统一般都不能承受。所以,它们由蓄电池供电,如果需要交流供电的话,则由不间断电源(UPS)供电。不一定需要双重化的蓄电池组,但为了满足所要求的可靠性准则,可能需要完全双重化的蓄电池充电器及不间断电源。对事故后安全停运所有重要的断路器和隔离开关,都应该用存储的能量进行操作,即用压缩空气或蓄电池组进行操作。

对于容量较小的系统,事故停运后,为恢复输电能力而进行的隔离开关操作和断路器合闸操作,可有不同的考虑。如果预计可能要求从全停电母线上重新起动,且又没有容量足够大的蓄电池组,则可能需要有一台柴油发电机。

由于晶闸管阀的热时间常数小,对阀的冷却风扇和泵来说,只允许短时的断电。最好在两个独立供电电源之间进行自动切换;但是必须认识到,如果一路电源取自配电网,这样的电源可靠性相当低,切换到一次系统电源上的操作应该是自动的,并且应尽可能快速完成。

因为高压直流输电只有在交流系统母线带电时才能运行,故在交流系统发生扰动或换流器断开的时间内,失去辅助电源并不会导致可用率的进一步降低,除非站用电负荷重新起动延误了。

对于那些停电时不会直接危及输送功率的一般站用电设备,其供电可靠性可以低些。即使如此,与独立的备用电源之间的切换还是需要的,但不一定要自动切换。

即使在高压直流换流站和交流系统断开的情况下,也可能需要应急电源。一般用柴油发电机作为这种紧急电源,除了给一般设备供电外,还可用于给蓄电池充电器供电,特别是在预见到停电有可能延长时更需要有应急电源。

14.3 交流辅助电源

首先应该预计出高压直流换流站的全部站用电负荷容量和 30 kW 以上的电动机的数量和容量,大致确定站用电母线的总负荷;然后,详细确定可能的电源和容量、故障水平及与换流器和交流电网连接点之间的关系,可用单线图表示。根据这些数据可以规定供电可靠性、清除故障所需停电时间、畸变、电压与频率的限制等。对任何设计方案,都应进行电压稳定性分析,以保证替代电源间的切换时间及相位差、电动机起动时的电压降及故障清除时间都在可接受的范围之内。

感应电动机可能对负序电压幅值、低电压或频率的大范围变化特别敏感。最后,应有精确的数据用于计算损耗保证值。

14.4 蓄电池和不间断电源(UPS)

为了限制相互干扰,至少对于下列设备,通常采用单独的蓄电池组供电:

——高压直流系统每一极的控制和保护;

——换流站的其他控制和保护;

——远动通信设备。

这些蓄电池组一般有不同的额定电压。对每个蓄电池组在充电设备或其电源故障时仍能在额定电压范围内提供额定负荷的时间应予规定,典型的时间是 6 h。还应规定蓄电池组提供额定负荷时的再充电时间及允许的纹波电压。蓄电池和充电机旁边应留有空间,但对于现代化的设备来说,并没有什么证据说明需要把这两个设备分开。

对于蓄电池组需要考虑和规定:

——额定电压;

——容量(Ah);

——从充电(如需要可包括均衡充电)到放电的电压范围;

——电池的类型。

充电系统应满足蓄电池和负荷的要求。

交流负荷的不间断电源可采用专用设备或利用高压直流换流站的公用系统。一般愿用后者,因为用这种方法更易得到充足的备用。通常不间断电源包括其自身的专用电池。

对于不间断电源应规定以下各项要求:

——额定电压、相数和允许的畸变;

——电压允差;

——额定频率及其容许偏差;

——额定负荷和最大负荷;

——负荷类型;

——UPS 最长供电时间。

对后三项应予以特殊考虑。对于过负荷及感应电动机、大储能电容器或其他型式的带有明显非线性负荷的突然投入,UPS 往往很敏感。对很多 UPS 来说,只能对限制条件之内的设备连续供电,并且一般来说不是绝对意义上的不间断。因此,必须依据系统要求,正确制定 UPS 的规范。

UPS 的可靠性也需要仔细评估。许多商业性 UPS 系统只适用于提高配电系统供电质量,如果用于换流站,实际上还可能降低换流站辅助电源的安全性,因为换流站辅助电源如直接从高压系统供电,是非常安全的,但它不是不间断的。

14.5 应急电源

如需要柴油发电机,则在准备其规范时应考虑以下各项:

——需要供电的全部站用电负荷;

——是否需要自动起动、切换和/或停运;

——如果是自动投切,应注意保证不要发生频繁起动,否则用于起动的蓄电池能量可能全部被放光；

——在现场需要储备的燃料。

为保证紧急情况下运行可靠,希望周期性地起动发电机,并带上负荷,达到其正常的运行工况。辅助电源系统的设计应能满足上述要求,通过正确的切换,无论如何不能让输电因辅助电源设备故障而受到影响。

15 可听噪声

15.1 概述

来自高压直流换流站的噪声可能引起纠纷,还可能被照章受罚。换流站一旦建成,这些问题将很难解决。因此,在工程开始时,应考虑各种适用的规章或实际的法规要求,制定限制噪声的规范。噪声的影响一般被当作高压直流换流站周边的公害并影响工作环境。虽然后者重要,但对公害的限值往往更难详细规定。

15.2 公害

高压直流换流站的噪声对换流站周边的公众影响,不管怎样,都被视为有害。其影响程度与噪声水平、背景噪声水平、周围地区自然环境以及与居民区的远近有关。

作为第一步,应该在考虑各有关因素后,规定换流站边界可接受的噪声水平。ISO 1996-1《声学 环境噪声的描述、测量与评价 第1部分:基本参量与评价方法》给出了确定噪声水平的方法。其次,应确定来自各主要噪声源的预期噪声水平与频谱。然后可将这些加在一起来确定总噪声是否可以接受。设备到社区的距离特别重要。可能需要采用专门的减噪措施,以使总噪声水平达到可接受的数值。

如果在同一区域还安装有产生噪声的其他设备,也应一并考虑,如交流变压器和无功补偿装置。下面讨论典型的高压直流换流站中最易产生明显噪声的设备:

15.2.1 阀和阀的冷却器

户内阀产生的噪声可以不予考虑,因为大多数情况下,阀厅造成的衰减已使噪声得到充分抑制。主要的噪声源,可能来自户外冷却器的风扇。它们一般是封闭循环蒸发型冷却器或强制风冷冷却器,是标准系列产品。所以,冷却设备制造厂应能提供噪声频谱和噪声水平的数据。蒸发型冷却器通常噪声较低。这两种冷却器都可采用较大尺寸的低速风扇来降低其噪声水平。采用屏蔽墙将噪声转向上方的方法可以使噪声明显降低。

15.2.2 换流变压器

换流变压器的噪声水平大概与容量相当的交流变压器相当。但由于谐波电流的作用,特别是在换流变压器阀侧绕组中的5次、7次、11次、13次谐波及直流偏磁电流的作用,噪声频谱在实际运行中将有所不同,并且,可能比在工厂交流试验中所测得的水平高出10 dB。如果需要,油箱和冷却器的噪声水平还可以用传统的方法降低,例如可用加围墙或用消声器及使用低速风扇来解决。

15.2.3 直流电抗器

直流电抗器的噪声来自铁芯、构架和冷却器。预计铁芯和构架的噪声在与6次和12次谐波相关的纹波频率上达到峰值。在工厂对直流电抗器的噪声进行有效的试验可能是不实际的。如果需要降低噪声水平,可采用变压器的类似措施,如加围墙等。

15.2.4 交流滤波电抗器

滤波电抗器一般是空心的。除非在要求噪声水平极低的场合,否则其噪声似乎不成为问题。

15.3 工作区内的噪声

对于在高压直流换流站范围内工作人员可承受的噪声水平,应从安全、听觉损伤和噪声可能影响工作效率等方面来考虑。

许多国家已建立了法规和法令,以期保护暴露在高噪声水平下的人们的听力,这些都应在编制规范时予以考虑。这类问题在高压直流换流站并不严重,除非在空冷阀冷却用的某种风扇附近进行检修。

在大多数情况下，如果维修人员根据要求带上护耳，就可以满足法规的要求。

在建筑物内的总噪声水平主要决定于阀及其冷却系统的户内部分、各种旋转机械、部分或全部在户内的电抗器（和变压器）。在需要精神集中的场合，如在控制室内，应规定较低的噪声水平。

16 交流侧谐波干扰

16.1 交流侧谐波的产生

所有型式的换流器系统都是谐波电压和谐波电流源。对交流网络来说，高压直流换流站就像个谐波电流源。这些谐波电流流经交流系统阻抗，使谐波电压畸变升高。此外，它们还可能通过交流系统传播，导致局部谐振或电话干扰。

如果换流器由一个三相平衡的电压源供电，三相阻抗相等并假定换流器的触发角也相等，则产生的交流特征谐波的次数为 $kp\pm1$，取决于换流器的脉波（脉动）数 p，其中 k 是整数。在理想情况产生的特征谐波的幅值和相位与基波分量的关系，只与触发角（α 或 β）和重叠角 μ 有关。

实际上与高压直流换流器相连的交流系统，并非在电压和相位上都完全平衡，这就导致负序电压的产生，一般负序电压是正序电压的 0.25%～1%。其他不平衡来源，包括换流变压器换相电抗的差异（一般是 $\pm2\%\sim\pm5\%$）和触发角的不平衡（对现代高压直流控制系统，稳态下一般为 $0.1°\sim0.25°$）。这些不平衡会产生非特征谐波，从而增大由换流器引起的谐波干扰。

16.2 滤波器

高压直流换流站一般都安装交流滤波器，用以吸收换流器产生的谐波，此外，还需要补偿无功功率（见第 9 章）。图 18 所示是交流谐波滤波器接于双极高压直流系统交流馈线上的例子。

为了使失去任一组滤波器都不影响系统满负荷运行，可规定每一型式的滤波器有两组，对于任一换流极，各滤波器组可以独立地投切。在确定可投切的单个滤波器组的大小时应该考虑：

——无功功率和电压控制的要求；

——降低负荷或轻负荷的条件；

——在各种投切方案下，可能引起的滤波器和交流电网阻抗之间的谐振；

——可靠性准则；

——经济上的约束。

在高压直流系统中，通常使用 RLC 串联谐振型滤波器或高通阻尼滤波器。最常用的滤波器类型的例子见图 19。

为了优化谐波滤波器设计，应知道在所关心的频率范围内，各次谐波频率下的系统阻抗。高压直流换流站的交流系统阻抗，可以由基波到 50 次谐波频率范围内的阻抗（R/X）圆图来确定。

另外，系统也可以由线路及发电机等的谐波阻抗来详细地表达，通常如第 8 章讨论的那样，由高压直流换流站扩展到 5 条～8 条母线。交流滤波器的设计，应考虑可能由其他谐波源流入滤波器的任何谐波电流。

16.3 干扰水平判据

干扰的性能是按照单次谐波的畸变率 D_n，总有效谐波畸变率 D_{eff}，电话干扰系数 TIF，电话谐波波形系数 $THFF$ 和加权的积 IT 各项来决定。对电话干扰采用了两种加权系统。这些系统考虑了电话设备的响应和人耳的灵敏度，它们是：国际电报电话咨询委员会（CCITT）推荐的噪声评估系数，以及由贝尔电话系统（BTS）和艾迪生电气研究所（EEI）开发的信息加权"C"。上述各项的判据确定如下：

根据 CCITT 和 BTS 推荐，单次谐波畸变率为：

$$D_n = \frac{U_n \times 100}{U_1}(\%)$$

式中：

U_1——基波额定电压有效值；

U_n——n 次谐波电压有效值。

总有效谐波畸变率：

$$U_{eff} = \sqrt{\sum_{n=2}^{50} \left(\frac{U_n \times 100}{U_1} \right)^2} \, (\%)$$

电话谐波波形系数(CCITT 系统中的 $THFF$)和电话干扰系数(BTS 系统中的 TIF)二者都用以描述输电线路对电话线路的干扰影响并作为确定干扰性能的指标。确定 $THFF$ 和 TIF 的方法除评价系数外均相同。

$$TIF = \sqrt{\sum_{n=1}^{\infty} \left(\frac{U_n \times F_n}{U_1} \right)^2}$$

式中：

F_n——对 n 次谐波的评价系数。[2]

$$THFF = \sqrt{\sum_{n=1}^{\infty} \left(K_f \times P_f \times \frac{U_n}{U_1} \right)^2}$$

式中：

K_f——等于 f/800；

f——谐波频率；

P_f——噪声评价系数除以 1 000。

对于实际应用,最高的谐波次数建议采用 50。TIF 和 $THFF$ 间的大致比值是 $TIF/THFF = 4\,000$,也就是说,例如 TIF 等于 40,则相当于 $THFF$ 约为 1%。

输电线的谐波电流用一个电流来表示,按照所采用系统的相应系数,把每次谐波电流加权而得到。

加权电流积(IT)按下式计算：

$$IT = \sqrt{\sum_{n=1}^{\infty} (F_n \times I_n)^2}$$

式中：

I_n——n 次谐波电流有效值；

F_n——前面对 TIF 所定义的数值。

计算在单条线路上的加权电流积(IT),要求知道连到换流器交流母线上的各条线路的谐波阻抗,以便使其在确定高压直流装置的干扰性能时有意义。应该确定各条线路的 IT 积,但只有连在高压直流换流站母线上的所有线路的谐波阻抗都已确定的情况下才能计算。

如果 D_n、TIF 和 IT 值必须反映各次注入谐波对感性耦合的实际影响,则要同时规定它们的性能限制可能不现实。如果要确定网状系统的 IT,就更是这样。这些数值在各站母线和沿线路都是变化的；因此,如果线路参数、沿输电线的土壤电阻率、几何耦合系数等都确切知道时,才有把握设计出可接受的性能。

16.4 干扰水平

高压直流换流站所规定的谐波干扰系数的典型最高水平的例子如下(这些不是推荐的规范值,并且在没有对该系统做专门研究前不应作为限制值)：

a) 单次畸变率 D_n,在任一次谐波下为 1%；

b) 有效谐波畸变率 D_{eff} 等于 2%～5%；

c) 电话干扰系数 TIF 等于 25～50,$THFF$ 在 0.6%～1.25% 范围内；

d) IT 积,每条线路 25 000～50 000。

如果发电机接在高压直流换流站附近,则在高压直流换流站设计规范中对流入发电机的 5 次负序

---

2) 可参见 EEI 出版物 60-68(1960)。

及 7 次正序非特征谐波电流之和应予考虑。

16.5 滤波器性能

在规定交流滤波器的性能要求时,必须考虑的高压直流系统运行条件应包括:

——直流电流变化范围(从最小值到所规定的过负荷值);

——在降压运行所要求的直流电流变化范围内降低直流电压运行;

——按照所规定的吸收无功的要求,在大于正常角度下运行;

——在任一滤波器组或无功功率源退出的情况下运行,滤波器组理解为一组可以由开关设备操作而退出运行的滤波器元件,这个情况应只适用于高压直流输电系统正常运行方式;

——交流系统频率与电压的稳态变化范围;

——损坏的电容器单元达到引起第一级报警的程度;

——极端的环境温度加上滤波器最大负荷;

——滤波器的初始失谐;

——系统接线的任何改变。

在下述条件下,不应要求滤波器满足滤波性能要求,但滤波器应能运行而不发生损坏:

——规定的事故情况下的频率变化;

——包括故障后恢复或甩负荷后的铁磁谐振在内的动态过电压;

——短时过负荷。

当对高压直流换流站规定谐波干扰限值时,某些数据(如在第 8 章中所讨论的)应包括在规范中,以便能适当优化交流滤波器的设计。

17 直流侧谐波干扰

17.1 直流侧干扰

17.1.1 在高压直流换流站中,换流设备的运行在直流侧产生谐波电压,从而在直流线路中流过谐波电流。当输电线路是由架空线和电缆混合组成时,通常电缆对谐波电流可起到滤波器的作用,因此只有少量的谐波电流流入电缆以外的线路。对于这种输电系统,仍需要对架空线路部分的沿线进行干扰评估。地下和海底直流电缆均屏蔽得很好,通常在直流侧不存在噪声问题。

17.1.2 现代换流单元的设计,通常采用 12 脉波(脉动)换流单元,因此只需考虑 $12k$ 次(k 为整数)的特征谐波。除了这些在理想条件下产生的特征谐波外,还有其他次的非特征谐波。由换流器运行产生的特征谐波电压与以下因素有关:直流电压、直流电流、换相电抗和触发角。非特征谐波电压的产生与以下因素有关:触发角之间的差别、换相电抗的不对称以及与换流器相连的交流网络电压的不对称(负序电压分量)。

17.1.3 应该考虑两组谐波:影响电话干扰的较高次谐波组(7 次~48 次)和可能引起其他干扰问题的低次谐波组(1 次~6 次)。可能引起的其他干扰问题有:

a) 由感应电压产生的对设备和人身的安全问题;

b) 对数据传输和铁路信号回路的影响;

c) 在话音通信回路中除话音干扰以外的其他影响;

d) 二次感应效应;

e) 可能激发直流线路和接地极线路之间的谐振条件;

f) 在换流变压器中不可接受的直流电流。

17.1.4 在直流极线和架空避雷地线中环流的谐波电流,可以用长线计算的一般公式来进行计算。当回路不对称时,可使用模态分析(modal analysis)。如果直流输电线和明线电话线路之间的距离比较近(小于 200 m),计算极线和避雷线中电流的影响需要分开进行,并考虑它们各自的耦合系数。

当计算加在电话通信回路中的纵向噪声电压时,谐波电流要乘一个加权系数(噪声评价系数或信息加权系数"C"），以考虑人的听觉对不同频率的响应。

17.1.5 计算每公里明线电话线上所感应的纵向信息加权电压"C"或噪声评价电压 $V_g(x)$，需要考虑从直流线路两端流进的电流、离直流线路一端的某一位置（相距 x km 处）、加权系数、通信回路的屏蔽系数、直流线路和通信线路之间的互阻抗。横向电压由 $K_b V_g$ 给出，其中 K_b 是所考虑的通信设备的平衡系数。

17.1.6 当考虑人身安全时，计算的电压值是所感应的对地各次谐波电压的平方和的平方根值（r.s.s），且加权系数相同。对于在非话音通信回路中的其他干扰问题，没有标准的计算方法。因此，要采用的方法应由有关各方商定。

17.1.7 直流线路中谐波电流的减小

采用直流滤波器来减小流过直流线路中的谐波电流，从而避免产生不能接受的干扰。是否需要直流滤波器，与以下因素有关：

a) 输电线路的特性，是架空线还是架空线和电缆；

b) 大地电阻率；

c) 直流线路附近电话线及铁路信号回路的类型，距离的远近以及密度等情况。

当需要确定是否需要滤波器方案时，应该考虑其他可行的能够满足噪声标准且花钱少的措施。应对改建通信回路和改进高压直流换流站进行评估，例如：是否考虑由于其他原因的需要已经装设的直流电抗器对滤波水平的降低；在接地极线路和地之间所接的电容器与接地极线路的电感是否有形成谐振回路的可能；当单极运行时可否把两个极的滤波器并联起来。这些对换流站运行以及整个性能的影响，在决定直流侧谐波需要限制的程度之前，均应给予考虑。

17.2 直流滤波器性能

17.2.1 为得到解决干扰问题的最佳方案，需要了解通信部门和铁路部门的要求。表 2 给出国际电报电话咨询委员会 CCITT、美国电话和电报公司（AT&T）和美国农业电气化部（REA）所规定的对话音通信线路的要求。

表 2 话音通信线路的性能要求（用户线路和主干线路）

	CCITT	AT&T #1	REA
1. 平衡电缆线路	50 dB—60 dB	60 dB #6	50 dB—60 dB #3
明线	46 dB—56 dB	50 dB #6	50 dB #2
2. 横向（金属）	26 dBrnC		
噪声限制	26 dBrnC	20 dBrnC #4	31 dBrnC #5
26 dBrnC	（20 dBrnC）#4		

注1：北美（AT&T）对主干线路，特征阻抗采用 600 Ω，对用户线路采用 900 Ω，CCITT 和 REA 则采用 600 Ω。

注2：从 BTS 得到的信息，最小平衡应是 60 dB。

注3：美国农业电气化部对平衡规定有另外的数值，该数值对应于平衡度较好的线路。

注4：这个值是总噪声。从单一干扰源（例如，高压直流线路）来的最大值是 17 dBrnC。0 dBrnC 对应于在 1 000 Hz 下 10^{-12} W(1 pW)。

注5：此值是对主干线路的。

注6：括号内的数值是设计用的，其他则是可接受的最大值。

17.2.2 当确定滤波器性能时，对高压直流系统各种运行方式的干扰水平应作出规定。从干扰的观点看，正、负极电压相等的双极运行方式，是对滤波要求较低的运行方式。在相同的直流滤波器方案下，单极运行，大地回路或金属回路方式，比双极运行产生的噪声电压更高，但是在这些方式下运行，一般所占的时间百分比小。单极金属回路运行比单极大地回路运行产生的干扰要小。

实际上对双极系统来说,直流滤波方案的性能要求可主要按双极运行方式来考虑。当单极运行时,对话音通信的较高的干扰水平是可以接受的。例如:是双极平衡运行方式可允许水平的2倍到3倍。

除以上所讨论的高压直流主要运行方式以外,规范还应指出可能的其他运行方式或输电系统可能运行的工况。滤波器的额定参数应考虑所有这些工况。但是,在某些运行方式或工况下,干扰水平将界于正常双极平衡运行方式和最不利的单极运行方式之间。在规范中也可给出紧急运行情况下的系统性能。

17.2.3 对人身安全,由谐波引起的危险还没有专门的限制。对于基波频率(50 Hz 或 60 Hz),CCITT和 AT&T 分别规定为 60 V 交流有效值(r.m.s)和 50 V 交流有效值(r.m.s)。对人身和设备安全,在低次谐波(1 次到 6 次),这些限值应该认为是所感应的各次纵向谐波电压最大值平方和的平方根值(r.s.s)来考虑。此外,电流非常大的较高次谐波也应该包含在 r.s.s 值的计算中。

17.3 规范要求

17.3.1 为决定能够满足干扰性能要求的经济滤波方案的,比较好的方法是进行感应配合研究,并考虑前述各点的影响以及通信线路改建的造价,对滤波器造价进行优化。从这一研究出发,理想的滤波器规范将能够得出沿线最大干扰电流的分布图,按 17.3.4 定义,所要求保持的干扰水平低于规定值。

通常在制定规范阶段,进行上述研究工作不太可能。因此,可以采用下面三种可供选择的近似方法之一。

17.3.1.1 在离双极运行的高压直流线路 1 km 远的平行试验线路中,规定一个最大纵向感应噪声电平,并且对单极运行方式规定一个较高的数值,其单位用毫伏/每公里来表示。用此近似方法时应注意,因为它只考虑了在电话线中引起的干扰,并且沿线的谐波电流采用的是最大值。因此,将通过一些附加要求进行修正,这些附加要求为:低次谐波感应的纵向电压的 r.s.s 值(平方和的平方根值)和沿直流回线感应的不同电压值,土壤电阻率的变化,电话线的密度、类型和性质,以及沿线扰动电流的变化等。

17.3.1.2 在直流输电线路端,以各次谐波电流(以极为基础)不同时发生的最大值为基础,确定直流滤波器的造价,然后在完成感应配合研究之后,选择最合适的设计。这一方法存在前一种方法的缺点,并且由于在 17.3.3 中所讨论的其他考虑,一系列谐波电压的确定比较复杂。

17.3.1.3 第三种方法按下列步骤进行:

a) 取得在直流输电线路影响范围内(例如在离线路走廊中心线 10 km 之内),现有的或计划中的通信线路和铁路的有关特性(屏蔽系数和平衡系数、长度、路径等)信息;

b) 在直流输电线路影响范围内,取得典型的土壤样品进行试验,以便确定在感应配合研究中所考虑的大地电阻率的不同数值。

根据所取得的信息及所考虑的系统正常运行方式(双极),可确定以下两个干扰电流分布图和两个最大允许低次谐波电流幅值的限制值:

a) 第一个是不需要通信线路进行任何改建;

b) 第二个是,例如位于所影响范围内的通信线路有可能 25%需要改建。

最终,根据滤波器造价和通信线路改建的造价情况,在滤波器系统和通信线路改建之间进行反复地优化选择。

17.3.2 此外为了按照上述方案之一来规定滤波水平,一般应遵循以下准则:

a) 谐波电流滤波水平应该在高压直流系统所规定的标称条件和双极平衡运行方式下确定。对于其他任何规定的运行方式和条件,其噪声水平不能高于最不利的单极运行时所产生的噪声水平,但无滤波器投运的非正常紧急情况除外。

b) 规范还应对单极运行时可接受的沿线干扰电流分布图的最大值作出规定。

c) 除上述要求外,低次谐波电流(1 次到 6 次)的最大值也应作出规定。

d) 用户还应对系统运行条件的限制作出规定。在这些运行条件下,滤波器性能都应满足高压直

流系统各种运行方式、各个发展阶段的要求,例如:

1) 直流电压和直流电流的变化范围;

2) 交流母线电压正常运行的变化范围;

3) 交流基频电压的负序分量;

4) 在一个标称的时间内或超过 1 min 交流频率最大偏差;

5) 预期的最大温度变化范围;

6) 在切除滤波器之前,允许出故障的电容器元件或电容器组的最大数目;

7) 初始失谐达到设计的极限值。

17.3.3 性能计算应该考虑以下因素:

——为确定与所规定的性能要求是否相符而进行的谐波电流分布计算应考虑:交流系统之间的相角关系;触发角最苛刻的组合;直流电流的大小;6 脉波(脉动)桥中各相之间、在 12 脉波(脉动)换流器中的两个 6 脉波(脉动)换流变压器之间、在一个极中的 12 脉波(脉动)换流器之间、或者是双极中各极之间的换相电抗的差值;这些将引起谐波电压源的最不利组合。这种谐波组合包括同时产生的谐波电压及其产生的沿线最高的干扰电流噪声分布或信息加权−C 的最大值,而对所规定的低次谐波电流水平也存在同样问题;也可用 17.3.1.2 中所指出的方法,但所考虑的谐波电压源应是不同时产生的最高谐波电压;

——应该考虑在规范中所给出的直流线路、接地极线路及两者端部与频率有关的各种参数以及接地极的特性;

——在确定流入直流线路的谐波电流时,应考虑直流电抗器的电阻和电感随负荷和频率而变化的关系。

17.3.4 为了满足所规定的性能规范要求,在直流线路沿线任一点,各种频率电流的大小应视为从直流线路送端和受端注入该点的电流有效值(r.m.s)的合成。对于所考虑的频率,可采用以下公式计算:

$$I_{e,x} = \frac{1}{C_{800}}\sqrt{\sum_f (C_f \times I_{x,f})^2}$$

式中:

$I_{e,x}$——在直流线路上的 x 点,800 Hz 的等效干扰电流;

f——所考虑的谐波电流的频率,从基波到 48 次;

C_f——在频率 f 下的噪声 C 信息加权系数;

C_{800}——在频率为 800 Hz 时的 C_f 值;

$I_{x,f}$——x 点上频率为 f 的谐波电流。

当电话线离直流线路的距离小于 300 m,或者虽小于 100 m 左右,但大地电阻率等于或大于 10 000 Ωm时,在 800 Hz 下的等效干扰电流 I_p 可用下式计算:

$$I_{p,x} = \frac{1}{P_{800}}\sqrt{\sum_f (h_f \times A_f \times I_{x,f})^2}$$

式中:

P_{800}——在 800 Hz 下的噪声评价系数除以 1 000;

h_f——在频率 f 下与耦合类型有关的系数;

A_f——在频率 f 下的 C(信息加权值)。

特征谐波电流的计算应给出幅值和相角,对于非特征谐波电流,双极系统两个极中非特征谐波的角位移可假定平均为 90°。

电源内部电抗可采用不大于一个极的总换相电抗(每个 12 脉波换流器组为 $4x_t$)的 $\frac{2n-1}{2n}$ 倍,其中 n 为所分析运行方式下运行的 6 脉波(脉动)桥数。

18　电力线载波(PLC)干扰

18.1　概述

对电力线载波来自高压直流换流站的干扰,产生于换流阀的开通和关断过程,其主要成分产生于换流阀开通过程中的电压突降期间。这些暂态过程是由高压直流换流站的杂散电容和电感元件(如变压器、电抗器、套管等)形成的局部谐振回路所引起。干扰的能量与换流阀开通和关断时的电压跃变值以及回路参数有关。换流器的噪声干扰与电流额定值的关系不大,但与触发角的关系很大。

可能影响载波的噪声包括:传导过来的换流器产生的噪声和交流线路或直流线路的电晕噪声。传导的噪声与频率密切相关,最大噪声水平产生在载波频谱的低端。

现场经验指出,晶闸管换流阀产生的导通噪声干扰比汞弧阀低大约 10 dB~15 dB。

测量结果说明,对于同样的导线表面最大电场强度,直流线路的电晕噪声比交流线路低 10 dB~20 dB。典型的电晕噪声水平变化范围是－40 dBm～－30 dBm,并且对直流线路的全线来说,在载波频谱中(20 kHz～500 kHz)基本上是不变的。

可以规定用 RF 滤波器来降低高压直流换流站交流侧和直流侧所产生的载波噪声干扰。滤波器的串联电感元件和并联电容元件的额定值,应分别按全电流和额定电压考虑。因此,对于在现有载波通道要求的基础上设计滤波器噪声水平、与其他载波系统的相互干扰、最终的通道要求以及载波频谱较低端通道移动的可能性等,都应从经济上给予考虑。

18.2　性能规范

对高压直流系统性能进行规范时,重点应考虑以下载波干扰:

18.2.1　如果用户希望完全自由地使用所配置的全部通信频谱,那么高压直流干扰的规范所包括的频率应低到 20 kHz。

注:许多电力系统所用的载波频谱越来越密集。

图 20 所示是晶闸管换流器在直流线路上产生的典型载波噪声频率曲线。

18.2.2　为了设计载波滤波器,规范应该考虑可以把高压直流换流站对电力线载波频谱的干扰水平限制到小于或等于－20 dBm,以避免连接在高压直流换流站的高压输电线路电力线载波的有害干扰。测量以标准的 3 kHz 带宽进行,均匀加权。

此处 dBm 定义为一种度量干扰的方法,其中 0 dB 定义为 0.775 V,这一电压在一个 600 Ω 的电阻上消耗 1 mW 的能量。

18.2.3　如果现有的或计划中的载波频率范围是 20 kHz～100 kHz,则很可能需要滤波器。对降低干扰用的滤波器的经济性,当然也应进行评估。

18.2.4　测量载波干扰所用的仪器设备,应该对其带宽(BW)和型号作出恰当规定。

用已知的换流器所产生的噪声水平,可以对给定载波系统所预计的性能,有一个合理的推算。

对于任何给定的载波系统主要测量,其主要是限制该载波系统接收点上的信噪比(SNR)。

19　无线电干扰

19.1　直流输电系统的无线电干扰(RI)

19.1.1　高压直流换流站无线电干扰的能量来自换流阀导通和关断过程以及高压线路和开关站的电晕放电。

换流阀运行带来的噪声,主要是由导通时的电压降落而产生。这些暂态过程由高压直流换流站内的电感元件和杂散电容,如变压器、电抗器、套管等而形成的局部谐振回路所引起。

电晕放电所产生的无线电干扰在正极性导线附近最高,并随导线的径向距离增加而衰减。

19.1.2　高压直流换流站产生无线电干扰,并且沿着直流线路传播,它具有以下特点:

a)　干扰能量直接与换流阀导通和关断时所产生的电压跃变成正比,并且与回路参数有关;

b) 在高压直流换流站附近产生线对地模式的高电平辐射干扰，但这种模式衰减很快，并且在15 km以外可以忽略不计；

c) 线对线模式的干扰可以传播数百公里；

d) 干扰基本上与运行的电流水平无关；

e) 从阀厅出来的噪声，主要通过穿墙套管和变压器套管传出。阀厅设计应具有对无线电频率的良好屏蔽作用；

f) 当换流器组数由1组增加到3组时，无线电干扰水平并不会增加。

19.2 无线电干扰性能规范

19.2.1 高压直流换流站的无线电干扰性能规范，应该考虑无线电干扰的不同后果，例如：对调幅(AM)无线电接收机的干扰和对全方向信号站(NDB)运行的干扰。规范还应该要求验证高压直流换流站对其他诸如甚高频(VHF)、微波和特高频(UHF)通信设备的干扰，也应在规定的限制范围内。所规定的无线电干扰的限制，应包括由换流器运行所产生的偶极子辐射的无线电干扰和由于电晕放电产生的无线电干扰。

19.2.2 规范应规定所有的稳态运行方式和条件，以及设备性能达到基本要求所处的气候条件。

对于所有的运行方式，包括额定满负荷在内的任何负荷条件下以及在所设计的触发角变化范围内，建议只采用一种基本的性能指标。这个性能指标应适用于交流电压和直流电压的正常运行范围内以及在晴天气候条件下。

19.2.3 无线电干扰性能指标应适用于从0.15 MHz～30 MHz的所有频率。

测量应该是准峰值，并且在每一个测量点至少要包括三个完整的频率扫描。对于某一特定频率的无线电干扰水平，应该考虑采用在此测量点，这个频率下所有测量值的平均值。测量所用的仪器应参照GB/T 6113.1《无线电骚扰和抗扰度测量设备规范》的要求。

19.2.4 规范应指出为防止从高压直流换流站发出的有害干扰，被保护的全方向信号站(NDBs)的额定频率范围和带宽特性。所保护的带宽应规定为全方向信号站(NDB)频率的±KHz。例如这个带宽可以规定为±10 kHz。此外，规范应给出要保护的全方向信号站(NDB)的主要参数和位置。通常只有在离高压直流换流站30 km范围以内的装置才需要进行研究。

19.2.5 在无线电干扰性能规范中，最重要的项目是规定在高压直流换流站所规定边界外侧的最大无线电干扰水平。

19.2.5.1 在规定一个可接受的无线电干扰水平(μV/m)时，应该考虑由于换流阀运行和电晕放电所产生的噪声。所规定的值与当地条件有关，如：调幅(AM)无线电台信号的强弱；全方向信号站(NDB)的特性；已有的允许的信噪比标准等。

19.2.5.2 100 μV/m的无线电干扰值是典型的规范限制值。对于常规的高压直流换流站设计，在离高压直流换流站任何带电设备500 m的边界，各点的无线电干扰值均不得超过所规定值。测量的边界线还应该包括从高压直流换流站出来的交、直流输电线路。边界线应从最近的导线和500 m圆周线交点相距150 m处算起。根据经验，边界线离交流和直流架空线的距离随线路距离的增加而线性地减小，在线路离换流站约5 km处，可减到线路走廊的一半。

19.2.5.3 为满足无线电干扰的要求，阀厅建筑物设计应包括所需要的屏蔽，而户外开关站不需要任何屏蔽措施。需要特别注意的是，应尽量减小从阀厅引出的连接线长度。

19.2.6 规范应要求说明把无线电干扰限制在规定的设计极限之内的推荐的方法，包括在整个频率范围(0.15 MHz～30 MHz)内所预计的无线电干扰的曲线和数据。

19.2.7 无线电干扰水平应该按换流站规范中所给的大地电阻率来进行计算，计算范围是沿直流线路走廊，距换流站5 km之内。

20 损耗

20.1 概述

正常的做法是确定高压直流换流站在额定功率(第5章)和空载(7.4)运行条件下的损耗数值,为的是对损耗进行经济评估。此外,最小负荷(7.2)和其他中间负荷水平的损耗,也可能需要进行评估。

高压直流系统的损耗可以由其主要组成部分损耗的总和来确定。损耗的数值通常是基于计算、工厂试验和现场试验的综合考虑而确定,这是因为由于测量精度不够,单独用现场试验来确定总损耗是不现实的。

对有关的环境条件和计算方法应作出规定,需确定所有损耗测量的误差。

如果高压直流系统是分期建设的,则对每一期的损耗值均需作出规定。对于在规定的单极、双极运行条件下的总效率值应进行检验。

20.2 主要损耗来源

对大部分高压直流设备来说,谐波电流对设备总损耗有一定影响,对这些谐波损耗的计算基础需要作出规定,并应给出确定损耗的温度。

20.2.1 交流滤波器和无功补偿装置

交流滤波器和无功补偿装置的损耗由计算得到。其中的谐波损耗与负荷有很大关系。损耗的数值应包括换流器所产生的所有谐波的影响。在这些计算中,除非另有规定,从交流系统流进的谐波不应考虑在内。计算空载损耗时,假定所有滤波器和无功补偿装置都不接入。对于额定负荷的损耗,假定用来保证规定功率因数的全部滤波器和无功补偿设备均接入,并且全部谐波只流进滤波器。对于中等的负荷水平的损耗,应说明运行条件。对静止无功补偿装置和调相机,其运行条件也需作出规定。

20.2.2 换流桥

换流桥的损耗可以在工厂中对桥的每个单独部件进行损耗测量的基础上来计算。损耗的数值应包括换流器的所有部件,例如:换流阀、阻尼回路、电抗器等。假定触发角和换相角均为在规定的负荷条件下所要求的数值。在空载时,假定换流阀均接入,但处于闭锁状态。对于规定的负荷条件所需要的阀的冷却设备的损耗应全部包括在内。

20.2.3 换流变压器

换流变压器的基波损耗可以用在工厂所测量的空载损耗和短路损耗得到,谐波损耗则通过适当计算得出。在规定负荷条件下,冷却设备产生的所有损耗,都应包括在内。

20.2.4 直流电抗器

直流电抗器的直流电流损耗可以在工厂中进行测量,并折算到规定的环境温度。其谐波损耗需要进行计算。在规定的负荷条件下,需要投入运行的冷却设备产生的所有损耗,都应包括在内。

20.2.5 直流滤波器

直流滤波器的损耗通过计算求出,计算时要考虑在规定负荷条件下实际流入滤波器的谐波电流,以及在此条件下所对应的触发角和换相角。换流器产生的全部谐波假定均流入直流滤波器。

20.2.6 辅助设备

这些设备包括高压直流换流站的冷却设备(换流变压器、直流电抗器和换流阀的冷却设备除外)、控制、采暖、照明以及站用电变压器。辅助设备的损耗可以由测量的和计算的所有这些部分的损耗的总和来决定。只有对指定的运行点,为满足规范的所有要求而需要投入的设备,在计算损耗时才需要考虑。

20.2.7 其他设备

其他设备的损耗,如电压互感器、电流互感器、无线电干扰滤波器等的损耗,应在规定条件下(负荷水平、环境温度等)予以确定。

21 直流输电系统扩建的准备

21.1 概述

如果高压直流系统计划或规划中的扩建按另外的规范进行,那么在扩建后可能遇到的各种情况应提前进行考虑,否则将可能在经济上和技术上出现不利情况。因此,需要对第3章到第19章中可能有的情况,尽可能在每一扩建阶段作出规定。在扩建的每个阶段,对设备装设范围和性能规范、现场工作的复杂性、尽量减少现场工作和现场试验对已有系统运行的影响、节省先期投资,以及每个阶段的系统性能要求等方面,均应仔细地考虑。应尽可能对下面的内容作出详细的规定,以便包括在扩建范围的说明中。

21.2 扩建的规范

21.2.1 在每个扩建阶段的额定功率、额定电压和额定电流。

21.2.2 换流桥扩建的形式(图21):

    a) 串联;

    b) 并联;

    c) 单极到双极;

    d) 多端(串联或并联)。

对将来计划采用的特殊运行方式必须予以说明,例如在第3章中所讨论的,当一极直流线路停运时,是否考虑把换流站的两个极由串联方式切换为并联方式运行。

21.2.3 每个扩建阶段后的交流系统参数:

    a) 增加的交流线路;

    b) 稳态交流电压的正常值和变化范围;

    c) 增加的发电机组;

    d) 增加的短路容量。

21.2.4 每个扩建阶段后的无功功率平衡:

    a) 高压直流换流站所装的无功功率设备;

    b) 交流系统可提供的无功功率。

21.2.5 扩建后直流线路回路结构和线路特性。

21.2.6 扩建后控制方式的变化(计划中如果有的话)。

    注:控制保护方面的扩建工作,可能使现有设备的运行在一段长时期内受到限制。因此,应对每一阶段安装的控制保护设备的范围进行研究。

21.2.7 扩建的每个阶段,对可允许的可听噪声水平,载波干扰水平和谐波干扰水平均需作出规定,包括整个扩建完成之后,它们的最终水平。

21.2.8 交流滤波器和直流滤波器扩建的次序。

    注:当扩建引起直流电压改变时,滤波器的设计可能有不同的考虑,这取决于是否从一开始就用最终直流线路电压来设计滤波器,或电容器组按串联扩建方式设计。因此,对于这一点需要明确说明。

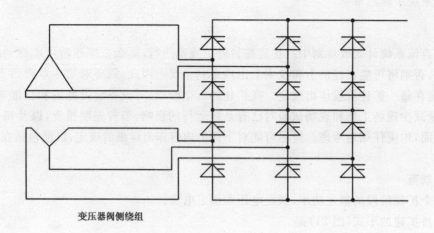

变压器阀侧绕组

图 1　12 脉波换流器

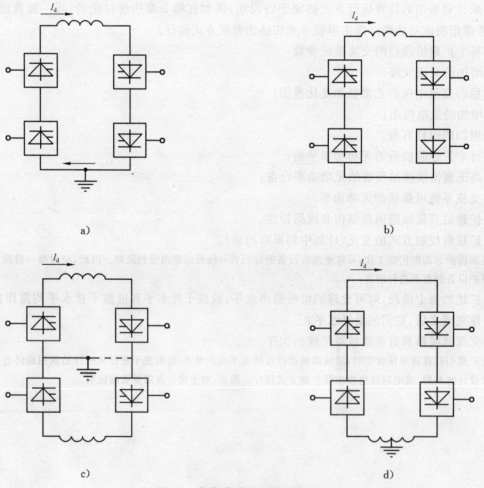

图 2　背靠背直流系统举例

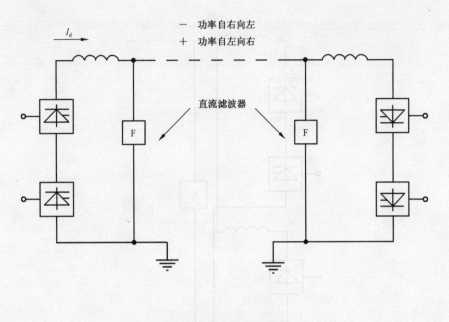

图 3　单极大地回路

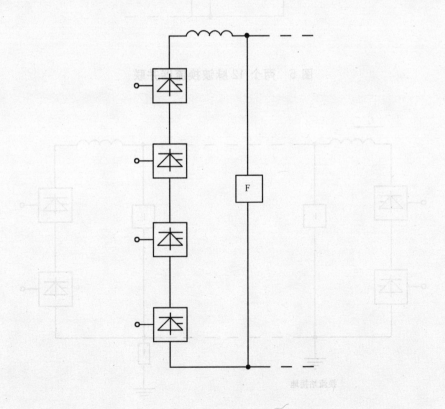

图 4　两个 12 脉波换流器串联

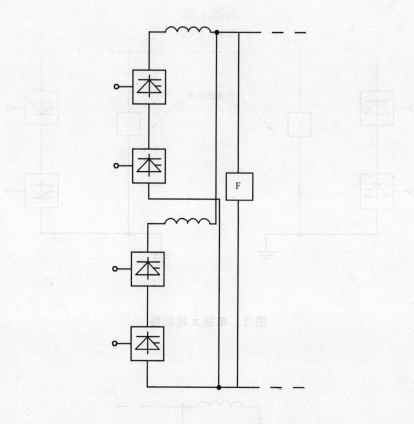

图 5 两个 12 脉波换流器并联

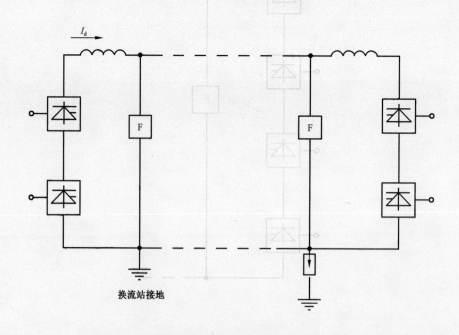

图 6 单极金属回路系统

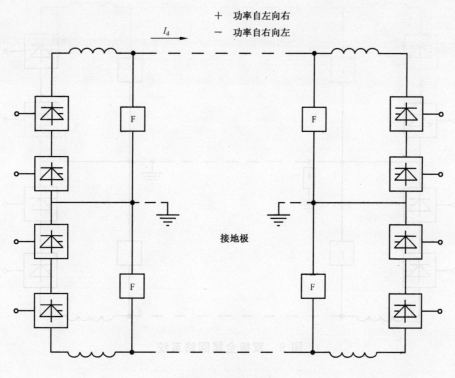

图 7 双极系统

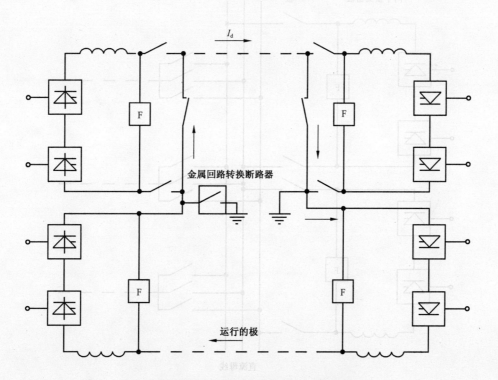

图 8 双极系统中非故障极的金属回路运行

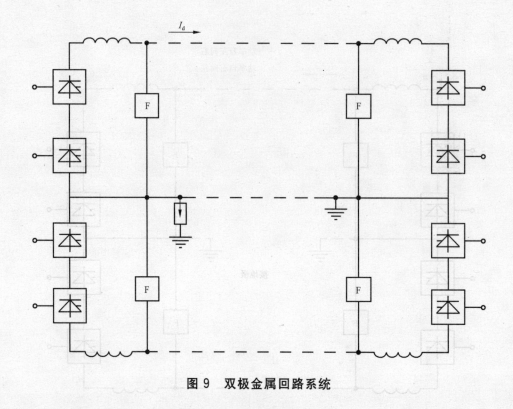

图 9 双极金属回路系统

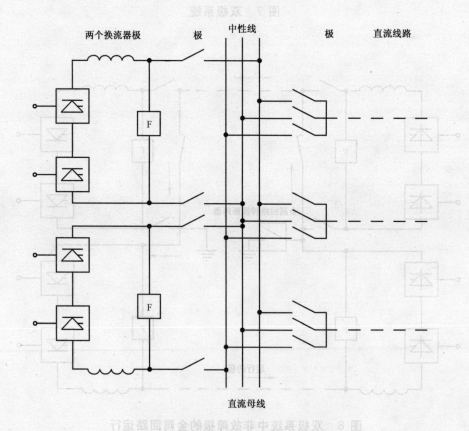

图 10 直流线路对换流器极的切换

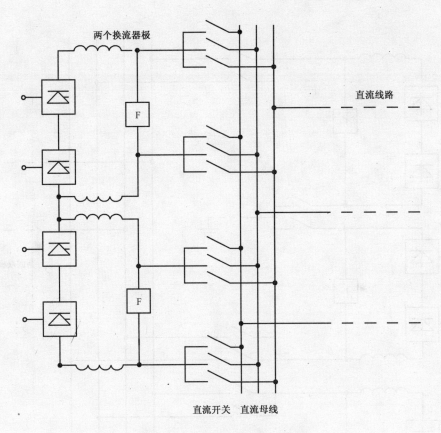

图 11 换流器极直流侧切换

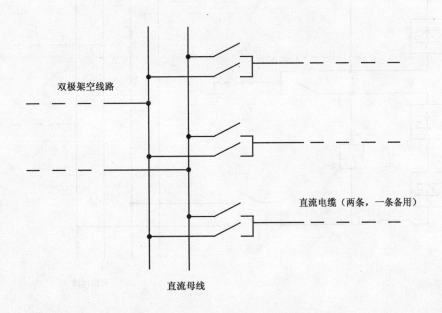

图 12 直流架空线路和电缆的切换

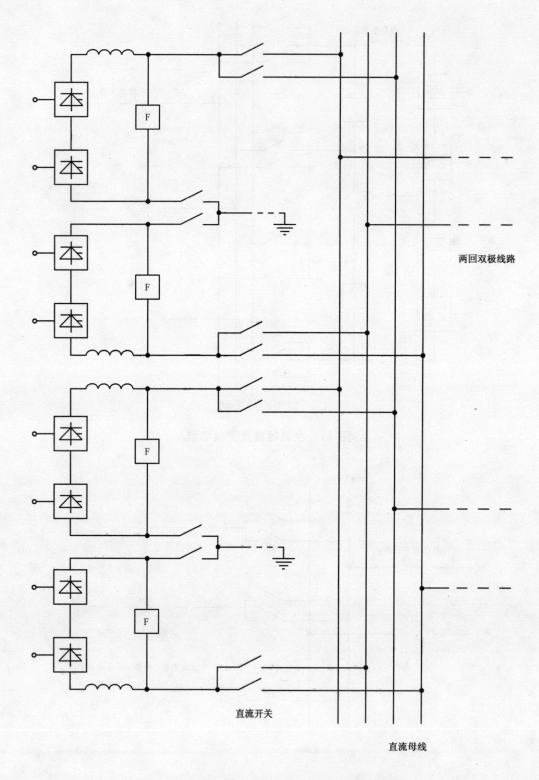

图 13　两个双极换流器和两个双极线路的切换

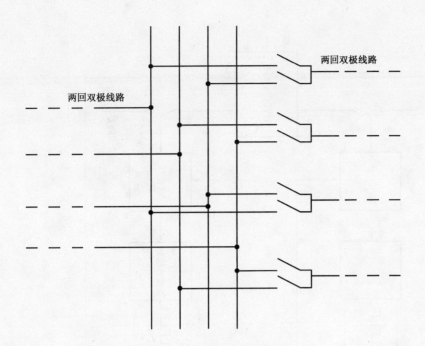

图 14　直流线路中间的切换

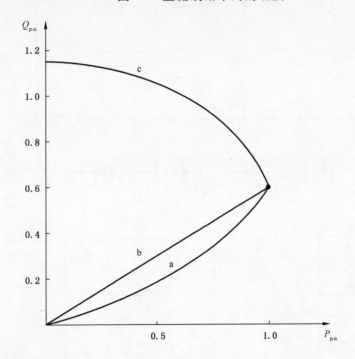

a——关断角(或 α 角)恒定；

b——直流电压恒定；

c——直流电流恒定。

图 15　直流输电换流器无功功率 Q 随有功功率 P 的变化关系

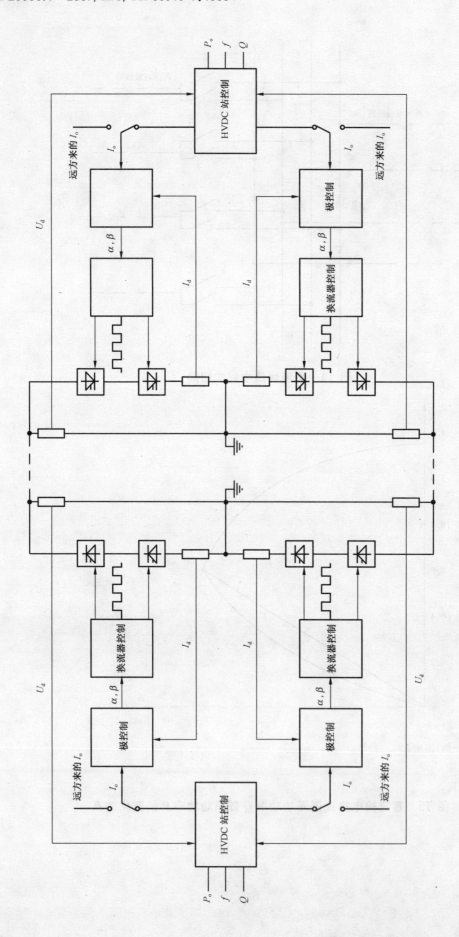

图 16　控制系统分层结构

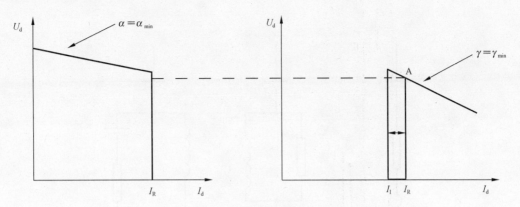

a) 正常运行时整流器控制电流

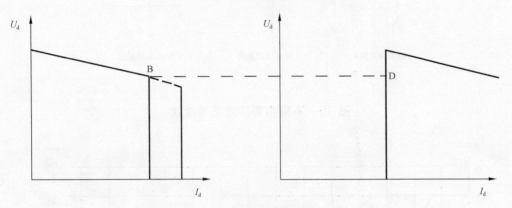

b) 逆变器控制电流

图 17　换流器电压—电流特性

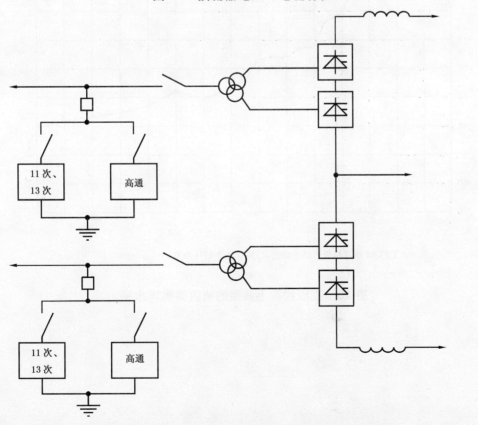

图 18　双极 HVDC 系统交流滤波器连接方式举例

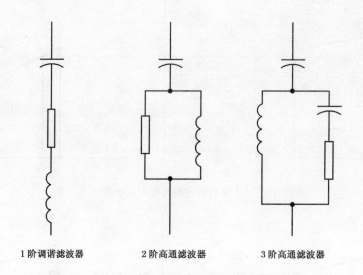

1阶调谐滤波器　　　　2阶高通滤波器　　　　3阶高通滤波器

图 19　不同类型的滤波器接线

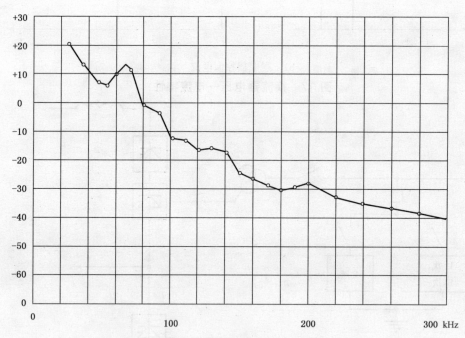

（RY COM 噪声测量结果平均值，已换算至 3 kHz 带宽，—0 dBm＝0.775 V）

图 20　直流线路上典型的换流器噪声水平

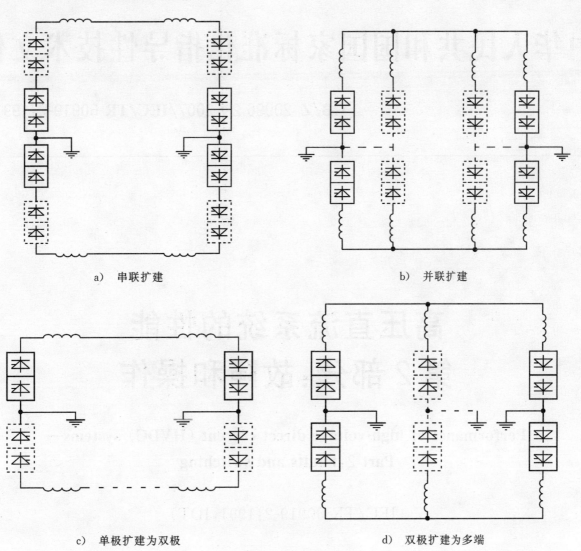

a) 串联扩建

b) 并联扩建

c) 单极扩建为双极

d) 双极扩建为多端

图 21　换流桥的扩建方式

ICS 29.200;29.240.99
K 46

中华人民共和国国家标准化指导性技术文件

GB/Z 20996.2—2007/IEC/TR 60919-2:1991

高压直流系统的性能
第2部分：故障和操作

Performance of high-voltage direct current (HVDC) systems—
Part 2:Faults and switching

(IEC/TR 60919-2:1991,IDT)

2007-06-21 发布

中华人民共和国国家质量监督检验检疫总局
中国国家标准化管理委员会 发布

前　　言

GB/Z 20996《高压直流系统的性能》是国家标准化指导性技术文件,共包括以下 3 个部分:

第 1 部分:稳态;

第 2 部分:故障和操作;

第 3 部分:动态。

本部分为第 2 部分,等同采用 IEC/TR 60919-2：1991《高压直流系统的性能　第 2 部分:故障与操作》。编辑格式按我国国家标准 GB/T 1.1—2000 规定。

本部分由中国电器工业协会提出。

本部分由全国电力电子学标准化技术委员会(SAC/TC 60)归口。

本部分负责起草单位:中国电力科学研究院、西安高压电器研究所。

本部分参加起草单位:西安电力电子技术研究所、北京网联直流输电工程技术有限公司、西安西电电力整流器有限公司、南方电网技术研究中心、机械工业北京电工技术经济研究所。

本部分主要起草人:曾南超、苟锐锋、周观允、聂定珍、马振军、黄莹、王明新、程晓绚、蔚红旗、方晓燕、陶瑜、赵畹君、田方。

本指导性技术文件是首次发布。

本指导性技术文件由全国电力电子学标准化技术委员会负责解释。

引　言

　　高压直流输电在我国电网建设中,对于长距离送电和大区联网有着非常广阔的发展前景,是目前作为解决高电压、大容量、长距离送电和异步联网的重要手段。根据我国直流输电工程实际需要和高压直流输电技术发展趋势开展的项目在引进技术的消化吸收、国内直流输电工程建设经验和设备自主研制的基础上,研究制定高压直流输电设备国家标准体系。内容包括基础标准、主设备标准和控制保护设备标准。项目已完成或正在进行制定共 19 项国家标准:

　　(1)《高压直流系统的性能　第一部分　稳态》

　　(2)《高压直流系统的性能　第二部分　故障与操作》

　　(3)《高压直流系统的性能　第三部分　动态》

　　(4)《高压直流换流站绝缘配合程序》

　　(5)《高压直流换流站损耗的确定》

　　(6)《变流变压器　第二部分　高压直流输电用换流变压器》

　　(7)《高压直流输电用油浸式换流变压器技术参数和要求》

　　(8)《高压直流输电用油浸式平波电抗器》

　　(9)《高压直流输电用油浸式平波电抗器技术参数和要求》

　　(10)《高压直流换流站无间隙金属氧化物避雷器导则》

　　(11)《高压直流输电用并联电容器及交流滤波电容器》

　　(12)《高压直流输电用直流滤波电容器》

　　(13)《高压直流输电用普通晶闸管的一般要求》

　　(14)《输配电系统的电力电子技术静止无功补偿装置用晶闸管阀的试验》

　　(15)《高压直流输电系统控制与保护设备》

　　(16)《高压直流换流站噪音》

　　(17)《高压直流套管技术性能和试验方法》

　　(18)《高压直流输电用光控晶闸管的一般要求》

　　(19)《直流系统研究和设备成套导则》

高压直流系统的性能
第2部分：故障和操作

1 总则

1.1 范围

GB/Z 20996的本部分是关于高压直流系统暂态性能和故障保护要求的指导性技术文件。论述了三相桥式（双路）联结的12脉波（动）换流单元构成的两端高压直流系统故障及操作的暂态性能。不涉及多端高压直流输电系统，但对包含在两端系统内的并联换流器和并联线路作了讨论。假定换流器使用晶闸管阀作为桥臂，采用无间隙金属氧化物避雷器进行绝缘配合，且功率能够双向传输。本部分没有考虑二极管阀。

GB/Z 20996由三个部分组成。第1部分稳态，第2部分故障和操作，第3部分动态。在制定与编写过程中，已经尽量避免了三部分内容重复。因此，当使用者准备编制两端高压直流系统规范时，应参考三个部分的全部内容。

对系统中的各个部件，应注意系统性能规范与设备设计规范之间的差别。本部分没有规定设备技术条件和试验要求，而是着重于那些影响系统性能的技术要求。本部分也没有包括详细的地震性能要求。另外，不同的高压直流系统可能存在许多不同之处，本部分也没有对此详细讨论，因此，本部分不应直接用作某个具体工程项目的技术规范。但是，可以以此为基础为具体的输电系统编制出满足实际系统要求的技术规范。本部分涉及的内容没有区分用户和制造厂的责任。

1.2 规范性引用文件

下列文件中的条款通过本部分的引用而成为本部分的条款。凡是注日期的引用文件，其随后所有的修改单（不包括勘误的内容）或修订版均不适用于本部分，然而，鼓励根据本部分达成协议的各方研究是否可使用这些文件的最新版本。凡是不注日期的引用文件，其最新版本适用于本部分。

GB 311.1—1997 高压输变电设备的绝缘配合（neq IEC 60071-1：1993）

GB/T 3859（全部） 半导体换流器（GB/T 3859.1～3859.3—1993，eqv IEC 60146-1-1～60146-1-3：1991；GB/T 3859.4—2004，IEC 60646-2：1999，IDT）

GB/T 13498 高压直流输电术语（GB/T 13498—2007，IEC 60633：1998，IDT）

GB/T 20990.1 高压直流输电晶闸管阀 第1部分：电气试验（GB/T 20990.1—2007，IEC 60700-1：1999，IDT）

GB/Z 20996.1—2007 高压直流系统的性能 第1部分：稳态（IEC 60919-1：1988，IDT）

GB/Z 20996.3—2007 高压直流系统的性能 第3部分：动态（IEC 60919-3：1999，IDT）

2 高压直流暂态性能技术规范概述

2.1 暂态性能技术规范

高压直流系统在故障与操作期间完整的暂态性能技术规范应包括故障的保护要求。

这些概念在下列暂态性能和相应条款的适当地方说明：

——第3章：无故障操作的暂态过程

——第4章：交流系统故障

——第5章：交流滤波器、无功功率设备和交流母线故障

——第6章：换流单元故障

下述有关直流线路、接地极线路及接地极的条款仅限于讨论它们与高压直流换流站的暂态性能或保护之间的关系。

2.2 一般规定

通常，控制策略能够将扰动影响减至最小，但应该指出，设备的安全依赖于自身的良好性能。

3 无故障时操作的暂态过程

3.1 概述

本章讨论高压直流系统在换流站交流和直流两侧操作期间和操作之后的暂态过程，不涉及设备或线路发生故障的情况，这些故障情况将在本指导性技术文件随后的章节中讨论。

无故障操作可分成下述几类：

1) 交流侧设备（如换流变压器、交流滤波器、并联电抗器、电容器组、交流线路、静止无功补偿装置（SVC）和同步调相机等）的投入和切除；

2) 甩负荷；

3) 换流器单元的起动或停运；

4) 直流极或直流线路并联时直流开关或直流断路器的操作，直流线路（极）、接地极线路、金属回线、直流滤波器等的投入或切除。

3.2 交流侧设备的投入与切除

在高压直流输电系统运行寿命期内，换流变压器、交流滤波器、并联电抗器、电容器组、静止无功补偿装置和其他设备的投入或切除可能会多次出现。根据交流系统和被操作设备的特性，在开关操作时产生的电流和电压应力，将施加到被操作的设备上，并且通常还会侵入交流系统的某部分中。

对工程设计来说，最为严酷的过电压和过电流通常都是来自故障（见第4章到第8章），而不是来自正常的开关操作。但是，为完整起见，本指导性技术文件还是将其视为交流系统的电压扰动进行讨论。

滤波器的投切也会引起母线电压的瞬时畸变。并可能干扰换相过程，在弱系统中还可能导致换相失败。

因此，为了下述目的，应完成设备的投切研究：

——确定交流网络和设备产生异常应力的临界条件和相应的抑制措施；

——设备设计；

——校验避雷器能耗。

为了控制谐波干扰和终端稳态电压而需投切滤波器或电容器组时，通常会出现暂态过程。

由于操作过电压经常发生，所以通常希望过电压保护装置在这样的操作过程中不要吸收过多的能量。例如，在与滤波器或电容器组相连的断路器中加入适当的电阻或使断路器选相合闸，都可减小例行的开合操作时产生的过电压幅值，也可减小逆变器换相失败的概率。高压直流控制系统用于抑制某些过电压也十分有效。

在切除电容器时，应采用无重击穿的开关装置，以防止当切除滤波器或电容器组时可能发生重击穿而引起严重的过电压。

变压器合闸的励磁涌流可能引起交流和直流系统之间不利的相互作用。此电流可持续数秒钟，起始的峰值至少可达变压器额定电流的 3 倍～4 倍。如果变压器工作在磁饱和区,此时则可能激发某些模式的振荡,出现欠阻尼的暂时过电压。另一个结果则是向电网注入高幅值的低次谐波电流,常常造成对逆变器来说很敏感的电压畸变,并有可能导致换相失败。

为减小励磁涌流,常用的方法包括加装断路器合闸电阻、断路器极间同步、设定变压器有载分接开关在最高分接位置等。同时,也应注意换流站其他变压器的投入或静止无功补偿装置的投切也会导致已投运的换流变压器出现饱和。

采用低次谐波滤波器也有助于减轻励磁涌流带来的问题。这个方法的有效性很大程度取决于系统和有关设备的特性。另外,交流系统的响应对已投入的换流变压器台数很敏感,在多个换流器单元串联而换流变压器尚未带负载时尤为如此。

电容器和滤波器组的投入会使这些元件与电网其余部分之间产生振荡。操作过电压与电容器和滤波器组的容量及电网的特性有关,并可能和过电流同时出现在已带电的交流系统元件上。由于在分闸操作后电容器中有剩余电荷,所以应注意电容器再投入时损坏的可能性。如果电容器的内部放电电阻在规定的等待时间内不足以完成放电过程,那么在重合之前可能需要采取放电措施,否则就可能需要较长的等待时间。滤波器的投入可能会引发振荡,其频率由滤波器和交流网络所决定。同样,切除滤波器或电容器组也可能会引起交流系统的电压振荡。

静止无功补偿装置可用于稳定电压和控制暂时过电压。静止无功补偿装置的投入应仅对系统电压产生轻微的影响,或甚至无暂态现象发生。大多数静止无功补偿装置都是通过控制作用来达到这一目的。

并联电抗器或电容器的投切会引起交流电压的变化。为了把由投切引起的电压变化限制在允许范围内,对这些设备的容量和操作应予以规定。

与高压直流换流站相连的交流输电线的投入和切除也会产生电压暂态过程,也应予以考虑。这些操作使影响暂态谐波效应的交流谐波阻抗发生变化。

当同步调相机在起动或作为感应电动机运行时,会吸收无功功率、降低系统电压,并引起暂态电压,它们在这方面的性能应仔细检验。

应将各系统元件在操作期间可接受的暂时或暂态过电压和过电流水平,以表格的形式,或优先以预期的暂态过电压水平和过电流水平随时间变化的曲线的形式写入规范之中。

综上所述,有关交流系统的电气特性和未来发展都应尽可能全面地在规范中提供。在规范书中还应提供相关的运行规程和现有的及预期的交流过电压水平。

无论投入或切除高压直流换流站中的哪个元件,在前面条款中所述的暂态条件下所希望的性能都应给予说明。

高压直流系统的过电压性能应与现在所连交流电网的实际性能特性相配合。

3.3 甩负荷

由于以下原因,无故障时高压直流系统传输的功率可能突然减小:

——由于某一侧交流断路器意外跳闸;

——由于控制系统作用使换流单元闭锁或旁路;

——由于发电机组丧失或其他可能的各种原因。

交流系统电压升高,主要原因是高压直流换流站无功补偿过剩。由于电力变压器饱和满足谐振条件,变压器、滤波器与交流电网之间可能发生谐振。交流系统频率偏移可能加剧过电压的影响。

应特别注意逆变器只与滤波器和并联电容器组连接而与交流系统断开的情况。对于这种故障,逆变器应该闭锁并旁路以防止过电压损坏滤波器元件、交流侧避雷器或阀避雷器。对于逆变器通过一回或很少几回线路与交流系统相连的系统,设计保护方案时应考虑线路远端断路器跳闸的情况。

交流系统故障后甩负荷的暂态过程,将在 4.3.5 中讨论。

如果预计甩负荷引起的过电压大于 3.2 所描述的水平时,则应专门规定其可接受的幅值和持续时间。

需研究适当的运行方案,使系统返回正常运行工况。为此可采取的措施,包括通过对运行中的换流单元进行控制,借以调节系统电压,或者投入电抗器,或者切除电容器或滤波器组等。如果需要在过电压状态下投切电容器或滤波器组,在选择断路器的额定值和容量时应考虑到这一点。如果现有的断路器容量不足,则应禁止使用这种方式而应改用其他方法降低过电压。

若欲将换流器用于电压控制,在阀的设计和制造时,应考虑阀在大触发角下运行的工况。

采用控制换流器的方法降低交流系统过电压的程度取决于满足交流系统动态性能的供电连续性要求。

另外,也可能需要采用其他方法,如投切电容器、电抗器、同步调相机、静止无功补偿装置、特殊金属氧化物(MO)暂时过电压(TOV)吸收器等,把过电压限制在可接受的水平,从而达到希望的换流器性能。

虽然在大多数系统设计方案中,经济性占据主要地位,但在成本与系统性能之间,可能仍需要进行仔细权衡。

3.4 换流器单元的起动与停运

应该编制高压直流输电系统极的正常起动或停运操作规程。

串联换流单元的起动与停运是由控制系统完成的,有时由控制系统与换流器单元上并联的开关装置共同完成。为此目的,在断开或闭合旁路开关之前,自动程序通常使阀桥内部形成阀旁路。

在这一过程中,任何特殊的要求或限制,如交流母线电压变化的最大允许值、特殊的联锁要求或传输功率的最大变化等,都应加以规定。

尤其在工程分期建设阶段,应当注意系统中运行的换流器数目少于最终设计的换流器数目。

3.5 直流断路器和直流开关的操作

用在高压直流输电系统直流侧的开关装置,其作用如下:
——旁路或切除换流单元;
——在双极系统中使换流站极与接地极线路连接或断开;
——将极或双极并联,包括极性倒换;
——投切中性母线;
——投切直流线路;
——投切直流滤波器;
——在单极运行期间将直流滤波器并联。

它们可根据不同特点分成几类。图1给出换流站直流侧如下几种开关装置的布置:
——电流转换开关(S);
——隔离开关(D);
——接地开关(E)。

要注意下列区别:
——用于无电流分闸的装置,即使其具有限定的关合和开断能力;
——能够把电流从一条通路转换到与它相并联的另一通路的装置,为了在转换期间分断预定的电流,这样的装置应具有足够的能量吸收能力;
——直流断路器能够断开额定值内任意大小的直流电流并能够承受随后的恢复电压。

直流断路器可以用来使换流站或直流线路极不受限制地并联或解除并联。直流断路器的一个特殊应用就是用做金属回路转换断路器(MRTB)。

无电流情况下操作的开关和具有不超过负载电流的电流开断能力的直流断路器,在故障条件下及运行操作中都应与控制系统的动作相配合。例如,换流站或线路极的并联或解除并联操作就需要断开和闭合不同的开关。

这些操作可能引起多种电压和电流的暂态过程,这些操作功能是由直流控制所决定的操作顺序完成的。

因此,这种暂态过程取决于控制系统、开关的动作时间以及交流和直流系统的电气特性。

对于可靠性要求很高的两端系统,采用直流断路器,通过输电线路并联及沿其路径分段的方法,可以提高输电的可靠性及可用率。这样,当运行需要或发生持续性故障时,甚至无需暂时停运直流输电系统,就可以将并联线路之一或某一段线路隔离。

因此,在发热允许范围内,剩下的健全线路能维持最大输电容量。当然,如同并联交流线路,需要采用有选择性的保护。

高压直流输电系统中所有开关和断路器,其操作特性,包括速度要求都应加以确定和规定。对于直流开关装置,应定义下列功能:

——在高压直流换流站内的作用;

——运行方式;

——动作时间要求;

——连续工作电流;

——分断电流;

——关合电流;

——分断电压;

——断口电压;

——合闸和分闸位置时的对地电压。

考虑到一极直流侧低阻抗接地故障的情况,至少需要一台能把电流从运行极转移到地的中性线开关。

4 交流系统故障

4.1 概述

高压直流系统在交流系统故障及故障清除后紧接着的恢复过程的暂态性能,在系统的设计和规范编制时要慎重考虑。此恢复性能受所采用的特定控制策略的影响,也直接影响到高压直流设备的额定值、与之相连的交流变电站设备以及交流电网的响应。

4.2 故障类型

在制定高压直流系统技术规范时,应考虑下列交流故障:

——每一功率流向的送端(整流器)和受端(逆变器)故障;

——高压直流换流站中三相短路、三相短路接地、相间短路、两相短路接地和单相接地故障;对于大多数规划项目,只要分析三相短路故障及单相接地故障期间直流系统的性能即可;

——远离高压直流换流站的交流故障;应考虑重合闸的实际情况;

——在有交流线路与直流线路平行架设且靠得很近的情况下,交流及直流线路上的上述各种故障;这种类型的极端情况是在交流线路和直流线路的交叉处,发生交流线路对直流线路的闪络。

4.3 影响暂态性能规范的有关事项

对于交流系统故障期间及故障之后的暂态性能,高压直流系统的技术规范应考虑影响直流及交流系统运行和设备额定值的所有方面。为了在整个系统的成本和性能之间取得最佳平衡,在高压直流系统规范中应综合考虑。

以下条款将讨论影响交流系统故障期间及故障后暂态性能的特性。

4.3.1 有效的交流系统阻抗

有效的交流系统阻抗最简单的形式通常表达为短路比(SCR),即交流系统短路容量(MVA)与换流器直流功率额定值(MW)之比。

然而,短路比的更精确表达形式应是以额定直流功率和交流电压为基准的交流系统导纳。它是在系统频率下计算的,并应包含阻抗角。许多研究都涉及到从换流器向交流系统看进去的总导纳,包括连接在高压直流换流站交流母线上的滤波器及其他无功功率器件的导纳。这称为有效短路比(ESCR)。低次谐波频率范围内的阻抗是最重要的。

这里定义的短路比不同于 GB/T 3859 定义的短路比(RSC),后者是以换流器额定兆伏安(MVA)作分母的。

短路比对暂态故障性能的影响表现在以下方面:

1) 在故障期间能够维持功率稳定传输而不发生换相失败;

2) 恢复时间,特别是当逆变侧故障时;

3) 故障后控制恢复电压在可接受的范围内;

4) 可能出现的低频谐振条件,即小于 5 次谐波的谐振;

5) 暂时过电压。

所有这些因素都随交流系统阻抗和相角的增加而变得更加显著。

4.3.2 故障期间的功率传输

对于距离较远的交流系统故障,即使引起的高压直流换流站的交流母线电压变化不大,但高压直流系统可能对此敏感。交流故障造成的电压降落和畸变会影响换流器的触发角,并使传输的直流功率降低。对于远端三相短路故障,损失的直流功率与交流电压降基本上成正比,当直流电压降到一定水平后,可能需要采用某些形式的与电压相关的控制对策,这将在后面有关章节中讨论。控制模式的转换会造成进一步的直流功率减小,这将在 4.3.8 中说明。

与电压相关的控制提供了一种通过相互配合使电流裕度不会失去的方法修改每端换流器的电流限值或电流参考值。每端的直流电压代表了整流端和逆变端相互配合所需的信息,在此无需其他通信。这样的控制方案有几种,图 2 所示是一个例子。

当换流器用作无功功率控制时,与电压相关的控制的输入电压应为交流母线电压。

应对每一系统进行系统研究,以确定所需直流或交流电压阈值、电流限制值、时间常数及升降速率的最优整定值。

对于靠近整流端及其附近的交流单相对地故障,现代换流器传输功率的减小也基本上与平均的交流电压降成正比,因为通过换流器不平衡触发可以很容易地补偿较大的交流电压不对称。

另一方面,对于采用等距触发方案的大多数逆变器控制,为使换相失败减至最小而设定的最早触发时刻,确定了所有阀的触发时刻。这种控制行为与电压相关的控制一起,通常导致在逆变端交流单相故障期间传输功率最小。在逆变端交流线路对地故障期间,逆变侧切换到按相控制运行,这种方式提供了一种使传输功率大于上述最小传输功率而不会发生次数过多的换相失败的方法。

在交流故障条件下能否传输功率,很大程度上取决于所考虑的高压直流系统的性能,因此,最好通过数字仿真和(或)模拟器研究决定。

4.3.3 故障清除后的恢复

恢复时间可以定义为:故障清除后,高压直流系统在规定的超调量和稳定时间内,恢复到规定的功率水平所需的时间。此功率水平的典型值是故障前功率水平的 90%。

对与低阻抗交流系统相连的整流器或逆变器来说,在换流站中发生的所有非持续性交流故障,对于具有现代控制系统的高压直流系统,恢复时间可以很快,如 50 ms~100 ms。但实际设计或建设的许多高压直流系统的一端连接在高阻抗交流系统上,在这种情况下,其恢复时间可能要比连接在低阻抗交流系统上的高压直流系统长几倍。使用长距离直流电缆或很长的直流架空线路的高压直流系统,其恢复时间也会较长。

恢复时间的整定值应考虑交流系统受主保护和后备保护故障清除时间影响的稳定性。

然而,有些因素,如需要尽量减少换相失败或降低故障后的恢复电压等,经常影响到直流系统控制方案中实际设定的恢复时间。

在严重的交流单相接地或三相短路故障期间，如果可能，通过阀的触发控制，把直流电流维持在降低了的某一数值，通常也可以改善恢复特性。在故障期间对阀继续触发或在故障被清除后立即恢复触发都可降低恢复电压的幅值，提高稳定性。

技术规范应考虑单相接地及三相故障可能持续的时间，包括可能有的后备保护清除故障时间。对于后备保护清除故障的情况，高压直流系统应具有快速恢复能力。这一点是重要的，因为设计阀时，应使其门极电路存储足够的能量，以渡过预期的故障阶段。

4.3.4 故障期间和故障后恢复期间的无功消耗

交流故障期间及故障后高压直流换流站的无功功率消耗取决于换流站的控制策略。具有特定性能的低压限流特性经常用来调节无功消耗(是电压的函数)，以及用来改善逆变器的恢复能力，且不发生换相失败。

对于高压直流系统远端无故障站以及故障站(如可能的话)，都可以采取一些策略维持无功的消耗或把交流母线电压维持在规定的极限范围内。

在换相失败期间，无功潮流发生显著变化。换流器持续换相失败引起保护动作，使无功功率回流入交流系统，从而导致在高阻抗系统中出现相当高的过电压。

高压直流系统的研究，对于确定控制交流母线电压的方法，及确定维持换相以及维持交流电网稳定性的方法都是重要的。

4.3.5 交流故障引起的甩负荷

可能导致换流器闭锁、切负荷、三相故障清除后解锁失败及严重的换相失败等故障情况，都以甩负荷的形式表现出来，并会引起很高的暂时过电压、铁磁共振或可能导致系统崩溃的交流系统不稳定。

另外，对某些系统要注意甩掉大的直流负荷导致高压直流换流站中或在电气上靠近它的发电机或同步调相机自激的可能性。

甩负荷过电压将会对高压直流设备的额定值产生直接影响。

为了评估应进行以下研究工作：

——交流电网中现有设备能承受这些过电压的程度和必要的应对措施的设计；

——高压直流换流站设备的设计要求，包括能承受这种甩负荷过电压所需的交流保护。

换流器未闭锁时可用来协助限制过电压。但是，要考虑到交流系统故障恢复失败后换流器闭锁的可能性。这样的偶然事故可能需要采用其他手段，如通过无功功率设备的高速开关、静止无功补偿装置、低次阻尼滤波器或保护性能量泄放装置来控制甩负荷过电压。

技术规范应指出对于上述偶然事故可接受的过电压幅值和持续时间。

4.3.6 无功功率设备的投切

无功功率设备如交流滤波器、并联电抗器和并联电容器组的投切，是高压直流换流站交流侧控制谐波干扰及稳态电压的常用方法，稳态电压是交流系统负荷或交流系统一次回路电压的函数。

当指定用开关装置投切滤波器、并联电抗器或并联电容器组时，不仅要注意其在正常稳态下的开断能力和速度，而且要注意清除交流故障及甩大负荷引起的过电压要求。

更复杂的情况是如果一台现有的无功功率开关装置在瞬时甩负荷过电压期间不足以安全开断，此时，应配备一台容量足以开断超额无功电源的备用断路器。

如果被切除的无功功率设备在高压直流系统的负荷达到故障前的水平之前必须重新投入，则这种无功设备投切方式会导致高压直流系统的再启动时间太长，这是需要考虑的另一个问题。

4.3.7 故障期间谐波电压和电流的影响

在交流故障期间或恢复期间，若发生多周波的换相失败或阀触发异常故障，可能在交流侧和直流侧产生低次非特征谐波的电压和电流并激发其他频率的电压和电流。这些可能在交流或直流系统中暂时引发谐振，但产生的电流和电压通常不太大，部分原因是现代控制系统的衰减作用。但是，对这样的影响应该研究，以检查它对诸如滤波器的暂态额定值的影响以及可能导致的交流系统继电保护误动作等。

如果直流侧在基波频率上谐振，则换流变压器可能出现饱和。这会在换流变压器网侧产生二次谐波，并可能造成系统不稳定。在整流端附近发生的交流单相接地故障也会在直流侧引起大的二次谐波电压，且将随着触发的继续一直保持下去。考虑到这些情况，有必要仔细研究直流线路对这种谐波产生谐振的可能性。

在设计交流滤波器的额定值和决定逆变器在故障恢复期间的换相能力时，应考虑故障期间产生的谐波。

另外，应当仔细检查在交流故障期间由低次谐波引起的交流保护误动作的可能性。

4.3.8 运行控制方式转换

在交流故障情况下，可能需要改变运行方式，例如，变为功率控制方式或电流控制方式。从整流侧电流控制转换到逆变侧电流控制会导致传输功率减小，故需要调整电流指令以补偿功率损失。对于两端之间有或没有通信情况下的电流裕度配合以及无功功率消耗随电流裕度调整的变化也应进行研究。

对于一些高阻抗交流系统，在故障引起的暂态期间，在功率控制方式下运行可能出现不稳定，除非转换到电流控制方式，或使功率控制方式具有定电流控制特性。

4.3.9 高压直流系统的功率调制

交流系统的暂态稳定性及高压直流系统的故障恢复性能有时可通过功率调制、直流电流或直流电压调制来改善。这部分内容将在本系列指导性技术文件的第三部分中讨论。

4.3.10 紧急功率降低

在导致关键交流线路被切除的故障情况下，为了缓解交流系统的不稳定问题，作为一种应急方案，可能需要具有紧急功率降低或甚至功率反转的能力。技术规范应考虑这种控制作用对以下各项的影响：

——连接到另一端换流站的交流系统，由于甩掉部分负荷可能产生的过电压和不稳定；

——配合紧急功率降低及故障后增加功率的通信时间要求以及可能发生的通信中断的影响。

在某些情况下，从交流故障直到恢复措施执行完毕的故障恢复期间，可能需要直流系统降低功率水平运行。这可以通过适当的系统研究予以确定。

4.4 技术规范对控制策略的影响

在确定交流故障期间及故障清除后的恢复期间最佳的暂态性能时应考虑交流系统工况。由于交流系统工况变化范围很广，没有单一的控制策略能适用于所有的工况。每一系统应在接近指定的工况下进行优化，这可以利用数字仿真和（或）物理模拟对该系统进行研究确定。

性能规范应允许直流控制策略在维持功率传输与防止换相失败、不稳定或很大的恢复电压之间做出最佳权衡，其总体效果应使所连接的交流系统满意运行。

5 交流滤波器、无功功率设备及交流母线故障

5.1 概述

本章讨论交流谐波滤波器、无功功率设备及交流母线上的故障。这些故障中可能出现较大的谐波电流，应在保护方面加以考虑。本部分未涉及静止无功补偿装置（SVC）的故障保护。

图3是双极高压直流系统中，交流滤波器和并联电容器布置方法的一个例子。每组中的电容器、电抗器及滤波器支路可分别通过负荷隔离开关投切，而接地故障则应由控制整组的断路器清除。有时采用另一种布置方案，即通过换流变压器的第三绕组连接滤波器、电容器及电抗器组。

滤波器和无功功率组的基波及谐波阻抗对交流母线上出现的过电压幅值和波形影响很大。因此，交流滤波器和无功功率组的详细模型是研究暂态条件下的母线电压的基础。

5.2 滤波器组的暂态过电压

在正常运行条件下，加在滤波器主电容器两端的电压接近相电压，而其他滤波器元件两端的电压通

常只是相电压的一小部分。然而在暂态条件下,滤波电抗器和电阻两端的电压可能比正常的相电压还要高。因此,在滤波器内部应采用避雷器保护,这将在第 11 章中讨论。

除了正常的开合操作(见第 3 章)经常产生的过电压外,滤波器元件很可能还要承受雷电产生的过电压、操作过电压以及母线上或邻近处外部故障产生的过电压。

由于滤波电容器对陡波头如雷电放电等呈现低阻抗,滤波电抗器和电阻将几乎直接承受出现在交流母线上的雷电过电压。

出现在交流母线上的操作过电压可能在滤波器内部被显著地放大,致使其元件上的过电压可能超过交流母线对地电压。因此,在研究过电压时,要考虑单个元件上的过电压。当元件没有避雷器直接保护时,通常如滤波器的主电容器,它们的端子之间能承受操作过电压的能力可能需要设计得比连接在母线与地之间的其他被直接保护的设备更高。

在交流系统不平衡故障期间,换流器如果未闭锁,将会产生幅值相当大的低次谐波。如采用低次谐波滤波器时,滤波器避雷器可能需要吸收相当大的能量。对于 2 次或 3 次谐波滤波器(如采用时)的滤波电抗器,应特别重视其避雷器在另一种情况下的能量吸收,即当电气上靠近滤波器母线的大容量变压器充电时的情况。这种情况可能出现在如近端交流故障后的恢复过程中。若高压直流换流站发生交流母线对地闪络,滤波器中的电抗器和电阻器两端会出现严重的陡波过电压。这些滤波器元件两端的电压幅值将可能与闪络前主滤波电容器两端的电压相等,所以对其避雷器的能量吸收要求可能很高。

5.3 滤波器及电容器组的暂态过电流

在暂态条件下,滤波器元件中的电流峰值可能是正常稳态值的好几倍。

当发生母线对地闪络时,电容器组将通过故障点释放能量。此放电电流受电容器组及其连接母线杂散电感和限流电抗器(如果采用时)的限制。同样,在交流滤波器的电抗器和电阻器上跨接有避雷器时,因为只有保护装置的反电势和杂散电感起限流作用,其电容器放电电流会很大。

在制定元件和保护电路的技术规范及设计接地系统时,都应考虑这些过电流。因此,电容器保护熔断器应能经受放电电流,电流互感器和保护继电器的运行不应受到不良影响。当暂态电流在滤波器元件的允许范围内时,保护不应误动作。这些设备都应按照能够耐受这样的放电电流设计。

分析时应考虑到导致最严重应力的系统结构,系统中包括滤波器和并联电容器。

5.4 电容器不平衡保护

为了在各种直流负荷下,达到希望的谐波性能和无功功率平衡,电容器和滤波器组通常分成一些可单独投切的支路。这些支路的额定容量可能相对较小,也就是说电容器组中并联的元件个数可能不多。

在电容器组的运行寿命期间,电容器元件可能损坏并由于熔丝熔断而被切除。当使用内部熔丝时,其动作只切除单个内部故障元件,而外部熔断器熔断则将切除整台电容器。

电容器组常设计得具有备用容量,也就是有限数量的电容器元件损坏且相应的熔丝熔断,不应使组中剩余的健全电容器产生过应力。但是,熔丝熔断应能检测到,以便利用方便的时机尽早恢复组中的备用电容器。

一种检测方法是采用电流不平衡继电保护。在这种方案里,每相电容器被分成两个严格相等的电容器并联组。使用灵敏的电流不平衡继电器,根据支路中的电流差异来探测由于电容器元件损坏和相应的熔丝熔断而产生的电流微小变化。另一种方法是使用电压敏感元件,它通过测量电容器组每一相中分接点的电压以检测由于电容器损坏和熔丝熔断而产生的电压变化。使用过电压继电器监测相电压或中间分接点电压之和。

在某些场合采用两段不平衡检测。第一段发出报警并允许手动切除电容器组,更换损坏的电容器,以便恢复必要的备用电容器。第二段发出自动跳闸信号以确保电容器组剩余部分不受牵连,否则会造成电容器或其元件更大数目的损坏。不平衡保护方案假设滤波电容器组两条支路同时发生同等程度的电容器元件故障的概率非常小。

5.5 滤波器及电容器组保护实例

高压直流系统滤波器和电容器组的保护布置如图4、图5和图6所示。保护的选择通常是以用户各自的经验和规程为基础。

如果备用足够,允许换流极在一个滤波器支路退出运行的情况下继续运行,此时采用各滤波器支路单独保护可能比较合适,以便能够迅速切除故障的滤波器支路,使输电容量损失最小。

若失去一个滤波器支路,换流极就不能继续运行,那么从经济上考虑,可以只对整组滤波器提供保护,或将滤波器纳入母线保护区域内。对滤波器单独进行保护的另一种方案是保护动作后施加一些运行上的限制,如减小传输功率等。

为了保证具有合适的保护特性,应对失去部分无功功率源的工况的运行要求进行研究和规定。

在给定保护区域内出现的接地故障或单相接地故障,可用常规的电流差动保护系统检测,如图4所示。

当滤波器有自己独立的保护区域时,在它的交流母线侧的每一相以及中性母线侧都应装有电流互感器。当滤波器组被视为单一保护区时,则只需要在母线连线上装一组高压电流互感器。

如果断开滤波器组时应切除整个换流极,则滤波器组的保护也可以结合在整个极差动保护系统中,但这样就减少了自动辨别故障滤波器组的信息,这是一个缺点。

另一个区域保护方案是内部接地故障保护,如图5所示。此方案在三相高压导线的每一相和中性母线连线上安装电流互感器来检测保护区内的接地故障。

应注意的是如果滤波器组内的避雷器直接接到换流站的接地网上,避雷器浪涌电流可能被保护系统作为不平衡电流记录下来。通过适当的配合或把避雷器包括在保护区内可使继电保护误动作的概率减到最小。

滤波器和电容器组中的电流不仅取决于交流母线电压的幅值和谐波分量,而且取决于滤波器和组内元件自身的参数。上面叙述的电流差动方案对检测滤波器内部的所有故障可能不够灵敏。某些初期的故障可能需在进一步发展后才能够被检知并被清除。

通常,设备可以在一定的时间内承受异常交流母线电压造成的过电流,而不会严重影响设备的使用寿命。但是应对设备进行监控,以便在超过设备标明的固有裕度的过载情况出现之前,可以采取缓解措施。为此,应通过测量每一相的电流,并使用过电流和过负荷继电器进行保护。对于交流谐波滤波器中的这些问题,为了确保有充分的保护,通常需要给滤波器的个别元件加装电流互感器,如图6所示。

5.6 并联电抗器保护

并联电抗器用来控制高压直流换流站的无功功率,它的保护布置与交流输电系统中使用的电抗器或变压器类同。

5.7 交流母线保护

换流器交流母线通常采用差动保护系统。由于可能在交流滤波器和交流系统之间存在谐振,在故障恢复期间,母线电流中有可能出现较高的谐波电流分量。当出现这些谐波电流时,母线保护系统应能够正确动作。

应检验这种保护的另一方面,即其在暂时过电压下的性能。在某些情况下,一个极性的电压峰值可能比另一极性高很多,这会导致单方向的避雷器电流。此时,应保证电流互感器不会饱和,否则保护可能误动作。

6 换流器单元故障

6.1 概述

本章讨论换流器单元故障,即发生在换流变压器网侧与平波电抗器阀侧之间的故障。

对于在换流桥臂外部,但在功能上属于这部分的电子设备(见 GB/T 13498),在本章中均进行了适当的讨论。冷却设备在第13章讨论。

对于某些工程,换流器单元在高压直流换流站一个极内串联或并联,有关这方面的故障本章也作了分析。

6.2 换流器单元故障类型

换流器单元故障可分类如下:

——闪络或短路;

——换流器单元不能完成其预定功能。

6.3 短路

在换流器单元中,外绝缘或内绝缘击穿、误操作或其他原因引起短路,对设备造成损坏或需要进行修理更换,这些都将使换流器单元停运。

在双极系统中或每极由两个或多个独立的换流器单元组成的系统中,当一个换流器单元短路之后,未受影响的换流器单元及高压直流输电系统的剩余部分仍能继续运行。

例如,在一个典型的换流器单元内,几个可能的短路位置如图7所示。在高压直流系统中,换流变压器内部故障没有特别之处,故图上没有画出。图7对并联连接或串联连接的各换流器单元均适用。

通常最严重的故障,是在换流器单元处于整流运行并工作在最小触发角和最大交流电压下发生换流阀短路(例如由于闪络)。这会造成换流变压器阀侧绕组相间类似于金属性的短路,使同一换相组正在导通的阀流过全部短路电流。当丫-丫连接的变压器位于直流低压侧,且直流中性母线固定接地时,也要考虑到变压器中性点对地闪络的可能性。

直流侧的其他短路包括6脉波(动)桥短路,12脉波(动)组或极对地短路。然而,在这些情况下由于存在反电动势和阻抗,使换流阀承受的短路电流得到一定程度的减小。

短路也可被高压直流晶闸管阀换流器中的差动保护检测到,此时通常需立即闭锁所有门极脉冲,以阻止继续换相。短路电流在其第一个过零点时刻消失,这一般发生在故障后第一个周期内。接着,相应的阀要承受恢复电压,包括由于直流甩负荷而造成的瞬时过电压。作为后备,同时也断开换流器单元的交流断路器。因为电流可能延迟过零,所以对断路器在这些情况下的性能应给予适当注意。

流过短路电流的阀承受的应力最为严重,因为当该阀被加上恢复电压时,其晶闸管的结温比正常结温高。晶闸管阀经受这种应力而不损坏,且在此恢复电压下闭锁的能力称为故障抑制能力(见GB/T 20990.1)。

对于任何给定系统,可由最大交流系统故障电流,包括来自交流滤波器的电流,得出最大阀故障电流和相应的最高晶闸管结温。另一方面,最大恢复电压包括甩负荷过电压,通常对应于最小交流系统故障电流值。

应规定阀具有一定的短路电流水平和恢复电压水平的故障抑制能力。若把断开换流器单元断路器作为故障抑制能力的备用,则应规定阀不应在断路器断开之前的时段里损坏。

对于接地故障,包括图7中的故障类型4、5和6,不承受故障电流的阀,会经受电位的迅速变化。在某些电路参数下,这可能使换流阀遭受相当于陡波前冲击电压的应力。因此,技术规范应要求设计和制造的换流器单元设备,在前述的有关故障条件下,能承受所产生的应力而不致损坏。

6.4 换流器单元功能失效

换流器单元的基本功能是在交流系统的各相电流与直流电流之间进行周期性转换。为完成这一功能,应具备以下两个条件:即具有足够的换相电压以及由换流器单元控制系统产生周期性同步门极脉冲并传送到阀触发电路。

6.4.1 整流运行

换相电压降低或畸变一般关系不大,因为具有足够的电压—时间面积以完成换相,即使在近处发生单相接地故障时亦如此。若三相电压太低不能成功换相时,直流电流可能减小或换流器可能闭锁。当电压回升时,换流器应能在尽可能短的延迟时间内恢复运行。这就对阀的设计提出了一个要求,即当其门极或晶闸管保护的电源能量取自主回路时,其电子电路应设计成能快速再充电或具有足够的能量储存能力。

可能是由于丢失门极脉冲，某个阀持续地不能开通，这会使基波交流电压进入直流电路。在某些电路参数下，会导致变压器饱和，或在直流线路上激发谐振等，并可能使受影响的设备遭受严重的应力。技术规范应要求能检测到这种故障并采取相应的措施（见7.7）。

6.4.2 逆变运行

在逆变运行时，如没有足够的换相电压—时间面积或丢失阀的门极脉冲，则会导致换相失败，使阀遭受过电流并使交流电压基波分量进入直流电路。采用特殊控制方法，如提前触发角、形成旁通对以消除直流侧的交流基波电压、降低直流电流等，从而使换相失败的可能性及其影响减至最小。

若换相失败是由于交流系统故障引起交流电压不足所造成的（见第4章），那么，故障一旦被清除，就有可能恢复正常运行。为避免换流器单元停运，阀应设计和制造成能够在换流器单元控制功能的协助下，在规定的时间内经受住这类事故产生的应力。如果超过规定的时间或换相失败是由丢失门极脉冲引起，那么就应闭锁换流器。

对于触发晶闸管所需的辅助能量取自阀主电路的设计方案，有关的电子电路应设计成快速再充电或具有足够的能量储存能力，以使换相电压正常之后，换流器能迅速恢复正常运行。

6.5 换流器单元保护

围绕换流器单元通常安装有各种保护电路，以检测故障和检测对设备（特别是晶闸管阀）安全有危害的运行条件。下述各条款给出了一些典型电路，其中有些只适用于特殊的阀设计。

6.5.1 换流器差动保护

通过比较换流变压器阀侧电流和直流电流，可检测到换流桥内部的短路。相应的保护动作是使换流器单元持续性闭锁并断开相关的交流断路器。

6.5.2 过电流保护

通过测量变压器阀侧电流的幅值，可实现过载保护。这也是换流器差动保护的后备。保护动作与6.5.1中所述相同。

6.5.3 交流过电压保护

交流过电压保护监测交流电压，例如，用变压器套管中的电容分压器或其他方法监测换流变压器阀侧交流电压。当检测到大的过电压后，保护动作可能包括切除电容器组，增加换流器吸收的无功功率，持续性闭锁阀同时断开换流器单元的交流断路器，或这些动作的适当组合。

6.5.4 大触发角运行保护

如果在特定阀设计中需要大触发角运行保护，可以通过在换流器单元控制中测量阀的触发角并限制这种运行的持续时间来达到。此限制值取决于交流电压和阀冷却液温度。

6.5.5 换相失败保护

换相失败检测可通过测量交/直流电流之差达到。若故障不能自然恢复，延迟一段时间后，可暂时增加逆变器的触发角。若进一步延迟后仍不能恢复，则应使阀持续性闭锁。

6.5.6 晶闸管阀保护

如果需要，晶闸管的冗余量可通过对每个晶闸管的连续在线检查进行监测。保护动作包括报警、停运并隔离换流器单元或这些动作的组合。

通过监测单个晶闸管电压，如果超过安全值（见11.7.3），则施加一个门极信号，或通过其他方法，都可实现晶闸管正向过电压的保护。

正向恢复保护可用来保护晶闸管。在恢复期间如果正向电压上升率（dv/dt）超过安全值就施加一门极信号，或采取其他方法，使其免遭过高 dv/dt 的侵害。

6.5.7 变压器保护

换流变压器的保护与通常在交流输电系统中使用的变压器保护相同。它包括差动保护、过电流保护、瓦斯保护、热点检测等。保护动作是断开换流器单元的交流断路器。应防止直流电流通过变压器，例如形成旁通对,以协助断路器清除故障。这对串联连接的换流器单元可能特别重要。

由于阀侧没有直接接地,保护阀侧接地故障的大差动保护较复杂。应考虑谐波对此保护(尤其是具有谐波制动的比例差动保护)的影响。

由于电流互感器可能存在饱和的问题,要特别注意它的设计及额定值。另外需要关心的问题包括,如伴随换相失败而流入的直流电流、中性母线故障和中性母线开关滞后动作(见第10章)。

6.5.8 变压器分接开关不平衡保护

分接开关不平衡保护可用来避免换流器单元的不平衡运行。换流器单元的不平衡运行会产生较大的非特征谐波,这会使滤波器过载。保护装置应发出报警信号以便手动或自动进行分接开关的重新平衡。

6.5.9 交流连线接地故障保护

交流连线接地故障保护用在当换流变压器已带电而阀依旧闭锁的情况下,检测换流变压器与阀之间连线的接地故障(图7中故障6 a)和6 b))。换流变压器阀侧电压的测量可用变压器套管或阀厅套管中的电容分压器或其他方法。保护动作可以使换流器单元交流断路器断开。

6.6 串联换流器单元的附加保护

当两个或多个换流器单元在高压直流换流站一个极的直流侧串联时,可采用与单个换流器单元同一类型的故障保护(见6.3和6.4)。可采用另一种差动保护,在换流器单元故障(图7中故障类型4)时,通过比较换流器单元的高压侧电流和低压侧电流进行保护。

由于两个换流器单元可相互独立运行,应该考虑把高压直流换流站的换流器部分再细分成多个保护区域(见图8)。发生短路时,保护动作通常是闭锁故障极以切断直流电流。若故障发生在换流器单元1或单元2区域内,相应的单元应被隔离且旁路,以便使剩下的健全单元能够恢复运行。也应考虑在直流输电系统的另一端切除一个换流器单元以避免在大触发角下长时间运行。

当只有一个串联换流器单元发生某些故障时,如变压器故障或换相失败,除了切除故障外,还应通过保护程序,进行换流阀的旁路操作或闭合旁路开关把故障单元的直流电流转移出去。

6.7 并联换流器单元的附加保护

从暂态性能和故障保护的观点出发,并联的每一个换流器单元一般可独立处理。但是,就换相失败而论,特别是如果逆变器具有不同稳态电流额定值时,应对并联逆变器的暂态电流额定值给以适当考虑。为了隔离故障的换流器单元,特别是逆变器,以免闭锁整个输电极,可能需要在极母线上装设直流断路器(图9)。

7 直流电抗器、直流滤波器及其他直流设备故障

7.1 概述

本条讨论高压直流输电系统换流站内以下区域的故障:

1) 每个极从直流电抗器阀侧到直流输电线路;
2) 每个极换流器单元的中性母线侧到接地极线路。

7.2 故障类型

从直流侧母线和设备的保护考虑,故障类型应包括:

1) 母线接地故障和母线间短路故障;
2) 设备故障;
3) 直流开关设备功能失效。

7.3 保护区

高压直流换流站的技术规范不仅要考虑所有直流侧设备的保护,而且还应考虑保护之间的协调配合。

高压直流系统的分区保护原理及其保护技术与交流保护的情况大致相同。高压直流系统换流阀的

故障抑制能力(见第 6 章),加上较高的直流电抗器和变压器阻抗,有助于直流侧保护的选择性。

高压直流换流站保护区的设置,应使站内每一设备都至少受到一种保护功能的保护。

可以使用高压直流输电换流站之间的通信系统,优化故障后的恢复过程,并且能够改进高压直流输电系统中可能发生的多种故障的保护选择性。然而,本章中讨论的设备保护是无需通信的。图 10 和图 11 给出两种结构的高压直流换流站的直流保护区域和测量装置布置的例子。

7.4 中性母线保护

高压直流系统的中性母线侧通常分成几个保护区域,以便使每一极能独立地进行故障检测并有选择地隔离,同时两个极也有一个公共保护区域。在公共保护区内域的检修工作需要双极停运。

7.4.1 中性母线故障检测

在双极平衡运行条件下,极中性母线保护区域、双极中性母线保护区域及接地极线路保护区域(见第 9 章)基本上都处于地电位。因此,双极平衡运行时,在这些区域内的任何接地故障都不会影响换流站的运行。其直流故障电流实际上接近零。

一旦由于某种原因,如一个极起动、停运或受到扰动,使双极暂时不平衡,这些中性母线区域的接地故障便可检测到。如果预计两个极的运行是平衡的,则高压直流技术规范应只考虑中性母线区域保护报警,以便允许运行人员在检测到故障时,同时考虑安全和电力传输要求而采取正确的措施。

极中性母线区域和双极中性母线区域应以直流电流互感器为界。在两个极不平衡运行条件下,由区域边界上设置的直流电流互感器测量电流,通过电流的差动比较可检测每一个保护区域内的故障。

7.4.2 中性母线故障隔离

在中性母线区域内或换流器区域内的接地故障,要求停运换流极以清除故障。

中性母线开关用于保护时序中隔离故障极,并把残余的极电流转移到大地回路。

中性母线开关装置的电流转换要求应考虑最严酷的条件,包括健全极的最大电流和最不利的故障位置。此开关应能产生一个比大地回路的电阻压降更大的电压,以迫使电流转换。对于那些不允许大地回路方式运行或不允许在线转换到金属回路方式运行的系统,此开关装置不需要有开断负荷的能力。在这种情况下,用隔离开关即可。

另外,若一个极的中性母线开关装置开断失败将导致双极闭锁。

7.4.3 双极中性母线故障

双极中性母线保护区域内的母线故障可通过 7.4.1 中所讨论的差动方案检测。在这个区域内的中性母线故障需要双极停运(可以是计划停运),以进行检修。

7.5 直流电抗器保护

每个极的直流电抗器可以是干式的或油绝缘的。油绝缘型电抗器保护使用了许多与交流变压器保护相同的技术,但充分考虑了直流电流量对这些保护装置动作的影响。

保护可能包括:

——压力释放装置;

——油温监测;

——油位监测;

——瓦斯检测;

——绕组温度检测;

——冷却系统故障检测;

——差动保护。

直流电抗器或在高压直流换流站的一个保护区内的设备,都可配置差动保护,如图 10 和图 11 所示。

油绝缘型直流电抗器设计有套管,这有助于经济地解决差动保护需安装直流电流互感器的问题。

当使用干式直流电抗器时,需分开安装直流电流互感器以检测电抗器故障。

7.6 直流滤波器保护

高压直流换流站的直流滤波器通常用于限制流入直流线路的谐波电流引起的谐波干扰（见 GB/Z 20996.1）。

直流滤波器支路的保护设计应考虑到高压直流换流站预定的各种正常和异常运行工况。

同样，直流滤波器元件，如电容器、电抗器、阻尼电阻及隔离开关的保护设计应考虑由于大触发角运行、超前角运行或谐振等引起的谐波电流造成滤波器元件过应力的所有可能的运行工况。

7.6.1 滤波器组故障保护

直流滤波电容器组接地故障可能引起直流线路极保护动作。但是，技术规范应要求直流线路极保护动作不应妨碍任何直流滤波器故障的正确识别和自动清除并隔离故障滤波器支路。

通过直流开关场保护区域直流线路侧边界处直流电流互感器之间的差动比较，可检测到直流滤波器区域内的故障，如图 10 和图 11 所示。其他设备，如线路阻波器、耦合电容器、直流分压器等也可包括在这个保护区域内。

故障滤波器的隔离可能需要相应的极瞬时闭锁以允许隔离开关动作。

如果故障滤波器支路被切除后，该极还要继续运行，则技术规范要考虑到直流侧干扰水平可能增大，其他滤波器可能过载和可能产生谐振等情况。

7.6.2 直流滤波电容单元保护

由于直流滤波器的电容器组通常是由串联元件和并联元件组合成，所以可采用多种保护方法，例如：

——如果熔断器确实能提供有效保护的话，可采用熔断器保护（内部的或外部的）；

——电容器组内的不平衡保护；

——通过在线或离线测量，监测滤波器调谐状态，以确定故障位置；

——故障单元或对地电压值的直接测量或遥测、显示；

——指示电容器故障严重程度的单独故障报警，包括如果继续运行会导致电容器雪崩式故障时，自动切除此滤波器支路。

7.7 直流谐波保护

任何高压直流系统的技术规范都应考虑直流侧基波和谐波频率分量的保护。直流侧的基波分量在交流侧产生直流和二次谐波分量，会造成变压器饱和或引起谐振。基波频率信号可从直流分压器或直流电流互感器输出信号中抽取。一旦谐波分量在规定的时间内超过给定的阈值，相应的谐波保护通常使相关的极闭锁。

7.8 直流过电压保护

高压直流换流站的技术规范应考虑直流侧的过电压保护，以确保所有设备和直流母线或电缆免遭稳态过电压。暂态过电压保护是避雷器配合的一部分（见第 11 章）。通常用换流器控制来完成直流系统稳态过电压保护功能。

7.9 直流侧开关保护

技术规范应包括开关装置，如快速极断路器和直流侧隔离开关，包括直流滤波器和极的隔离开关。这些开关装置的技术规范应考虑开断电流和转换电流的能力。另外，应考虑在不损坏设备的前提下，允许的开关燃弧时间。

隔离开关通常是无负荷操作，它们的动作应由设备本身或其他相关的保护进行监视。无负荷隔离开关如旁路开关应该有专用保护。

8 直流线路故障

8.1 架空线路故障

架空线路，特别是很长的架空线路，可能是高压直流输电系统的主要干扰源。架空线路最常见的故障是线路极对地闪络。在双极线路中,两极导线相互之间的距离通常很大,两极之间的闪络实际上可不予考虑。

造成架空线路故障的主要原因有:

——雷电冲击;

——被盐、工业污秽物、沙尘等污染;

——由于故障、控制系统故障等造成的过电压;

——倒杆塔;

——其他:如冰雪破坏、风灾、火灾、碰树等。

绝大多数直流线路故障是暂时的,即在故障清除后,故障处的绝缘几乎都能够恢复到故障前的水平。同时,由于直流故障电流比较小,通常不会造成线路的导线和绝缘子明显损坏。这意味着在绝大多数故障情况下,直流线路可以很快恢复运行。

架空直流输电线路设计所选择的绝缘强度要能抵御雷电冲击、操作冲击和污秽以便把发生单次接地故障的概率限制在可接受的低水平。而且,设计时应防止过电压引起接地故障,如在一极接地故障期间或换相失败时,在另一健全极上产生的过电压导致接地故障。

除以上线路设计方面的考虑之外,由于换相失败,阀控制脉冲全部丢失或直流线路远端开路而产生的过电压幅值应能通过控制系统的合理设计予以限制。

由于雷击或单极接地故障而造成双极停运的概率很小。

在直流线路单极接地故障期间,故障极上的传输功率被暂时中断,并且在健全极、直流滤波器、直流电抗器和金属回路或接地极线路上会出现暂态过电压。

8.2 电缆故障

水下电缆故障是由于船抛锚、拖网而产生的机械损坏、电缆绝缘老化或预料不到的过电压等造成。电缆故障的特点是非自恢复的,因此,电缆的修理或更换会造成很长时间的停电。

8.3 直流故障的特点

直流线路的故障电流基本上是单方向的,它除了不同于交流系统的正弦故障电流波形外,还可以通过控制作用,以和交流线路故障电流完全不同的形态变化。起初整流器电流增加,经过短时间后回到整定值或回到由整流侧电流控制器的低压限流控制功能或其他控制功能决定的较低值。故障电流将继续流动,直到被控制功能清除为止。

发生直流线路故障时,故障极的直流电压突然降低很多。在直流电抗器线路侧,电压的变化率 dv/dt 要比换相失败或换流桥故障所造成的要大。这两种现象,即极电压降到很低和很高的 dv/dt,是直流线路保护的重要判据。

8.4 直流线路故障检测功能要求

直流线路故障可利用直流侧电流和电压的特征来检测。检测系统应具有以下特性:

——快速的主检测;

——对正常的暂态运行工况,如低电压运行、系统起动或停运、潮流反转等,检测应不灵敏;

——检测应对换流器故障或交流系统故障不灵敏,但可能被直流母线故障起动;

——在架空线路和电缆的组合系统中,应考虑对故障部分的识别方法;

——在并联输电线路系统中,故障检测应具有选择性,以便能很快识别故障线路;

使用故障定位装置可以加快故障线路的检查和维修。

8.5 保护程序

直流线路保护系统的设计和运行应使线路故障引起的线路停运时间减到最短。

8.5.1 架空线路故障

由雷击引起的这一类架空线路故障通常不是持续性的。当检测到这样的直流线路故障时,通过控制作用将故障电流降到零。必须适当地设计逆变器的控制系统,以防逆变器向故障点馈入电流。

故障电流降到零后,在重新施加电压和故障线路极恢复运行之前,应有一段使故障弧道去游离的去游离时间。

所需的去游离时间是故障电流、系统电压、气候条件和系统类型(即单极或双极)的函数。直流架空输电线路需要的去游离时间范围的典型值为 100 ms～500 ms。

若第一次再起动没有成功,可再次进行再起动。如果逐渐加长去游离时间或在较低的直流电压定值下再起动,对增大再起动成功的可能性是有利的。如果由于故障处的线路绝缘已部分损坏或某段线路污秽较严重而不允许线路在全电压下运行,此时,后一种选择更具有吸引力,因为虽然减小了输电容量,但重要的是可以继续输电。

8.5.2　电缆系统故障

故障清除后,故障处的电缆绝缘是非自恢复的。若电缆故障,则应把故障极的电流降到零,并闭锁换流器。

8.5.3　架空线路/电缆系统故障

只有在电缆部分故障不允许再起动的情况下,才需要识别故障位于线路的架空部分还是位于电缆部分。

8.5.4　并联电缆系统中一条电缆故障

当检测到故障时,应识别出故障的电缆,并且应尽快将故障极电流降到零。然后切除故障电缆,使用剩下的健全电缆重新启动系统。

如果每一电缆回路均使用有足够开断电流和恢复电压能力的直流断路器,则只需在故障电缆的两端断开直流断路器,而不需迫使极电流降到零。以这种方式使用直流断路器能够改善系统恢复时间。

8.5.5　并联架空线路系统故障

同上所述,应确认发生故障的架空线路,并把故障极中的电流降到零。然后应在全电压下执行再起动程序。如果再起动失败,通常的办法是使极电流降到零并断开故障线路,在此之后可重新起动直流系统。如果在每条线路中使用具有适当继电保护系统的直流断路器,则不必使电流降到零就可切除故障线路。

8.6　故障保护方案

直流线路的故障检测,通常是靠测量 dv/dt 和直流电压。进行这两种测量意味着对故障检测、清除及系统再起动来说,不需交换线路两端的信息。但是,对于某些特殊场合和故障情况,两个高压直流换流站之间的通信还是需要的。

当直流线路故障发生在靠近逆变端时,整流端的直流电压保护可能不能满足可靠和快速地清除线路故障的要求。因而需要从逆变端到整流端的通信,以保证整流器的移相功能快速动作,将电流降到零,待故障线路去游离后,重新起动故障线路。

利用上述保护方案,有时检测不到高阻抗直流线路故障,或故障清除时间达不到要求。在这种情况下,可能需要某些类型的差动电流检测器,这就要使用双向通信通道,以便能比较直流线路两端的直流电流。另一种方法是等待故障变为低阻抗故障时,就能被上面叙述的前两种方法中的一种检测到。

直流输电线路保护并不是总能够区分逆变器的闭锁或旁路和直流线路故障。为弥补这一缺欠并正确辨别故障,应使用从逆变侧到整流侧的通信通道。当逆变器闭锁时,禁止线路故障保护动作。

以电压值为基础的直流输电线路保护,在逆变器交流侧故障或发生持续的逆变器换相失败时可能误动作。因此,在逆变器和整流器之间也需要通信通道,以便在这些情况下闭锁线路保护。

当两条直流线路并联运行并采用线路自动投切程序时,在整流器和逆变器之间通常需要双向通信通道,以使在一条线路出现故障后,接着执行直流线路隔离程序。如果使用具有充分恢复电压能力的直流断路器来投切直流线路,则无需通信通道,用适当的继电保护就可以辨别出故障线路。

类似地,一条直流线路永久性故障后,在自动实现双极并联和解除并联运行的场合,一极的整流站和逆变站之间需要双向通信通道。

8.7　直流侧开路

除非设计时采用了合适的控制功能,否则如果整流器解锁加压到开路的直流极或闭锁着的逆变器上,则可能产生过电压。

在接地极线路或中性母线导体开路的情况下再起动时,将迫使电流流过中性母线避雷器。错误断开中性母线开关也会有同样结果。高速避雷器短路开关可用来保护避雷器。保护系统应能检测这些故障情况。

8.8　交/直流线路交叉保护

当直流和交流输电线路互相交叉穿越时,由于输电线倒塔或悬挂的绝缘子脱落等事故,交直流导线有接触的危险。这种故障可由高压直流系统中的其他保护检测出来。最快的是直流线路故障检测,另外有直流欠电压检测和工频分量检测。这些保护虽然能闭锁高压直流系统,但是直流线路导体仍加有来自交流线路的电压。对于这种情况,交流线路保护不会动作,因为故障电流不够大。因此,通常希望由适当的高压直流保护断开交流线路。

9　接地极线路故障

9.1　概述

接地极线路是直流输电系统的一个重要组成部分。它是两个极的公共部分,接地极线路的故障会严重影响高压直流双极的利用率。如果要求单极大地回路运行,接地极线路是高压直流输电系统不可缺少的部分。

接地极线路的导线可架设在直流线路的杆塔上或可用作直流线路的屏蔽线。在后一种情况下,屏蔽线应绝缘。一个技术上更好的选择是架设一条单独的接地极线路,尽可能与直流输电主回路分开。

9.2　对接地极线路的特殊要求

接地极线路的设计应使发生永久性故障的概率最小。为了达到这个设计要求,需要考虑下列各点:

——为避免接地极线路出现永久性故障,它的绝缘设计应能使直击或感应的雷电波导致的暂态故障能自行消除;

——当直流线路故障时,在接地极线路上感应的电压,不应引起接地极线路绝缘闪络;

——如果避免这些闪络是不可能的或不实际的,闪络电弧应能自行熄灭;

——如果接地极线路是与直流线路分开架设的,则绝缘闪络的危险很小。在任何情况下,羊角放电间隙对于电弧的自熄灭都是有效的;

——机械设计应避免接地极线路开路的可能性。达到这个目的的一种方法是采用两根并联导线,每根导线由各自的绝缘子串支撑。这将减小开路的可能性,并且通过比较两导体中电流的横差保护,可提供检测接地极线路故障或导线(两根导线中的一根)开路的信息;

——为了达到最好的防雷电性能和较容易地检测故障,接地极线路杆塔的接地电阻应该较低。但为了达到电弧能自动熄灭的目的,塔基电阻又不能太低,这可能对安全不利。

9.3　接地极线路监视

由于安全的原因,应装有辨识永久性故障或接地极线路开路的装置。这种装置应向双极系统发出报警或发出闭锁指令。对暂态或瞬时故障通常不要求报警,只要有监测就可以了。

使用直流电流或其他方法测量阻抗的原理,可实现上述的监测系统。应注意,仅当高压直流系统运行于存在极间不平衡电流的情况下采用直流电流才是可行的。已经提出了一些别的方法解决这个问题。

10　金属回线线路故障

10.1　金属回线

如果双极高压直流输电使用金属回线进行单极运行,回线线路可采用低压专用导线,如适当绝缘的高压直流屏蔽线,如图 12 所示,或者使用暂时不用的另一极的高压导线,如图 13 所示。专用导线的绝缘水平可以较低,因为它通常只承受线路电压降的应力。应该设置开关装置以便能将电流从大地回路转换到金属回路;反之当极导线用作金属回线时,能将电流从金属回路转换到大地回路。对开关装置的要求,主要取决于这种转换是带负荷进行还是不带负荷进行。

10.2　金属回线故障

金属回线线路上导线故障的原因与第 8 章所述相似。当用低压绝缘导线时,接地故障的次数可能很多,因为即使是一个感应的雷电冲击也能击穿此低水平的绝缘。另一方面,当把极导线用作金属回线时,闪络的次数可能少得多,因为它的绝缘水平很高。

故障电流将在不同的返回路径中,按与阻抗成反比的关系分配,其大小由下列因素决定:
——线路上接地故障点的位置;
——电弧电阻;
——土壤电阻率;
——塔基电阻;
——接地端(换流站接地网或接地电极)到远地点的电阻。

在金属回线运行中,如果用换流站地网作直流主回路接地,则由接地故障引起的一部分直流电流会通过中性点接地的电力变压器的中性点流入交流系统,如图 14 所示。当很大的直流电流持续地流入交流系统时,交流系统的继电保护会由于电力变压器和电流互感器的饱和影响而误动作。因此,为解决这个问题,快速清除金属回线接地故障是特别重要的。

在低压回线导体上,羊角间隙能自行消除接地故障。也可以使用其他具有同样效果的方法,以减轻电弧对导线和绝缘子的损坏。

金属回线开路故障可能在电位悬浮端造成严重的过电压。检测这种故障的继电保护应与线路过电压保护一起配置。

10.3　金属回线故障检测

在双极平衡运行期间,金属回线导体故障很难检测,因为它在主回路上产生的电压和电流变化很小。然而,在单极或双极不平衡运行情况下,金属回线导体故障可以通过检测对故障敏感的电流的变化得到。例如,直流电流将流入主回路的接地点,而金属回线中的电流则会减小。

金属回线故障检测方案举例如下:
——检测到主回路电流大于返回电路电流(见图 15);
——检测主回路接地点的直流电流(见图 15);
——通过交流辅助电源检测叠加到返回线路上的交流电流信号的变化(见图 16)。
为了缩短检测时间和故障后的维修时间,在返回线路上特别需要故障定位设备。
返回线路导体开路检测也应考虑在保护方案中。

10.4　金属回线故障保护系统

在双极平衡运行期间,通常没有必要对金属回线故障采取保护措施,因为除了持续性故障及开路故障外,其他所有故障均可因自动熄弧而消除。然而,在单极和双极不平衡运行情况下,则需要通过直流线路保护清除故障。在这些运行方式下,金属回线故障电流可持续一段时间(可达 0.5 s),这取决于故障位置、故障电流、放电间隙长度和风力情况。接地点附近的故障可以很快熄弧,而远端故障则持续时间较长。羊角间隙的自熄弧能力对清除那些距接地端较远的故障较为困难。

在低压绝缘导体上可能经常发生金属回线故障,引起长时间持续电弧和重复的闭锁—再启动,因而可能需要考虑另一种保护:
——不闭锁换流器,而是通过短时间闭合安装在电位悬浮端的直流断路器(MRTB),使主回路在两端接地,从而使故障电弧熄灭(如图 17 所示)。

11 高压直流系统的绝缘配合

11.1 概述

高压直流换流站设备的设计应使它能承受一定的过电压而不损坏，这些过电压可能由于交流系统或直流线路发生故障或者换流设备故障而出现。

高压直流换流站的绝缘配合与一般交流变电站的不同之处，主要在于高压直流换流站需要考虑设备的串联连接，包括在远离地电位的端子间连接避雷器以及换流站在不同部分采用不同的绝缘水平。

换流阀的特性包括其触发控制，以及在交流侧和直流侧装有大容量滤波器，是产生过电压的重要因素。

高压直流换流站的过电压可能来自交流系统、直流线路和电缆或站内故障。在研究过电压时，应考虑和评估交流系统和直流系统性能、阀的暂态和动态性能、控制以及最不利情况的组合。

11.2 使用避雷器的保护方案

本部分仅考虑了无间隙金属氧化物避雷器用于高压直流换流站过电压保护的情况。图 18 给出接在架空直流线路上的高压直流换流站的避雷器保护方案。图 19 给出背靠背换流站保护的类似方案。图 20 给出交流侧的避雷器保护，包括交流滤波器的避雷器保护方案。图 21 给出具有串联换流器的高压直流换流站的避雷器保护方案。

跨接在阀上的及直流侧的避雷器承受着不同组合的直流电压和交流电压，以及谐波电压和换相过冲。它们的设计应能承受相应的应力。

一般可通过迭代方法决定对避雷器的要求。对避雷器的能量吸收要求决定了它的体积和特性。这些又反过来影响过电压水平和避雷器放电电流。避雷器应力将在 11.7 中进一步讨论。

11.3 交流侧的操作过电压和暂时过电压

交流侧出现的操作过电压和暂时过电压（见 GB 311.1—1997 中的定义）对避雷器的应用研究非常重要。它们决定了高压直流换流站交流侧的过电压保护和绝缘水平。阀的绝缘配合也受其影响。

当隔离开关位于换流变压器和换流桥之间时，对于这种特殊情况，当隔离开关处于断开位置时，应对换流变压器阀侧绕组提供保护。

本条款讨论的过电压是由交流侧开关操作和本部分第 3 章和第 4 章讨论的故障工况产生的。

11.4 直流侧操作过电压和暂时过电压

除了通过换流变压器传递的交流侧过电压外，直流侧对于操作过电压和暂时过电压的绝缘配合主要决定于直流侧故障和操作产生的过电压。

下面将要讨论的是故障或操作产生的附加交流电压。这些故障包括直流线路接地故障，直流侧投切操作，导致接地极线路开路的故障，以及由于换流器控制故障，丢失触发脉冲，换相失败，接地故障和换流单元内部短路。

在包括直流电缆和架空线路组合的系统中，在电缆终端需要避雷器以保护其免受过电压的冲击。

11.5 雷电及陡波冲击

对高压直流换流站的不同部分，考虑雷电冲击波作用应以不同的方法进行。这些部分是：

——从交流线路入口到换流变压器网侧的交流开关场部分；

——从直流线路入口到直流电抗器线路侧的直流开关场部分；

——换流变压器阀侧到直流电抗器阀侧之间的换流桥部分。

换流桥部分由串联的电感与其他两部分分开，一端是直流电抗器的电感，另一端是换流变压器的漏抗。在换流变压器交流侧或直流电抗器外的直流线路上，由雷电冲击等造成的行波被串联电抗和对地电容的组合所衰减，波形类似操作波。因此，它们应作为操作冲击的配合予以考虑。

交流和直流开关场部分与架空线路相比阻抗较低。与大多数常规交流开关场的不同之处是存在交流滤波器、直流滤波器，可能还有大容量的并联电容器组。所有这些对陡波前冲击或雷电冲击都具有削弱作用。

陡波前冲击不同于雷电冲击,在设备设计、试验和绝缘配合时都应予以考虑。由高压直流换流站接地故障等引起的冲击对于阀的绝缘配合非常重要。这些冲击波典型的波前时间为 $0.5~\mu s \sim 1.0~\mu s$,持续时间达到 $10~\mu s$。其大小和波形可通过数字仿真研究决定。

在交流开关场部分,波前时间在 5 ns~150 ns 的陡波冲击也可能由气体绝缘开关站中的隔离开关操作引起。在 SF6 断路器的操作中,也会出现波前时间为数十纳秒的陡波过电压。

11.6 保护裕量

高压直流换流站绝缘一般采用绝缘配合的惯用方法。另外,绝缘配合的统计法可用于自恢复绝缘。

在惯用法中,根据过电压和保护装置(避雷器)的特性,确定在一个指定地点可能出现的最大过电压。

通过避雷器的最大电流也应通过数字仿真或高压直流模拟研究来确定。最大电流值或某个较高值可定义为配合电流,对应这个电流的避雷器两端电压即为保护水平。在操作过电压情况下,它被称为操作冲击保护水平(SIPL);在雷电过电压时的相应值称为雷电冲击保护水平(LIPL)。

设备承受的最大过电压由跨接于它的避雷器或避雷器组的保护水平所决定,同时与设备、避雷器和地的连接有关。

对于由避雷器保护的设备,当最大电压确定之后,相应的绝缘水平,即操作冲击耐压(SIWV)和雷电冲击耐压(LIWV)(根据 GB/T 311.1—1997 定义)也就确定了,同时应考虑保护裕量。

保护裕量可表示为:

$$裕量＝(安全系数－1)\times100\%$$

其中,安全系数在 GB/T 311.1 中定义为:

$$安全系数＝\frac{操作或雷电冲击耐压}{最大过电压}$$

交流系统的实践为选择裕量提供了基础,现有高压直流系统广泛的成功经验也为确定选择裕量的标准提供了附加的数据。同时,使用金属氧化物避雷器比以前的避雷器技术具有更稳定的保护水平。

对于操作冲击,阀常用 15% 的裕量,然而对于某些特定的应用场合也有采用 10% 裕量的情况。

对于雷电冲击,阀常采用 15%~20% 的裕量。对其他设备的保护,操作冲击应采用 15%~20% 的裕量,雷电冲击应采用 20%~25% 的裕量。在过去的实际运行中使用这些裕量获得了成功的经验。对于前沿时间小于或等于 $0.5~\mu s$ 的陡波冲击,超过最大过电压的 20%~25% 的裕量对阀以及其他设备都是合适的。应避免特别陡的陡波冲击进入阀内。

阀的保护裕量或安全系数的选择低于其他设备,其主要原因是通常阀直接跨接有避雷器保护,而且晶闸管阀的老化过程不同于一般的电力设备(如电力变压器),因为故障晶闸管可以在定期检修时更换。在阀设计时,其他元件的绝缘应比晶闸管具有更高的承受能力,从而自然具有了较高的裕量。

上述对保护裕量的要求都应该写入技术规范中。

11.7 避雷器

以下所有避雷器的命名请参见图 18、图 19 和图 20。

11.7.1 交流母线避雷器(A_1 和 A_2)

高压直流换流站交流侧通常由换流变压器处的避雷器(A_1)以及根据站的布局在另一位置设置的避雷器(A_2)所保护。这些避雷器根据交流系统准则,并考虑了网络接地以及雷电、操作和暂时过电压等进行设计。因为换流变压器可能饱和,以及滤波器和交流系统之间可能发生低频谐振,特别是在清除故障时,可能出现持续时间很长的、高的过电压。这就可能需要设计吸收高能量和大电流的避雷器。

11.7.2 滤波电抗器避雷器(FA)

滤波电抗器避雷器应考虑交流母线上的操作过电压和暂时过电压,以及在滤波器母线接地故障期间滤波电容器通过避雷器的放电电流。前者决定了所需的 SIPL,后者决定了 LIPL 和能量吸收要求。

在某些情况下,很高的能量吸收要求是由于低次谐波谐振,或者在交流系统故障期间不平衡运行时产生的低次非特征谐波造成的(见4.3.7)。

11.7.3 阀避雷器(V)

与阀避雷器有关的事件如下:

——限制由交流侧传来的操作波过电压和暂时过电压;

——在换流桥和高电位换流变压器之间接地故障时,直流线路、直流滤波器、阀厅电容的放电电流;

——仅一个换相组的电流中断;

——由于屏蔽失败导致的雷电波放电电流。

前三种情况决定了避雷器承受操作波过电压的应力,它们通常要求避雷器能够吸收很大的能量。

若阀的正向保护触发水平高于避雷器的保护特性时,阀的正向保护触发水平应与避雷器的保护特性相配合。

在整流运行的换流器单元并联时,由于并联换流器单元馈入故障电流,所以换流桥和高电位的换流变压器之间的接地故障,要求受影响的避雷器能够吸收附加的能量。

阀应设计为能够承受在避雷器放电期间阀导通的情况下,由直接并联的避雷器转移过来的预期的最大放电电流。

11.7.4 中性直流母线避雷器(M)

中性直流母线避雷器有时可用来降低对换流变压器阀侧绝缘水平的要求。

中性直流母线避雷器的能耗由低电位的六脉动桥电流中断以及屏蔽失败造成的雷电波所决定。这个避雷器的数据与阀避雷器的数据为同一数量级。

11.7.5 换流器单元直流母线避雷器(CB)和换流器单元避雷器(C)

高压换流器单元母线可由连接在母线和地之间的换流器单元直流母线避雷器直接保护(图18,避雷器CB)。对于图21所示的串联换流器单元,通常采用两个避雷器的组合,一个是连接在高压换流器单元端子之间的避雷器"C",另一个是接在低压侧的换流器单元上换流器单元直流母线避雷器(CB2)。

由于换流器单元直流母线避雷器和换流器单元避雷器的保护水平是标称直流电压的两倍,这些避雷器一般不会受到较大的操作波放电电流影响。它们的特性是由稳态直流电压水平决定。在换流器单元串联的情况下,对避雷器"E_1"和"E_2"有一个附加要求,即要考虑当一个换流器单元短路时,直流线路的放电电流。

11.7.6 直流母线及直流线路避雷器(DB和DL)

决定直流母线及直流线路避雷器的特性要考虑最大运行电压以及雷电和操作过电压。直流母线避雷器"DB"决定了直流极设备的绝缘水平。在含有电缆的高压直流系统中,直流线路避雷器"DL"的保护水平可以根据电缆的耐压特性来选择。当高压直流线路同时包括架空线路部分和电缆部分时,在电缆和架空线路的连接点应考虑采用避雷器,以防由于行波反射在电缆上出现过高的过电压。

11.7.7 中性母线避雷器(E_1和E_2)

中性母线避雷器的运行电压一般较低,在双极平衡运行时实际上为零。在单极运行中也只有很低的直流电压,此电压对应于接地极线路或金属回线的电压降。这些避雷器用来保护设备,以防进入中性母线的雷电过电压以及下列故障期间释放的大量能量:

——直流极接地故障;

——阀和换流变压器之间接地故障;

——单极运行时,返回路径开路。

它们的能量要求主要取决于清除这些故障的操作顺序。

11.7.8 直流电抗器避雷器(R)

直流电抗器上可以并联避雷器,以防雷电冲击在电抗器两端造成过高的电压,这样可以降低电抗器绕组的绝缘要求。

11.7.9 直流滤波器避雷器(FD)

直流滤波器避雷器的正常运行电压很低,通常含有一次或多次谐波电压。避雷器主要由直流极接地故障引起的暂态来决定。

11.8 防止避雷器电流引起继电保护动作

设计高压直流换流站的继电保护时,可能需要考虑避雷器电流。在一些情况下,具有很大的放电电流的避雷器,如高能量中性母线避雷器,有可能处在差动保护区内。此时,则可能需要测量该避雷器电流并送入保护,以免保护区外的故障引起避雷器放电而使继电保护误动。

11.9 绝缘间距

户外绝缘的空气间隙一般由操作冲击耐压(SIWV)决定,操作冲击耐压是根据电极形状采用通常的校正系数确定。

在阀厅内部应格外注意电极形状,以使其要求的间隙距离最小。所使用的间距是根据对适当的电极形状进行试验得到的。在阀厅内部,通常选取闪络概率为 0.1% 的距离。

11.10 绝缘爬距

11.10.1 户外绝缘

户外绝缘子和套管的外部绝缘主要由在正常运行电压下及污秽条件下的特性所决定。绝缘子承受直流电压时和承受交流电压时的特性不同。安装在同一换流站的直流绝缘子比交流绝缘子更易受污秽,因为直流绝缘子易吸附带电粒子。

绝缘子耐受直流电压的能力与污秽水平有关,在污秽情况下,其直流耐压比交流耐压(有效值)低。绝缘子的直流耐压与它的形状关系更大。在轻污秽或中等污秽地区,通常使用 2.5 cm/kV～4.6 cm/kV 范围的爬距。在严重污秽的地区,规定爬距不得小于 4.8 cm/kV。

许多高压直流工程的运行人员都发现有必要使用绝缘子冲洗、硅脂或采用其他涂层以改善绝缘子的闪络性能。

对于换流站绝缘子在直流电压和污秽情况下的性能,现在了解的还很有限,还需要进一步探索,以建立确定爬距的可靠准则。

11.10.2 户内绝缘

阀厅内在额定直流电压下广泛使用的最小爬距定为 1.4 cm/kV～1.6 cm/kV。由于环境清洁,湿度可控,因此爬距不是一个主要问题。

12 通信要求

12.1 概述

如 GB/Z 20996.1 所述,高压直流输电的运行可采用不同类型的通信手段。

通信在高压直流输电运行中的主要作用是传输控制信息,如电流或功率指令,负荷或频率控制等。另外,它还可用于监控、操作和保护。每一功能都可以使用单独的通道,然而,通常是一条通道用于多种功能。在通道分配中,保护应优先考虑。

站内设备的故障保护以及故障清除后系统在规定的恢复时间内再起动的能力,不应依赖于通信系统。但有了通信,对送端和受端交流系统有利,例如:它可减缓高压直流换流站母线上有功和无功功率突变所引起的冲击。

没有通信系统,高压直流换流站设备也可得到合理的保护,高压直流系统也能运行。但是,如果没有通信,就不可能达到故障持续时间最短和故障之后恢复时间很短的要求,保护的选择性所需的时间定值和安全投切顺序将不能与上述要求正确匹配。

通信系统应采用不受电力系统故障影响的、安全的传输路径。

12.2 对通信系统的特殊要求

如第8章所述,直流线路的基本保护判据,即 dv/dt、直流电压和直流电流,都需要站间通信以处理

一些特殊的故障情况,例如:

——高阻抗线路故障;

——辨别直流线路故障和逆变侧故障(包括逆变器换相失败);

——保护并联运行的直流线路,不使用直流断路器且允许自动投切;

——为清除永久性的线路极故障而需要进行极的自动并联或解除并联,且不使用直流断路器。

逆变器换相失败保护通常通过增大逆变器的关断角实现。但一些保护策略类似于低压限流控制(见第 4 章),要求通过通信通道使整流侧发命令减小线路电流。

当高压直流系统每个极使用多个换流器单元时,在一个换流站自动或手动闭锁某换流器单元以后,各高压直流换流站应维持相同数目的换流器单元运行,双向通信通道有助于这种高压直流系统的运行。

当直流输电与发电厂直接相连时,输电性能可能需要从整流站或逆变站到发电厂的控制信号。例如,可以控制发电机的励磁或控制调速系统的信号,或优化发电机单元或滤波器组的数目和负荷的信号。

在某些类型的故障之后,可能需要每个极的通信信号,以便把电流限制在预定值之内。

同样,对于严重的交流线路故障,功率反转或改变功率水平的控制信号,可用来增强交流系统的稳定性(见第 4 章)。

用于控制和保护的通信通道都应当以极为基础,并实现多重化。

通信也可用于线路故障定位。

12.3 通信系统中断的后果

对于 12.2 中的许多要求,若缺少通信系统,除增加了故障后的恢复时间外,不会造成其他问题。但是,通信中断将大大降低直流系统的性能。例如,不能区分逆变侧交流故障和逆变端直流线路故障。如果所有通信都处于中断状态,则整个直流输电会因逆变侧故障而被直流线路保护所停运。解决这一问题的一种方法是在失去通信之后,立即将直流线路保护延迟。

整流侧和逆变侧的所有交流系统电压控制都要求有通信。失去这些通信对交流系统运行所造成的影响应认真考虑。

12.4 电力线载波(PLC)系统的特殊考虑

电力线载波的性能可能受到极导线或屏蔽导线上瞬态故障的影响,大大降低控制和保护系统的性能,从而影响到高压直流系统的性能。为减小这些影响,对 PLC 系统应规定下列要求:

——对于极导线和屏蔽导线用作通信路径的载波系统,屏蔽导线的绝缘设计应避免在正常运行期间和在高压直流系统设计所考虑到的过电压情况下出现闪络;

——在直流线路故障或屏蔽导线绝缘子闪络期间,电力线载波信号的衰减应尽量小,以免降低高压直流系统的输电性能;

——保护和控制通道选择的载波频率要尽可能高,以避免换流站产生的载波干扰。如果所选的频率不能避免这种影响,则需要加装电力线载波滤波器。

另外,对高压直流输电线路上 PLC 的下列暂态干扰源应认真检查:

——接地极线路噪音耦合干扰;

——交流线路与直流输电线路并行或交叉产生的干扰;

——高压直流线路极间耦合的干扰。

13 辅助系统

13.1 概述

高压直流换流站的辅助系统是高压直流换流站输出功率的必要条件,它使高压直流系统维持良好的运行状态,使系统能安全停运。它们可分为两大类,即电气辅助系统和机械辅助系统。

13.2 电气辅助系统

13.2.1 一般要求

电气辅助系统的稳态要求在 GB/Z 20996.1 中讨论。本条款讨论电气辅助系统的性能和相关要求，以及能够在故障或操作引起的暂态过程中保证高压直流系统性能方面的问题。

高压直流换流站的电气辅助系统，一般都是由与整流站或逆变站相连的交流电网供电。因此，交流电网的故障或供给高压直流换流站辅助电力的交流馈电线路故障，会影响辅助设备的性能，并最终影响高压直流输电系统的性能。所以，一般需要至少两路独立的电源供电。

虽然辅助系统的负荷通常只有高压直流换流站额定功率的 0.2%～1%，但是高压直流系统的可靠性却很大程度上依赖于辅助系统在故障和操作暂态期间的正确运行。鉴于这种重要性，对电气辅助系统的技术要求应给予重视。因此，通常认为一般大型高压直流换流站的电气辅助系统，可能比小型高压直流换流站更加复杂和庞大。

站辅助电力负荷分为三类：基本负荷、应急负荷和一般负荷。基本负荷是指那些确保高压直流换流站能输送额定功率的负荷。应急负荷是指那些在主要交流母线供电发生故障时，应投入运行或应尽快做好投入运行准备的负荷。一般负荷或其他负荷是指那些与换流站换流能力无密切关系的负荷。

基本负荷是指这样一些负荷，例如，不能中断或不能受扰动的控制和保护系统的电源。它们通常称为一级辅助电力负荷。它们通常由蓄电池（通过变流器连在低压交流辅助电源母线上）供电或带有备用蓄电池充电机的不间断电源供电。

为了达到 100% 的裕量和必要的高可靠性，基本负荷母线几乎总是由两路独立的主电源供电。应为它们设置自动切换装置，以便当一路电源故障时，另一路电源能够给这部分的所有负荷供电。在进行高压直流换流站设备和辅助系统设计时，应考虑两路主电源同时停电的可能性。

自动切换的设计，可以考虑正常并联运行，或以很小的时滞进行切换，或按照高压直流换流站允许的供电中断时间，或负荷同步限制时间进行延时切换。

对于不需要有 100% 裕量的负荷，通常由两条馈线中的一条供电。供电线路的选择，由装在所供电的设备附近的切换开关完成。

在可能结冰的地区，有一个特殊问题，即在全部停电的情况下，要有一个替代的交流电源，以防止某些系统如油管、柴油系统以及供水系统等出现冰冻。

电气辅助系统的设计，应使它能在交流系统受扰动后，在高压直流系统满负荷或过负荷情况下，仍能很好地运行。在交流故障被清除后，辅助系统欠压运行的限制，应与高压直流线路降压运行准则一致。

辅助系统的设计必须考虑交流供电长时间电压波动，以及在交流供电系统预定的运行条件下正常运行。

13.2.2 特殊要求

每一个极都应有它自己独立的和完整的双路辅助电源，给其基本负荷供电。同时，应考虑装设开关和切换装置，以便在一个极失去辅助电源期间，借助另一极的辅助系统，提供辅助电源。

在高压直流换流站所连的交流系统中的扰动造成的短暂中断后，一旦供电恢复，所设计的电气辅助系统不应妨碍在规定的时间内恢复高压直流输电。

电气辅助系统应能在直流输电工程所规定的高频及低频范围内运行，且不会引起任何辅助系统中断运行或停运。

不间断电源应保持输出的频率和电压在其供电辅助系统所要求的范围之内，使阀组的运行不受影响，并且辅助系统的交流供电电源，在 2 s 以内的短时停电期间，应保证保护仍能相互配合。

电气辅助系统的控制和保护设计，包括清除故障的速度和保护装置的选择，应与工业上或商业上的低压交流规程相同。应特别注意以下几点：

——避免两路以上的辅助主电源并联，以便限制辅助电源的短路容量；

——在一路电源向另一路电源自动转换期间,当两路电源要并联时,应提供能确保同步的方法;

——转换应在有关母线所允许的电压条件下,在所供电的特定负荷所要求的转换时间内完成。

13.3 机械辅助系统

高压直流换流站的机械辅助系统包括下列重要的系统:阀冷却、同步调相机冷却、压缩空气、火灾检测、保护和灭火、绝缘油、柴油、供水、排水和污水处理、空气调节、通风和机械装卸设备等。

以上系统用于维持高压直流系统满负荷输电。其中阀冷却系统可能最为重要和关键。

换流器的设计将决定阀冷却系统的类型。一般为空气冷却或液体冷却。阀组的冷却容量应按吸收每一阀组的功率损耗考虑。而且,应该有备用元件,以便在任何预期的负荷环境条件下,当某风机、冷却泵、热交换器等故障或停运时,不致降低直流输电能力。

监控和报警系统最好应包括监测辅助电源功能,尤其是晶闸管阀及其冷却系统的辅助电源。这些功能可包括:

——空气冷却阀:晶闸管阀的进出口空气最高温度、热交换器的进出口空气最高温度、阀两端的压力差、阀厅的最高和最低温度、空气处理设备关键位置处的压力及空气流量等。

——水冷却阀:进出阀的去离子水温、膨胀器的水位、水的电导率、阀冷却管两端的压力差、流过阀的最低水流量、水的氧气含量(如有必要)、水温和热交换器温度(如有冷却塔)、阀厅空气的温度和湿度以及空气调节系统。

监控系统应给出上述各项报警的上限和下限,以及泵或风机故障,水储量不足和储水箱补水要求,晶闸管阀漏水等各项报警。当偏离正常情况时,也应给出报警信号,如去离子水或进出阀的空气温度过高、流过阀的水流量太低或者泵或风机停机过多。对于这些情况,监控系统会启动跳闸信号。

对满负荷输电很重要的另一种机械系统是高压直流输电的无功功率设备(如同步调相机或静止无功补偿装置等)的冷却系统。对每一个这样的无功源都应提供独立的冷却系统,并且冷却系统中的主要和关键元件应有足够的冗余设计,以尽量减小高压直流输电系统因失去某一无功源而降低功率。

压缩空气系统可能对高压直流换流站的安全停运至关重要,特别是开关装置的操作需要压缩空气时更是如此。

高压直流换流站的机械设备的设计,应能在包括导致过速或欠速的暂态期间正常运行。

出于维护需要和安全原因,往往还需装备其他辅助机械系统。它们与高压直流系统的暂态性能无直接关系。

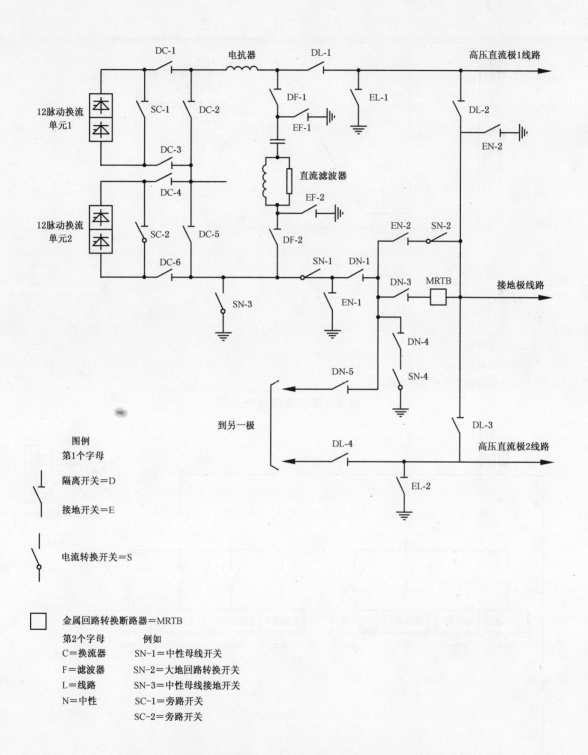

图 1 换流器串联连接的高压直流换流站的直流侧开关

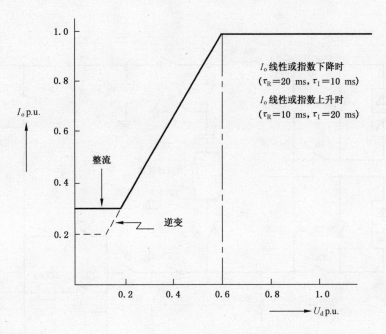

注：U_d——直流电压；

I_d——电流指令；

τ_R 和 τ_I——整流侧及逆变侧的时间常数。

图 2　低压限流特性示例

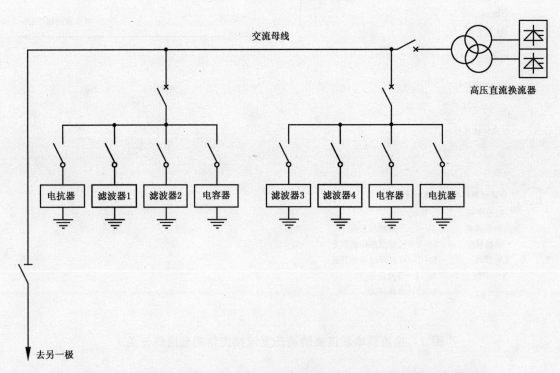

图 3　大型双极高压直流系统的交流滤波器、电容器及电抗器组布置示例

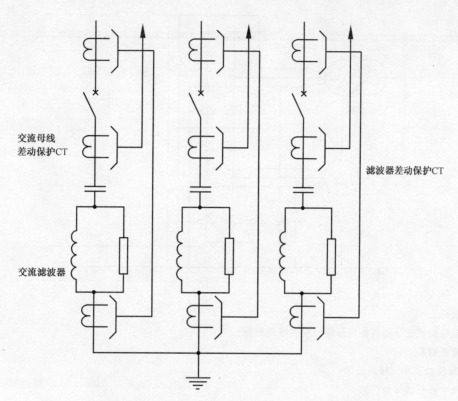

图 4 交流滤波器及交流母线差动保护的电流互感器布置示例

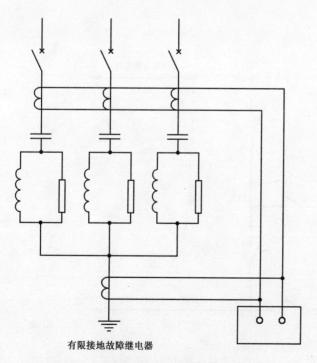

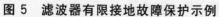

图 5 滤波器有限接地故障保护示例

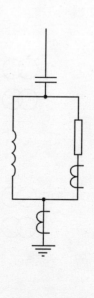

图 6 阻尼滤波器支路过负荷保护示例

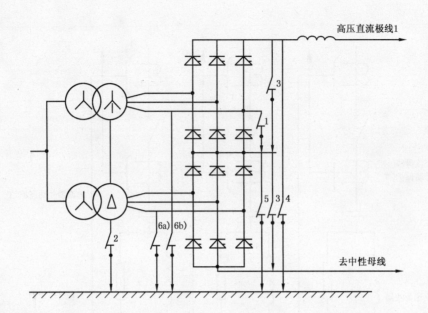

故障种类

1——阀短路；

2——高电位换流变压器阀侧星形绕组中点接地故障；

3——换流桥短路；

4——12脉动换流单元接地故障；

5——直流中点母线接地故障；

6a)——低电位换流桥交流连线接地故障；

6b)——高电位换流桥交流连线接地故障。

图 7　12脉动换流单元故障示例

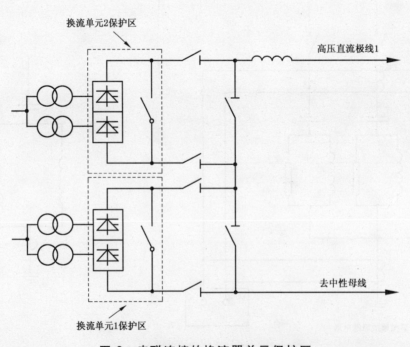

图 8　串联连接的换流器单元保护区

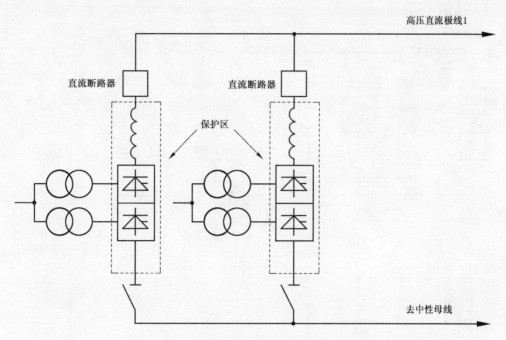

图 9　并联连接的换流器单元保护区

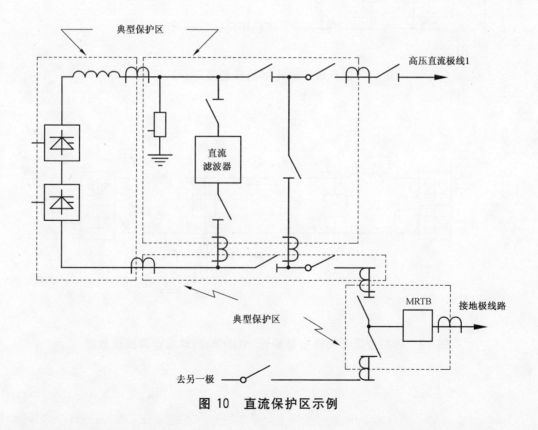

图 10　直流保护区示例

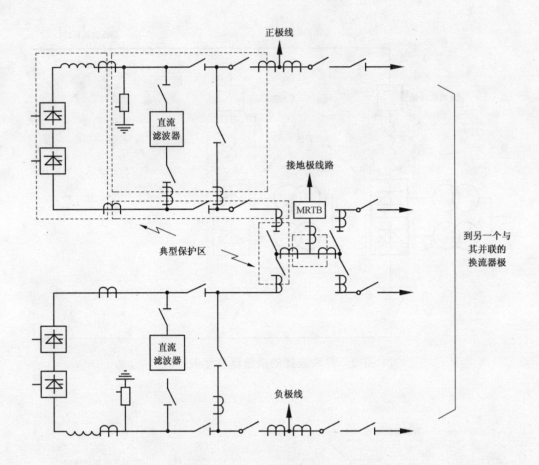

图 11 换流器并联连接的极直流保护区示例

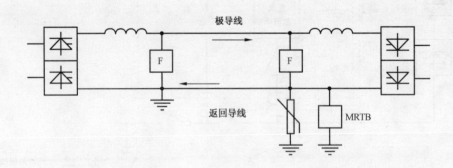

图 12 标明金属回路转换断路器(MRTB)的单极金属回线系统

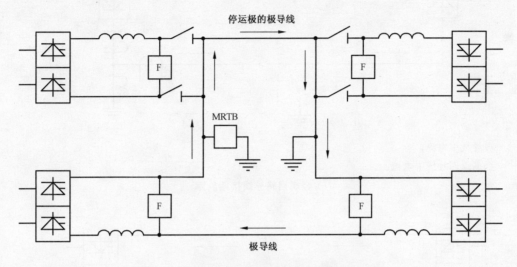

图 13　一极换流器停运，双极系统单极运行

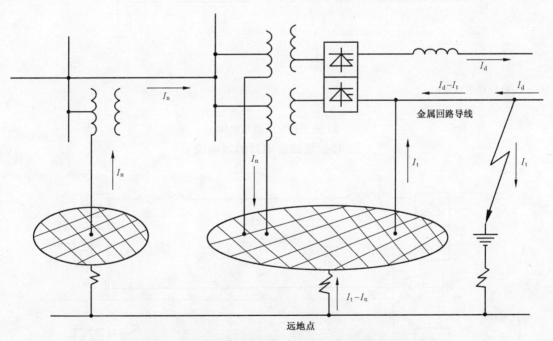

图 14　当换流站接地网用作直流回路接地体时，
金属回路导线故障，直流电流流入交流系统

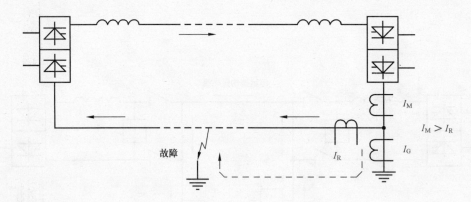

I_M——极导线中电流；

I_R——金属返回导线中电流。

a) 金属回路导线接地故障

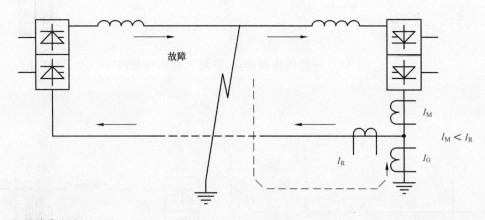

I_M——极导线中电流；

I_R——金属返回导线中电流。

b) 主回路导线接地故障

图 15　线路接地时的地电流

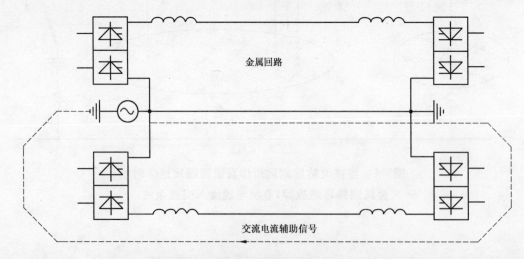

图 16　利用辅助交流信号的金属回线故障检测系统示例

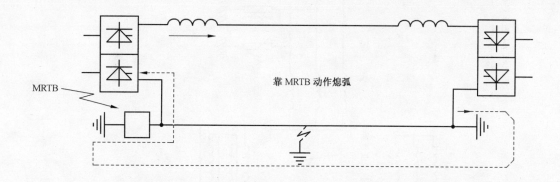

图 17 利用 MRTB 清除金属回路导线接地故障的示例

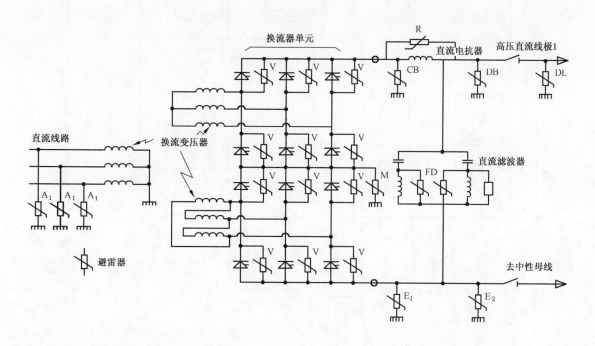

注：更详细的交流避雷器布置示例见图 20。

图 18 高压直流换流站避雷器保护方案示例

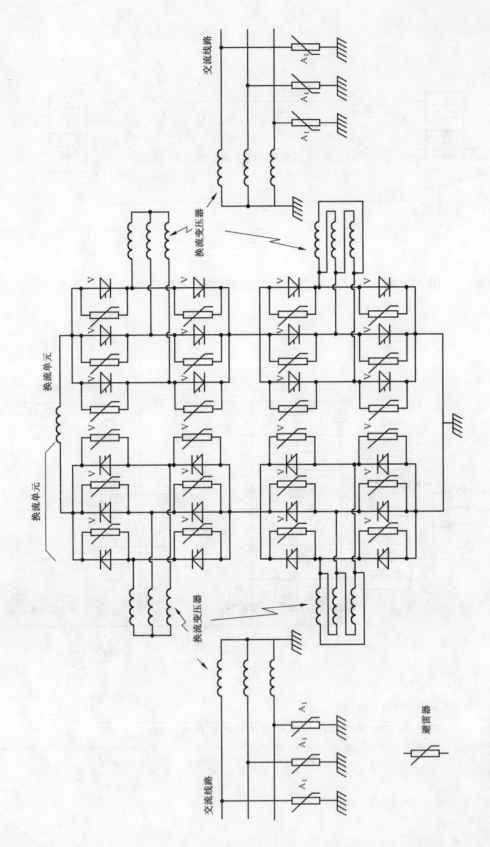

图 19　背靠背高压直流换流站直流避雷器保护方案示例

注：交流避雷器布置见图 20。

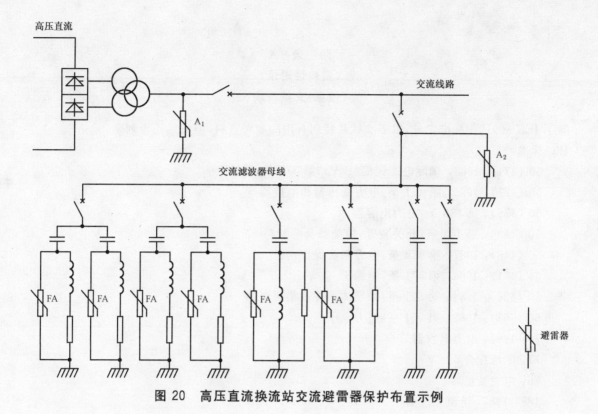

图 20 高压直流换流站交流避雷器保护布置示例

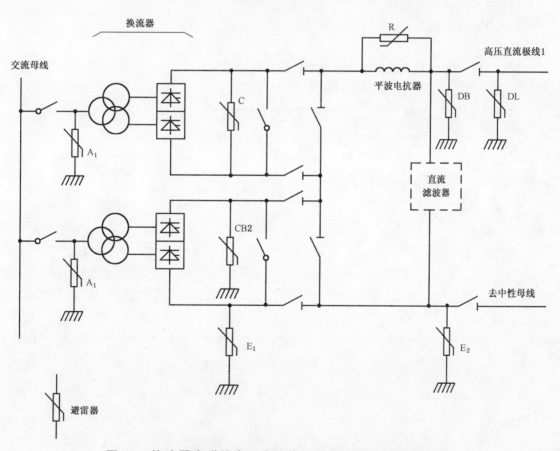

图 21 换流器串联的高压直流换流站避雷器保护方案示例

附　录　A

（资料性附录）

（信息）文献目录

除了 IEC 60919-1 标准之外，以下文献是特别有用的参考资料，但可能还未列全：

IEC 标准：

　　50（371）：1984，国际电工词汇（IEV），第 371 条：遥控

　　50（421）：1990，第 421 条：电力变压器和电抗器

　　50（436），第 436 条：电力电容器

　　50（443），第 443 条：开关装置，控制器及熔断器

　　50（448）：1987，第 448 条：电力系统保护

　　50（471）：1984，第 471 条：绝缘子

　　50（521）：1984，第 521 条：半导体器件及集成电路

　　50（551）：1982，第 551 条：电力电子

　　70：1967，电力电容器

　　71：绝缘配合

　　76：电力变压器

　　185：1987，电流互感器

　　186：1987，电压互感器

　　289：1988，电抗器

IEC 报告：

　　505：1975，电气设备绝缘系统评价和认证导则

ICS 29.200；29.240.99
K 46

GB/Z 20996.3—2007/IEC/TR 60919-3：1999

中华人民共和国国家标准化指导性技术文件

高压直流系统的性能
第 3 部分：动态

Performance of high-voltage direct current（HVDC）systems—
Part 3：Dynamic conditions

（IEC/TR 60919-3：1999，IDT）

2007-06-21 发布

中华人民共和国国家质量监督检验检疫总局
中国国家标准化管理委员会　发布

前　言

GB/Z 20996《高压直流系统的性能》是国家标准化指导性技术文件,共包括以下 3 个部分:

第 1 部分:稳态;

第 2 部分:故障和操作;

第 3 部分:动态。

本部分为第 3 部分,等同采用 IEC/TR 60919-3：1999《高压直流系统的性能　第 3 部分:动态》。有关技术内容和要求的规定完全相同,编辑格式按我国国家标准 GB/T 1.1—2000 规定。

本部分由中国电器工业协会提出。

本部分由全国电力电子学标准化技术委员会(SAC/TC 60)归口。

本部分负责起草单位:中国电力科学研究院、北京网联直流输电工程技术有限公司。

本部分参加起草单位:西安电力电子技术研究所、西安高压电器研究所、西安西电电力整流器有限公司、南方电网技术研究中心、机械工业北京电工技术经济研究所。

本部分主要起草人:王明新、陶瑜、周观允、程晓绚、李侠、饶宏、孟庆东、马为民、蔚红旗、苟锐锋、方晓燕、曾南超、赵畹君、田方。

本指导性技术文件是首次发布。

本指导性技术文件由全国电力电子学标准化技术委员会负责解释。

引　言

高压直流输电在我国电网建设中,对于长距离送电和大区联网有着非常广阔的发展前景,是目前作为解决高电压、大容量、长距离送电和异步联网的重要手段。根据我国直流输电工程实际需要和高压直流输电技术发展趋势开展的项目在引进技术的消化吸收、国内直流输电工程建设经验和设备自主研制的基础上,研究制定高压直流输电设备国家标准体系。内容包括基础标准、主设备标准和控制保护设备标准。项目已完成或正在进行制定共19项国家标准:

(1)《高压直流系统的性能　第一部分　稳态》

(2)《高压直流系统的性能　第二部分　故障与操作》

(3)《高压直流系统的性能　第三部分　动态》

(4)《高压直流换流站绝缘配合程序》

(5)《高压直流换流站损耗的确定》

(6)《变流变压器　第二部分　高压直流输电用换流变压器》

(7)《高压直流输电用油浸式换流变压器技术参数和要求》

(8)《高压直流输电用油浸式平波电抗器》

(9)《高压直流输电用油浸式平波电抗器技术参数和要求》

(10)《高压直流换流站无间隙金属氧化物避雷器导则》

(11)《高压直流输电用并联电容器及交流滤波电容器》

(12)《高压直流输电用直流滤波电容器》

(13)《高压直流输电用普通晶闸管的一般要求》

(14)《输配电系统的电力电子技术静止无功补偿装置用晶闸管阀的试验》

(15)《高压直流输电系统控制与保护设备》

(16)《高压直流换流站噪音》

(17)《高压直流套管技术性能和试验方法》

(18)《高压直流输电用光控晶闸管的一般要求》

(19)《直流系统研究和设备成套导则》

高压直流系统的性能
第 3 部分：动态

1 范围

GB/Z 20996 的本部分提供了高压直流系统动态性能的综合导则。本部分中的动态性能是指其特征频率或时间区域覆盖暂态条件到稳态条件之间范围的事件和现象。它涉及到的动态性能应属于在稳态或暂态条件下，两端高压直流输电系统与相连的交流系统或其部件，如电厂、交流线路和母线、无功源等之间的相互影响。两端高压直流输电系统采用由三相桥式接线（双路）组成的 12 脉动（波）换流器单元构成，具有双向功率传输能力。换流器采用由无间隙金属氧化物避雷器进行绝缘配合的晶闸管阀作为桥臂。本部分中未考虑二极管换流阀。对于多端高压直流输电系统虽未特别提及，但本部分中的许多内容也适用于多端系统。

GB/Z 20996 由三个部分组成。第 1 部分稳态，第 2 部分故障和操作，第 3 部分动态。在制定与编写过程中，已经尽量避免了三部分内容重复。因此，当使用者准备编制两端高压直流系统规范时，应参考三个部分的全部内容。

对系统中的各个部件，应注意系统性能规范与设备设计规范之间的差别。本部分没有规定设备技术条件和试验要求，而是着重于那些影响系统性能的技术要求。本部分也没有包括详细的地震性能要求。另外，不同的高压直流系统可能存在许多不同之处，本部分也没有对此详细讨论，因此，本部分不应直接用作某个具体工程项目的技术规范。但是，可以以此为基础为具体的输电系统编制出满足实际系统要求的技术规范。本部分涉及的内容没有区分用户和制造厂的责任。

2 规范性引用文件

下列文件中的条款通过 GB/Z 20996 的本部分的引用而成为本部分的条款。凡是注明日期的引用文件，其随后所有的修改单（不包括勘误的内容）或修订版均不适用于本部分。然而，鼓励根据本部分达成协议的各方研究是否可使用这些文件的最新版本。凡是不注日期的引用文件，其最新版本适用于本部分。

GB/Z 20996.1—2007　高压直流系统性能　第 1 部分：稳态（IEC/TR 60919-1：1988，IDT）

GB/Z 20996.2—2007　高压直流系统性能　第 2 部分：故障和操作（IEC/TR 60919-2：1991，IDT）

3 高压直流动态性能规范概要

3.1 动态性能规范

高压直流系统完整的动态性能规范应包括以下章节：

——交流系统潮流和频率控制（见第 4 章）；

——交流动态电压控制及与无功源的相互影响（见第 5 章）；

——交流系统暂态和静态稳定性（见第 6 章）；

——较高频率下高压直流系统的动态性能（见第 7 章）；

——次同步振荡（见第 8 章）；

——与电厂的相互影响（见第 9 章）。

第 4 章涉及利用高压直流系统的有功功率控制影响相关交流系统潮流和/或频率，以改善交流系统的性能。在设计高压直流有功功率控制模式时应考虑以下几点：

a) 稳态运行时,使交流系统损耗最小;

b) 稳态运行和扰动时,防止交流输电线过负荷;

c) 与交流发电机调速器控制配合;

d) 稳态运行和扰动时,抑制交流系统频率偏差。

在第 5 章中,当采用交流母线电压控制时,应考虑高压直流换流站和其他无功源(交流滤波器、电容器组、并联电抗器、静止无功补偿装置、同步调相机)的电压和无功功率特性,以及它们之间的相互作用。

在第 6 章中,对通过控制高压直流有功和无功,以阻尼机电振荡来提高互联交流系统的静态和/或暂态稳定性的方法进行了讨论。

第 7 章涉及一个高压直流系统,由于换流器产生的特征谐波和非特征谐波所引起的在二分之一工频以上频率范围内的动态性能;也讨论了防止失稳的措施。

在第 8 章中,考虑了由于高压直流控制系统(定功率和定电流调节方式)与火电厂的涡轮机在它们的自然频率下,发生扭矩放大和机械振荡的现象;定义了次同步振荡阻尼控制的规范。

在第 9 章中,考虑了一个电厂与电气距离较近的高压直流系统之间的相互影响,考虑了核电站的一些特点和对高压直流系统可靠性的要求。

3.2 一般说明

对于所要考虑的高压直流系统,其任何设计要求均应在稳态性能(GB/Z 20996.1)和暂态性能(GB/Z 20996.2)所覆盖的设计限制之内。在制定高压直流系统动态性能规范时,应以详细的电力系统研究为基础,确定正确的高压直流系统控制策略;并规定输入信号的优先级和处理方法。

4 交流系统潮流和频率控制

4.1 概述

高压直流系统的有功控制能够用于控制相连交流系统的潮流及频率,以改善交流系统在稳态运行和扰动下的性能。该章说明高压直流有功功率运行方式可用于改善交流系统性能,以达到如下目的:

——稳态运行时,高压直流功率控制用于使电力系统总损耗最小;

——扰动以及稳态条件下,高压直流功率控制用于防止交流线路过负荷;

——高压直流功率控制与交流系统发电机调速器控制配合;

——在稳态运行以及扰动时,高压直流功率控制用于抑制交流系统频率偏差。

使用有功和/或无功的方式来改善交流系统动态和暂态稳定性,或改善交流电压控制,在第 5 章和第 6 章论述。

4.2 功率潮流控制

4.2.1 稳态功率控制要求

高压直流系统的功率控制通常可用于使电力系统总损耗最小、防止交流输电线过负荷、或与交流发电机的调速器控制配合。随着高压直流系统在整个电力系统中的作用变化,对直流功率控制的要求也有所不同。

当高压直流系统用于输送远端发电站功率时,高压直流传输功率控制需与发电厂发电机调速器控制配合,此时发电机的电压、频率、或转速可以作为高压直流功率控制系统的参考值。

当一个高压直流系统连接两个交流系统时,在常规条件下按预定方式控制高压直流功率;但可在此高压直流功率控制上附加一个功能,以便控制任何一端或两端交流系统的频率。当其中一个交流系统是一个独立系统时,如向孤岛供电,此时该独立交流系统就必须由高压直流系统实现频率控制。在 4.3 中讨论由高压直流系统控制交流系统频率。

当两个交流系统通过一个以上的直流系统相连,或同时由直流和交流线路连接时,或当一个直流系统处于一个交流系统中时,均可对高压直流功率进行控制,以使整个互联系统的总输送损耗最小。

在上述交/直流系统结构的一些工况下,控制高压直流系统功率的变化,能够防止电力系统中一条或多条输电线路过负荷。

在某些特殊的高压直流控制方案中,例如方案设计为扰动过程中或扰动后增加直流功率以改善交流系统的性能,稳态直流传输功率必须设置在一限定范围内,以便此控制被启动时,直流功率就不会超出直流额定功率或过载能力。此时还必须考虑为高压直流换流器和交流系统提供所需的无功功率。

在稳态控制要求的规范中应考虑以下 a)到 g)项的需要。在制定规范时应注意,由于完整的稳态控制要求可能还没有设计或决定,因此,应为将来可能的输入留有裕度。

a) 当设计的潮流控制系统有多个功能时,包括交流系统频率控制,则应对这些控制功能设置优先权。

b) 在稳态条件下,防止交流线路过负荷控制的优先级通常高于其他潮流控制。对于使电力系统损耗最小的控制,或是通过电力系统数据确定的预置直流功率参数控制实现,或是根据负荷调度中心的在线计算执行操作,通常它的控制响应较慢,达几秒或几分钟甚至更长。

c) 在孤岛系统或有大型直流输电接入的系统,频率通常由高压直流功率维持。此时,高压直流频率控制优先于系统损耗最小控制,但它可能受到过负荷保护的限制。

d) 无功需求随着功率变化而改变,这可能导致频繁切换无功补偿装置。此时,需要特殊的交流电压控制措施,例如通过换流单元的无功控制,或对高压直流功率变化幅值设置限制等。

e) 应对电力系统所需的特殊功率指令调节信号加以确定、研究和规范。不允许这些信号引起直流电流或功率、或交流电压偏差超过装置和系统的额定值和限制值。当两个或更多的输入信号同时要求直流系统功率调节时,必须对其建立优先级并进行协调。

f) 双极直流系统通常要求直流功率和电流在各极之间有效均分;当一个极退出,剩余极的过负荷应能使交流系统的潮流、电压和频率的扰动最小。

g) 直流系统送、受端之间通信中断不应引起对交流系统的扰动。规范至少应要求:在通信中断时,保持输送功率不变。如果在通信线路暂时中断时仍需要如频率控制这样的辅加功能,均应在规范中规定。

4.2.2 功率阶跃变化的要求

在某些条件下,电力系统在扰动中或扰动后,要求高压直流系统功率阶跃变化以改善交流系统的性能。有时,这种功率阶跃变化也包括直流功率反转。

通常通过改变设置的直流系统功率指令定值,或通过改变功率范围以响应输入信号,来实现直流功率阶跃变化。阶跃变化需要的功率变化率和直流功率变化的限制量,应被限制在交流系统要求的范围内进行调节。例如,对于不同的事件可以要求不同的变化率。当功率阶跃变化包括功率反转时,应特殊考虑。

在规范直流功率阶跃变化时,所应考虑的电力系统扰动包括:交流线路跳闸、失去大的供电电源、交流系统频率大幅度降低、突然增加或减少电力系统负荷导致的大幅度频率偏移等。

在上述一些电力系统扰动中,交流系统也将由直流系统提供的交流频率控制来支持。

在设计和规定高压直流控制功能时,应针对各种电力系统条件,详细考察功率阶跃功能的影响。最好规定功率变化的限制和范围,以及变化率,而不是规定定值。可以在直流系统运行时进行定值调整。

高压直流功率阶跃变化的启动信号包括:过负荷继电器信号;或送到高压直流换流站特别的输电线路跳闸信号;或在高压直流换流站以及交流系统某些点测得的交流系统频率等。传输这些启动信号的通信系统延时将影响直流或交流系统的性能。因此,对某些情况,需要高速通信系统。当信号传输延时太长时,应考虑其影响。

某些情况,信号要同时送给两个高压直流换流站或一个高压直流换流站需要接受多个信号,此时必须设置控制功能的优先级。

直流功率阶跃变化量可能受交流和直流系统条件的限制,因此需要在特定工况下检测系统条件的变化,更新其限制值。

特别是当直流系统功率阶跃变化很大时,可能会使交流电压产生相当大的变化。因此,需研究交流电压允许波动的范围进而决定功率阶跃变化的限制,或是提出一种特殊的交流电压控制方法。在稳态运行和暂态条件下,允许的交流电压偏移限制可能不同,应分别予以规定。

当高压直流系统与一个高阻抗和/或小惯性的交流系统相连时,直流功率阶跃变化对交流系统电压稳定、暂态稳定和频率都有不利的影响。在此情况下,必须限制功率的变化率和变化量,或是提出其他特殊的方法来阻止交流系统动态性能的恶化。当一个高压直流系统和两个交流系统互联时,必须详细评定直流功率阶跃变化的影响,不仅要考虑发生扰动的交流系统,而且要考虑另一个未发生故障的交流系统的情况。

当直流功率阶跃变化会造成直流电流低于高压直流系统允许运行的最小值时(通常是额定电流的5%到10%),换流器运行应限制在正向最小电流;否则,经过一段允许时间的低电流运行后,换流器应被闭锁,或规定运行电流应降到零。

在失去通信时,因为逆变器控制的限制和可能对交流系统运行带来的危害,除非采取特殊的控制策略,否则电流的阶跃变化一般不应大于电流裕度。

当高压直流系统必须从空载备用状态起动以响应一个功率阶跃变化指令时(参见 GB/Z 20996.1—2007 的 7.4),可能还需要考虑其他因素。

4.3 频率控制

利用高压直流系统控制交流系统频率,可用于以下情况:

a) 一个从远端电源送电的直流系统,送端和/或受端所连接交流系统的频率控制;

b) 一个孤岛或小的交流系统,当它通过直流系统与一个大交流系统互联时的频率控制;

c) 通过高压直流系统互联的任一端交流系统的频率控制,同时要考虑另一端系统的频率。

交流系统频率控制,或作为稳态条件下频率的持续控制功能,或是当交流系统的频率偏差超过了某一限值时执行的控制功能。频率控制可能仅在某些情况下才起作用,例如,当与高压直流换流站连接的地区交流系统(独立)与主交流系统无联系时。因此,规范应规定频率控制功能的任务和特性要求。

如果利用改变或调节直流系统输送功率来控制受端的频率,直流系统的频率控制就必须与其连接的任一台相关交流发电机的调速器控制进行协调。还可利用异步的送端系统暂态频率偏差能力支持受端系统,进而提出交流发电设备的设计要求。

当高压直流换流站在电气上远离交流系统中心时,高压直流换流站的交流电压相角完全随功率变化而改变,此时频率信号的响应速度将减慢。为了避免这种低速的响应,可在交流系统中心检测频率信号,并将其传输给高压直流换流站。

在频率控制时,为了使交流系统电压的波动维持在允许的范围内,要求提供功率变化和功率变化率的限制,或者采用特殊的电压调节法,例如利用换流器或静态无功补偿装置控制无功功率。应该规定在稳态频率控制期间,允许的电压波动限制值。

当直流系统承担交流系统频率控制时,如果配合不当,可能使发电机频率控制减弱。当两个不同的电力系统互联时,应对高压直流系统的频率控制规定适当的死区,或频率控制中应采用适当的增益,以通过直流功率控制来补偿大的或快速的频率波动,而通过属于独立交流系统的电厂来控制小的、慢速的频率波动。

对于严重扰动时的频率控制,应进行设计的修正。例如,大型发电机组跳闸引起的扰动,如果发电机组的跳闸信号传输给高压直流换流站去启动控制作用,则可以更有效地实现频率控制。

频率控制时直流功率的快速和大幅度变化,可能引起交流系统的过电压或电压降低。这种情况可通过限制功率变化率或采用快速无功补偿来缓解。应规定允许的过电压或电压降低的数值,以及允许的持续时间。

当实施直流功率控制来实现频率控制时,通常需要提供快速通信通道,例如在两个高压直流换流站间安装微波通道。当两个直流换流站间通信中断时,频率控制通常受到实施电流控制的换流站侧交流系统的限制。

当频率检测点远离高压直流换流站控制端时,或准备利用交流系统提供的特殊信号启动频率控制作用时,要求使用通信通道。

在任何工况下,都应该计及通信延时的影响。

对于通信通道的说明,参考 GB/Z 20996.1—2007 的第 13 章。

5 交流动态电压控制及与无功源的相互影响

5.1 概述

负荷改变、倒闸操作或故障时引起的无功潮流变化,会在交流电网中产生电压波动。对于高阻抗交流电力系统,即短路容量低、电压波动大的系统,电压控制的需要就更为明显。

应对电网电压的突然变化量规定一个适当的限制值,例如,经常发生的电压波动应小于 3%,偶尔发生的电压波动应小于 10%。

在低短路容量的电网中,由于大的负荷变化及甩负荷会造成超过正常运行范围的高暂态过电压,它可能危及变电站设备,此时可切除无功源对其进行限制。应该规定可接受的暂态过电压限制值和持续时间。

5.2 高压直流换流站及其他无功源的电压和无功特性

可采用不同的设备来实现高压直流换流站交流母线的动态无功和电压控制。图 1 给出一个高压直流换流站的无功补偿设备示意图。无功补偿设备的选取应考虑交流电网特性和高压直流换流站有关数据的要求,以及对各种可能方案的经济评估。

5.2.1 换流器作为有功/无功源

高压直流换流器的有功/无功与以下因素有关:

——换相阻抗;

——换相电压;

——整流器的触发角 α 或逆变器的关断角 γ;

——直流电流。

换流器的运行时间常数是由控制系统、测量系统以及直流输电线的时间常数组成。如果典型控制系统时间常数范围是几毫秒,其触发角和关断角的控制将在小于 20 ms 的范围内,而整个直流系统的响应时间通常在 50 ms～150 ms 之间。

除了换流器的触发控制,还可通过分接开关进行控制,但每级分接开关的改变要有几秒的延时。因此,这种控制不能用于快速有功/无功控制,只能用于调整最优运行条件的新运行点。

考虑动态工况时,换流器的有功/无功特性可参见图 2 所示(或参见 GB/Z 20996.1—2007 的图 15)。图 2 中所给定的最大直流电流,以及从几度到 90°的触发角运行有效范围可以作为理论值使用。然而,实际的变化范围要受到设备的设计和运行条件的限制。下述为不同动态运行条件下换流器特性的一些实例:

——在定触发角 α 或定关断角 γ 运行时,动态工况的无功功率随有功功率变化的相应曲线由图 2 的曲线 a 表示。

——当有功功率改变时无功功率保持恒定(图 2 的 b 线),触发角 α 或关断角 γ 随之改变。

如果换流站确定了相应的应力要求,则根据交流电网的要求,曲线 a 和曲线 b 之间面积范围内的所有运行点都可用于动态控制目的。

在背靠背直流系统中,换流器的无功控制可在较大范围内进行;对于长距离或电缆输电系统,换流器无功控制的范围将受到一定的限制,它首先要考虑保持直流线路或电缆的电压恒定,以经济地输送有功功率。

当一个换流器用于无功控制时,必须考虑对另一端换流器运行的影响。尽管两个换流器在背靠背连接时被一个平波电抗器隔离,在两端输电的情况下由多个平波电抗器、直流线路或电缆、直流滤波器隔离,但一个换流器的有功/无功动态改变将影响另一端换流器的有功/无功,因此,必须对高压直流系统两端的控制进行协调。

对远距离架空线或长电缆输电线路,直流输电系统较长的响应时间会影响有功/无功的动态性能,但可通过两端通信信号加以协调。如果通信系统故障,两端间的协调可以基于控制中的电压/电流控制特性进行,这时控制响应较慢。在背靠背换流站中,控制的协调更易实现。

5.2.2 与高压直流换流站母线潮流有关的交流电网电压特性

在进行动态电压控制时,重要的是描述不同电压水平下,交流母线上有功/无功与交流电网特性的关系。图3是这种稳态性能的典型曲线。为保持某一电压(如,额定电压1 p.u.)恒定,每个直流换流站要根据无功和有功的关系来规定高压直流换流站应该输出或消耗的无功量。

图3可用于确定动态电压控制,曲线通常通过潮流和稳定程序计算得到。此外把交流电网简化为一个简单的戴维南(Thevenin)等值电路(见图4)也是可行的。

在发电机远离高压直流换流站母线的交流网络中,励磁电压 E(图4)近似地维持恒定,仅当交流电网的结构改变,如输电线路、负荷或发电机跳闸时才改变。

但当发电机处在高压直流换流站附近时,有功/无功功率工况和相应电压工况的变化将会影响发电机的电压,发电机励磁控制将会动作并影响高压换流站母线的电压工况。

电压变化时间常数大约是100 ms～500 ms;当发电机与高压直流换流站的电气距离很近时,例如,独立发电机-高压直流网络结构,该值会更小。对于这种馈入方式的高压直流系统需要考虑更多的细节,例如高压直流控制和发电机电压控制必须紧密协调等。

5.2.3 用于高压直流换流站无功补偿的交流滤波器、电容器组和并联电抗器的电压特性

为了满足稳态工况下的无功需求,通常需要安装交流滤波器、电容器组和并联电抗器。为至少满足谐波特性所需的最小交流滤波器组应连接在高压直流换流站。其余可投切的无功补偿设备也可用于动态电压控制和系统所需无功的调节。

无功补偿设备的容量由交流电网的需求决定,并应限制投切时电压的阶跃变化。在换流器运行时,可利用换流器控制的帮助抑制无功功率的变化,以减小换流器运行时无功设备投切引起的暂态电压变化。可实施双重操作,例如同时控制投入和切除不同容量和型号的无功设备,用于减小无功的变化。

在对无功补偿设备进行规划配置时,应考虑交流合闸时间、控制系统处理时间,以及这些设备的放电或工作周期等限制因素。还应特别考虑电气回路开关的操作方式,包括在误操作或故障情况时设备的暂态恢复电压(TRV)。

5.2.4 静止无功补偿装置(SVC)的电压特性

可通过静止无功补偿装置来控制交流网络的动态电压。当高压直流换流站退出运行或换流器无功功率控制由于其他原因不能实现时,静止无功补偿装置可用于高压直流换流站母线的电压控制。

与高压直流换流站母线连接的静止无功补偿装置的容量需根据母线电压变化的要求和需要补偿的无功功率决定。静止无功补偿装置的无功额定值应大于连接于母线上的最大可投切无功功率时,才能平稳地调压。

静止无功补偿装置的容量还需根据过电压限制要求确定,例如甩负荷时,可利用静止无功补偿装置的过负荷能力。

当计算静止无功补偿装置的动态补偿时,需考虑连续运行期间的运行点。从连续运行开始,静止无功补偿装置就应具有足够的调节范围来维持电压控制。

静止无功补偿装置设计的一个重要方面是其可用率问题。如果在静止无功补偿装置可能退出运行时仍要考虑静止无功补偿装置的动态性能,则需要有一个备用单元,或必须对运行进行限制。

5.2.5 同步调相机(SC)的电压特性

在无惯性或小惯性的交流网络中,同步调相机用于增大短路额定值和惯性。此时同步调相机的容

量由无功功率和频率控制的要求决定。在弱交流电力系统中,同步调相机通过减小网络阻抗来实现高压换流站的稳定运行。

对于支撑动态电压控制的同步调相机,适合采用具有高顶电压值的快速励磁系统。尽管同步调相机的响应时间常数慢于静止无功补偿装置,但由于同步调相机的内部电压滞后于它的暂态电抗,增加了交流系统的短路容量,暂态电压变化可以固有地、瞬时地被限制在设计所允许的偏移水平。励磁系统的作用就是使交流电压返回正常的理想运行点。

确定同步调相机时,应考虑其设备的可靠性。由于计划检修的需要和可能的故障情况,在某些情况下需要配备备用单元。

5.3 高压直流换流站母线电压偏移

高压直流换流站母线交流电网的强度可以用短路比(SCR)来表示。短路比定义为高压直流换流站母线在1p.u.电压时的短路水平(MVA)与额定直流功率(MW)的比值。连接在交流母线上的电容器和交流滤波器明显地降低了短路容量。有效短路比(ESCR)可表达为交流系统短路容量减去连接在交流母线上的电容器和交流滤波器在1 p.u.电压下的容性无功补偿量后与直流换流器额定功率的比值。

较低的 ESCR 或 SCR 值意味着高压直流换流站与交流系统的相互影响更严重。交流网络可根据强度[1][1],按下述分类:

——高 ESCR 值的强系统:ESCR>3.0;

——低 ESCR 值的中等系统:3.0>ESCR>2.0;

——低 ESCR 值的弱系统:ESCR<2.0。

在高 ESCR 的系统中,高压直流换流站有功/无功的改变会导致电压有较小或中度的变化。因此,通常不需要附加母线暂态电压控制。通过投切无功设备可实现交流系统和高压直流换流站之间的无功平衡。

在 ESCR 低和很低的中等和弱系统中,交流网络的变化或高压直流传输功率的变化可导致电压振荡并需要特殊的控制策略。因此,在这些系统中,需要换流器的动态无功控制、附加的静止无功补偿装置或同步调相机。当交流电压降低时,为了避免电压不稳定,逆变器应该运行在定电流方式或定直流电压方式,该设计既不降低逆变器的功率因数也不增加逆变器消耗的无功功率。

在背靠背换流站中,可以用高压直流换流器来控制因另一端交流输电中断而在本端产生的甩负荷过电压(反之亦然)。在故障侧,阀通过旁路继续传输直流电流;在非故障侧,为了吸收无功功率,阀触发被调整为去控制在这种短路方式下的直流电流,如同采用一个晶闸管控制电抗器的方式进行过电压控制。在这种方式下,允许运行的持续时间足够用于无功操作。或者,在装置的额定容量范围内,还可使这个时间尽可能地长,以有足够的时间等待交流系统恢复,进而使直流输电也尽快恢复。但如果甩负荷是由于高压直流换流站内的故障,这种方法不可用,此时需要其他措施来降低过电压。

高压直流输电在甩负荷时的暂时过电压随短路比的减小而增大。高短路比系统在甩负荷时的过电压倍数低于 1.25 p.u.,并在多数情况下低于设备应力的临界值。这种过电压会持续很长时间,直至切除无功设备后才降低,这是强电网供电的高压直流换流站降低暂时过电压常用的方法。

在短路比低或很低的系统中,如果没有其他措施限制,其甩负荷过电压倍数会很高,会危及交流和高压直流设备或增加换流站的造价。此时,通常要求高压直流换流站的无功控制能限制这种由于全部或部分甩负荷引起的过电压。然而,由于换流站内部故障引起高压直流换流站跳闸时,需要采取其他措施来降低过电压,例如可采用过电压限制器,或在母线上加装静止无功补偿装置,或采用无功设备的快速跳闸,或装设同步调相机等。

5.4 换流站与其他无功源的电压和无功的相互作用

5.4.1 高压直流换流器,可投切的交流滤波器、电容器组和并联电抗器

无调节功能的可投切无功元件提供的是阶跃变化的无功。无功元件容量的设计应使投切时电压的

---

1) 本部分的正文中,所有方括号内数字均表示参考文件序号。

变化不超过某一限值。通常可投切无功元件只配置用于强系统。

通过对换流器触发角或关断角进行几度变化的控制,直流系统就可以抵御操作时的无功变化。对于中等强度系统的要求,可以允许使用换流器进行小范围内的附加无功控制,这仅使换流器的额定值稍有增加。

在满负荷时,触发角或关断角改变 3 度,引起高压直流换流站无功的改变量相当于实际有功的10%,它可通过提高约 2%的设备额定值来提供这种调节性能(见图2)。如果两个站可相互协调,这种方法也适用远距离直流输电。带部分负荷时,为了增加相同无功调节量,就需要更大的触发角或关断角。这可能导致低于额定直流电压的运行,并因此将影响另一端换流站。较低的直流电压将导致电流增加,以至输电线损耗的增加。

在弱电力系统中为了控制电压需要有无功范围变化更大的换流器。无功功率的调节范围应至少为最大可投切无功元件的容量。此时,需要高压直流换流站具有更大的额定容量,这将导致成本的增加。这种方法通常更适合于背靠背高压直流换流站。

换流器的电压控制时间常数范围约为 10 ms～20 ms。如果两侧根据每端交流侧的要求来投切无功元件实施同步控制时,尽管实际需要一定的判定时间,原则上可按每步 100 ms 计及。如果由于每侧有不同的电压条件,而最佳运行条件不能只通过投切无功元件来获得,则还需要通过改变换流变压器的分接开关来校正电压条件,这种校正很慢,则每步约在几秒的范围。

5.4.2 高压直流换流器,可投切无功源和静止无功补偿装置

如果因为系统弱而需要电压和无功控制,但又不能由换流器来实现,则还可在高压直流换流站母线上安装额外的静止无功补偿装置。这种解决方法的优点是:即使在高压直流停止运行或跳闸时也可以控制电压。静止无功补偿装置的进一步应用是交流侧的电压控制不会对直流输电的另一侧产生任何影响。对于两端高压直流系统的情况,由静止无功补偿装置控制电压,能使高压直流系统不考虑无功控制而运行于经济运行点。

应根据调节范围的要求来设计静止无功补偿装置的容量,此容量应大于最大可投切无功元件的容量。应考虑静止无功补偿装置基于工程连续运行时所有可能的运行点,以满足调节的要求。此外,如果要计及由于停运或维修而静止无功补偿装置退出运行时的工况,则可考虑使用两个静止无功补偿装置单元,或接受没有静止无功补偿装置运行时的限制。

高压直流工程和静止无功补偿装置各自具有时间常数相匹配的控制系统。应仔细研究它们的协调,以避免两者之间可能发生的振荡。

5.4.3 高压直流换流器,可投切的无功源和同步调相机

同步调相机也可用于高压直流换流站母线的动态电压控制。如果交流系统的惯量低,同时出现暂态负荷变化或故障,则会导致无法接受的大的频率偏差,这时可采用同步调相机。同步调相机可以提供部分所需的无功补偿和电压控制。电压补偿的时间常数取决于同步调相机的励磁系统,通常在 100 ms～200 ms 范围内,该时间长于直流控制的时间常数。

同步调相机可增加交流系统的短路容量,因此它有利于防止弱系统中的电压不稳定。同步调相机的调节范围要大于最大的可投切无功单元,同时应考虑同步调相机所有可能的运行点。

由于调相机强迫停运和维护时间长,应该考虑有一个或更多的备用机组,或者必须接受没有同步调相机运行时的限制条件。

6 交流系统暂态和静态稳定性

6.1 概述

高压直流工程有功和/或无功的可控性可用于改善与其相连的交流系统的暂态和稳态稳定性,以达到良好的运行状态。如果一个电力系统在任何小扰动后,达到稳态运行的状态与初始状态相同或接近,则称该系统是稳态稳定的。对于一个序列扰动(非前述的"小"扰动)之后,系统可以恢复到稳态同步运

行,则称该系统是暂态稳定的。

本章中涉及的是在电网受扰动之后,各同步机之间,以及多机组之间或多个地区之间的机电振荡现象。如果不采用适当的防范措施,这种振荡可严重至使系统失稳,并使发电机失去同步。在有些情况中,系统可能是稳定的,但由于低阻尼会导致过长的振荡时间,这种机电振荡会导致发电机、传输线路等产生有功和无功振荡,还会导致变电站的电压振荡。

应关注的振荡频率变化范围为 0.1 Hz~2 Hz。大电网区域之间的振荡通常在这个频率范围中的较低部分;而涉及到小惯量电机的振荡,例如同步调相机,则振荡频率将在这个频率范围的较高部分。

为了抵御这种振荡,有时通过高压直流输电有功功率的自动控制来改善所连交流系统的稳定性能。如果需要,还可通过控制换流器的无功消耗来改善系统的性能。

高压直流系统有一个基本的控制特性可以帮助保持交流系统的稳定性,即要求功率潮流进行阶跃变化,这在第4章中已讨论。高压直流系统还有一些涉及到交流系统稳定的特性,如故障时的功率输送,或故障消除后的功率恢复等,不在此赘述,详见 GB/Z 20996.2—2007 的 4.3.2 和 4.3.3。

6.2 有功和无功功率调制的特点

6.2.1 概述

有功和无功功率的改变通过控制触发角来实现。换流变压器分接开关动作太慢而使其不能在所关心的频率变化范围内对振荡起作用,或因为调制水平太低而不能启动分接开关动作,因此,调制控制通常不包括分接开关的操作。在调制期间甚至可闭锁分接开关的操作。

在扰动期间可能有几种振荡模式同时出现,此时控制器必须同时对几种振荡频率作出响应。但有时,系统条件可能呈现为控制器不能对某些频率正确响应。这些情况可以通过对控制器的输入信号进行适当的滤波来处理。

大信号调制或小信号调制均可实现自动控制作用,它们均与有功功率调制相关。大信号调制包括同时调制整流侧和逆变侧的电流指令,而小信号调制仅在电流控制站中就地进行。大信号调制是最普遍采用的办法。

6.2.2 大信号调制

大信号有功功率调制通常利用换流设备的短时过负荷能力,这是获得有效阻尼作用的重要因素。因此,应确定是由阻尼控制功能决定所需的过负荷量,还是控制作用仅受限于使用固有过负荷能力。在确定用于阻尼调制目的的过负荷要求时,应综合考虑短时或稳态过负荷运行要求。对于过负荷要求其他方面的讨论,详见 GB/Z 20996.1—2007 的第17章。

在背靠背换流站中,有可能使用功率反转的调制功能。如果在一个两端直流系统中,调制期间需要功率反转,则需要一个高速通讯系统。在两端高压直流系统中,大信号调制通常需要通信设备,用来在高压直流换流站之间传输电流指令,有时传输频率信息。当没有通信设备时,在电流控制的换流站中有功功率调制仍然可以进行,但是必须严格规定不可失去电流裕度,参见图5。

6.2.3 小信号调制

一些情况下,使用通信设备传输调制的功率或电流指令可能是不切实际或不可能实现的。例如,如果通信延时大到可与调制周期相比,或者通信设备失灵时,均会发生这种情况。此时,小信号的功率调制仍可在电流控制站中进行,调制幅度通常限于电流裕度的30%~50%之间。在一些振荡开始自然增强的工况下(静态不稳定工况),这样的小信号调制仍然可以提供不可忽视的阻尼作用。

6.2.4 无功功率调制

在多数情况下有功功率调制相当有效,而无功功率调制有时也很有益,特别是当交流系统,或在直流系统接入处呈现高阻抗时。应注意有功的变化总是伴随着无功的变化,因此高压直流有功调制可能会导致不希望出现的交流电压振荡。这通常可以通过有功和无功的联合控制来解决。抵御交流电压的波动是无功调制的一种功能,此时控制器的输入信号是交流电压。

无功调制可通过改变电压控制站的触发角和关断角来完成,它通常在逆变器中实现。为了增加逆变器的无功消耗而加大关断角会导致直流电压的降低,同时为了维持恒定的直流电流和功率,整流器的触发角也会自动增大。因此,逆变器的无功调制也会导致整流器无功功率消耗的变化,这有时会限制调制的幅度。

以上描述的措施表明,无功功率调制可以在电压控制站完成,而不需要任何特殊的通信设备。如果电流控制站需要无功调制,控制动作仍然必须在电压控制站进行,此时控制信号需要通过通信通道发送。在电流控制站中的最终动作,将间接地通过定电流或定功率控制来实现。

如果高压直流系统运行在最小关断角(最大直流电压),在调制中只可能控制使无功功率消耗从稳态值增大。只有在高压直流系统运行在低于最大直流电压,并且稳态触发角和关断角大于最小值时,才会出现无功功率从稳态值减小的情况。图6和图7表明在这两种情况下,逆变器运行的电压电流特性和无功变化。

如果调制期间可能要求无功消耗减少,则必须对此作出规范要求,因为这会导致换流阀、换流变压器、滤波器等费用的增加。

6.3 网络状态分类

交流系统稳定性的改善程度取决于调制幅度的大小与电网强度的关系、电网的特性以及高压直流系统在电网中的连接点。稳定性的改善有两种不同的概念,一种是当交流线路或交流电网与高压直流系统并联时对稳定性的改善,另一种是当一个电网与一个高压直流换流站连接时电网内部稳定性的改善。参见图8a)和图8b)所示。

6.4 交流电网与高压直流系统并联

这是一种可以充分利用高压直流系统能力以改善交流系统稳定性的结构。通常是调制传输的有功来抵御电网 A 和电网 B 间相角的变化(如图8a)所示)。电网 A 和电网 B 间的频率差或并联的交流线路中的有功或电流都可作为高压直流系统阻尼控制器的输入。图9给出阻尼控制器的两种原理结构。如果控制策略判别系统状态为并联的交流连接已断开,并且电网 A 和电网 B 已失步,则该调制就无意义了。

通常采用测量频率差的方法。使用交流线路的功率用作控制器的输入有时会有难度,因为线路两端存在大相角差,而线路的功率可随着相角差的增加而减小,这会引起直流系统的错误控制。

6.6 描述了如何确定传递函数 $G(s)$。$G(s)$ 通常有一个带通特性,它使稳态变化不会导致控制器的非零输出;同时,在输入信号快速变化时,传递函数应能抑制控制器作用。

从稳定意义讲,在交流并联连接的状态下,高压直流阻尼控制有时能增加并联交流回路稳定方式的输送功率。改善的幅度取决于各种不同种类不稳定性所对应的功率限制。在第一个摇摆的不稳定中,只有当直流系统很大或者它有很大的短期过负荷能力时,才会有预期的改善;有时,在调制幅度相对较小时也可改善系统阻尼。某些情况下,即使在电流控制站本地完成小信号调制,仍可能增加并联交流线路中的输送功率。

6.5 相连交流网络内稳定性的改善

对于这种情况,高压直流工程改善稳定性的能力很大程度上取决于受助电网的结构和特性,也取决于阻尼控制器得到相应输入信号的可能性,有时输入信号可能必须从交流网络中其他站传输到高压直流换流站。控制器的输入信号可以是频率、电压、交流线路功率、线路电流或这些量的一个组合。

当规范这种阻尼控制时,应该考虑到,连接高压直流换流站的另一端电网应具有能接受由于阻尼控制所引起的功率摇摆的能力。

对于控制器传递函数的考虑,可与6.4中给出的相同,它可用于并联交流网络的情况,也适用于此。

6.6 阻尼控制特性的确定

在研究高压直流系统阻尼控制的必要性和有效性时,通常使用具有模拟高压直流工程和不同控制器特性能力的暂态稳定计算程序。这种研究可以揭示高压直流系统和其他系统元件(如静补或同步调相机)之间低频相互影响的潜在问题。但是控制器的外部条件还包括很多无法精确模拟或根本就无法模拟的元件。因此除了模拟研究外，应在现场进行可能的试验和实际测量。

在进行暂态稳定性研究时，很重要的是需要对高压直流线路及其控制系统进行准确的模拟，过于简化的模型会导致错误的结论。因此，稳定性程序中直流系统的模型应是有效的，它可通过使用高压直流电磁暂态网络模拟器（HVDC TNA）或数字模拟器来验证；工程建成后应通过实际直流系统测量进行验证。

高压直流模拟器和等值数字程序能用来检验带有阻尼控制器的高压直流系统的运行性能，但是由于所模拟的交流电网规模的限制，在大多数情况下用来进行控制器的设计并不能令人满意。

尽管阻尼控制器通常是设计为针对低于约 2 Hz 的范围，但它可能对次同步谐振阻尼控制器有不利的影响（见第 8 章）。

当确定一个高压直流系统改善稳定性的性能规范要求时，有两种不同的方法。不同点在于是由用户，还是由高压直流换流站设备的供应商来决定阻尼控制器的传递函数及其他特性。

对于前一种情况，规范中应确定控制所依据的各输入量、传递函数、附加逻辑和各输出量的特性；而控制设备应设计为正确实现所规定的特性，并通过试验来验证。

第二种情况则更为复杂。供应商应得到完整的电网及发电机的数据资料，使其能够进行暂态稳定性及与多种运行条件有关的研究。在这种情况下，对性能的要求就会更加复杂，可能很难提出清晰的性能指标，需要进行多次协调。如果选择这种方法，应在颁布技术规范之前就进行稳定性研究，以确定稳定性水平，或预期由直流系统控制功能所能达到的阻尼作用。

不管是上述哪种情况，在确定控制器的增益和幅值极限时，都应该考虑换流站设备的容量，特别是阀的容量。还应明确规定在工程调试及以后的周期性检查中，对控制器性能进行工程评价。

6.7 阻尼控制器的实现及通信要求

阻尼控制器很容易与高压直流控制设备集成。通常，它被分配在高压直流换流站一级的控制中（见 GB/Z 20996.1）。

大信号调制时，应考虑两个高压直流换流站间的通信能力，它应该能够传输调制信号，并且在大多数情况下，能够将输入信号（如频率）传送至控制器，且不会引起大的时间偏差。

在调制控制需要通信的地方，通信设备的可靠性很重要。通信系统应该设计为不因通信故障而使"调制退出"，即如果通信通道中断，系统应该设计成当通道恢复运行时，调制功能也能正确恢复。

7 较高频率下高压直流系统的动态性能

7.1 概述

本章阐述了高压直流系统在二分之一基频及以上的频率范围的动态性能。高压直流换流器可以产生或响应频率为基频的整数或者非整数倍的振荡，因此换流器特性取决于交流和直流系统的阻抗。在某些情况下可能会发生失稳的换流器特性是不能被接受的。稳定性和不稳定性之间的区别是：在一个稳定系统中，其不稳定的因素（例如非特征谐波）与其起因（例如交流系统的不平衡）是成比例的；失稳通常指产生的振荡频率为基频的非整数倍，或者在完全平衡的系统中甚至无缘由地发生振荡。在附录所列的参考文献中，特别是在 CIGRE TF14-07/IEEE，第 1 部分[1]中对这部分内容做了详细的描述。

本规范仅进行简明扼要的描述，并且提出所需相关信息的要点以及高压直流工程规范的特殊要求。

7.2 不稳定性类型

7.2.1 回路不稳定（谐波不稳定）

一些早期的高压直流工程中存在这种不稳定，通常被称作谐波不稳定。它可以呈现为基频的整数倍或者非整数倍，可能涉及到主回路或者控制回路（包括测量回路）。它与控制和测量回路的参数关系密切。如果交流或者直流系统存在不恰当的控制特性，这种不稳定性可以在一个相当平衡及无畸变的交流系统中发生，并在交流侧和直流侧均会出现。它通常从接近基频整数倍、并且靠近主回路谐振点的频率开始，然后，随着不稳定幅值的增长，可能被锁定在最邻近的谐波频率上。由于现代控制类型为"等距触发",这种不稳定性问题很少发生。

7.2.2 电流回路不稳定

高压直流系统的响应速度主要受交流和直流系统的电容和电感的限制。通常认为换流器自身的响应比交流系统或发电机的响应要快的多。但是,如果过分强调采用高增益的电流控制回路来提高响应速度,将会导致高压直流系统的不稳定;特别是如果包含测量和控制装置在内的直流系统响应时间与交流系统响应时间具有可比性时,这种影响更为明显。在某些情况下,一个系统如果需要完全稳定,就意味着必须降低高压直流系统的控制响应。

7.2.3 铁心饱和不稳定性

这种不稳定性通常在换流变压器局部饱和情况下发生。直流电流中的基波分量将导致在换流变压器阀侧绕组中产生二次谐波和直流电流。如果直流分量达到与换流变压器励磁电流的50%可比时,换流变压器的局部饱和会在励磁电流中产生显著的附加谐波(包括二次谐波)。这些二次谐波电流增加了交流电压中的二次谐波分量,在某些特殊情况下可能导致系统完全失稳。

在交流侧接近二次谐波的高阻抗谐振,和/或直流侧接近基频的低阻抗谐振都可能导致系统的不稳定。某些情况下,通过主回路参数的优化设计(如直流电抗器或交流滤波器)可以避免这类谐振。但有时由于线路阻抗是主要的,即使通过优化高压直流换流站设备的实际参数也无法避免基波或谐波谐振。此时,这种不稳定性还可以通过修改控制系统参数或在控制系统中提供特殊的反馈回路来抵御。但这时需要特别注意控制系统的暂态性能,例如过电压,尤其是在谐振被轻度阻尼时。

7.2.4 谐波的相互影响

交流电压谐波会导致在直流电压中产生两个频带频率的谐波,进而导致产生这些频率下的直流电流谐波。同样,直流电流谐波会导致在换流变压器阀侧绕组和交流系统产生两个频带频率的交流电流谐波,最终使得交流侧在这些频率下产生谐波电压畸变。在谐振条件下,交流侧或直流测,或者两侧同时均可能产生不能接受的谐波畸变。

与7.2.1和7.2.2所描述的不稳定性的区别是,这种现象仅仅发生在直流系统或交流系统出现内部自激源的条件下。该现象的一个例子就是直流架空线路与交流架空线路长距离并联运行时,交流系统基频分量就会叠加在直流电流上。这种基频分量会在换流变压器阀侧绕组中产生直流电流和二次谐波,进入交流系统的二次谐波分量很难降低。因此,可以采取交流线路换位或者在换流器的直流侧或交流侧加装相应的滤波装置等必要的措施。

其他自激源,如交流系统不平衡(负序基频,或阻抗不平衡),或换流变压器的漏抗不平衡等,都会引起直流侧的二次谐波,进而反过来影响交流系统。后者的一个边频是三次谐波,有时可能需要加装三次谐波滤波器来抑止较大的交流电压畸变。

由于产生非特征谐波的机理取决于各换流器直流侧的各次谐波回路,因此两端换流器之间可能会存在相互影响。除非直流线路或电缆和直流滤波器与另一个换流器阻抗相比具有很低的并联阻抗,否则两个换流器在这些频率下是耦合的。因此,两个高压直流换流站对非特征谐波的处理不能独立进行,这就意味一端换流站对非特征谐波的处理都会影响另一端换流站的非特征谐波性能。甚至如果在直流线路出现驻波,两个直流换流站对其都有放大作用。一个可行的方法是通过改变回路参数以暴露这些现象来进行分析。

7.3 设计所需信息

为了保证高压直流系统在高频时具有满意的动态性能,设计中应考虑整个系统各不同部分间紧密的相互影响。全系统包括与两端换流站相连的交流系统、直流线路、直流换流站主回路和换流器控制系统。制定规范阶段的研究是不可能达到确定高压直流换流站各部件特殊要求的深度的。因此,规范的功能应是规定制造商设计高压直流换流站元部件时所必需满足的、系统各种条件的所有实际组合下所需要的较高频特性。制造商应给出能证明其产品在较高频条件下具有满意的动态谐波性能的过程。

当进行高压直流系统在较高频下具有满足要求的动态性能的设计时,需要考虑高压直流换流站的外部条件如下：

——分别从每个换流器看过去的交流系统阻抗和相位角，以及已知的直流系统。对于强交流系统和弱交流系统都应该提供模型；如果可能，还需提供可能发生事故停运时的网络结构；

——交流或直流侧的谐振，特别注意是否存在互补谐振（例如，$f_{res,ac} = f_{res,dc} \pm f_0$，其中 f_0 是基频，$f_{res,ac}$ 和 $f_{res,dc}$ 分别是交流侧和直流侧的谐振频率）；

——交流系统阻抗或电压的不平衡度；

——存在的带有相应源阻抗的其他谐波源，以及在直流和/或交流终端、电气上接近高压直流换流站的非线性负荷。直流侧存在基频源是其中一个特例；

——基频下可能出现的交直流线路耦合，需提供交直流线路并联运行时的几何结构、交流线路电流和电压的最大值及换位点等。

规范中应包含上述信息，或提供相关交流和直流系统的数据，以满足进而得到上述信息的要求。以上所列信息，也基本符合高压直流换流站稳态设计的需要（见 GB/Z 20996.1）。但应注意，在某些应用实例中，基频 f_0 可能有很大的变化范围（例如独立的发电厂站），这可能导致发生不常碰到的谐振。

7.4　抑止不稳定的有效措施

通常通过改变控制系统可以避免或改善大多数的高频不稳定，这可能仅涉及到选择合适的调谐。而另一些情况下，必须从交流电压或直流电压，或交流阀侧绕组电流或直流电流等引入附加的反馈环节。不同的制造商或不同的工程会采用不同的解决措施。

通过控制技术解决不稳定问题，通常简便且易于实施，因此往往首先研究控制技术。但是，在某些场合控制系统单独动作不能解决所有遇到的问题。此时，或者改变控制目标，或者寻找其他的措施。

通过带宽阻尼滤波器滤掉强烈的谐振能显著改善全系统的性能。但是，阻尼滤波器在单个频率上的谐波抑制能力（每 kvar）远低于调谐滤波器。因此，这种抑止不稳定的方法造价相对较高，特别是当发生低频不稳定时。例如在无法换位的交流线路与架空直流线路并行距离很长、外部谐波源较强的情况下，如果在直流侧不使用昂贵的基频阻塞滤波器，或在交流侧不使用二次谐波并联滤波器，则很难得到满意的性能。

7.5　通过控制作用阻尼低次谐波

目前的控制系统（等距触发）通过对触发角（α）的适当调制即可有效地阻尼低次非特征谐波（例如来自交流网络的）。这在高压直流与弱交流电网相连，或交流系统导线没有进行换位，甚至是交流系统故障后恢复阶段发生严重的波形畸变等特殊情况下，是有明显作用的。尽管通过控制系统改变触发角（α）对抑制低频非特征谐波有效，但它却不能同时抑止直流侧的二次谐波和交流侧的三次谐波。

7.6　满足较高频性能要求的验证

在设计阶段通常采用高压直流仿真试验来证明一个高压直流工程的稳定性。仿真是进行这种研究的方便的工具，它能够快速研究许多系统条件和结构。研究时通常要进行阶跃响应试验，以显示快速动态响应对抑制不稳定所具有的良好阻尼作用。但其研究的准确性会受仿真元件的限制，例如，很多可以观察到的正常谐波由于含量很小，以至被仿真元件不平衡所产生的虚假谐波所掩盖。虽然换流变压器模型在模拟真实变压器的 B-H 特性时具有很高的准确度，但大多数模型在检测铁心饱和不稳定性方面是不能满足需要的。

近年来，计算机仿真成为高压直流暂态网络仿真器的一种可行的替代方案，用于证明是否存在不稳定性。由于它可以很好的反应实际系统和元件的损耗，因此计算机仿真比借助高压直流暂态网络仿真器进行的仿真更方便，且更准确。如果计算机仿真实时运行，它将可以实际使用真实的和完全的控制硬件。将仿真结果与实际系统的真实测量进行比较以证明它的有效性很重要。

由于换流器和它的谐波环境（交直流侧的谐波阻抗和其他谐波源产生的谐波）存在相互影响，因此有必要证明换流器是否放大了低次非特征谐波且使之达到一个无法接受的程度；或需要证明这些谐波的振幅不会导致不稳定。在相连的交流及直流网络之间具有低次谐波互补谐振的系统中，通过对换流器及其控制系统的仿真,可以进行相关的研究工作。可以通过适当的试验证明,即使出现较大幅值的谐波,换流器及其控制系统的特性也不会受到严重干扰。

调试期间,应尽可能安排与换流站相关的交流系统和/或直流系统处于最恶劣的谐振条件下,并通过对电流指令阶跃变化,和/或在适当频率下的小信号调制的系统响应试验,来验证相关措施是否足以防范系统的不稳定性。

8 次同步谐振

8.1 概述

只有接近整流站并且和交流网络有弱连接的涡轮发电机单元,才易受到次同步谐振的危害。通常,扭振的自然频率处于 20 Hz～40 Hz 间。大型核能涡轮发电机的最低扭振频率可达 5 Hz,其他扭振模式频率较高。

可通过输电系统一些常见的电气扰动来模拟涡轮发电机转子的扭振振荡。而且,在一定条件下,由于涡轮发电机转子和串联补偿线路之间的接近谐振的相互影响,或通过直流控制系统的相互作用可能使扭振放大或加强。由于涡轮发电机扭振的固有阻尼很小,轴振荡在被激励后会持续相当一段时间。大幅度的重复激励会导致轴寿命的缩短,严重时会出现疲劳损坏。

在高压直流系统中,定功率和定电流调制模式可能会对转子扭振产生失稳影响。高压直流系统电流控制典型的调节器频带宽度在 10 Hz～30 Hz 的范围。这个范围对于大型热力汽轮发电机组来说,可能包括两到三个扭振模式。

与串联补偿相关的交流线路次同步谐振(SSR)与带有高压直流系统时扭振不稳定现象有一些基本区别。与串联补偿有关的次同步谐振主要影响扭振频率的高频部分,而与高压直流系统相关的扭振主要影响低频扭振模式。相比之下,串联补偿相关的次同步谐振在扭振失稳幅度上更加严重。

8.2 与高压直流系统相关的次同步振荡标准

高压直流系统控制电流的目标,使之对涡轮发电机扭振模式呈现固有的振荡负阻尼特性。负阻尼的程度处于电流控制调节回路的带宽范围内。只有位于整流站附近并与交流电网有弱连接的涡轮发电机组,才易受扭振影响的危害。接近逆变站的单元不会有很多的失稳情况发生,因为逆变器相位角变化的反应与整流器不同。

涡轮发电机转子旋转将会引起供给换流器的交流电压相角和幅值变化。对换流器触发角的影响,以及闭环控制使触发角偏移的作用,将导致直流电压和电流的改变,进而改变直流功率。改变高压直流功率的最终影响是改变发电机的电磁转矩。发电机如果在发电机轴速变化和发电机转子上电磁转矩变化总量之间的累积相位迟后超过 90°,那么扭振振荡可能变成失稳。

一个恒定功率负荷对于发电机轴速的任何偏移,都会呈现为负特性。

如果逆变器控制电流,直流电压将随着整流器变化。当发电机转子速度增加时,交流电压也会增加。如果整流器处于触发角控制模式,直流电压也会增加,并会导致功率增加。因此,正阻尼将处在电流控制频带范围内,并接近与控制作用无关的固有的正阻尼特性。

靠近高压直流系统逆变器的涡轮发电机组,通常有一个与负荷互联的并联交流网。因此很少有像靠近整流侧的机组那种与直流控制之间的相互影响。同样,当靠近逆变器的机组轴速增加时,逆变器的电压幅值也会增加,这就导致直流电流幅值的减小,则导致与整流器相反的阻尼效应。

换流器运行时的稳态触发角对相互作用有很显著的影响。这是由于触发角和直流电压之间存在固有的非线性余弦关系。电流调节器对触发角的线性增益将会减小这种相互作用,但不会使之消除。

以较大的滞后角运行能明显降低扭振稳定性。因此,在高压直流系统规范中,应予考虑对以电压控制为目的要求进行降压运行,或因为传输线路绝缘强度降低时采用降压运行。

扭振影响在水轮发电机组中不发生,只在热力发电机组中才有。对于较低速度和中速度(低水头)的机组,与汽轮机惯量相比,水轮发电机较大的惯量能够降低与电力系统的相互影响,实际上可以消除串联补偿交流线路和高压直流系统扭振相互作用的可能性。如果使用高速(高水头)机组,水轮发电机和涡轮机的惯量比率不会很大,这增加了扭振影响的可能性。技术规范应说明在给定的结构配置中,是否会有 SSR 问题发生。在8.3中给出了屏蔽 SSR 发生可能性的一个简单方法。在可能有 SSR 的情况下,需要更加深入详细的系统研究。

直流系统采用控制方式来增加对功率摇摆的阻尼,典型频率在 0.1 Hz～2 Hz 的范围内,可能与扭振模式相互影响,并且有时会导致附近的涡轮发电机组产生显著的失稳。在任何高压直流系统的技术规范中,无论何时都应考虑次同步谐振的存在及阻尼控制。如果一些装置中两种控制都需要,则它们必须以一种互补的方式共存。

在很多扭振是稳定的串联补偿线路上,附加的直流系统对扭振稳定的影响可忽略。如果采用次同步阻尼控制器,附加的高压直流系统将对扭振模式增加一个小的正阻尼。规范应要求对每一个类似系统进行研究,以确保不出现次同步振荡问题。

对于潜在扭振不稳定的系统,规范应提供包括扭振频率,振荡阻尼和所有关注的发电机机组的机械形式和外形等信息。如果没有这些信息,也可通过相对简单的现场试验来得到 SSR 的频率;还应提供有关的输电网络数据。

8.3 确定发电机组对扭振影响敏感性的初判标准

对于任何新的高压直流系统,如果存在与汽轮发电机发生扭振影响的潜在可能性,其规范需要为深入进行次同步谐振研究和采用次同步阻尼控制器(SSDC)可能性研究提供全面的资料。

次同步谐振是高压直流系统一个潜在的问题,如果在初期设计阶段未考虑次同步阻尼控制器,技术规范可要求在高压直流控制系统中预留适当的输入装置,以备将来可能增加次同步谐振阻尼控制器的需要。

对相互影响量值的大小和交流系统强度之间的近似关系进行研究的结果,可作为详细研究机组和系统事故的一个定量判别工具,如下式所示:

$$UIF_i = \frac{S_{CCHT}}{S_i}\left(1 - \frac{SC_i}{SC_{tot}}\right)^2$$

式中:

UIF_i——第 i 台发电机组的相互作用系数;

S_{CCHT}——高压直流输电的额定功率,单位为兆瓦(MW);

S_i——第 i 发电机组的额定功率,单位为兆伏安(MVA);

SC_i——高压直流换流母线除去第 i 单元的短路容量(不包括交流滤波器);

SC_{tot}——高压直流换流母线包括第 i 单元的短路容量(不包括交流滤波器)。

大量研究表明,当影响系数近似小于 0.1 时将不会有明显的相互影响,在进一步的研究中可被忽略。

8.4 采用次同步阻尼控制的特性要求

次同步谐振阻尼控制器对直流系统触发角的调制作用,应确保附近所有发电机组,在所对应的所有实际系统运行条件下,均对扭振振荡呈现正阻尼。交流系统的某些典型信号可应用在次同步阻尼控制器(SSDC)设计中,这些信号包括整流器交流母线频率,发电机轴的角速度或由换流器电压和电流组成的合成信号。次同步阻尼控制器的动态范围要足够大,在扭振振荡受到系统扰动激发达到最大时,应至少提供一些正阻尼。

规范应包括对次同步阻尼控制器的可靠性要求,至少应与其他控制系统的要求相同,其功能必须可靠。次同步阻尼控制器只作为一个阻尼控制器来考虑,而不能将其作为一个保护装置。因此,对于每个有潜在扭振不稳定性的涡轮发电机组,都应设有次同步谐振(SSR)保护继电器。次同步阻尼控制器不应降低换流器其他任何方面的性能(如:谐波,故障响应等)。

应对次同步阻尼控制器与连在相关交流系统的串联电容补偿的相互影响进行研究。

8.5 性能试验

次同步阻尼控制器的阻尼性能应通过一系列控制器的现场试验进行验证。现场试验应包括高压直流系统以及受影响的涡轮发动机组。扭振测量应在发电机组上进行。应通过测量来检验次同步阻尼控制器的增益裕度(如:测量通过次同步阻尼控制器和相连系统的开环传递函数)。

8.6 涡轮发电机的保护

在换流站不能可靠、安全地检测到可能损害发电机的扭振。对可能与高压直流换流系统有潜在相互影响的任何涡轮发电机,应该采用扭振保护继电器来保护。

9 与电厂的相互影响

9.1 概述

电厂与直流工程在电气上靠得越近,它受直流系统的影响就越大。发电站可将其全部或大部分的功率注入直流输电系统的整流器,或者与逆变站共同向负荷供电。如果直流系统负荷直接来自电厂的发电机,则它们之间必定存在明显的相互影响。这应在直流系统和相关交流系统的设计中说明,还应包括涡轮机和发电机的规范。本章讨论还涉及到:电厂发出的功率同时还供给交流负荷或系统情况下的相互影响,以及交流/直流系统的运行在这个负荷或系统上产生的其他方面有关的影响。

9.2 特殊影响

发电厂产生电力,它的能量或者来源于水,或者来源于热和核能。本节重点说明直流系统和与之相连的任何类型发电厂之间的相互影响。当相互影响以不同的或者更加敏感的方式影响一个特定的电厂时,需要相应制定特殊的参考标准。

应注意,交流输电系统作为直流输电的替代方案,与发电机有类似的相互影响,应与此章中所提及的等同考虑。当然,这并不是说在直流系统的规范书准备中,不需要考虑与发电厂的相互影响。

9.2.1 频率变化的影响

发电机应在特定频率范围内运行,这些限制取决于发电机和与之相连的主交流系统是同步还是非同步。由于换相失败、故障或阀组闭锁引起的直流输电系统的功率损失将导致电厂的频率偏移。当直流系统完全闭锁,并且没有可选择的回路让发电厂向负荷供电时,将导致电厂甩掉全部负荷,此时将发生频率的严重过冲。

当发电机与直流逆变器形成孤岛且又与负荷断开,发电机将承受更严重的应力。如果从逆变器馈入发电机的功率不能通过降低直流功率指令得到保护,在发电机中功率反向会导致转子损伤。

应详细研究直流系统停运的后果。制定电力系统规划时,应确保如果发生甩掉全部直流系统负荷时,不使发电厂应力超过其设计限制。无论是水电厂、热电厂或是核电厂,应规定辅助输电设备和保护系统的要求,这对减小直流系统甩去全部负荷带来的影响十分重要。核电站因为需要较长的时间来恢复全部功率,所以输电系统保护的设计要有严格的限制,以抵御直流甩去全部负荷的影响。当使用直流系统输送核电厂的大部分能量时,直流系统的设计应具备更高的可靠性。对于单极闭锁,应考虑剩余极的过负荷能力,以避免发电厂的停机,或以一种更便利的方式使发电厂的功率逐步减少。

9.2.2 频率控制的相互影响

由涡轮机调速器控制的机器速度与直流输电系统之间的相互影响,如果不采用特别的措施去协调,就会产生低频不稳定(0.5 Hz 以下)。可通过研究和试验找出最优的调速器定值。在系统不稳定时,高压直流系统通过对交流系统频率增量的特定闭环控制,可使系统产生阻尼。更多信息请参阅第 6 章。

9.2.3 过电压影响

直流系统甩负荷产生的过电压,将影响与之相连的发电厂。如果在甩负荷后滤波器和并联电容器没有被切除,过电压就可能损坏发电机及其他设备。辅助电动机和励磁系统的过电压需要特殊考虑。除非在系统设计时使用适合的交叉断路法,否则发电机在甩负荷时可能会产生自励磁。应要求在闭锁换流器的同时,切除滤波器和并联电容器。

在甩负荷时产生过电压和自励磁的情况下,要求断路器能切除交流滤波器和并联电抗器,断路器的额定值应根据 GB/Z 20996.2—2007 中的 3.3 相应的应力要求来确定。在自励磁条件下用于切除滤波器和电容器组的相应保护的灵敏度和速度,应能保护发电机和站内设备不受过电压的影响;同时也要区分直流系统是暂时还是永久甩负荷。如果因为直流系统暂时停运而切除滤波器和电容器,会使系统在恢复到扰动前功率水平时缺少无功支持。此时,滤波器和电容器的再投入应与设备容量和直流恢复的顺序仔细协调,特别是当要求暂态停运的持续时间必须最小化时。

当发电站和高压直流换流站的连接系统在地区交流负荷很小或无负荷的情况下,其交流侧可能会呈现弱阻尼。在这种情况下,要特别注意断路器的谐振、过电压和暂态恢复电压。

9.2.4 谐波

换流站产生的特征和非特征谐波电流不能被完全滤除或阻尼,因此谐波电流可能流入发电机。不希望的机械振动会引起水电机组及火电机组内部的发热,特别是对于转子的热效应尤为突出。在这两种情况下,可能会引起设备的损坏。应确定预期或允许流入与直流系统相连的,或位于直流系统附近的发电机的谐波值,并作为发电机和交流滤波器的技术规范或设计规范内容。更深入的讨论将在 GB/Z 20996.1—2007 第 16 章中论述。对于汽轮发电机,应特别关注 5 次和 7 次谐波的大小,因为相互影响的磁场将在转子上产生一个 6 次谐波的脉动转距。如果与一个超同步机械谐振频率(包括转子元件上的扭振振荡和涡轮机叶片弯曲)同时发生,就可能出现汽轮机轴疲劳和叶片的损坏。

9.2.5 次同步与轴的相互影响

在第 8 章中讨论了强加于发电机、轴和涡轮机的次同步谐振危害的严重性。由某种柴油发电机产生的次谐波电流可能影响直流系统。如果这种可能性存在,应通过系统试验确定系统中次谐波的存在,并写入技术规范以便在直流系统的控制中设计相应的阻尼装置。与此相关的是:由于直流甩负荷或换相失败可能导致的转矩阶跃变化对发电机轴的影响。即使可以阻尼在发电机和涡轮机轴上质量块之间的机械振荡,轴的寿命也将降低。热电厂和核电厂对此更为敏感。如果证实问题存在,那么应将导致轴系寿命缩短的换相失败的可能性降到最小。

9.2.6 谐振

与电站和换流器互连的交流系统结构通常包括一些短线、大量集中式的无功设备等。这种结构存在着产生谐振条件的潜在危险,并呈现低阻尼特性。

9.2.7 过电压

作为上述 9.2.6 中所指出的谐振条件以及谐振低阻尼特性的结果,还应考虑除直流甩负荷之外的其他暂时过电压。它们可能涉及的有交流故障清除时产生的过电压和由变压器充电时产生的过电压。

9.2.8 交流开关设备的应力

除了上述 9.2.3 讨论的问题,在 9.2.6 提到的具有多条短线的交流系统结构中,可能要求所使用的断路器的暂态恢复电压(TRV)水平要高于标准值。

9.2.9 低频

还应考虑由于大的扰动导致的低频工况,例如失去发电机组。

9.2.10 高压直流换流器的起动过程

在换流器单元起动过程期间,应考虑送端系统的频率调节和发电机无功功率的容量要求。

9.3 核电站的特殊考虑

应在模拟试验中详细研究可能引起核反应堆紧急停机的保护继电器相关的特性。如果一个蒸汽旁路的容量和反应堆的容量相同,在直流系统或受端交流系统中的扰动可能不会引起反应堆紧急停机。

当研究次同步谐振现象时,应注意核电站汽轮发电机的机械谐振频率,它通常应低于其他类型蒸汽汽轮发电机的谐振频率。

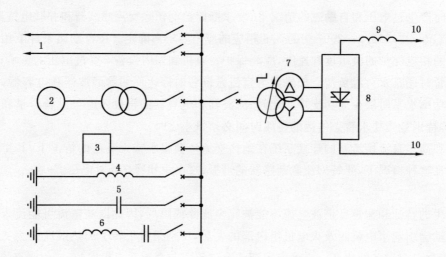

关键词：

1——交流系统；

2——同步调相机；

3——静止无功补偿装置；

4——交流电抗器；

5——电容器；

6——交流滤波器；

7——换流变压器；

8——换流器；

9——直流电抗器；

10——直流端。

图 1　高压直流站无功补偿元件

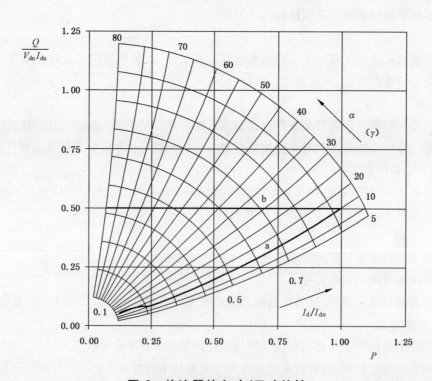

图 2　换流器的有功/无功特性

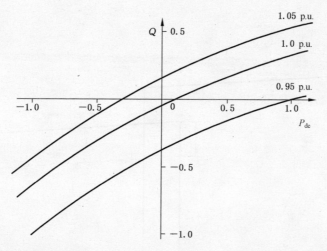

Q——交流系统所需无功功率的标么值;

P_{dc}——注入交流系统的直流功率标么值。

图3 弱交流系统的无功需求,基于有功负荷的高压直流换流站交流母线不同定电压特性

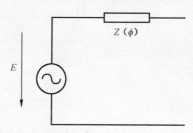

E——一个交流电网的发电机的戴维南等值电动势;

$Z(\phi)$——交流电网的戴维南等值阻抗;

ϕ——交流电网的戴维南等值阻抗角。

图4 交流系统的等效电路图

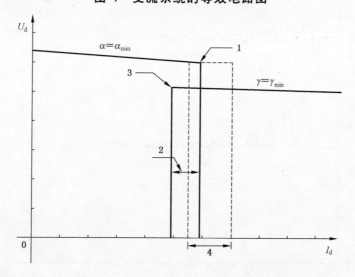

关键词:

1——整流器电流定值＝直流电流 I_d 的值;　　　　　　　U_d——直流电压;

2——电流裕度 ΔI;　　　　　　　　　　　　　　　I_d——直流电流。

3——逆变器电流定值＝$I_d-\Delta I$;

4——电流调制范围的限制;

图5 整流器与逆变器之间无通信时,电压—电流特性显示的电流的可能调节范围(例)

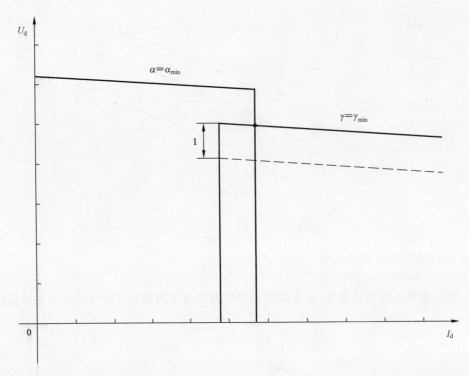

1——在无功功率调制期间的 U_d 范围；

U_d——直流电压；

I_d——直流电流。

a) 电压—电流特性

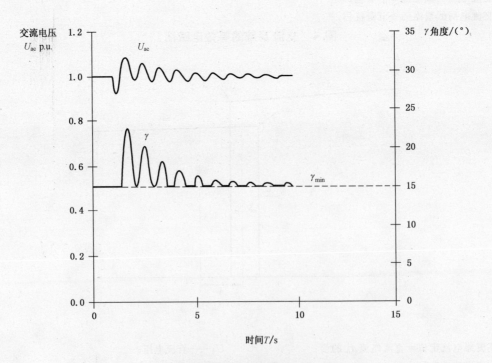

b) 交流电压 U_{ac} 和关断角 γ 的变化

图 6 高压直流输电运行在最小关断角 γ_{min} 时的无功调节

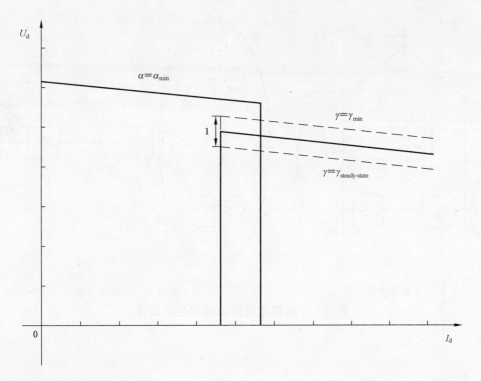

1——在无功功率调制期间的 U_d 范围；

U_d——直流电压；

I_d——直流电流。

a) 电压—电流特性

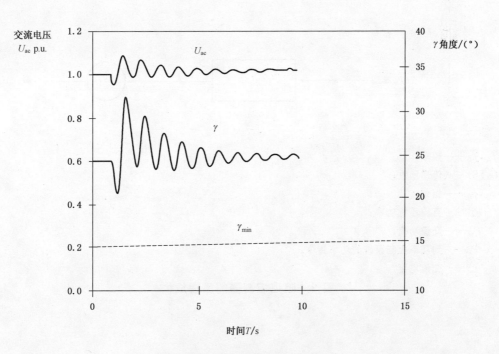

b) 交流电压 U_{ac} 和关断角的变化

图 7 高压直流输电在关断角 $\gamma > \gamma_{min}$ 运行时的无功调节

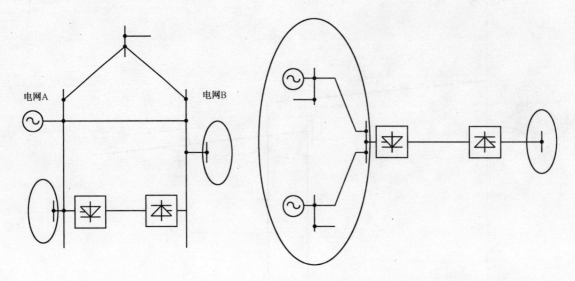

a) 交直流并联运行   b) 交流系统与一个高压直流换流站的连接

图 8　交流线路或网络稳定性的改善

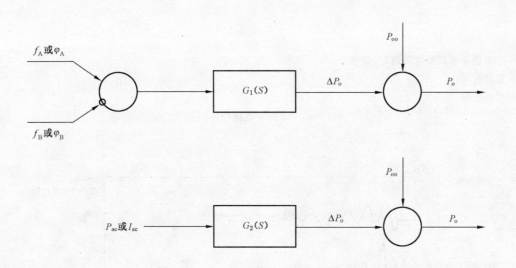

f_A，f_B——频率；

$G_1(S)$，$G_2(S)$——传递函数；

φ_A，φ_B——相角；

P_{oo}——直流系统功率；

P_{ac}——交流功率；

P_o——到功率控制系统的功率指令；

I_{ac}——交流电流。

图 9　阻尼控制器的原理结构

参 考 文 献

[1] Guide for Planning d. c. links Terminating at a. c. System Locations Having Low Short Circuit Capacity. CIGRE document TF14-07/IEEE 15. 05. 05, Parts I and II.

[2] G. Andersson, S. Svensson, G. Liss, Digital and Analog Simulation of Integrated A. C. and D. C Power Systems. CIGRE paper 14-02 1984.

[3] C. E. Grund, E. M. Pollard, H. Patel, S. L. Nilsson, J. Reeve, Power Modulation Controls for HVDC Systems. CIGRE paper 14-03, 1984.

[4] Tentative Classification and Terminologies Relating to Stability Problems of Power Systems. Electra, No. 56, Jan 1978, pp 57-67.

[5] AC Harmonic Filters and Reactive Compensation for HVDC with Particular Reference to Non-characteristic Harmonics. CIGRE publication no. 65 June 1990. Complen\ment to the Electra paper of issue 63(1979).

[6] J. Kauferle, K. Sadek, Koelsch, A. C. System Representation Relevant to A. C. Filtering and Overvoltages for HVDC Application. CIGRE paper 14-08, 1984.

[7] E. Salgado, A. C. G. Lima, L. A. S. Pilotto, M. Szechtman, A. P. Cuarine, M. Roitman, Technical and Economic Aspects of the Use Of HVDC Converters as Reactive Power Controllers. CIGRE paper 14-08, 1984.

[8] A. Gavrilovic, Interaction Between A. C. and D. C. Systems. CIGRE paper 14-09, 1986.

[9] T. Lambaie, K. Holmberg, U. Jonsson, E. Airamme, E. Hagman, K. Jasskelainen, Fenno-Scan HVDC Link as a part of interconnected A. C. /D. C. System. CIGRE paper 14-02, 1988.

[10] M. Taam, A. S. Praca, F. D. Porangaba, F. de Toledo, D. Menzies, K. Eriksson, Itaipu HVDC Transmission System. Principal Aspects of A. C. /D. C. interaction. CIGRE paper 14-03, 1988.

ICS 29.240.01
K 45

GB/T 22390.1—2008

中华人民共和国国家标准

高压直流输电系统控制与保护设备
第1部分：运行人员控制系统

Control and protection equipment of high-voltage direct current（HVDC）
transmission system—Part 1：Operator control system

2008-09-24 发布 2009-08-01 实施

中华人民共和国国家质量监督检验检疫总局
中国国家标准化管理委员会 发布

前　言

根据国家科技部 2003 年度科技基础条件平台工作重点项目《直流输变电系统核心技术与基础标准研究》(项目编号为 2003DIA7J034)的要求,特制定标准《高压直流输电系统控制与保护设备》。

GB/T 22390《高压直流输电系统控制与保护设备》分为六个部分:

——第 1 部分:运行人员控制系统;

——第 2 部分:交直流系统站控设备;

——第 3 部分:直流系统极控设备;

——第 4 部分:直流系统保护设备;

——第 5 部分:直流线路故障定位装置;

——第 6 部分:换流站暂态故障录波装置。

本部分为 GB/T 22390 的第 1 部分。

本部分由中国电器工业协会和中国电力企业联合会共同提出。

本部分由全国高压直流输电设备标准化技术委员会(SAC/TC 333)归口。

本部分主要起草单位:许继集团有限公司、南京南瑞继保电气有限公司、北京网联直流工程技术有限公司、中国南方电网有限责任公司、许昌继电器研究所、中国电力科学研究院。

本部分主要起草人:黄利军、叶周、陶瑜、姚致清、张望、毛仕涛、李亚萍、李岩、李志勇、王明新、韩伟、石岩。

本部分首次发布。

高压直流输电系统控制与保护设备
第1部分:运行人员控制系统

1 范围

GB/T 22390 的本部分规定了±500 kV 高压直流输电系统的运行人员控制系统的技术要求、试验方法、检验规则、包装、运输、贮存、标志、标签、使用说明书、供货的成套性及质量保证等。

本部分适用于±500 kV 高压直流输电系统的运行人员控制系统(以下简称系统)。

2 规范性引用文件

下列文件中的条款通过 GB/T 22390 的本部分的引用而成为本部分的条款。凡是注日期的引用文件,其随后所有的修改单(不包括勘误的内容)或修订版均不适用于本部分,然而,鼓励根据本部分达成协议的各方研究是否可使用这些文件的最新版本。凡是不注日期的引用文件,其最新版本适用于本部分。

GB/T 2887—2000 电子计算机场地通用规范

GB/T 9361—1988 计算机场地安全要求

GB/T 9813—2000 微型计算机通用规范

GB 9969.1—1998 工业产品使用说明书 总则

GB/T 13498 高压直流输电术语(GB/T 13498—2007,IEC 60633:1998,IDT)

GB/T 13730—2002 地区电网调度自动化系统

DL/T 634.5101—2002 远动设备及系统 第 5-101 部分:传输规约 基本远动任务配套标准(IEC 60870-5-101:2002,IDT)

IEEE 1003.1—1995 计算机环境中可移动操作系统(eqv ISO/IEC 9945-1:1990)

3 术语和定义

GB/T 13498 确立的术语和定义适用于本部分。

4 技术要求

4.1 环境条件

4.1.1 正常工作大气条件

a) 环境温度:0 ℃～+45 ℃、−10 ℃～+55 ℃;

b) 大气压力:80 kPa～110 kPa;

c) 相对湿度:5%～95%(内部既不应凝露,也不应结冰)。

4.1.2 试验的标准大气条件

a) 环境温度:+15 ℃～+35 ℃;

b) 大气压力:86 kPa～106 kPa;

c) 相对湿度:45%～75%。

4.1.3 仲裁试验的标准大气条件

a) 环境温度:20 ℃±2 ℃;

b) 大气压力:86 kPa～106 kPa;

c) 相对湿度:45%～75%。

4.1.4 使用环境的其他要求

4.1.4.1 使用环境不应有剧烈的振动源。

4.1.4.2 使用环境不应有腐蚀、破坏绝缘的气体及导电介质,对于使用环境内有火灾、爆炸危险的介质、系统应有防爆措施。

4.1.4.3 使用环境应有防御雨、雪、风、沙的设施。

4.1.4.4 场地安全要求应符合 GB/T 9361—1988 中 B 类的规定,接地电阻应符合 GB/T 2887—2000中 4.4 的规定。

4.2 电源

4.2.1 交流电源

a) 额定电压:220 V,允许偏差－15%～＋15%;

b) 频率:50 Hz,允许偏差±1 Hz;

c) 波形:正弦,畸变因数不大于 5%。

4.2.2 交流不间断电源(UPS)

交流电源失电时,UPS 维持系统正常工作时间不应小于 1 h～2 h。

4.3 系统设计要求

4.3.1 系统构成

系统由服务器、操作员工作站、工程师工作站、站长工作站、培训工作站、远动工作站以及网络设备等组成。站局域网上连接的若干台服务器、工作站应为分布式结构,不同的应用分布于不同的计算机节点上,有关键应用的计算机节点应作冗余配置。整个局域网也应按双网配置,以保证系统的稳定运行。

4.3.2 硬件

所选用的计算机产品,包括服务器、工作站、网络设备和外部配套设备等,均应采用当时的主流技术通用产品,应考虑可靠性、可维护性、开放性和可扩展性要求,并适当留有余量。

站局域网的传输速率不低于 10/100 Mbit/s,传输层协议为 TCP/IP。为提高系统可靠性,站局域网应设计为完全冗余的双重化系统,并具有完善的系统自检功能以实现故障时的自动切换或解列。网络设计和设备选型中应充分考虑整个系统的可扩展性能,除满足当前需要外,交换机的接入端口数量至少应留有 30%以上的冗余度。为保证系统运行的安全性,外围系统与实时系统之间应有可靠的防火墙(FireWall)设计。该防火墙功能应采用硬件实现的方案,如通过集成到路由器等装置中的形式来完成。

4.3.3 软件

软件应按分层分布式结构设计,软件设计应遵循模块化原则或是面向对象设计原则。操作系统应符合 IEEE 1003.1—1995 规定的开放性国际标准,应支持主要的操作系统平台 UNIX 或 Windows。除了系统软件(含操作系统)、应用软件外,应包括网络管理、数据库管理、人机界面管理等在内的支撑软件。支撑软件应尽量选用专业化的、成熟的主流技术产品,并符合 GB/T 13730—2002 中 3.4.3 的规定。

4.3.4 数据通信方式

a) 系统与站控/极控系统的通信应采用网络方式,与保护装置以及其他装置的通信可采用点对点、多路点对点等串行方式(见 DL/T 634.5101—2002)或网络方式;

b) 与上级调度系统的通信采用网络通信或点对点串行传输方式;

c) 与 UPS、火灾报警系统、直流电源系统、空调系统等辅助系统的通信采用串口或带安全防务的网络通信方式;

d) 通过广域网通信时应采用安全隔离措施。

4.4 系统功能要求

4.4.1 监视功能

4.4.1.1 交流系统的监视信号应包括但不限于：

    a) 交流母线电压及频率；

    b) 交流进线的三相电压、三相电流、有功功率、无功功率；

    c) 换流变压器进线的三相电压、三相电流、频率、有功功率、无功功率、功率因数；

    d) 换流变压器交流侧绕组电流、零序电流，换流变压器阀侧三相电流，换流变压器网侧三相谐波电压、电流分析值；

    e) 交流滤波器、并联电容器和电抗器各分支电流及其谐波分析；

    f) 站用电系统的电压、电流、有功；

    g) 站内所有电量计费系统的测量和统计值，以及站内所有能量表计信号。

4.4.1.2 高压直流系统的监视信号应包括但不限于：

    a) 运行方式；

    b) 直流电流、直流功率及其变化速率，或阶跃变化量的整定值；

    c) 直流运行电压、电流及功率；

    d) 换流阀吸收的无功；

    e) 换流站与交流系统交换的无功；

    f) 点火角(触发角)或熄弧角，以及换相角；

    g) 直流电压及电流的谐波分析；

    h) 线路再启动保护；

    i) 直流接地电流。

4.4.1.3 设备状态信号

    a) 控制位置：远方调度或换流站主控室/就地控制。

    b) 直流控制模式和主调节器、附加控制和系统保护的投切状态，以及多重化系统中主、备通道的状态和切换。

    c) 换流阀系统

        1) 换流阀：晶闸管元件的损坏数量和位置；

                    晶闸管元件正向电压强迫触发保护动作；

                    漏水状况的监视和报警；

                    换流阀的状态显示(触发或闭锁)；

                    晶闸管结温的监视(计算或测量值)；

        2) 阀厅：温度和湿度显示；

                    阀厅避雷器的动作次数；

        3) 阀冷却系统：主备冷却系统的运行工况；

                       进、出口水温、流量和漏水监视；

                       泵的运行工况；

                       水电导率的监测信号；

                       其他所需的一切监视信号。

    d) 换流变及其他变压器

        1) 油温、油位；

        2) 绕组温度；

        3) 分接头位置；

        4) 其他所需的一切监视信号；

5) 换流变压器油色谱在线监测。

e) 平波电抗器

1) 油温和绕组温度；

2) 其他所需的监视信号。

f) 阀厅内设备

各接地刀闸的投切状况。

g) 远动系统

远动主、备通道的投运情况。

h) 直流场设备

1) 平波电抗器运行状态；

2) 直流滤波器支路投切状态；

3) 直流场内所有断路器、隔离开关及接地刀闸的投切状态。

i) 交流场设备

1) 交流滤波器、并联电容器和电抗器投切状态；

2) 线路断路器、隔离开关及接地刀闸的投切状态；

3) 站用变及主/备站用电系统的投运状态。

j) 其他辅助系统

1) 蓄电池、硅整流充电器的投运状态；

2) UPS及其旁路电源投运状态；

3) 空调系统的运行状态；

4) 消防系统的运行状态。

4.4.1.4 运行控制命令信号

所有控制操作命令均属于监视信号。所有运行操作命令的发出、执行及完成或中断情况均应得到监视，并应设有防止误操作的确认、纠错等监控功能。

4.4.1.5 事件顺序记录信号

a) 所有的运行值和状态信号中，当达到或超过设计临界值或限制值时的显示告警；

b) 所有交/直流保护的动作信号；

c) 所有设备或系统的主、备用设备或通道的切换报警；

d) 所有设备的自检结果、故障报警；

e) 通信系统故障的显示和报警；

f) 正常运行时，所有的运行控制命令、直流控制系统指令和控制动作过程，及其运行状态的变化；

g) 所有保护、安全自动装置的跳闸指令，及其相应的设备状态的变化的顺序记录。

4.4.2 数据处理、运算和存储

a) 数据合理性检查及处理。

b) 异常数据处理：包括状态量异常变化、模拟量和数字量的越限、抖动过滤、非正常呆值的处理等。

c) 事件分类处理。

d) 应能支持各种数据运算功能，包括：电力系统常规运算、四则运算、三角运算，以及逻辑运算等。

e) 历史数据处理

1) 应支持灵活设定历史数据存贮周期的功能；

2) 应具有不少于一年的历史数据的存贮能力；

3) 应具有灵活的统计计算能力；

4) 应具有方便的历史数据查询的能力。

4.4.3 数据通信接口

应具有与站控、极控、直流保护、交流保护、故障录波、主时钟系统、远方调度系统、辅助系统等子系统及其他相关系统交换数据的能力,通信方式见 4.3.4。

4.4.4 控制调节功能

4.4.4.1 高压直流系统的起动/停运控制

    a) 控制位置的选择

        1) 远方控制中心或换流站控制室控制位置的选择;

        2) 从主控室转移到就地控制系统或就地设备的操作。在试验、验收以及紧急状况下,应能允许运行人员在就地控制系统或设备就地进行安全可靠的操作。

    b) 直流系统运行方式的选择

        1) 功率输送方向;

        2) 功率控制/电流控制模式;

        3) 空载加压。

    c) 直流控制和附加控制的选择(包括但不限于):

        1) 应能对直流控制系统中的各项附加控制功能进行手动投入或闭锁操作;

        2) 对直流控制功能的手动/自动控制方式切换;

        3) 无功功率控制器自动或手动控制的选择;

        4) 无功功率控制器的交流电压控制方式和交换无功控制方式的切换。

    d) 运行整定值的选择

        1) 定电流控制模式应可设定稳定运行时直流电流的运行值,以及直流电流变化速率和阶跃值。

        2) 定功率控制模式应可设定稳定运行时直流功率的运行值,以及直流功率变化速率和阶跃值。

        3) 定功率的控制模式还应允许按预先设定的直流输送功率曲线值运行,该功能应允许调度和运行人员按月、按日、按时、按分进行功率曲线及其变化速率的整定。在运行中,经过调度的指令,可以对曲线和变化速率进行实时的修改,此修改不能影响直流控制系统和整个 HVDC 系统的正常运行。

        4) 按照调度命令,进行无功功率控制器中交流电压整定值和无功交换整定值及其控制死区的设定。

        5) 配置相应的切换"开关",允许运行人员对手动功率方式(定功率值整定方式)和自动功率曲线方式进行选择或切换。

    e) 直流系统的正常起动和停运

    直流系统的启动和停运命令通常由运行人员发出,但在系统未达到直流系统解锁条件或系统处于异常状态时,应禁止执行起动命令。

4.4.4.2 高压直流系统的状态控制

除了高压直流系统的启动和停运程序自动完成一系列状态控制外,运行人员还应能进行操作,使高压直流系统能分段达到下述不同的状态:

    a) 检修状态

        1) 交流侧隔离开关断开;

        2) 交、直流侧接地刀闸闭合。

    b) 交流系统隔离状态(冷备用)

        1) 交流侧隔离开关断开;

        2) 交、直流侧接地刀闸断开。

   c) 交流系统连接状态(热备用)

      1) 换流变压器充电；

      2) 满足所有直流解锁条件；

      3) 换流阀闭锁。

   d) 换流阀解锁(运行)状态。

   e) 空载加压试验或极线开路试验状态。

4.4.4.3 运行过程中的运行人员控制

运行人员在高压直流系统运行中应能实现以下的在线操作,且这些操作不应对高压直流系统引起任何扰动：

   a) 直流系统控制模式的在线转换,如功率/电流控制；

   b) 运行方式的在线转换,如潮流翻转；

   c) 运行整定值的在线整定,包括直流电流/直流功率及其变化率和阶跃变化量的重新整定和在线改变,以及手动定功率方式/功率曲线方式的在线转换；

   d) 运行中,应能对直流极控/站控系统的备用通道各种参数进行检查和改变；

   e) 对设计中可能存在的无需满足滤波器自动顺序控制要求的无功补偿分组的手动投/切操作；

   f) 直流极控和站控系统主、备通道的在线手动切换,以及运行中备用通道的自检操作。

4.4.4.4 故障时的运行人员控制

当 HVDC 系统和交流系统发生故障时,运行人员还应能进行如下的操作：

   a) 报警或保护动作后的手动复归,在操作员工作站对保护动作的复归应设置投退功能；

   b) 紧急停运；

   c) 控制保护多重通道的手动切换。

4.4.4.5 换流站内主设备及其辅助系统的操作控制

对高压直流系统中的主设备及其辅助系统的控制操作主要包括,但不限于如下控制操作：

   a) 交流场和阀厅内断路器、隔离刀闸和接地刀闸的分合；

   b) 换流变压器和其他变压器分接头的调节；

   c) 主、备站用电源系统的切换。

4.4.5 人机界面功能

4.4.5.1 图形功能

   a) 应采用全图形、多窗口技术,具有画面缩放、平面叠加等功能；

   b) 应能支持各种图形、表格、曲线、棒图、饼图等表达形式；

   c) 应支持画面拷贝；

   d) 屏幕显示应支持多种字体汉字。

4.4.5.2 报警功能

   a) 模拟量异常告警；

   b) 数字量变位提示及告警；

   c) 计算机系统异常告警；

   d) 数据通信异常告警；

   e) 告警应有闪烁、发音响及提示窗等方式。

4.4.5.3 趋势浏览

   a) 应具有用户自定义趋势曲线的功能；

   b) 应能显示基于实时数据的趋势曲线和基于历史数据的趋势曲线。

4.4.5.4 在线谐波监视

   a) 应能完成对换流站内要求进行谐波分析的数据进行 1 次~50 次谐波的实时测量和分析,其所选谐波次数可预选；

b) 谐波应能在指定时间内或者每日定时监测，监测持续时间可整定，监测结果应能自动长期保存；

c) 应能用图形或表格显示谐波数据。

4.4.5.5 报表和打印

a) 应具有电子报表的基本功能；

b) 应具有各种报表、各种异常记录、操作记录的打印能力；

c) 应能支持多种打印机；

d) 应能即时、定时、召唤打印；

e) 制表打印应支持汉字化。

4.4.6 顺序事件记录

a) 能够采集全站所有预先定义事件，并汇总事件记录送至数据库存储和显示；

b) 系统对于事件记录应具有数据过滤、自动统计和归档功能；

c) 事件至少应包含产生时间、事件产生对象、事件描述、事件等级等信息；

d) 用户应能够从事件记录中生成各种统计文档，如故障列表、告警列表等；

e) 事件记录应可按照事件类型、事件发生时间、事件级别、描述文字等项目进行检索；

f) 能够打印即时和检索的事件记录。

4.4.7 数据库

4.4.7.1 功能要求

a) 数据库中存储的系统数据应包括，但不限于：系统运行参数和状态、顺序事件记录、告警记录、趋势记录等；

b) 数据库应具有完备的自我检测和监视功能；除故障时的主、备系统自动切换之外，当剩余的存贮容量小于 10%时，还要求有自动的报警功能；

c) 数据库应具有自动保存功能，自动保存时间可由运行人员手动整定，并能定期将所有数据库文件自动备份到外部存储器（光盘和磁带机）。

4.4.7.2 数据库配置要求

数据库及其服务器系统应采用成熟、通用的商业化硬件产品和软件平台。其外部数据接口应使用标准规约，以保证其他二次子系统对数据库文件的正确写入和读取。

4.4.8 用户权限管理功能

能管理、添加、删除用户并分配用户操作权限。

4.4.9 时钟同步功能

a) 系统应能接收全球定位系统（GPS）的标准时间信号并以此同步系统内各台计算机的时钟，使其与标准时钟的误差保持在 1 ms 以内；

b) 系统应具备下行对时功能，定时向极控、站控、保护装置及其他辅助系统发送对时信号。

4.4.10 基本防误操作功能

系统能够识别和防止以下误操作并发出提示：

a) 不满足联锁条件下的隔离开关分合；

b) 不满足联锁条件下的断路器分合；

c) 不满足联锁条件下的接地刀闸分合；

d) 不满足顺控条件下进行顺控操作。

4.4.11 系统的维护和自诊断功能

a) 系统应提供图形页面维护、报表维护、曲线维护、数据库维护等灵活方便的维护工具；

b) 系统应具有自诊断功能，能够诊断系统通道和网络故障。

4.4.12 换流站文档管理系统

系统可提供一个的文档管理系统,负责文档分区、安全防护、存贮、管理整个换流站的全套设计资料以及研究报告、运行手册、维护手册等帮助文件,以供站工程师、管理人员、运行人员和维修人员查询。

 a) 提供的文档资料可包括文件、图表、接线图、报告等多种形式;

 b) 应提供便捷、友好的人机对话方式和数据库查询、检索功能,使得用户可以方便地调用和查询这些资料文档。

4.4.13 系统培训仿真功能(选配)

 a) 系统仿真系统由系统培训工作站和仿真模拟装置组成;

 b) 系统培训工作站用于实现运行人员培训功能,要求能够在培训工作站上模拟运行人员操作,包括运行和故障时的处理操作;

 c) 要求在培训工作站上所进行的所有操作不对整个实时系统产生任何作用和影响。

4.5 技术参数

4.5.1 系统容量性能指标

 a) 模拟量数 $\geqslant$16 000;

 b) 数字量数 $\geqslant$9 600;

 c) 数字量输出(控制) $\geqslant$9 600;

 d) 事件数(SOE) $\geqslant$32 000;

 e) 历史数据保存周期 $\geqslant$2 年。

4.5.2 可靠性指标

 a) 系统平均无故障时间(MTBF) $\geqslant$17 000 h;

 b) 遥信处理正确率 =100%;

 c) 遥控、遥调正确率 =100%;

 d) 正常情况下网络负荷率 $\leqslant$20%;

 e) 故障情况下网络负荷率 $\leqslant$40%;

 f) 正常情况下各节点工作站的 CPU 负荷率 $\leqslant$30%;

 g) 故障情况下各节点工作站的 CPU 负荷率 $\leqslant$50%。

4.5.3 实时性指标

 a) 实时数据更新周期 $\leqslant$3 s;

 b) 遥测信息响应时间(从 I/O 输入端至画面显示) $\leqslant$3 s;

 c) 遥信变位响应时间(从 I/O 输入端至画面显示) $\leqslant$3 s;

 d) 遥控遥调命令生成到输出时间 $\leqslant$2 s;

 e) 画面调用实时响应时间 $\leqslant$3 s;

 f) 事件记录分辨率 $\leqslant$1 ms;

 g) 系统时钟误差 $\leqslant$1 ms;

 h) 双机切换时间 $\leqslant$10 s。

5 试验方法

5.1 试验条件

除非另有规定,试验应在 4.1.2 规定的条件下进行。

5.2 功能及性能测试

按 GB/T 13730—2002 中 7.1 规定的方法对功能及性能测试。

5.3 连续运行试验测试

系统基本设备同时投入运行,连续运行 72 h,每隔 4 h～8 h 测试一次系统是否符合 4.4 和 4.5 规定的功能及性能要求。如测试中出现关连性故障,则终止连续运行试验,待故障排除后重新开始计时试验,如测试中出现非关连性故障,故障排除后继续试验,排除故障过程不计时。

关连性故障及非关连性故障的定义及判据见 GB/T 9813—2000 的附录 B。

5.4 通信规约一致性测试

通信规约一致性测试,在二次设备联合测试中完成。

6 检验规则

6.1 出厂检验

系统出厂前应通过出厂检验。

按第 5 章规定的试验方法对在厂内测试的功能进行测试,检验系统是否具备 4.4 和 4.5 规定的功能及性能要求。符合工厂条件下以上各项要求者为合格系统并附合格证书。

6.2 现场检验

系统投运前应通过现场检验。

系统所有设备在现场安装、调试完毕后,按 4.4 和 4.5 规定的功能及性能要求进行在线检验,检验不合格者,制造厂应进行处理直至符合要求。

7 标志、标签、使用说明书

7.1 标志和标签

7.1.1 每套系统应有铭牌或相当于铭牌的标志,内容包括:

  a) 制造厂名称和商标;

  b) 系统型号和名称;

  c) 规格号(需要时);

  d) 系统制造年、月;

  e) 系统的编号。

7.1.2 静电敏感部件应有防静电标志。

7.1.3 系统外包装上应有收发货标志、包装、贮运图示标志等必须的标志和标签。

7.1.4 系统的相关部位及说明书中应有安全标志。

7.1.5 系统的使用说明书、质量证明文件或包装物上应标有执行的标准代号。

7.1.6 所有标志均应规范、清晰、持久。

7.2 使用说明书

7.2.1 系统使用说明书的基本要求应符合 GB 9969.1—1998 的规定。

7.2.2 使用说明书一般应提供以下信息:

  a) 系统型号及名称;

  b) 系统执行的标准代号及名称;

  c) 主要用途及适用范围;

  d) 使用条件;

  e) 系统主要特点;

  f) 系统原理、结构及工作特性;

  g) 主要性能及技术参数;

  h) 安装、接线、调试方法;

  i) 运行前的准备及操作方法;

  j) 软件的安装、操作及维护;

  k) 故障分析及排除方法;

l) 有关安全事项的说明；

m) 系统接口、附件及配套情况；

n) 维护与保养；

o) 运输及贮存；

p) 开箱及检查；

q) 质量保证及服务；

r) 其他必要的说明。

8 包装、运输、贮存

8.1 包装

8.1.1 系统在包装前，应将其可动部分固定。

8.1.2 每套系统应用防水材料包好，再装在具有一定防振能力的包装盒内。

8.1.3 系统随机文件、附件及易损件应按企业产品标准和说明书的规定一并包装和供应。

8.2 运输

包装好的户内使用的系统在运输过程中的贮存温度为－25 ℃～＋70 ℃,相对湿度不大于95％。系统应能承受在此环境中的短时贮存。

8.3 贮存

包装好的系统应贮存在－10 ℃～＋55 ℃、相对湿度不大于80％、周围空气中不含有腐蚀性、火灾及爆炸性物质的室内。

9 供货的成套性

9.1 随系统供应的文件

出厂的系统应配套供应以下文件：

a) 质量证明文件,必要时应附出厂检验记录；

b) 系统说明书(可按供货批次提供)；

c) 系统安装图(可含在系统说明书中)；

d) 系统原理图和接线图(可含在系统说明书中)；

e) 装箱单。

9.2 随系统供应的配套件

随系统供应的配套件应在相关文件中注明,一般包括：

a) 系统附件；

b) 合同中规定的备品、备件。

10 质量保证

10.1 除另有规定外,在用户完全遵守本部分、企业产品标准及系统说明书规定的运输、贮存、安装和使用要求的情况下,系统自出厂之日起二年内,如系统及其配套件发生由于制造厂原因的损坏,制造厂负责免费修理或更换。

10.2 一般情况下,系统使用期限不低于15年。

ICS 29.240.01
K 45

GB/T 22390.2—2008

中华人民共和国国家标准

高压直流输电系统控制与保护设备
第2部分：交直流系统站控设备

Control and protection equipment of high-voltage direct current（HVDC）
transmission system—Part 2：AC and DC station control equipment

2008-09-24 发布

2009-08-01 实施

中华人民共和国国家质量监督检验检疫总局
中国国家标准化管理委员会 发布

前　言

根据国家科技部 2003 年度科技基础条件平台工作重点项目《直流输变电系统核心技术与基础标准研究》(项目编号为 2003DIA7J034)的要求,特制定标准《高压直流输电系统控制与保护设备》。

GB/T 22390《高压直流输电系统控制与保护设备》分为六个部分:

——第 1 部分:运行人员控制系统;

——第 2 部分:交直流系统站控设备;

——第 3 部分:直流系统极控设备;

——第 4 部分:直流系统保护设备;

——第 5 部分:直流线路故障定位装置;

——第 6 部分:换流站暂态故障录波装置。

本部分为 GB/T 22390 的第 2 部分。

本部分由中国电器工业协会和中国电力企业联合会共同提出。

本部分由全国高压直流输电设备标准化技术委员会(SAC/TC 333)归口。

本部分主要起草单位:南京南瑞继保电气有限公司、许继集团有限公司、北京网联直流工程技术有限公司、中国南方电网有限责任公司、许昌继电器研究所、中国电力科学研究院。

本部分主要起草人:曹冬明、郝俊芳、陶瑜、姚致清、毛仕涛、张望、李亚萍、李岩、李志勇、王明新、韩伟、石岩。

本部分首次发布。

高压直流输电系统控制与保护设备
第2部分:交直流系统站控设备

1 范围

GB/T 22390 的本部分规定了 ±500 kV 高压直流输电系统的交直流系统站控设备的技术要求、试验方法、检验规则、包装、运输、贮存、标志、标签、使用说明书、供货的成套性及质量保证等。

本部分适用于 ±500 kV 高压直流输电系统的交直流系统站控设备(以下简称设备)。

2 规范性引用文件

下列文件中的条款通过 GB/T 22390 的本部分的引用而成为本部分的条款。凡是注日期的引用文件,其随后所有的修改单(不包括勘误的内容)或修订版均不适用于本部分,然而,鼓励根据本部分达成协议的各方研究是否可使用这些文件的最新版本。凡是不注日期的引用文件,其最新版本适用于本部分。

GB/T 2887—2000 电子计算机场地通用规范

GB 4208—1993 外壳防护等级(IP 代码)(eqv IEC 60529:1989)

GB/T 7261—2000 继电器及装置基本试验方法

GB/T 9361—1988 计算机场地安全要求

GB 9969.1—1998 工业产品使用说明书 总则

GB/T 11287—2000 电气继电器 第21部分:量度继电器和保护装置的振动、冲击、碰撞和地震试验 第1篇:振动试验(正弦)(idt IEC 60255-21-1:1988)

GB/T 13498 高压直流输电术语(GB/T 13498—2007,IEC 60633:1998,IDT)

GB/T 13730—2002 地区电网调度自动化系统

GB/T 14537—1993 量度继电器和保护装置的冲击与碰撞试验(idt IEC 60255-21-2:1988)

GB/T 14598.16—2002 电气继电器 第25部分:量度继电器和保护装置的电磁发射试验(IEC 60255-25:2000,IDT)

GB 16836—2003 量度继电器和保护装置安全设计的一般要求

GB/T 17626.2—2006 电磁兼容 试验和测量技术 静电放电抗扰度试验(IEC 61000-4-2:2001,IDT)

GB/T 17626.3—1998 电磁兼容 试验和测量技术 射频电磁场辐射抗扰度试验(idt IEC 61000-4-3:1995)

GB/T 17626.4—1998 电磁兼容 试验和测量技术 电快速瞬变脉冲群抗扰度试验(idt IEC 61000-4-4:1995)

GB/T 17626.5—1999 电磁兼容 试验和测量技术 浪涌(冲击)抗扰度试验(idt IEC 61000-4-5:1995)

GB/T 17626.6—1998 电磁兼容 试验和测量技术 射频场感应的传导骚扰抗扰度(idt IEC 61000-4-6:1996)

GB/T 17626.8—2006 电磁兼容 试验和测量技术 工频磁场抗扰度试验(IEC 61000-4-8:2000,IDT)

GB/T 17626.9—1998 电磁兼容 试验和测量技术 脉冲磁场抗扰度试验(idt IEC 61000-4-9:

GB/T 22390.2—2008

1993)

GB/T 17626.10—1998 电磁兼容 试验和测量技术 阻尼振荡磁场抗扰度试验(idt IEC 61000-4-10:1993)

GB/T 17626.11—1999 电磁兼容 试验和测量技术 电压暂降、短时中断和电压变化的抗扰度试验 (idt IEC 61000-4-11:1994)

GB/T 17626.12—1998 电磁兼容 试验和测量技术 振荡波抗扰度试验 (idt IEC 61000-4-12:1995)

DL/Z 713—2000 500 kV 变电所保护和控制设备抗扰度要求

3 术语和定义

GB/T 13498 确立的术语和定义适用于本部分。

4 技术要求

4.1 环境条件

4.1.1 正常工作大气条件

a) 环境温度:0 ℃～+45 ℃、−10 ℃～+55 ℃;

b) 大气压力:80 kPa～110 kPa;

c) 相对湿度:5%～95%(设备内部既不应凝露,也不应结冰)。

4.1.2 试验的标准大气条件

a) 环境温度:+15 ℃～+35 ℃;

b) 大气压力:86 kPa～106 kPa;

c) 相对湿度:45%～75%。

4.1.3 仲裁试验的标准大气条件

a) 环境温度:20 ℃±2 ℃;

b) 大气压力:86 kPa～106 kPa;

c) 相对湿度:45%～75%。

4.1.4 使用环境的其他要求

4.1.4.1 使用环境不应有超过本部分规定的振动和冲击。

4.1.4.2 使用环境不应有腐蚀、破坏绝缘的气体及导电介质,对于使用环境内有火灾、爆炸危险的介质、设备应有防爆措施。

4.1.4.3 户内设备的使用环境应有防御雨、雪、风、沙的设施。

4.1.4.4 场地安全要求应符合 GB/T 9361—1988 中 B 类的规定,接地电阻应符合 GB/T 2887—2000 中 4.4 的规定。

4.1.5 环境温度的极端范围极限值

设备的环境温度的极限值为−25 ℃和+70 ℃。在运输、贮存和安装条件下,不施加激励量的设备应能耐受此范围内的温度而不出现不可逆变化的损坏。

注:对于不能耐受此条件的设备,由制造厂与用户协商。

4.2 电源

4.2.1 交流电源

a) 额定电压:220 V,允许偏差−15%～+15%;

b) 频率:50 Hz,允许偏差±1 Hz;

c) 波形:正弦,畸变因数不大于5%。

4.2.2 直流电源

a) 额定电压:220 V、110 V,允许偏差-20%～+15%;

b) 纹波系数:不大于5%。

4.3 设备的功能

4.3.1 配置要求

4.3.1.1 设备应设计为一个分层分布式的计算机监控系统,以完成直流换流站所要求的所有监控功能和顺序事件记录、在线谐波监视、全站对时等系统功能。

4.3.1.2 所采用的网络应具有良好的开放性,网络通信规约应采用标准的国际通用协议。网络的抗干扰能力、传输速率及传输距离应满足现场运行环境及控制性能的要求。

4.3.1.3 设备的每个环节应采用可靠冗余配置。

4.3.1.4 设备应按间隔进行配置,并确保一个间隔检修时不影响其他间隔的运行。

4.3.1.5 分布式 I/O 宜采用模块化结构,易维护和更换,任何一个模块故障应不影响其他模块的正常工作。

4.3.1.6 设备内部电源应采用双重化,任一局部电源的失去不应影响全系统的正常运行。应保证各电源具有足够的容量和良好的抗干扰性。

4.3.2 控制功能

4.3.2.1 一般控制功能

设备应能接收来自运行人员的控制命令,完成交、直流场开关、刀闸的操作,直流系统的顺序控制、换流变的控制,辅助系统的控制等操作。

4.3.2.2 控制位置的分层

设备的所有控制功能应在远方调度中心、换流站主控室、就地控制位置和设备就地这4个级别来完成;设备控制功能的优先级应设计为:分层结构上越低的位置,其控制优先级越高。运行人员发出的手动操作命令,其控制优先级别应高于正在执行过程中的自动顺序控制操作。站控系统应具有可靠的逻辑,保证在任何时刻只能接收同一个命令源产生的命令,并能够随意切换。

4.3.2.3 联锁功能

所有控制操作,应设计有安全可靠的联锁功能,联锁功能应禁止任何可能引起不安全运行的控制操作的执行,以保证设备的正常运行和运行人员的安全。联锁包括硬件联锁和软件联锁,其中硬件联锁的种类包括机械联锁、电磁联锁和电气联锁,软件联锁在站控软件中实现。联锁范围包括:

a) 直流开关场;

b) 换流变、换流器及阀厅;

c) 交流开关场(包括交流滤波器围栏门);

d) 辅助系统。

联锁功能应能在各个操作层次实现,运行人员在任一控制层对设备进行操作时,联锁均应起作用。

为便于运行检修或紧急情况操作,应配置就地可以投/退联锁功能的手段。

4.3.2.4 顺序控制

顺序控制主要是对换流站内电动开关、刀闸的开/合操作、换流阀的解锁/闭锁、运行模式的转换、控制模式的转换等操作提供自动执行功能。顺序控制应能由运行人员在运行人员工作站上通过站控系统或在站控主屏上手动启动,两者的优先级别为后者高于前者。

在直流系统正常顺序控制的动态过程中,联锁应避免除保护外的其他操作或顺序控制的可能性。当顺序控制失败而中止时,或系统处于非正常状态时,联锁应中止顺序控制,避免起动后续的顺序步骤。

4.3.2.5 无功控制

4.3.2.5.1 一般无功控制

无功控制是控制与换流站相连的交流网络的性能,控制参数可以是交流侧母线电压、换流站与交流系统交换的无功功率、交流侧的谐波水平。

4.3.2.5.2　无功控制优先级

无功控制按以下优先级决定滤波器的投切,优先级 1 为最高优先级。

1) 极端滤波器容量限制(Abs Min Filer):为了防止滤波设备过负荷所需投入的绝对最小滤波器组。正常运行时,该条件应满足。

2) 最高/最低电压限制(U_{max}):监视交流母线的稳态电压,避免稳态过电压引起保护动作。

3) 最大无功交换限制(Q_{max}):根据当前运行状况,限制投入滤波器组的数量,限制稳态过电压。

4) 最小滤波器要求(Min Filter):为满足滤除谐波的要求所需投入的滤波器组的最小数量和类型。

5) 无功交换控制/电压控制(可切换)($Q_{control}$/$U_{control}$):控制换流站与交流系统的无功交换量为设定的参考值/控制换流站交流母线电压为设定的参考值;其中无功交换控制和电压控制不能同时有效,由运行人员选择当前运行在无功交换控制还是电压控制。

无功控制根据各子功能的优先级,协调由各子功能发出的投切滤波器组的指令。某项子功能发出的投切指令仅在完成投切操作后不与更高优先级的限制条件冲突时才有效。

4.3.2.5.3　无功减载控制

无功控制应具备无功减载控制功能,当直流运行中交流滤波器少于额定的数量,可引起运行的交流滤波器支路及电网的设备发生谐波过负荷;无功控制试图在一定时间内投入其他滤波器支路,时间超出后,应启动一个降功率命令,使直流功率与交流滤波器的数量相适应。

4.3.2.5.4　无功控制模式

无功控制具有手动/自动两种控制模式。

在无功手动控制模式下,除了极端滤波器容量限制控制、最高/最低电压限制控制、最大无功交换限制控制功能发出的无功设备投入/切除操作由无功控制自动完成外,最小滤波器控制、无功交换控制/电压控制功能发出的无功设备投入/切除操作只能由运行人员手动操作完成。

在无功自动控制模式下,无功设备的投入/切除操作都由无功控制自动完成。

4.3.2.5.5　滤波器组的选择逻辑

无功控制应能够根据当前运行工况以及滤波器组的状态,对可投/切的滤波器组进行优先级排序,决定投/切哪一类型的滤波器组,以及该类型中的哪一组滤波器。同一类型的滤波器组可被循环投入,无功控制应具有完善的逻辑保证所有可用的无功设备的投切任务尽可能相等。

4.3.2.5.6　滤波器组的替换

滤波器组替换的原则为:当一组滤波器由保护跳闸后,根据极端滤波器容量限制或最小滤波器的要求,该滤波器将由另一组滤波器来替代。如果被跳闸的滤波器组属于极端滤波器容量限制,那么应在较短时间内投入另一组滤波器,如果属于最小滤波器,可在较长时间内投入另一组滤波器。

4.3.2.6　同期功能

设备应具有手动和自动同期检测功能,同期功能应能满足检无压、检同期等不同控制方式的要求,同期成功、失败应有信息给出。

3/2 断路器同期电压宜采用"近区电压优先"的原则。

为防止可能出现两个断路器同时进行同期操作的情况,应设计自动闭锁功能,确保同时只允许唯一地点进行同期操作。

4.3.3　监视功能

4.3.3.1　一般监视功能

设备应能对换流站内所有设备的运行状态与操作进行全面的监视,监视信号应能上传到运行人员控制系统和远动系统。

4.3.3.2　数据采集功能

设备通过数据采集单元采集有关信息、检测出事件、故障、状态、变位信号及模拟量正常、越限信息等,进行包括对数据合理性校验在内的各种预处理,实时更新数据库,其范围包括模拟量、开关量等。

a) 模拟量

模拟量采用交/直流采样方式,对无法直接采集得到的数值,应能通过计算得到这些量的值。交流采样 A/D 分辨率及周期必须满足精度和同期要求。

b) 开关量

开关量的采集应采用光电隔离,在接点抖动或外部干扰情况下不误发信。设备按扫描周期定时采集输入量,进行数据库更新,开关变位数据优先主动上传。当状态发生变化时,应进行设备异常报警。

c) 串口或网络采集信号

应采用国际标准的串行通信接口或网络通信接口,通信协议应符合国际(国内)标准要求。

4.3.3.3　顺序事件记录功能

设备应能够采集站控系统内部产生的和通过站控采集单元采集到的其他系统和设备产生的事件,并将这些事件即时上传至运行人员控制系统刷新显示和系统数据库进行存贮。

每一个事件至少应包括下述内容:

a) 时间:年/月/日/时/分/秒/毫秒格式的完整时间标记;

b) 对象:生成事件的设备及其所属的区域或子系统;

c) 描述:事件的具体描述;

d) 等级:如正常、一般故障、严重故障等。

4.3.3.4　谐波监视功能

设备应具有对全站谐波的自动监视和分析功能。对所测谐波值,应按照标准进行数理分析,得出各次谐波的统计值。

监测和分析结果至少应包括交流各次谐波电压含量、交流各次谐波电流含量、电压总谐波畸变率、电流总畸变率、电话干扰系数和直流侧的等效干扰电流。

谐波监测结果应送入运行人员控制系统监视和在系统数据库中存贮。

4.3.4　设备的接口功能

设备应提供与换流站内下列设备的接口功能:

a) 与一次设备的接口;

b) 与其他二次设备的接口;

c) 与辅助系统的接口;

d) 与 GPS 的接口。

4.4　设备的技术性能

4.4.1　设备的技术指标

a) 模拟量测量综合误差	≤0.5%;
b) 电网频率测量误差	≤0.01 Hz;
c) 事件顺序记录分辨率(SOE)	≤1 ms;
d) 遥测信息响应时间(从 I/O 输入端至远动通信装置出口)	≤3 s;
e) 遥信变化响应时间(从 I/O 输入端至远动通信装置出口)	≤2 s;
f) 控制命令从生成到输出的时间	≤1 s;
g) 实时数据更新周期模拟量	≤3 s;
h) 实时数据更新周期开关量	≤2 s;
i) 双机系统可用率	≥99.98%;

j) 遥信量年正确动作率 ＝100％；

k) 设备平均无故障间隔时间（MTBF） ≥20 000 h；

（其中 I/O 单元模块 MTB ≥ 50 000 h）

l) 各工作站的 CPU 平均负荷率

正常时（任意 30 min 内） ≤30％；

电力系统故障（10 s 内） ≤50％；

m) GPS 对时精度 ≤1 ms。

4.4.2 自诊断要求

自诊断覆盖率应达到 100％，即自诊断功能应能覆盖从测量二次线圈开始包括完整的测量回路，信号输入、输出回路，通信回路，主机，和所有相关设备，应能检测出上述设备的典型故障，根据故障严重情况采取报警、系统切换等措施，并能提供足够的信息使故障应定位到最小可更换元件，能提供相应的检修建议。

4.4.3 可扩展性要求

应采用合理的软、硬件设计方案，以保证设备具有良好的可扩展性能。

4.5 绝缘性能

4.5.1 绝缘电阻

4.5.1.1 试验部位

a) 各电路对外露的导电件（相同电压等级的电路互联）；

b) 各独立电路之间（每一独立电路的端子互联）。

4.5.1.2 绝缘电阻测量

额定绝缘电压高于 63 V 时，用开路电压为 500 V（额定绝缘电压小于或等于 63 V 时，用开路电压为 250 V）的测试仪器测定其绝缘电阻值应不小于 100 MΩ。

4.5.2 介质强度

具体的被试电路及介质强度试验值见表 1，也可采用直流试验电压，其值应为规定的工频试验电压值的 1.4 倍。

表 1　　　　　　　　　　　　　　　　　　　　　单位为伏特

被试电路	额定绝缘电压	试 验 电 压
整机输出端子—地	63～250	2 000
直流输入回路—地	63～250	2 000
交流输入回路—地	63～250	2 000
信号和报警输出触点—地	63～250	2 000
无电气联系的各回路之间	63～250	2 000
	≤63	500
出口继电器的常开触点之间	—	1 000
各带电部分分别—地	≤63	500

上述部位应能承受频率为 50 Hz 的工频耐压试验，历时 1 min，设备各部位不应出现绝缘击穿或闪络现象。

作出厂试验时，允许试验历时缩短为 1 s，但此时试验电压值应提高 10％。

4.5.3 冲击电压

4.5.3.1 冲击电压试验部位

a) 同 4.5.1.1a)；

b) 同 4.5.1.1b)。

4.5.3.2 冲击电压试验值

上述部位应能承受标准雷电波 1.2/50 μs 的短时冲击电压试验,试验电压的峰值为 1 kV(额定绝缘电压≤63 V)或 5 kV(额定绝缘电压>63 V)。

4.5.3.3 结果评定

承受冲击电压试验后,设备主要性能指标应符合企业产品标准规定的出厂试验项目要求。试验过程中,允许出现不导致绝缘损坏的闪络,如果出现闪络,则应复查绝缘电阻及介质强度,此时介质强度试验电压值为规定值的 75%。

4.6 耐湿热性能

设备在最高温度为 40 ℃,试验周期为两周期(48 h)的条件下,经交变湿热试验,在试验结束前 2 h 内,用电压等级为 500 V 的测试仪器,测试 4.5.1.1 规定部位的绝缘电阻,应不小于 1.5 MΩ,测试 4.5.2 规定部位的介质强度,试验电压为规定值的 75%。

4.7 机械性能

4.7.1 振动(正弦)

4.7.1.1 振动响应

设备应具有承受 GB/T 11287—2000 中 3.2.1 规定的严酷等级为 I 级的振动响应能力。

4.7.1.2 振动耐久

设备应具有承受 GB/T 11287—2000 中 3.2.2 规定的严酷等级为 I 级的振动耐久能力。

4.7.2 冲击

4.7.2.1 冲击响应

设备应具有承受 GB/T 14537—1993 中 4.2.1 规定的严酷等级为 I 级的冲击响应能力。

4.7.2.2 冲击耐久

设备应具有承受 GB/T 14537—1993 中 4.2.2 规定的严酷等级为 I 级的冲击耐久能力。

4.7.3 碰撞

设备应具有承受 GB/T 14537—1993 中 4.3 规定的严酷等级为 I 级的碰撞能力。

4.8 电磁兼容要求

4.8.1 抗扰度要求

4.8.1.1 外壳端口抗扰度要求

外壳端口抗扰度要求应符合 DL/Z 713—2000 第 6 章的规定(见表 2)。

表 2

试 验	电磁环境现象	参考标准	试验等级	试 验 值
1.1	工频磁场	GB/T 17626.8—2006	5	100 A/m,连续 1 000 A/m,1 s
1.2	脉冲磁场	GB/T 17626.9—1998	5	1 000 A/m
1.3	阻尼振荡磁场	GB/T 17626.10—1998	5	100 A/m
1.4	射频辐射电磁场 80 MHz~1 000 MHz	GB/T 17626.3—1998	3	10 V/m
1.5	静电放电	GB/T 17626.2—2006	3	6 kV,接触放电 8 kV,空气放电

4.8.1.2 信号端口抗扰度要求

信号端口抗扰度要求应符合 DL/Z 713—2000 第 6 章的规定(见表 3)。

表 3

试验	电磁环境现象	参考标准	本地连接		现场连接		连接至高压设备		连接至通信设备	
			等级	试验值	等级	试验值	等级	试验值	等级	试验值
2.1	浪涌（冲击） 线对地 线对线	GB/T 17626.5—1999	2 1	1 kV 0.5 kV	3 2	2 kV 1 kV	4 3	4 kV 2 kV	4 3	4 kV 2 kV
2.2	阻尼振荡波 共模 差模	GB/T 17626.12—1998	— 	— 	2 	1 kV 0.5 kV	3 	2.5 kV 1 kV	3 	2.5 kV 1 kV
2.3	电快速瞬变脉冲群	GB/T 17626.10—1998	3	1 kV	4	2 kV	X	4 kV	X	4 kV
2.4	射频场感应的传导骚扰	GB/T 17626.3—1998	3	10 V	3	10 V	3	10 V		10 V

4.8.1.3 低压交流输入/输出电源端口抗扰度要求

低压交流输入/输出电源端口抗扰度要求应符合 DL/Z 713—2000 第 6 章的规定（见表 4）。

表 4

试 验	电磁环境现象	参考标准	试验等级	试 验 值
3.1	电压暂降	GB/T 17626.11—1999	ΔU 30%—1 个周波 ΔU 60%—50 个周波	
3.2	电压短时中断		ΔU 100%—5 个周波 ΔU 100%—50 个周波	
3.3	浪涌（冲击） 线对地 线对线	GB/T 17626.5—1999	4 3	4 kV 2 kV
3.4	电快速瞬变脉冲群	GB/T 17626.4—1998	4	4 kV
3.5	射频场感应的传导骚扰	GB/T 17626.6—1998	3	10 V

4.8.1.4 低压直流输入/输出电源端口抗扰度要求

低压直流输入/输出电源端口抗扰度要求应符合 DL/Z 713—2000 第 6 章的规定（见表 5）。

表 5

试 验	电磁环境现象	参考标准	试验等级	试 验 值
4.1	浪涌（冲击） 线对地 线对线	GB/T 17626.5—1999	3 2	2 kV 1 kV
4.2	电快速瞬变脉冲群	GB/T 17626.4—1998	4	4 kV
4.3	阻尼振荡波 共模 差模	GB/T 17626.12—1998	3	2.5 kV 1 kV
4.4	射频场感应的传导骚扰	GB/T 17626.6—1998	3	10 V

4.8.1.5 功能接地端口抗扰度要求

功能接地端口抗扰度要求应符合 DL/Z 713—2000 第 6 章的规定(见表 6)。

表 6

试 验	电磁环境现象	参考标准	试验等级	试 验 值
5.1	电快速瞬变脉冲群	GB/T 17626.4—1998	4	4 kV
5.2	射频场感应的传导骚扰	GB/T 17626.6—1998	3	10 V

4.8.2 电磁发射试验

设备的电源端口应符合 GB/T 14598.16—2002 中 4.1 规定的传导发射限值(见表 7),外壳端口应符合 GB/T 14598.16—2002 中 4.2 规定的辐射发射限值(见表 8),按表 7 和表 8 规定的电磁发射限值和有关规定评定试验结果。

表 7

频率范围/MHz	限值/dB(μV)	
	准峰值	平均值
0.15~0.5	79	66
0.5~30	73	60

表 8

发射频率范围/MHz	在 10 m 测量距离处辐射发射限值/dB(μV/m)
	准峰值
30~230	40
230~1 000	47

4.9 连续通电试验

设备完成调试后,在出厂前,应进行 100 h(常温)或 72 h(+40 ℃)的连续通电试验。各项参数和性能应符合 4.4 的规定。

4.10 结构及外观要求

4.10.1 设备的金属零件应经防腐蚀处理。所有零件应完整无损,设备外观应无划痕及损伤。

4.10.2 设备所用元器件应符合相应的技术要求。

4.10.3 设备零部件、元器件应安装正确、牢固,并实现可靠的机械和电气连接。

4.10.4 同类设备的相同功能的插件、易损件应具有互换性,不同功能的插件应有防误插措施。

4.11 安全要求

4.11.1 外壳防护(IP 代码)

设备应有外壳防护,防护等级为 GB 4208—1993 规定的 IP20 或 IP50(有要求时)。

4.11.2 电击防护

设备应具有 GB 16836—2003 中 5.6 规定的电击防护措施。

4.11.3 安全标志

安全标志见 7.1.7。

5 试验方法

5.1 试验条件

除非另有规定,试验应在 4.1.2 规定的条件下进行。

5.2 结构及外观要求检查

结构及外观要求检查按 GB/T 7261—2000 第 5 章规定的方法进行。

5.3　环境温度影响试验

测试 4.1.1 环境温度影响,按 GB/T 7261—2000 第 11 章和第 12 章规定的方法进行。

5.4　环境温度的极端范围极限值试验

测试 4.1.5 环境温度的极端范围极限值,按 GB/T 7261—2000 第 21 章方法 1 的规定进行,合格判据为:

　　a)　零、部件材料不应出现不可恢复的损伤;

　　b)　设备主要性能应符合企业产品标准出厂检验项目的要求。

5.5　电源变化的影响试验

测试 4.2 电源变化的影响,按 GB/T 7261—2000 第 14 章规定的方法进行。

5.6　设备的功能试验

测试 4.3 设备的功能,按 GB/T 13730—2002 的有关规定进行。

5.7　设备的技术性能试验

测试 4.4 设备的技术性能,按 GB/T 13730—2002 的有关规定进行。

5.8　绝缘性能试验

测试 4.5 绝缘性能,按 GB/T 7261—2000 第 19 章规定的方法进行。

5.9　耐湿热性能试验

测试 4.6 耐湿热性能,按 GB/T 7261—2000 第 20 章规定的方法进行。

5.10　机械性能试验

5.10.1　振动试验

测试 4.7.1.1 振动响应和 4.7.1.2 振动耐久,按 GB/T 7261—2000 第 16 章规定的方法进行。

5.10.2　冲击试验

测试 4.7.2.1 冲击响应和 4.7.2.2 冲击耐久,按 GB/T 7261—2000 第 17 章规定的方法进行。

5.10.3　碰撞试验

测试 4.7.3 碰撞,按 GB/T 7261—2000 第 18 章规定的方法进行。

5.11　电磁兼容试验

5.11.1　抗扰度试验

5.11.1.1　振荡波抗扰度试验

测试振荡波抗扰度,按 GB/T 17626.12—1998 第 8 章规定的方法进行。试验期间,设备的合格评定准则应符合 DL/Z 713—2000 第 8 章的规定。

5.11.1.2　静电放电抗扰度试验

测试静电放电抗扰度,按 GB/T 17626.2—2006 第 8 章规定的方法进行。试验期间,设备的合格评定准则应符合 DL/Z 713—2000 第 8 章的规定。

5.11.1.3　射频电磁场辐射抗扰度试验

测试射频电磁场辐射抗扰度,按 GB/T 17626.3—1998 第 8 章规定的方法进行。试验期间,设备的合格评定准则应符合 DL/Z 713—2000 第 8 章的规定。

5.11.1.4　电快速瞬变脉冲抗扰度试验

测试电快速瞬变脉冲抗扰度,按 GB/T 17626.4—1998 第 8 章规定的方法进行。试验期间,设备的合格评定准则应符合 DL/Z 713—2000 第 8 章的规定。

5.11.1.5　浪涌(冲击)抗扰度试验

测试浪涌(冲击)抗扰度,按 GB/T 17626.5—1999 第 8 章规定的方法进行。试验期间,设备的合格评定准则应符合 DL/Z 713—2000 第 8 章的规定。

5.11.1.6　射频场感应的传导骚扰抗扰度试验

测试射频场感应的传导骚扰抗扰度,按 GB/T 17626.6—1998 第 8 章规定的方法进行。试验期间,设备的合格评定准则应符合 DL/Z 713—2000 第 8 章的规定。

5.11.1.7 工频磁场抗扰度试验

测试工频磁场抗扰度,按 GB/T 17626.8—2006 第 8 章规定的方法进行。试验期间,设备的合格评定准则应符合 DL/Z 713—2000 第 8 章的规定。

5.11.1.8 脉冲磁场抗扰度试验

测试脉冲磁场抗扰度,按 GB/T 17626.9—1998 第 8 章规定的方法进行。试验期间,设备的合格评定准则应符合 DL/Z 713—2000 第 8 章的规定。

5.11.1.9 阻尼振荡磁场抗扰度试验

测试阻尼振荡磁场抗扰度,按 GB/T 17626.10—1998 第 8 章规定的方法进行。试验期间,设备的合格评定准则应符合 DL/Z 713—2000 第 8 章的规定。

5.11.1.10 电压暂降、短时中断和电压变化的抗扰度试验

测试电压暂降、短时中断和电压变化的抗扰度,按 GB/T 17626.11—1999 第 8 章规定的方法进行。试验期间,设备的合格评定准则应符合 DL/Z 713—2000 第 8 章的规定。

5.11.2 电磁发射限值试验

测试 4.8.2 电磁发射限值要求,按 GB/T 14598.16—2002 规定的方法进行,试验的合格判定为满足表 7 传导发射限值和表 8 辐射发射限值要求。

5.12 连续通电试验

设备完成调试后,出厂前应进行时间为 100 h(常温)或 72 h(+40 ℃)的连续通电试验。对被试设备只施加直流电源,必要时可施加其他激励量进行功能检测。在试验过程中,设备应工作正常,信号指示正确,不应有元器件损坏或其他异常情况出现。

5.13 安全要求试验

5.13.1 外壳防护试验

测试 4.11.1 外壳防护,按 GB 4208—1993 规定的方法进行。

5.13.2 电击防护试验

测试 4.11.2 电击防护,按 GB 16836—2003 中 6.6 规定的方法进行。

5.13.3 安全标志检查

检查 4.11.3 安全标志,按 GB 16836—2003 中 6.7 规定的方法进行。

5.14 通信规约的一致性测试

设备通信规约的一致性测试,在二次设备联合测试中完成。

6 检验规则

6.1 检验分类

设备的检验分为型式检验和出厂检验。

6.2 型式检验

6.2.1 有下列情况之一时,设备应进行型式检验:

　　a) 新设备定型前;

　　b) 正常生产后,如结构、材料、元器件、工艺等有较大改变,可能影响设备性能时;

　　c) 正常生产后的定期检验,其周期为 4 年;

　　d) 设备停产超过上述规定周期后再恢复生产时;

　　e) 国家质量监督机构要求时(检验项目按相应规定)。

6.2.2 除 6.2.1e)规定项目外,型式检验项目见表 9。

6.2.3 型式检验的抽样及合格判定

6.2.3.1 型式检验的抽样

型式检验从出厂检验合格的设备中任意抽取两台作为样品,然后分 A、B 两组分别进行试验。

A 组:4.1.5(环境温度的极端范围极限值)、4.5(绝缘性能)、4.6(耐湿热性能)、4.7(机械性能);

B 组:4.1.1(环境温度影响)、4.2(电源变化的影响)、4.3(设备的功能)、4.4(设备的技术性能)、4.8(电磁兼容要求)、4.10(结构及外观要求)、4.11(安全要求)。

6.2.3.2 合格评定

合格评定包括以下内容:

a) 样品经过型式检验,未发现主要缺陷,则判定设备合格。试验中如发现有一个主要缺陷,则进行第二次抽样,重复进行型式检验。如未发现主要缺陷,仍判定该设备本次型式检验合格。如第二次抽样样品仍存在主要缺陷,则判定本次型式检验不合格。

b) 设备样品型式检验结果达不到 4.3、4.4 规定要求中任一条时,均按存在主要缺陷判定。

c) 检验中设备出现故障,允许进行修复,修复内容如对已做过检验的项目的检验结果没有影响,可继续往下进行检验。反之,受影响的检验项目应重做。

6.3 出厂检验

6.3.1 每台设备均应进行出厂检验。

6.3.2 出厂检验项目见表 9。

6.3.3 出厂检验的合格判定为全部检验项目合格。

表 9

序 号	项 目 名 称	"技术要求"的章、条	"试验方法"的章、条	型式检验	出厂检验
1	环境温度影响	4.1.1	5.3	√	
2	环境温度的极端范围极限值	4.1.5	5.4	√	
3	电源变化的影响	4.2	5.5	√	
4	设备的功能	4.3	5.6	√	√
5	设备的技术性能	4.4	5.7	√	√
6	绝缘性能	4.5	5.8	√	√[a]
7	耐湿热性能	4.6	5.9	√	
8	振动	4.7.1	5.10.1	√	
9	冲击	4.7.2	5.10.2	√	
10	碰撞	4.7.3	5.10.3	√	
11	电磁兼容要求	4.8	5.11	√	
12	连续通电试验	4.9	5.12		√
13	结构及外观	4.10	5.2	√	√
14	安全要求	4.11	5.13	√	√[b]
15	通信协议的一致性	4.3.3.2c)	5.14	√	√
[a] 仅进行介质强度试验和绝缘电阻测量。					
[b] 仅进行电击防护试验和安全标志检查。					
注:√为要求的试验项目。					

7 标志、标签、使用说明书

7.1 标志和标签

7.1.1 每台设备应有铭牌或相当于铭牌的标志,内容包括:

a) 制造厂名称和商标；

b) 设备型号和名称；

c) 规格号（需要时）；

d) 额定值；

e) 整定范围和刻度（需要时）；

f) 设备制造年、月；

g) 设备的编号；

h) 具有端子标志、同极性端子标志和接地标志的内部接线图。如果铭牌上无法绘制内部接线图，允许在其他明显的部位标志或在设备说明书中提供。

7.1.2 设备的端子旁应标明端子号。

7.1.3 设备线圈上应标明：

a) 线圈代号；

b) 额定值（有要求时标明）；

c) 直流或交流标志（有要求时标明）；

d) 线圈数据（由企业产品标准规定是否标明及标明哪些内容）。

7.1.4 设备内部的继电器、集成电路、电阻器、电容器、晶体管等主要元器件，应在其印制电路板或安装板上标明其在原理接线图中的代号。

7.1.5 静电敏感部件应有防静电标志。

7.1.6 设备外包装上应有收发货标志、包装、贮运图示标志等必须的标志和标签。

7.1.7 设备的相关部位及说明书中应有安全标志，安全标志见 GB 16836—2003 中 5.7.6。

7.1.8 设备的使用说明书、质量证明文件或包装物上应标有设备执行的标准代号。

7.1.9 所有标志均应规范、清晰、持久。

7.2 使用说明书

7.2.1 设备使用说明书的基本要求应符合 GB 9969.1—1998 的规定。

7.2.2 使用说明书一般应提供以下信息：

a) 设备型号及名称；

b) 设备执行的标准代号及名称；

c) 主要用途及适用范围；

d) 使用条件；

e) 设备主要特点；

f) 设备原理、结构及工作特性；

g) 激励量及辅助激励量的额定值；

h) 主要性能及技术参数；

i) 安装、接线、调试方法；

j) 运行前的准备及操作方法；

k) 软件的安装、操作及维护；

l) 故障分析及排除方法；

m) 有关安全事项的说明；

n) 设备接口、附件及配套情况；

o) 维护与保养；

p) 运输及贮存；

q) 开箱及检查；

r) 质量保证及服务；

    s) 附图：

        1) 外形图、安装图、开孔图；

        2) 原理图；

        3) 接线图；

    t) 其他必要的说明。

8　包装、运输、贮存

8.1　包装

8.1.1　设备在包装前，应将其可动部分固定。

8.1.2　每台设备应用防水材料包好，再装在具有一定防振能力的包装盒内。

8.1.3　设备随机文件、附件及易损件应按企业产品标准和说明书的规定一并包装和供应。

8.2　运输

　　包装好的户内使用的设备在运输过程中的贮存温度为−25 ℃～+70 ℃，相对湿度不大于 95%。设备应能承受在此环境中的短时贮存。

8.3　贮存

　　包装好的设备应贮存在−10 ℃～+55 ℃、相对湿度不大于 80%、周围空气中不含有腐蚀性、火灾及爆炸性物质的室内。

9　供货的成套性

9.1　随设备供应的文件

　　出厂设备应配套供应以下文件：

    a) 质量证明文件，必要时应附出厂检验记录；

    b) 设备说明书(可按供货批次提供)；

    c) 设备安装图(可含在设备说明书中)；

    d) 设备原理图和接线图(可含在设备说明书中)；

    e) 装箱单。

9.2　随设备供应的配套件

　　随设备供应的配套件应在相关文件中注明，一般包括：

    a) 易损零部件及易损元器件；

    b) 设备附件；

    c) 合同中规定的备品、备件。

10　质量保证

10.1　除另有规定外，在用户完全遵守本部分、企业产品标准及设备说明书规定的运输、贮存、安装和使用要求的情况下，设备自出厂之日起二年内，如设备及其配套件发生由于制造厂原因的损坏，制造厂负责免费修理或更换。

10.2　一般情况下，设备使用期限不低于 15 年。

ICS 29.240.01
K 45

中华人民共和国国家标准

GB/T 22390.3—2008

高压直流输电系统控制与保护设备
第3部分：直流系统极控设备

Control and protection equipment of high-voltage direct
current（HVDC）transmission system—
Part 3：DC pole control equipment

2008-09-24 发布   2009-08-01 实施

中华人民共和国国家质量监督检验检疫总局
中国国家标准化管理委员会   发布

前　言

根据国家科技部 2003 年度科技基础条件平台工作重点项目《直流输变电系统核心技术与基础标准研究》(项目编号为 2003DIA7J034)的要求,特制定标准《高压直流输电系统控制与保护设备》。

GB/T 22390《高压直流输电系统控制与保护设备》分为六个部分:

——第 1 部分:运行人员控制系统;

——第 2 部分:交直流系统站控设备;

——第 3 部分:直流系统极控设备;

——第 4 部分:直流系统保护设备;

——第 5 部分:直流线路故障定位装置;

——第 6 部分:换流站暂态故障录波装置。

本部分为 GB/T 22390 的第 3 部分。

本部分由中国电器工业协会和中国电力企业联合会共同提出。

本部分由全国高压直流输电设备标准化技术委员会(SAC/TC 333)归口。

本部分主要起草单位:许继集团有限公司、南京南瑞继保电气有限公司、北京网联直流工程技术有限公司、中国南方电网有限责任公司、许昌继电器研究所、中国电力科学研究院。

本部分主要起草人:郭宏光、田杰、陶瑜、姚致清、张望、毛仕涛、李亚萍、李岩、李志勇、王明新、韩伟、石岩。

本部分首次发布。

高压直流输电系统控制与保护设备
第3部分：直流系统极控设备

1 范围

GB/T 22390 的本部分规定了±500 kV 高压直流输电系统的直流系统极控设备的技术要求、试验方法、检验规则、包装、运输、贮存、标志、标签、使用说明书、供货的成套性及质量保证等。

本部分适用于±500 kV 高压直流输电系统的直流系统极控设备（以下简称设备）。

2 规范性引用文件

下列文件中的条款通过 GB/T 22390 的本部分的引用而成为本部分的条款。凡是注日期的引用文件，其随后所有的修改单（不包括勘误的内容）或修订版均不适用于本部分，然而，鼓励根据本部分达成协议的各方研究是否可使用这些文件的最新版本。凡是不注日期的引用文件，其最新版本适用于本部分。

GB/T 2887—2000 电子计算机场地通用规范

GB 4208—1993 外壳防护等级（IP 代码）（eqv IEC 60529:1989）

GB/T 7261—2000 继电器及装置基本试验方法

GB/T 9361—1988 计算机场地安全要求

GB 9969.1—1998 工业产品使用说明书 总则

GB/T 11287—2000 电气继电器 第21部分：量度继电器和保护装置的振动、冲击、碰撞和地震试验 第1篇：振动试验（正弦）（idt IEC 60255-21-1:1988）

GB/T 13498 高压直流输电术语（GB/T 13498—2007，IEC 60633:1998，IDT）

GB/T 13730—2002 地区电网调度自动化系统

GB/T 14537—1993 量度继电器和保护装置的冲击与碰撞试验（idt IEC 60255-21-2:1988）

GB/T 14598.16—2002 电气继电器 第25部分：量度继电器和保护装置的电磁发射试验（IEC 60255-25:2000，IDT）

GB 16836—2003 量度继电器和保护装置安全设计的一般要求

GB/T 17626.2—2006 电磁兼容 试验和测量技术 静电放电抗扰度试验（IEC 61000-4-2:2001，IDT）

GB/T 17626.3—1998 电磁兼容 试验和测量技术 射频电磁场辐射抗扰度试验（idt IEC 61000-4-3:1995）

GB/T 17626.4—1998 电磁兼容 试验和测量技术 电快速瞬变脉冲群抗扰度试验（idt IEC 61000-4-4:1995）

GB/T 17626.5—1999 电磁兼容 试验和测量技术 浪涌（冲击）抗扰度试验（idt IEC 61000-4-5:1995）

GB/T 17626.6—1998 电磁兼容 试验和测量技术 射频场感应的传导骚扰抗扰度（idt IEC 61000-4-6:1996）

GB/T 17626.8—2006 电磁兼容 试验和测量技术 工频磁场抗扰度试验（IEC 61000-4-8:2000，IDT）

GB/T 17626.9—1998 电磁兼容 试验和测量技术 脉冲磁场抗扰度试验（idt IEC 61000-4-9:

1993)

GB/T 17626.10—1998　电磁兼容　试验和测量技术　阻尼振荡磁场抗扰度试验(idt IEC 61000-4-10:1993)

GB/T 17626.11—1999　电磁兼容　试验和测量技术　电压暂降、短时中断和电压变化的抗扰度试验 (idt IEC 61000-4-11:1994)

GB/T 17626.12—1998　电磁兼容　试验和测量技术　振荡波抗扰度试验 (idt IEC 61000-4-12:1995)

DL/Z 713—2000　500 kV 变电所保护和控制设备抗扰度要求

3　术语和定义

GB/T 13498 确立的术语和定义适用于本部分。

4　技术要求

4.1　环境条件

4.1.1　正常工作大气条件

a) 环境温度:0 ℃～+45 ℃、−10 ℃～+55 ℃；

b) 大气压力:80 kPa～110 kPa；

c) 相对湿度:5%～95%(设备内部既不应凝露,也不应结冰)。

4.1.2　试验的标准大气条件

a) 环境温度:+15 ℃～+35 ℃；

b) 大气压力:86 kPa～106 kPa；

c) 相对湿度:45%～75%。

4.1.3　仲裁试验的标准大气条件

a) 环境温度:20 ℃±2 ℃；

b) 大气压力:86 kPa～106 kPa；

c) 相对湿度:45%～75%。

4.1.4　使用环境的其他要求

4.1.4.1　使用环境不应有超过本部分规定的振动和冲击。

4.1.4.2　使用环境不应有腐蚀、破坏绝缘的气体及导电介质,对于使用环境内有火灾、爆炸危险的介质、设备应有防爆措施。

4.1.4.3　户内设备的使用环境应有防御雨、雪、风、沙的设施。

4.1.4.4　场地安全要求应符合 GB/T 9361—1988 中 B 类的规定,接地电阻应符合 GB/T 2887—2000中 4.4 的规定。

4.1.5　贮存、运输的极限环境温度

设备的贮存、运输及安装的极限环境温度为−25 ℃和+70 ℃。在运输、贮存条件下,不施加激励量的设备应能耐受此范围内的温度而不出现不可逆变化的损坏。

注:对于不能耐受此条件的设备,由制造厂与用户协商。

4.2　电源

4.2.1　交流电源

a) 额定电压:220 V,允许偏差−15%～+15%；

b) 频率:50 Hz,允许偏差±1 Hz；

c) 波形:正弦,畸变因数不大于 5%。

4.2.2 直流电源

　　a) 额定电压:220 V、110 V,允许偏差－20％～＋15％;

　　b) 纹波系数:不大于5％。

4.3 设备的功能

4.3.1 配置要求

4.3.1.1 设备应设计为一个分层分布式的计算机控制系统,以完成直流换流站所要求的所有直流极控制功能和顺序事件记录功能。

4.3.1.2 所采用的网络应具有良好的开放性,网络通信规约应采用标准的国际通用协议。网络的抗干扰能力、传输速率及传输距离应满足现场运行环境及控制性能的要求。

4.3.1.3 分布式I/O宜采用模块化结构,易维护和更换,任何一个模块故障不应影响其他模块的正常工作。

4.3.1.4 设备内部电源应采用双重化,任一局部电源的失去不应影响设备的正常运行。应保证各电源具有足够的容量和良好的抗干扰性。

4.3.2 控制功能

4.3.2.1 双极控制

　　a) 双极功率控制;

　　b) 主导站选择逻辑;

　　c) 功率、电流控制模式选择及切换;

　　d) 自动功率控制;

　　e) 极间功率转移;

　　f) 双极电流平衡控制;

　　g) 功率翻转控制;

　　h) 稳定控制功能,可根据工程具体要求提供与安稳控制设备的接口,接受安稳控制设备的功率提升、功率回降、快速功率翻转、阻尼次同步振荡、异常交流电压和频率控制、功率摇摆稳定控制。

4.3.2.2 极控制

　　a) 极功率控制;

　　b) 极电流控制;

　　c) 电流裕度补偿;

　　d) 最小电流控制;

　　e) 过负荷限制,应结合温度考虑短期过负荷能力、长期过负荷能力;

　　f) 直流极全压/降压运行;

　　g) 换流变分接头控制,应提供角度控制和Udio控制功能;

　　h) 对于长距离直流输电工程,应具备性能完善的直流线路故障再启动控制;

　　i) 极解锁、极闭锁时序控制;

　　j) 紧急停运顺序控制;

　　k) 设备应具备换流站起停顺序控制功能,通过自动或手动方式使得换流站从一个状态转换到另一状态,所有控制操作,应设计有安全可靠的联锁功能,以保证设备的正常运行和运行人员的安全;可以根据工程要求定义如下标准状态:检修、冷备用、热备用、解锁运行和开路试验;

　　l) 直流滤波器控制。

4.3.2.3 换流器控制

　　a) 定电流控制;

b) 定电压控制；

c) 定关断角控制，可根据工程要求提供实测型的关断角测量或预测型关断角测量；

d) 低压限流（VDCL）控制，在交流系统扰动情况下，用以提高交流系统电压稳定性，帮助直流系统在交直流故障后快速可控的恢复；可以避免连续换相失败引起的阀过应力；

e) 为获得稳定工作点，应提供正斜率的熄弧角控制功能或电流偏差控制（CEC）功能；

f) 点火角限制；

g) 具有完善的锁相同步和点火触发单元，能够完成移相和投旁通对控制；

h) 快速交流电压限制，可根据工程需要配置该功能，利用直流控制快速性的特点来限制交流电压的异常升高，保证主设备的安全。

4.3.2.4 保护性控制

设备中可以根据工程要求配置一些保护性功能作为直流保护的后备：

a) 交流过电压保护；

b) 交流低电压保护；

c) 直流低电压保护；

d) 直流零电流保护；

e) 晶闸管结温监视；

f) 大角度监视；

g) 开路试验监视；

h) 直流电压限制功能。

4.3.2.5 无功附加控制（可选）

可根据系统要求提供如下无功附加控制功能，以优化系统的性能。

a) 换流器无功控制，通过增大触发角/关断角来增大换流器消耗的无功功率，使得换流站与系统交换的无功功率控制在要求范围以内；

b) 通过在投/切滤波器组时瞬间增大/减小关断角，使得电压变化率减小到控制要求的范围以内。

4.3.2.6 直流远动的控制

设备应具备与对站极控设备的直流远动通信功能，以便两站极控设备之间相互协调，完成快速协调控制功能。直流远动的通信延时不应大于 30 ms。直流远动的信号包括但不限于：

a) 直流电流参考值；

b) 系统频率；

c) 稳定控制功能产生的功率调制信号；

d) 换流器解锁命令；

e) 换流器闭锁命令；

f) 紧急停运命令；

g) 直流线路故障信号；

h) 稳定控制功能有效信号。

4.3.2.7 接口配置

设备至少应具备与下列设备的接口，以获得完成控制功能所必需的信息：

a) 与站控设备的接口；

b) 与直流保护设备的接口；

c) 与阀基电子设备的接口；

d) 与阀厅及直流开关场设备接口；

e) 与阀冷却系统的接口；

f) 与安全自动装置的接口；

g) 与直流远动设备的接口，并保证直流远动的快速性和可靠性，至少应满足与电力线载波（PLC）、微波、光纤通信设备的接口要求；

h) 应满足与光纤传感器和电磁型传感器的接口要求；

i) 与 GPS 主时钟系统的接口。

4.3.3 可靠性要求

4.3.3.1 设备的冗余

设备宜采用可靠的冗余，各冗余设备同时运行。任意一重设备因故障、检修，或其他原因而完全退出时，不应影响其他各重设备，并对整个系统的正常运行没有影响。

4.3.3.2 设备的自诊断

自诊断功能应能覆盖从测量二次线圈开始包括完整的测量回路，信号输入、输出回路，通信回路，主机，电源和所有相关元器件，应能检测出上述设备的典型故障，根据故障严重情况采取报警、系统切换等措施，并能提供足够的信息使故障应定位到最小可更换元件，能提供相应的检修建议。

4.3.3.3 设备的监视功能

应能对设备的状态与操作进行全面的监视。所有监视信号应能上传到运行人员控制系统和远动系统，并具有完整的时间标记。

4.4 设备的技术性能

4.4.1 控制系统的稳定性要求

a) 系统平均无故障间隔时间（MTBF）   ≥20 000 h；

b) 双机系统可用率   ≥99.98%。

4.4.2 控制系统精度

a) 控制直流功率与功率指令差别   ≤±1%；

b) 控制直流电流与电流指令差别   ≤±0.5%；

c) 事件顺序记录分辨率   ≤1 ms；

d) GPS 对时精度   ≤1 ms。

4.4.3 换流器触发精度

点火脉冲的不平衡度   ≤±0.02 度。

4.4.4 测量系统精度

a) 模拟量测量综合误差   ≤0.5%；

b) 模数转换分辨率   ≥12 位；

c) 电网频率测量误差   ≤0.01 Hz。

4.4.5 设备的动态特性

满足直流输电和互联交流系统的安全稳定运行要求。

4.4.6 设备的暂态特性

应对功率控制器、电流控制器、电压控制器、熄弧角控制器进行优化，以满足直流系统的阶跃响应及其他相关性能要求。

4.5 绝缘性能

4.5.1 绝缘电阻

4.5.1.1 试验部位

a) 各电路对外露的导电件（相同电压等级的电路互联）；

b) 各独立电路之间（每一独立电路的端子互联）。

4.5.1.2 绝缘电阻测量

额定绝缘电压高于63 V时，用开路电压为500 V（额定绝缘电压小于或等于63 V时，用开路电压为250 V）的测试仪器测定其绝缘电阻值不应小于100 MΩ。

4.5.2 介质强度

具体的被试电路及介质强度试验值见表1，也可采用直流试验电压，其值应为规定的工频试验电压值的1.4倍。

表 1
单位为伏特

被试电路	额定绝缘电压	试验电压
整机输出端子—地	63～250	2 000
直流输入回路—地	63～250	2 000
交流输入回路—地	63～250	2 000
信号和报警输出触点—地	63～250	2 000
无电气联系的各回路之间	63～250	2 000
	≤63	500
出口继电器的常开触点之间	—	1 000
各带电部分分别—地	≤63	500

上述部位应能承受频率为50 Hz的工频耐压试验，历时1 min，设备各部位不应出现绝缘击穿或闪络现象。

作出厂试验时，允许试验历时缩短为1 s，但此时试验电压值应提高10%。

4.5.3 冲击电压

4.5.3.1 冲击电压试验部位

a) 同4.5.1.1a)；

b) 同4.5.1.1b)。

4.5.3.2 冲击电压试验值

上述部位应能承受标准雷电波1.2/50 μs的短时冲击电压试验，试验电压的峰值为1 kV（额定绝缘电压≤63 V）或5 kV（额定绝缘电压＞63 V）。

4.5.3.3 结果评定

承受冲击电压试验后，设备主要性能指标应符合企业产品标准规定的出厂试验项目要求。试验过程中，允许出现不导致绝缘损坏的闪络，如果出现闪络，则应复查绝缘电阻及介质强度，此时介质强度试验电压值为规定值的75%。

4.6 耐湿热性能

设备在最高温度为40 ℃，试验周期为两周期（48 h）的条件下，经交变湿热试验，在试验结束前2 h内，用电压等级为500 V的测试仪器，测试4.5.1.1规定部位的绝缘电阻，不应小于1.5 MΩ，测试4.5.2规定部位的介质强度，试验电压为规定值的75%。

4.7 机械性能

4.7.1 振动（正弦）

4.7.1.1 振动响应

设备应具有承受GB/T 11287—2000中3.2.1规定的严酷等级为Ⅰ级的振动响应能力。

4.7.1.2 振动耐久

设备应具有承受GB/T 11287—2000中3.2.2规定的严酷等级为Ⅰ级的振动耐久能力。

4.7.2 冲击

4.7.2.1 冲击响应

设备应具有承受 GB/T 14537—1993 中 4.2.1 规定的严酷等级为 I 级的冲击响应能力。

4.7.2.2 冲击耐久

设备应具有承受 GB/T 14537—1993 中 4.2.2 规定的严酷等级为 I 级的冲击耐久能力。

4.7.3 碰撞

设备应具有承受 GB/T 14537—1993 中 4.3 规定的严酷等级为 I 级的碰撞能力。

4.8 电磁兼容要求

4.8.1 抗扰度要求

4.8.1.1 外壳端口抗扰度要求

外壳端口抗扰度要求应符合 DL/Z 713—2000 第 6 章的规定(见表 2)。

表 2

试验	电磁环境现象	参考标准	试验等级	试验值
1.1	工频磁场	GB/T 17626.8—2006	5	100 A/m,连续 1 000 A/m,1s
1.2	脉冲磁场	GB/T 17626.9—1998	5	1 000 A/m
1.3	阻尼振荡磁场	GB/T 17626.10—1998	5	100 A/m
1.4	射频辐射电磁场 80 MHz~1 000 MHz	GB/T 17626.3—1998	3	10 V/m
1.5	静电放电	GB/T 17626.2—2006	3	6 kV,接触放电 8 kV,空气放电

4.8.1.2 信号端口抗扰度要求

信号端口抗扰度要求应符合 DL/Z 713—2000 第 6 章的规定(见表 3)。

表 3

试验	电磁环境现象	参考标准	本地连接 等级	本地连接 试验值	现场连接 等级	现场连接 试验值	连接至高压设备 等级	连接至高压设备 试验值	连接至通信设备 等级	连接至通信设备 试验值
2.1	浪涌(冲击) 线对地 线对线	GB/T 17626.5—1999	2 1	1 kV 0.5 kV	3 2	2 kV 1 kV	4 3	4 kV 2 kV	4 3	4 kV 2 kV
2.2	阻尼振荡波 共模 差模	GB/T 17626.12—1998	—	—	2	1 kV 0.5 kV	3	2.5 kV 1 kV	3	2.5 kV 1 kV
2.3	电快速瞬变脉冲群	GB/T 17626.10—1998	3	1 kV	4	2 kV	X	4 kV	X	4 kV
2.4	射频场感应的传导骚扰	GB/T 17626.3—1998	3	10 V	3	10 V	3	10 V	3	10 V

4.8.1.3 低压交流输入/输出电源端口抗扰度要求

低压交流输入/输出电源端口抗扰度要求应符合 DL/Z 713—2000 第 6 章的规定(见表 4)。

表4

试验	电磁环境现象	参考标准	试验等级	试验值
3.1	电压暂降	GB/T 17626.11—1999		ΔU 30%—1 个周波 ΔU 60%—50 个周波
3.2	电压短时中断			ΔU 100%—5 个周波 ΔU 100%—50 个周波
3.3	浪涌（冲击） 线对地 线对线	GB/T 17626.5—1999	4 3	4 kV 2 kV
3.4	电快速瞬变脉冲群	GB/T 17626.4—1998	4	4 kV
3.5	射频场感应的传导骚扰	GB/T 17626.6—1998	3	10 V

4.8.1.4 低压直流输入/输出电源端口抗扰度要求

低压直流输入/输出电源端口抗扰度要求应符合 DL/Z 713—2000 第 6 章的规定（见表5）。

表5

试验	电磁环境现象	参考标准	试验等级	试验值
4.1	浪涌（冲击） 线对地 线对线	GB/T 17626.5—1999	3 2	2 kV 1 kV
4.2	电快速瞬变脉冲群	GB/T 17626.4—1998	4	4 kV
4.3	阻尼振荡波 共模 差模	GB/T 17626.12—1998	3	2.5 kV 1 kV
4.4	射频场感应的传导骚扰	GB/T 17626.6—1998	3	10 V

4.8.1.5 功能接地端口抗扰度要求

功能接地端口抗扰度要求应符合 DL/Z 713—2000 第 6 章的规定（见表6）。

表6

试验	电磁环境现象	参考标准	试验等级	试验值
5.1	电快速瞬变脉冲群	GB/T 17626.4—1998	4	4 kV
5.2	射频场感应的传导骚扰	GB/T 17626.6—1998	3	10 V

4.8.2 电磁发射试验

设备的电源端口应符合 GB/T 14598.16—2002 中 4.1 规定的传导发射限值（见表7），外壳端口应符合 GB/T 14598.16—2002 中 4.2 规定的辐射发射限值（见表8），按表7和表8规定的电磁发射限值和有关规定评定试验结果。

表7

频率范围/ MHz	限值/ dB(μV)	
	准峰值	平均值
0.15～0.5	79	66
0.5～30	73	60

表 8

发射频率范围/ MHz	在 10 m 测量距离处辐射发射限值/ dB(μV/m)
	准峰值
30~230	40
230~1 000	47

4.9 连续通电试验

设备完成调试后,在出厂前,应进行 100 h(常温)或 72 h(+40 ℃)的连续通电试验。各项参数和性能应符合 4.4 的规定。

4.10 结构及外观要求

4.10.1 设备的金属零件应经防腐蚀处理。所有零件应完整无损,设备外观应无划痕及损伤。

4.10.2 设备所用元器件应符合相应的技术要求。

4.10.3 设备零部件、元器件应安装正确、牢固,并实现可靠的机械和电气连接。

4.10.4 同类设备的相同功能的插件、易损件应具有互换性,不同功能的插件应有防误插措施。

4.11 安全要求

4.11.1 外壳防护(IP 代码)

设备应有外壳防护,防护等级为 GB 4208—1993 规定的 IP20 或 IP50(有要求时)。

4.11.2 电击防护

设备应具有 GB 16836—2003 中 5.6 规定的电击防护措施。

4.11.3 安全标志

安全标志见 7.1.7。

5 试验方法

5.1 试验条件

除非另有规定,试验应在 4.1.2 规定的条件下进行。

5.2 结构及外观要求检查

结构及外观要求检查按 GB/T 7261—2000 第 5 章规定的方法进行。

5.3 环境温度影响试验

测试 4.1.1 环境温度影响,按 GB/T 7261—2000 第 11 章和第 12 章规定的方法进行。

5.4 贮存、运输极限环境温度试验

测试 4.1.5 贮存、运输极限环境温度,按 GB/T 7261—2000 第 21 章方法 1 的规定进行,合格判据为:

a) 零、部件材料不应出现不可恢复的损伤;

b) 设备主要性能应符合企业产品标准出厂检验项目的要求。

5.5 电源变化的影响试验

测试 4.2 电源变化的影响,按 GB/T 7261—2000 第 14 章规定的方法进行。

5.6 设备的功能试验

测试 4.3 设备的功能,按 GB/T 13730—2002 的有关规定进行。

5.7 设备的技术性能试验

测试 4.4 设备的技术性能,按 GB/T 13730—2002 的有关规定进行。

5.8 绝缘性能试验

测试 4.5 绝缘性能,按 GB/T 7261—2000 第 19 章规定的方法进行。

5.9 耐湿热性能试验

测试 4.6 耐湿热性能，按 GB/T 7261—2000 第 20 章规定的方法进行。

5.10 机械性能试验

5.10.1 振动试验

测试 4.7.1.1 振动响应和 4.7.1.2 振动耐久，按 GB/T 7261—2000 第 16 章规定的方法进行。

5.10.2 冲击试验

测试 4.7.2.1 冲击响应和 4.7.2.2 冲击耐久，按 GB/T 7261—2000 第 17 章规定的方法进行。

5.10.3 碰撞试验

测试 4.7.3 碰撞，按 GB/T 7261—2000 第 18 章规定的方法进行。

5.11 电磁兼容试验

5.11.1 抗扰度试验

5.11.1.1 振荡波抗扰度试验

测试振荡波抗扰度，按 GB/T 17626.12—1998 第 8 章规定的方法进行。试验期间，设备的合格评定准则应符合 DL/Z 713—2000 第 8 章的规定。

5.11.1.2 静电放电抗扰度试验

测试静电放电抗扰度，按 GB/T 17626.2—2006 第 8 章规定的方法进行。试验期间，设备的合格评定准则应符合 DL/Z 713—2000 第 8 章的规定。

5.11.1.3 射频电磁场辐射抗扰度试验

测试射频电磁场辐射抗扰度，按 GB/T 17626.3—1998 第 8 章规定的方法进行。试验期间，设备的合格评定准则应符合 DL/Z 713—2000 第 8 章的规定。

5.11.1.4 电快速瞬变脉冲抗扰度试验

测试电快速瞬变脉冲抗扰度，按 GB/T 17626.4—1998 第 8 章规定的方法进行。试验期间，设备的合格评定准则应符合 DL/Z 713—2000 第 8 章的规定。

5.11.1.5 浪涌(冲击)抗扰度试验

测试浪涌(冲击)抗扰度，按 GB/T 17626.5—1999 第 8 章规定的方法进行。试验期间，设备的合格评定准则应符合 DL/Z 713—2000 第 8 章的规定。

5.11.1.6 射频场感应的传导骚扰抗扰度试验

测试射频场感应的传导骚扰抗扰度，按 GB/T 17626.6—1998 第 8 章规定的方法进行。试验期间，设备的合格评定准则应符合 DL/Z 713—2000 第 8 章的规定。

5.11.1.7 工频磁场抗扰度试验

测试工频磁场抗扰度，按 GB/T 17626.8—2006 第 8 章规定的方法进行。试验期间，设备的合格评定准则应符合 DL/Z 713—2000 第 8 章的规定。

5.11.1.8 脉冲磁场抗扰度试验

测试脉冲磁场抗扰度，按 GB/T 17626.9—1998 第 8 章规定的方法进行。试验期间，设备的合格评定准则应符合 DL/Z 713—2000 第 8 章的规定。

5.11.1.9 阻尼振荡磁场抗扰度试验

测试阻尼振荡磁场抗扰度，按 GB/T 17626.10—1998 第 8 章规定的方法进行。试验期间，设备的合格评定准则应符合 DL/Z 713—2000 第 8 章的规定。

5.11.1.10 电压暂降、短时中断和电压变化的抗扰度试验

测试电压暂降、短时中断和电压变化的抗扰度，按 GB/T 17626.11—1999 中第 8 章规定的方法进行。试验期间，设备的合格评定准则应符合 DL/Z 713—2000 第 8 章的规定。

5.11.2 电磁发射限值试验

测试 4.8.2 电磁发射限值要求，按 GB/T 14598.16—2002 规定的方法进行，试验的合格判定为满

足表 7 传导发射限值和表 8 辐射发射限值要求。

5.12 连续通电试验

设备完成调试后,出厂前应进行时间为 100 h(常温)或 72 h(+40 ℃)的连续通电试验。对被试设备只施加直流电源,必要时可施加其他激励量进行功能检测。在试验过程中,设备应工作正常,信号指示正确,不应有元器件损坏或其他异常情况出现。

5.13 安全要求试验

5.13.1 外壳防护试验

测试 4.11.1 外壳防护,按 GB 4208—1993 规定的方法进行。

5.13.2 电击防护试验

测试 4.11.2 电击防护,按 GB 16836—2003 中 6.6 规定的方法进行。

5.13.3 安全标志检查

检查 4.11.3 安全标志,按 GB 16836—2003 中 6.7 规定的方法进行。

5.14 通信规约的一致性测试

设备通信规约的一致性测试,在二次设备联合测试中完成。

6 检验规则

6.1 检验分类

设备的检验分为型式检验和出厂检验。

6.2 型式检验

6.2.1 有下列情况之一时,设备应进行型式检验:

    a) 新设备定型前;

    b) 正常生产后,如结构、材料、元器件、工艺等有较大改变,可能影响设备性能时;

    c) 正常生产后的定期检验,其周期为 4 年;

    d) 设备停产超过上述规定周期后再恢复生产时;

    e) 国家质量监督机构要求时(检验项目按相应规定)。

6.2.2 除 6.2.1 e)规定项目外,型式检验项目见表 9。

6.2.3 型式检验的抽样及合格判定

6.2.3.1 型式检验的抽样

型式检验从出厂检验合格的设备中任意抽取两台作为样品,然后分 A、B 两组分别进行试验。

A 组:4.1.5(贮存、运输极限环境温度)、4.5(绝缘性能)、4.6(耐湿热性能)、4.7(机械性能);

B 组:4.1.1(环境温度影响)、4.2(电源变化的影响)、4.3(设备的功能)、4.4(设备的技术性能)、4.8(电磁兼容要求)、4.10(结构及外观要求)、4.11(安全要求)。

6.2.3.2 合格评定

合格评定包括以下内容:

    a) 样品经过型式检验,未发现主要缺陷,则判定设备合格。试验中如发现有一个主要缺陷,则进行第二次抽样,重复进行型式检验。如未发现主要缺陷,仍判定该设备本次型式检验合格。如第二次抽样样品仍存在主要缺陷,则判定本次型式检验不合格。

    b) 设备样品型式检验结果达不到 4.3、4.4 规定要求中任一条时,均按存在主要缺陷判定。

    c) 检验中设备出现故障,允许进行修复,修复内容如对已做过检验的项目的检验结果没有影响,可继续往下进行检验。反之,受影响的检验项目应重做。

6.3 出厂检验

6.3.1 每台设备均应进行出厂检验。

6.3.2 出厂检验项目见表 9。

6.3.3 出厂检验的合格判定为全部检验项目合格。

表 9

序号	项目名称	"技术要求"的章、条	"试验方法"的章、条	型式检验	出厂检验
1	环境温度影响	4.1.1	5.3	√	
2	运输、贮存的极限环境温度	4.1.5	5.4	√	
3	电源变化的影响	4.2	5.5	√	
4	设备的功能	4.3	5.6	√	√
5	设备的技术性能	4.4	5.7	√	√
6	绝缘性能	4.5	5.8	√	√ a
7	耐湿热性能	4.6	5.9	√	
8	振动	4.7.1	5.10.1	√	
9	冲击	4.7.2	5.10.2	√	
10	碰撞	4.7.3	5.10.3	√	
11	电磁兼容要求	4.8	5.11	√	
12	连续通电试验	4.9	5.12		√
13	结构及外观	4.10	5.2	√	√
14	安全要求	4.11	5.13	√	√ b
15	通信协议的一致性	4.3.1.2	5.14	√	√

a 仅进行介质强度试验和绝缘电阻测量。

b 仅进行电击防护试验和安全标志检查。

注：√为要求的试验项目。

7 标志、标签、使用说明书

7.1 标志和标签

7.1.1 每台设备应有铭牌或相当于铭牌的标志,内容包括:

a) 制造厂名称和商标;

b) 设备型号和名称;

c) 规格号(需要时);

d) 额定值;

e) 整定范围和刻度(需要时);

f) 设备制造年、月;

g) 设备的编号;

h) 具有端子标志、同极性端子标志和接地标志的内部接线图。

7.1.2 设备的端子旁应标明端子号。

7.1.3 设备线圈上应标明:

a) 线圈代号;

b) 额定值(有要求时标明);

c) 直流或交流标志(有要求时标明);

d) 线圈数据(由企业产品标准规定是否标明及标明哪些内容)。

7.1.4 设备内部的继电器、集成电路、电阻器、电容器、晶体管等主要元器件,应在其印制电路板或安装板上标明其在原理接线图中的代号。

7.1.5 静电敏感部件应有防静电标志。

7.1.6 设备外包装上应有收发货标志、包装、贮运图示标志等必须的标志和标签。

7.1.7 设备的相关部位及说明书中应有安全标志,安全标志见 GB 16836—2003 中 5.7.6。

7.1.8 设备的使用说明书、质量证明文件或包装物上应标有设备执行的标准代号。

7.1.9 所有标志均应规范、清晰、持久。

7.2 使用说明书

7.2.1 设备使用说明书的基本要求应符合 GB 9969.1—1998 的规定。

7.2.2 使用说明书一般应提供以下信息:

    a) 设备型号及名称;

    b) 设备执行的标准代号及名称;

    c) 主要用途及适用范围;

    d) 使用条件;

    e) 设备主要特点;

    f) 设备原理、结构及工作特性;

    g) 激励量及辅助激励量的额定值;

    h) 主要性能及技术参数;

    i) 安装、接线、调试方法;

    j) 运行前的准备及操作方法;

    k) 软件的安装、操作及维护;

    l) 故障分析及排除方法;

    m) 有关安全事项的说明;

    n) 设备接口、附件及配套情况;

    o) 维护与保养;

    p) 运输及贮存;

    q) 开箱及检查;

    r) 质量保证及服务;

    s) 附图:

        1) 外形图、安装图、开孔图;

        2) 原理图;

        3) 接线图;

    t) 其他必要的说明。

8 包装、运输、贮存

8.1 包装

8.1.1 设备在包装前,应将其可动部分固定。

8.1.2 每台设备应用防水材料包好,再装在具有一定防振能力的包装盒内。

8.1.3 设备随机文件、附件及易损件应按企业产品标准和说明书的规定一并包装和供应。

8.2 运输

包装好的户内使用的设备在运输过程中的贮存温度为 $-25\ ℃\sim+70\ ℃$,相对湿度不大于 95%。设备应能承受在此环境中的短时贮存。

8.3 贮存

包装好的设备应贮存在 $-10\ ℃\sim+55\ ℃$、相对湿度不大于 80%、周围空气中不含有腐蚀性、火灾及爆炸性物质的室内。

9 供货的成套性

9.1 随设备供应的文件

出厂设备应配套供应以下文件：

a) 质量证明文件,必要时应附出厂检验记录;

b) 设备说明书(可按供货批次提供);

c) 设备安装图(可含在设备说明书中);

d) 设备原理图和接线图(可含在设备说明书中);

e) 装箱单。

9.2 随设备供应的配套件

随设备供应的配套件应在相关文件中注明,一般包括:

a) 易损零部件及易损元器件;

b) 设备附件;

c) 合同中规定的备品、备件。

10 质量保证

10.1 除另有规定外,在用户完全遵守本部分、企业产品标准及设备说明书规定的运输、贮存、安装和使用要求的情况下,设备自出厂之日起二年内,如设备及其配套件发生由于制造厂原因的损坏,制造厂负责免费修理或更换。

10.2 一般情况下,设备使用期限不低于 15 年。

ICS 29.240.01
K 45

中华人民共和国国家标准

GB/T 22390.4—2008

高压直流输电系统控制与保护设备
第4部分：直流系统保护设备

Control and protection equipment of high-voltage direct
current（HVDC）transmission system—
Part 4：DC protection equipment

2008-09-24 发布

2009-08-01 实施

中华人民共和国国家质量监督检验检疫总局
中国国家标准化管理委员会　发布

前　言

根据国家科技部 2003 年度科技基础条件平台工作重点项目《直流输变电系统核心技术与基础标准研究》(项目编号为 2003DIA7J034)的要求,特制定标准《高压直流输电系统控制与保护设备》。

GB/T 22390《高压直流输电系统控制与保护设备》分为六个部分:

——第 1 部分:运行人员控制系统;

——第 2 部分:交直流系统站控设备;

——第 3 部分:直流系统极控设备;

——第 4 部分:直流系统保护设备;

——第 5 部分:直流线路故障定位装置;

——第 6 部分:换流站暂态故障录波装置。

本部分为 GB/T 22390 的第 4 部分。

本部分由中国电器工业协会和中国电力企业联合会共同提出。

本部分由全国高压直流输电设备标准化技术委员会(SAC/TC 333)归口。

本部分主要起草单位:南京南瑞继保电气有限公司、许继集团有限公司、北京网联直流工程技术有限公司、中国南方电网有限责任公司、许昌继电器研究所、中国电力科学研究院。

本部分主要起草人:李海英、张爱玲、陶瑜、姚致清、毛仕涛、张望、李亚萍、李岩、李志勇、王明新、韩伟、石岩。

本部分首次发布。

高压直流输电系统控制与保护设备
第4部分:直流系统保护设备

1 范围

GB/T 22390 的本部分规定了±500 kV 高压直流输电系统的直流系统保护设备的技术要求、试验方法、检验规则、包装、运输、贮存、标志、标签、使用说明书、供货的成套性及质量保证等。

本部分适用于±500 kV 高压直流输电系统的直流系统保护设备(以下简称设备)。

2 规范性引用文件

下列文件中的条款通过 GB/T 22390 的本部分的引用而成为本部分的条款。凡是注日期的引用文件,其随后所有的修改单(不包括勘误的内容)或修订版均不适用于本部分,然而,鼓励根据本部分达成协议的各方研究是否可使用这些文件的最新版本。凡是不注日期的引用文件,其最新版本适用于本部分。

GB/T 2887—2000　电子计算机场地通用规范

GB/T 2900.49　电工术语　电力系统保护(GB/T 2900.49—2004,IEC 60050(448):1995,IDT)

GB 4208—1993　外壳防护等级(IP 代码)　(eqv IEC 60529:1989)

GB/T 7261—2000　继电器及装置基本试验方法

GB/T 9361—1988　计算机场地安全要求

GB 9969.1—1998　工业产品使用说明书　总则

GB/T 11287—2000　电气继电器　第 21 部分:量度继电器和保护装置的振动、冲击、碰撞和地震试验　第 1 篇:振动试验(正弦)(idt IEC 60255-21-1:1988)

GB/T 13498　高压直流输电术语(GB/T 13498—2007,IEC 60633:1998,IDT)

GB/T 14285　继电保护和安全自动装置技术规程

GB/T 14537—1993　量度继电器和保护装置的冲击与碰撞试验(idt IEC 60255-21-2:1988)

GB/T 14598.16—2002　电气继电器　第 25 部分:量度继电器和保护装置的电磁发射试验(IEC 60255-25:2000,IDT)

GB 16836—2003　量度继电器和保护装置安全设计的一般要求

GB/T 17626.2—2006　电磁兼容　试验和测量技术　静电放电抗扰度试验(IEC 61000-4-2:2001,IDT)

GB/T 17626.3—1998　电磁兼容　试验和测量技术　射频电磁场辐射抗扰度试验(idt IEC 61000-4-3:1995)

GB/T 17626.4—1998　电磁兼容　试验和测量技术　电快速瞬变脉冲群抗扰度试验(idt IEC 61000-4-4:1995)

GB/T 17626.5—1999　电磁兼容　试验和测量技术　浪涌(冲击)抗扰度试验(idt IEC 61000-4-5:1995)

GB/T 17626.6—1998　电磁兼容　试验和测量技术　射频场感应的传导骚扰抗扰度(idt IEC 61000-4-6:1996)

GB/T 17626.8—2006　电磁兼容　试验和测量技术　工频磁场抗扰度试验(IEC 61000-4-8:2000,IDT)

GB/T 17626.9—1998　电磁兼容　试验和测量技术　脉冲磁场抗扰度试验(idt IEC 61000-4-9：1993)

GB/T 17626.10—1998　电磁兼容　试验和测量技术　阻尼振荡磁场抗扰度试验(idt IEC 61000-4-10：1993)

GB/T 17626.11—1999　电磁兼容　试验和测量技术　电压暂降、短时中断和电压变化的抗扰度试验 (idt IEC 61000-4-11：1994)

GB/T 17626.12—1998　电磁兼容　试验和测量技术　振荡波抗扰度试验 (idt IEC 61000-4-12：1995)

DL/Z 713—2000　500 kV 变电所保护和控制设备抗扰度要求

3　术语和定义

GB/T 2900.49 和 GB/T 13498 确立的术语和定义适用于本部分。

4　技术要求

4.1　环境条件

4.1.1　正常工作大气条件

a)　环境温度：0 ℃～+45 ℃、−10 ℃～+55 ℃；

b)　大气压力：80 kPa～110 kPa；

c)　相对湿度：5%～95%(设备内部既不应凝露，也不应结冰)。

4.1.2　试验的标准大气条件

a)　环境温度：+15 ℃～+35 ℃；

b)　大气压力：86 kPa～106 kPa；

c)　相对湿度：45%～75%。

4.1.3　仲裁试验的标准大气条件

a)　环境温度：20 ℃±2 ℃；

b)　大气压力：86 kPa～106 kPa；

c)　相对湿度：45%～75%。

4.1.4　使用环境的其他要求

4.1.4.1　使用环境不应有超过本部分规定的振动和冲击。

4.1.4.2　使用环境不应有腐蚀、破坏绝缘的气体及导电介质，对于使用环境内有火灾、爆炸危险的介质、设备应有防爆措施。

4.1.4.3　户内设备的使用环境应有防御雨、雪、风、沙的设施。

4.1.4.4　场地安全要求应符合 GB/T 9361—1988 中 B 类的规定，接地电阻应符合 GB/T 2887—2000 中 4.4 的规定。

4.1.5　环境温度的极端范围极限值

设备的环境温度的极限值为−25 ℃和+70 ℃。在运输、贮存和安装条件下，不施加激励量的设备应能耐受此范围内的温度而不出现不可逆变化的损坏。

注：对于不能耐受此条件的设备，由制造厂与用户协商。

4.2　电源

4.2.1　交流电源

a)　额定电压：220 V，允许偏差−15%～+15%；

b)　频率：50 Hz，允许偏差±1 Hz；

c)　波形：正弦，畸变因数不大于 5%。

4.2.2 直流电源

a) 额定电压:220 V、110 V,允许偏差−20%～+15%;

b) 纹波系数:不大于5%。

4.3 设备的功能

4.3.1 一般要求

设备的功能除应符合 GB/T 14285 的有关规定外,还应具有以下功能。

4.3.2 设备应保护的区域

保护区域的划分由测量设备的安装位置确定。

a) 交流滤波器及其母线;

b) 换流变压器及其交流连接线;

c) 换流器及其交流连接线;

d) 极母线(包括平波电抗器);

e) 中性母线(包括低压高速开关);

f) 直流滤波器;

g) 双极的中性母线与接地极引线的连接区域(包括运行方式转换开关);

h) 接地极引线;

i) 直流线路;

j) 站接地网。

4.3.3 设备应保护的故障

4.3.3.1 交流滤波器及其母线保护

a) 交流滤波器母线过电压;

b) 滤波器的电容器故障;

c) 滤波器接地故障;

d) 滤波器元件的过载;

e) 滤波器失谐。

4.3.3.2 换流变压器保护

a) 直流电流导致的铁心饱和;

b) 换流变进线过电压;

c) 接地故障或相间短路。

4.3.3.3 直流部分保护

a) 换流器(含整流和逆变)故障,包括交流连线的接地或相间短路故障、换流器桥短路、桥臂短路、接地故障、过应力(如过压、触发角过大、过负荷)、丢失触发脉冲或误触发、换相失败等,换流阀故障,包括可控硅元件、阀均压阻尼回路、触发元件、阀基电子回路的故障;

b) 极母线及其相关设备的接地故障及直流过电压,平波电抗器的非电量保护动作;

c) 中性母线开路、接地故障、中性母线上的开关故障;

d) 直流滤波器的电容器故障、过载、滤波器内部接地、失谐以及元件参数的改变等;

e) 双极的中性母线与接地极引线的连接区域的接地故障,运行方式的转换开关的故障;

f) 接地极引线开路、接地故障以及过载;

g) 直流输电线的金属性接地、高阻接地故障、开路、与其他直流线路或交流线路碰接的故障;金属返回线开路、接地故障;

h) 直流控制系统故障时以及交流系统故障对直流系统产生的扰动,如产生谐波等;

i) 其他危害系统的故障,如:

——直流系统谐振保护;

——逆变站甩掉全部负荷引起的直流系统过压。

4.3.4 设备清除故障的原则

a) 保护应在最短的时间内将故障设备或故障区切除,使故障设备迅速退出运行,并尽可能使对相关系统的影响减至最小;

b) 设备与直流控制的功能和参数应正确地协调配合,设备应首先借助直流控制系统的能力去抑制故障的发展,改善直流系统的暂态性能,减少直流系统的停运。

4.3.5 设备适应的运行方式

设备应适用于直流系统的各种运行方式,并应保证其安全性、可靠性、选择性与快速性。设备应自行判别运行状态。

4.3.6 设备的在线自检功能

设备应具有在线自检功能,包括设备硬件损坏、功能失效和二次回路异常运行状态的自检。作到只要不告警,设备就处于正常工作状态。除出口继电器外,设备内的任一元件损坏时,不应误动作跳闸,自检回路应能发出告警或异常信号,并给出有关信息指明损坏元件的所在部位,应尽可能将故障定位至模块(插件)。

4.3.7 设备的通信接口及通信内容

设备应具有通信接口,并能通过接口向远动设备和后台机传递保护动作顺序、动作时间、故障类型、保护状态、告警信息等内容。在失去电源时,不能丢失数据。通信规约应采用国内或国际标准。

4.3.8 设备站间通信要求

设备宜配置独立的数字通道至对站,不宜与控制系统共用。两套设备之间通信通道应独立,两极之间通信通道应独立。

4.3.9 设备事件记录功能

设备应具有顺序事件记录的功能,记录信息应包括事件名称及产生事件的时间。在设备直流电源消失时,不应丢失已记录信息。

4.3.10 设备状态显示

设备应具有状态显示,表明设备是否处于运行状态,或存在故障、退出运行、在测试状态等。

4.3.11 直流电源要求

设备应具有两路独立的直流电源,失去其中一路设备应能正常工作。直流电源的开合、异常情况不应使设备误动作。

4.3.12 设备控制压板的要求

设备应设置必要的硬压板,可使用软压板。

4.3.13 设备的时钟

设备应具有硬件时钟,在失去电源时时钟应能正常工作。

4.3.14 设备的冗余配置

设备宜采用可靠的冗余,各冗余设备同时运行。任意一重设备因故障、检修,或其他原因而完全退出时,不应影响其他各重设备,并对整个系统的正常运行没有影响。冗余的设备应使用冗余的测量、冗余的信号输入输出回路。

4.3.15 设备的接口功能

设备应提供与换流站内下列设备的接口功能:

a) 与一次设备的接口;

b) 与其他二次设备的接口;

c) 与辅助系统的接口;

d) 与GPS的接口。

4.3.16 设备的故障录波功能

设备应配置故障录波功能,录波的范围包括输入模拟量、开关量和保护计算数字量。

4.3.17 人机界面要求

设备应具有人机界面,可方便的查看设备的状态、定值、产生的事件;可在保证安全的情况下修改定值。

4.3.18 辅助软件要求

设备应具有辅助软件用来对事故进行分析。

4.3.19 设备的保护功能

根据工程需要,可以选择配置如下的保护功能。

4.3.19.1 交流滤波器及其母线区

a) 过电压保护;

b) 高压电容器不平衡保护;

c) 低压电容器不平衡保护/低压电容器保护;

d) 差动保护;

e) 过流保护;

f) 零序过流保护;

g) 电抗器/电阻器过负荷保护;

h) 滤波器失谐监视。

4.3.19.2 换流变压器

a) 变压器饱和保护;

b) 过电压保护;

c) 差动保护;

d) 过激磁保护;

e) 过流保护;

f) 零序过流保护;

g) 非电量保护。

4.3.19.3 换流器及其交流连线

a) 阀短路保护:检测换流器、换流器桥臂短路故障、换流变压器阀侧相间短路故障和阀的接地故障;

b) 过流保护:检测换流设备的过流和过负荷情况;

c) 桥差保护:检测单个 6 脉动桥内阀的换相故障或点火故障;

d) 换相失败保护:检测换相失败故障;

e) 阀组差动保护:检测换流器的旁通、短路故障;

f) 直流差动保护:检测换流器内的接地故障;

g) 谐波保护:检测阀触发、交流系统扰动或控制系统故障引起的直流系统异常;

h) 换流变阀侧交流连线保护:在换流阀闭锁状态下,检测换流变阀侧交流连线的接地故障;

i) 交流过电压保护。

4.3.19.4 极母线

a) 高压直流母线差动保护:检测换流阀高压侧直流母线接地故障及其对中性线的短路故障;

b) 平波电抗器的非电量保护。

4.3.19.5 中性母线(包括低压高速开关)

a) 中性直流母线差动保护:检测中性直流母线接地故障;

b) 中性母线高速开关保护:检测到中性母线高速开关失灵时,重合以保护开关。

4.3.19.6 直流滤波器

a) 差动保护:检测直流滤波器内部的接地故障;

b) 高压电容器不平衡保护:保护高压电容器,使电容器组中完好单元免受由于故障单元造成的过应力而使完好电容器单元雪崩损坏;

c) 过流保护:防止直流滤波器过载;

d) 电容/电感/电阻过负荷保护;

e) 失谐监视:监视直流滤波器的调谐状态。

4.3.19.7 双极的中性母线与接地极引线的连接区域(包括运行方式转换开关)

a) 双极中性直流母线差动保护:检测双极中性直流母线接地故障;

b) 金属回线导引线保护:保护金属回线连接线的接地故障;

c) 金属回线转换开关保护:检测到金属回线转换开关失灵时,重合以保护开关;

d) 大地回线转换开关保护:检测到大地回线转换开关失灵时,重合以保护开关;

e) 高速接地开关保护:检测到高速接地开关失灵时,重合以保护开关。

4.3.19.8 接地极引线保护

a) 接地极引线横差保护:检测地极引线接地、断线故障;

b) 接地极引线过流保护:检测地极引线的过流情况;

c) 接地极引线开路保护:检测地极引线开路故障;

d) 接地极引线监测:检测地极引线接地、断线故障;

e) 站地过流保护:检测站内接地网的过流情况。

4.3.19.9 直流线路保护

a) 行波保护;

b) 电压突变(du/dt)保护;

c) 直流线路低电压保护;

d) 直流线路纵差保护;

e) 金属回线纵差保护;

f) 金属回线横差保护:检测在金属回路运行方式下的线路故障;

g) 再启动保护:线路瞬时故障时恢复运行,以及永久故障时保护线路。

4.3.19.10 其他

a) 极差动保护:检测换流阀、极母线、极中性母线内的接地故障;

b) 潮流反转保护:保护不正常的潮流反转情况;

c) 开路试验保护:保护在开路试验时的故障;

d) 直流低电压保护:检测换流器高压侧的接地故障;以及逆变侧在通信故障的情况停运下闭锁整流器;

e) 交直流碰线/远方站故障检测:检测逆变侧不正常的闭锁情况及交直流碰线故障;

f) 交流低电压保护:检测交流系统的低电压情况;

g) 直流过电压保护:检测不正常的直流过电压;

h) 次同步谐振保护:检测次同步谐振故障;

i) 背靠背保护。

4.4 设备的技术性能

4.4.1 设备的稳定性要求

设备平均无故障间隔时间(MTBF):≥100 000 h。

4.4.2 设备的测量精度

a) 模拟量测量综合误差:≤1.0%;

b) 模数转换分辨率：≥12 位。

4.4.3 动作精度

动作误差不超过±5%。

4.4.4 时钟精度

24 h 误差不超过±5 s,对时误差不超过±1 ms。

4.5 热性能要求

4.5.1 最高允许温度

在正常状态或单一故障状态下,任何加热都不应导致危险。在最高环境温度下使用的最高允许温度不应超过表 1 的规定,绕组的绝缘材料的温度不应超过表 2 的值,所规定的温度应为元件或材料表面或其内部最热点的温度。

表 1

正常使用时可接触部件	最高温度[a][b]/℃	
	金属	非金属
仅在短时间内持握或接触的手柄、旋钮、把手等	60	85
正常使用时连续持握的手柄、旋钮、把手等	55	75
可能被接触的设备外表面	70	80
可能被接触的设备内部部件	70	80

　[a] 对于不大可能触及、尺寸不大于 50 mm 的区域,允许其温度达 100 ℃。

　[b] 如果不大可能被无意中触及,且该部件有热警示标记,则可允许其温度超过这些限值。

表 2

绝缘等级	正常状态/℃	单故障状态/℃
等级 A	105	150
等级 B	130	175
等级 E	120	165
等级 F	155	190
等级 H	180	210

　注 1：如果绕组的温度由热电偶测定,则这些值应降低 10 ℃,除非是电动机或内含热电偶的绕组。

　注 2：此条款与短期过载无关。

4.5.2 短时耐热

a) 交流电流回路:2 倍额定电流,连续工作;10 倍额定电流,持续 10 s;40 倍额定电流,持续 1 s;

b) 交流电压回路:1.2 倍额定电压,连续工作;1.4 倍额定电压,持续 10 s。

设备经受过电流或过电压试验后,应无绝缘破坏、线圈及结构零件无永久变形和损坏,设备的绝缘及有关性能应符合企业产品标准的规定。

4.6 功率消耗

a) 交流电流回路　当额定电流为 5 A 时,每相不大于 1 VA;

　　　　　　　　当额定电流为 1 A 时,每相不大于 0.5 VA;

b) 交流电压回路　当额定电压时,每相不大于 1 VA;

c) 直流电源回路　由企业产品标准规定。

4.7 绝缘性能

4.7.1 绝缘电阻

4.7.1.1 试验部位

a) 各电路对外露的导电件(相同电压等级的电路互联);

b) 各独立电路之间(每一独立电路的端子互联)。

4.7.1.2 绝缘电阻测量

额定绝缘电压高于 63 V 时,用开路电压为 500 V(额定绝缘电压小于或等于 63 V 时,用开路电压为 250 V)的测试仪器测定其绝缘电阻值不应小于 100 MΩ。

4.7.2 介质强度

具体的被试电路及介质强度试验值见表 3,也可采用直流试验电压,其值应为规定的工频试验电压值的 1.4 倍。

表 3 单位为伏特

被试电路	额定绝缘电压	试验电压
整机输出端子—地	63~250	2 000
直流输入回路—地	63~250	2 000
交流输入回路—地	63~250	2 000
信号和报警输出触点—地	63~250	2 000
无电气联系的各回路之间	63~250	2 000
	≤63	500
出口继电器的常开触点之间	—	1 000
各带电部分分别—地	≤63	500

上述部位应能承受频率为 50 Hz 的工频耐压试验,历时 1 min,设备各部位不应出现绝缘击穿或闪络现象。

作出厂试验时,允许试验历时缩短为 1 s,但此时试验电压值应提高 10%。

4.7.3 冲击电压

4.7.3.1 冲击电压试验部位

a) 同 4.7.1.1a);

b) 同 4.7.1.1b)。

4.7.3.2 冲击电压试验值

上述部位应能承受标准雷电波 1.2/50 μs 的短时冲击电压试验,试验电压的峰值为 1 kV(额定绝缘电压≤63 V)或 5 kV(额定绝缘电压>63 V)。

4.7.3.3 结果判定

承受冲击电压试验后,设备主要性能指标应符合企业产品标准规定的出厂试验项目要求。试验过程中,允许出现不导致绝缘损坏的闪络,如果出现闪络,则应复查绝缘电阻及介质强度,此时介质强度试验电压值为规定值的 75%。

4.8 耐湿热性能

设备在最高温度为 40 ℃,试验周期为两周期(48 h)的条件下,经交变湿热试验,在试验结束前 2 h 内,用电压等级为 500 V 的测试仪器,测试 4.7.1.1 规定部位的绝缘电阻,不应小于 1.5 MΩ,测试 4.7.2 规定部位的介质强度,试验电压为规定值的 75%。

4.9 机械性能

4.9.1 振动(正弦)

4.9.1.1 振动响应

设备应具有承受 GB/T 11287—2000 中 3.2.1 规定的严酷等级为 I 级的振动响应能力。

4.9.1.2 振动耐久

设备应具有承受 GB/T 11287—2000 中 3.2.2 规定的严酷等级为Ⅰ级的振动耐久能力。

4.9.2 冲击

4.9.2.1 冲击响应

设备应具有承受 GB/T 14537—1993 中 4.2.1 规定的严酷等级为Ⅰ级的冲击响应能力。

4.9.2.2 冲击耐久

设备应具有承受 GB/T 14537—1993 中 4.2.2 规定的严酷等级为Ⅰ级的冲击耐久能力。

4.9.3 碰撞

设备应具有承受 GB/T 14537—1993 中 4.3 规定的严酷等级为Ⅰ级的碰撞能力。

4.10 电磁兼容要求

4.10.1 抗扰度要求抗扰度要求

4.10.1.1 外壳端口抗扰度要求

外壳端口抗扰度要求应符合 DL/Z 713—2000 第 6 章的规定(见表 4)。

表 4

试验	电磁环境现象	参考标准	试验等级	试验值
1.1	工频磁场	GB/T 17626.8—2006	5	100 A/m,连续 1 000 A/m,1 s
1.2	脉冲磁场	GB/T 17626.9—1998	5	1 000 A/m
1.3	阻尼振荡磁场	GB/T 17626.10—1998	5	100 A/m
1.4	射频辐射电磁场 80 MHz~1 000 MHz	GB/T 17626.3—1998	3	10 V/m
1.5	静电放电	GB/T 17626.2—2006	3	6 kV,接触放电 8 kV,空气放电

4.10.1.2 信号端口抗扰度要求

信号端口抗扰度要求应符合 DL/Z 713—2000 第 6 章的规定(见表 5)。

表 5

试验	电磁环境现象	参考标准	本地连接		现场连接		连接至 高压设备		连接至 通信设备	
			等级	试验值	等级	试验值	等级	试验值	等级	试验值
2.1	浪涌(冲击) 线对地 线对线	GB/T 17626.5 —1999	2 1	1 kV 0.5 kV	3 2	2 kV 1 kV	4 3	4 kV 2 kV	4 3	4 kV 2 kV
2.2	阻尼振荡波 共模 差模	GB/T 17626.12 —1998	— 	— 	2 	1 kV 0.5 kV	3 	2.5 kV 1 kV	3 	2.5 kV 1 kV
2.3	电快速瞬变脉冲群	GB/T 17626.10 —1998	3	1 kV	4	2 kV	X	4 kV	X	4 kV
2.4	射频场感应的 传导骚扰	GB/T 17626.3 —1998	3	10 V	3	10 V	3	10 V		10 V

4.10.1.3 低压交流输入/输出电源端口抗扰度要求

低压交流输入/输出电源端口抗扰度要求应符合 DL/Z 713—2000 第 6 章的规定(见表 6)。

表 6

试验	电磁环境现象	参考标准	试验等级	试验值
3.1	电压暂降	GB/T 17626.11—1999	ΔU 30%—1 个周波 ΔU 60%—50 个周波	
3.2	电压短时中断		ΔU 100%—5 个周波 ΔU 100%—50 个周波	
3.3	浪涌(冲击) 线对地 线对线	GB/T 17626.5—1999	4 3	4 kV 2 kV
3.4	电快速瞬变脉冲群	GB/T 17626.4—1998	4	4 kV
3.5	射频场感应的传导骚扰	GB/T 17626.6—1998	3	10 V

4.10.1.4 低压直流输入/输出电源端口抗扰度要求

低压直流输入/输出电源端口抗扰度要求应符合 DL/Z 713—2000 第 6 章的规定(见表 7)。

表 7

试验	电磁环境现象	参考标准	试验等级	试验值
4.1	浪涌(冲击) 线对地 线对线	GB/T 17626.5—1999	3 2	2 kV 1 kV
4.2	电快速瞬变脉冲群	GB/T 17626.4—1998	4	4 kV
4.3	阻尼振荡波 共模 差模	GB/T 17626.12—1998	3	2.5 kV 1 kV
4.4	射频场感应的传导骚扰	GB/T 17626.6—1998	3	10 V

4.10.1.5 功能接地端口抗扰度要求

功能接地端口抗扰度要求应符合 DL/Z 713—2000 第 6 章的规定(见表 8)。

表 8

试验	电磁环境现象	参考标准	试验等级	试验值
5.1	电快速瞬变脉冲群	GB/T 17626.4—1998	4	4 kV
5.2	射频场感应的传导骚扰	GB/T 17626.6—1998	3	10 V

4.10.2 电磁发射试验

设备的电源端口应符合 GB/T 14598.16—2002 中 4.1 规定的传导发射限值(见表 9),外壳端口应符合 GB/T 14598.16—2002 中 4.2 规定的辐射发射限值(见表 10),按表 9 和表 10 规定的电磁发射限值和有关规定评定试验结果。

表 9

频率范围/ MHz	限值/ dB(μV)	
	准峰值	平均值
0.15~0.5	79	66
0.5~30	73	60

表 10

发射频率范围/ MHz	在 10 m 测量距离处辐射发射限值/ dB(μV/m)
	准峰值
30~230	40
230~1 000	47

4.11 连续通电试验

设备完成调试后,在出厂前,应进行 100 h(常温)或 72 h(+40 ℃)的连续通电试验。各项参数和性能应符合 4.4 的规定。

4.12 结构及外观要求

4.12.1 设备的金属零件应经防腐蚀处理。所有零件应完整无损,设备外观应无划痕及损伤。

4.12.2 设备所用元器件应符合相应的技术要求。

4.12.3 设备零部件、元器件应安装正确、牢固,并实现可靠的机械和电气连接。

4.12.4 同类设备的相同功能的插件、易损件应具有互换性,不同功能的插件应有防误插措施。

4.13 安全要求

4.13.1 外壳防护(IP 代码)

设备应有外壳防护,防护等级为 GB 4208—1993 规定的 IP20 或 IP50(有要求时)。

4.13.2 电击防护

设备应具有 GB 16836—2003 中 5.6 规定的电击防护措施。

4.13.3 安全标志

安全标志见 7.1.7。

5 试验方法

5.1 试验条件

除非另有规定,试验应在 4.1.2 规定的条件下进行。

5.2 结构及外观要求检查

结构及外观要求检查按 GB/T 7261—2000 第 5 章规定的方法进行。

5.3 环境温度影响试验

测试 4.1.1 环境温度影响,按 GB/T 7261—2000 第 11 章和第 12 章规定的方法进行。

5.4 环境温度的极端范围极限值试验

测试 4.1.5 环境温度的极端范围极限值,按 GB/T 7261—2000 第 21 章方法 1 的规定进行,合格判据为:

a) 零部件材料不应出现不可恢复的损伤;

b) 设备主要性能应符合企业产品标准出厂检验项目的要求。

5.5 电源变化的影响试验

测试 4.2 电源变化的影响，按 GB/T 7261—2000 第 14 章规定的方法进行。

5.6 设备的功能试验

测设 4.3 设备的功能，按 GB/T 7261—2000 第 27 章规定的方法进行。

5.7 设备的技术性能试验

测设 4.4 设备的技术性能，按 GB/T 7261—2000 第 7 章和第 8 章规定的方法进行。

5.8 热性能试验

5.8.1 最高允许温度试验

测试 4.5.1 最高允许温度，按 GB/T 7261—2000 第 10 章规定的方法进行。

5.8.2 短时耐热试验

测试 4.5.2 短时耐热，按 GB/T 7261—2000 第 22 章规定的方法进行。

5.9 功率消耗试验

测试 4.6 功率消耗，按 GB/T 7261—2000 第 9 章规定的方法进行。

5.10 绝缘性能试验

测试 4.7 绝缘性能，按 GB/T 7261—2000 第 19 章规定的方法进行。

5.11 耐湿热性能试验

测试 4.8 耐湿热性能，按 GB/T 7261—2000 第 20 章规定的方法进行。

5.12 机械性能试验

5.12.1 振动试验

测试 4.9.1.1 振动响应和 4.9.1.2 振动耐久，按 GB/T 7261—2000 第 16 章规定的方法进行。

5.12.2 冲击试验

测试 4.9.2.1 冲击响应和 4.9.2.2 冲击耐久，按 GB/T 7261—2000 第 17 章规定的方法进行。

5.12.3 碰撞试验

测试 4.9.3 碰撞，按 GB/T 7261—2000 第 18 章规定的方法进行。

5.13 电磁兼容试验

5.13.1 抗扰度试验

5.13.1.1 振荡波抗扰度试验

测试振荡波抗扰度，按 GB/T 17626.12—1998 第 8 章规定的方法进行。试验期间，设备的合格评定准则应符合 DL/Z 713—2000 第 8 章的规定。

5.13.1.2 静电放电抗扰度试验

测试静电放电抗扰度，按 GB/T 17626.2—2006 第 8 章规定的方法进行。试验期间，设备的合格评定准则应符合 DL/Z 713—2000 第 8 章的规定。

5.13.1.3 射频电磁场辐射抗扰度试验

测试射频电磁场辐射抗扰度，按 GB/T 17626.3—1998 第 8 章规定的方法进行。试验期间，设备的合格评定准则应符合 DL/Z 713—2000 第 8 章的规定。

5.13.1.4 电快速瞬变脉冲抗扰度试验

测试电快速瞬变脉冲抗扰度，按 GB/T 17626.4—1998 第 8 章规定的方法进行。试验期间，设备的合格评定准则应符合 DL/Z 713—2000 第 8 章的规定。

5.13.1.5 浪涌（冲击）抗扰度试验

测试浪涌（冲击）抗扰度，按 GB/T 17626.5—1999 第 8 章规定的方法进行。试验期间，设备的合格评定准则应符合 DL/Z 713—2000 第 8 章的规定。

5.13.1.6 射频场感应的传导骚扰抗扰度试验

测试射频场感应的传导骚扰抗扰度，按 GB/T 17626.6—1998 第 8 章规定的方法进行。试验期间，设备的合格评定准则应符合 DL/Z 713—2000 第 8 章的规定。

5.13.1.7　工频磁场抗扰度试验

测试工频磁场抗扰度,按 GB/T 17626.8—2006 第 8 章规定的方法进行。试验期间,设备的合格评定准则应符合 DL/Z 713—2000 第 8 章的规定。

5.13.1.8　脉冲磁场抗扰度试验

测试脉冲磁场抗扰度,按 GB/T 17626.9—1998 第 8 章规定的方法进行。试验期间,设备的合格评定准则应符合 DL/Z 713—2000 第 8 章的规定。

5.13.1.9　阻尼振荡磁场抗扰度试验

测试阻尼振荡磁场抗扰度,按 GB/T 17626.10—1998 第 8 章规定的方法进行。试验期间,设备的合格评定准则应符合 DL/Z 713—2000 第 8 章的规定。

5.13.1.10　电压暂降、短时中断和电压变化的抗扰度试验

测试电压暂降、短时中断和电压变化的抗扰度,按 GB/T 17626.11—1999 中第 8 章规定的方法进行。试验期间,设备的合格评定准则应符合 DL/Z 713—2000 第 8 章的规定。

5.13.2　电磁发射试验

测试 4.10.2 电磁发射限值,按 GB/T 14598.16—2002 第 6 章规定的方法进行,满足相应的传导发射限值和辐射发射限值。

5.14　连续通电试验

设备完成调试后,出厂前应进行时间为 100 h(常温)或 72 h(+40 ℃)的连续通电试验。对被试设备只施加直流电源,必要时可施加其他激励量进行功能检测。在试验过程中,设备应工作正常,信号指示正确,不应有元器件损坏或其他异常情况出现。

5.15　安全要求试验

5.15.1　外壳防护试验

测试 4.13.1 外壳防护,按 GB 4208—1993 规定的方法进行。

5.15.2　电击防护试验

测试 4.13.2 电击防护,按 GB 16836—2003 中 6.6 规定的方法进行。

5.15.3　安全标志检查

检查 4.13.3 安全标志,按 GB 16836—2003 中 6.7 规定的方法进行。

5.16　通信规约的一致性测试

设备通信规约的一致性测试,在二次设备联合测试中完成。

6　检验规则

6.1　检验分类

设备的检验分为型式检验和出厂检验。

6.2　型式检验

6.2.1　有下列情况之一时,设备应进行型式检验:

    a)　新设备定型前;

    b)　正常生产后,如结构、材料、元器件、工艺等有较大改变,可能影响设备性能时;

    c)　正常生产后的定期检验,其周期为 4 年;

    d)　设备停产超过上述规定周期后再恢复生产时;

    e)　国家质量监督机构要求时(检验项目按相应规定)。

6.2.2　除 6.2.1e)规定项目外,型式检验项目见表 11。

6.2.3　型式检验的抽样及合格判定

6.2.3.1　型式检验的抽样

型式检验从出厂检验合格的设备中任意抽取两台作为样品,然后分 A、B 两组分别进行试验。

A 组:4.1.5(环境温度的极端范围极限值)、4.5(热性能要求)、4.7(绝缘性能)、4.8(耐湿热性能)、4.9(机械性能);

B 组:4.1.1(环境温度影响)、4.2(电源变化的影响)、4.3(设备的功能)、4.4(设备的技术性能)、4.6(功率消耗)、4.10(电磁兼容要求)、4.12(结构及外观要求)、4.13(安全要求)。

6.2.3.2 合格评定

合格评定包括以下内容:

a) 样品经过型式检验,未发现主要缺陷,则判定设备合格。试验中如发现有一个主要缺陷,则进行第二次抽样,重复进行型式检验。如未发现主要缺陷,仍判定该设备本次型式检验合格。如第二次抽样样品仍存在主要缺陷,则判定本次型式检验不合格。

b) 设备样品型式检验结果达不到 4.3、4.4 规定要求中任一条时,均按存在主要缺陷判定。

c) 检验中设备出现故障,允许进行修复,修复内容如对已做过检验的项目的检验结果没有影响,可继续往下进行检验。反之,受影响的检验项目应重做。

6.3 出厂检验

6.3.1 每台设备均应进行出厂检验。

6.3.2 出厂检验项目见表 11。

6.3.3 出厂检验的合格判定为全部检验项目合格。

表 11

序号	项目名称	"技术要求"的章、条	"试验方法"的章、条	型式检验	出厂检验
1	环境温度影响	4.1.1	5.3	√	
2	环境温度的极端范围极限值	4.1.5	5.4	√	
3	电源变化的影响	4.2	5.5	√	
4	设备的功能	4.3	5.6	√	√
5	设备的技术性能	4.4	5.7	√	√
6	热性能要求	4.5	5.8	√	
7	功率消耗	4.6	5.9	√	√
8	绝缘性能	4.7	5.10	√	√ᵃ
9	耐湿热性能	4.8	5.11	√	
10	振动	4.9.1	5.12.1	√	
11	冲击	4.9.2	5.12.2	√	
12	碰撞	4.9.3	5.12.3	√	
13	电磁兼容要求	4.10	5.13	√	
14	连续通电试验	4.11	5.14		√
15	结构及外观	4.12	5.2	√	√
16	安全要求	4.13	5.15	√	√ᵇ
17	通信协议的一致性	4.3.7	5.16	√	√

ᵃ 仅进行介质强度试验和绝缘电阻测量。

ᵇ 仅进行电击防护试验和安全标志检查。

注:√ 为要求的试验项目。

7 标志、标签、使用说明书

7.1 标志和标签

7.1.1 每台设备应有铭牌或相当于铭牌的标志，内容包括：

    a) 制造厂名称和商标；

    b) 设备型号和名称；

    c) 规格号（需要时）；

    d) 额定值；

    e) 整定范围和刻度（需要时）；

    f) 设备制造年、月；

    g) 设备的编号；

    h) 具有端子标志、同极性端子标志和接地标志的内部接线图。如果铭牌上无法绘制内部接线图，允许在其他明显的部位标志或在设备说明书中提供。

7.1.2 设备的端子旁应标明端子号。

7.1.3 设备线圈上应标明：

    a) 线圈代号；

    b) 额定值（有要求时标明）；

    c) 直流或交流标志（有要求时标明）；

    d) 线圈数据（由企业产品标准规定是否标明及标明哪些内容）。

7.1.4 设备内部的继电器、集成电路、电阻器、电容器、晶体管等主要元器件，应在其印制电路板或安装板上标明其在原理接线图中的代号。

7.1.5 静电敏感部件应有防静电标志。

7.1.6 设备外包装上应有收发货标志、包装、贮运图示标志等必须的标志和标签。

7.1.7 设备的相关部位及说明书中应有安全标志，安全标志见 GB 16836—2003 中 5.7.6。

7.1.8 设备的使用说明书、质量证明文件或包装物上应标有设备执行的标准代号。

7.1.9 所有标志均应规范、清晰、持久。

7.2 使用说明书

7.2.1 设备使用说明书的基本要求应符合 GB 9969.1—1998 的规定。

7.2.2 使用说明书一般应提供以下信息：

    a) 设备型号及名称；

    b) 设备执行的标准代号及名称；

    c) 主要用途及适用范围；

    d) 使用条件；

    e) 设备主要特点；

    f) 设备原理、结构及工作特性；

    g) 激励量及辅助激励量的额定值；

    h) 主要性能及技术参数；

    i) 安装、接线、调试方法；

    j) 运行前的准备及操作方法；

    k) 软件的安装、操作及维护；

l) 故障分析及排除方法；

m) 有关安全事项的说明；

n) 设备接口、附件及配套情况；

o) 维护与保养；

p) 运输及贮存；

q) 开箱及检查；

r) 质量保证及服务；

s) 附图：

　　1) 外形图、安装图、开孔图；

　　2) 原理图；

　　3) 接线图；

t) 其他必要的说明。

8 包装、运输、贮存

8.1 包装

8.1.1 设备在包装前，应将其可动部分固定。

8.1.2 每台设备应用防水材料包好，再装在具有一定防振能力的包装盒内。

8.1.3 设备随机文件、附件及易损件应按企业产品标准和说明书的规定一并包装和供应。

8.2 运输

包装好的户内使用的设备在运输过程中的贮存温度为 $-25\ ℃\sim+70\ ℃$，相对湿度不大于 95%。设备应能承受在此环境中的短时贮存。

8.3 贮存

包装好的设备应贮存在 $-10\ ℃\sim+55\ ℃$、相对湿度不大于 80%、周围空气中不含有腐蚀性、火灾及爆炸性物质的室内。

9 供货的成套性

9.1 随设备供应的文件

出厂设备应配套供应以下文件：

a) 质量证明文件，必要时应附出厂检验记录；

b) 设备说明书（可按供货批次提供）；

c) 设备安装图（可含在设备说明书中）；

d) 设备原理图和接线图（可含在设备说明书中）；

e) 装箱单。

9.2 随设备供应的配套件

随设备供应的配套件应在相关文件中注明，一般包括：

a) 易损零部件及易损元器件；

b) 设备附件；

c) 合同中规定的备品、备件。

10 质量保证

10.1 除另有规定外，在用户完全遵守本部分、企业产品标准及设备说明书规定的运输、贮存、安装和使用要求的情况下,设备自出厂之日起二年内,如设备及其配套件发生由于制造厂原因的损坏,制造厂负责免费修理或更换。

10.2 一般情况下,设备使用期限不超过 15 年。

ICS 29.240.01
K 45

中华人民共和国国家标准

GB/T 22390.5—2008

高压直流输电系统控制与保护设备
第5部分：直流线路故障定位装置

Control and protection equipment of high-voltage direct current (HVDC)
transmission system—Part 5：DC line fault location

2008-09-24 发布
2009-08-01 实施

中华人民共和国国家质量监督检验检疫总局
中国国家标准化管理委员会 发布

前　言

根据国家科技部 2003 年度科技基础条件平台工作重点项目《直流输变电系统核心技术与基础标准研究》(项目编号为 2003DIA7J034)的要求,特制定标准《高压直流输电系统控制与保护设备》。

GB/T 22390《高压直流输电系统控制与保护设备》分为六个部分:

——第 1 部分:运行人员控制系统;

——第 2 部分:交直流系统站控设备;

——第 3 部分:直流系统极控设备;

——第 4 部分:直流系统保护设备;

——第 5 部分:直流线路故障定位装置;

——第 6 部分:换流站暂态故障录波装置。

本部分为 GB/T 22390 的第 5 部分。

本部分由中国电器工业协会和中国电力企业联合会共同提出。

本部分由全国高压直流输电设备标准化技术委员会(SAC/TC 333)归口。

本部分主要起草单位:北京网联直流工程技术有限公司、南京南瑞继保电气有限公司、许继集团有限公司、中国南方电网有限责任公司、许昌继电器研究所、中国电力科学研究院。

本部分主要起草人:韩伟、李岩、李志勇、王明新、张民。

本部分首次发布。

高压直流输电系统控制与保护设备
第5部分:直流线路故障定位装置

1 范围

GB/T 22390 的本部分规定了±500 kV 高压直流输电系统的直流线路故障定位装置的技术要求、试验方法、检验规则、包装、运输、贮存、标志、标签、使用说明书、供货的成套性及质量保证等。

本部分适用于±500 kV 高压直流输电系统的直流线路故障定位装置(以下简称装置)。

2 规范性引用文件

下列文件中的条款通过 GB/T 22390 的本部分的引用而成为本部分的条款。凡是注日期的引用文件,其随后所有的修改单(不包括勘误的内容)或修订版均不适用于本部分,然而,鼓励根据本部分达成协议的各方研究是否可使用这些文件的最新版本。凡是不注日期的引用文件,其最新版本适用于本部分。

GB/T 2887—2000 电子计算机场地通用规范

GB/T 2900.49 电工术语 电力系统保护(GB/T 2900.49—2004,IEC 60050(448):1995,IDT)

GB 4208—1993 外壳防护等级(IP 代码)(eqv IEC 60529:1989)

GB/T 7261—2000 继电器及装置基本试验方法

GB/T 9361—1988 计算机场地安全要求

GB 9969.1—1998 工业产品使用说明书 总则

GB/T 11287—2000 电气继电器 第 21 部分:量度继电器和保护装置的振动、冲击、碰撞和地震试验 第 1 篇:振动试验(正弦)(idt IEC 60255-21-1:1988)

GB/T 13498 高压直流输电术语(GB/T 13498—2007,IEC 60633:1998,IDT)

GB/T 14537—1993 量度继电器和保护装置的冲击与碰撞试验(idt IEC 60255-21-2:1988)

GB/T 14598.16—2002 电气继电器 第 25 部分:量度继电器和保护装置的电磁发射试验(IEC 60255-25:2000,IDT)

GB 16836—2003 量度继电器和保护装置安全设计的一般要求

GB/T 17626.2—2006 电磁兼容 试验和测量技术 静电放电抗扰度试验(IEC 61000-4-2:2001,IDT)

GB/T 17626.3—1998 电磁兼容 试验和测量技术 射频电磁场辐射抗扰度试验(idt IEC 61000-4-3:1995)

GB/T 17626.4—1998 电磁兼容 试验和测量技术 电快速瞬变脉冲群抗扰度试验(idt IEC 61000-4-4:1995)

GB/T 17626.5—1999 电磁兼容 试验和测量技术 浪涌(冲击)抗扰度试验(idt IEC 61000-4-5:1995)

GB/T 17626.6—1998 电磁兼容 试验和测量技术 射频场感应的传导骚扰抗扰度(idt IEC 61000-4-6:1996)

GB/T 17626.8—2006 电磁兼容 试验和测量技术 工频磁场抗扰度试验(IEC 61000-4-8:2000,IDT)

GB/T 17626.9—1998 电磁兼容 试验和测量技术 脉冲磁场抗扰度试验(idt IEC 61000-4-9:

1993)

GB/T 17626.10—1998 电磁兼容 试验和测量技术 阻尼振荡磁场抗扰度试验(idt IEC 61000-4-10：1993)

GB/T 17626.11—1999 电磁兼容 试验和测量技术 电压暂降、短时中断和电压变化的抗扰度试验 (idt IEC 61000-4-11：1994)

GB/T 17626.12—1998 电磁兼容 试验和测量技术 振荡波抗扰度试验(idt IEC 61000-4-12：1995)

DL/T 663—1999 220 kV～500 kV 电力系统故障动态记录装置检测要求

DL/Z 713—2000 500 kV 变电所保护和控制设备抗扰度要求

3 术语和定义

GB/T 2900.49 和 GB/T 13498 确立的术语和定义适用于本部分。

4 技术要求

4.1 环境条件

4.1.1 正常工作大气条件

a) 环境温度：0 ℃～+45 ℃、−10 ℃～+55 ℃；

b) 大气压力：80 kPa～110 kPa；

c) 相对湿度：5%～95%（装置内部既不应凝露，也不应结冰）。

4.1.2 试验的标准大气条件

a) 环境温度：+15 ℃～+35 ℃；

b) 大气压力：86 kPa～106 kPa；

c) 相对湿度：45%～75%。

4.1.3 仲裁试验的标准大气条件

a) 环境温度：20 ℃±2 ℃；

b) 大气压力：86 kPa～106 kPa；

c) 相对湿度：45%～75%。

4.1.4 使用环境的其他要求

4.1.4.1 使用环境不应有超过本部分规定的振动和冲击。

4.1.4.2 使用环境不应有腐蚀、破坏绝缘的气体及导电介质，对于使用环境内有火灾、爆炸危险的介质、装置应有防爆措施。

4.1.4.3 户内装置的使用环境应有防御雨、雪、风、沙的设施。

4.1.4.4 场地安全要求应符合 GB/T 9361—1988 中 B 类的规定，接地电阻应符合 GB/T 2887—2000 中 4.4 的规定。

4.1.5 环境温度的极端范围极限值

装置的环境温度的极限值为−25 ℃和+70 ℃。在运输、贮存和安装条件下，不施加激励量的装置应能耐受此范围内的温度而不出现不可逆变化的损坏。

注：对于不能耐受此条件的装置，由制造厂与用户协商。

4.2 电源

4.2.1 交流电源

a) 额定电压：220 V，允许偏差−15%～+15%；

b) 频率：50 Hz，允许偏差±1 Hz；

c) 波形：正弦，畸变因数不大于 5%。

4.2.2 直流电源

　　a)　额定电压:220 V、110 V,允许偏差−20%～+15%;

　　b)　纹波系数:不大于5%。

4.3 装置的功能

4.3.1 一般要求

　　装置应能连续地检测出两极直流线路上任一点发生的接地故障和线间短路故障,并及时、准确地对故障进行符合测距精度要求的定位。

　　装置应能通过与直流保护的配合(例如,由直流线路保护启动故障定位)或故障信息分析(例如小波测距)正确地识别所监视线路的故障,有效地防止系统的误起动和漏检。

4.3.2 配置要求

　　装置应与站内其他设备相对独立。

　　在每一故障探测点,需要对故障被检电气量时刻进行高精度的定时。定时信号应采用全球定位系统的时间标志信号。每个探测位置应能接收到全球定位系统发出的信号。

　　换流站的每极直流线路上,应安装故障电气量探测装置。此探测装置在故障电气量到达后的 1 μs 内应检知故障,或者作出故障检测时滞与故障点距测点的距离的函数关系。此函数关系将用来调整故障电气量到达的时刻,故障探测时滞应在现场调试中通过试验校准。

　　位于开关场内的故障探测装置应设计成无源,即不需要任何电源。故障探测装置应可靠、易于维护。

　　安装在户外的故障量探测装置应装在具有一定防护能力的外壳中。

4.3.3 软件要求

　　软件应使用高级语言编写,应具有菜单化功能。软件应能对各子系统的状态进行监视,异常时应向换流站运行人员发出报警信号。应保存故障定时信息及故障报警信息,以免丢失。

　　装置应具有自起动和远方起动功能。

　　故障所处位置和故障发生的时间应分别在两个换流站的装置上和换流站监控系统上显示并打印。显示方式应是铁塔号码及故障点到该换流站的距离。

　　装置应具有自检功能。自检范围应包括全部软件和各子系统的功能,但不包括户外的探测装置。故障信息的存储和处理任务优先级应为最高,优先于运行人员操作及数据存档任务等。

4.3.4 接口要求

　　检测信号应使用光缆传送到位于室内的接收装置。应对信号在光纤中和接收装置中的传送和处理时间进行测量,并且用这个时延对检测到的故障电气量时刻进行修正。

　　故障探测装置各子系统之间的通信协议应使用工业标准或其他广泛使用的协议,如 RS485 及 HPIB。

　　装置应能通过站内的信息管理子站上传信息(如至远方调度中心)。

4.4 装置的技术性能

4.4.1 可靠性要求

　　装置的定位精度不应受线路参数、互感器误差、运行方式变化、故障位置、故障类型、塔间导线弧垂、大地电阻率以及任何干扰因素的影响。

　　探测装置不应影响保护装置和系统的正常运行。装置自身故障时(包括电源消失、死机、软硬件故障等)应能发出可保持的就地信号,并能向本端的换流站监控系统发送信号。

　　故障探测装置应能适应直流输电系统的各种运行方式,且能可靠工作。若故障探测装置附近发生故障,在线路被充电到比保护耦合设备的直流线路避雷器的雷电冲击保护水平还高25%的情况下,此故障探测装置也不应损坏。

　　换流站两端的探测装置应能连续地通信。在失去与远方测点之间通信的情况下,应能正确地记录和修正故障定时信息并报警。应提供手动计算功能,可运行人员手动输入的本地和远方测点测到的故障定位信息,自动计算出故障位置。

4.4.2 性能指标

装置对故障电气量的时间标记误差不应超过±200 mμs(±200 ns)。

装置的故障定位精度不应超过±0.5 km 或一个塔距。

检测到一个由于线路故障引起的浪涌信号后,故障探测装置应能收集、存储必要的信息,并能连续地检测下一个故障。

通信通道正常时,装置检知故障后,应完成必要信息的交换和对故障位置的计算,时间不超过1 min。

4.5 热性能要求

4.5.1 最高允许温度

在正常状态或单一故障状态下,任何加热都不应导致危险。在最高环境温度下使用的最高允许温度不应超过表 1 的规定,绕组的绝缘材料的温度不应超过表 2 的值,所规定的温度应为元件或材料表面或其内部最热点的温度。

表 1

正常使用时可接触部件	最高温度[ab]/℃	
	金属	非金属
仅在短时间内持握或接触的手柄、旋钮、把手等	60	85
正常使用时连续持握的手柄、旋钮、把手等	55	75
可能被接触的设备外表面	70	80
可能被接触的设备内部部件	70	80

[a] 对于不大可能触及、尺寸不大于 50 mm 的区域,允许其温度达 100 ℃。

[b] 如果不大可能被无意中触及,且该部件有热警示标记,则可允许其温度超过这些限值。

表 2

绝缘等级	正常状态/℃	单故障状态/℃
等级 A	105	150
等级 B	130	175
等级 E	120	165
等级 F	155	190
等级 H	180	210

注 1:如果绕组的温度由热电偶测定,则这些值应降低 10 ℃,除非是电动机或内含热电偶的绕组。

注 2:此条款与短期过载无关。

4.5.2 短时耐热

装置的短时耐热能力由企业产品标准规定。

装置经受过电流或过电压试验后,应无绝缘破坏、线圈及结构零件无永久变形和损坏,装置的绝缘及有关性能应符合企业产品标准的规定。

4.6 功率消耗

装置的功率消耗由企业产品标准规定。

4.7 绝缘性能

4.7.1 绝缘电阻

4.7.1.1 试验部位

    a) 各电路对外露的导电件(相同电压等级的电路互联);

    b) 各独立电路之间(每一独立电路的端子互联)。

4.7.1.2 绝缘电阻测量

    额定绝缘电压高于 63 V 时,用开路电压为 500 V(额定绝缘电压小于或等于 63 V 时,用开路电压为 250 V)的测试仪器测定其绝缘电阻值不应小于 100 MΩ。

4.7.2 介质强度

    具体的被试电路及介质强度试验值见表 3,也可采用直流试验电压,其值应为规定的工频试验电压值的 1.4 倍。

表 3

单位为伏特

被试电路	额定绝缘电压	试验电压
整机输出端子—地	63~250	2 000
直流输入回路—地	63~250	2 000
交流输入回路—地	63~250	2 000
信号和报警输出触点—地	63~250	2 000
无电气联系的各回路之间	63~250	2 000
	≤63	500
出口继电器的常开触点之间	—	1 000
各带电部分分别—地	≤63	500

    上述部位应能承受频率为 50 Hz 的工频耐压试验,历时 1 min,装置各部位不应出现绝缘击穿或闪络现象。

    作出厂试验时,允许试验历时缩短为 1 s,但此时试验电压值应提高 10%。

4.7.3 冲击电压

4.7.3.1 冲击电压试验部位

    a) 同 4.7.1.1 a);

    b) 同 4.7.1.1 b)。

4.7.3.2 冲击电压试验值

    上述部位应能承受标准雷电波 1.2/50 μs 的短时冲击电压试验,试验电压的峰值为 1 kV(额定绝缘电压≤63 V)或 5 kV(额定绝缘电压>63 V)。

4.7.3.3 结果评定

    承受冲击电压试验后,装置主要性能指标应符合企业产品标准规定的出厂试验项目要求。试验过程中,允许出现不导致绝缘损坏的闪络,如果出现闪络,则应复查绝缘电阻及介质强度,此时介质强度试验电压值为规定值的 75%。

4.8 耐湿热性能

    装置在最高温度为 40 ℃,试验周期为两周期(48 h)的条件下,经交变湿热试验,在试验结束前 2 h 内,用电压等级为 500 V 的测试仪器,测试 4.7.1.1 规定部位的绝缘电阻,应不小于 1.5 MΩ,测试 4.7.2 规定部位的介质强度,试验电压为规定值的 75%。

4.9 机械性能

4.9.1 振动(正弦)

4.9.1.1 振动响应

装置应具有承受 GB/T 11287—2000 中 3.2.1 规定的严酷等级为Ⅰ级的振动响应能力。

4.9.1.2 振动耐久

装置应具有承受 GB/T 11287—2000 中 3.2.2 规定的严酷等级为Ⅰ级的振动耐久能力。

4.9.2 冲击

4.9.2.1 冲击响应

装置应具有承受 GB/T 14537—1993 中 4.2.1 规定的严酷等级为Ⅰ级的冲击响应能力。

4.9.2.2 冲击耐久

装置应具有承受 GB/T 14537—1993 中 4.2.2 规定的严酷等级为Ⅰ级的冲击耐久能力。

4.9.3 碰撞

装置应具有承受 GB/T 14537—1993 中 4.3 规定的严酷等级为Ⅰ级的碰撞能力。

4.10 电磁兼容要求

4.10.1 抗扰度要求

4.10.1.1 外壳端口抗扰度要求

外壳端口抗扰度要求应符合 DL/Z 713—2000 第 6 章的规定(见表 4)。

表 4

试验	电磁环境现象	参考标准	试验等级	试验值
1.1	工频磁场	GB/T 17626.8—2006	5	100 A/m,连续 1 000 A/m,1 s
1.2	脉冲磁场	GB/T 17626.9—1998	5	1 000 A/m
1.3	阻尼振荡磁场	GB/T 17626.10—1998	5	100 A/m
1.4	射频辐射电磁场 80 MHz~1 000 MHz	GB/T 17626.3—1998	3	10 V/m
1.5	静电放电	GB/T 17626.2—2006	3	6 kV,接触放电 8 kV,空气放电

4.10.1.2 信号端口抗扰度要求

信号端口抗扰度要求应符合 DL/Z 713—2000 第 6 章的规定(见表 5)。

表 5

试验	电磁环境现象	参考标准	本地连接		现场连接		连接至 高压设备		连接至 通信设备	
			等级	试验值	等级	试验值	等级	试验值	等级	试验值
2.1	浪涌(冲击) 线对地 线对线	GB/T 17626.5—1999	2 1	1 kV 0.5 kV	3 2	2 kV 1 kV	4 3	4 kV 2 kV	4 3	4 kV 2 kV
2.2	阻尼振荡波 共模 差模	GB/T 17626.12—1998	— 	— 	2 	1 kV 0.5 kV	3 	2.5 kV 1 kV	3 	2.5 kV 1 kV
2.3	电快速瞬变脉冲群	GB/T 17626.10—1998	3	1 kV	4	2 kV	X	4 kV	X	4 kV
2.4	射频场感应的传导骚扰	GB/T 17626.3—1998	3	10 V	3	10 V	3	10 V		10 V

4.10.1.3 低压交流输入/输出电源端口抗扰度要求

低压交流输入/输出电源端口抗扰度要求应符合 DL/Z 713—2000 第 6 章的规定(见表 6)。

表 6

试验	电磁环境现象	参考标准	试验等级	试验值
3.1	电压暂降	GB/T 17626.11—1999		ΔU 30%—1 个周波 ΔU 60%—50 个周波
3.2	电压短时中断			ΔU 100%—5 个周波 ΔU 100%—50 个周波
3.3	浪涌(冲击) 线对地 线对线	GB/T 17626.5—1999	4 3	4 kV 2 kV
3.4	电快速瞬变脉冲群	GB/T 17626.4—1998	4	4 kV
3.5	射频场感应的传导骚扰	GB/T 17626.6—1998	3	10 V

4.10.1.4 低压直流输入/输出电源端口抗扰度要求

低压直流输入/输出电源端口抗扰度要求应符合 DL/Z 713—2000 第 6 章的规定(见表 7)。

表 7

试验	电磁环境现象	参考标准	试验等级	试验值
4.1	浪涌(冲击) 线对地 线对线	GB/T 17626.5—1999	3 2	2 kV 1 kV
4.2	电快速瞬变脉冲群	GB/T 17626.4—1998	4	4 kV
4.3	阻尼振荡波 共模 差模	GB/T 17626.12—1998	3	2.5 kV 1 kV
4.4	射频场感应的传导骚扰	GB/T 17626.6—1998	3	10 V

4.10.1.5 功能接地端口抗扰度要求

功能接地端口抗扰度要求应符合 DL/Z 713—2000 第 6 章的规定(见表 8)。

表 8

试验	电磁环境现象	参考标准	试验等级	试验值
5.1	电快速瞬变脉冲群	GB/T 17626.4—1998	4	4 kV
5.2	射频场感应的传导骚扰	GB/T 17626.6—1998	3	10 V

4.10.2 电磁发射试验

装置的电源端口应符合 GB/T 14598.16—2002 中 4.1 规定的传导发射限值(见表 9),外壳端口应符合 GB/T 14598.16—2002 中 4.2 规定的辐射发射限值(见表 10),按表 9 和表 10 规定的电磁发射限值和有关规定评定试验结果。

表 9

频率范围/MHz	限值/dB(μV)	
	准峰值	平均值
0.15~0.5	79	66
0.5~30	73	60

表 10

发射频率范围/ MHz	在 10 m 测量距离处辐射发射限值/ dB(μV/m)
	准峰值
30～230	40
230～1 000	47

4.11 连续通电试验

装置完成调试后,在出厂前,应进行 100 h(常温)或 72 h(＋40 ℃)的连续通电试验。各项参数和性能应符合 4.4 的规定。

4.12 结构及外观要求

4.12.1 装置的金属零件应经防腐蚀处理。所有零件应完整无损,外观应无划痕及损伤。

4.12.2 装置所用元器件应符合相应的技术要求。

4.12.3 装置零部件、元器件应安装正确、牢固,并实现可靠的机械和电气连接。

4.12.4 同类的相同功能的插件、易损件应具有互换性,不同功能的插件应有防误插措施。

4.13 安全要求

4.13.1 外壳防护(IP 代码)

装置应有外壳防护,防护等级为 GB 4208—1993 规定的 IP20 或 IP50(有要求时)。

4.13.2 电击防护

装置应具有 GB 16836—2003 中 5.6 规定的电击防护措施。

4.13.3 安全标志

安全标志见 7.1.7。

5 试验方法

5.1 试验条件

除非另有规定,试验应在 4.1.2 规定的条件下进行。

5.2 结构及外观要求检查

结构及外观要求检查按 GB/T 7261—2000 第 5 章规定的方法进行。

5.3 环境温度影响试验

测试 4.1.1 环境温度影响,按 GB/T 7261—2000 第 11 章和第 12 章规定的方法进行。

5.4 环境温度的极端范围极限值

测试 4.1.5 环境温度的极端范围极限值,按 GB/T 7261—2000 第 21 章方法 1 的规定进行,合格判据为:

　　a) 零、部件材料不应出现不可恢复的损伤;

　　b) 装置主要性能应符合企业产品标准出厂检验项目的要求。

5.5 电源变化的影响试验

测试 4.2 电源变化的影响,按 GB/T 7261—2000 第 14 章规定的方法进行。

5.6 装置的功能试验

测试 4.3 装置的功能,按 DL/T 663—1999 中 3.2 规定的方法进行。

5.7 设备的技术性能试验

测试 4.4 装置的技术性能,按 DL/T 663—1999 中 3.2 规定的方法进行。

5.8 热性能试验

5.8.1 最高允许温度试验

测试 4.5.1 最高允许温度,按 GB/T 7261—2000 第 10 章规定的方法进行。

5.8.2 短时耐热试验

测试4.5.2短时耐热,按GB/T 7261—2000第22章规定的方法进行。

5.9 功率消耗试验

测试4.6功率消耗,按GB/T 7261—2000第9章规定的方法进行。

5.10 绝缘性能试验

测试4.7绝缘性能,按GB/T 7261—2000第19章规定的方法进行。

5.11 耐湿热性能试验

测试4.8耐湿热性能,按GB/T 7261—2000第20章规定的方法进行。

5.12 机械性能试验

5.12.1 振动试验

测试4.9.1.1振动响应和4.9.1.2振动耐久,按GB/T 7261—2000第16章规定的方法进行。

5.12.2 冲击试验

测试4.9.2.1冲击响应和4.9.2.2冲击耐久,按GB/T 7261—2000第17章规定的方法进行。

5.12.3 碰撞试验

测试4.9.3碰撞,按GB/T 7261—2000第18章规定的方法进行。

5.13 电磁兼容要求试验

5.13.1 抗扰度要求试验

5.13.1.1 振荡波抗扰度试验

振荡波抗扰度试验,按GB/T 17626.12—1998第8章规定的方法进行。试验期间,设备的合格评定准则应符合DL/Z 713—2000第8章的规定。

5.13.1.2 静电放电抗扰度试验

静电放电抗扰度试验,按GB/T 17626.2—2006第8章规定的方法进行。试验期间,设备的合格评定准则应符合DL/Z 713—2000第8章的规定。

5.13.1.3 射频电磁场辐射抗扰度试验

射频电磁场辐射抗扰度试验,按GB/T 17626.3—1998第8章规定的方法进行。试验期间,设备的合格评定准则应符合DL/Z 713—2000第8章的规定。

5.13.1.4 电快速瞬变脉冲抗扰度试验

电快速瞬变脉冲抗扰度试验,按GB/T 17626.4—1998第8章规定的方法进行。试验期间,设备的合格评定准则应符合DL/Z 713—2000第8章的规定。

5.13.1.5 浪涌(冲击)抗扰度试验

浪涌(冲击)抗扰度试验,按GB/T 17626.5—1999第8章规定的方法进行。试验期间,设备的合格评定准则应符合DL/Z 713—2000第8章的规定。

5.13.1.6 射频场感应的传导骚扰抗扰度试验

射频场感应的传导骚扰抗扰度试验,按GB/T 17626.6—1998第8章规定的方法进行。试验期间,设备的合格评定准则应符合DL/Z 713—2000第8章的规定。

5.13.1.7 工频磁场抗扰度试验

工频磁场抗扰度试验,按GB/T 17626.8—2006第8章规定的方法进行。试验期间,设备的合格评定准则应符合DL/Z 713—2000第8章的规定。

5.13.1.8 脉冲磁场抗扰度试验

脉冲磁场抗扰度试验,按GB/T 17626.9—1998第8章规定的方法进行。试验期间,设备的合格评定准则应符合DL/Z 713—2000第8章的规定。

5.13.1.9 阻尼振荡磁场抗扰度试验

阻尼振荡磁场抗扰度试验,按GB/T 17626.10—1998第8章规定的方法进行。试验期间,设备的合格评定准则应符合 DL/Z 713—2000 第 8 章的规定。

5.13.1.10 电压暂降、短时中断和电压变化的抗扰度试验

电压暂降、短时中断和电压变化的抗扰度试验，按 GB/T 17626.11—1999 中第 8 章规定的方法进行。试验期间，设备的合格评定准则应符合 DL/Z 713—2000 第 8 章的规定。

5.13.2 电磁发射试验

测试 4.10.2 电磁发射限值，按 GB/T 14598.16—2002 第 6 章规定的方法进行，满足相应的传导发射限值和辐射发射限值。

5.14 连续通电试验

装置完成调试后，出厂前应进行时间为 100 h（常温）或 72 h（+40 ℃）的连续通电试验。对被试装置只施加直流电源，必要时可施加其他激励量进行功能检测。在试验过程中，装置应工作正常，信号指示正确，不应有元器件损坏或其他异常情况出现。

5.15 安全要求试验

5.15.1 外壳防护试验

测试 4.13.1 外壳防护，按 GB 4208—1993 规定的方法进行。

5.15.2 电击防护试验

测试 4.13.2 电击防护，按 GB 16836—2003 中 6.6 规定的方法进行。

5.15.3 安全标志检查

检查 4.13.3 安全标志，按 GB 16836—2003 中 6.7 规定的方法进行。

5.16 通信规约的一致性测试

装置通信规约的一致性测试，在二次设备联合测试中完成。

6 检验规则

6.1 检验分类

装置的检验分为型式检验和出厂检验。

6.2 型式检验

6.2.1 有下列情况之一时，装置应进行型式检验：

a) 新装置定型前；

b) 正常生产后，如结构、材料、元器件、工艺等有较大改变，可能影响装置性能时；

c) 正常生产后的定期检验，其周期为 4 年；

d) 装置停产超过上述规定周期后再恢复生产时；

e) 国家质量监督机构要求时（检验项目按相应规定）。

6.2.2 除 6.2.1 e)规定项目外，型式检验项目见表 11。

表 11

序号	项目名称	"技术要求"的章、条	"试验方法"的章、条	型式检验	出厂检验
1	环境温度影响	4.1.1	5.3	√	
2	环境温度的极端范围极限值	4.1.5	5.4	√	
3	电源变化的影响	4.2	5.5	√	
4	装置的功能	4.3	5.6	√	√
5	装置的技术性能	4.4	5.7	√	√
6	热性能要求	4.5	5.8	√	

表 11（续）

序号	项目名称	"技术要求"的章、条	"试验方法"的章、条	型式检验	出厂检验
7	功率消耗	4.6	5.9	√	√
8	绝缘性能	4.7	5.10	√	√[a]
9	耐湿热性能	4.8	5.11	√	
10	振动	4.9.1	5.12.1	√	
11	冲击	4.9.2	5.12.2	√	
12	碰撞	4.9.3	5.12.3	√	
13	电磁兼容要求	4.10	5.13	√	
14	连续通电试验	4.11	5.14		√
15	结构及外观	4.12	5.2	√	√
16	安全要求	4.13	5.15	√	√[b]
17	通信协议的一致性	4.14	5.16	√	√

[a] 仅进行介质强度试验和绝缘电阻测量。

[b] 仅进行电击防护试验和安全标志检查。

注：√为要求的试验项目。

6.2.3 型式检验的抽样及合格判定

6.2.3.1 型式检验的抽样

型式检验从出厂检验合格的装置中任意抽取两台作为样品，然后分 A、B 两组分别进行试验。

A 组：4.1.5（环境温度的极端范围极限值）、4.5（热性能要求）、4.7（绝缘性能）、4.8（耐湿热性能）、4.9（机械性能）；

B 组：4.1.1（环境温度影响）、4.2（电源变化的影响）、4.3（装置的功能）、4.4（装置的技术性能）、4.6（功率消耗）、4.10（电磁兼容要求）、4.12（结构及外观要求）、4.13（安全要求）。

6.2.3.2 合格评定

合格评定包括以下内容：

a) 样品经过型式检验，未发现主要缺陷，则判定装置合格。试验中如发现有一个主要缺陷，则进行第二次抽样，重复进行型式检验。如未发现主要缺陷，仍判定该装置本次型式检验合格。如第二次抽样样品仍存在主要缺陷，则判定本次型式检验不合格。

b) 装置样品型式检验结果达不到 4.3、4.4 规定要求中任一条时，均按存在主要缺陷判定。

c) 检验中装置出现故障，允许进行修复，修复内容如对已做过检验的项目的检验结果没有影响，可继续往下进行检验。反之，受影响的检验项目应重做。

6.3 出厂检验

6.3.1 每台装置均应进行出厂检验。

6.3.2 出厂检验项目见表 11。

6.3.3 出厂检验的合格判定为全部检验项目合格。

7 标志、标签、使用说明书

7.1 标志和标签

7.1.1 每台装置应有铭牌或相当于铭牌的标志，内容包括：

a) 制造厂名称和商标。

b) 装置型号和名称。

c) 规格号（需要时）。

d) 额定值。

e) 整定范围和刻度（需要时）。

f) 装置制造年、月。

g) 装置的编号。

h) 具有端子标志、同极性端子标志和接地标志的内部接线图。如果铭牌上无法绘制内部接线图，允许在其他明显的部位标志或在装置说明书中提供。

7.1.2 装置的端子旁应标明端子号。

7.1.3 装置线圈上应标明：

a) 线圈代号；

b) 额定值（有要求时标明）；

c) 直流或交流标志（有要求时标明）；

d) 线圈数据（由企业产品标准规定是否标明及标明哪些内容）。

7.1.4 装置内部的继电器、集成电路、电阻器、电容器、晶体管等主要元器件，应在其印制电路板或安装板上标明其在原理接线图中的代号。

7.1.5 静电敏感部件应有防静电标志。

7.1.6 装置外包装上应有收发货标志、包装、贮运图示标志等必须的标志和标签。

7.1.7 装置的相关部位及说明书中应有安全标志，安全标志见 GB 16836—2003 中 5.7.6。

7.1.8 装置的使用说明书、质量证明文件或包装物上应标有装置执行的标准代号。

7.1.9 所有标志均应规范、清晰、持久。

7.2 使用说明书

7.2.1 装置使用说明书的基本要求应符合 GB 9969.1—1998 的规定。

7.2.2 使用说明书一般应提供以下信息：

a) 装置型号及名称；

b) 装置执行的标准代号及名称；

c) 主要用途及适用范围；

d) 使用条件；

e) 装置主要特点；

f) 装置原理、结构及工作特性；

g) 激励量及辅助激励量的额定值；

h) 主要性能及技术参数；

i) 安装、接线、调试方法；

j) 运行前的准备及操作方法；

k) 软件的安装、操作及维护；

l) 故障分析及排除方法；

m) 有关安全事项的说明；

n) 装置接口、附件及配套情况；

o) 维护与保养；

p) 运输及贮存；

q) 开箱及检查；

r) 质量保证及服务；

s) 附图：

　　　　1) 外形图、安装图、开孔图;

　　　　2) 原理图;

　　　　3) 接线图;

　　t) 其他必要的说明。

8 包装、运输、贮存

8.1 包装

8.1.1 装置在包装前,应将其可动部分固定。

8.1.2 每套装置应用防水材料包好,再装在具有一定防振能力的包装盒内。

8.1.3 装置随机文件、附件及易损件应按企业产品标准和说明书的规定一并包装和供应。

8.2 运输

　　包装好的户内使用的装置在运输过程中的贮存温度为-25 ℃～+70 ℃,相对湿度不大于 95%。装置应能承受在此环境中的短时贮存。

8.3 贮存

　　包装好的装置应贮存在-10 ℃～+55 ℃、相对湿度不大于 80%、周围空气中不含有腐蚀性、火灾及爆炸性物质的室内。

9 供货的成套性

9.1 随装置供应的文件

　　出厂装置应配套供应以下文件:

　　a) 质量证明文件,必要时应附出厂检验记录;

　　b) 装置说明书(可按供货批次提供);

　　c) 装置安装图(可含在装置说明书中);

　　d) 装置原理图和接线图(可含在装置说明书中);

　　e) 装箱单。

9.2 随装置供应的配套件

　　随装置供应的配套件应在相关文件中注明,一般包括:

　　a) 易损零部件及易损元器件;

　　b) 装置附件;

　　c) 合同中规定的备品、备件。

10 质量保证

10.1 除另有规定外,在用户完全遵守本部分、企业产品标准及装置说明书规定的运输、贮存、安装和使用要求的情况下,装置自出厂之日起二年内,如装置及其配套件发生由于制造厂原因的损坏,制造厂负责免费修理或更换。

10.2 一般情况下,装置使用期限不超过 15 年。

ICS 29.240.01
K 45

中华人民共和国国家标准

GB/T 22390.6—2008

高压直流输电系统控制与保护设备
第6部分：换流站暂态故障录波装置

Control and protection equipment of high-voltage direct current
（HVDC）transmission system—Part 6：Substation transient fault
oscillograph device

2008-09-24 发布

2009-08-01 实施

中华人民共和国国家质量监督检验检疫总局
中国国家标准化管理委员会 发布

前　言

根据国家科技部 2003 年度科技基础条件平台工作重点项目《直流输变电系统核心技术与基础标准研究》（项目编号为 2003DIA7J034）的要求，特制定标准《高压直流输电系统控制与保护设备》。

GB/T 22390《高压直流输电系统控制与保护设备》分为六个部分：
——第 1 部分：运行人员控制系统；
——第 2 部分：交直流系统站控设备；
——第 3 部分：直流系统极控设备；
——第 4 部分：直流系统保护设备；
——第 5 部分：直流线路故障定位装置；
——第 6 部分：换流站暂态故障录波装置。

本部分为 GB/T 22390 的第 6 部分。

本部分由中国电器工业协会和中国电力企业联合会共同提出。

本部分由全国高压直流输电设备标准化技术委员会（SAC/TC 333）归口。

本部分主要起草单位：北京网联直流工程技术有限公司、许继集团有限公司、南京南瑞继保电气有限公司、中国南方电网有限责任公司、许昌继电器研究所、中国电力科学研究院。

本部分主要起草人：韩伟、李岩、李志勇、王明新、张民。

本部分首次发布。

高压直流输电系统控制与保护设备
第6部分：换流站暂态故障录波装置

1 范围

GB/T 22390 的本部分规定了±500 kV 高压直流输电系统的换流站暂态故障录波装置的技术要求、试验方法、检验规则、包装、运输、贮存、标志、标签、使用说明书、供货的成套性及质量保证等。

本部分适用于±500 kV 高压直流输电系统的换流站暂态故障录波装置（以下简称装置）。

2 规范性引用文件

下列文件中的条款通过 GB/T 22390 的本部分的引用而成为本部分的条款。凡是注日期的引用文件，其随后所有的修改单（不包括勘误的内容）或修订版均不适用于本部分，然而，鼓励根据本部分达成协议的各方研究是否可使用这些文件的最新版本。凡是不注日期的引用文件，其最新版本适用于本部分。

GB/T 2887—2000 电子计算机场地通用规范

GB/T 2900.49 电工术语 电力系统保护（GB/T 2900.49—2004，IEC 60050(448):1995，IDT）

GB 4208—1993 外壳防护等级（IP 代码）（eqv IEC 60529:1989）

GB/T 7261—2000 继电器及装置基本试验方法

GB/T 9361—1988 计算机场地安全要求

GB 9969.1—1998 工业产品使用说明书 总则

GB/T 11287—2000 电气继电器 第21部分:量度继电器和保护装置的振动、冲击、碰撞和地震试验 第1篇:振动试验(正弦)(idt IEC 60255-21-1:1988)

GB/T 13498 高压直流输电术语（GB/T 13498—2007，IEC 60633:1998，IDT）

GB/T 14537—1993 量度继电器和保护装置的冲击与碰撞试验 (idt IEC 60255-21-2:1988)

GB/T 14598.16—2002 电气继电器 第25部分:量度继电器和保护装置的电磁发射试验（IEC 60255-25:2000，IDT）

GB 16836—2003 量度继电器和保护装置安全设计的一般要求

GB/T 17626.2—2006 电磁兼容 试验和测量技术 静电放电抗扰度试验（IEC 61000-4-2:2001，IDT）

GB/T 17626.3—1998 电磁兼容 试验和测量技术 射频电磁场辐射抗扰度试验(idt IEC 61000-4-3:1995)

GB/T 17626.4—1998 电磁兼容 试验和测量技术 电快速瞬变脉冲群抗扰度试验(idt IEC 61000-4-4:1995)

GB/T 17626.5—1999 电磁兼容 试验和测量技术 浪涌（冲击）抗扰度试验(idt IEC 61000-4-5:1995)

GB/T 17626.6—1998 电磁兼容 试验和测量技术 射频场感应的传导骚扰抗扰度(idt IEC 61000-4-6:1996)

GB/T 17626.8—2006 电磁兼容 试验和测量技术 工频磁场抗扰度试验(IEC 61000-4-8:2000，IDT)

GB/T 17626.9—1998 电磁兼容 试验和测量技术 脉冲磁场抗扰度试验(idt IEC 61000-4-9:

1993)

GB/T 17626.10—1998 电磁兼容 试验和测量技术 阻尼振荡磁场抗扰度试验(idt IEC 61000-4-10:1993)

GB/T 17626.11—1999 电磁兼容 试验和测量技术 电压暂降、短时中断和电压变化的抗扰度试验 (idt IEC 61000-4-11:1994)

GB/T 17626.12—1998 电磁兼容 试验和测量技术 振荡波抗扰度试验 (idt IEC 61000-4-12:1995)

DL/T 553—1994 220 kV～500 kV 电力系统故障动态记录技术准则

DL/T 663—1999 220 kV～500 kV 电力系统故障动态记录装置检测要求

DL/T 667—1999 远动设备及系统 第5部分:传输规约 第103篇:继电保护设备信息接口配套标准(idt IEC 60870-5-103:1997)

DL/Z 713—2000 500 kV 变电所保护和控制设备抗扰度要求

DL/T 873—2004 微机型发电机变压器组动态记录装置技术准则

IEC 60255-24:2001 电气继电器 第24部分:电力系统暂态数据交换的(COMTRADE)通用格式

3 术语和定义

GB/T 2900.49 和 GB/T 13498 确立的术语和定义适用于本部分。

4 技术要求

4.1 环境条件

4.1.1 正常工作大气条件

a) 环境温度:0 ℃～+45 ℃、−10 ℃～+55 ℃;

b) 大气压力:80 kPa～110 kPa;

c) 相对湿度:5%～95%(装置内部既不应凝露,也不应结冰)。

4.1.2 试验的标准大气条件

a) 环境温度:+15 ℃～+35 ℃;

b) 大气压力:86 kPa～106 kPa;

c) 相对湿度:45%～75%。

4.1.3 仲裁试验的标准大气条件

a) 环境温度:20 ℃±2 ℃;

b) 大气压力:86 kPa～106 kPa;

c) 相对湿度:45%～75%。

4.1.4 使用环境的其他要求

4.1.4.1 使用环境不应有超过本部分规定的振动和冲击。

4.1.4.2 使用环境不应有腐蚀、破坏绝缘的气体及导电介质,对于使用环境内有火灾、爆炸危险的介质、装置应有防爆措施。

4.1.4.3 户内装置的使用环境应有防御雨、雪、风、沙的设施。

4.1.4.4 场地安全要求应符合 GB/T 9361—1988 中 B 类的规定,接地电阻应符合 GB/T 2887—2000 中 4.4 的规定。

4.1.5 环境温度的极端范围极限值

装置的环境温度的极限值为−25 ℃和+70 ℃。在运输、贮存和安装条件下,不施加激励量的装置应能耐受此范围内的温度而不出现不可逆变化的损坏。

注:对于不能耐受此条件的装置,由制造厂与用户协商。

4.2 电源

4.2.1 交流电源

a) 额定电压：220 V,允许偏差-15％～+15％；

b) 频率：50 Hz,允许偏差±1 Hz；

c) 波形：正弦,畸变因数不大于5％。

4.2.2 直流电源

a) 额定电压：220 V、110 V,允许偏差-20％～+15％；

b) 纹波系数：不大于5％。

4.3 装置的功能

4.3.1 录波范围

换流站暂态故障录波装置包括交流和直流暂态故障录波装置。交流故障录波装置记录交流场及交流滤波器场的电流、电压、开关状态及相关的保护动作、故障信息等；直流故障录波装置记录直流开关场的电流、电压、开关状态及相关的直流控制保护系统的信号。

4.3.2 一般要求

a) 应采用微机型装置,并带有打印机,需要时可打印出所记录的信息。

b) 换流站暂态故障录波装置应符合 DL/T 873—2004 的有关规定。

c) 应能记录因故障、振荡等大扰动引起的系统电流、电压、有功功率、无功功率及系统频率全过程的变化波形。

d) 记录的故障数据有足够的安全性,不应因装置连续多次启动、供电电源中断等偶然因素丢失。

e) 应有足够的启动元件,在系统发生故障或振荡时能可靠启动。

f) 应能同时由内部启动元件和外部启动元件启动,并可通过面板整定或远方整定。

g) 应保证各装置之间能联和启动,其中一台装置启动,其他装置均应能同时启动。

h) 暂态故障数据采集单元应有足够的抗干扰能力,满足规定的电气量线性测量范围,记录的数据应真实、可靠、不失真,应能清晰记录50次谐波内的换流站特征谐波的波形。

i) 事件量记录元件的分辨率不大于1.0 ms。

j) 装置宜具备在外部电源短时中断后继续进行数据记录的能力。每路外部电源的输入都应设置独立的保险,具有失电报警功能。

k) 装置应具有必要的自动检测功能。当装置元器件损坏时,应能发出装置异常信号,并能指出有关装置发生异常的部位。

l) 装置应具有自复位功能。当软件工作不正常时应能通过自复位电路自动恢复正常工作。装置对自复位命令应进行记录。

m) 应具有足够的信号指示灯,告警信号及事件记录输出接点等。

n) 应具有记录动作次数的计数器。

o) 应具备定时检测及正常运行手动试验设备。

p) 应有指示年、月、日、小时、分钟、秒的计时功能,并在记录纸上按手动或自动方式记下上述时间值。

q) 故障测距的测量误差应小于线路全长的3％。测出的距离值应有显示。

r) 故障录波采集单元应能通过电缆或光缆与中心处理单元单独组网。

s) 换流站故障录波装置应配备必要的分析软件,以对各故障录波数据进行分析。

4.3.3 功能要求

4.3.3.1 数据采集

装置应收集和记录全部的故障模拟量数据和直接改变系统状态的保护跳闸命令、安全自动装置的操作命令。开关量采用无源接点方式,主设备模拟量采用交流采样,从相关直流控制保护系统采样的模拟量原则上采用 4 mA～20 mA 直流电流模拟量方式,但对于有些高频信号,可采用其他控制设备的合理输出方式(如 10 V 或 5 V 电压信号,具体方式根据工程要求确定),且应能对此类高频信号进行采集。

装置应有足够的冗余度或方便扩展的接口。

4.3.3.2 数据缓存

数据缓存单元应具有足够的容量,将采集的数据存储在缓存区中,一旦装置启动,则按照预先设定的录波时间将故障波形存储下来,并发送到存储单元。

数据缓存单元的容量应能将所有连续故障的波形存储下来,并发送到存储单元。

4.3.3.3 装置启动

装置应能自动启动,也能手动启动,并应实现联合启动。在设备和保护故障录波信息管理子站上,运行人员应能对装置进行手动启动;通过保护故障录波信息管理子站,应能在远方调度中心实现对装置的手动启动。

运行人员应能任意选择自动启动的参量。启动精度应满足越限启动误差不大于 5％,突变量启动误差不大于 30％。任一信号启动,装置应对所有通道进行记录。

4.3.3.4 波形记录

a) 装置应能连续监视电力装置,任一启动元件动作,即开始记录,故障消除或系统振荡平息后,启动元件返回,在经预先整定的时间后停止记录;

b) 若系统发生振荡,应记录振荡的周期;

c) 在系统动态过程及系统长过程的记录中,当振荡周期大于 0.3 s 并开始增长时,应延长其记录时间,直到平息;

d) 当记录时间大于 3 s 或所有的启动量全部复归时,应自动停止记录;

e) 应可恢复、存储及清除任何记录。应能记录两次连续故障的波形;

f) 记录时间应可调,应能记录和保存从故障前 200 ms 到启动量复归后 200 ms 的电气量波形。

4.3.3.5 故障数据存储

装置应有足够大的容量,当系统发生大扰动时,应能无遗漏地记录每次系统大扰动发生后的全过程数据,连续记录数据次数不应少于 3 次。

数据的记录和存储格式应符合 IEC 60255-24:2001 的 COMTRADE 格式。

4.3.3.6 故障分析

装置内应配置必要的分析软件,对故障进行综合分析。

4.3.3.7 信息传输

应具有远传功能,分析软件并配备完整的主站功能,可将录波信息送往调度端;应能根据设定的条件自动向调度端上传有关数据和分析报告,并满足调度端对通信规约的要求;应能向保护故障录波信息管理子站传送故障录波信息,通信方式应符合 DL/T 667—1999。

4.3.4 信号要求

4.3.4.1 装置应能接收交流电流、电压,直流模拟量、开关量信号。

4.3.4.2 交流电流包括交流断路器、交流线路、交流母线、大组/小组交流滤波器、交流滤波器各电阻电抗支路、交流并联电抗/电容器、电力变压器各侧、换流变压器网侧/阀侧/中性点、交流滤波器电容器不平衡电流等。

4.3.4.3 交流电压包括交流线路、交流母线、大组交流滤波器电压。

4.3.4.4 直流模拟量包括直流极母线、直流线路、直流中性母线、直流中性线、直流接地极线路、直流滤波器高/低压侧、直流各转换开关等直流测点电流,换流变压器网侧/阀侧、直流极母线、直流中性母线等直流测点电压,及以下信号:

a) 每套极控系统主活动(ACTIVE)信号;

b) 整流阀/逆变阀的闭锁/解锁信号;

c) 直流系统控制方式和调节器运行状态(如定熄弧角或直流电压调节器等);

d) 换流器点火脉冲序列;

e) 换流器点火角/熄弧角;

f) 直流功率整定值,电流整定值,以及对直流功率,直流电流或者其他调节器参考值的调制信号(各信号独立);

g) 电压限流(VDCOL)后的电流定值;

h) 直流实际运行功率;

i) 换流器消耗的无功功率;

j) 其他直流控制系统输出信号。

4.4 装置的技术性能

4.4.1 时间精度

装置应具有独立的内部时钟,其误差每 24 h 不应超过 ±1 s。应提供外部时钟(如 GPS 时钟装置)同步接口,与外部时钟同步后,时钟误差不应超过 ±1 ms。

4.4.2 记录时间和采样频率

4.4.2.1 模拟量采样

模拟量采样方式应符合 DL/T 553—1994 中 7.1 的规定。采样频率不应低于 5 000 Hz,对于换流器点火脉冲序列,采样频率不应低于 10 000 Hz。

4.4.2.2 开关量

开关量分辨率不大于 0.2 ms。

4.4.3 记录额定值

a) 交流电流:5 A、1 A(滤波器不平衡电流为 1∶1);

b) 交流电压:100 V、100/$\sqrt{3}$ V、110 V;

c) 直流电流:4 mA~20 mA(放大器输出);

d) 直流电压:0 V~10 V(放大器输出);

e) 交流系统频率:50 Hz;

f) 控制保护系统输出:4 mA~20 mA 直流电流或 0 V~10 V 直流电压(可根据工程要求调整)。

4.4.4 记录有效范围

a) 交流电流:(0.1~40)倍额定值;

b) 交流电压:(0.01~2)倍额定值;

c) 直流电流:(0.1~15)倍额定值;

d) 直流电压:(0.1~2)倍额定值;

e) 点火角:(0~180)电角度;

f) 熄弧角:(0~120)电角度;

g) 点火脉冲:20 μs/50 kHz 脉冲。

4.4.5 启动量要求

a) 电压突变量:$\Delta U \geqslant \pm 5\%$ 倍额定电压;

b) 零序电压突变量:$\Delta U_0 \geqslant \pm 2\%$ 倍额定电压;

c) 交流相电压越限:≥110% 倍额定电压或 ≤90% 倍额定电压;

d) 交流负序电压越限:$U_2 \geqslant 3\%$ 倍额定电压;

e) 交流零序电压越限:$U_0 \geqslant 2\%$ 倍额定电压;

f) 直流电压突变量:$\geqslant \pm 2\%$ 倍额定电压;

g) 直流电压越限:≥110% 倍额定电压;

h) 中性点电流:$3 I_0 \geqslant 10\%$ 倍额定电流;

i) 电流变化:0.5 s 内最大值与最小值之差≥10%。

4.5 热性能要求

4.5.1 最高允许温度

在正常状态或单一故障状态下,任何加热都不应导致危险。在最高环境温度下使用的最高允许温度不应超过表 1 的规定,绕组的绝缘材料的温度不应超过表 2 的值,所规定的温度应为元件或材料表面或其内部最热点的温度。

表 1

正常使用时可接触部件	最高温度[a][b]/℃	
	金属	非金属
仅在短时间内持握或接触的手柄、旋钮、把手等	60	85
正常使用时连续持握的手柄、旋钮、把手等	55	75
可能被接触的装置外表面	70	80
可能被接触的装置内部部件	70	80

[a] 对于不大可能触及、尺寸不大于 50 mm 的区域,允许其温度达 100 ℃。

[b] 如果不大可能被无意中触及,且该部件有热警示标记,则可允许其温度超过这些限值。

表 2

绝缘等级	正常状态/℃	单故障状态/℃
等级 A	105	150
等级 B	130	175
等级 E	120	165
等级 F	155	190
等级 H	180	210

注 1:如果绕组的温度由热电偶测定,则这些值应降低 10 ℃,除非是电动机或内含热电偶的绕组。

注 2:此条款与短期过载无关。

4.5.2 短时耐热

a) 交流电流回路:2 倍额定电流,连续工作;10 倍额定电流,持续 10 s;40 倍额定电流,持续 1 s;

b) 交流电压回路:1.2 倍额定电压,连续工作;1.4 倍额定电压,持续 10 s。

装置经受过电流或过电压试验后,应无绝缘破坏、线圈及结构零件无永久变形和损坏,装置的绝缘及有关性能应符合企业产品标准的规定。

4.6 功率消耗

a) 交流电流回路　　当额定电流为 5 A 时,每相不大于 1 VA;

　　　　　　　　　　当额定电流为 1 A 时,每相不大于 0.5 VA;

b) 交流电压回路　　当额定电压时,每相不大于 1 VA;

c) 直流电源回路　　由企业产品标准规定。

4.7 绝缘性能

4.7.1 绝缘电阻

4.7.1.1 试验部位

a) 各电路对外露的导电件(相同电压等级的电路互联);

b) 各独立电路之间(每一独立电路的端子互联)。

4.7.1.2 绝缘电阻测量

额定绝缘电压高于 63 V 时,用开路电压为 500 V(额定绝缘电压小于或等于 63 V 时,用开路电压为 250 V)的测试仪器测定其绝缘电阻值不应小于 100 MΩ。

4.7.2 介质强度

具体的被试电路及介质强度试验值见表 3,也可采用直流试验电压,其值应为规定的工频试验电压值的 1.4 倍。

表 3
单位为伏特

被试电路	额定绝缘电压	试验电压
整机输出端子—地	63～250	2 000
直流输入回路—地	63～250	2 000
交流输入回路—地	63～250	2 000
信号和报警输出触点—地	63～250	2 000
无电气联系的各回路之间	63～250	2 000
	≤63	500
出口继电器的常开触点之间	—	1 000
各带电部分分别—地	≤63	500

上述部位应能承受频率为 50 Hz 的工频耐压试验,历时 1 min,装置各部位不应出现绝缘击穿或闪络现象。

作出厂试验时,允许试验历时缩短为 1 s,但此时试验电压值应提高 10%。

4.7.3 冲击电压

4.7.3.1 冲击电压试验部位

a) 同 4.7.1.1a);

b) 同 4.7.1.1b)。

4.7.3.2 冲击电压试验值

上述部位应能承受标准雷电波 1.2/50 μs 的短时冲击电压试验,试验电压的峰值为 1 kV(额定绝缘电压≤63 V)或 5 kV(额定绝缘电压＞63 V)。

4.7.3.3 结果评定

承受冲击电压试验后,装置主要性能指标应符合企业产品标准规定的出厂试验项目要求。试验过程中,允许出现不导致绝缘损坏的闪络,如果出现闪络,则应复查绝缘电阻及介质强度,此时介质强度试验电压值为规定值的 75%。

4.8 耐湿热性能

装置在最高温度为 40 ℃,试验周期为两周期(48 h)的条件下,经交变湿热试验,在试验结束前 2 h 内,用电压等级为 500 V 的测试仪器,测试 4.7.1.1 规定部位的绝缘电阻,不应小于 1.5 MΩ,测试 4.7.2 规定部位的介质强度,试验电压为规定值的 75%。

4.9 机械性能

4.9.1 振动(正弦)

4.9.1.1 振动响应

装置应具有承受 GB/T 11287—2000 中 3.2.1 规定的严酷等级为 Ⅰ 级的振动响应能力。

4.9.1.2 振动耐久

装置应具有承受 GB/T 11287—2000 中 3.2.2 规定的严酷等级为 Ⅰ 级的振动耐久能力。

4.9.2 冲击

4.9.2.1 冲击响应

装置应具有承受 GB/T 14537—1993 中 4.2.1 规定的严酷等级为Ⅰ级的冲击响应能力。

4.9.2.2 冲击耐久

装置应具有承受 GB/T 14537—1993 中 4.2.2 规定的严酷等级为Ⅰ级的冲击耐久能力。

4.9.3 碰撞

装置应具有承受 GB/T 14537—1993 中 4.3 规定的严酷等级为Ⅰ级的碰撞能力。

4.10 电磁兼容要求

4.10.1 抗扰度要求

4.10.1.1 外壳端口抗扰度要求

外壳端口抗扰度要求应符合 DL/Z 713—2000 第 6 章的规定(见表 4)。

表 4

试验	电磁环境现象	参考标准	试验等级	试验值
1.1	工频磁场	GB/T 17626.8—2006	5	100 A/m,连续 1 000 A/m,1 s
1.2	脉冲磁场	GB/T 17626.9—1998	5	1 000 A/m
1.3	阻尼振荡磁场	GB/T 17626.10—1998	5	100 A/m
1.4	射频辐射电磁场 80 MHz~1 000 MHz	GB/T 17626.3—1998	3	10 V/m
1.5	静电放电	GB/T 17626.2—2006	3	6 kV,接触放电 8 kV,空气放电

4.10.1.2 信号端口抗扰度要求

信号端口抗扰度要求应符合 DL/Z 713—2000 第 6 章的规定(见表 5)。

表 5

试验	电磁环境现象	参考标准	本地连接		现场连接		连接至高压设备		连接至通信设备	
			等级	试验值	等级	试验值	等级	试验值	等级	试验值
2.1	浪涌(冲击) 线对地 线对线	GB/T 17626.5 —1999	2 1	1 kV 0.5 kV	3 2	2 kV 1 kV	4 3	4 kV 2 kV	4 3	4 kV 2 kV
2.2	阻尼振荡波 共模 差模	GB/T 17626.12 —1998	— 	— 	2 	1 kV 0.5 kV	3 	2.5 kV 1 kV	3 	2.5 kV 1 kV
2.3	电快速瞬变脉冲群	GB/T 17626.10 —1998	3	1 kV	4	2 kV	X	4 kV	X	4 kV
2.4	射频场感应的传导骚扰	GB/T 17626.3 —1998	3	10 V	3	10 V	3	10 V		10 V

4.10.1.3 低压交流输入/输出电源端口抗扰度要求

低压交流输入/输出电源端口抗扰度要求应符合 DL/Z 713—2000 第 6 章的规定(见表 6)。

表6

试验	电磁环境现象	参考标准	试验等级	试验值
3.1	电压暂降	GB/T 17626.11—1999		ΔU 30%—1个周波 ΔU 60%—50个周波
3.2	电压短时中断			ΔU 100%—5个周波 ΔU 100%—50个周波
3.3	浪涌(冲击) 线对地 线对线	GB/T 17626.5—1999	4 3	4 kV 2 kV
3.4	电快速瞬变脉冲群	GB/T 17626.4—1998	4	4 kV
3.5	射频场感应的传导骚扰	GB/T 17626.6—1998	3	10 V

4.10.1.4 低压直流输入/输出电源端口抗扰度要求

低压直流输入/输出电源端口抗扰度要求应符合 DL/Z 713—2000 第6章的规定(见表7)。

表7

试验	电磁环境现象	参考标准	试验等级	试验值
4.1	浪涌(冲击) 线对地 线对线	GB/T 17626.5—1999	3 2	2 kV 1 kV
4.2	电快速瞬变脉冲群	GB/T 17626.4—1998	4	4 kV
4.3	阻尼振荡波 共模 差模	GB/T 17626.12—1998	3	2.5 kV 1 kV
4.4	射频场感应的传导骚扰	GB/T 17626.6—1998	3	10 V

4.10.1.5 功能接地端口抗扰度要求

功能接地端口抗扰度要求应符合 DL/Z 713—2000 第6章的规定(见表8)。

表8

试验	电磁环境现象	参考标准	试验等级	试验值
5.1	电快速瞬变脉冲群	GB/T 17626.4—1998	4	4 kV
5.2	射频场感应的传导骚扰	GB/T 17626.6—1998	3	10 V

4.10.2 电磁发射试验

装置的电源端口应符合 GB/T 14598.16—2002 中4.1规定的传导发射限值(见表9),外壳端口应符合 GB/T 14598.16—2002 中4.2规定的辐射发射限值(见表10),按表9和表10规定的电磁发射限值和有关规定评定试验结果。

表9

频率范围/MHz	限值/dB(μV)	
	准峰值	平均值
0.15～0.5	79	66
0.5～30	73	60

表 10

发射频率范围/ MHz	在 10 m 测量距离处辐射发射限值/ dB(μV/m)
	准峰值
30～230	40
230～1 000	47

4.11 连续通电试验

装置完成调试后,在出厂前,应进行 100 h(常温)或 72 h(+40 ℃)的连续通电试验。各项参数和性能应符合 4.4 的规定。

4.12 结构及外观要求

4.12.1 装置的金属零件应经防腐蚀处理。所有零件应完整无损,外观应无划痕及损伤。

4.12.2 装置所用元器件应符合相应的技术要求。

4.12.3 装置零部件、元器件应安装正确、牢固,并实现可靠的机械和电气连接。

4.12.4 同类的相同功能的插件、易损件应具有互换性,不同功能的插件应有防误插措施。

4.13 安全要求

4.13.1 外壳防护(IP 代码)

装置应有外壳防护,防护等级为 GB 4208—1993 规定的 IP20 或 IP50(有要求时)。

4.13.2 电击防护

装置应具有 GB 16836—2003 中 5.6 规定的电击防护措施。

4.13.3 安全标志

安全标志见 7.1.7。

5 试验方法

5.1 试验条件

除非另有规定,试验应在 4.1.2 规定的条件下进行。

5.2 结构及外观要求检查

结构及外观要求检查按 GB/T 7261—2000 第 5 章规定的方法进行。

5.3 环境温度影响试验

测试 4.1.1 环境温度影响,按 GB/T 7261—2000 第 11 章和第 12 章规定的方法进行。

5.4 环境温度的极端范围极限值试验

测试 4.1.5 环境温度的极端范围极限值,按 GB/T 7261—2000 第 21 章方法 1 的规定进行,合格判据为:

　　a) 零、部件材料不应出现不可恢复的损伤;

　　b) 装置主要性能应符合企业产品标准出厂检验项目的要求。

5.5 电源变化的影响试验

测试 4.2 电源变化的影响,按 GB/T 7261—2000 第 14 章规定的方法进行。

5.6 装置的功能试验

测试 4.3 装置的功能,按 DL/T 663—1999 中 3.2 规定的方法进行。

5.7 装置的技术性能试验

测试 4.4 装置的技术性能,按 DL/T 663—1999 中 3.2 规定的方法进行。

5.8 热性能要求试验

5.8.1 最高允许温度试验

测试 4.5.1 最高允许温度,按 GB/T 7261—2000 第 10 章规定的方法进行。

5.8.2 短时耐热试验

测试 4.5.2 短时耐热,按 GB/T 7261—2000 第 22 章规定的方法进行。

5.9 功率消耗试验

测试 4.6 功率消耗,按 GB/T 7261—2000 第 9 章规定的方法进行。

5.10 绝缘性能试验

测试 4.7 绝缘性能,按 GB/T 7261—2000 第 19 章规定的方法进行。。

5.11 耐湿热性能试验

测试 4.8 耐湿热性能,按 GB/T 7261—2000 第 20 章规定的方法进行。

5.12 机械性能试验

5.12.1 振动试验

测试 4.9.1.1 振动响应和 4.9.1.2 振动耐久,按 GB/T 7261—2000 第 16 章规定的方法进行。

5.12.2 冲击试验

测试 4.9.2.1 冲击响应和 4.9.2.2 冲击耐久,按 GB/T 7261—2000 第 17 章规定的方法进行。

5.12.3 碰撞试验

测试 4.9.3 碰撞,按 GB/T 7261—2000 第 18 章规定的方法进行。

5.13 电磁兼容要求试验

5.13.1 抗扰度要求试验

5.13.1.1 振荡波抗扰度试验

振荡波抗扰度试验,按 GB/T 17626.12—1998 第 8 章规定的方法进行。试验期间,设备的合格评定准则应符合 DL/Z 713—2000 第 8 章的规定。

5.13.1.2 静电放电抗扰度试验

静电放电抗扰度试验,按 GB/T 17626.2—2006 第 8 章规定的方法进行。试验期间,设备的合格评定准则应符合 DL/Z 713—2000 第 8 章的规定。

5.13.1.3 射频电磁场辐射抗扰度试验

射频电磁场辐射抗扰度试验,按 GB/T 17626.3—1998 第 8 章规定的方法进行。试验期间,设备的合格评定准则应符合 DL/Z 713—2000 第 8 章的规定。

5.13.1.4 电快速瞬变脉冲抗扰度试验

电快速瞬变脉冲抗扰度试验,按 GB/T 17626.4—1998 第 8 章规定的方法进行。试验期间,设备的合格评定准则应符合 DL/Z 713—2000 第 8 章的规定。

5.13.1.5 浪涌(冲击)抗扰度试验

浪涌(冲击)抗扰度试验,按 GB/T 17626.5—1999 第 8 章规定的方法进行。试验期间,设备的合格评定准则应符合 DL/Z 713—2000 第 8 章的规定。

5.13.1.6 射频场感应的传导骚扰抗扰度试验

射频场感应的传导骚扰抗扰度试验,按 GB/T 17626.6—1998 第 8 章规定的方法进行。试验期间,设备的合格评定准则应符合 DL/Z 713—2000 第 8 章的规定。

5.13.1.7 工频磁场抗扰度试验

工频磁场抗扰度试验,按 GB/T 17626.8—2006 第 8 章规定的方法进行。试验期间,设备的合格评定准则应符合 DL/Z 713—2000 第 8 章的规定。

5.13.1.8 脉冲磁场抗扰度试验

脉冲磁场抗扰度试验,按 GB/T 17626.9—1998 第 8 章规定的方法进行。试验期间,设备的合格评定准则应符合 DL/Z 713—2000 第 8 章的规定。

5.13.1.9 阻尼振荡磁场抗扰度试验

阻尼振荡磁场抗扰度试验,按 GB/T 17626.10—1998 第 8 章规定的方法进行。试验期间,设备的合格评定准则应符合 DL/Z 713—2000 第 8 章的规定。

5.13.1.10 电压暂降、短时中断和电压变化的抗扰度试验

电压暂降、短时中断和电压变化的抗扰度试验,按 GB/T 17626.11—1999 中第 8 章规定的方法进行。试验期间,设备的合格评定准则应符合 DL/Z 713—2000 第 8 章的规定。

5.13.2 电磁发射试验

测试 4.10.2 电磁发射限值,按 GB/T 14598.16—2002 第 6 章规定的方法进行,满足相应的传导发射限值和辐射发射限值。

5.14 承受辅助激励量中断影响试验

测试 4.11 承受辅助激励量中断影响的能力,按 GB/T 7261—2000 第 15 章规定的方法进行,试验时装置不应以错误的方式改变其输出状态。

5.15 连续通电试验

装置完成调试后,出厂前应进行时间为 100 h(常温)或 72 h(+40 ℃)的连续通电试验。对被试装置只施加直流电源,必要时可施加其他激励量进行功能检测。在试验过程中,装置应工作正常,信号指示正确,不应有元器件损坏或其他异常情况出现。

5.16 安全要求试验

5.16.1 外壳防护试验

测试 4.13.1 外壳防护,按 GB 4208—1993 规定的方法进行。

5.16.2 电击防护试验

测试 4.13.2 电击防护,按 GB 16836—2003 中 6.6 规定的方法进行。

5.16.3 安全标志检查

检查 4.13.3 安全标志,按 GB 16836—2003 中 6.7 规定的方法进行。

5.17 通信规约的一致性测试

装置通信规约的一致性测试,在二次设备联合测试中完成。

6 检验规则

6.1 检验分类

装置的检验分为型式检验和出厂检验。

6.2 型式检验

6.2.1 有下列情况之一时,装置应进行型式检验:

　　a) 新装置定型前;

　　b) 正常生产后,如结构、材料、元器件、工艺等有较大改变,可能影响装置性能时;

　　c) 正常生产后的定期检验,其周期为 4 年;

　　d) 装置停产超过上述规定周期后再恢复生产时;

　　e) 国家质量监督机构要求时(检验项目按相应规定)。

6.2.2 除 6.2.1 e)规定项目外,型式检验项目见表 11。

表 11

序号	项目名称	"技术要求"的章、条	"试验方法"的章、条	型式检验	出厂检验
1	环境温度影响	4.1.1	5.3	√	
2	环境温度的极端范围极限值	4.1.5	5.4	√	
3	电源变化的影响	4.2	5.5	√	
4	装置的功能	4.3	5.6	√	√

表 11（续）

序号	项目名称	"技术要求"的章、条	"试验方法"的章、条	型式检验	出厂检验
5	装置的技术性能	4.4	5.7	√	√
6	热性能要求	4.5	5.8	√	
7	功率消耗	4.6	5.9	√	√
8	绝缘性能	4.7	5.10	√	√ᵃ
9	耐湿热性能	4.8	5.11	√	
10	振动	4.9.1	5.12.1	√	
11	冲击	4.9.2	5.12.2	√	
12	碰撞	4.9.3	5.12.3	√	
13	电磁兼容要求	4.10	5.13	√	
14	连续通电试验	4.11	5.14		√
15	结构及外观	4.12	5.2	√	√
16	安全要求	4.13	5.15	√	√ᵇ
17	通信协议的一致性	4.3.7	5.16	√	√

ᵃ 仅进行介质强度试验和绝缘电阻测量。

ᵇ 仅进行电击防护试验和安全标志检查。

注：√为要求的试验项目。

6.2.3 型式检验的抽样及合格判定

6.2.3.1 型式检验的抽样

型式检验从出厂检验合格的装置中任意抽取两台作为样品，然后分 A、B 两组分别进行试验。

A 组：4.1.5（环境温度的极端范围极限值）、4.5（热性能要求）、4.7（绝缘性能）、4.8（耐湿热性能）、4.9（机械性能）；

B 组：4.1.1（环境温度影响）、4.2（电源变化的影响）、4.3（装置的功能）、4.4（装置的技术性能）、4.6（功率消耗）、4.10（电磁兼容要求）、4.12（结构及外观要求）、4.13（安全要求）。

6.2.3.2 合格评定

合格评定包括以下内容：

a) 样品经过型式检验，未发现主要缺陷，则判定装置合格。试验中如发现有一个主要缺陷，则进行第二次抽样，重复进行型式检验。如未发现主要缺陷，仍判定该装置本次型式检验合格。如第二次抽样样品仍存在主要缺陷，则判定本次型式检验不合格。

b) 装置样品型式检验结果达不到 4.3、4.4 规定要求中任一条时，均按存在主要缺陷判定。

c) 检验中装置出现故障，允许进行修复，修复内容如对已做过检验的项目的检验结果没有影响，可继续往下进行检验。反之，受影响的检验项目应重做。

6.3 出厂检验

6.3.1 每台装置均应进行出厂检验。

6.3.2 出厂检验项目见表 11。

6.3.3 出厂检验的合格判定为全部检验项目合格。

7 标志、标签、使用说明书

7.1 标志和标签

7.1.1 每套装置应有铭牌或相当于铭牌的标志，内容包括：

a) 制造厂名称和商标；

b) 装置型号和名称；

c) 规格号（需要时）；

d) 额定值；

e) 整定范围和刻度（需要时）；

f) 装置制造年、月；

g) 装置的编号；

h) 具有端子标志、同极性端子标志和接地标志的内部接线图。如果铭牌上无法绘制内部接线图，允许在其他明显的部位标志或在装置说明书中提供。

7.1.2 装置的端子旁应标明端子号。

7.1.3 装置线圈上应标明：

a) 线圈代号；

b) 额定值（有要求时标明）；

c) 直流或交流标志（有要求时标明）；

d) 线圈数据（由企业产品标准规定是否标明及标明哪些内容）。

注：线芯截面大于 0.5 mm² 导线绕制的及有特殊要求的电流线圈，允许不加标志。

7.1.4 装置内部的继电器、集成电路、电阻器、电容器、晶体管等主要元器件，应在其印制电路板或安装板上标明其在原理接线图中的代号。

7.1.5 静电敏感部件应有防静电标志。

7.1.6 装置外包装上应有收发货标志、包装、贮运图示标志等必须的标志和标签。

7.1.7 装置的相关部位及说明书中应有安全标志，安全标志见 GB 16836—2003 中 5.7.6。

7.1.8 装置的使用说明书、质量证明文件或包装物上应标有装置执行的标准代号。

7.1.9 所有标志均应规范、清晰、持久。

7.2 使用说明书

7.2.1 装置使用说明书的基本要求应符合 GB 9969.1—1998 的规定。

7.2.2 使用说明书一般应提供以下信息：

a) 装置型号及名称；

b) 装置执行的标准代号及名称；

c) 主要用途及适用范围；

d) 使用条件；

e) 装置主要特点；

f) 装置原理、结构及工作特性；

g) 激励量及辅助激励量的额定值；

h) 主要性能及技术参数；

i) 安装、接线、调试方法；

j) 运行前的准备及操作方法；

k) 软件的安装、操作及维护；

l) 故障分析及排除方法；

m) 有关安全事项的说明；

n) 装置接口、附件及配套情况；

o) 维护与保养；

p) 运输及贮存；

q) 开箱及检查；

r) 质量保证及服务；

s) 附图：

　　1) 外形图、安装图、开孔图；

　　2) 原理图；

　　3) 接线图；

t) 其他必要的说明。

8 包装、运输、贮存

8.1 包装

8.1.1 装置在包装前，应将其可动部分固定。

8.1.2 每套装置应用防水材料包好，再装在具有一定防振能力的包装盒内。

8.1.3 装置随机文件、附件及易损件应按企业产品标准和说明书的规定一并包装和供应。

8.2 运输

包装好的户内使用的装置在运输过程中的贮存温度为−25 ℃～+70 ℃，相对湿度不大于95％。装置应能承受在此环境中的短时贮存。

8.3 贮存

包装好的装置应贮存在−10 ℃～+55 ℃、相对湿度不大于80％、周围空气中不含有腐蚀性、火灾及爆炸性物质的室内。

9 供货的成套性

9.1 随装置供应的文件

出厂装置应配套供应以下文件：

a) 质量证明文件，必要时应附出厂检验记录；

b) 装置说明书(可按供货批次提供)；

c) 装置安装图(可含在装置说明书中)；

d) 装置原理图和接线图(可含在装置说明书中)；

e) 装箱单。

9.2 随装置供应的配套件

随装置供应的配套件应在相关文件中注明，一般包括：

a) 易损零部件及易损元器件；

b) 装置附件；

c) 合同中规定的备品、备件。

10 质量保证

10.1 除另有规定外，在用户完全遵守本部分、企业产品标准及装置说明书规定的运输、贮存、安装和使用要求的情况下，装置自出厂之日起二年内，如装置及其配套件发生由于制造厂原因的损坏，制造厂负责免费修理或更换。

10.2 一般情况下，装置使用期限不低于15年。